普通高等教育“十一五”国家级规划教材
中国民用航空局优秀教材一等奖
四川省“十四五”普通高等教育本科规划教材
飞行技术专业系列教材

空中领航学（第4版）

（含习题集）

张　焕　编著

西南交通大学出版社
·成　都·

内容简介

本教材是按照飞行技术专业学业标准和民航局飞行员理论执照考试大纲以及中国民用航空飞行学院专业教材工作委员会制定的飞行技术专业“空中领航学”教学大纲编写的。教材涵盖了飞行技术专业学历教育和飞行执照培训课程要求的内容，包括领航基础知识、地标罗盘领航、基本无线电领航、仪表进近着陆、现代导航方法、领航的准备与实施；同时，本教材配套有《空中领航学习题集》作为学习资料。

本教材是飞行技术专业的专业课程教材，同时也可作为与飞行运行有关的管制员、情报员、签派员及部分管理人员的参考资料。

图书在版编目（CIP）数据

空中领航学：含习题集. 1，空中领航学 / 张焕编著. —4 版. —成都：西南交通大学出版社，2022.8（2025.2 重印）

ISBN 978-7-5643-8865-2

Ⅰ. ①空… Ⅱ. ①张… Ⅲ. ①航空导航－高等学校－教材 Ⅳ. ①V249.31

中国版本图书馆 CIP 数据核字（2022）第 151545 号

Kongzhong Linghangxue（Di 4 Ban）
（Han Xitiji）

空中领航学（第 4 版）
（含习题集）

张 焕 编著

责任编辑 李 伟
封面设计 GT 工作室

出版发行 西南交通大学出版社
（四川省成都市金牛区二环路北一段 111 号
西南交通大学创新大厦 21 楼）
邮政编码 610031
营销部电话 028-87600564 028-87600533
网址 http://www.xnjdcbs.com
印刷 四川玖艺呈现印刷有限公司

成品尺寸 185 mm × 260 mm
总印张 36.5
总字数 849 千
版次 2003 年 9 月第 1 版 2010 年 8 月第 2 版
2016 年 8 月第 3 版 2022 年 8 月第 4 版
印次 2025 年 2 月第 21 次
套价 98.00 元
书号 ISBN 978-7-5643-8865-2

课件咨询电话：028-81435775

总　序

民航是现代综合交通运输体系的有机组成部分，以其安全、快捷、通达、舒适等独特优势确立了独立的产业地位。同时，民航在国家参与经济全球化、推动老少边穷地区发展、维护国家统一和民族团结、保障国防和经济安全、加强与世界不同文明沟通、催生相关领域科技创新等方面都发挥着难以估量的作用。因此，民航业已成为国家经济社会发展的战略性先导性产业，其发达程度直接体现了国家的综合实力和现代化水平。

自改革开放以来，我国民航业快速发展，行业规模不断扩大，服务能力逐步提升，安全水平显著提高，为我国改革开放和社会主义现代化建设做出了突出贡献。可以说，我国已经成为名副其实的民航大国。站在新的历史起点上，在2008年的全国民航工作会议上，民航局提出了全面推进建设民航强国的战略构想，拉开了我国由民航大国迈向民航强国的序幕。

要实现民航大国向民航强国的转变，人才储备是最基本的先决条件。长期以来，我国民航业发展的基本矛盾是供给能力难以满足快速增长的市场需求。而其深层次的原因之一，便是人力资源的短缺，尤其是飞行、空管和机务等专业技术人员结构不合理，缺乏高级技术、管理和安全监管人才。有鉴于此，国务院在《关于促进民航业发展的若干意见》中明确指出，要强化科教和人才支撑，要实施重大人才工程，加大飞行、机务、空管等紧缺专业人才的培养力度。

正是在这样的大背景下，作为世界上最大的航空训练机构，作为中国民航培养飞行员和空中交通管制员的主力院校，中国民用航空飞行学院以中国民航可持续发展为己任，勇挑历史重担，结合自身的办学特色，整合优势资源，组织编写了这套“飞行技术专业系列教材”，以解当下民航专业人才培养的燃眉之急。在这套教材的规划、组织和编写过程中，教材建设团队全面贯彻落实《国家中长期教育改革和发展规划纲要（2010—2020年）》，以培养适应民航业岗位需要的、具有“工匠精神”的应用型高素质人才为目标，创新人才培养模式，突出民航院校办学特色，坚持“以飞为主，协调发展”的方针，深化“产教融合、校企合作”，强化学生实践能力培养。同时，教材建设团队积极推进课程内容改革，在优化专业课程内容的基础上，加强包括职业道德、民航文化在内的人文素养教育。

由中国民用航空飞行学院编写的这套教材，高度契合民航局颁布的飞行员执照理论考试大纲及知识点要求，对相应的内容体系进行了完善，从而满足了民航专业人才培养的新要求。可以说，本系列教材的出版恰逢其时，是一场不折不扣的“及时雨”。

由于飞行技术专业涉及的知识点多，知识更新速度快，因此教材的编写是一项极其艰巨的任务。但令人欣喜的是，中国民用航空飞行学院的教师们凭借严谨的工作作风、深厚的学术造诣以及坚韧的精神品质，出色地完成了这一任务。尽管这套教材在模式创新方面尚存在瑕疵，但仍不失为当前民航人才培养领域的优秀教材，值得大力推广。我们相信，这套教材的出版必将为我国民航人才的培养做出贡献，为我国民航事业的发展做出贡献！

是为序。

中国民用航空飞行学院教材

编写委员会

2016 年 7 月 1 日

第 4 版前言

“空中领航”是飞行技术专业的一门专业课，它包括空中领航的基础知识、领航设备及方法、领航准备和空中实施程序及方法，是飞行技术专业学生必须熟练掌握的一门学科。对于飞机驾驶员来说，只有熟练掌握空中领航程序和方法，才能成为一名全面的、合格的机长。

本书是按照中国民用航空飞行学院专业教材工作委员会制定的教材编写计划编写的，教材编写的依据是审定通过的飞行技术专业“空中领航”教学大纲及教材编写大纲。

在本书编写过程中，注意了教材内容的系统性，根据本学科的内在联系，前后呼应，使各章节之间紧密联系；注意了内容的先进性，吸收了与之相关的新技术、新成果；妥善处理了内容的深度和广度的关系；从民航飞行的实际出发，通过大量的例题和实例来阐述基本概念、基本原理和基本方法，以利于培养学生的分析问题、解决问题、实际应用及操作能力；同时，为便于复习和自学，有的章末附有复习思考题和小结。需注意的是：书中时间表示方法采用的是民航习惯的表示方式，如 2 h 10 min 10 s 表示为 2.10′10″ 或 2:10′10″。

教材于 1997 年 8 月第一次编写完成并投入教学使用，经过两年试用，收集了大量的反馈意见，1999 年 8 月进行了第一次修订；2003 年 5 月进行了第二次修订。2005 年获得中国民用航空总局优秀教材一等奖；2007 年被确定为普通高等教育“十一五”国家级规划教材。2009 年 6 月对教材进行修订改版（第 2 版），调整了教材结构和内容，修改了与现行中国民航法律法规不相适应的内容，增加了现代导航系统的最新技术和导航方法，按中国民航飞行员执照标准修订、增加了相关知识。2015—2016 年按照中国民用航空飞行学院飞行技术专业课程体系改革与建设工作的要求，对教材的结构、体系、内容、重难点进行了重新编写（第 3 版），以满足专业培养目标要求和民航局执照考试新大纲要求。2022 年根据飞行技术专业培养方案的调整优化，为满足课程思政教学、工程认证的需要，对教材体系、结构、内容等重新编写（第 4 版），增加了学习指南、思政案例、实践模拟、拓展资料、探究任务、数字资源等内容，以供教学参考，同时也供学习者学习参考、拓展知识。在教材编写过程中，中国航空集团、中国南方航空集团、中国民用航空飞行学院等单位和个人提供了大量的资料和方便；中国民用航空飞行学院教务处及教材科为教材印刷出版做了大量的工作，在此一并表示感谢！

全书由中国民用航空飞行学院魏光兴教授审阅并提出了宝贵意见，林娜、杨泽坤、钟山老师对教材进行了勘误并提出了很多建议，编者表示衷心感谢！

本书配套有由张焕编著的《空中领航学习题集》作为学习资料。《空中领航学习题集》按教材对应章节编写，包括复习思考题、作业练习题两大部分，并附有参考答案、作图示范视频，其目的是使学生熟悉领航概念、领航原理、领航程序，熟练掌握领航方法、领航计算及领航设备应用。

由于编写时间仓促，编者水平有限，书中定有疏漏及不妥之处，敬请读者批评指正。

课程宣传片

张　焕

2022 年 5 月于中国民用航空飞行学院

主要英美制单位与国际标准单位的换算关系

1 ft = 0.305 m

1 m = 3.28 ft

1 n mile（NM）= 1.852 km = 1 852 m

1 kn（kt）= 1.852 km/h

1 lb = 0.453 596 kg

1 inHg = 33.86 hPa = 33.86 mbar

1 gal（英）= 4.546 092 dm^3

1 gal（美）= 3.785 412 dm^3

1 bar = 100 kPa

注：因飞行的需要，教材中保留了部分英美制单位，未统一为国际标准单位。

数字资源列表

续表

序号	章节	资源名称	资源类型	页码
27	第 3 章	识读高度表	视频	040
28		高度表误差修正拉尺示范	视频	042
29		高度表拨正	图片	043
30		高度层配备	图片	046
31		航空罗盘	动画	047
32		识读飞机空速表	视频	050
33		指示空速（表速）与真空速换算示范	视频	052
34		马赫数与真空速换算示范	视频	053
35		时间的计量	动画	054
36		地方时	动画	056
37		时区和区时	动画	056
38		北京时	动画	057
39		世界时与协调世界时	动画	057
40		日界线	动画	058
41		日出和日没时刻	动画	059
42		千米/哩/浬换算示范	视频	060
43		米、英尺换算示范	视频	061
44		速度单位换算示范	视频	062
45		质量单位换算示范	视频	063
46		容积单位换算示范	视频	064
47		“▲”指标换算示范	视频	065
48		“↑SECONDS”指标换算示范	视频	066
49		全静压系统	文本	070
50		测量空速的仪表	文本	070
51		时间计算	微课视频	070
52	第 4 章	风的表示及测量	微课视频	071
53		风的影响	视频	072
54		偏流、地速的影响	文本	077
55		风对飞行的影响	课件	081
56		无形的地标	文本	081
57	第 5 章	地标领航简介	视频	082
58		推测领航简介	视频	083
59		尺算偏流、地速示范	视频	085
60		空中观察地标	视频	090
61		按两个实测位置求推测位置	视频	094

续表

序号	章节	资源名称	资源类型	页码
62	第 5 章	按航迹角和地速推测位置	视频	095
63		按无风航迹推测位置	视频	096
64		尺算偏航角示范	视频	099
65		用两实测位置全面检查	视频	104
66		按新航线角修正方向	视频	107
67		按航迹修正角修正方向	视频	109
68		领航 1：60 法则	动画	110
69		改航直飞新航路点	视频	113
70		尺算风向风速示范	视频	115
71		地标罗盘领航记录表填写	视频	119
72		驾驶舱视角	视频	126
73		地标领航的影响因素	文本	126
74		我国目视飞行航图	文本	126
75	第 6 章	无线电信号	动画	129
76		无线电导航台	动画	131
77		莫尔斯电码	课件	132
78		字母电码	动画	132
79		无线电方位变化 1	视频	134
80		无线电方位变化 2	视频	135
81		ADF 介绍	视频	136
82		ADF 原理	动画	138
83		ADF 指示器	视频	140
84		ADF 干扰和误差	视频	143
85		VOR 介绍	视频	146
86		VOR 原理	动画	148
87		机载 VOR 指示器	动画	150
88		CDI 显示	视频	150
89		CDI 测方位	动画	152
90		HSI 测方位	视频	155
91		VOR 机场校准标志	文本	157
92		DME 简介	动画	157
93		ADF 进入方位线	动画	163
94		RMI 进入方位线	动画	164
95		CDI 进入方位线	动画	165
96		HSI 进入方位线	动画	166

续表

序号	章节	资源名称	资源类型	页码
97	第 6 章	两种向台飞行方法	动画	168
98		主动向台渐次修正法	动画	170
99		向台判断偏航	动画	172
100		ADF 向台判断偏航	动画	173
101		RMI 向台判断偏航	动画	174
102		ADF 判断过台	动画	183
103		CDI 判断过台	动画	184
104		ADF 背台判断偏航	动画	185
105		RMI 背台判断偏航	动画	187
106		切入 VOR 径向线	动画	206
107		双台定位原理	动画	214
108		正切电台 27° 法举例	动画	218
109		无线电领航记录表填写实践	动画	221
110		TACAN 系统	动画	227
111		ADF 方向特性	微课视频	227
112		导航设备飞行校验	微课视频	227
113	第 7 章	仪表进近概念	动画	230
114		ILS 进近	视频	233
115		ILS 地面设备	视频	233
116		指点标灯光	动画	234
117		ILS 工作原理	动画	235
118		等待航线介绍	视频	241
119		等待航线加入方法	视频	242
120		等待扇区及加入	视频	242
121		仪表判断加入等待方法	动画	244
122		DME 弧（外弧）飞行	视频	248
123		基线转弯构成	动画	250
124		基线转弯扇区加入方法	动画	252
125		直角航线构成	动画	258
126		直角航线加入方法	课件	260
127		ADF 判断四转弯	动画	267
128		RMI 判断四转弯	动画	268
129		CDI 判断四转弯	动画	269
130		HSI 判断四转弯	动画	269
131		认错跑道险撞 4 机	文本	270

续表

序号	章节	资源名称	资源类型	页码
132	第 7 章	非精密进近不安全事件	文本	271
133		非精密进近决断	动画	275
134		CDFA 知识	课件	278
135		CDFA 航图标注	文本	279
136		ILS 进近实施	动画	282
137		ILS 五边飞行	动画	282
138		PAPI 判断	视频	284
139		精密进近决断	动画	284
140		反航道进近	文本	285
141		ILS 进近不安全事件	文本	286
142		等待航线修正风	视频	287
143		非精密进近威胁和差错	课件	287
144		ILS 进近实施要求	动画	287
145	第 8 章	惯性导航	动画	289
146		中国激光陀螺奠基人高伯龙	视频	290
147		惯性导航原理	动画	291
148		捷联式惯导	动画	292
149		大气数据惯性基准系统	动画	295
150		波音 737NG 的 ISDU	动画	297
151		波音 737NG 正常对准	动画	298
152		波音 737NG 快速对准	动画	298
153		GNSS 简介	视频	299
154		四大卫星导航系统	动画	299
155		GPS 发展史	视频	299
156		GPS 组成及定位	动画	300
157		GPS 工作原理	动画	301
158		GPS 定位及误差	动画	303
159		GPS 信号干扰的影响	文本	304
160		DGPS 原理	动画	304
161		GLONASS 简介	视频	305
162		GLONASS 组成	动画	305
163		卫星定位原理	动画	307
164		伽利略系统简介	动画	308
165		伽利略系统故障	动画	308
166		伽利略系统工作	动画	309
167		北斗系统宣传片	视频	310

续表

序号	章节	资源名称	资源类型	页码
168	第 8 章	北斗一号原理	动画	312
169		北斗三号正式开通仪式	视频	313
170		北斗系统用户段	动画	313
171		北斗三号卫星星座	视频	314
172		北斗系统短报文功能	视频	316
173		北斗地基增强系统	动画	316
174		读懂 RAIM 预报	文本	319
175		SBAS 介绍	微课视频	320
176		GBAS 介绍	动画	321
177		GBAS 工作	视频	321
178		区域导航应用	文本	325
179		所需性能导航应用	文本	326
180		PBN 概览	动画	329
181		PBN 三要素	微课视频	329
182		PBN 进近程序	微课视频	331
183		机载导航数据库	微课视频	332
184		PBN 规范要求	微课视频	333
185		FMS 简介	视频	337
186		FMS 飞行前准备（B737）	视频	346
187		FMS 等待与偏置（B737）	视频	347
188		A320 校惯导	视频	350
189		电离层对 GNSS 的影响	文本	350
190		北斗系统奋斗史	视频	350
191	第 9 章	进近典型视错觉	文本	353
192		飞行准备注意事项	文本	353
193		驾驶舱文件	文本	358
194		2605 航班错误跑道着陆	视频	362
195		2603 迷航事件	文本	363
196		着陆最低标准发展史	文本	363
197		航班飞行流程	文本	364
198		非标准仪表离场	动画	366
199		加入起落航线	动画	371
200		空中迷航	视频	377
201		夜间飞行领航特点	文本	383
202		山区飞行领航特点	文本	383
203		飞机迷航后管制工作	文本	383

目 录

空中领航学习题集另册装订

1 绪 论

学习指南

1. 学习目标

知识目标：明确空中领航概念、领航环节及空中领航研究的问题和内容，知道空中领航发展概况。

能力目标：能够描述、归纳空中领航解决的问题、任务，清楚空中领航工作对保证飞行安全的意义。

素质目标：能在社会和技术发展的大背景下，认识到自主和终身学习的必要性，树立优良飞行作风、坚强心理品质、牢固安全意识的培养目标，建立家国情怀、使命担当的理念。

2. 知识点

空中领航的含义、任务、目的和环节，空中领航发展概况，空中领航解决的三大基本问题。

3. 学习重/难点

重点：空中领航的含义、任务，空中领航解决的三大基本问题。

难点：空中领航环节。

空中领航学是研究利用领航设备引领飞机航行的一门应用学科。研究空中领航学的目的是在不同的航行条件下，使用不同的领航设备和方法，引导飞机安全、准时、准确飞到目的地，并提出对领航方法、领航设备进行改进的建议和方法。

1.1 空中领航发展历程

飞机导航系统　　传统导航技术

自从飞行器出现以后，空中领航也随之产生了。1804 年，俄国科学院院士查哈洛夫利用指南针判定飞行方向，以回声测量高度，并且在地图上画出航迹，他是世界上第一位空中领航员。1882 年，在俄国彼得堡，俄国海军军官莫热依斯基提出了利用罗盘领航的概念。在这一时期，飞行器还只能在简单的条件下飞行于基地附近，飞行员只能够在天气良好时，依靠观察地面，利用河流、铁路等显著地标来实施领航。

经过长时间的飞行实践，人们掌握了风对飞行的影响。1909年，俄国的什瓦布斯基求出了偏流的公式，研究了航行速度三角形的解析法和修正偏流飞向目标的方法，同时发明了按照地面基线测定空速的方法。1910—1913年专门为飞行使用的航空地图陆续问世。1914—1918年，俄国的莫斯科航空学院教授朱拉夫琴科开始将罗盘运用于空中领航，他是世界上第一个证明罗盘领航是主要领航方法的飞行家，同时开创了罗盘领航用作云上和夜间飞行的新纪元。

与此同时，空中领航理论也不断地发展，决定领航发展前途的理论著作相继出现，在航空地图、飞机位置线理论、磁罗盘理论、航行测量的理论及应用、无线电领航设备和天文领航设备的应用等基础上，领航的手段和方法取得了突飞猛进的发展。

20世纪20年代后期出现的无线电领航，是随着无线电技术的发展而研制出来的。在第二次世界大战期间和战后，无线电领航的发展十分迅速，各种无线电导航设备不断研制成功并用于航空运输。无线电领航的出现，是空中领航方法的一次飞跃，是一个里程碑，它使飞机能够在复杂气象条件下安全地起飞和降落，能够准确地沿航线准时飞到目的地，增强了飞机的机动飞行能力，取得了极大的经济效益，是目前的一种主要领航方法。

1942年，德国成功将基于陀螺进动原理的惯性导航组件用于V-2火箭上，拉开了惯性导航技术应用的序幕。在现代大中型民用航空器上，惯性基准系统（IRS）或具备惯性功能的姿态航向参考系统是必须加装的机载系统，可为航空器提供导航参数或姿态航向参数。

随着空间技术、大地和大气测量技术、数字通信和计算机技术的迅速发展，卫星无线电导航也迅速发展。1973年至1993年美国研制建成导航星全球定位系统（NAVSTAR/GPS）；1982年苏联开始研制（后归俄罗斯所有），并于1997年建成全球轨道导航卫星系统（GLONASS）；1992年9月国际民航组织（ICAO）航行委员会通过以应用卫星技术为特征的通信、导航、监视和空中交通管理系统（CNS/ATM），分阶段实施全球导航卫星系统（GNSS）。由于卫星导航所具有的优点，它受到了世界各国的广泛重视，在1997年已开始投入使用代替部分无线电导航设备。可以预料，卫星导航技术将对未来的导航、通信及空中交通管制产生深远的影响，这一技术的成功应用将具有划时代的意义。

现代导航系统

1.2 空中领航学研究的问题和内容

确定飞机位置、飞机航向和飞行时间，是空中领航的3个基本问题，空中领航就是研究解决这3个基本问题的方法、设备，即领航方法、领航设备；空中领航的基本任务就是引导飞机沿着预定的航线安全、准确、准时地飞到目的地。

空中领航研究的主要内容有：

（1）领航基础及元素：主要研究地球和地图知识，研究基本领航元素的计算和应用。

（2）领航原理和方法：主要研究飞机航行的规律，以及应用这一规律确定飞机位置和基本航行元素的原理和方法。

（3）领航设备工作原理和使用：主要从使用角度研究各种领航设备的工作原理，以及使用不同设备测算领航参数的原理和方法。

（4）领航误差及修正原理：主要研究使用不同设备运用不同方法测算的误差，误差的产生原因和规律，以及修正和减小误差、提高准确性的原理和方法。

（5）领航准备和实施：主要研究在不同航行条件下，综合使用各种领航设备，进行领航准备和实施领航的程序和方法。

1.3 空中领航环节

空中领航是有目的、安全地引导飞机从起点到终点的控制过程。空中领航的基本环节如图 1.1 所示，其领航过程是一个具有 3 个环的闭环系统。

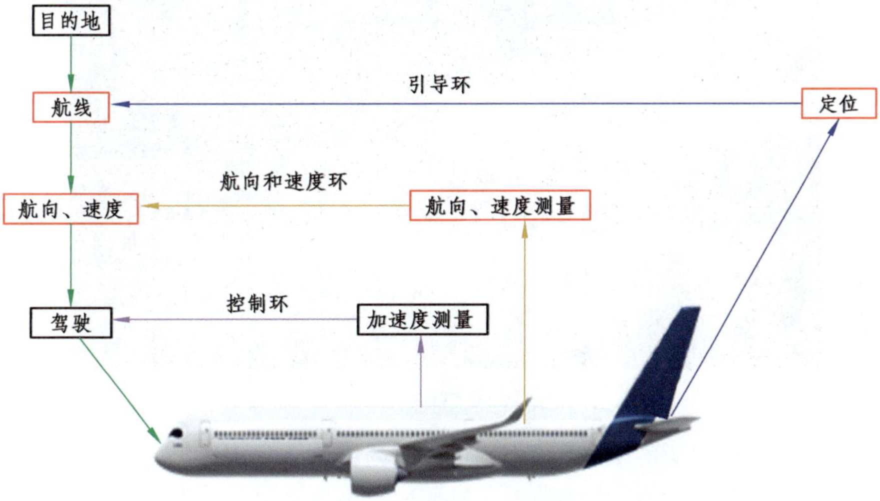

图 1.1 空中领航基本环节

从图中可以看出：根据飞机飞往的目的地，选择航线，确定航线的距离，安排时间表，这就是飞机的进程；为了使飞机按照事先安排的时间表，沿着所选定的航线飞行，必须让飞机以一定的航向、速度飞行；为了得到所要求的速度和航向，就要通过飞行仪表来控制飞机飞行的加速度。控制飞机的轴线加速度是为了遵守进程中的时间表；控制飞机横向加速度是为了改变飞机的航向；控制垂直面内的加速度就是为了爬高或下降。

“引导环”是通过领航设备对飞机位置的测量，并根据所规定的航线来确定飞机进程中的航向和速度；“控制环”是得到所要求的航向和速度的一个环节；“航向和速度环”是领航过程中的纽带，它把领航与普通的观测区别开来。

思政案例

机组飞行员：家国情怀　使命担当

案例概述：当地时间 2011 年 3 月 5 日 1 时 10 分（北京时间 5 日 8 时 10 分），中国南航航空公司（简称南航）包机 CZ8008 从利比亚的杰尔巴岛机场起飞，搭载着最后一批北京建工集团 344 名员工直飞广州，经西线撤离在利比亚中国人员的行动至此结束。南航 CZ8008 于北京时间 3 月 5 日 15 时 35 分到达乌鲁木齐，经停乌鲁木齐加油后于 21 时到达广州，除 344 名中国公民外，南航派驻利比亚和突尼斯当地的 10 名保障人员也同机返回祖国。至此，从 2 月 26 日至 3 月 5 日，南航派遣大型宽体客机（波音 B777、空客 A330）共 22 架次，执行包机往返 65 班，接回中国公民 6 649 人。南航历时 8 天的紧急撤侨包机任务画上圆满句号，如图 1.2 所示。

图 1.2　利比亚撤侨

作为大型中央企业的中国南方航空公司，以高度的社会责任感、使命感，对国家布置的紧急撤侨任务及时反应，迅速组织，启动应急准备预案。从航班计划、机组安排、飞行计划、航材准备等角度，全方位细化分解任务，认真做好飞行前的各项准备工作。运行指挥中心及时调整航班计划，调整运力，共调整机型 37 班；组织力量，对相关机型、机场运行特性进行科学分析，并安排专人跟进航班落地许可申请工作。

这次撤侨包机具有任务量大、任务时间持续、航线距离远、飞行时间长、不确定情况较多等特征。为确保飞行、空防安全万无一失，南航选派技术过硬、政治素质高、具有非洲航班飞行经验的飞行员共 390 人次，以及业务能力强、具备撤侨经验的乘务员 845 人次和安全员 260 人次。飞行、运行指挥、客舱、保卫、地服、货运、航食、机务、GAMEO（广州飞机维修工程有限公司）、新疆分公司、北京分公司、上海基地等各系统和单位密切配合，连夜奋战，为保障撤侨任务顺利完成提供了坚强支持。

思政元素：

（1）爱国情怀，报效祖国，人民利益高于一切，信念坚定，甘于奉献，勇于攻关，敢打硬仗，拥有国际视野；

（2）当代民航精神（忠诚担当的政治品格、严谨科学的专业精神、团结协作的工作作风、敬业奉献的职业操守）；

（3）追求卓越的工匠精神，精益求精、科学严谨的专业精神，严谨的工作作风和坚强的心理品质；

（4）社会主义核心价值观（爱岗敬业），优良的飞行职业道德、社会责任感和使命担当；

（5）强烈的责任意识，扎实的基本功，高超的技术水平和职业素养；

（6）安全精飞的工作态度，严守安全底线，强调飞行安全意识、风险意识、责任意识和法治意识；

（7）敬畏生命，敬畏职责，敬畏规章。

拓展资料

导航技术发展　　利比亚撤侨　　C919 首飞机组

本章小结

（1）空中领航学是研究利用领航设备引领飞机航行的一门应用学科；

（2）确定飞机位置、飞机航向和飞行时间，是空中领航的 3 个基本问题；

（3）空中领航任务就是引导飞机沿着预定的航线安全、准确、准时地飞到目的地。

思考探究任务

任务：根据空中领航课程研究的问题、任务和目的，结合领航技能和飞行工作作风，设计个人空中领航课程学习方案。

2 地球及地图

学习指南

1. 学习目标

知识目标：能够描述、归纳地球相关知识，准确解释、区别有关航线、地图要素和常用航空地图，完成领航计算，学会选择地图并实施地图作业。

能力目标：能够分析常用航空地图特点，运用领航工具进行领航计算，完成地图作业，具备一定的领航应用能力。

素质目标：充分认识自主和终身学习的必要性，培养自主学习能力和终身学习能力，树立安全第一的飞行意识，培养一丝不苟的严谨飞行作风。

2. 知识点

地球形状、大小，地理坐标，地球磁场，航线，地图要素，常用航空地图，航图分幅和编号，地图作业程序及方法，领航记录表（部分内容）填写。

3. 学习重/难点

重点：地理坐标、磁差、航线、地图要素、地图作业。

难点：地球磁场、地图投影。

空中领航学是以地球作为参照系来研究飞机相对于地球运动及其导航方法的一门应用学科，空中领航工作所要解决的三大基本问题都与地球有着直接的关系，而飞行中所必备的航空地图对完成飞行任务具有十分重要的作用。本部分在讲解地球和地图知识的基础上，着重介绍航空地图图上作业的基本程序和方法。

2.1 地球知识

地球形状和大小

2.1.1 地球的形状和大小

地球是一个近似于椭球的天体，是太阳系的八大行星之一，它的表面凹凸不平，东西稍膨大，南北稍扁平，如图 2.1 所示。

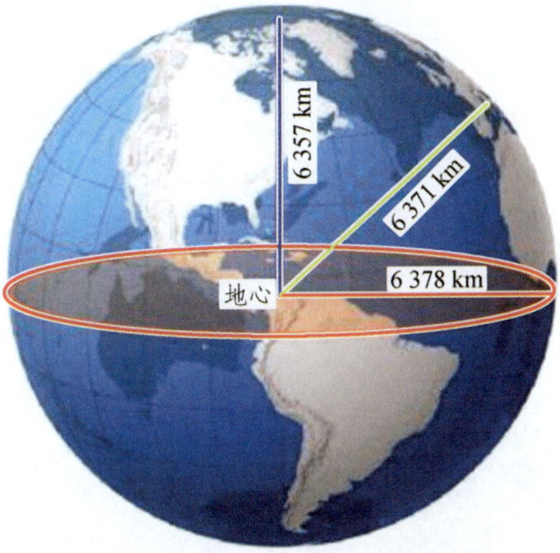

图 2.1 地球的形状和大小

最早测定地球大小的是希腊人，公元 8 世纪我国科学家也测量出了地球经线的长度。目前我国使用的大地坐标系为 2000 国家大地坐标系，自 2008 年 7 月 1 日起启用，英文名称为 China Geodetic Coordinate System 2000，英文缩写为 CGCS2000，所选用的参考椭球为 1975 年国际第 16 届大地测量与地球物理联合会推荐的参考椭球，其数据为：东西半径（长半轴 a）为 6 378.137 km，南北半径（短半轴 b）为 6 356.752 km，椭球体的扁平率 C = 1/298.257 222。所以，为了研究领航问题方便和便于飞行中使用，通常把地球看作正球体，通过计算：地球的平均半径 R = 6 371 km。

美国国防部地图局于 1984 年制定的全球大地坐标系即 WGS-84 坐标系，其测量数据为：东西半径 a 为 6 378.137 km，南北半径 b 为 6 356.752 km，扁平率为 C = 1/298.257 224，计算的平均半径 R = 6 371.001 km。其也称为 1984 年世界大地坐标系统。

国际民航组织采用的标准坐标系是 WGS-84 坐标系，要求各成员国所属国际机场均使用该坐标体系框架。

2.1.2 地理坐标

地理坐标

地理坐标是用来确定在地面和空中运动物体位置的一种最基本、使用最广泛的坐标，用经度和纬度表示。

2.1.2.1 纬度（LAT——Latitude）

利用假想的平面去切地球，形成无数个平面与地球表面相交的圆圈，其假想平面通过地心的是大圆圈，不通过地心的是小圆圈。平面垂直于地轴的大圆圈叫作赤道（Equator），其平面就是赤道平面，赤道平面将地球分成了南、北两个半球；与赤道平行的小圆圈叫作纬圈，纬圈的一段叫作纬线（Parallel），所有纬线都是互相平行的。地球表面任何地点都有一条纬线通过，它代表该地点的东西方向，如图 2.2 所示。

每一条纬线的地理位置，用它的坐标——纬度（ Φ 或 LAT ）来表示。某纬线的纬度，就是该纬线上任意一点与地心的连线同赤道平面的夹角，叫该地点的纬度，单位为度、分、秒，如图 2.3 所示。以赤道为 0°量起，向南、北两极各 90°，赤道以北的叫北纬（ Φ_N 或 LAT N ），赤道以南的叫南纬（ Φ_S 或 LAT S ）。同一纬圈上各地点的纬度相同。北京的纬度是北纬 39°57′，常见的表示形式为：① Φ_N39°57′；② 39°57′N；③ N39°57′；④ LAT N39°57′。

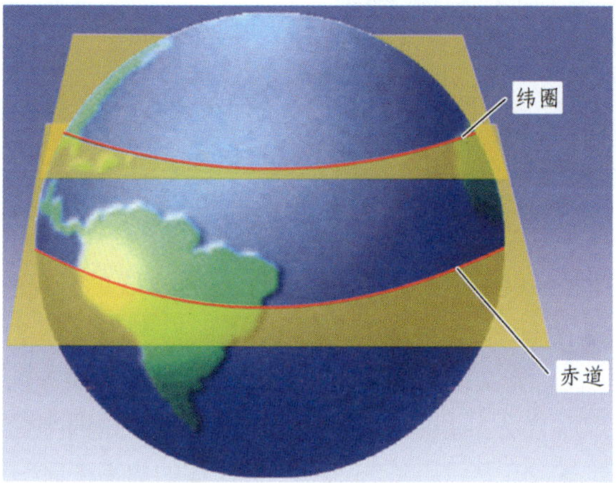

图 2.2 纬圈和纬线

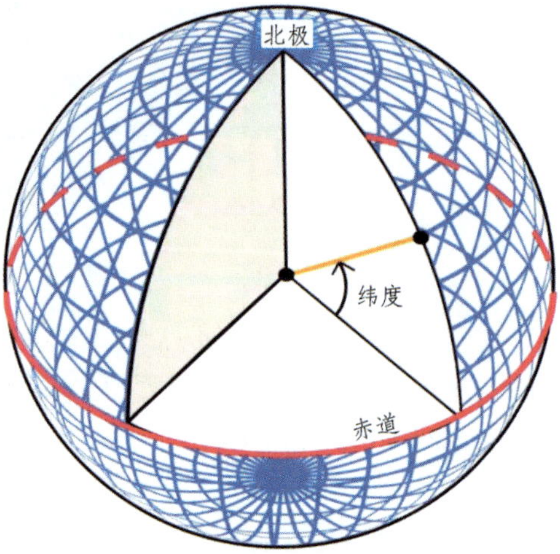

图 2.3 纬度

2.1.2.2 经度（LONG——Longitude）

通过地球两极的大圆圈叫作经圈，每个经圈都被两极分为两半，每一半或一段叫作经线（Meridian），如图 2.4 所示。1884 年国际经度会议决定以通过英国伦敦南郊格林尼治天文台中心的经线作为起始经线（也叫主经线或零度经线），其他经线则都叫作地方经线，其所在的平面分别叫作起始经线平面和地方经线平面。地球表面上任何地点都有一条经线通过，它代表该地点的南北方向。每一条经线的地理位置，用它的坐标——经度（ λ 或 LONG ）来表示。某条经线的经度，就是该地方经线平面和起始经线平面的夹角，叫该地点的经度，单位为度、分、秒。以起始经线为 0°量起，向东、西各 180°，起始经线以东的叫东经（ λ_E 或 LONG E ），起始经线以西的叫西经（ λ_W 或 LONG W ）。北京的经度为东经 116°19′，常见的表示形式为：① λ_E116°19′；② 116°19′E；③ E116°19′；④ LONG E116°19′。

地面上任何地点都有且仅有一条纬线和一条经线通过。在地图或地球仪上标画出每一地点的经、纬度就可以建立一个完整的地理坐标网。根据某地点的经、纬度（即地理坐标），就可以在地球仪或地图上查出该地点的地理位置；反之，也可以通过已知位置点查出其经、纬度（地理坐标），如图 2.5 所示。飞行中，可以随时利用经、纬度来报告飞机的位置，也可以在机载设备中进行航路点（位置）的经、纬度输入，完成领航工作。

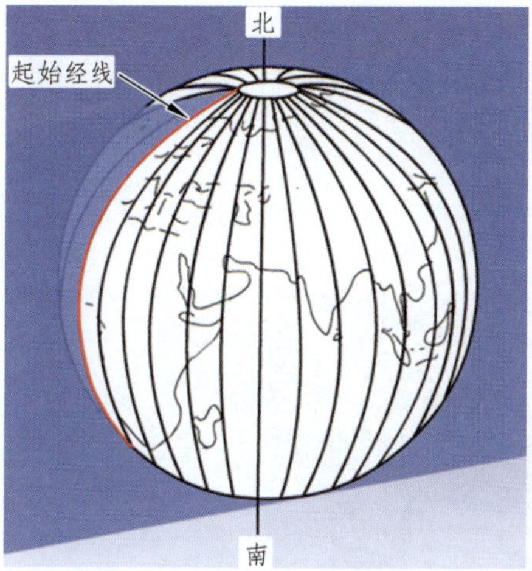

图 2.4 经圈和经线

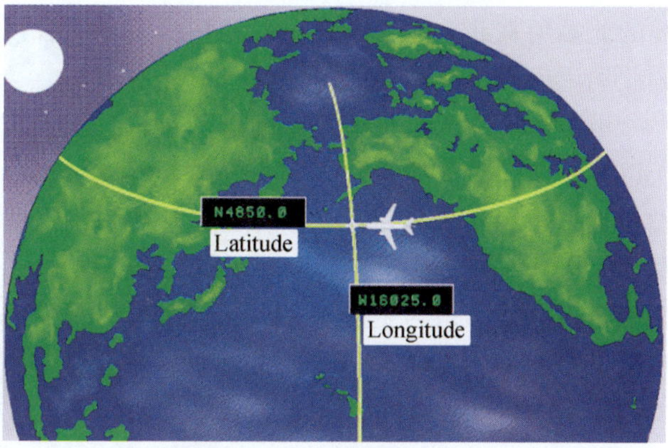

图 2.5 地理位置与地理坐标

2.1.3 地球磁场（Geomagnetic Field）

地球磁场

地球存在磁场，很像在它的内部放置着一块大磁铁。地球磁场的两个磁极分别是：靠近地理北极的叫磁南极，约在北纬 74.9°和西经 101°的地方；靠近地理南极的叫磁北极，约在南纬 67.1°和东经 142.7°的地方，如图 2.6 所示。地球磁极的位置不是固定的，而是由东向西有规律地缓慢移动着。

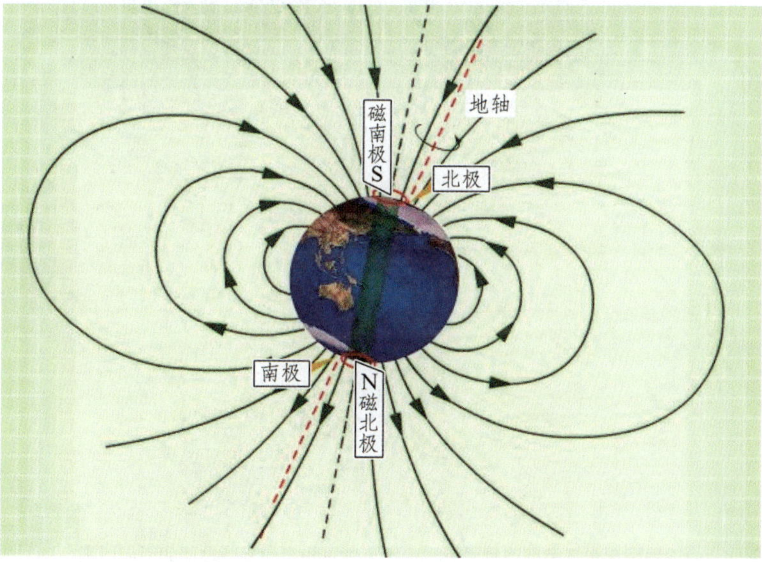

图 2.6 地球磁场与磁极

某一位置的地球磁场在水平面和垂直面上的方向，用磁差和磁倾表示；地球磁场的强度，用地磁力表示。磁差、磁倾和地磁力称为地球磁场三要素。

2.1.3.1　磁差（MV 或 VAR——Magnetic Variation）

地球仪或地图上所标画的经线，都是指向地理南北极的方向线，叫作真经线，真经线的北端用真北（N_T）来表示；稳定的自由磁针所指的南北方向线叫作磁经线，磁经线的北端用磁北（N_M）来表示。

由于地磁南北极与地理南北极不重合，而稳定的自由磁针指示的是地磁的南北极，所以各地点的磁经线常常偏离真经线。磁经线北端偏离真经线北端的角度，叫作磁差或磁偏角，用 MV 或 VAR 表示，如图 2.7 所示。磁经线北端偏在真经线以东为正磁差，以西为负磁差；磁差范围为 0° ~ ±180°，磁差的常见表示形式有：① MV－2°；② VAR2°W。

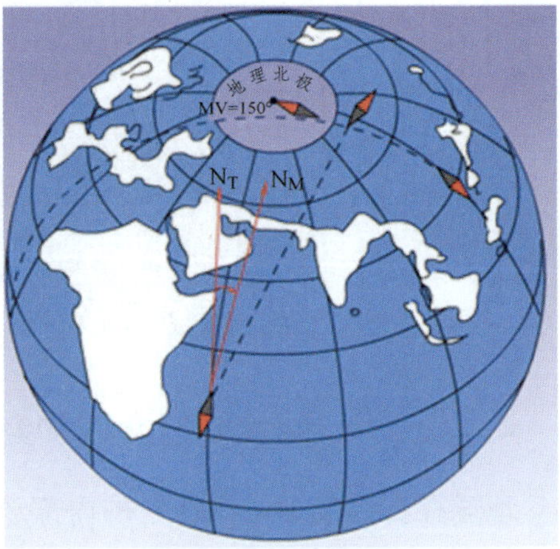

图 2.7　磁　差

某一地点的磁差可以从航空地图或磁差图上查出。在航空地图或磁差图上，通常把磁差相等的各点用紫色的虚线连接起来，并标出磁差的数值，这些虚线就叫等磁差曲线（Isogonic Line），可供飞行时查取磁差，如图 2.8 所示。我国的磁差范围：从新疆到黑龙江，逐渐由 +6° 变化到 －12°。

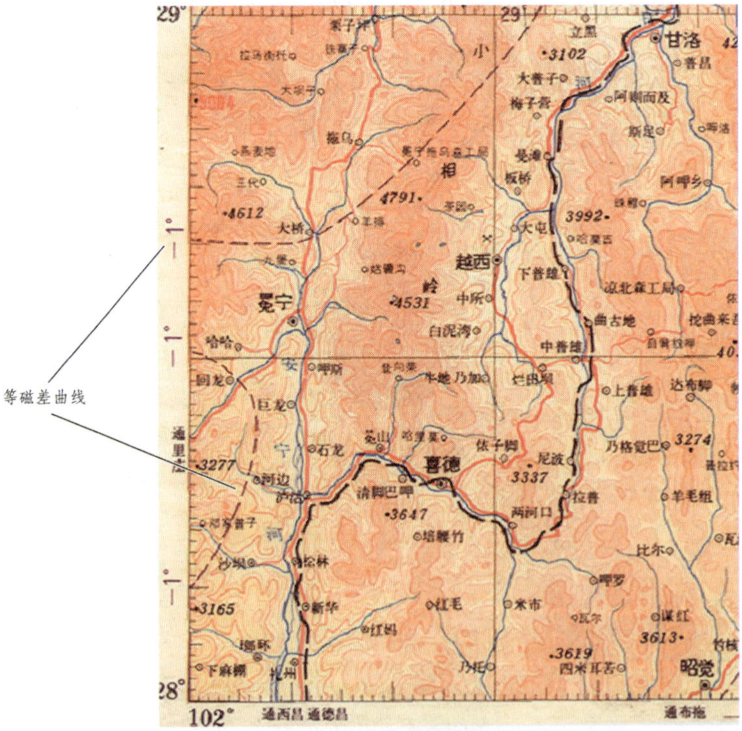

图 2.8　等磁差曲线

2.1.3.2 磁　倾

在大多数地区，地球磁场的磁力线都同水平面不平行，所以支点同重心重合的磁针常常是倾斜的。磁针的轴线（磁力线的切线方向）同水平面的夹角叫磁倾角，简称磁倾（θ），如图 2.9 所示。地球上各点的磁倾也常不相同，磁倾随纬度增高而增大，在地球磁极附近的地区，磁倾最大可达 90°。

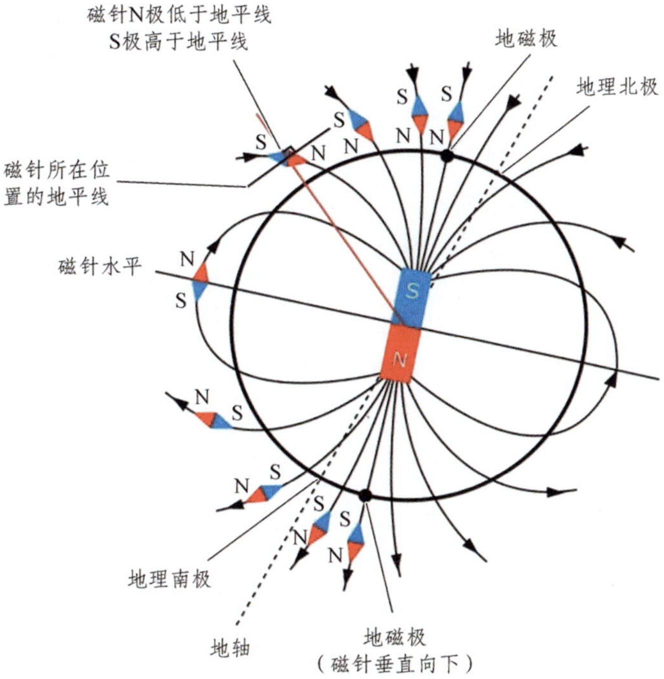

图 2.9　磁倾

2.1.3.3 地磁力

地球磁场对磁体（如磁针）的作用力叫地磁力。同一磁体所受的地磁力，在地球磁极附近最强，在地球赤道上最弱，地磁力的大小还同飞行高度有关：随着高度的升高，地磁力将逐渐减弱。

地磁力对水平面常常是倾斜的。在磁极附近地磁水平分力很弱，磁针难以准确地指示出南北方向。

2.1.3.4 地磁要素的变化

根据各地实际测量的结果，地磁要素不仅因地区不同，而且随着时间缓慢地变化。

地磁要素长期有规律的变化叫世纪变化，变化的周期大约是 1 000 年，其中对领航准确性影响较大的是磁差的变化。磁差世纪变化的年平均值叫磁差年变率，磁差年变率一般不超过 10′，但长年累月，积少成多，应予以修正。为了在领航中准确地确定某地点当前的磁差，应当根据地图上等磁差曲线的年份、磁差及注明的磁差年变率，进行修正计算。

航线的选择

2.1.4 航　线

飞机从地球表面一点（起点）到另一点（终点）的预定航行路线叫航线，也称为预计航迹。

由于地面导航设施、空中交通管理、飞行任务、地形等因素的影响，一条航线常常由起点、转弯点、终点等航路点构成，其中还包括指定的或飞行员自选的检查点，这种航线我们称之为航路。

在目视飞行规则（VFR）条件下飞行，通常以起飞机场作为航线起点，以着陆机场作为航线终点，转弯点和检查点则是一些明显易辨的地面景物；而在仪表飞行规则（IFR）条件下飞行，通常以起飞机场和着陆机场的主降方向远距导航台或附近的归航台为航线起点和终点，而转弯点和检查点则是一些无线电导航点或定位点；实施区域导航时，这些航路点则是一些选定的点（如采用经、纬度等）。

航线的方向和距离用航线角和距离表示，领航使用的航线有大圆航线和等角航线。

2.1.4.1 航线角和航线距离

航线（航段）的方向，用航线角（Course）表示，即从航线起点的经线北端顺时针量到航线（航段）去向的角度，如图 2.10 所示。航线角范围为 0° ~ 360°。航线角用真航线角（TC）和磁航线角（MC）来表示，换算关系式为

$$MC = TC - MV \tag{2.1}$$

图 2.10　航线角及换算

航线距离（*D*——Distance）是航线起点到终点间的地面长度，它等于各航段长度之和，其计算方法按《飞行管制 1 号规定》执行。航线距离我国常用千米（km——Kilometer）和浬（海里，NM——Nautical Mile）为单位，也有以英里（哩）（英里，SM——Statute Mile）为单位的。地球上大圆弧 1′的长度为 1 NM，3 种距离单位间的关系为 1 NM = 1.852 km = 1.15 SM。领航工作中可用计算尺或心算进行换算。

2.1.4.2 大圆航线和等角航线

大圆和等角航线

1）大圆航线（Great Circle）

以通过两航路点间的大圆圈线作为航线的叫大圆航线，大圆航线上各点的真航线角通常不相等，但航线距离最短。如图 2.11 所示。

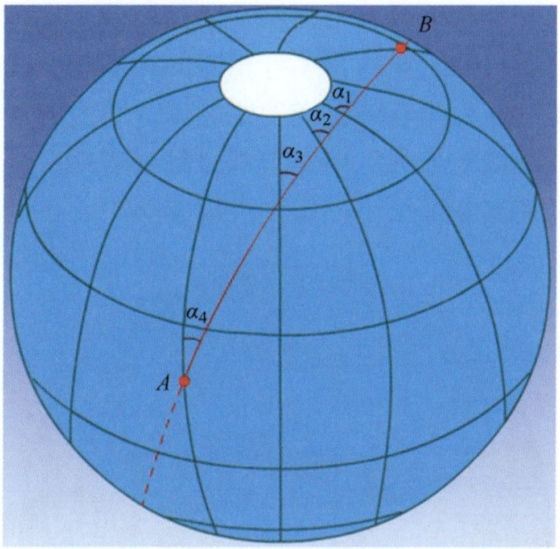

图 2.11 大圆航线

大圆航线的航线角、距离和途中所经各点的地理坐标，是航行的基本要素，可以根据球面三角公式导出各参数的计算公式。实际飞行中，飞机如果安装有自动导航设备，飞行人员只需输入起、止点位置坐标（即经、纬度），就可以计算出所需的参数，如航线角、航线距离。

2）等角航线（Rhumb Line）

以通过两航路点间的等角线作为航线的就叫等角航线，等角航线是一条盘向两极的螺旋形曲线，等角航线上各点的航线角相等，但它的距离一般都比大圆航线长，如图 2.12 所示。

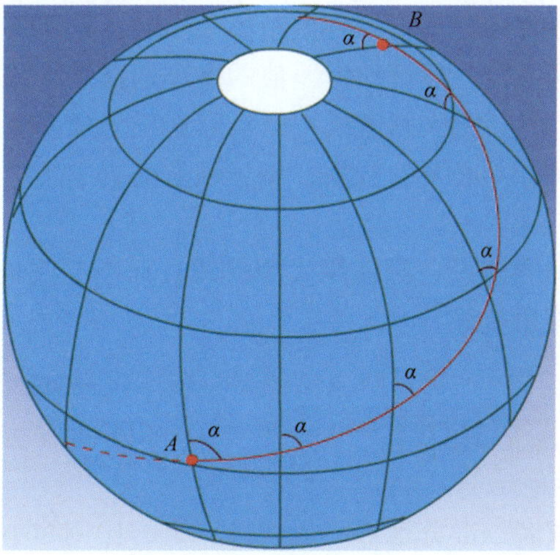

图 2.12 等角航线

等角航线的航线角、距离和途中所经各点的地理坐标，同样可根据球面三角公式导出各参数的计算公式，以便在飞行中计算出所需的各参数。

3）大圆航线和等角航线的应用

地球上任意两点间都有一条大圆航线和一条等角航线，只有当两点都在赤道上或同一经线上时，这两条航线才互相重合，否则就一定是两条不重合的航线。

等角航线一般比大圆航线的距离长，二者相差的距离随航线长度而增加，且与起点和终点的航线方向及纬度、经度差有关：经度差越大，航线角越接近 90°或 270°，距离差越大；在中纬度地区，距离差最大。但是，经过计算表明：在经度差小于 30°的情况下，无论其他条件如何，距离差都很小，完全可以忽略不计，如图 2.13 所示。

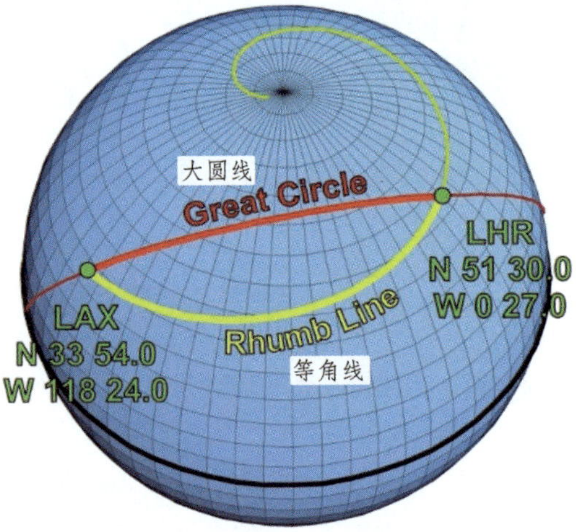

图 2.13　大圆航线与等角航线

大圆航线距离虽最短，但在飞行中需要经常改变航线角，极不方便；等角航线虽然距离长，但可以在飞行中不改变航线角一直到达目的地，因此，实际飞行中必须根据不同的情况进行选择：一般在近程飞行，相差距离很小时，选用等角航线；远程飞行时，则必须计算出两者相差的数值，然后根据差值的大小选择一种或二者配合，最常用的方法是全程采用大圆航线，然后将大圆航线根据实际情况分成多个航段，每一航段按等角航线飞行，这样，可以减少不必要的麻烦，便于领航的空中实施，同时也能得到较好的经济效益。

现代大中型飞机上的导航设备都使用大圆航线，而小型飞机（如运五、TB 等）受导航设备限制只能采用等角航线。

2.2　常用的航空地图

将地球表面的全部或者一部分地形、地物按一定的比例缩小，用一定的方法和符号描绘在平面上的图形，就叫地图。地图是地球表面上的一部分表现在平面上的图形，也是地面上各种自然、人工地貌的简明记录。

专供航空使用的地图叫航空地图，简称航图。它着重表示与航空有关的地形要素与航空要素，可供研究航行区域、确定航线、判定飞机位置和飞行方向以及实施空中导航。中国民航使用的航图分为通用航图和特种航图。通用航图一般用于飞行前领航准备和实施基本领航；特种航图一般用于特有的飞行任务、航段、导航设备，公布在航行资料汇编中。本部分介绍通用航图的基本知识。

航图是每次飞行时进行领航准备和空中实施的必不可少的重要工具，在飞行中充分地运用航图所提供的资料，正确、熟练地使用各种航图，对于保证飞行安全具有重要意义。因此，飞行员应当掌握航图的基本知识，学会使用航图，能够熟练地进行图上作业。

2.2.1 地图三要素

在绘制地图时，需要将地球表面上的各种景物绘制到面积有限的平面上，因此必须将地球缩小一定的比例，采用一定的符号系统和投影方法进行，即地图比例尺、地图符号和地图投影方法，称为地图三要素。

地图要素

2.2.1.1 地图比例尺（Map Scale）

地图比例尺就是地图上线段的长度（$D_{\text{图}}$）与地面上相对应的实际长度（$D_{\text{地}}$）之比，即

$$\text{地图比例尺} = \text{图上长度}（D_{\text{图}}）/\text{实地长度}（D_{\text{地}}） \tag{2.2}$$

例如，南京长江大桥实际长度为 6.7 km（670 000 cm），画在某一张地图上长度为 6.7 cm，则这张地图的比例尺是 6.7/670 000 或 6.7∶670 000，即 1/100 000。

为了使用方便，比例尺的分子通常都化为 1，分母越大，比例尺就越小。地图比例尺通常绘注在每幅地图的图廓下方，常用的有 3 种表示形式。

（1）数字比例尺：用分式或比例式表示。如 1∶1 000 000 或 1/1 000 000。使用时将数字比例尺的分母消去 5 个“0”，剩下的数值就是图上长 1 cm 所代表的地面距离 km 数，以便利用这一关系正确地量取两点间的实地距离，如图 2.14 所示。

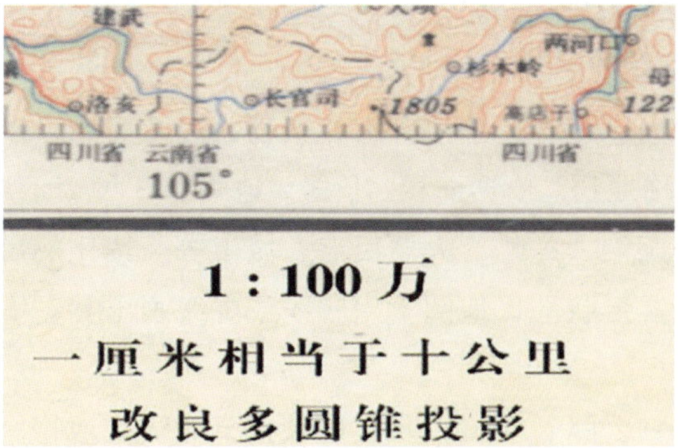

图 2.14 地图比例尺

（2）文字说明比例尺：用文字在地图上注明图上长度同地面实际长度的关系，如图 2.14 所示。

（3）图解比例尺：用线段图形标明图上长度与实地长度的关系，也称为线段比例尺，如图 2.15 所示。用线段比例尺量距离时，应从尺身读取整数，从尺头读取不足 10 km 的距离数。

图 2.15　图解（线段）比例尺

为了适应航空运输的不同用途，需要各种不同大小比例尺的航图，但地图比例尺的大小是相对而言的。不同比例尺的地图互相比较，比例尺分母较小，比值就较大，因而比例尺也较大，领航上习惯于把比例尺大于 1∶500 000 的地图称为大比例尺地图，如：1∶200 000 和 1∶100 000 地图。把比例尺小于 1∶1 000 000 的地图称为小比例尺地图，如：1∶1 500 000 和 1∶2 000 000 地图。

图幅同样大小的地图，比例尺大的所表现的地面范围要小些，但比较详细；比例尺小的地图所表现的地面范围要大些，但比较简略。飞行人员应根据飞行任务的需要，选择适当比例尺的航图。在一般航线上飞行时，为了便于配合观察地面景物和进行领航计算，常选用 1∶1 000 000 航图；在远程航行时，为了推测飞机位置方便和便于携带，常选用 1∶2 000 000 航图和 1∶3 000 000 航图；在通用航空和特殊领航任务时，如航测、护林、空投、航摄、救援及仪表进近程序设计等，为了便于详细识别地面景物和地形，常选用 1∶100 000 和 1∶50 000 的大比例尺航图。

2.2.1.2　地图符号

绘制地图时，需将地面上的景物特征、起伏形态等表现出来，因而必须采用地图符号来表示。狭义的地图符号是指在图上表示制图对象空间分布、数量、质量等特征的标志和信息载体，包括线划符号、色彩图形和注记的总和，也称为地图符号系统。

1）地物在地图上的表示

地面上的河流、湖泊、森林、沙漠等自然景物，以及居民点、铁路、公路、桥梁、机场等人工建造物，统称地物。依据面积、长短，地物有 3 种表示形式，如图 2.16 所示。

（1）真形：森林、湖泊、岛屿、大居民点、城市等，按比例尺缩小后仍能在地图上表示出真实轮廓，即真实形状的，地图上用实线或虚线画出其真实轮廓，其间填充不同的符号和颜色。

（2）半真形：铁路、公路、河流以及其他较狭窄的线状地物，其长度和弯曲情况可按比例尺缩小，但宽度按比例尺缩小后无法表示出来，因而采用半真形的符号表示。

图 2.16 地物的表示

（3）代表符号：村镇、桥梁、灯塔、寺庙等较小的地物，按比例缩小后，根本无法在地图上表现其形状和大小，因而只能用一些规定的符号来表示，这些符号只表明地物的位置，而不表明其形状和大小。在每幅地图的边缘或背面有代表符号的图例，使用时可参照图例来了解地面的各种景物。同一地物在不同比例尺地图上的表示符号不完全相同，使用时须注意。

当需要对地物做补充说明时，在它旁边注有说明符号，说明符号总是配合上述 3 种表示形式使用的。如河流旁边注上箭头以表示水流方向。

2）地形在地图上的表示

地面高低起伏的形态叫地形，也叫地貌。为了计算和比较地面各点高低，我国规定以黄海平均海平面（MSL——Mean Sea Level）作为大地基准面，某一地点到大地基准面的垂直距离叫该地点的标高（EL——Elevation）或海拔。两地点标高之差叫标高差，如图 2.17 所示。

图 2.17　标高

将地形情况清楚地在地图上表现出来，常采用标高点、等高线和分层着色 3 种方法。

（1）标高点（Spot Elevation）：一些选定的特殊地点，如山峰、山脊的顶点，其位置用一小黑点或黑三角表示，旁边注明该地点的标高数值，如“●1046”或“▲1705”；标高前附加有“±”的（如 ± 2 700），表示标高不精确；标高数值为红色表示该地点是所在 1°经、纬网格的最大标高；标高数值为红色并加一个长方形红框则表示该位置点标高为本幅地图范围的最大标高。标高点只能查出该地点的标高，但看不出整个地形的起伏情况。

（2）等高线（Contours）：地球表面标高相等的各个地点的连线在地图上的投影。在现代地图上，地形主要是用等高线来表示的。在每幅地图上，每隔一定高度画有一条等高线，旁边注明其标高，为了避免凌乱，实际航图上只标注了部分等高线的标高。图 2.18 所示为不同地形等高线示意图。用等高线表示地形虽然详细准确，但看起来不够明显。

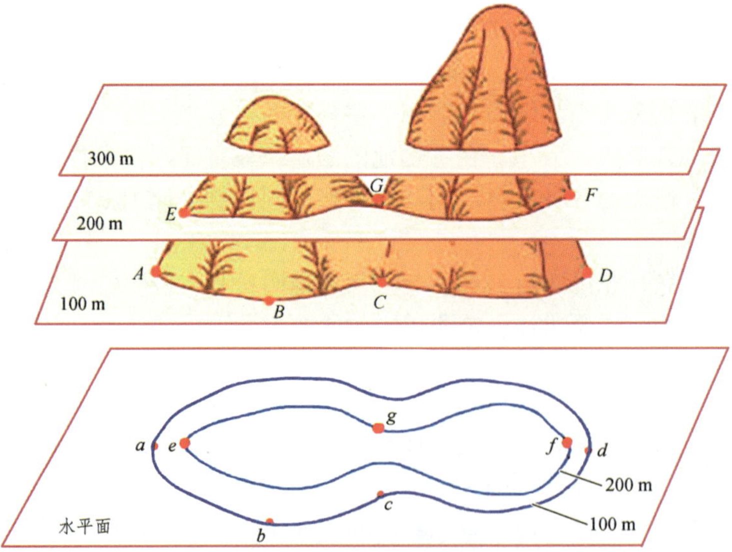

图 2.18　地形与等高线

（3）分层着色（Colour Tinting）：在两条等高线之间，从低到高，由浅到深分别涂上不同的颜色，以表示不同的高度。这样，航图的地形看起来更为明显，一目了然。不同颜色所表示的高度，在地图边缘的颜色高度尺上都有注明。通过对照可以概略判断该地区的高度和地形情况。

目前使用的航空地图为了把地形表现得更加明显、准确，都是综合采用 3 种方法来表示地形的。在地图上查某地点标高的方法是：根据该地点所在的等高线或所在区域的颜色从颜色高度尺上查出；若该地点正好在等高线上，则等高线的标高就是该地点的标高，若在两条等高线之间，一般以邻近较高的等高线的标高作为该地点的标高。

2.2.1.3　地图投影

地图投影知识

1）地图投影原理

绘制地图时需将地球上的经、纬线转画到平面上，就可以按照各位置的经、纬度，把它们准确地标在平面上，所以利用一定数学法则将地球上的经、纬线描绘到平面上的理论和方法就叫作地图投影。

地图投影方法一般有透视投影法和数学解析法。透视投影法是利用透视的关系，假设地球按比例缩小成一个透明的地球仪般的球体，在其球心或球面、球外安置一个光源，将球面上的经、纬线投影到球外的一个投影面（平面或可展开的圆柱面、圆锥面），最后展开成平面成为地图，即将球面经、纬线转换成地图上的经、纬线，如图 2.19 所示。透视投影法是一种比较原始的投影方法，有很大的局限性，难以纠正投影变形，精度较低。数学解析法是在球面与投影面之间建立点与点的函数关系，通过数学方法确定经、纬线交点位置的一种投影方法，大多数学解析法往往是在透视投影的基础上，发展建立球面与投影面之间点与点的函数关系的。目前，绝大多数地图投影都采用数学解析法。

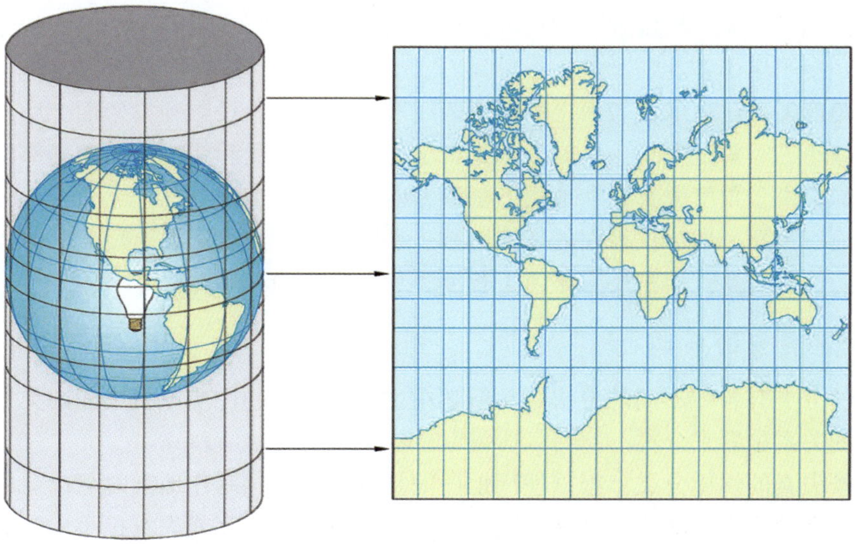

图 2.19　地图投影（透视投影）原理

2）地图失真

地球表面的一些地方，投影到各种投影面上时，必然要产生变形，这种变形，就叫地图失真，如图 2.20 所示。地球仪上一个很小的区域（小圆），投影到投影面（如圆柱面）上时，由于沿经线和纬线方向被不同程度拉长的结果，变成了一个很小的椭圆，因此长度、角度和形状大小（即面积）都产生了失真，即地图失真表现在长度、角度和面积 3 个方面。

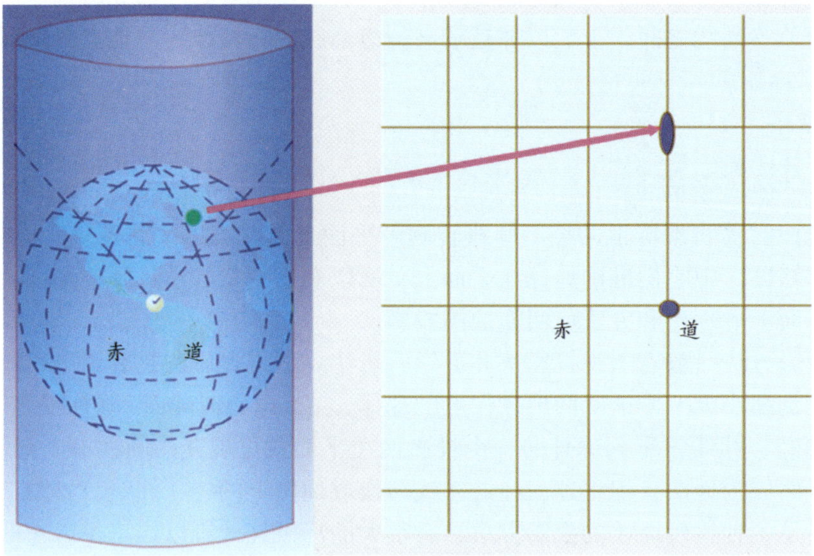

图 2.20　地图失真

（1）长度失真。地球仪表面上的线段投影到投影面上后，其长度的伸长或缩短，叫长度失真。由于长度失真，地图上各个地点不同方向上的比例尺将发生变化：长度伸长的地方，比例尺变大；长度缩短的地方，比例尺变小。因此，用同一个基准的比例尺去量距离时，会产生误差。

（2）角度失真。地球仪表面上的任意两线段所成的夹角投影到投影面上后，其夹角的增大或减小，叫角度失真。角度失真是由于投影时沿经线和纬线方向的局部比例尺不同而产生的。由于角度失真，在地图上量取方向时，会产生误差。

（3）面积失真。地球仪表面的任意区域（小圆）投影到投影面上后，其面积的扩大或缩小，叫面积失真。面积失真是由于长度失真而产生的。

3）地图投影的分类

地图的分类有各种不同的分法，领航学中主要按失真的性质、投影面的类型、投影面同球面的关系位置来分类。

（1）按失真的性质分类。根据使用地图的目的和要求，制作地图时可以运用投影理论，采用一定的投影方法，使制作的地图在某一方向没有失真或失真极小，一般分为等角投影、等距投影、等积投影和任意投影 4 种。

① 等角投影：投影时保持任何一点沿经线、纬线方向的局部比例尺相等，即没有角度失真的投影。这种投影图上任意两直线间的夹角和地球表面上实地完全相同，缺点是有长度、面积失真，但小范围的形状与实地近似。

② 等距投影：投影时保持各点只在某一投影主方向上没有长度失真。但其缺点是既有角度失真，又有面积失真。

③ 等积投影：投影时保持某区域（小圆）的面积不变，即没有面积失真的投影。等积投影的缺点是既有角度失真，又有长度失真，并且该区域的形状会产生较大变化。

④ 任意投影：一切不等角、不等距和不等积的投影，这种投影在实际制作地图时，同样根据要求在一定范围内将其某一方面的失真减至最小，一般情况下角度失真和长度失真都是比较小的。

（2）按投影面的类型分类。地图投影时采用的投影面有圆柱面、圆锥面和平面 3 种类型。地图投影可分为以圆柱面作为投影面的圆柱投影；以圆锥面作为投影面的圆锥投影；以平面作为投影面的平面投影，如图 2.21 所示。同时还有以许多顶角不同的圆锥面作为投影面的多圆锥投影。绘制地图时，根据要求各投影面可以选择与地球球面相切或相割的方法。

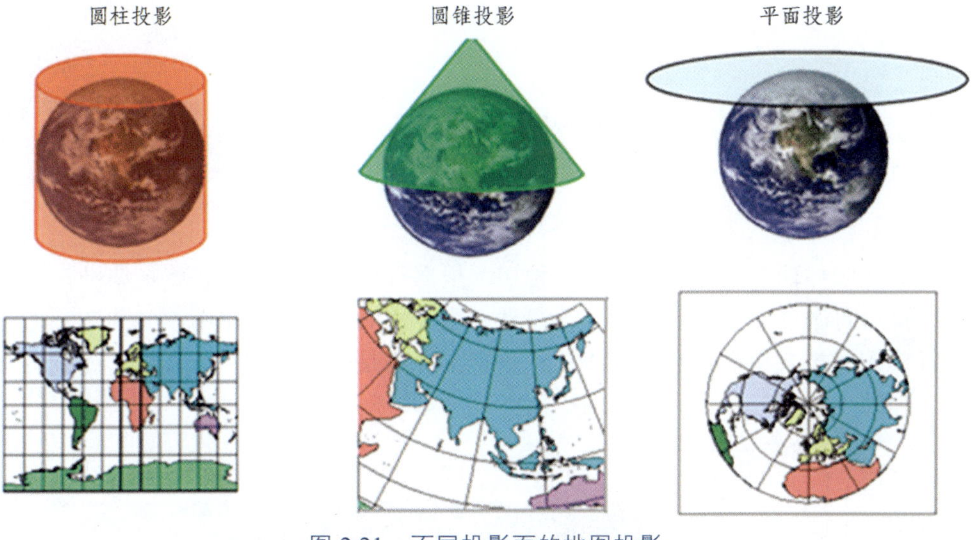

图 2.21　不同投影面的地图投影

（3）按投影面与球面的关系位置分类。一般可将其分为投影面的轴线与地轴重合的正轴投影；投影面的轴线与地轴垂直的横轴投影；投影面的轴线同地轴相交成一角度的斜轴投影，如图 2.22 所示。

选择航空地图的投影方法时，为了便于在地图上量取准确的角度和距离，所有航空地图应当是等角和等距的，对于面积失真可不考虑，但是没有一种投影方法能同时满足既等角又等距的要求，因此，目前所使用的航图采用的投影方法，是在保证等角的前提下，尽量减小长度失真，以便用同一比例尺在地图上量取距离，同时，还应考虑在地图上画大圆航线或等角航线的方便。

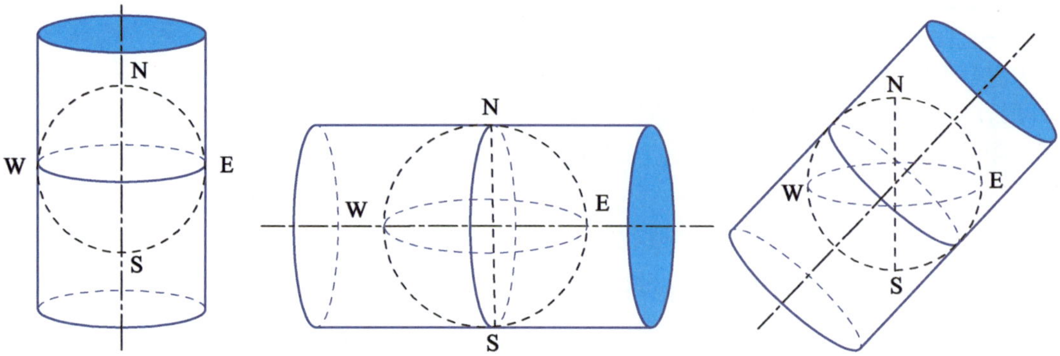

（a）正轴投影　　（b）横轴投影　　（c）斜轴投影

图 2.22　不同投影方式的地图投影

2.2.2　常用的航空地图

为了满足空中领航对航空地图的各种要求，需要采用不同的投影方法绘制各种航图，这些航图都各有特点。只有理解和掌握常用航空地图的投影特点、失真情况及图上航线的形状，才能在领航工作中熟练应用，为飞行服务。

2.2.2.1　等角正圆柱投影图

墨卡托投影图

等角正圆柱投影图又称为墨卡托投影图，是荷兰人墨卡托（Mercator）于 1569 年创制的。

1）投影特点及主要特征

投影时将圆柱面与地球球面的赤道相切，根据等角投影的要求，将经纬网投影到圆柱面上，最后将圆柱面展开成平面，就得到一张等角的墨卡托投影图，如图 2.23 所示。墨卡托投影图的主要特征：经、纬线互相垂直，经线是等间隔的平行直线，纬线也是平行直线，但纬度差相等的各条纬线间，离赤道越远，间隔越大。

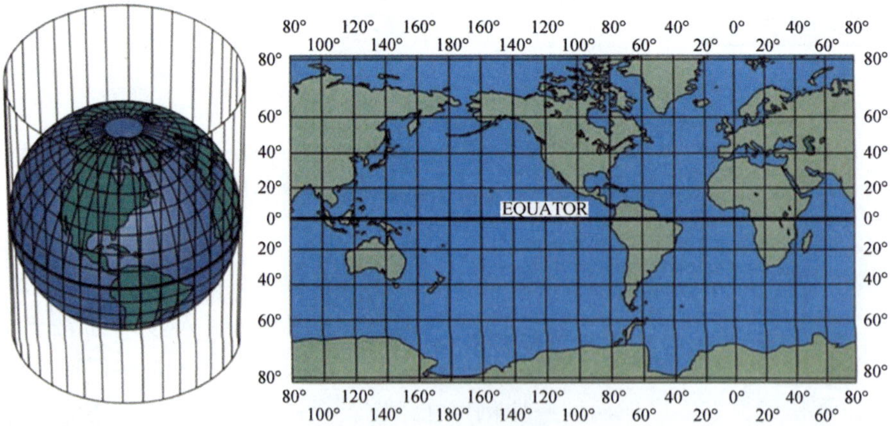

图 2.23　等角正圆柱投影图（墨卡托投影图）

2）失真情况

墨卡托投影图没有角度失真，赤道没有任何失真，其余地区都有不同程度的长度和面积失真：赤道附近失真很小，离赤道越远，失真越大，即失真随纬度增高而增大。因此，在这种投影图上量距离时，不能用同一个比例尺，而必须利用图边的特殊线段比例尺进行。

我国目前绘制的一些墨卡托投影图，为了使整个地图的长度、面积失真分布均匀，采取将圆柱面割于南、北纬 30°处绘制而成，所以两条 30°纬线上没有失真，两条纬线间的地区有所缩小，两条纬线外的地区有所扩大。

3）图上航线形状

由于图上经线互相平行，所以等角航线是一条直线，而大圆航线则是一条凸向两极的曲线。

在墨卡托投影图上利用图解法计算飞机位置十分方便，适用于海上领航，同时也用作绘制较长距离等角航线时的辅助地图。

2.2.2.2　等角正割圆锥投影图

墨卡托与兰伯特投影差异

等角正割圆锥投影图又称为兰伯特投影图，是德国人兰伯特（Lambert）创制的。

1）投影特点和主要特征

投影时以圆锥面与地球仪的两条选定的标准纬线相割，根据等角投影的要求，从地球中心将经、纬网投影到圆锥面上，然后将圆锥面展开成平面就得到了兰伯特投影图，如图 2.24 所示。投影时，两条标准纬线间的地区收缩，两条标准纬线以外的地区则扩大。兰伯特投影图的主要特征是：经线都是互不平行的直线，收敛于图外的一点（投影圆锥的顶点）；纬线都是以圆锥顶点为圆心的同心圆弧；纬度差相等的各纬线间的距离基本相等。

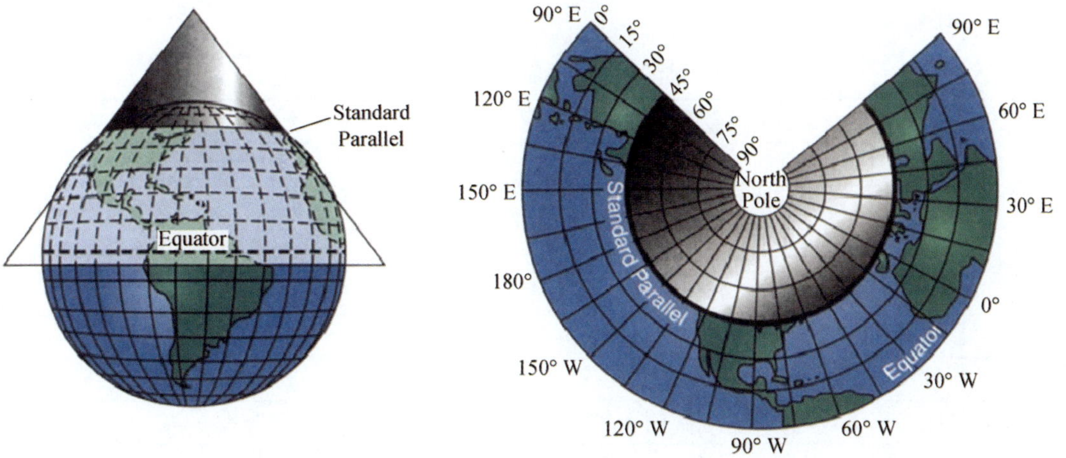

图 2.24　兰伯特投影图

2）失真情况

兰伯特投影图没有角度失真，存在长度失真和面积失真。

长度失真的情况：两条标准纬线上没有失真，两条标准纬线之间长度有所缩短，即比例尺变小，图上量出的距离小于实际距离；两条标准纬线以外的地区，长度有所拉伸，比例尺变大，图上量出的距离大于实际距离；离标准纬线越远，失真越大。

当投影地区较大时，为了减小失真，常用多个圆锥面正割地球仪进行分带投影，因而在拼接地图时，各投影带之间将产生裂缝。

3）图上航线的形状

等角航线是凸向赤道的曲线，大圆航线则是凸向比例尺大的一方的曲线，如图2.25所示。在一幅地图上，大圆航线极近似于直线。

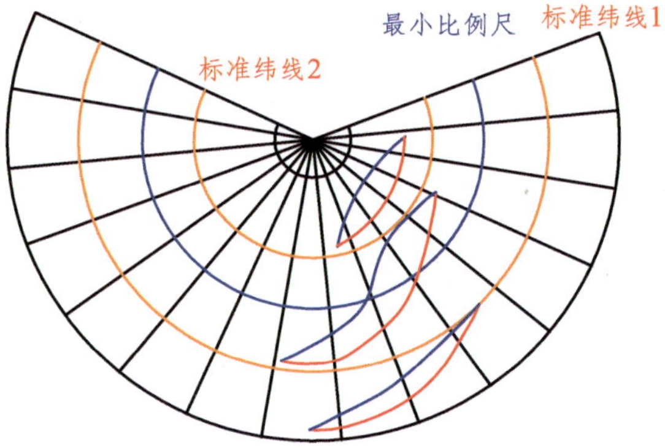

图 2.25　兰伯特投影图航线的形状

实际使用中，可以认为兰伯特投影图既等角又等距，成为一种最主要的航空地图。中国民航高空航线图和中低空航线图都是等角正割圆锥投影图。全世界统一规范的 1∶1 000 000 世界航图，从赤道 0°起至北纬 84°或南纬 80°之间，采用的就是兰伯特投影图。国际民航组织（ICAO）的规定：纬度每 4°为一个投影带，每个投影带的标准纬度与投影带边缘纬度相差 40′，即北半球$\phi = \phi_N - 40'$，南半球$\phi = \phi_S + 40'$；由于投影带范围很小，因此产生的失真极小，如在变形（失真）最大的赤道投影带（0°—4°N）的上边缘纬线上，长度的相对失真也只有 0.037%。我国绘制的 1∶1 000 000 世界航图，规定每个投影带的边缘纬线和中间纬线长度相对失真的绝对值低于 0.030%，精度就更高了。但须注意，由于图上经线不平行，在量航线角时，应以航线中间的经线为基准。

常用航空地图的经/纬线特点、失真情况、图上大圆航线和等角航线的形状、领航上的应用等比较如表 2.1 所示。

表 2.1　常用航空地图特点

名　称		等角正圆柱投影图（墨卡托投影图）	等角正割圆锥投影图（兰伯特投影图）
特征	经　线	平行等距的直线	向极点收敛的直线
	纬　线	平行的直线；离赤道越远，纬距越大	以极点为中心的同心圆，纬距近似相等
失真情况	性　质	等角	等角
	无失真区	赤道或圆柱面同地球仪相割的纬线	标准纬线
	比例尺	不同纬度上的比例尺不相等	近似相等
大圆航线		凸向两极的曲线	凸向比例尺大的方向的曲线，近距离内近似直线
等角航线		直线	曲线
领航应用		海上领航，画等角航线辅助图	世界航图

2.2.3 航空地图的分幅和编号

地图分幅和编号

为了使地图大小规格一致，便于地图生产印刷、管理运输，控制投影范围、失真，快速检索使用，将地图按比例尺大小所包含的图幅范围，进行统一分幅和编号。地图分幅和编号标准是制作、存储、检索和使用地图的依据和标志，使用者根据图幅编号就能迅速地选用所需航图。

我国基本比例尺地形图一般采用经纬线分幅的梯形分幅法（也称为国际分幅法）进行分幅，以 1∶1 000 000 等角正割圆锥投影图为基础。经纬线分幅的优点：每个图幅都有明确的地理位置概念，便于检索；可以使用分带或分块投影，控制投影误差，变形较小。

2.2.3.1 1993 年 3 月 1 日前分幅和编号方法

表 2.2 为常用比例尺地图图幅范围，1∶100 万航图的分幅如表 2.3 和图 2.26 所示。在纬度 88° ~ 90°间为一幅图，采用的是极地平面投影。

表 2.2 地图比例尺与图幅范围

地图比例尺		1∶50 000	1∶100 000	1∶200 000	1∶500 000	1∶1 000 000	1∶2 000 000
图幅范围	纬度差	10′	20′	40′	2°	4°	12°
	经度差	15′	30′	1°	3°	6°	18°

表 2.3 百万分之一航图的分幅

地图区域		0° ~ 60°	60° ~ 76°	76° ~ 84°	84° ~ 88°	88° ~ 90°
分幅范围	纬度差	4°	4°	4°	4°	2°
	经度差	6°	12°	24°	36°	360°

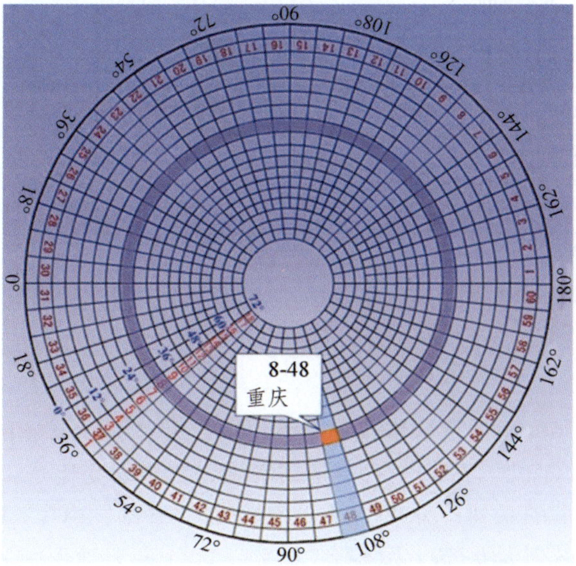

图 2.26 百万分之一航图的分幅编号

1：100 万每幅图的编号由列数和行数组成，其余比例尺的地图编号采用对应 1：100 万编号后加上分幅自然序号。百万分之一航图从赤道起向两极纬度每隔 4°为一列，依次以 1，2，…，22（或者 A，B，…，V）表示；从经度 180°起，自西向东经度每隔 6°为一行，依次以 1，2，…，60 表示。在北半球的图幅编号前加注 N，南半球的图幅则加注 S，我国领土都在北半球，编号时通常将 N 省略，如图 2.26 所示。例如重庆所在的一幅百万分之一航图位于第 8 列和第 48 行，编号为 8-48。

五十万分之一航图图幅所包含的范围是百万分之一航图范围的 1/4，即 1 幅百万分之一航图可分为 4 幅五十万分之一航图，五十万分之一航图的编号为百万分之一航图编号后面加上甲、乙、丙、丁，如图 2.27 所示。

同理，1 幅百万分之一航图可分为 36 幅二十万分之一航图。二十万分之一航图的编号在百万分之一航图编号后面加上（1），（2），…，（36），如图 2.27 所示。

1 幅百万分之一航图可分为 144 幅十万分之一航图。十万分之一航图的编号为在百万分之一航图编号后面加上 1，2，…，144，如图 2.27 所示。

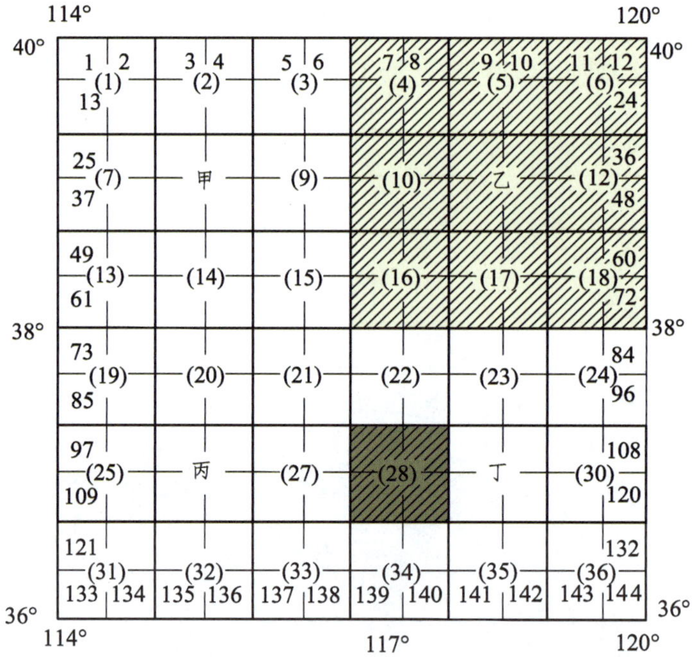

图 2.27　五十万分之一、二十万分之一、十万分之一航图编号

2.2.3.2　1993 年 3 月 1 日后分幅和编号方法

地图的分幅和编号经历了多次修改、调整，1993 年 3 月 1 日新的《国家基本比例尺地形图分幅和编号》（GB/T 13989—92）正式实施，其主要变化是：1：5 000 地形图列入国家基本比例尺地形图系列；分幅仍以 1：100 万为基础，由 1：100 万地形图逐次加密划分而成；由旧的横列、纵行改为横行、纵列；1：100 万地形图的图号由该图所在的行号（字符码）与列号（数字码）组合而成；1：50 万～1：5 000 比例尺地形图的图号

均由五个元素 10 位码构成（见图 2.28），在 1：100 万地形图基础上增加了比例尺代码（见表 2.4）。

表 2.4 地图比例尺代码

比例尺	1：50 万	1：25 万	1：10 万	1：5 万	1：2.5 万	1：1 万	1：5 000
代码	B	C	D	E	F	G	H

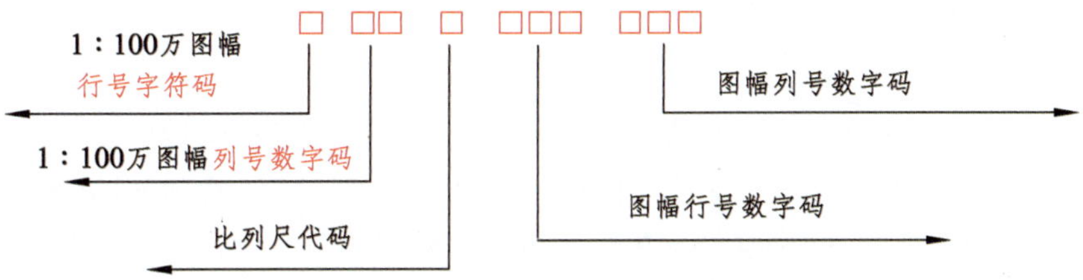

注：表示图幅编号的行、列号数字码均采用三位数字表示，不足三位时前面补 0。

图 2.28 国家基本比例尺地形图编号方法

现行标准是 2012 年 10 月 1 日实施的《国家基本比例尺地形图分幅和编号》（GB/T 13989—2012），该标准主要增加了 1：2 000、1：1 000 和 1：500 三种比例尺地图及分幅、编号，补充、完善了各比例尺间图幅行、列数及图幅数量的关系。

2.3 基本地图作业

1：100 万和 1：50 万兰伯特投影图，是实施领航特别是目视飞行所必备的航行资料。在地图上确定位置、画航线、量数据等工作称为地图作业。地图作业的有关数据还必须填入领航记录表。地图作业是飞行前领航准备的一项重要内容，是顺利实施领航的必要条件，迅速、准确地进行地图作业，是飞行人员必须具备的基本技能，应当熟练掌握。

2.3.1 航空地图的选用

根据不同的飞行任务，正确地选用地图，是保证准确、迅速进行图上作业，顺利实施领航的重要保证。

2.3.1.1 地图的选择

地图的选择，应以有利于判断飞机位置和飞行方向，以及图上作业方便为原则，主要考虑以下几个方面。

（1）地图的准确性。地图的准确性是指图上地形、地物标绘的准确程度，每幅地图的图边缘对此都有注明，选择时必须注意。

（2）地图的比例尺。选择地图比例尺，应充分考虑地图的用途以及飞行中使用地图的方便。一般情况下，远距离领航、高空飞行或高速飞机可采用比例尺较小的航图；低空或低速飞机可采用比例尺较大的地图；通用航空采用五万分之一或十万分之一的大比例尺航图。

（3）地图的投影。选择地图投影，主要应考虑投影失真情况，有时还应考虑图上作业的方便。目前多选用兰伯特投影图，通用航空常选用高斯-克吕格投影图。

（4）地图的内容。要根据地图上所绘的地物、地形判断飞机位置，完成领航工作，因此，对地图的内容和表示形式的要求是：每一飞行地区总的特征描绘得十分准确；标有从空中易于识别的各种显著的地面景物；飞行实施中识图容易；可以进行图上作业和记录。

（5）地图的出版日期。地面上的地形、地物，随着国家经济建设的发展和自然条件的变迁，也在不断随时间而发展变化。因此，选择地图时，应注意地图的绘制日期和出版日期，选择使用最新出版的地图，并在工作中不断积累资料进行充实和修正。

2.3.1.2 航空地图的拼接

由于每幅航图所包括的地面范围有限，不少航线常常跨越好几张航图，因此在进行领航准备时，经常需要把许多幅航图拼接起来使用。拼接时，先按航图边缘注记的图幅结合表（邻接图表）找出邻接的航图，然后按左压右、上压下（左图与上图截去相接部分的图边）的方法，将相同度数的经、纬线以及主要的线状地标互相对齐接好，注意应使主要飞行地区不出现裂隙，如图 2.29 所示。

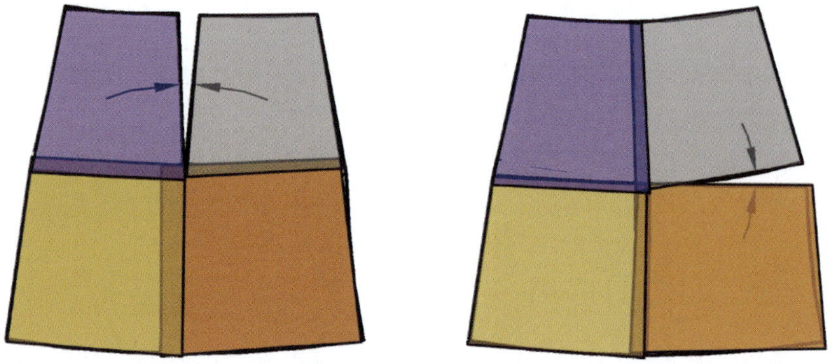

图 2.29 航图的拼接

2.3.2 图上作业

在 1∶100 万兰伯特投影图上进行地图作业，主要的工作是“标、连、量、注、填”。为了确保空中领航的准确性和便于空中使用，进行地图作业时应准确、清晰和规范。

2.3.2.1 标基本位置点

基本位置点包括起点（起飞机场或机场导航点）、转弯点（显著地标或航路导航点）、终点（着陆机场或机场导航点）、检查点（显著地标或航路导航点）以及其他规定的位置点，必须准确地标出这些位置点。

标机场位置示范

1）标机场位置

起飞机场、着陆机场及备降机场的中心位置有两种标注方法。

第一种方法是按经、纬度标注。从公布的航行资料找出机场基准点（一般是跑道中心）的经、纬度，然后在地图经/纬网上找到相应的经、纬度，分别轻轻画出经线、纬线，两条线的交点即是机场中心位置。

第二种方法是按方位、距离标注。从公布的航行资料查出机场中心位于某地点的真方位和距离，然后在地图上找出该地点并画一条方位线，以该地点为起点沿方位线用同比例向量尺量出公布距离，确定出机场中心位置。

【例 2.1】 广汉机场位于广汉市真方位 127°，距离为 5.9 km 处，标出广汉机场中心位置。

标广汉机场位置的具体方法是：先使向量尺量角器（半圆）的中心压在经线上，转动向量尺，使代表机场真方位的量角器刻度 127°也压住经线，然后沿经线上下平移向量尺，使向量尺底边通过广汉市，用蓝（黑）色笔从广汉市沿底边轻画一条方位线，以广汉市为起点沿方位线量距离 5.9 km，机场中心位置就在沿方位线规定距离处，如图 2.30 所示。

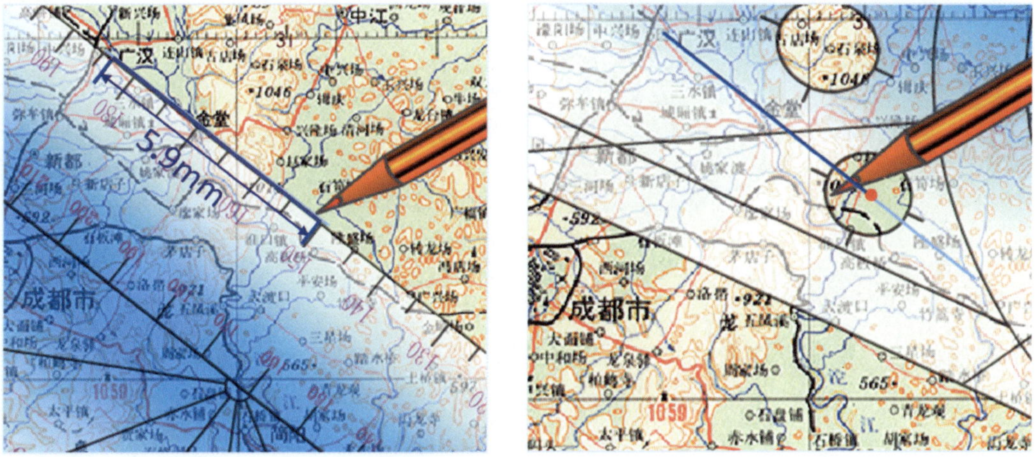

图 2.30　标注机场位置

标出机场位置识别符号：在地图上找出机场中心位置后，用向量尺上的 5 号圈以机场中心位置为圆心，用红笔画出圆圈。

标跑道方向示范

2）标跑道方向

机场中心位置标注以后，就可以根据机场跑道真方向标出跑道标志。一般机场中心与跑道的中心在同一位置，跑道的有关资料在航行资料中可以查到，但须注意：公布的跑道方向是磁方位，在地图上标注时必须换算为真方位。标画的步骤如下：

（1）将公布的跑道磁方位换算为真方位。

（2）将向量尺上量角器中对应的跑道真方位半圆刻度和量角器中心压在经线上，或者量角器中对应的跑道真方位小段刻度和量角器中心压在纬线上，平移向量尺，使向量尺底边压住机场中心点。

（3）沿向量尺底边用红笔在机场中心位置圈范围内画出直径，该直径即表示跑道的方向，但不表示跑道的长、宽。

【例 2.2】 重庆江北机场的跑道方向（磁）为 019° ~ 199°，标注的跑道标志如图 2.31 所示。

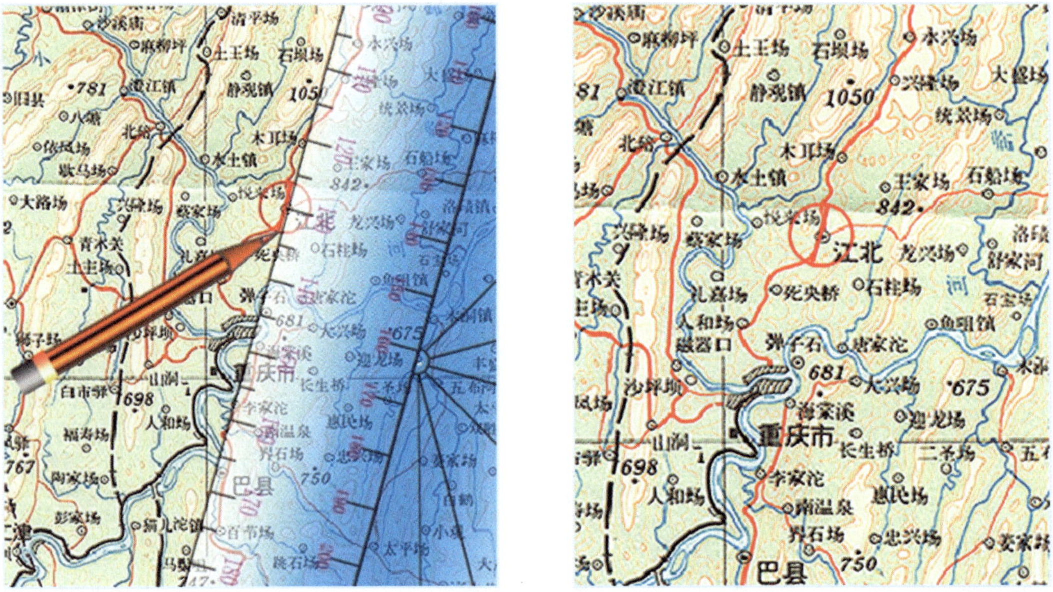

图 2.31　标注跑道方向

3）标机场导航台

标导航台示范

我国大多数机场，在跑道两端中心延长线上设置有导航台，用于引导飞机飞行，而有的机场则在其机场中心某方位、距离处设置有导航台。

当导航台在跑道中心延长线上时，应从跑道中心沿延长线方向至导航台距离找出导航点位置；当导航台在跑道侧方时，应根据公布的导航台与跑道中心的真方位和距离标出导航点位置。如果导航台公布有经、纬度，则按经、纬度标注更为精确。标出导航点位置后，用红笔以导航点位置为几何中心画一个“△”，代表导航台。注意“△”的底边要平行于地图上的纬线，坐南朝北。

4）标注其他航路点

航线上的各个转弯点和规定的位置点（如检查点），如果是某一特定地标，则用红色 5 号圈以地标为圆心圈起即可。

2.3.2.2 连航线

连接航线时，使用蓝（黑）色笔将起点、转弯点、终点的中心用直线连接起来，连接时注意不要将直线画进起点、终点的标志符里面，只画到与标志符相连，画出的航线粗细要均匀、清晰，但画出的航线可以通过检查点，如图 2.32 所示。

连接航线示范

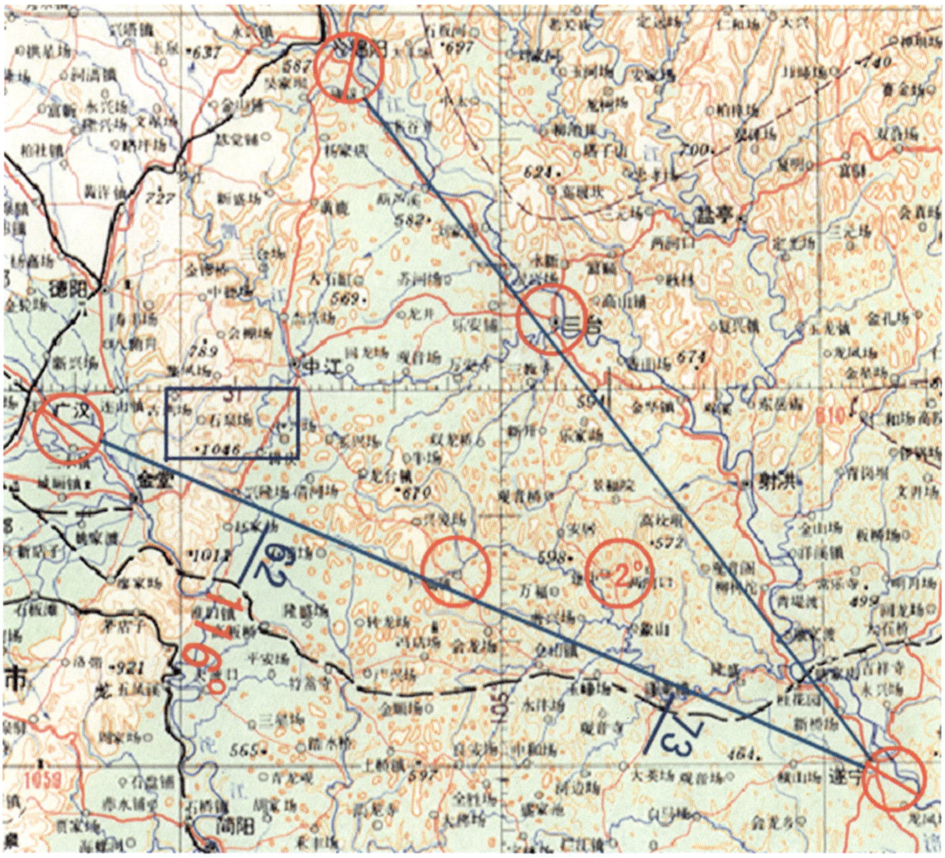

图 2.32 连航线

2.3.2.3 量数据

量航线角示范

使用向量尺将航线角和距离逐段量出，供飞行员使用。

1）量航线角

当航线为东西向时，将向量尺的底边或平行线压住航线，沿航线平移向量尺，使向量尺量角器中心压在经线上，这时经线所对的两半圆刻度即为真航线角，如图 2.33 所示。读取角度时必须注意航线的方向，航线自西向东，航线角小于 180°，应读外圈刻度；航线自东向西，航线角大于 180°，应读内圈刻度。

当航线接近平行经线（即航线为南北方向）时，应将向量尺的底边或平行线压住航线，沿航线移动向量尺，使量角器中心压在纬线上，这时从纬线所对两小段刻度读出的角度即为真航线角，如图 2.34 所示。读取角度时需注意：航线自北向南，航线角接近 180°，应读外边一段刻度；航线自南向北，航线角接近 0°，应读里边一段刻度。

航图上的经线都是真经线，所以用向量尺量出的航线角都是真航线角。

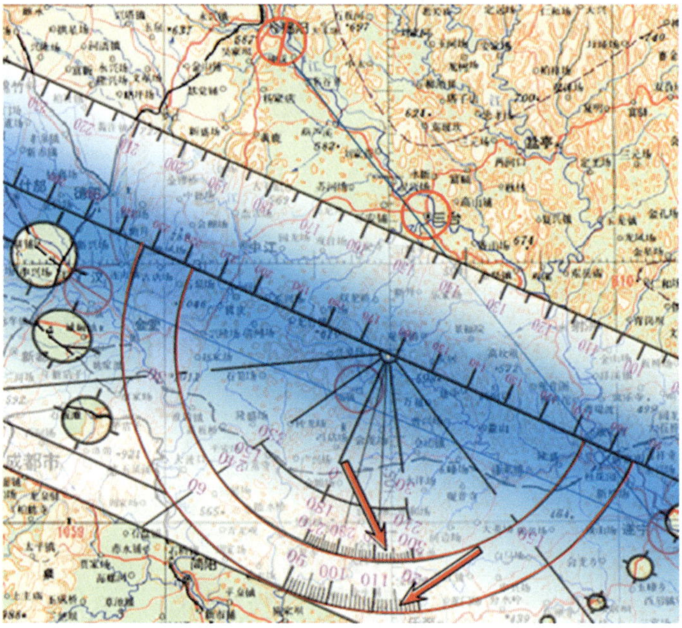

图 2.33　量航线角方法（东西向）

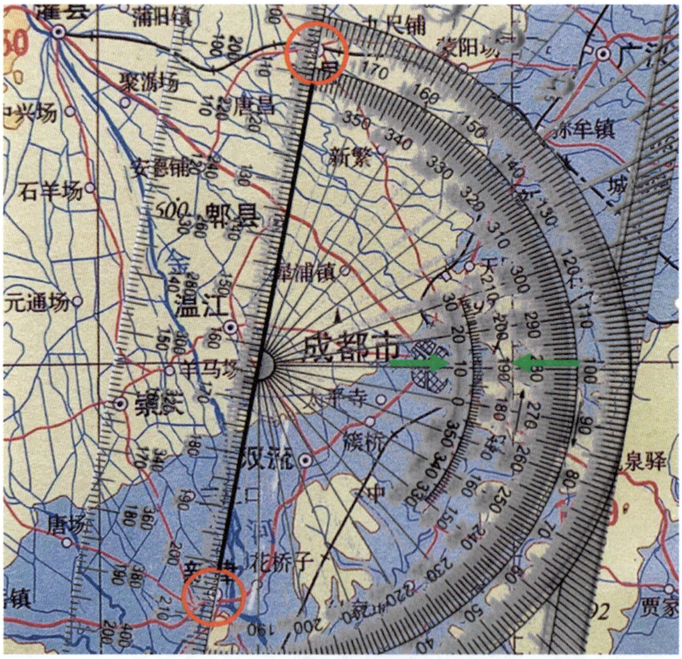

图 2.34　量航线角方法（南北向）

2）量航线距离

向量尺的量距尺，实际上就是可移动的线段比例尺，上面刻有百万分之一和二百万分之一的比例尺刻划。量距离时，选择与地图比例尺相同的比例尺刻划，使 0 刻度对正航段起点，沿航线从航段终点所对的刻度处读出距离。量距离时，如果有检查点，则应以检查点正切位置分段量出。

3）目测航线角、距离

在地图上目测航线角、距离是飞行员必备的一项技能。在紧急出航、空中临时改变航线时，都要能迅速地求出航线角和距离；而且在量取航线角、航线距离时，结合目测可以防止大的差错。

进行目测应熟悉基本方位的划分，经常练习目测 5°和 10°的小角度，掌握以后，即可以结合起来在地图上目测航线角。而在地图上目测距离，一般是把两点之间的长度，同地图上纬度差 1°的经线弧长（约 111 km）做比较；也可以预先量出自己的指节长和拳宽，或熟记 1、3、5 cm 线段的长度，以此作为尺度，在图上目测出距离来，如图 2.35 所示。

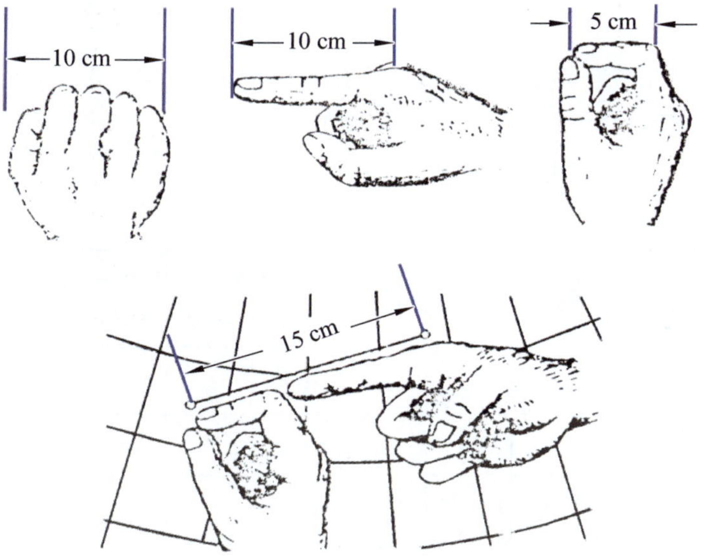

图 2.35 目测距离

2.3.2.4 注记数据

注记航线数据示范

注记数据的内容有：磁航线角、距离、最大标高、磁差和无线电方位（无线电方法在无线电领航部分介绍）。

1）注记磁航线角和距离

为了便于飞行员领航应用，磁航线角和距离应沿航线右侧注记，注记时应按清晰、简洁、规范、易认的原则进行。其方法是：在航线飞行方向右侧相对空白处画一垂直短横线，横线上面用蓝（黑）色笔注上距离，横线的右侧用红色笔注上磁航线角，所以，在航图上量出的真航线角应换算为磁航线角，即修正一个磁差，参见图 2.32。

2）注记航线最大标高

飞行中，为了保证飞机不与地面高大障碍物相撞，飞行员必须清楚飞行区域的障碍物最大标高，以保证飞行的安全。飞行区域障碍物最大标高的规定：在航段左右 25 km（包括航段起点、终点为圆心，以 25 km 为半径的范围）区域内的最高障碍物的标高。注记的方法是：首先找出最高标高点位置，然后用蓝（黑）笔以长方形框按长边东西向、短边南北向将该标高点位置框起。

3）注记磁差

航线区域的磁差，可以从航行资料或地图上等磁差曲线中查出。查出的磁差还应注意它的变化情况，以便及时修正。磁差的注记是在航图上飞行区域的适当位置，用红笔画出一个 5 号圈，然后用红色在圆圈里标出数值。

2.3.2.5 填写领航记录表

地图作业是飞行前准备的基础，因此必须将图上作业数据填入领航记录表中的领航计划部分，以备领航准备时使用，如表 2.5 所示。

表 2.5 领航记录表（领航计划部分）

领航计划：　　　　　　　　　　值班领航员：

航线	磁航线角	磁向	地速	距离	时间	高度		无线电导航点	电台磁方位	相对方位	航线检查
						安全	指定				
广汉机场											
	116°			62	:	1646					正切
广福镇											
	116°			73	:	1646					
遂宁机场											
	325°			87	:	1297					正切
三台											
	325°			47	:	1297					
绵阳机场											

航线：按照航线起点、转弯点、终点逐个填入航线栏，如有检查点，也应填写。

航线角、距离：将地图上标注的航线角、距离数据填入领航计划中相对应的磁航线角和距离栏中。

安全高度：将地图上标注出的最大标高加上 400 m（或 600 m），填入高度栏安全格。

其余数据：如有检查点，则在航线检查栏填写“正切或飞越”，检查点在航线一侧填“正切”，在航线上填“飞越”。

思政案例

西晋的裴秀在地图学方面的贡献

案例概述：裴秀（224—271），字秀彦，魏晋期间河东闻喜（今山西省闻喜县）人，是我国西晋杰出的地图学家，被誉为我国古代地图学之鼻祖，与欧洲学者托勒密并称为世界古代地图史上东西方相辉映的两颗灿烂明星。裴秀创造性地提出了“制图六体”，并编制了《禹贡地域图》十八篇，从而奠定了他在地图史上的地位。自他以后，直至明代利玛窦的《世界地图》输入以前，这一千二三百年间的地图制作，在方法上没有跳出他的规格。裴秀一生的主要活动是在政治方面，但他却是我国历史上一位杰出的地图学家。

据史书记载，裴秀除了绘制《禹贡地域图》以外，还曾经绘制了一幅《地形方丈图》，一直流传了几百年，对后世地图学的发展产生了相当大的影响。大概在他以前不久，有人绘制了一幅《天下大图》，规模非常庞大，据说“用缣八十匹”，这在当时世界上是绝无仅有的。但是这幅《天下大图》有一个缺点，就是不便携带、阅览和保存。于是裴秀运用制图六体的方法，“以一分为十里，一寸为百里”的比例尺（大约相当于一百八十万分之一）把它缩绘成《地形方丈图》，并且把名山、大川、城镇、乡村等各种地理要素清清楚楚地标示在图上。这样，阅览它就方便多了。可见裴秀已经掌握了缩放技术。

所谓“制图六体”，就是绘制地图时必须遵守的六项原则，即分率（比例尺）、准望（方位）、道里（距离）、高下（地势起伏）、方邪（倾斜角度）、迂直（河流、道路的曲直）。前三条讲的是比例尺、方位和路程距离，是最主要的普遍的绘图原则；后三条是因地形起伏变化而需考虑的问题。这六项原则是互相联系，互相制约的，它把制图学中的主要问题都提到了。

这是裴秀对中国地图学做出的巨大贡献，是中国古代唯一的系统制图理论，总结了前人丰富的绘图经验，为后世的地图绘制工作提供了一套完整的规范，是世界上最早的地图纲要。直至今天，地图绘制考虑的主要问题除经纬线和投影外，裴秀几乎都扼要地提到了。

裴秀提出的这些制图原则，是绘制平面地图的基本科学理论，为编制地图奠定了科学的基础，为后世的地图绘制工作提供了一套完整的规范，是世界上最早的地图纲要；一直影响着清代以前中国传统的制图学，在中国地图学的发展史上具有划时代的意义，在世界地图学史上占有重要地位。裴秀不仅已经认识到在地图上表现实际地形的时候有哪些相互影响的因素，而且知道用比例尺和方位去加以校正的方法，这在地图发展史上是具有划时代意义的杰出成就。因此，可以把他称为中国科学地图学的创始人。李约瑟称他为“中国科学图学之父”，部分西方学者认为他完全可以与古希腊著名地图学家托勒密相提并论。

思政元素：

（1）追求精益求精、科学严谨的专业精神，以及严谨的工作作风；

（2）弘扬爱国主义为核心的民族精神；

（3）传承中华民族具有创造精神、奋斗精神的优良传统；

（4）树立坚定的道路自信、理论自信、制度自信、文化自信，培养家国情怀。

实践（模拟）任务

地图作业综合实践

1. 实践目的

了解地图作业对地标领航的重要意义，掌握在 1∶100 万标准航空地图上地图作业的步骤和方法，掌握标画机场、地标的方法，掌握量取和标注数据的方法。

2. 准备工具/材料

1∶100 万练习地图（H-48）、机场资料单、领航记录表、领航计算尺、向量尺。

3. 任务完成要求

完成地图作业、领航记录表填写。

4. 任务（模拟）

航线：绵阳机场导航台—南充机场导航台—达县机场导航台。

检查点：盐亭。

拓展资料

大地坐标系　　国内磁差数据　　数字航空地图

本章小结

（1）用经度和纬度表示的地理坐标是一种最基本、使用最广泛的坐标，磁差是地球磁场的三要素之一；

（2）航线是飞机从地球表面一点（起点）到另一点（终点）的预定航行路线，用航线角和距离表示，领航使用的航线有大圆航线和等角航线；

（3）地图三要素是地图比例尺、地图符号和地图投影方法，常用的航空地图有等角正圆柱投影图和等角正割圆锥投影图；

（4）地图作业是飞行前领航准备的一项重要内容，地图作业步骤是“标、连、量、注、填”。

思考探究任务

任务：在航空地图上，某一位置处于两条等磁差线中间，同时也处于两条等高线中间，说明确定该位置的磁差和准确标高的方法，并从飞行安全角度分析常用较高等高线上标注的数值作为该位置标高的理由。

3 基本领航元素

学习指南

1. 学习目标

知识目标：能够准确解释、区别高度、航向、空速和时间的概念，学会航向、高度、空速和时间的测量、计算方法，学会速度、时间、距离及各种单位间的计算，基本学会领航准备及其在空中实施中的应用。

能力目标：能够分析高度、航向、空速和时间的测量特点，能够运用领航工具进行相关领航计算，学会快速心算方法，具备一定的领航应用能力。

素质目标：逐步形成自主学习和终身学习的能力，养成优良的飞行作风，养成坚强的心理品质，培养沟通能力、团队意识。

2. 知识点

高度表误差及修正、高度表应用、安全高度与飞行高度层，航向种类、换算，空速表误差、换算，时间含义及度量，时刻种类及换算，日界线、日出/日没时刻，单位换算、速度/时间/距离换算。

3. 学习重/难点

重点：高度表误差及修正，航向换算，空速表误差换算，时刻种类及换算，速度/时间/距离换算。

难点：高度表误差，空速表误差，速度/时间/距离换算。

飞机航行中，飞行员必须随时掌握飞机的航向、高度、空速和飞行时间等反映飞机飞行动态及其空间位置的参数，这些参数是基本领航元素。基本领航元素是通过相应的机载仪表测量的。飞行中，准确测量和计算基本领航元素，是顺利实施领航工作、完成飞行任务的必要保证。

3.1 高度的计算

飞行高度不仅是领航计算的一个重要条件，而且是维护正常飞行秩序，保证飞行安全的一个重要因素。飞行员正确地选择飞行高度，对充分发挥飞机性能、节省燃油、节约飞行时间和顺利完成领航工作都具有极其重要的意义。

飞行高度根据不同基准面常分为几何高度和气压高度。几何高度就是飞机相对于地球表面的真实高度，具有稳定的几何形态，包括真高、相对高和绝对高度，如图 3.1 所示；气压高度是利用仪表测量出大气压力来间接测量飞行高度的，包括场面气压高、修正海平面气压高度（简称修正海压高）和标准气压高，如图 3.2 所示。飞行高度（Flight Altitude）常用米（m）或英尺（ft）为单位。

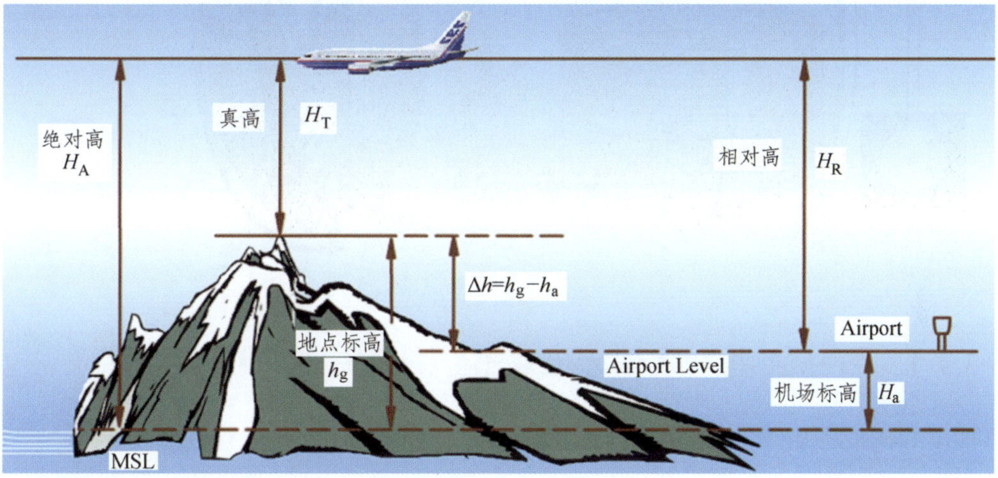

图 3.1　几何高度

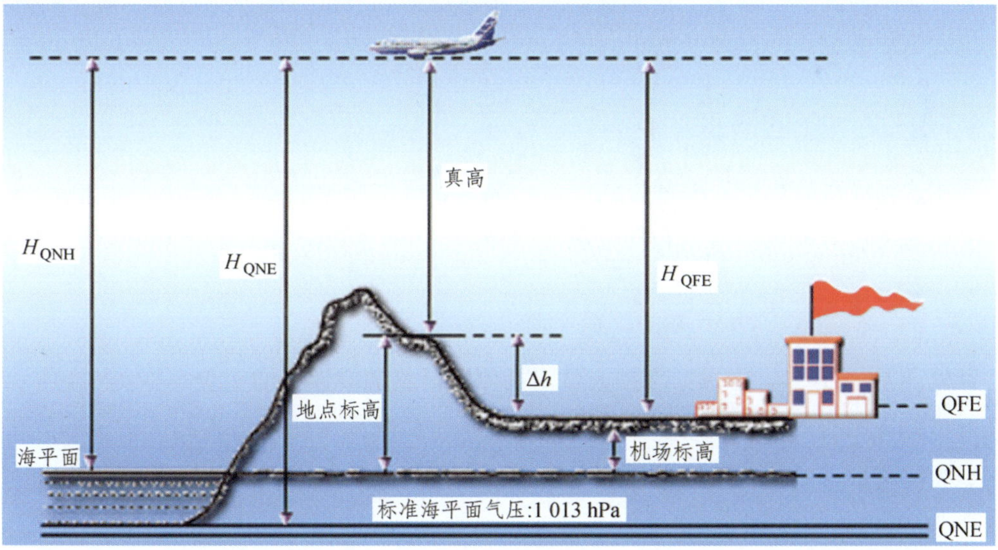

图 3.2　气压高度

高度表是用来测量、指示飞行高度的，主要有无线电高度表和气压式高度表两类。无线电高度表是利用电波的等速传播和反射特性来测量高度的。气压式高度表是通过一组具有弹性的真空膜盒来测量飞行高度上的大气压力，并通过传送机构使指示器的指针指示出相应的高度，如图 3.3 所示。

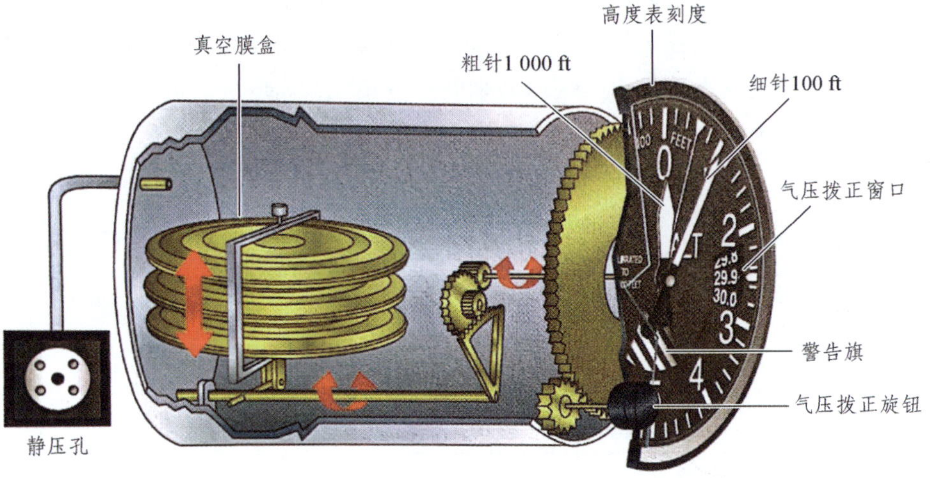

图 3.3　气压式高度表

3.1.1　气压式高度表误差及修正

识读高度表

气压式高度表由于在设计制造和使用环境等方面受到许多条件的限制和影响，使得其测量方法和结构都不十分完善，从而使指示高度即表高（$H_{表}$）与实际高度不一致而产生误差。为了正确地实施飞行，保证飞行安全，就必须掌握气压式高度表存在的误差及修正方法。

3.1.1.1　气压式高度表误差

气压式高度表有机械误差和方法误差两部分。根据产生的原因不同，气压式高度表的方法误差又可分成气压误差和气温误差两种。

3.1.1.2　气压式高度表误差修正

机械误差（$\Delta H_{机}$）由机务维护人员定期测定后绘制成误差曲线表，如图 3.4 所示，供飞行员修正时查用。表高（$H_{表}$）修正机械误差后的高度叫修正表高（$H_{表修}$）。气压式高度表的机械误差随着生产材料和制造工艺的改进越来越小，实际飞行中$\Delta H_{机}$往往忽略不计。

气压误差是测量基准面气压不符合标准大气条件而引起的误差。这种误差在实际使用中多由飞行员操作错误引起的。修正气压误差的方法：转动气压调整钮，直至气压刻度窗指示基准面实际气压值为止，这时须注意高度表指针的指示。

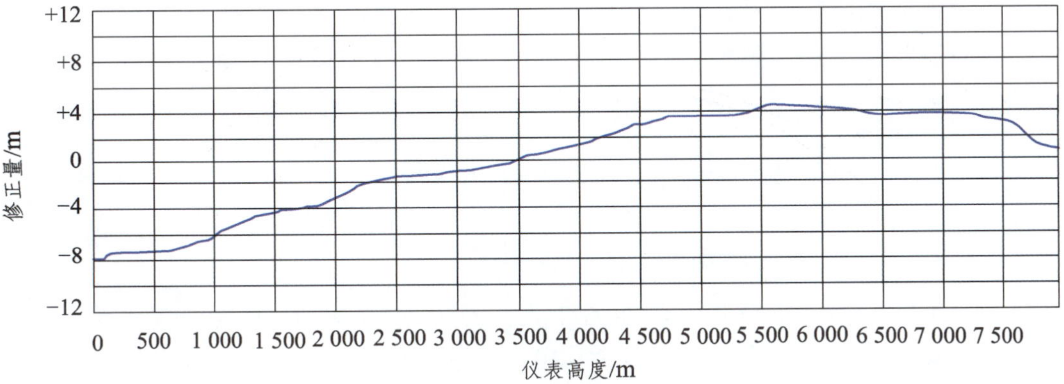

图 3.4 高度表机械误差

气温误差是实际的大气条件同标准条件气温不一致，空气密度发生变化，气压垂直递减率也随之发生变化，使高度表产生误差，如图 3.5 所示。仪表指示高度经修正气温误差后的高度就是飞机的实际高度，也称为修正高度（$H_{修}$）。修正气温误差有两种方法：一种就是通过数学公式计算求出，一种是通过领航计算尺对尺求出。实际飞行中多采用领航计算尺对尺计算，对尺尺型如图 3.6 所示。对尺时需注意：压力高度是标准气压高，单位是“千英尺”；温度为该高度上的静温；修正高度与表高的气压基准必须是一致的；修正高度、表高的单位必须相同。

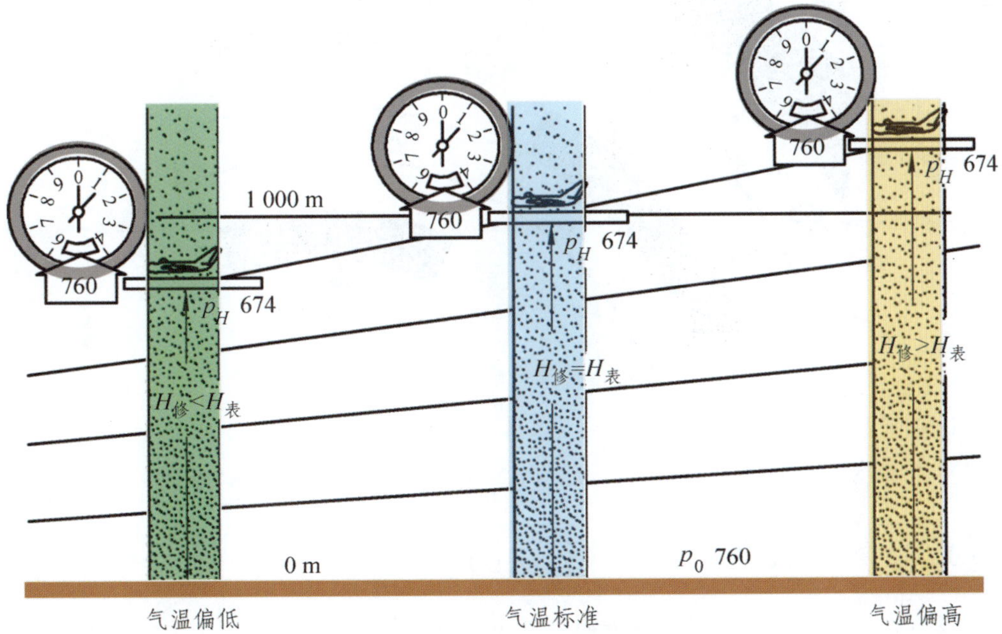

图 3.5 气压式高度表的气温误差

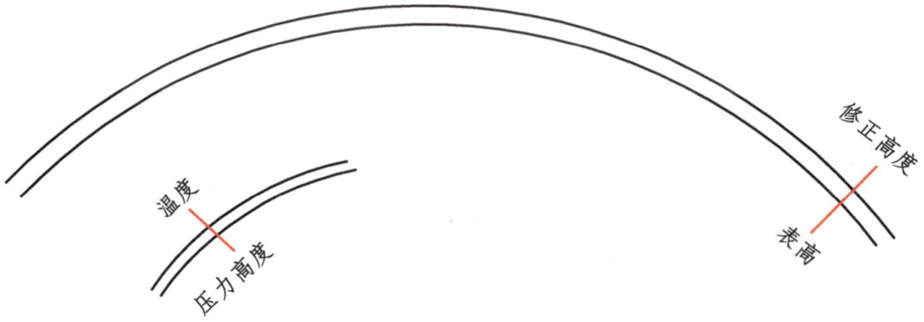

图 3.6　修正气温误差的尺型

高度表误差修正拉尺示范

【例 3.1】　飞机在仪表指示 8 900 ft 上飞行（气压高度表的气压窗口设置在 30.12 inHg），机舱外空气温度为 – 10 °C，求实际的修正海压高。

【解】　计算标准气压高：气压每差 1 inHg 对应高度差 1 000 ft，因此可计算出飞机在标准气压高 8 700 ft 上飞行。

转动活动盘使高度计算窗口的标准气压高 8 700 ft 与高度计算窗口的温度 – 10 °C 对齐，如图 3.7 所示。

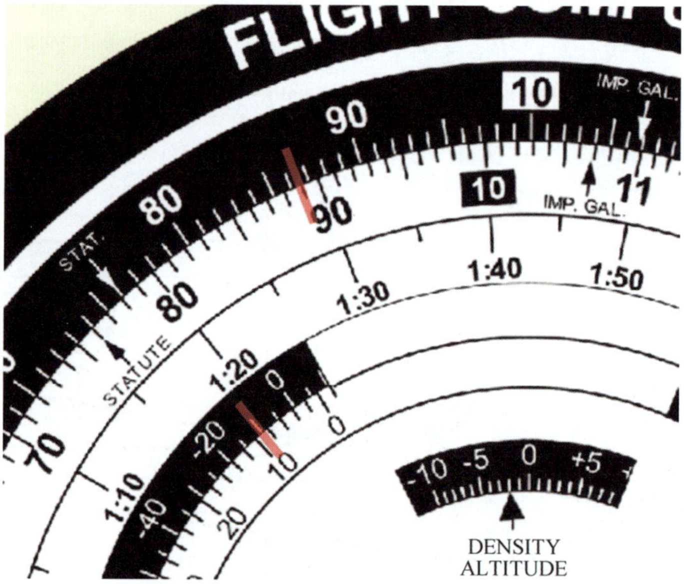

图 3.7　计算尺修正气温误差

在计算尺的活动盘上，找到仪表指示的修正海压高 8 900 ft（89 处），在固定盘中读出与之对齐的刻度为 86.5，所以实际修正海压高（即修正高度）为 8 650 ft。

3.1.2　气压式高度表在飞行中的应用

在飞行中，飞行员是通过高度表来判断飞机高度的，因此选择不同的基准面气压，对飞行具有重要意义。

3.1.2.1 基准面气压的调定

基准面气压的调定是飞机停在机场跑道平面上时通过气压式高度表的气压调整钮来进行的，其目的就是使调定的气压基准面与实际的气压面一致。

气压调整钮带有密封螺帽的气压式高度表，调定基准面气压的方法如下：

（1）基准面是场压（QFE）的调定：拧紧密封螺帽转动调整钮，使高度指针指“0”，这时，气压刻度窗的气压刻度应为场压（QFE），如果不是则进行第二步；松开密封螺帽，转动调整钮，使气压刻度窗指示场压（QFE），这个过程中，高度表指针应始终指“0”不动，调定好场压后必须拧紧螺帽。当高度表指针指示高度时，这一高度即是场压高（H_{QFE}）。调定 QFE 的口诀是：拧紧指“0”看气压，松开调好再拧紧。

（2）基准面是修正海压（QNH）的调定：拧紧螺帽转动调整钮，使高度表指针指示机场标高（EL），这时，气压刻度窗的气压刻度应为修正海压（QNH），如果不是则进行第二步；松开密封螺帽，转动调整钮，使气压刻度窗指示修正海压（QNH），这一过程中，高度表指针应始终指向机场标高不动，调好修正海压后必须拧紧螺帽。当高度表指针指示高度时，这一高度即是修正海压高（H_{QNH}）。调定 QNH 的口诀是：拧紧指标高看气压，松开调好再拧紧。

（3）基准面是标准气压（QNE）的调定：先调定好场压（QFE）或修正海压（QNH），不松开密封螺帽转动调整钮，使气压刻度窗口的气压刻度指示“1 013 hPa”或“760 mmHg”“29.92 inHg”，这时高度表指示出的高度即是标准气压高（H_{QNE}）。如果飞机停在跑道上，这时指示的 H_{QNE} 就是机场标准气压高。调定 QNE 的口诀时：调好 QFE/QNH 看刻度，转动旋钮对 QNE。

气压调整钮没有密封螺帽的气压面调定方法：转动调整钮分别使高度表指针指“0”“ELEV”，然后看气压刻度窗是否指示相对应的“QFE”“QNH”，如果是则调定完毕，如果不是，则应报告机务维护人员进行调整校正。

3.1.2.2 高度表的拨正程序

高度表拨正

为了维护机场区域的空中交通秩序，以及航路飞行的安全，确保飞机正常起降，防止飞机空中相撞，我国规定飞机起降过程中使用修正海压高，航线飞行则使用标准气压高，所以，飞机起飞离场加入航线或脱离航线进场着陆，就需要进行修正海压高与标准气压高间的转换，即进行基准面气压的调整。调整基准面气压的时机就是高度表的拨正程序，对于不同的机场，有不同的方法。

1）规定过渡高度和过渡高度层的机场拨正程序

目前，我国许多大、中型机场，如北京、上海、成都等都规定有过渡高度和过渡高度层。

离场航空器在爬升过程中，保持本场的 QNH 直至到达过渡高度。在穿越过渡高度或者在过渡高度以下穿越修正海平面气压适用区域的侧向水平边界时，必须立即将高度表气压刻度调到标准气压 1 013.2 hPa，其后航空器的垂直位置用飞行高度层表示，如图 3.8 所示。航空器在修正海平面气压适用区域内，按过渡高度平飞时，应使用机场的修正海平面气压。

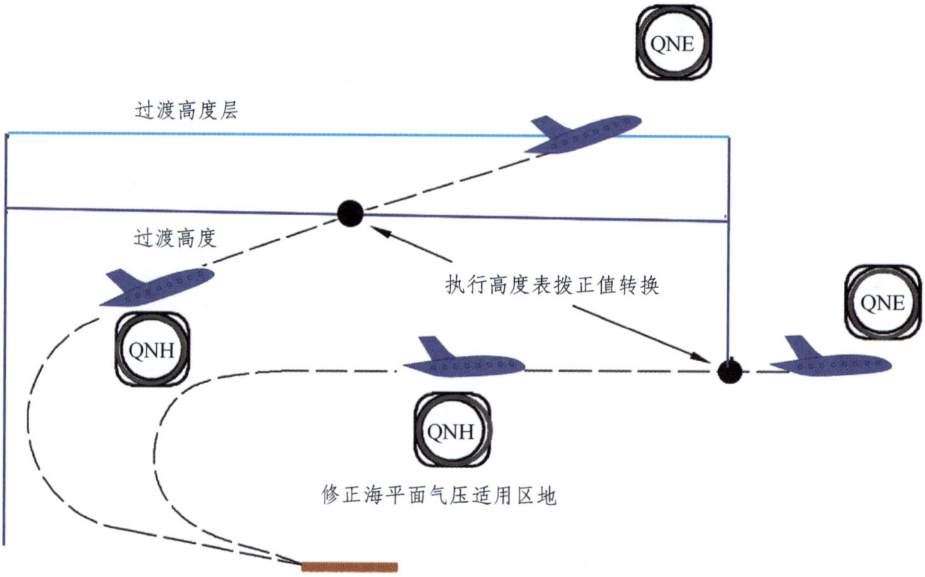

图 3.8　离场航空器的高度表拨正时机

在航路、航线以及未建立过渡高度和过渡高度层的区域中飞行，航空器应使用标准大气压 1 013.2 hPa 作为高度表拨正值，并按照规定的飞行高度层飞行。

进场航空器在下降穿过机场的过渡高度层，或者在过渡高度以下进入修正海平面气压适用区域侧向边界时，应立即将高度表气压刻度调到本机场的 QNH 值，其后航空器的垂直位置用高度表示，如图 3.9 所示。

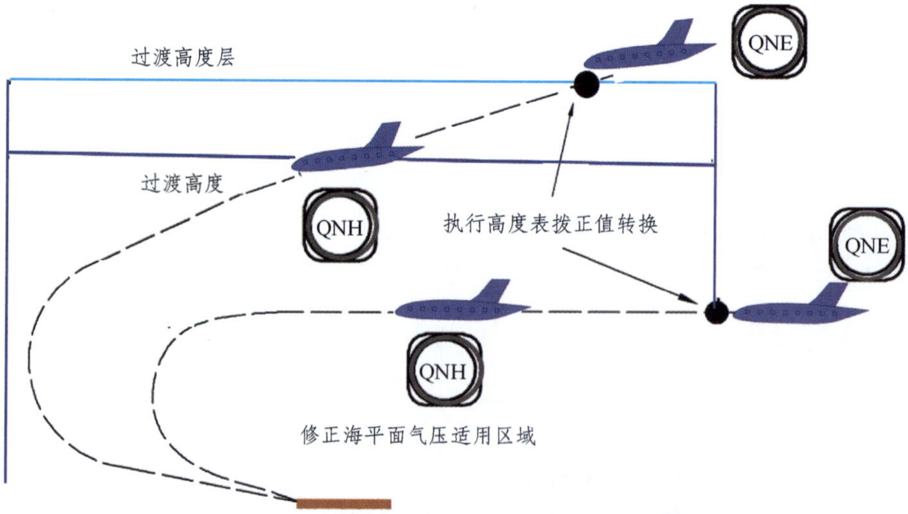

图 3.9　进场航空器的高度表拨正时机

在过渡高度层或者以上飞越机场的航空器，高度表拨正值使用标准大气压 1 013.2 hPa；在过渡高度以下飞越机场的航空器，在修正海平面气压适用区域内飞行时，其高度表拨正值使用 QNH，如图 3.10 所示。

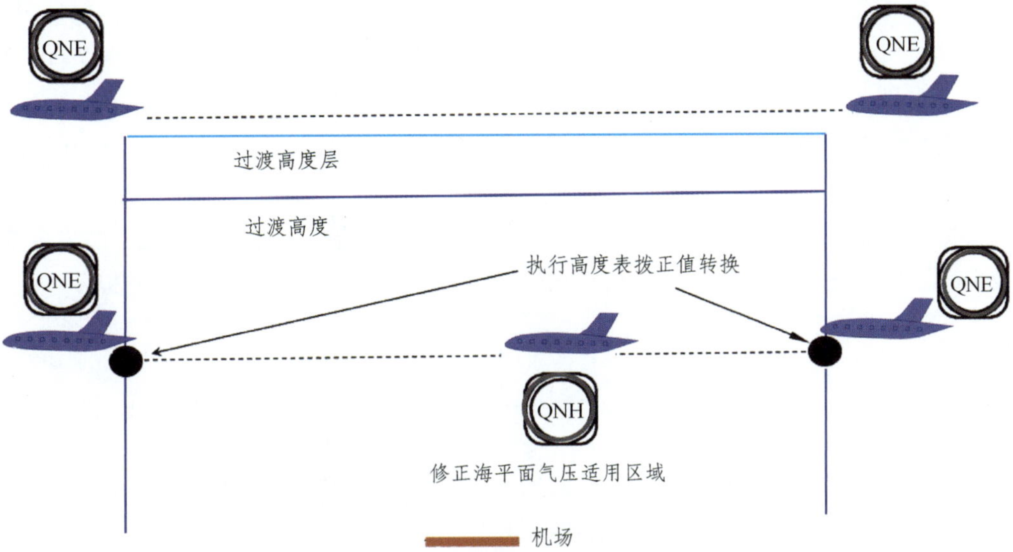

图 3.10　飞越航空器的高度表拨正时机

在整个高度表拨正的过程中，起降机场的修正海压在起飞前或进场着陆前，从空中交通管制服务部门获得，飞行员应当防止听错或调错气压刻度，避免飞行事故的发生；由于在过渡层中离场上升飞机气压基准面用的是“QNE”，而进场下降飞机用的是“QNH”，因此，有两个高度表以上的飞机应当只调左座的高度表，而右座的高度表则等上升至 TL 或下降至 TA 时才调整，以防止在过渡层中飞机同高度危险接近或相撞事故的发生。

2）没有规定过渡高度和过渡高度层的机场

飞机起飞前，调定修正海压（QNH）；飞机起飞后，当上升到修正海平面气压适用区域的水平边界或管制员指令高度时，调定其中一个高度表的气压刻度为标准气压 1 013.2 hPa 或 760 mmHg，另一个高度表则等到上升至指定的航线飞行高度以后，再调定到标准气压 1 013.2 hPa 或 760 mmHg；飞机进场着陆前，当飞机进入修正海平面气压适用区域的水平边界或管制员指令高度，将高度表的气压刻度调定为着陆机场的修正海压（QNH）。

3.1.3　安全高度与飞行高度层

3.1.3.1　计算最低安全高度

最低安全高度（Minimum Safe Altitude，MSA）是指保证飞机不与地面障碍物相撞的最低飞行高度。飞行中，最低安全高度必须保证对飞行区域内的所有障碍物具有最小的超障余度，也就是飞机飞越障碍物上空时必须保证具有最小的垂直间隔（即安全真高）。

最小超障余度（即安全真高）（Minimum Obstacle Clearance，MOC）是指保证飞机超越障碍时所应保证的最小垂直间隔，它的大小依据可能造成高度偏差的气象条件、仪表误差、飞机性能及驾驶员技术水平等因素，由中国民用航空局规定，发布在《中国民用航空飞行规则》中。其规定是：航线仪表飞行的最小超障余度是平原地区为 400 m，丘陵和山区为 600 m。

最低安全高度的计算是在航线两侧各 25 km 区域内的最大标高，加上最小超障余度，以及由于沿航线飞行的最低海平面气压低于 760 mmHg 而产生的气压修正量ΔH，即

$$\mathrm{MSA} = \mathrm{EL} + \mathrm{MOC} + \Delta H \tag{3.1}$$

式中：ΔH =（760 – 航线最低海压）× 11 m，但我国一般不作计算，可忽略。标高 EL 可从地图作业或航行资料中查出。

【例 3.2】 宁陕至小烟庄航线，航线两侧 25 km 范围内的最高障碍物是秦岭山脉的静峪脑，其标高为 3 015 m，计算该航线的最低安全高度。

【解】 宁陕至小烟庄属山区，最小超障余度取 600 m，因此 MSA = 3 015 + 600 = 3 615（m）。

在实际飞行中，民航班机航线的每一航段的最低安全高度，由航行情报部门进行精确计算后，以航路图和航行资料的形式发布，供飞行员查用。

高度层配备

3.1.3.2 确定飞行高度层

1）确定最低飞行高度层

航线最低飞行高度层是指在紧急情况下能够确保飞机安全的可以使用的最低飞行高度层，它是根据航线的去向和最低安全高度确定的。其方法是：首先计算或查出航线角和最低安全高度，然后按照高度层配备，选择高于最低安全高度的最低高度层，这一高度层即航线最低飞行高度层。

例如，广汉至遂宁的最低安全高度为 1 646 m，真航线角为 114°，从高度层的配备可知：2 100 m、2 700 m、3 300 m…都是可飞行的高度层，而最低的可使用的高度层是 2 100 m，即最低飞行高度层为 2 100 m。

2）确定飞行高度层

确定好飞行高度层，对充分发挥经济效益和提高交通流量具有极大意义。飞行高度层的确定主要依据 4 个方面：① 飞行高度层必须高于最低飞行高度层，以保证飞行安全；② 空中交通流量增加，提高空域利用率；③ 充分发挥飞机性能，降低油耗，提高

效益；④ 便于空中交通管制。实际飞行中，每次飞行的高度层，由有关空中交通管制部门规定，或按事先批准的高度层飞行。凡在我国境内飞行的国际、国内民航班机，都应严格按规定的航线和飞行高度层飞行，如果需要改变高度层时，应当经过区域管制员许可；只有在紧急情况，机长才能自行决定改变规定的飞行高度层，但必须立即报告区域管制员，机长应对该决定的正确性负责。

中国民航目前班机航线的飞行高度层，根据飞机分类由空军司令部配备；民航新型飞机加入班机航线运营，应向空军司令部提出该机型飞行高度层的申请，经批准方可实施；凡开辟新航线、调整现行班机航线的飞行高度层，均由民航总局向空军申报批准后实施。

有的航线（航段）配备有主用和备用两种飞行高度层，通常情况下应使用主用飞行高度层，如需要使用备用高度层时，空中交通管制部门应先征得当地空军的同意，然后发布给飞行机组。

有的航线其前后两航段的走向处于两个不同的高度层配备范围时，飞机转换航段时应转换飞行高度层。但当航段距离较短或是对其他飞行影响不大的特殊航段，可以不转换飞行高度层。

对国际航线班机配备高度层规定：在我国境内起飞和经停的，配备起飞机场至经停机场之间的飞行高度层；在我国境内起飞而不经停的，配备起飞机场至国境点之间的飞行高度层；飞越我国的则配备入境点至出境点的飞行高度层。

3.2 航向的计算

航空罗盘

3.2.1 航向种类

飞机纵轴前方的延长线叫航向线。航向线的方向，即飞机纵轴前方的指向，叫作航向（HDG），它是从经线北端顺时针量到航向线的角度。

航向有真航向（True Heading，TH）、磁航向（Magnetic Heading，MH）、罗航向（Compass Heading，CH）3 种，但须注意它们都表示一架飞机的同一航向线指向，只是由于测量航向的仪表存在磁差和罗差，才有了 3 种不同的表达形式。

目前民航飞机上测量航向的仪表主要有：直读磁罗盘、陀螺半罗盘、陀螺磁罗盘等。在现代化的飞机上则采用航向系统，它是由两个或两个以上不同原理的罗盘组成的测量各种航向的系统，目的是实现机载设备的综合化及实施自动飞行管理等。

直读磁罗盘是根据磁针恒指南北的特性制成的，它测量的是飞机罗盘航向，如图 3.11 所示。它是早期飞机上测量航向的主要仪表，具有体积小、构造简单、不易发生故障的优点，现在主要用作各型飞机的备用罗盘。

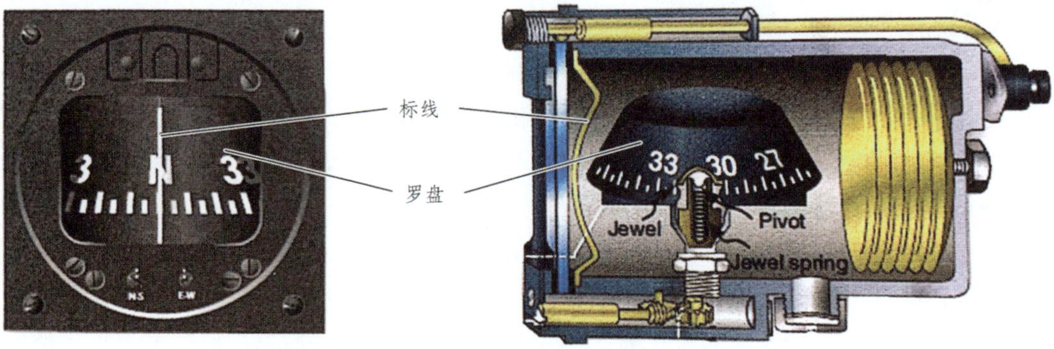

图 3.11　直读磁罗盘

陀螺半罗盘是利用陀螺的定轴性，通过一个二自由度陀螺仪来测定罗盘的基准线，依靠人工调整罗盘基准线同经线的方向一致，从而测定出飞机的航向，如图 3.12 所示。目前使用的陀螺半罗盘有直读式和远读式两种。

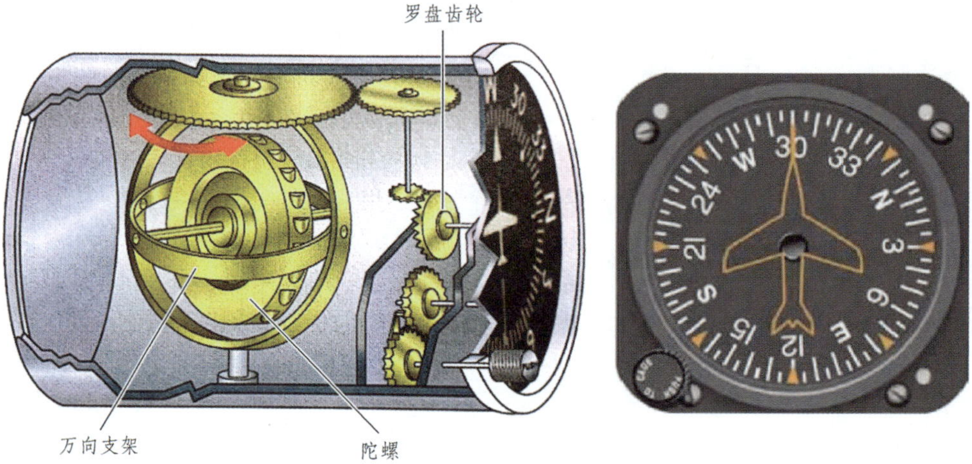

图 3.12　陀螺半罗盘

陀螺磁罗盘是一种较先进的罗盘。陀螺磁罗盘利用地磁敏感元件和二自由度方位陀螺，实现测量飞机在任何情况下的航向，如图 3.13 所示。陀螺磁罗盘有磁条式和感应式两种。

图 3.13　陀螺磁罗盘

飞机航向利用罗盘来测定时，当罗盘安装到飞机上后，罗盘中的磁条由于受飞机上钢铁部件和电气设备所形成的飞机磁场的影响，磁条将指向地球磁场与飞机磁场的合成方向，从而偏离磁经线的南北方向。飞机上磁罗盘的磁条所指的南北方向线就叫罗经线。罗经线偏离磁经线的角度，叫罗差（DEV），如图 3.14 所示。以磁经线北端为准，罗经线北端偏东为正罗差，罗经线北端偏西为负罗差。罗差一般较小（≤5°）。罗差的大小随着飞机位置、航向、设备安装位置等的变化而改变。每架飞机上磁罗盘的罗差，由机务维护人员进行定期测定和校正后，绘制成罗差表供飞行员修正罗差时查用。随着磁罗盘生产工艺、材料的不断改进，其罗差越来越小，所以在飞行中一般不再修正罗差。

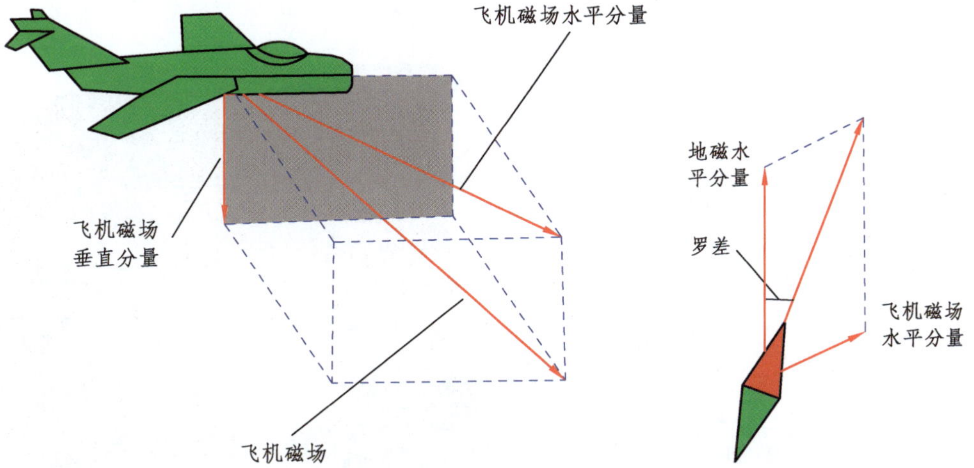

图 3.14 罗差

3.2.2 航向换算

在飞行实施中，根据飞行的需要，3 种航向需要换算，应熟练掌握。3 种航向之间的换算关系式如下：

$$CH = TH - MV - DEV = MH - DEV$$

或

$$TH = CH + DEV + MV = MH + MV \tag{3.2}$$

MV 可以在航线资料或航图中查出，而 DEV 则从机务人员测量绘制的罗差曲线表中查出。

【例 3.3】 飞行中从仪表读出罗航向 CH74°，获得的磁差 MV10°E、罗差 DEV4°E，计算真航向 TH、磁航向 MH。

【解】 根据罗航向 CH74°、罗差 DEV4°E，可以计算出磁航向 MH 为 78°。

又根据磁航向 MH78°、磁差 MV10°E，可以计算出真航向 TH 为 88°。

3.3 空速的计算

飞机相对于空气运动的速度叫空速（Airspeed），常以 km/h（m/s）或 kt 为单位。空速是反映飞机飞行性能的一个重要参数，是飞行员正确操纵飞机的主要依据，也是领航计算不可缺少的元素。

识读飞机空速表

3.3.1 空速的种类

飞行中空速的大小用空速表来测定，它是利用空气相对于飞机的动压来测定空速的。空速表利用开口膜盒测量动压变化，然后经过机械传动机构或电位随动系统使指示/显示器指示（或显示）出相对应的空速值，如图 3.15 所示。空速表如果没有任何修正补偿机构，则存在机械误差、空气动力误差、空气压缩性修正量误差和密度误差。

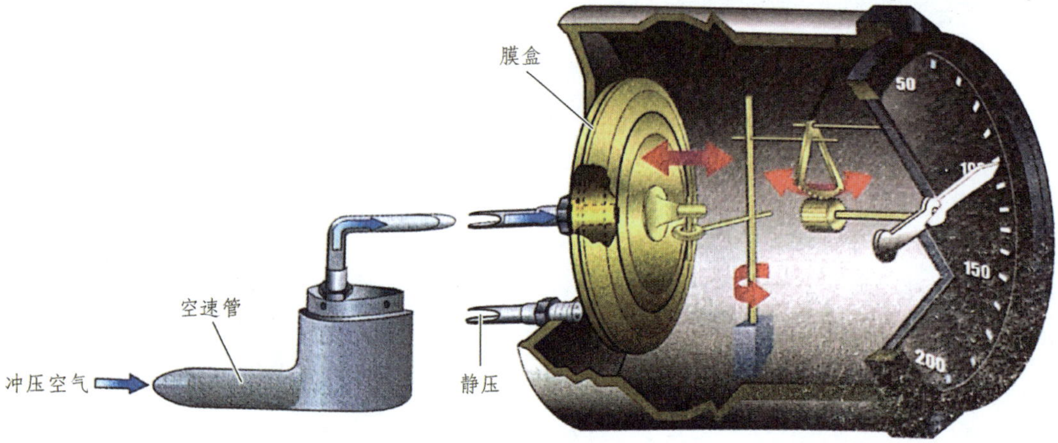

图 3.15 空速表

仪表空速（Basic Airspeed，BAS）简称表速，是空速表根据海平面标准大气条件下空速与动压间的关系所测定的空速。仪表空速存在各种误差，不能直接用于有关的领航计算。

指示空速（Indicated Airspeed，IAS）是仪表空速经过修正机械误差得到的空速。飞机飞行手册中的各种限制速度常用指示空速表示。

修正表速（Calibrate Airspeed，CAS）也称为校正空速（Rectified Airspeed），是指示空速经过修正空气动力误差得到的空速。

当量空速（Equivalent Airspeed，EAS）是修正表速经过修正空气压缩性修正量误差得到的空速。当量空速不用于领航计算。

真空速（True Airspeed，TAS）是当量空速经过修正空气密度误差得到的空速，它就是飞机相对于空气运动的真实速度。真空速常用于领航、飞行性能等计算。

马赫数（Mach Number，*Ma* 数）是该飞行高度上的真空速与音速之比，即 $Ma = TAS/a$。在低空按空速表来保持指示空速或真空速飞行，在高空一般按马赫数表来保持马赫数飞行。

3.3.2 空速表误差

空速表的内部机件制造时不精确，使用中机件磨损变形、老化等原因引起的空速表误差叫机械误差（ΔV_i），也叫仪表误差。每个空速表的机械误差由机务维护人员定期测定并绘制成空速表误差表，如图 3.16 所示，供飞行中飞行员修正时查用。空速表的机械误差随着生产材料和制造工艺的改进越来越小，飞行中一般忽略不计。

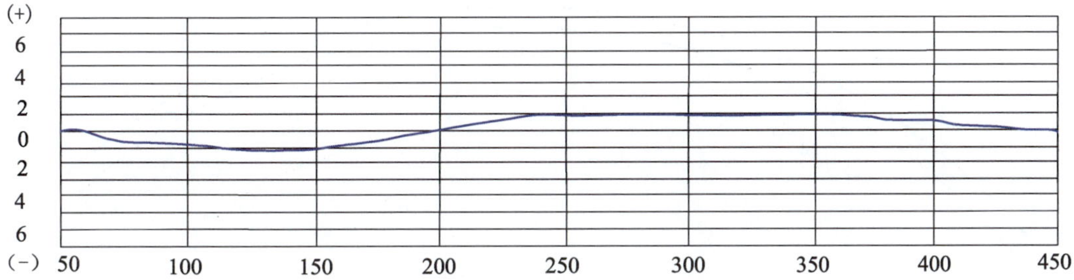

图 3.16 空速表误差曲线（单位：km/h）

空气流经空速管、静压孔时产生弯曲和紊乱，引起的空速表误差叫空气动力误差（ΔV_q），也叫位置（安装）误差或气动误差。空气动力误差的大小随机型、飞行重量和表速不同而异，通常在指示空速的 ± 2%以内，飞行员可从各机型手册中查出，飞行中进行修正。随着飞机设计、材料、工艺的改进，飞机空气动力误差已经逐渐减少，部分飞机已经减小到只有 1.5 ~ 2 km/h，低空低速中、小型飞机在实际飞行中常忽略不计。

由空气压缩性修正系数 ε 变化所引起的空速表误差叫空气压缩性修正系数误差（ΔV_ε）。低空低速飞行ΔV_ε比较小，所以在 6 000 m 以下高度飞行时，空气压缩性修正系数误差可不进行修正，而超过 6 000 m 则应予以修正。

飞行高度上的空气密度ρ_H 与海平面的标准空气密度ρ_0 不一致所引起的空速表误差叫空气密度误差（ΔV_ρ）。空气密度误差是空速表的主要误差，必须予以修正。常见的有两种方法：一种是采用修正补偿机构进行修正，另一种是采用领航计算尺计算修正。前一种方法现被广泛采用，后一种方法仅用于小型低速飞机。

3.3.3 空速换算

飞行中为了进行有关领航计算，必须对空速进行换算，以满足领航工作的需要。

3.3.3.1 指示空速（表速）与真空速的换算

飞行中，由指示空速计算真空速的步骤如下：

$$\text{BAS} \xrightarrow{\Delta V_i} \text{IAS} \xrightarrow{\Delta V_q} \text{CAS} \xrightarrow{\Delta V_\varepsilon} \text{EAS} \xrightarrow{\Delta V_\rho} \text{TAS}$$

如果要用指示空速表来保持预定的真空速 TAS 飞行时，则按上述相反的顺序计算即可。在实际飞行中，ΔV_i 和ΔV_q 一般不作修正，而对于使用指示空速表的飞机一般都是小型低速飞机，ΔV_ε 也不作修正。所以，指示空速（表速）经修正空气密度误差后即为真空速。

$$\text{IAS（BAS）} \xrightarrow{\Delta V_\rho} \text{TAS}$$

1）尺算方法

领航计算尺对尺尺型如图 3.17 所示。

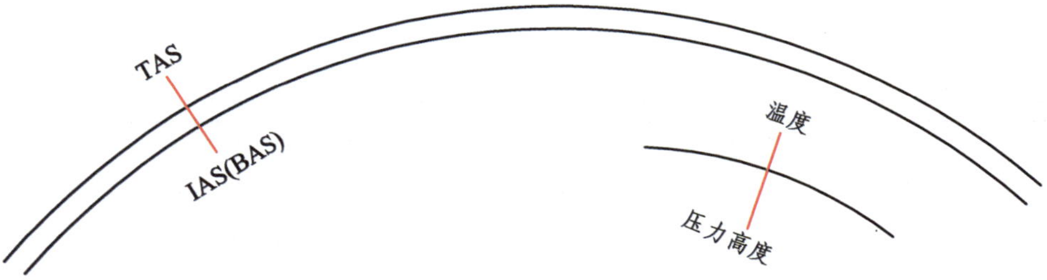

图 3.17　IAS（BAS）与 TAS 换算的尺型

【例 3.4】 指示空速为 370 km/h，飞行高度（H_{QNE}）为 5 000 m（16 400 ft），空中气温为 – 30 °C，求真空速是多少？

【解】 转动活动盘使速度计算窗口中温度刻度 – 30°C 与速度计算窗口中标准气压高 16 400 ft 对齐，如图 3.18 所示。

指示空速（表速）与真空速换算示范

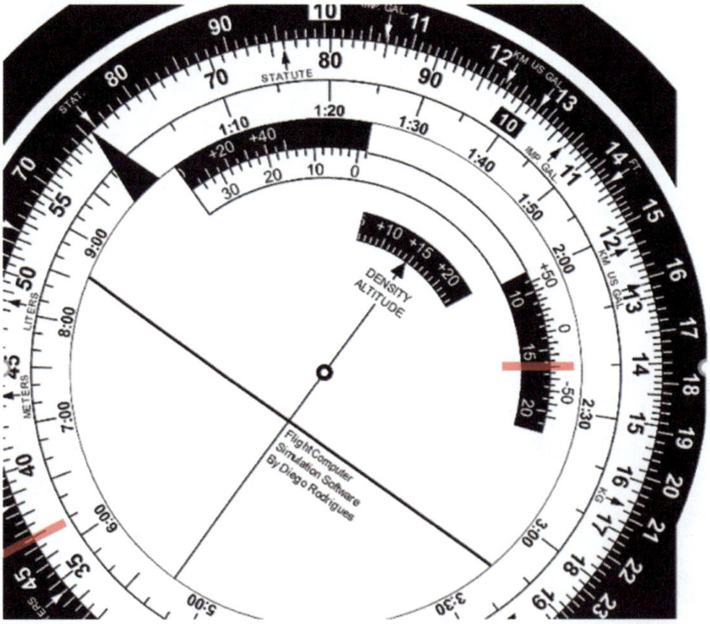

图 3.18　计算尺修正气温误差

在计算尺的活动盘上，找到指示空速 370 km/h（37 处），在固定盘中读出与之对齐的刻度为 46.5，所以计算出的真空速为 465 km/h。

有的飞机上（如 TB-20）对空气密度误差修正采用一套人工调整机构，即带有计算尺的空速表，如图 3.19 所示。使用时转动空速表右下角的旋钮，使活动刻度盘上的高度刻度对正固定表盘上的空中温度刻度，就可以通过指针在活动刻度盘的指示读出真空速。

图 3.19 TB-20 的空速表

2）心算方法

在中、低空，通常高度每升高 1 000 m，真空速比指示空速约大 5%，这里仅修正了气压变化所引起的误差，对气温变化引起的误差则未修正，但心算方法快速简便，飞行中常用。如例 3.4 的心算方法是：TAS = 370 + 370 × 5 × 5% = 463（km/h）。

3.3.3.2 马赫数与真空速的换算

保持一定的 *Ma* 数飞行，高度升高时，气温降低，音速减小，所以真空速减小；在同一飞行高度，空中温度越高，音速增加，所以真空速越大。所以，同一 *Ma* 数在不同的高度和气温条件下所对应的真空速不同，因而不能直接进行相关领航计算，必须将 *Ma* 数换算为真空速。

Ma 数与真空速计算尺换算方法：将气压高度窗口的空中温度与固定盘上的“↑MACH NO.INDEX”指标对齐，从活动盘上 *Ma* 数值（*Ma* × 1 000）所对的固定盘读出真空速值，从活动盘上 1 000 所对的固定盘读出音速值。对尺时需注意：真空速、音速的单位是浬每小时（kt），如图 3.20 所示。

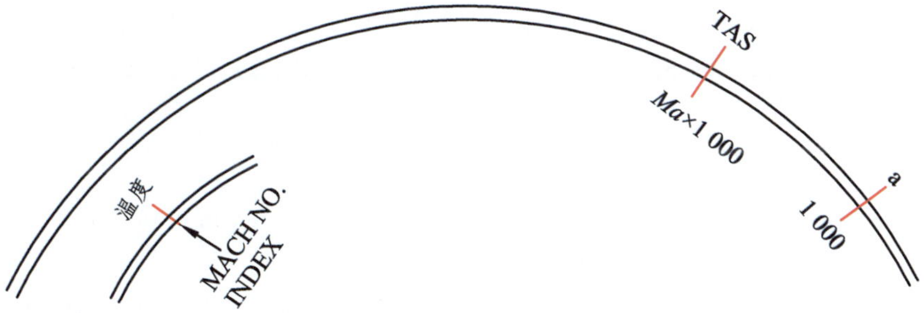

图 3.20 *Ma* 与 TAS、*a* 换算的尺型

【例 3.5】 马赫数表指示 *Ma* 数为 0.6，飞行高度 H_{QNE} 为 15 700 ft，空中温度为 − 30 °C，求真空速为多少？

【解】 对尺（见图 3.21）即可求出 TAS = 365 kt。

马赫数与真空速换算示范

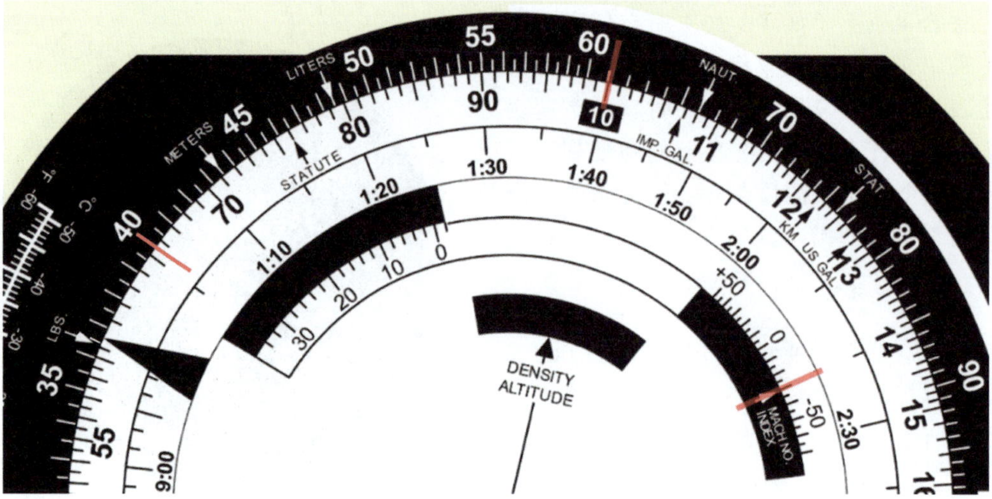

图 3.21　*Ma* 与 TAS 换算

3.4　时间的计算

飞机的运动是在一定的空间和时间内进行的，因此，飞行中要解决各种领航问题，就必须了解时间的有关知识。

3.4.1　时间的含义及度量

时间的计量

3.4.1.1　时间的含义

时间有两种不同的含义：一是表示某一瞬间的早晚，叫时刻，如飞机从北京起飞时刻是 10 时 45 分（领航上常写成 10:45′或 1045），到达上海着陆的时刻是 13 时 18 分（领航上常写成 13:18′或 1318）；二是表示两时刻间所间隔的长短，叫时间，如飞机从北京到上海的飞行时间是 1 小时 33 分（领航上常写成 1:33 或 1.33′）。

3.4.1.2　时间的度量

要表示时刻的早晚和时间的长短，就需要有时间单位，时间的基本单位是日，年和月是日的倍数，时、分、秒是日的等分。

地球在自转的过程中总有一半对着太阳，即白天；一半背着太阳，即黑夜。白天和黑夜的分界线叫晨昏线，地球不停地自西向东旋转，晨昏线就在地球上自东向西移动，形成了太阳的升没和昼夜的不断更替。

人们在度量时间时，主要是按照太阳的运动来进行的。起初人们根据太阳的视运动制定了真太阳日，即同一经线连续两次对正太阳的时间。但由于地球公转的速度不均匀和地轴同公转轨道平面的相对倾斜，真太阳日的长短每天都不一样。根据目前精确的测定，一年中最长和最短的真太阳日相差 51 s，这样就造成了使用上的不便。为了弥补这一缺陷，天文学家就假想了一个太阳，称平太阳。平太阳在赤道平面内，地球以匀速沿着圆形轨道绕着平太阳公转，公转的周期是一年。同一经线连续两次对正平太阳中心的时间叫一个平太阳日，平太阳日的任何一天都是一样长，可视为一年中真太阳日的平均值。将一个平太阳日分成 24 h，每小时分成 60 min，每分分成 60 s，这些就是日常用的时间单位。

地球对平太阳日自转一周（360°）的时间是 24 h，而地球自转的速度又是相对均匀的，所以，地球自转角度（也就是经度差）与时间的关系如表 3.1 所示。

表 3.1　经度改变量与时间的关系

经度改变量	15°	1°	15′	1′	15″
时间	1 h	4 min	1 min	4 s	1 s

科学上时间度量的基本单位是秒。最早使用的是平太阳秒，后来改用历书秒（1 900 年平均秒长作为永远不变的历书秒长），原子钟出现后采用原子秒，即采用铯原子振荡频率 919 263 177 次/秒作为原子秒长，由它计量时间，叫原子时。铯原子振荡频率非常稳定，因此原子秒的精确度非常高，且与历书秒符合程度很高，不受地球自转速度变化影响。

3.4.1.3　飞机上指示时间的仪表

飞机上装有航空时钟，用来指示时刻及测量飞行时间，同时也记录续航时间，以便飞行员在飞行中计算飞行距离、确定飞机位置，掌握飞机到达预定点的时刻。目前，飞机上安装的航空时钟有机械钟和电子钟两种，如图 3.22 所示。

图 3.22　时间指示仪表

3.4.2　时刻种类及其换算

地方时

3.4.2.1　地方时

以当地经线正对太阳为正午 12 时，正背着太阳的时刻为 0 时，这样确定的时刻，就叫作该地点的地方时（Local Time，LT）。除同一经度外，任何经度不同的地方，其地方时是不相同的。两地地方时的差数，正好等于地球转过其经度差所需的时间，同时又由于地球自西向东自转，因而同一天内西边的时刻数少于东边的时刻数。

【例 3.6】 已知锦州（E121°07′）的地方时是 10:30′，求拉萨（E91°07′）的地方时。

【解】 $\Delta T = \Delta\lambda \times 4\ \text{min} =$（121°07′ − 91°07′）× 4 min = 120 min = 2 h

拉萨在锦州以西，所以拉萨的地方时为 08:30′（10:30′ − 2.00′）。

时区和区时

3.4.2.2　区　时

地方时虽然满足了当地人的生活习惯，但随着通信和交通的日益发展，地方时因经度而异的缺点也带来了很大的不便。在 1884 年国际经度会议上，许多国家共同商定采用以时区为单位的标准时间，即时区制度。理论时区是以经线为界，将地球表面划分成 24 个时区，每个时区的范围是经度 15°。在同时区里的各地方都统一使用这一时区中央经线的地方时，叫该时区的区时（Zone Time，ZT）。在同一时区，地方时同区时的差数不超过 30 min。时区的编号是以零度经线为中央经线，东、西经各 7.5°范围的时区为零时区（又称中时区）；以零时区为准，向东每隔 15°经度依次为东一区至东十二区，向西每隔 15°经度为西一区至西十二区（见图 3.23）。相邻两时区的中央经线相差 15°，时间差 1 h，所以，任何两时区之差，就等于其时区号码的差数（东时区号为正，西时区号为负）。

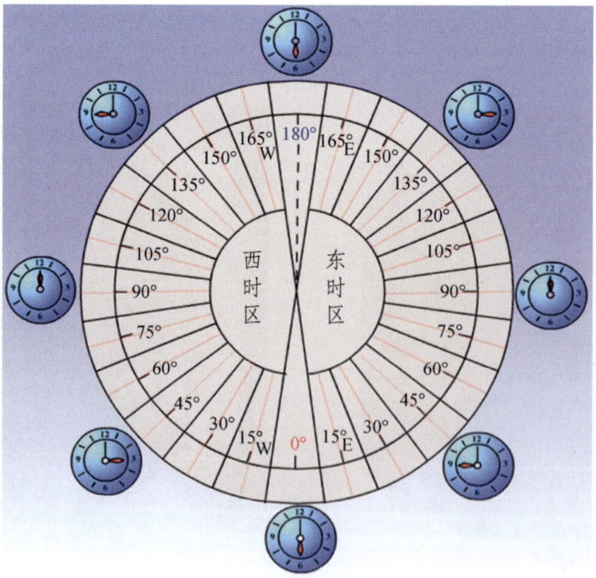

图 3.23　时区与区时

实际上，在理论时区的基础上，考虑到地球表面陆、海分布，国家领土和行政区划，实际时区界线有所弯曲。同时许多国家还根据自己的需要来确定本国的时间，这种通过国家法律规定公布使用的时刻，叫作法定时（legal time），它与理论区时不完全符合。如英国、法国、荷兰虽位于零时区，但规定采用东一时区的区时作为标准时间，而印度、尼泊尔采用东 5.5 时区为标准，马来西亚采用东 7.5 时区为标准。

3.4.2.3 北京时

北京时

我国幅员辽阔，全国共跨 5 个时区（东五至东九时区）。为了使用方便，我国统一使用北京所在的东八区的区时作为标准时间，称为北京时，北京时就是我国的法定时。我国西部地区的地方时与北京时有较大的差别。

3.4.2.4 世界时和协调世界时

世界时与
协调世界时

世界各国使用着不同的标准时间，而国际通信、航空及科学记录等，却需要共同的时间标准。为此，国际上规定以零时区的区时作为全世界统一时刻，叫世界时（Universal Time，UT），也称为格林尼治平时（Greenwich Mean Time，GMT）。目前在航空上很多自动导航设备都要用到世界时。两极地区可能经常通过时区界线，使用区时很不方便，因而通常都采用世界时；各时区的区时同世界时相差的小时数，正好等于它的时区号码数。

世界时由于地球自转速度不均匀，除了不规则变化以外，还存在着长期变慢的趋势，每年大约要比原子时慢 1 s。由于原子时与世界时的不同，国际天文学会和国际无线电咨询委员会，于 1971 年决定采用一种称为“协调世界时”（Coordinated Universal Time，UTC）的时间标准。协调世界时用原子时秒长，并采用一整秒的调整，即 UTC 与原子时只相差整数秒，而 UTC 与世界时之差保持在 ± 0.9 s 以内，每隔 12 ~ 18 个月，协调世界时就要调整 1 s。协调工作由国际标准时间局在 2 个月之前事先通知各国授时台，跳秒的调整一般安排在 6 月 30 日或 12 月 31 日的最后一秒，即使最后一分钟增至 61 s，以适应地球自转速度变慢，使协调世界时与世界时重新协调。但在航空应用中，协调世界时与世界时没有多少差别，完全可以认为两者相同。

许多国家在夏季为了节省电力及照顾人民工作生活习惯而采取以国家规定将各地的标准时间在夏季提前一小时或半小时，这种时间称为夏令时（Daylight Time，DT）。夏季过去又恢复到原来的标准时间。如叙利亚、埃及、古巴、加拿大、美国等地夏季都提前一小时，多米尼加则提前半小时，我国也曾在 1986—1992 年使用过夏令时。

3.4.2.5 时刻的换算

由于同一天内西边的时刻总比东边的少，任何两时刻之差等于地球转过其基准经线的经度差所需要的时间，所以，时刻相互换算的步骤和方法是：① 查出两种时刻的基准线，并求出经度差。② 将经度差换算为时刻差。③ 东加西减原则，以已知时刻的基准经线为准，所求时刻的基准经线在东，加时刻差；在西，减时刻差。

【例 3.7】 已知北京时是 10:00′，求成都（E104°23′）的地方时和世界时。

【解】 已知成都的经度是 E104°23′，北京时的基准经线的经度是 E120°，经度差为 15°37′，换算为相应的时刻差为 1.02′28″，而成都在北京时基准经线的西边，应减时刻差。所以成都的地方时 LT = 10:00′ − 1.02′28″ = 08:57′32″。

北京时（即东八区区时）与世界时相差 8 h，零时区在东八时区的西边，应减去时刻差，所以世界时 UT = 10:00′ − 8.00′ = 02:00′。

日界线

3.4.3 日界线（Date Line）

在时刻换算中我们发现，东十二时区和西十二时区的时刻相差 24 h。假定东十二时区是 9 月 23 日正午 12 时，西十二时区则是 9 月 22 日正午 12 时，但是，东十二时区和西十二时区是重合的，那么，这一时区的各个地点应该是 9 月 23 日还是 9 月 22 日，就必须有一个规定，否则将使计算日期发生差错（见图 3.24）。

国际经度会议规定以 180°经线为日界线，又叫国际日期变更线或改日线。当飞机从西向东飞越日界线，日期应减一天；飞机从东向西飞越日界线，则应增加一天。我国民航的中—加、中—美航线都飞越日界线，所以飞行员在飞行中须注意日期的变更。

理论上的日界线是 180°经线，但实际上为了保证各国行政区域计算日期的统一，避开陆地，实际日界线有所弯曲，并不完全同 180°经线重合（见图 3.25）。

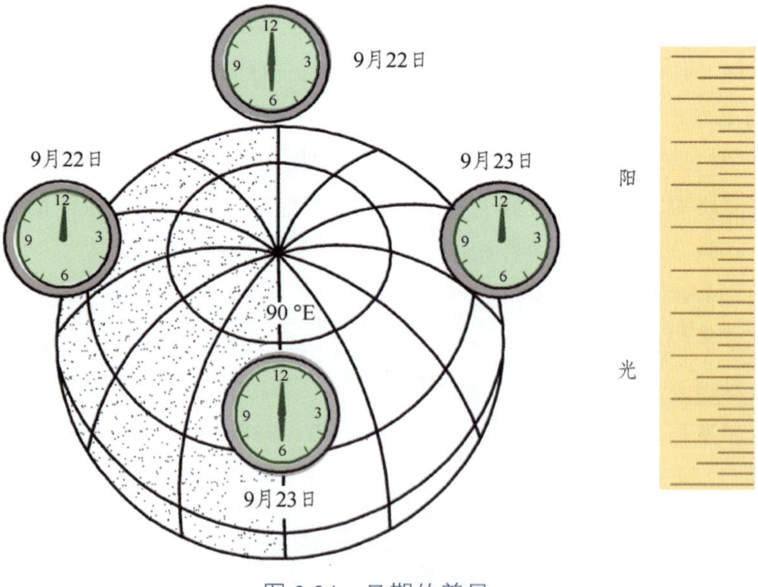

图 3.24 日期的差异

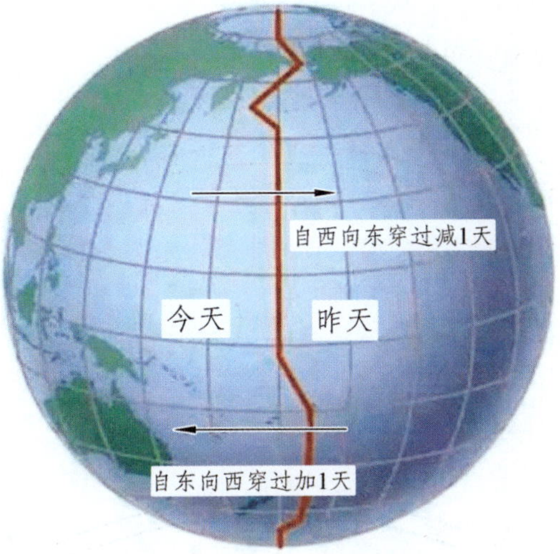

图 3.25　日界线

日出和日没时刻

3.4.4　日出、日没时刻

昼夜条件关系到领航的难易和飞行安全，同时也是制定机场天气标准和飞行员等级标准的一个重要条件。因此，正确掌握日出、日没时刻，有着重要意义。

早晨，当太阳上边缘升到地平线时叫日出（Sunrise）；傍晚，太阳上边缘沉没于地平线时叫日没（Sunset），也称为日落。昼间飞行是指从日出到日没之间的飞行；夜间飞行是指从日没到日出之间的飞行。飞行员可以通过查阅国内航行资料汇编（NAIP）获取各地的日出、日落时刻。

3.5　基本领航计算

领航工作中，有关距离单位、速度单位、容积单位和质量单位的换算非常普遍，而速度、时间、距离的换算，是领航工作中一项经常性的计算。这些计算是飞行员的基本功，必须熟练掌握，达到迅速、准确。

3.5.1　单位换算

常用的单位换算有距离、速度、容积、质量单位换算。

3.5.1.1　距离单位

距离单位有公制和英美制两种。在我国民航领域，这两种单位运用十分广泛，因而在领航工作中常需进行单位间的换算。

1）千米、哩、浬的换算

常见的距离单位有千米（km）、哩（SM）、浬（NM），计算尺的换算尺型如图 3.26 所示。

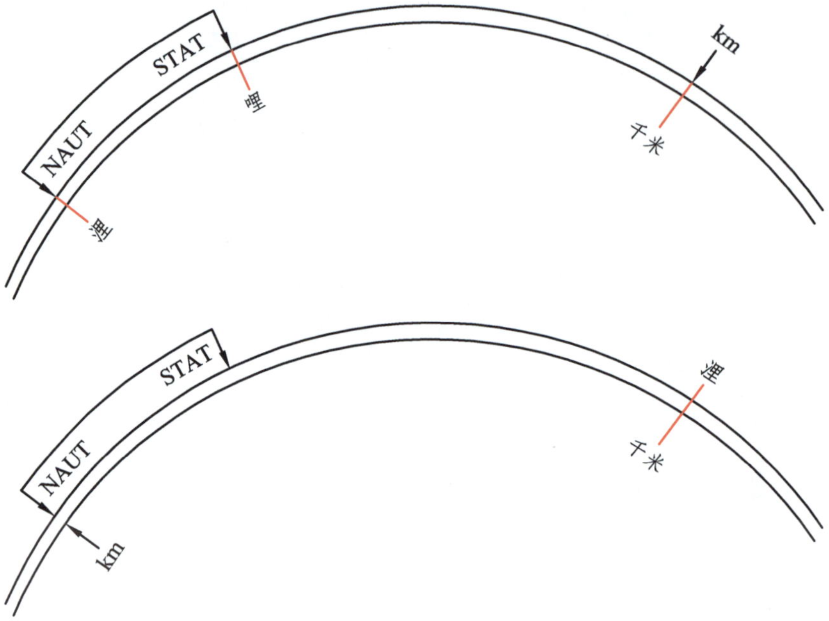

图 3.26　千米、哩、浬的换算尺型

千米/哩/浬换算示范

【例 3.8】　124 km 等于多少浬？多少哩？

【解】　对尺的尺型如图 3.27 所示，对尺求得

$$124\ \text{km} = 77\ \text{SM} = 67\ \text{NM}$$

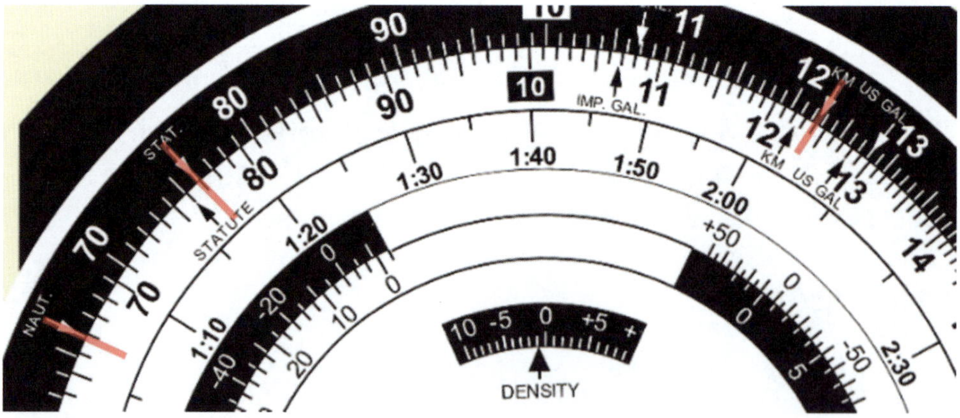

图 3.27　千米、哩、浬的换算

2）米、英尺的换算

高度表常用的单位是米（m）或英尺（ft），两者的关系是：1 m = 3.28 ft，飞行中飞

行员可以用心算或领航计算尺进行换算，计算尺换算尺型如图 3.28 所示；大中型飞机驾驶舱通常备有“米 · 英尺换算表”，贴在醒目方便的地方，飞行员可以方便地查出。

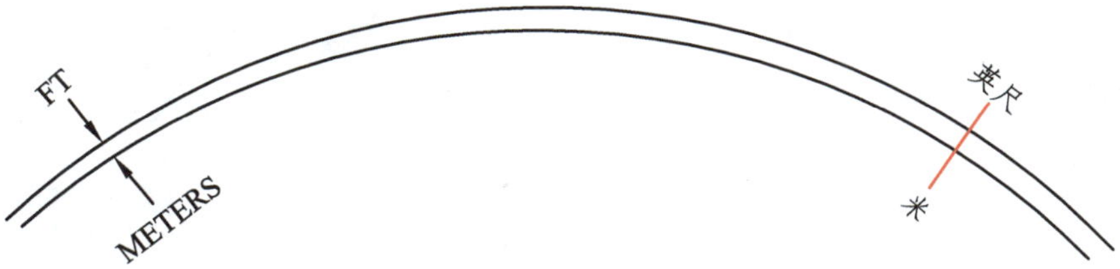

图 3.28 米与英尺换算尺型

米、英尺换算示范

【例 3.9】 飞机在航线上的飞行高度为 20 700 ft，对应为多少米？

【解】 利用计算尺求出为 6 300 m，如图 3.29 所示。

图 3.29 米与英尺换算

心算的方法是：英尺转换到米为英尺数/3 – 英尺数/3 × 10%，例如 6 900 ft 转换为 2 300（6 900/3）– 230 = 2 070（m）（精确值为 2 104 m）；米转换到英尺为米数 × 3 + 米数 × 3 × 10%，例如 60 m 转换为 180 + 18 = 198（ft）（精确值为 197 ft）。

3.5.1.2 速度单位

常用的速度单位有 km/h、SM/h、kt（NM/h），进行相互间的换算尺型如图 3.30 所示。

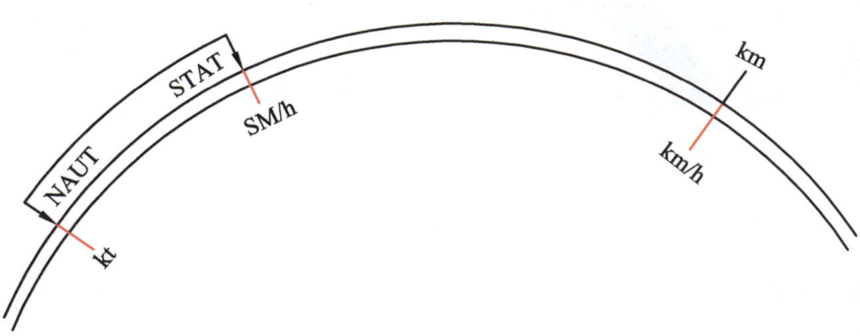

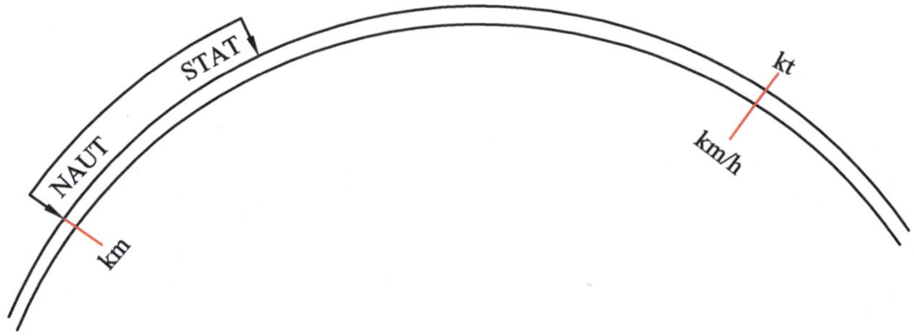

图 3.30　速度单位换算尺型

速度单位
换算示范

【例 3.10】　TB-20 巡航速度 140 kt 对应为多少 km/h？

【解】　对尺求得，140 kt = 260 km/h，如图 3.31 所示。

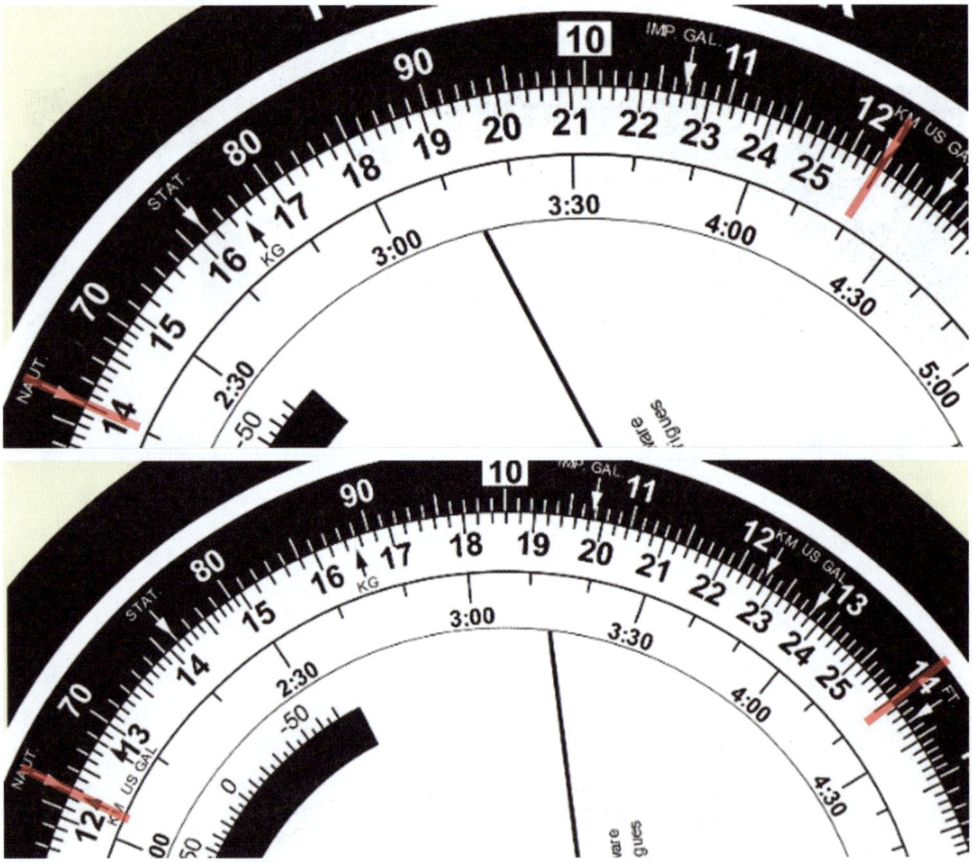

图 3.31　速度单位换算

3.5.1.3　质量单位

常用的质量单位是千克（kg）、磅，其关系是：1 千克（kg）= 2.205 磅，进行相互间的换算尺型如图 3.32 所示。

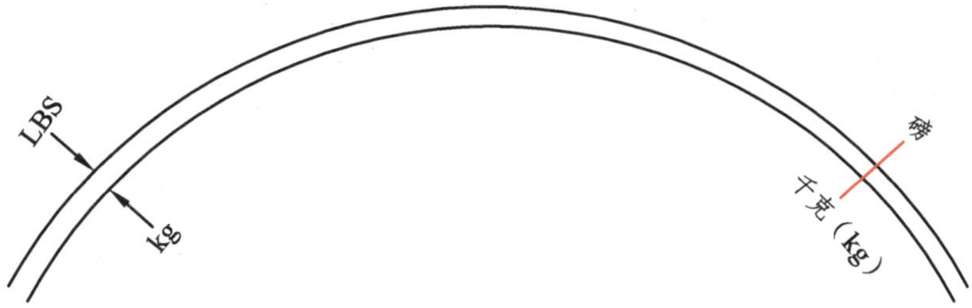

图 3.32 质量单位换算尺型

质量单位
换算示范

【例 3.11】 2 500 磅是多少千克？

【解】 换算的尺型如图 3.33 所示，对尺时须注意放大或缩小，求得：2 500 磅 = 1 134 千克。

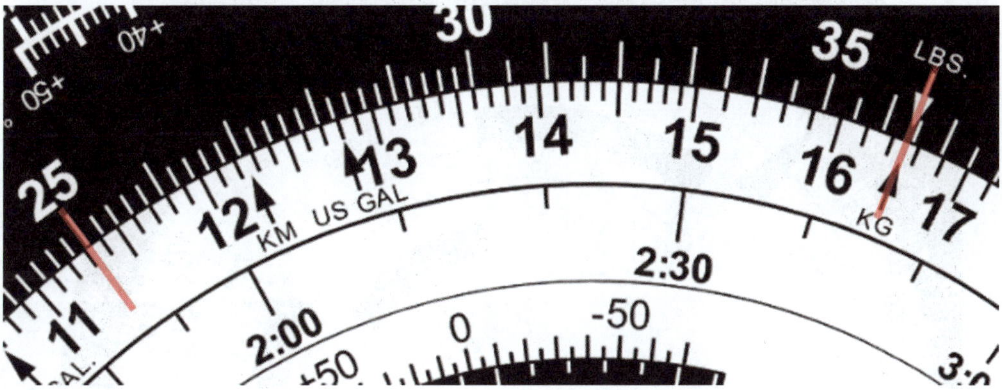

图 3.33 质量单位换算

3.5.1.4 容积单位

常用的容积单位有升、英加仑（IMP · GAL）、美加仑（U.S. GAL），关系式是：1 升 = 0.264 2 美加仑 = 0.220 4 英加仑。进行相互间的换算尺型如图 3.34 所示。

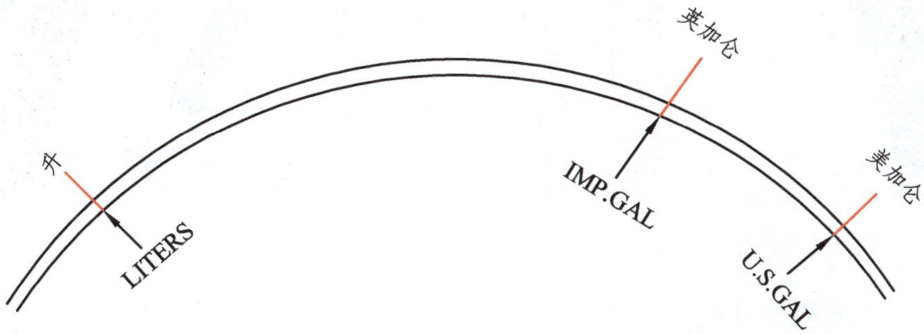

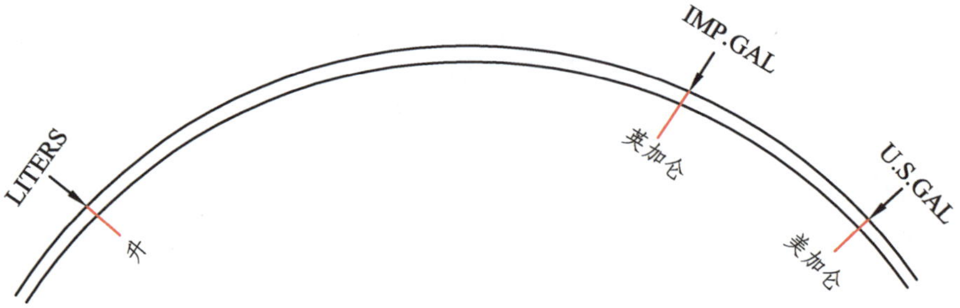

图 3.34　容积单位换算尺型

容积单位换算示范

【例 3.12】　900 美加仑是多少英加仑？是多少升？

【解】　换算的尺型如图 3.35 所示，对尺求出：900 美加仑 = 750 英加仑 = 3 410 升。

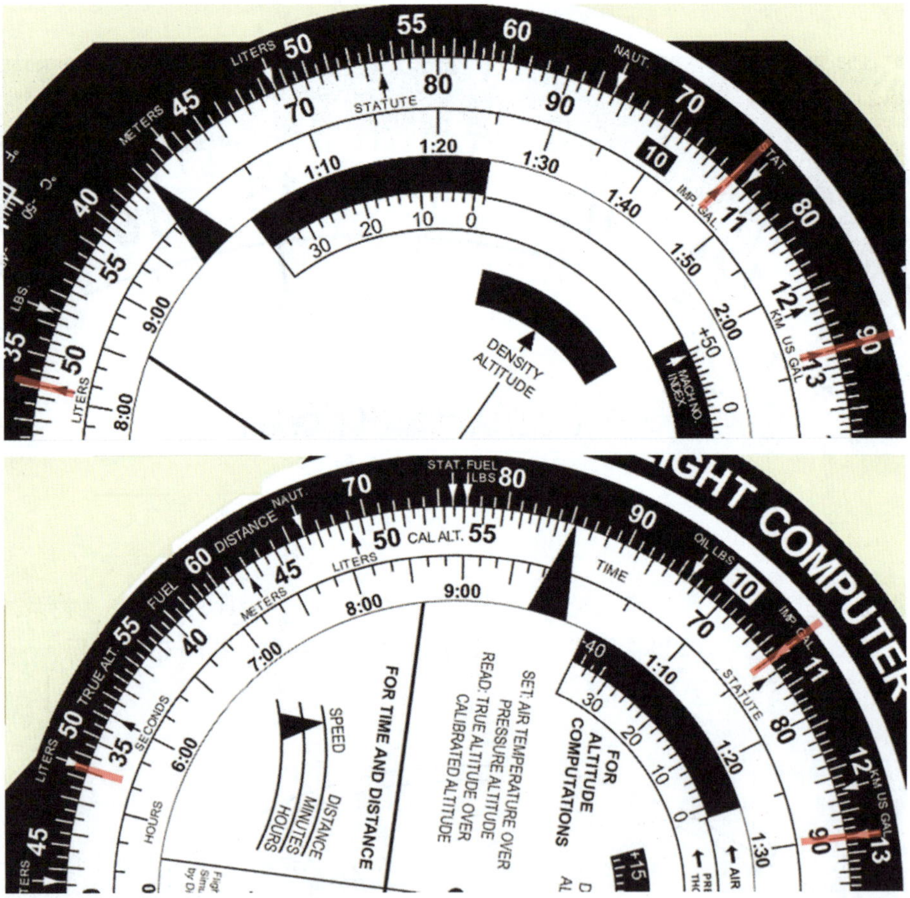

图 3.35　容积单位换算

3.5.2　速度、时间、距离的换算

速度（GS）、时间（t）、距离（D）之间的关系可表示为：距离 = 速度 × 时间。由此

可知速度（GS）、时间（t）、距离（D）3 个元素，只要知道了任意两个，就可以求出第三个。换算的方法很简单，可用计算尺进行，也可以心算。

3.5.2.1 尺算方法

利用计算尺进行速度、时间、距离换算，可以用“▲”“↑”指标进行。

1）用“▲”指标进行换算

飞机的速度就是 1 h 飞过的距离，因此，速度、时间、距离三者的关系就可以写成下面的比例式：

飞行距离/飞行时间 = 一小时的飞行距离/一小时（即 60 min）　　（3.3）

为便于计算尺计算，在活动盘上代表时间刻度 60 处，刻一个黑色“▲”作为一小时的标记，而固定盘则代表距离和速度数值。换算时，将“▲”对正固定尺上的速度数值（即一小时的飞行距离），则活动盘上飞行时间所对正的固定盘上数值，就是该飞行时间内的飞行距离，如图 3.36 所示。由于计算尺刻划数字范围是一定的，因此，使用时尺上代表的数值可以根据需要按比例扩大或缩小。

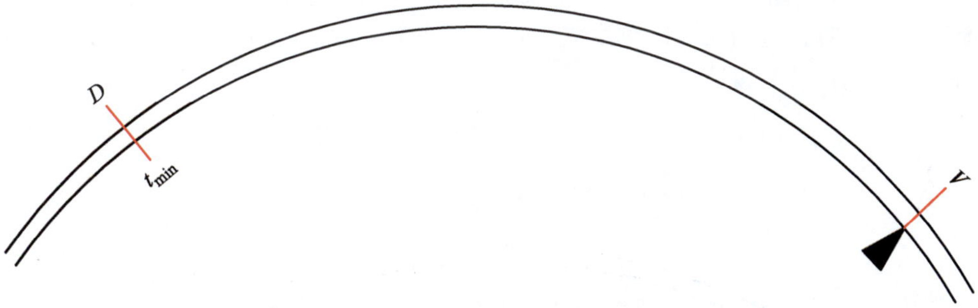

图 3.36　用“▲”指标换算尺型

【例 3.13】　运十二飞机在五凤溪——合川航段飞行，飞机通过五凤溪后 20 min 到达检查点，已飞距离为 98 km，从检查点到合川的未飞距离为 89 km，求飞机的飞行速度及从检查点到合川所需的飞行时间为多少？

“▲”指标换算示范

【解】　首先求出飞机的飞行速度，根据所求的速度即可求出未飞距离所应飞的飞行时间，该换算可以同时在计算尺上进行，对尺关系如图 3.37 所示。所求的结果是：运十二飞机在该航段的飞行速度为 294 km/h，从检查点到合川的飞行时间需 18 min。

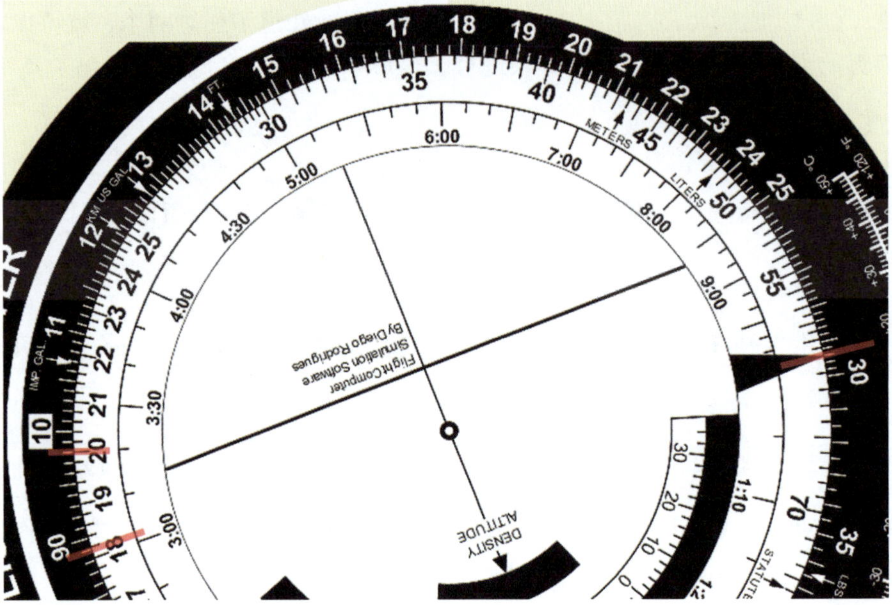

图 3.37　GS/t/D 换算举例

2）用“↑SECONDS”指标进行换算

在实际飞行中，有时飞行时间或飞行距离很短，这时利用“↑SECONDS”指标进行换算更为快速、准确，如图 3.38 所示。“↑SECONDS”指标刻在 36 处，代表一小时即 3 600 s。若按原比例式计算，应当在时间刻度 3 600 处刻一个指标，但由于圆形计算尺刻度范围的限制，所以比例关系可写成

$$V\text{（km/h）}/36 = D/10\text{（m）}/t\text{（s）} = 100D\text{（km）}/t\text{（s）} \tag{3.4}$$

或者

$$V\text{（kt）}/36 = 100D\text{（NM）}/t\text{（s）} \tag{3.5}$$

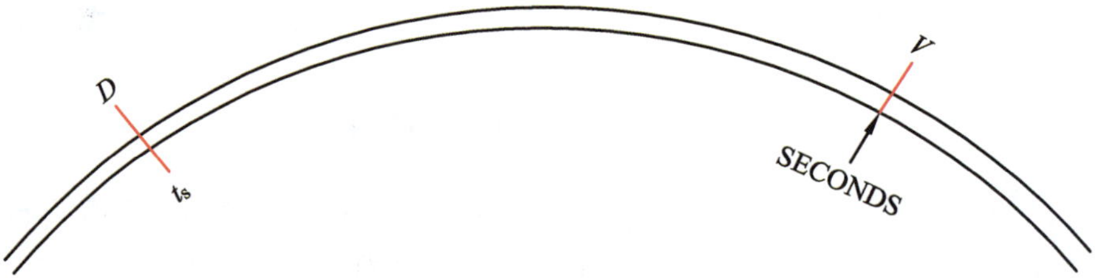

图 3.38　“↑SECONDS”指标换算尺型

【例 3.14】　飞行速度为 180 km/h，飞行时间为 1′30″，求飞行距离是多少？

【解】　对尺时“↑SECONDS”指标对固定尺的 18（即 180）读出 90 s（即 1′30″）时间所对固定尺的刻划为 45（即 450），如以米（m）为单位，则飞行距离为 4 500 m；如以千米（km）为单位，则为 4.5 km，如图 3.39 所示。

“↑SECONDS”指标换算示范

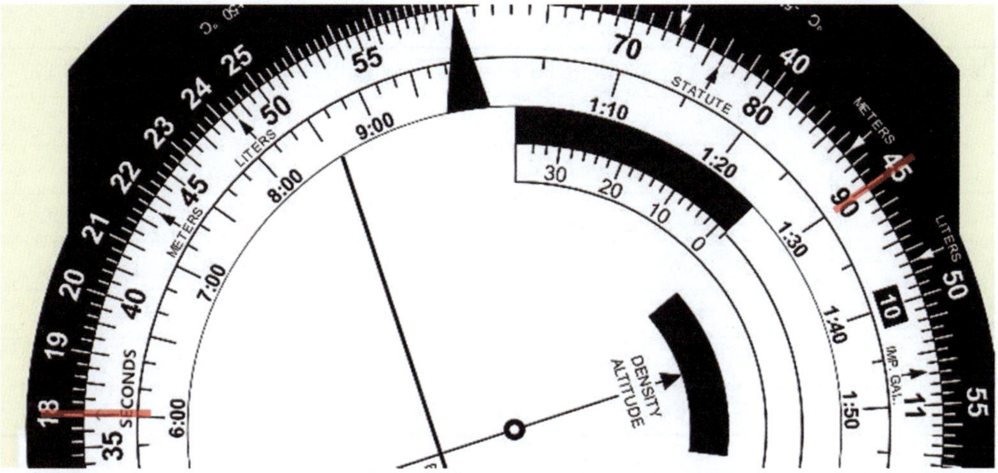

图 3.39 “↑SECONDS”指标换算举例

3.5.2.2 心算方法

常用的心算方法有 3 种。

1）6 min 距离法

1 h 是 60 min，所以 6 min 所飞过的距离，是 1 h 飞过距离的 1/10（即速度数值去掉一个 0），以此为基础进行心算。

【例 3.15】 飞行速度为 190 km/h，求 12 min 的飞行距离？

【解】 因 6 min 飞行 19 km，所以 12 min（两个 6 min）飞行距离为 38 km。

【例 3.16】 3 min 飞行距离为 10 NM，飞行速度为多少？

【解】 3 min 飞行 10 NM，6 min 则飞 20 NM，所以 60 min 飞行距离为 200 NM（10 个 20 NM），即飞行速度为 200 kt。

实际应用时，60 min 还分别是 10 min、12 min、15 min、20 min、30 min 的 6、5、4、3、2 倍，所以当飞行时间为上述数值时，也可以用同样的方法进行换算。

2）分段求和法

当飞行时间不是 6 min 的整数倍时，可把实际飞行时间分为 6 min 的整数倍和 1 min、2 min 的零头来计算，最后求出两者之和。

【例 3.17】 5 min 飞行 41 NM，飞行速度为多少？

【解】 5 min 飞行 41 NM，1 min 约飞行 8 NM，6 min 则飞行 48 NM，所以飞行速度为 480 kt。

3）1 min 距离法

除以上两种心算方法外，实际飞行中由于所飞机型相对固定，飞行员可以用 1 min 距离法，在实际飞行中快速、准确地进行换算，如表 3.2 所示。

表 3.2 不同速度飞行 1 min 的距离对照

速度/（km/h）	每分钟飞行距离/km	速度/（km/h）	每分钟飞行距离/km
180	3	600	10
240	4	660	11
300	5	720	12
360	6	780	13
420	7	840	14
480	8	900	15
540	9	960	16

【例 3.18】 飞行速度为 240 km/h，8 min 飞行距离为多少？

【解】 从表 3.2 中查出对应的 4 km/min，所以 8 min 飞行距离为 32 km（8 个 4 km）。

总之，单位换算和速度、时间、距离换算是最基本的领航计算之一，飞行员必须熟练地掌握各种换算方法，并在飞行实际中加以灵活应用。

思政案例

1993 年北方航空 11.13 空难事件

案例概述：1993 年 11 月 13 日，北京首都国际机场，中国北方航空公司的麦道 MD-82 飞机（民航注册号 B-2141）CJ6901 航班，从北京首都国际机场飞往乌鲁木齐地窝堡国际机场，机上有 92 名乘客、3 名机组成员和 7 名乘务组成员。

经过 3 小时的飞行，空中能见度良好，CJ6901 航班距离地窝堡机场约 15 km 距离时机组已和机场塔台取得联系。

地窝堡机场塔台告知 CJ6901 航班机组："北方航空 6901，25 号跑道已经清空，允许你们在 25 号跑道降落。场压 947 hPa，高度表拨正值 1 024 hPa"。机组回复："北航 6901 收到，在 25 号跑道降落。"

由于塔台空管指挥用语不规范，致使机组错误地将塔台所提供的用于参考修正海平面气压 QNH 值"1 024 hPa"理解成了机场场压 QFE 值，并以这个错误的数值对气压式高度表进行气压基准调整，致使此时气压式高度表指示高度要比实际高度高了近 650 m。

受这个错得离谱的高度数值影响，机组判定飞机此时距地高度过高，为了不影响降落，机组提前断开自动驾驶仪，改由手动操纵飞机下降高度。

因气压式高度表参考数值的偏差，导致飞机下降到了进近限制高度之下，机载近地警告系统响起了"低于下滑道"警告声"glide slope，glide slope"。机组因为听不懂英语，对此至关重要的警告没有加以理会，副驾驶也专注于对准跑道和控制油门，根本没有注意到高度表的数值。数秒钟后驾驶舱内又响起了警告声"pull up，pull up，pull up，pull up"，一共响了四声，但听不懂英语的机组依旧没有理会。

空中机械员警惕性稍高，提醒了一句："小心点"。此时 CJ6901 航班的飞行高度距离地面已经不足 100 米。

这时机长和副驾驶一看窗外发现飞机高度太低，随即立刻重新接通自动驾驶仪，设置 800 ft/min（244 m/min）的爬升率试图将飞机拉起。但机长情急之下忘记了加油门，直接导致飞机失速，并向左侧倾斜下坠。

事故导致 CJ6901 航班 B-2141 号飞机撞上地面的一座高压输电线铁塔，左侧一截机翼被铁塔切断，飞机瞬间失去平衡，坠毁在距离地窝堡机场跑道仅 2.2 km 处的一处农田中，随后爆炸起火并解体，机上 8 名机组成员和 8 名乘客遇难，60 余人受伤。

事故原因调查结论：乌鲁木齐地窝堡国际机场塔台空管用语不规范导致机组误解了气压数值，高度表拨正值是一个笼统概念，并不具体指"修正海压""场面气压""标准气压"中的任意一个具体的高度表拨正值，相反，"高度表拨正值"的用语会让飞行员误认为他们应当将高度表调整到所提的拨正值，造成误解；飞行员航空理论水平低下，混淆场面气压和修正海压等重要概念，调错高度表，误认为高度高而盲目下降，导致飞机进场高度严重低于规定高度；机组英语水平无限接近于零，无法辨别英语语音警告，导致失去挽救机会，在发现高度过低时决定复飞又手忙脚乱忘记加油门最终导致飞机失速坠毁，酿成机毁人亡的一级飞行事故。

思政元素：

（1）当代民航精神（忠诚担当的政治品格、严谨科学的专业精神、团结协作的工作作风、敬业奉献的职业操守）；

（2）追求卓越的工匠精神，精益求精、科学严谨的专业精神，严谨的工作作风和坚强的心理品质；

（3）社会主义核心价值观（爱岗敬业），优良的飞行职业道德、社会责任感和家国情怀；

（4）强烈的责任意识，扎实的基本功，高超的技术水平和职业素养；

（5）安全精飞的工作态度，强调飞行安全意识、风险意识、责任意识和法治意识；

（6）敬畏生命，敬畏职责，敬畏规章。

实践（模拟）任务

基本仪表综合实践

1. 准备工具/材料

计算机模拟软件/移动设备 APP。

2. 任务完成要求

观察、阅读飞行中高度表、航向仪表、空速表的指示。

3. 任务（模拟）

（1）直线平飞中高度表、航向仪表、空速表的指示；

（2）直线爬升中高度表、航向仪表、空速表的指示；

（3）直线下降中高度表、航向仪表、空速表的指示；

（4）平飞转弯中高度表、航向仪表、空速表的指示；

（5）爬升转弯中高度表、航向仪表、空速表的指示；

（6）下降转弯中高度表、航向仪表、空速表的指示。

拓展资料

全静压系统　　测量空速的仪表　　时间计算

本章小结

（1）飞行高度分为几何高度和气压高度，飞行中用气压式高度表和无线电高度表测量、指示；气压式高度表存在多种误差，对气温误差必须进行修正；飞行过程中遵照高度表拨正程序和飞行高度层配备实施。

（2）航向分为真航向、磁航向和罗航向，飞行中注意修正磁差、罗差，完成航向间的换算。

（3）空速因测量仪表及修正机构不同有多种表示形式；空速表存在多种误差，飞行中要进行修正，运用计算尺完成指示空速与真空速、真空速与马赫数间的换算。

（4）常用时刻有地方时、世界时/协调世界时和北京时，飞行运行时要准确完成相互间的换算；日界线确定了日期的变更，国际飞行跨越时须牢记日期的调整。

（5）领航工作中经常性的计算包括单位换算和速度、时间、距离换算，飞行员必须运用计算尺或心算快速、准确地完成。

思考探究任务

任务：查阅资料，学习飞行手册，列举空中飞行实施中飞行员获取高度、航向、空速、时间的途径，并分析获取中的注意事项。

4 飞机在风中的航行规律

学习指南

1. 学习目标

知识目标：能够准确解释风对飞机航行的影响，能列举、区别航行速度三角形各向量及其相互间的关系、变化规律，学会判断真空速、航向、风向、风速变化对飞行航迹、时间的影响。

能力目标：能运用牛顿运动定律建立航行速度三角形模型，能够运用相关专业知识和数学模型方法对航行速度三角形进行分析，结合飞行目标评价领航参数对飞行安全的影响。

素质目标：培养自主学习能力，形成自主和终身学习的意识及能力，进一步养成优良的飞行作风，逐步具有一定的实践创新能力。

2. 知识点

风的表示，飞机在风中的运动，飞机在风中的航行情形，航行速度三角形构成，航行速度三角形八元素，偏流、地速的变化。

3. 学习重/难点

重点：飞机在风中的三种运动，航行速度三角形。

难点：飞机在风中的三种运动，航行速度三角形。

围绕地球表面的空气总是运动着的，风就是空气运动的一种形式，风能够使空中物体改变位置，或使运动物体偏离预定轨道。飞机在风中飞行同样受到风的影响。因此研究飞机在风中的航行规律，必须从了解飞机在有风情况下航行的情形入手，通过现象找出内在规律来指导领航工作，保证飞行安全。

4.1 飞机在风中的航行情形

风的表示及测量

4.1.1 风的表示

空气在地球表面的水平流动叫作风（Wind）。空气沿水平运动的方向叫风向（Wind

Direction，WD）；空气在单位时间内水平运动的距离叫风速（Wind Speed，WS）。因此，风是由风向和风速表示的，用风速向量 $\overrightarrow{WS}$ 表示，表明了风对地面的运动。

风向是指风吹来的真方向，即从真经线北端顺时针量到风的来向的角度，风速常以 m/s 或 kt 为单位。

飞行员从气象台、空管部门、ATIS（情报通播）及机载导航系统可以获得风向风速。

风速单位的换算，即 m/s 换算为 km/h 或 kt，可通过计算尺或心算方法进行，尺算方法在前面已讲过，这里只介绍心算方法。

$$WS(km/h) = 3.6 \times WS(m/s) = 4 \times WS(m/s) - 4 \times WS(m/s)/10 \quad (4.1)$$

心算时，以 km/h 为单位的风速就等于风速（m/s）乘 4，再从乘积中减去 1/10 所得的数值。

$$WS(kt) = 2 \times WS(m/s) \quad (4.2)$$

心算时，将风速（m/s）乘 2 所得的数值就是以 kt 为单位的风速。

4.1.2 飞机风中航行的 3 种运动

风的影响

飞机在风中航行同时存在 3 种相对运动，即飞机相对于空气、空气相对于地面和飞机相对于地面的运动。

飞机相对于空气的运动叫空速向量，用航向为方向、真空速为大小的向量 $\overrightarrow{TAS}$ 表示。

空气相对于地面的运动叫风速向量，用风向为方向、风速为大小的向量 $\overrightarrow{WS}$ 表示。

飞机相对于地面的运动叫地速向量，用航迹角为方向、地速为大小的向量 $\overrightarrow{GS}$ 表示。

飞机对地面运动所经过的路径，叫航迹线，简称航迹；航迹的方向用航迹角（Track，TK）表示，航迹角有真航迹角（True Track，TTK）和磁航迹角（Magnetic Track，MTK）两种。从真经线北端顺时针量到航迹线去向的角度，叫真航迹角；从磁经线北端顺时针量到航迹线去向的角度，叫磁航迹角，如图 4.1 所示。从图中可以看出

$$TTK = MTK + MV \quad (4.3)$$

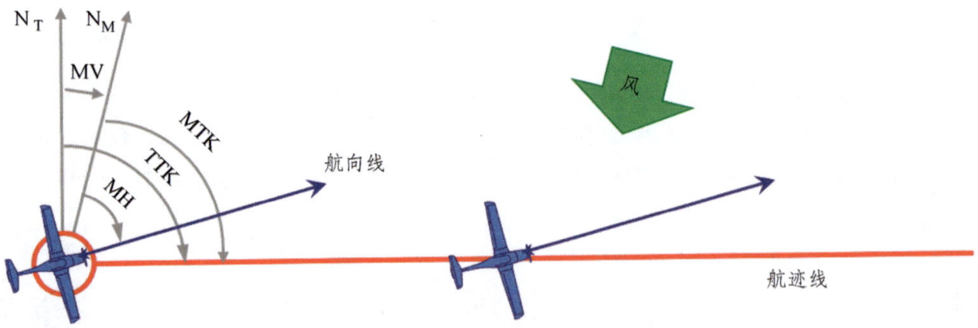

图 4.1 航迹角的表示

飞行中常用的是磁航迹角，但在地图上描画航迹或推算飞机位置时，必须使用真航迹角，所以必须注意换算，否则将导致错误。

飞机相对地面运动时单位时间所经过的距离叫地速（Ground Speed，GS），常用的单位是千米/小时（km/h）、浬/小时（kt）。

如图 4.2 所示，飞机相对地面的运动，是飞机对空气的运动和空气对地面的运动共同作用的结果，即飞机对空气运动和空气对地面运动的合成运动，因此，飞机的地速向量就是空速向量和风速向量的合成向量。根据向量合成法则，飞机在风中航行存在的 3 种相对运动可表示为

$$\overrightarrow{GS} = \overrightarrow{TAS} + \overrightarrow{WS} \tag{4.4}$$

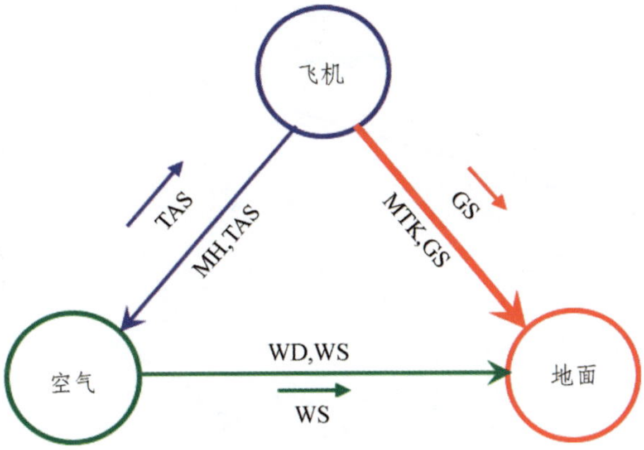

图 4.2　3 种运动的关系

4.1.3　飞机在风中的航行情形

4.1.3.1　无风情况下的航行情形

空中无风时，飞机机头对向哪里，飞机就能飞到哪里，这时飞机的航迹完全同航向线一致，飞机的航迹角等于航向，地速等于真空速。

4.1.3.2　有风情况下的航行情形

空中有风时，飞机除与空气相对运动外，同时还将随风飘移，因此，飞机的航迹角与航向、地速与空速就不一致。

在顺（逆）风情况下，虽然航向、空速没有改变，航迹线虽然与航向线一致，但由于顺（逆）风的影响，地速和空速不相等；在侧风情况下，虽然航向、空速没有改变，但由于侧风的影响，航迹线将偏到航向线的下风面，地速和空速也常不相等。

4.2　航行速度三角形

我们运用向量知识分析飞机在有风情况下飞机的航行规律，掌握航迹角、地速同航向、空速的关系，来指导领航工作。

4.2.1 航行速度三角形的构成

根据向量合成的法则，飞机在风中航行的空速向量、风速向量和地速向量构成了一个三角形，叫作航行速度三角形，如图 4.3 所示。航行速度三角形准确地反映了 3 个向量的相互关系，准确地说明了航迹角与航向、地速与空速的关系，准确又形象地反映了飞机在风中的航行规律。

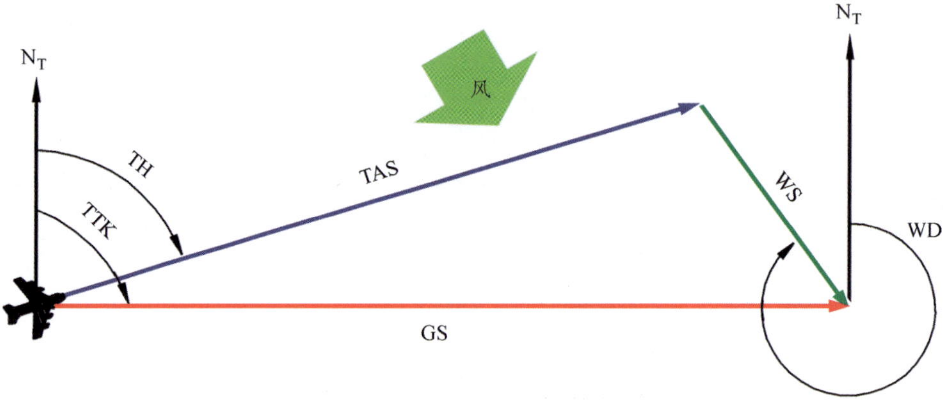

图 4.3 航行速度三角形

4.2.2 航行速度三角形 8 元素

航行速度三角形包含有 8 个领航最常用的元素，这 8 个元素是：航向、真空速、风向、风速、航迹、地速、偏流、风角。这 8 个元素中前 6 个已做了详细讲解，下面介绍偏流和风角两个元素。

4.2.2.1 偏流（Drift Angle，DA）

由于侧风的影响，飞机的航迹线将偏向航向线的下风面。从航行速度三角形中可以看出：航迹线同航向线的关系可以用地速向量同空速向量的夹角，即航迹线偏离航向线的角度来表示，这一角度叫偏流角（DA），简称偏流，如图 4.4 所示。左侧风时，航迹线偏在航向线的右侧，规定偏流为正（+DA），也称为右偏流（RDA）；右侧风时，航迹线偏在航向线的左侧，规定偏流为负（−DA），也称为左偏流（LDA）。偏流的大小与真空速、风速的大小及侧风程度有关。

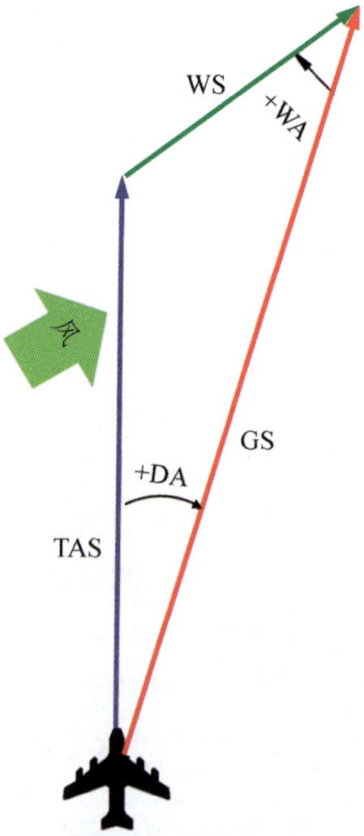

图 4.4 偏流和风角（左侧风）

4.2.2.2 风角（Wind Angle，WA）

通常将航行速度三角形中地速向量同风速向量的夹角，即航迹线同风向线之间的夹角叫作风角（WA），它说明了飞机所受侧风的程度。风角的正、负规定：以航迹线为基准，左侧风时，由航迹线顺时针量到风向线，为正值，即“+WA”；右侧风时，由航迹线反时针量到风向线，为负值，即“–WA”。从图 4.4 中可以看出，风角与偏流的正负完全一致，都是由风的左、右决定。风角的范围为 0°～±180°。0°表示顺风，180°表示逆风，±90°表示（左或右）正侧风，0°～±90°之间表示（左或右）顺侧风，±90°～180°之间表示（左或右）逆侧风。

4.3　偏流、地速的影响因素

航行速度三角形各元素间的关系，实质上就是空速向量、风速向量与地速向量三者的关系。飞行中航向、真空速、风向和风速的变化都会直接引起偏流、地速的变化。偏流变化将使飞机航迹发生变化，使飞机不能沿航线准确飞到目的地；地速变化将使飞机不能准时到达目的地。

4.3.1　航行速度三角形各元素间的关系

4.3.1.1　航迹角与航向的关系

由于受侧风的影响，航迹线总是偏在航向线的下风面，即：左侧风，航迹线偏在航向线右边，航迹角比航向大一个偏流角度值；右侧风，航迹线偏在航向线左边，航迹角比航向小一个偏流角度值。它们的关系可用数学式表示为

$$\mathrm{MTK} = \mathrm{MH} + \mathrm{DA} \tag{4.5}$$

或者

$$\mathrm{DA} = \mathrm{MTK} - \mathrm{MH} \tag{4.6}$$

4.3.1.2　偏流、地速同真空速、风速和风角的关系

偏流、地速与真空速、风速及风角（侧风程度）有关，如图 4.5 和图 4.6 所示，用数学式表示为

$$\sin\mathrm{DA} = \mathrm{WS} \cdot \sin\mathrm{WA} / \mathrm{TAS} \tag{4.7}$$

由于 DA 一般较小，因此

$$\mathrm{DA} \approx 57.3° \times \mathrm{WS} \cdot \sin\mathrm{WA} / \mathrm{TAS} \tag{4.8}$$

$$\mathrm{GS} = \mathrm{TAS} \cdot \cos\mathrm{DA} + \mathrm{WS} \cdot \cos\mathrm{WA} \tag{4.9}$$

$$\mathrm{GS} \approx \mathrm{TAS} + \mathrm{WS} \cdot \cos\mathrm{WA} \tag{4.10}$$

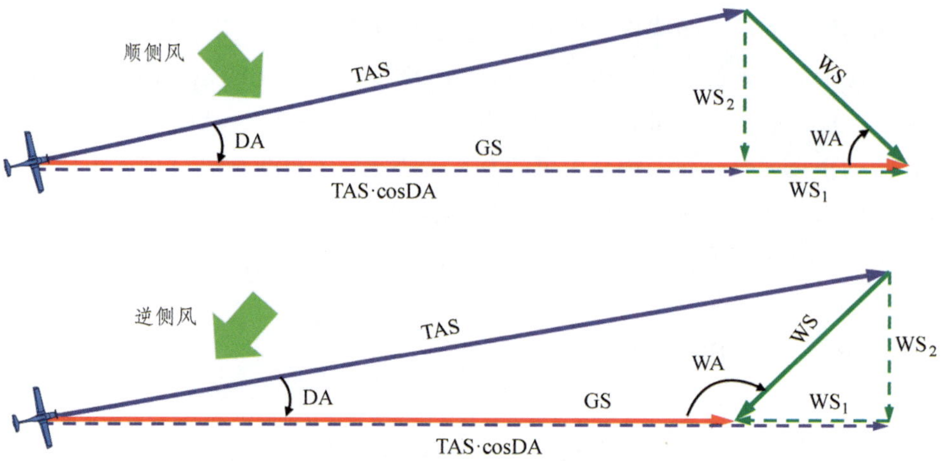

图 4.5 DA、GS 计算

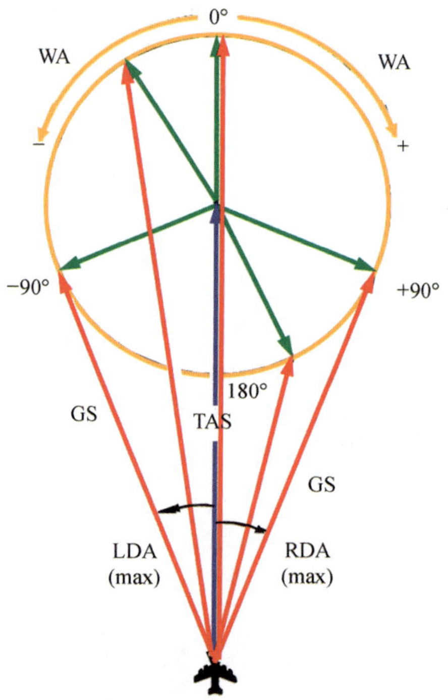

图 4.6 偏流、地速与风角

从以上分析可以看出：当真空速和风速一定时，侧风程度即风角不同，偏流、地速的大小也不一样。当风角为 0°时，偏流为 0°，地速为最大值，即 GS = TAS + WS；当风角为 90°时，为正侧风，偏流的角度最大，地速略小于真空速，可近似认为相等；当风角为 180°时，偏流为 0°，地速为最小值，即 GS = TAS − WS；当风角为 0° ~ 90°，风速可分解为垂直航迹的侧风分量 WS_2 和平行于航迹的顺风分量 WS_1，所以有偏流，地速大于真空速；当风角为 90° ~ 180°，风速可分解为侧风分量 WS_2 和逆风分量 WS_1，所以有偏流，地速小于真空速，以上关系如表 4.1 所示。

表 4.1 偏流、地速与风角的关系

风角	WA = 0°	0°<|±WA|<90°	|±WA| = 90°	90°<|±WA|<180°	WA = 180°
偏流	0°	有	最大	有	0°
		DA 与 WA 的符号相同			
地速	GS = TAS + WS	GS>TAS	GS≈TAS	GS<TAS	GS = TAS − WS

从风的分解可以知道：侧风分量将使航迹线偏离航向线，产生偏流，影响航行方向，导致飞机不能准确飞到预定点上空；顺（逆）分量将影响飞机的地速，使地速不等于真空速，影响航行时间，导致飞机不能准时到达。

4.3.2 真空速变化对偏流、地速的影响

偏流、地速的影响

有风情况下，假定风向、风速和飞机的航向不变，当真空速增大时，地速增大，偏流角减小；真空速减小时，地速减小，偏流角增大。从图 4.7 中可以分析得出：当真空速变化时，地速变化量与侧风程度无关，地速变化量近似等于真空速的变化量；而偏流的变化量同侧风程度有关，但真空速变化引起的偏流变化量一般较小，可以忽略不计。

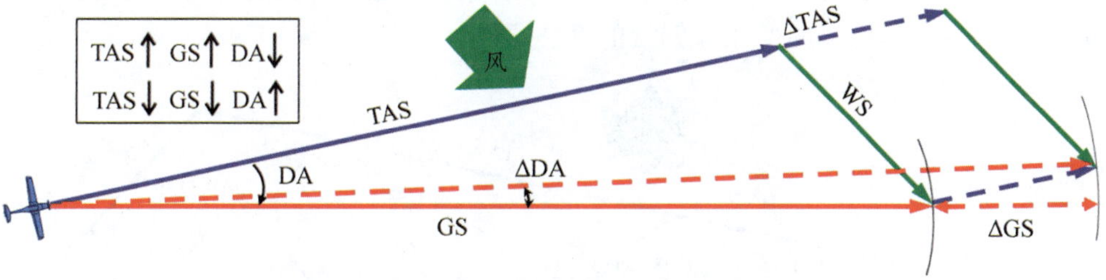

图 4.7 真空速变化对偏流和地速的影响

实际飞行中，飞行员应注意保持好真空速。如果真空速变化，地速将产生相应的变化，使到达预定点的时刻提前或延迟，飞行员应及时检查和测定地速，对预达时刻进行修正。

4.3.3 风速变化对偏流、地速的影响

飞机在空中保持一定的航向、真空速飞行，如果风向不变而风速发生变化时，偏流、地速也会发生变化。当风速增大，风为顺侧风时，偏流、地速都增大；逆侧风时，偏流增大，地速减小。从图 4.8 中可以看出：风速变化同一个量ΔWS，风为接近顺（逆）风时，偏流变化较小，地速变化较大；风为接近正侧风时，偏流变化较大，地速变化较小。

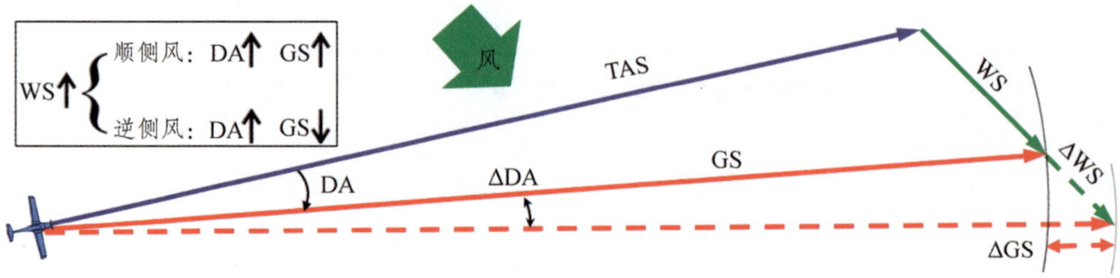

图 4.8　风速变化对偏流和地速的影响

实际飞行中，当飞行员改变飞行高度、飞机飞过不同地区或穿越锋线时，应注意风速的改变对偏流、地速的影响。在接近顺（逆）风中飞行，应注意检查和修正地速，使飞机准时到达；在接近正侧风中飞行，应注意检查和修正飞机的航迹，防止飞机偏离预定航线而不能准确到达目的地。

4.3.4　风向变化对偏流、地速的影响

飞机在空中保持一定的航向、真空速飞行，如果风速不变而风向发生变化时，将引起风角的改变，偏流、地速将发生变化。当风角为正，即左侧风时，地速随风向增大而减小，偏流的变化视风角的大小而有规律地变化；当风角为负，即右侧风时，地速随风向的增大而增大，偏流的变化同样视风角的大小而有规律地变化。从图 4.9 中可以看出：接近顺（逆）风时，风向的变化主要引起偏流的变化，地速变化很小；接近正侧风时，风向的变化主要引起地速的变化，偏流的变化很小。

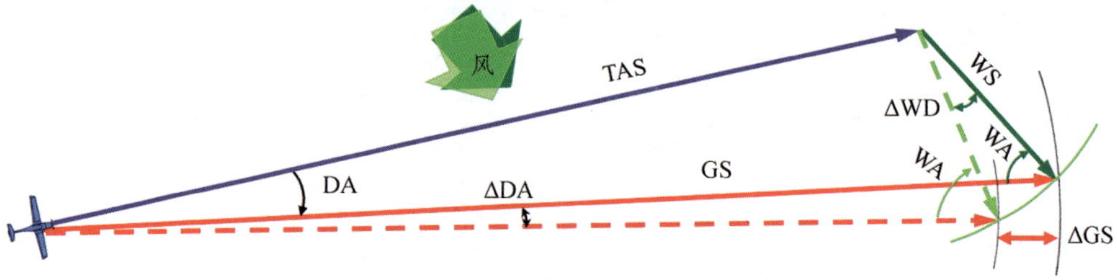

图 4.9　风向变化对偏流和地速的影响

飞行中，当飞机改变飞行高度、飞越不同地区或穿越锋线时，飞行员应注意风向变化对偏流、地速的影响。在接近顺（逆）风飞行时，应重点检查和修正航迹，防止飞机偏离预定航线；在接近正侧风飞行时，应重点检查地速，修正预达时刻，使飞机准时到达目的地。

4.3.5　航向变化对偏流、地速的影响

飞行中由于飞行员操纵不当或仪表误差，将使飞机的航向发生变化。飞行中如果真空速、风向和风速不改变，偏流、地速同样将随航向的变化而变化。从图 4.10 中可以看出：航向变化与风向变化引起的偏流、地速的变化情形是相同的，所以航向变化时偏流、

地速的变化规律同风向变化所引起的变化规律一致。但需要注意的问题是：航向变化时，不仅引起偏流的变化，还将直接引起航迹的改变，所以航迹角变化量就等于航向变化量与偏流变化量之和，即

$$\Delta MTK = \Delta MH + \Delta DA \qquad (4.11)$$

在实际飞行中，如果航向变化量ΔMH较小（不超过20°），那么偏流变化量ΔDA很小，可忽略不计。因此，航迹角变化量ΔMTK就等于航向变化量ΔMH，即航向改变多少航迹角就改变多少。反过来，如飞行中需要改变航迹，则飞行员可通过改变航向来实现。

综上所述，在实际飞行中，当航向、真空速、风向和风速发生较大的变化时，飞行员应重新测算偏流和地速，使飞机能够准确、准时飞到预定点。

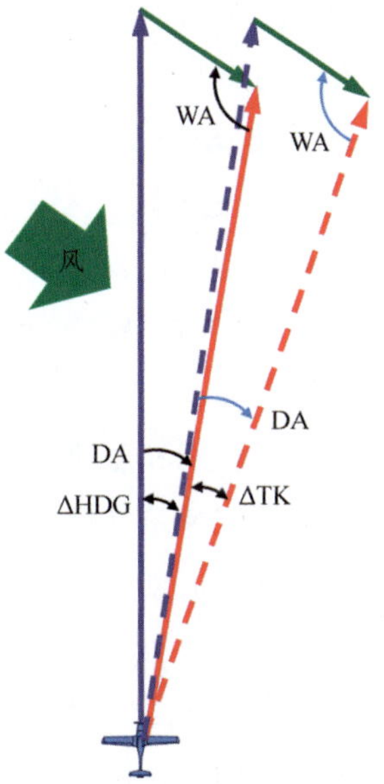

图 4.10　航向变化对偏流、地速的影响

思政案例

风对飞行的危害

案例概述：危害飞行安全的风主要是侧风、顺风、大风和“恶风”。有些飞行事故并不是由一种风造成的，侧风、顺风、大风和“恶风”造成的一些飞行事故中常常伴有阵风因素。

在 1993 年美国发生的与风有关的飞行事故中，近半数飞行事故是侧风造成的。下面是其中 3 起侧风飞行事故：

一名商业飞机驾驶员驾驶一架赛斯纳 182 飞机在美国得克萨斯州一个私人机场着陆时遇到了阵侧风而坠毁，造成飞机坠毁的侧风风速是每小时 19 海里。赛斯纳 182 飞机在短五边进近时因有侧风而撞在树上，飞机翻转坠毁。造成这起事故的侧风是有预报的，但驾驶员没有要求获取气象预报，起飞之前也没有要求获得气象情况简要说明。美国国家运输安全委员会说，在美国 1993 年因风造成的 180 起飞行事故中，有半数以上的驾驶员在起飞之前没有要求获得气象情况简要说明。

一架赛斯纳 210 飞机驾驶员在明知当地有从 90°方向吹来的风速为每小时 20 海里的大风时，仍试图在大风条件下着陆。赛斯纳 210 飞机在被冰覆盖的 36 号跑道接地后，飞机从左侧滑出跑道并撞在一个积雪的小堤上，造成飞机前起落架毁坏。

一名赛斯纳 310 飞机驾驶员说，因为他遇到了每小时 20 海里的侧风，因此他采用了特大空速和少放襟翼的措施进近着陆。但调查委员会的调查表明，他驾驶的赛斯纳 310 飞机大约是在跑道中部接地的，而且跑道长度仅有 2 800 ft；赛斯纳飞机冲出跑道，撞毁围栏后与公路上一辆卡车相撞，飞机毁坏。

研究人员对侧风飞行事故进行调查研究后发现：在实践中不断保持飞行技能的驾驶员、在飞行中集中精力操纵飞机的驾驶员、飞机着陆后仍保持操纵飞机的驾驶员、遇到侧风之后实施低空进近着陆或遇到危险侧风之后改在其他机场降落的驾驶员一般都不会发生侧风飞行事故。没想到会遇到侧风的驾驶员、不索取气象预报或气象情况简要说明的驾驶员和飞机着陆后放松警惕的驾驶员则常常发生侧风飞行事故。只要驾驶员在飞机没有停稳之前仍保持操纵飞机，波音 737 飞机在每小时 40 海里的侧风条件下仍可以安全进近着陆。

驾驶员识别和避免风对飞行安全危害的方法：

（1）切记风是气象的一个重要方面，起飞前要获取标准气象信息，要起飞时要获取最新简要气象信息，以确保气象情况没有大变化。询问有关风的情况并计算出风对各飞行阶段的影响。

（2）密切注意气象变化，特别是风的变化。仔细检查飞行区的气象预报，把危害飞行安全的风列在首位。

（3）确定预报中的风将对飞行产生什么样的影响。取消各种恶劣气象条件下的教练飞行任务。而且在恶劣气象条件下也达不到预期的飞行训练目的。

（4）制订飞行航线气象监视计划，知道在飞行中可从哪里获得气象信息。驾驶员可以从机场交通信息服务系统、自动气象观测系统和地面自动观测系统获取地面风信息。驾驶员用航线飞行咨询服务系统可以了解着陆机场当时的气象和地面风。不要以为别人会给你提供所需要的气象信息，要主动询问你所需要的气象信息。

（5）制订应对意外情况的计划，假如空中的风速计划中的燃油储备发生危机时，切不可再飞向可能耗尽燃油的计划着陆机场。

（6）如果有锋面经过，就要查明锋面可能什么时间经过进场着陆区。锋面所经过的区域必定会出现风向转变。暖锋前面的冷风面和冷锋后面的冷风面常常有风切变。

（7）要特别注意进场着陆区的气象情况。制订因风而不能完成飞行，转向备用机场的计划。

思政元素：

（1）追求卓越的工匠精神，精益求精、科学严谨的专业精神，严谨的工作作风和坚强的心理品质；

（2）牢固树立爱岗敬业精神，优良的飞行职业道德、社会责任感；

（3）强烈的责任意识，扎实的飞行基本功，高超的技术水平和职业素养；

（4）安全精飞的工作态度，严守安全底线，强调飞行安全意识、风险意识、责任意识和法治意识。

拓展资料

风对飞行的影响

无形的地标

本章小结

（1）风由风向和风速表现，可用风速向量 $\overrightarrow{WS}$ 表示，飞行中风速单位常要进行换算。

（2）飞机在风中航行同时存在飞机相对于空气、空气相对于地面和飞机相对于地面的运动，用空速向量 $\overrightarrow{TAS}$、风速向量 $\overrightarrow{WS}$ 和地速向量 $\overrightarrow{GS}$ 表示，其中 $\overrightarrow{GS}=\overrightarrow{TAS}+\overrightarrow{WS}$。

（3）空速向量、风速向量和地速向量构成了航行速度三角形，它准确地反映了三种运动的相互关系，准确地说明了航迹角与航向、地速与空速的关系，准确又形象地反映了飞机在风中的航行规律。

（4）航行速度三角形包含 8 个领航最常用的元素：航向、真空速、风向、风速、航迹、地速、偏流、风角，其中航向、真空速、风向、风速发生变化将影响偏流、地速，导致航迹、飞行时间发生变化。

思考探究任务

任务：查阅、学习相关资料，利用学过的数学方法定性分析航向、真空速、风向、风速发生变化影响偏流、地速的情形，并列举飞行中保持航迹、飞行时间的对策。

5 地标罗盘领航

学习指南

1. 学习目标

知识目标：能够准确解释、区别实施地标罗盘领航的各种方法特点，学会各种方法的基本运用，快速准确完成相关领航计算，解决领航工作中较复杂的问题。

能力目标：能运用牛顿运动定律等相关科学原理，以及航行速度三角形，快速完成偏航判断及修正，识别和判断航空器位置及偏差等复杂工程问题的关键环节和参数，能够分析领航方法特点，具备一定的实际领航应用及操作能力。

素质目标：培养自主学习能力，形成自主和终身学习的能力，进一步培养实践创新能力，养成优良的飞行作风，具备坚强的心理品质，具有较强的沟通能力、团队意识，具有家国情怀、使命担当。

2. 知识点

推算应飞航向和预达时刻，地标定位和推测定位，偏航的产生，检查航迹，修正航迹，计算空中风，检查点工作。

3. 学习重/难点

重点：计算尺计算偏流、地速，确定飞机位置程序和方法，偏航原因确定，按两实测位置全面检查程序和方法，按新航线修正航迹，按航迹修正角修正航迹，计算尺计算风向风速。

难点：计算尺计算偏流、地速，偏航原因及偏航角计算，修正航迹计算，检查点领航计算及记录表填写。

用地图对照地面，按辨认出来的地标确定飞机位置、航向和距离，以引导飞机航行的方法，叫地标领航（Pilotage）。地标领航是最早、最原始的领航方法，其优点是简单可靠，缺点主要是受飞行地区的地形、季节、昼夜、气象条件以及飞行高度、速度和座舱环境的影响，在实际应用时有较大的局限性。

地标领航简介

根据飞行中所测定的航行元素和航行基本规律，通过推测计算来确定飞机位置、航向和距离，以引导飞机航行的方法，叫罗盘领航，也称为推测领航（Dead Reckoning）。罗盘领航是每次航行中必不可少的最基本、最重要的领航方法，其优点是不受天气、昼夜和地区等外界条件限制，可以在不同的条件下采用，缺点是受设备误差、作业准确性的影响以及推算的积累误差影响。

实际应用中，常将地标领航与罗盘领航相配合，以地标定位为基础，推测计算为主要手段的领航方法，就叫地标罗盘领航。地标罗盘领航主要作为中低空低速飞机目视飞行条件下的领航方法，也可作为其他领航方法的辅助手段。

推测领航简介

5.1 推算应飞航向和预达时刻

飞行员确定航线后将操纵飞机沿预定航线飞行，因此飞行员首先要解决的问题是：飞机应该保持多少度航向飞行，飞多少时间才能到达预定航路点，即推算飞机沿航线飞行的应飞航向和预达时刻。

5.1.1 推算应飞航向

飞机沿预定航线飞行应该保持的航向，称为应飞航向（$MH_{应}$）。推算应飞航向的目的就是使飞机航迹线与预定航线重合，使飞机沿航线准确到达预定航路点。

在无风或没有侧风的情况下，飞机的航迹线与航向一致，机头对向哪里，飞机就能飞到哪里。因此，当飞机准确通过航段起点时，飞行员应操纵飞机使机头对正航线去向，即保持应飞航向 $MH_{应} = MC$，飞机就能沿航线飞到预定航路点。

在有侧风的情况下，如果飞机通过航段起点时仍然采取航向等于航线角，由于侧风的影响，飞机将产生偏流，航迹线将偏到航线的下风面，不能飞到预定点上空，如图 5.1 所示。

飞机在有侧风的情况下飞行，为了使航迹线与航线重合，必须使飞机的航向线向迎风方向修正一个偏流角，即在航线角基础上迎风修正一个偏流，得到应飞航向（$MH_{应}$），如图 5.2 所示。这一关系可用数学式表示为

$$MH_{应} = MC - DA \tag{5.1}$$

如果正确修正了偏流，机头虽没有对正预定航路点，但在侧风的影响下，航迹线刚好与航线重合，飞机将沿着航线飞到预定航路点上空。实际飞行中，应多使用心算方法进行计算：左侧风，正偏流，应向左修正一个偏流，应飞航向比航线角少一个偏流角度；右侧风，负偏流，应向右修正一个偏流，应飞航向比航线角多一个偏流角度。

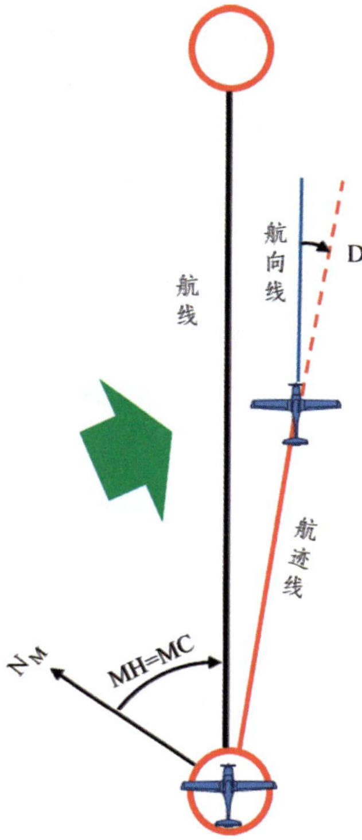

图 5.1　有侧风未修正偏流

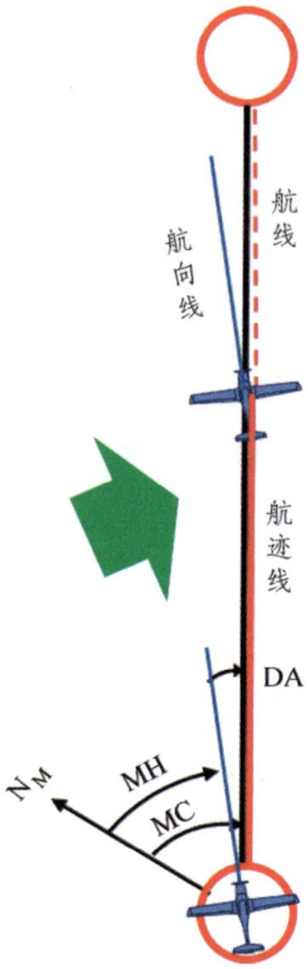

图 5.2　有侧风修正偏流

【例 5.1】 广汉飞往绵阳的磁航线角为 43°，已知偏流 DA = +6°，计算广汉到绵阳的应飞航向是多少？

【解】 如图 5.3 所示，已知 MC = 43°，DA = +6°，则

$$MH_{应} = MC - DA = 43° - （+6°）= 37°$$

所以，广汉飞往绵阳的应飞航向 $MH_{应} = 37°$。

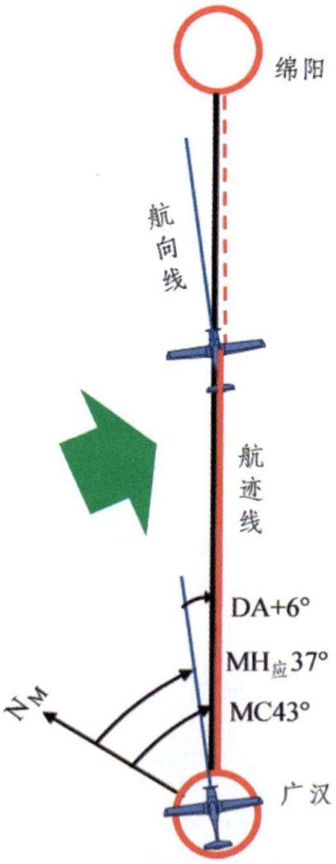

图 5.3　推算应飞航向

5.1.2　推算预达时刻

飞机沿预定航线飞行预计到达航路点的时刻，称为预达时刻。推算预达时刻的目的是使飞行员安排好工作程序及内容，这是每次领航工作中不可缺少的工作。

推算预达时刻的关键是推算应飞时间。应飞时间指的是沿航线飞行所需的时间，同时也是计算飞机应携带燃油量、推算起飞时刻必不可少的条件。

推算应飞时间是根据航线（航段）距离和预计地速进行计算的，推算方法有尺算和心算。例如广汉至绵阳的距离为 70 km，预计地速为 170 km/h，通过尺算或心算可求出应飞时间为 25 min；如果飞机于 10:00 通过广汉，则推算出到绵阳的预达时刻是 10:25。

在实际应用中，如果不能预先知道地速，也可以用真空速进行计算，但准确性较差，飞行员在飞行中应尽快测算出地速，对应飞时间及时进行修正。

5.1.3 按已知风计算偏流、地速

推算应飞航向和预达时刻的关键是测定或计算出偏流和地速。飞行中，偏流、地速可通过实际测量得到或根据已知的风向、风速计算出来。按已知风计算偏流、地速，在飞行前地面准备或空中领航实施中应用十分广泛，是重要的领航计算。

按已知风计算偏流、地速，最常用的方法有尺算和心算两种。

5.1.3.1 尺算法

按已知风尺算偏流、地速的必要条件：

（1）预定航线的航线角。航线角可从已完成的地图作业中或航线资料中查出。

（2）真空速。飞行前准备时可根据机型规定的巡航指示空速、指定的飞行高度层及预报的该飞行高度层的气温计算得到；空中实施中，则可根据仪表指示的指示空速、标准气压高度和空中大气温度计算得到。

（3）风向和风速。气象台预报的风向、风速或飞行中测算出的实测风。

利用圆盘计算尺的计风板可以直接进行按已知风尺算偏流、地速，尺算的步骤如下：

（1）转动索环使 WD 刻度与顶部▼对齐。

（2）拉动计风板将盘中心孔放在任意点（最好为 TAS 值），并以该点为“0”沿中心线向上取 WS 值标出风点。

（3）转动索环使 TC 刻度与顶部▼对齐。

（4）上下拉动板使 TAS 值速度弧线与风点压叠。

（5）风点所压板上角度线刻度即为 DA（左“+”，右“-”），索环中心孔所压板上速度弧线刻度即为 GS。

尺算偏流、地速示范

【例 5.2】 已知真航线角 TC 30°、真空速 TAS 170 kt、预报的风向 WD80°、风速 WS 20 kt，求 DA、$TH_{应}$、GS。

【解】 ① 转动索环使 WD80°刻度与顶部▼对齐，如图 5.4 所示。

② 拉动计风板将盘中心孔放在任意点（最好为 TAS170 值），并以该点为“0”沿中心线向上取 WS20 值标出风点，如图 5.5 所示。

③ 转动索环使 TC30°刻度与顶部▼对齐，如图 5.6 所示。

④ 上下拉动板使 TAS 值速度弧线与风点压叠，如图 5.7 所示。

⑤ 风点所压板上角度线刻度即为 DA（左“+”，右“-”），索环中心孔所压板上速度弧线刻度即为 GS。从拉尺结果可以看出：风点压在板上角度线刻度为 5°，而且在右侧，即 DA 为 -5°；索环中心孔所压板上速度弧线刻度 156，即 GS 为 156 kt；从而求出飞机沿航线飞行的 $TH_{应}$为 35°。

圆盘计算尺的计风板尺算偏流、地速实际就是在计风板上解算航行速度三角形，如例 5.2 的解算如图 5.8 所示。

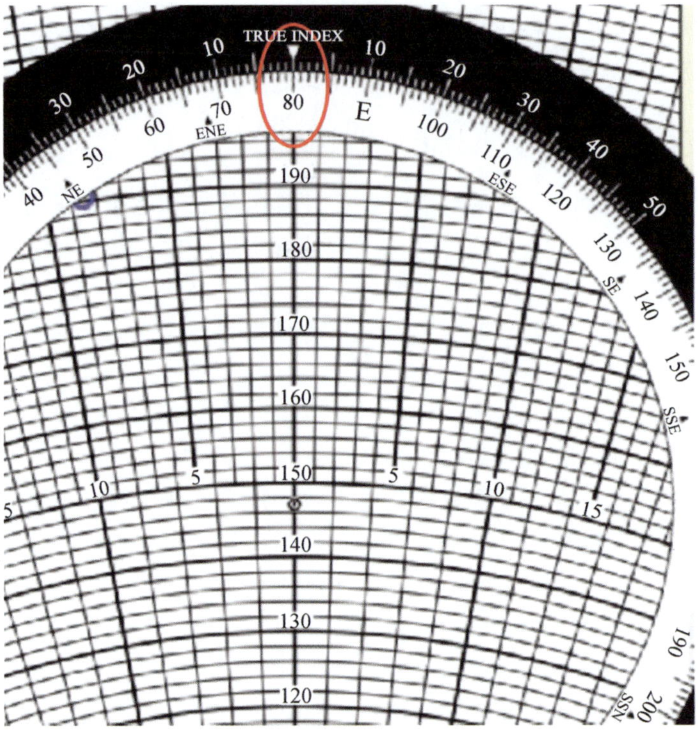

图 5.4　按已知风尺算 DA、GS 步骤 1

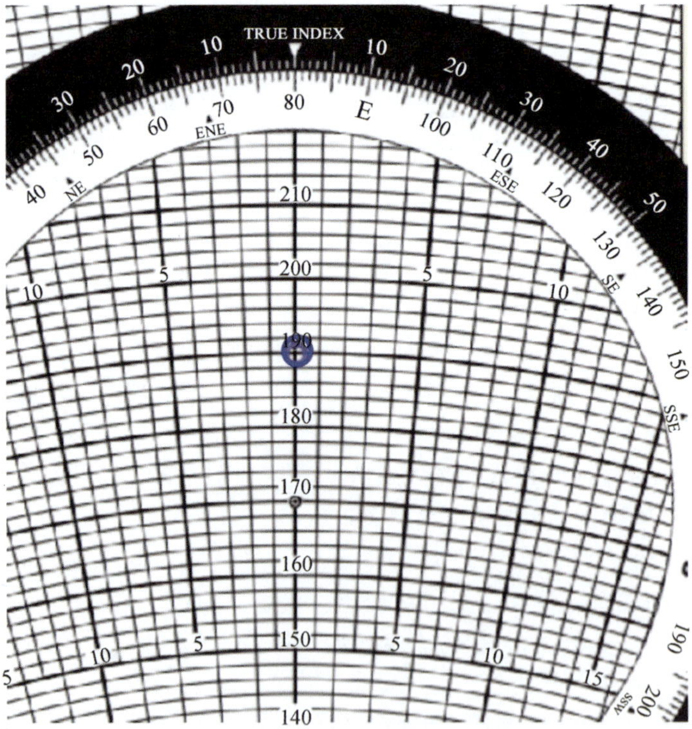

图 5.5　按已知风尺算 DA、GS 步骤 2

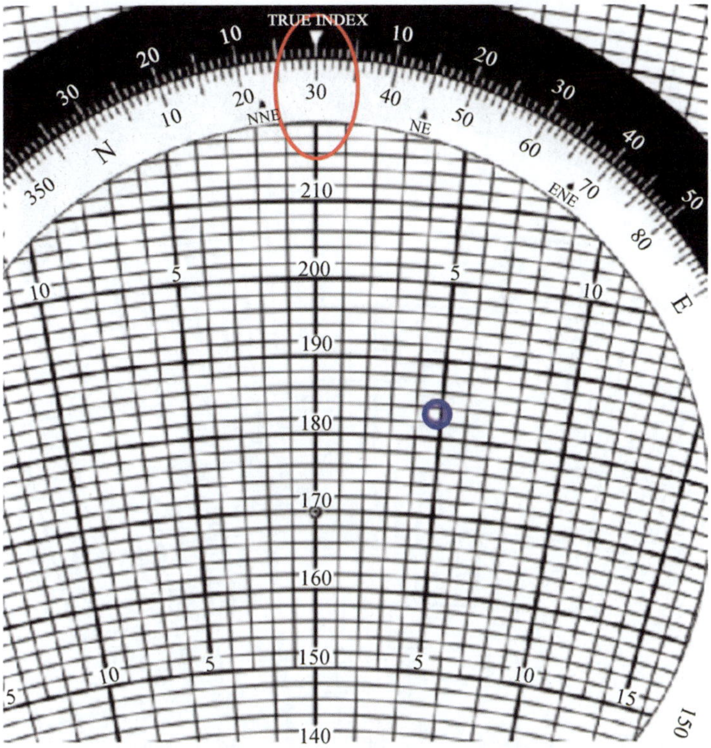

图 5.6 按已知风尺算 DA、GS 步骤 3

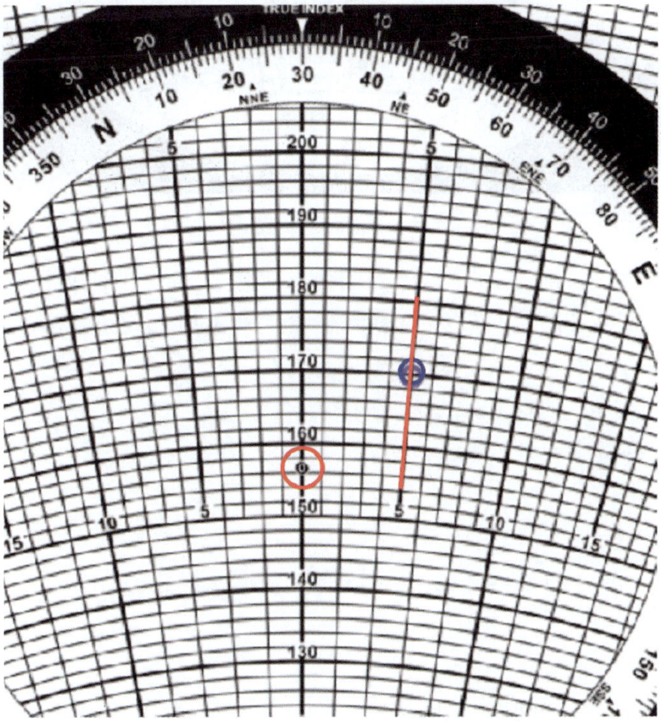

图 5.7 按已知风尺算 DA、GS 步骤 4

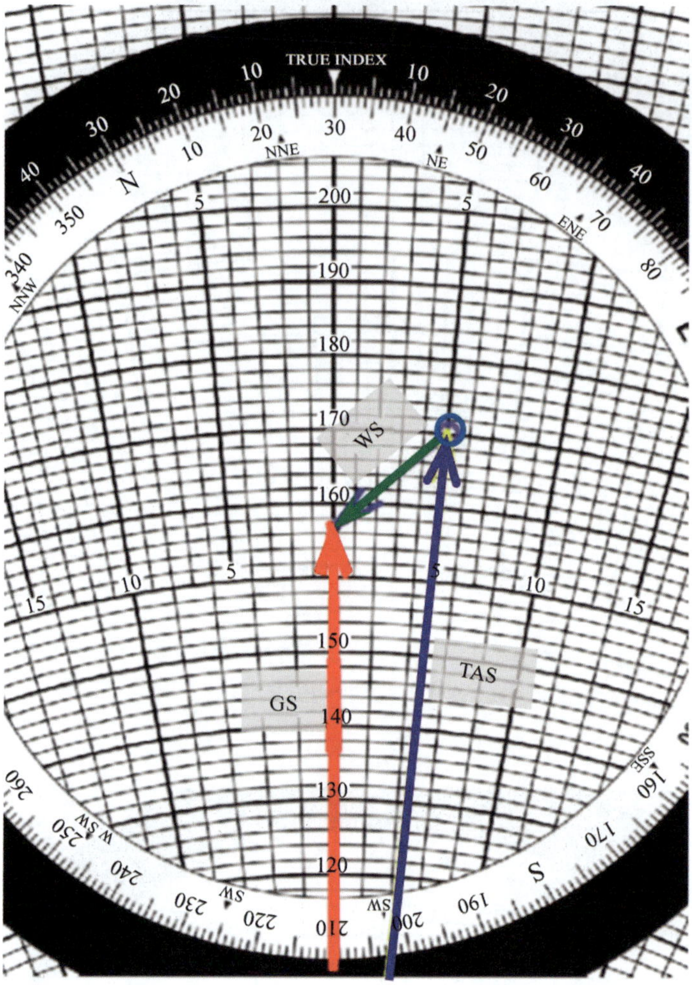

图 5.8　计风板尺算 DA、GS

按已知风尺算 DA、GS 必须注意下列问题，才能在工作中做到快速、准确。

（1）尺算时航线角必须是真航线角，风必须是气象风，要逐步掌握并熟悉根据航线与风的关系来判断侧风是左或右，即偏流的正负。

（2）真空速、风速、地速必须是同一单位。

（3）尺算时应将概念（线和角）、计算、图形三者结合，防止出现错误。

5.1.3.2　心算法

常用的心算方法是先计算最大偏流，然后计算偏流、地速。

1）心算最大偏流

当风角 WA = 90°时，偏流的角度最大，即 $\sin DA_{max} = WS/TAS$。由于偏流通常不大于 20°，所以计算最大偏流的常用公式为

$$DA_{max} \approx (WS/TAS) \times 57.3° \approx (60°/TAS) \times WS \tag{5.2}$$

对于民航班机同一机型，沿航线飞行高度和真空速的变化很小，那么同一机型 60/TAS 可看成一个常数，飞行员就可根据所飞机型的平均真空速，计算出常数 60/TAS，在飞行中乘以风速即可心算出最大偏流。

2）心算偏流

当实际风角不是 90°时，实际偏流就等于最大偏流 DA_{max} 乘以风角的正弦函数值，表达式为

$$DA = DA_{max} \cdot \sin WA \tag{5.3}$$

实际应用心算时，使用不同风角的正弦函数值的近似值（见图 5.9），飞行员应熟记。

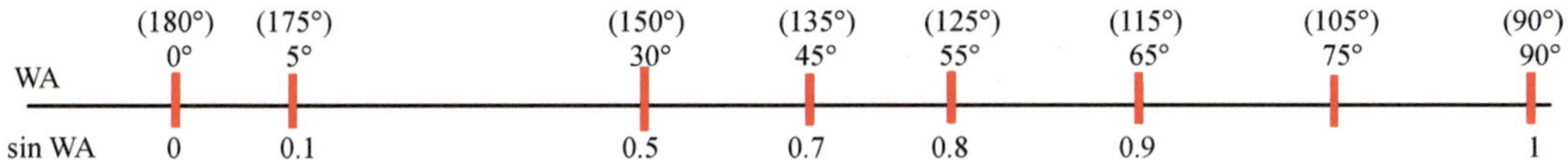

图 5.9　常用正弦函数值

3）心算地速

地速等于真空速和风的顺（逆）风分量之和，即

$$GS = TAS + WS \cdot \cos WA \tag{5.4}$$

通过三角函数的变换，心算地速公式变换为

$$GS = TAS + WS \cdot \sin(90° - WA) \tag{5.5}$$

飞行员即可通过数学式，算出顺（逆）风分量，然后计算出地速。在进行心算时，风角取绝对值，对正负不予考虑。当风角的绝对值小于 90°时，为顺侧风，应加上顺风分量；风角的绝对值大于 90°时，为逆侧风，应减去逆风分量。

【例 5.3】 已知 TC = 90°，TAS = 180 km/h，WD = 315°（即航行风向为 135°）、WS = 40 km/h，心算偏流和地速。

【解】 ① 心算最大偏流 DA_{max}：$DA_{max} = 60°/180 \times 40 = 1°/3 \times 40 = 13°$。

② 心算偏流：$WA = 135° - 90° = +45°$，$DA = DA_{max} \times \sin 45° = 13° \times 0.7 \approx +9°$。

③ 心算地速：$GS = TAS + WS \times \sin(90° - WA) = 180 + 40 \times \sin 45° = 180 + 40 \times 0.7 = 208$（km/h）。

总之，按已知风计算偏流、地速，推算应飞航向、应飞时间时，为了使计算更准确、更符合实际，飞行人员应选用在推算前所获得的最新的风资料。

5.2 确定飞机位置

飞机位置是指某一时刻飞机的空间位置在地面上的投影，即飞机的平面位置。确定

飞机位置是领航工作要解决的首要问题。一方面它是领航三大基本问题之一，另一方面它又是解决其他领航问题的前提和基础。飞行中不能确定飞机的位置就无法确定飞向目的地的航向和预达时刻，导致不能顺利完成飞行任务，严重的还会发生飞行事故，给国家和人民造成极大的损失。

确定飞机位置常用的方法有地标定位、推测定位和无线电定位等。地标定位和推测定位是目视飞行规则（VFR）条件下的基本定位方法，而无线电定位是仪表飞行规则（IFR）条件下的基本定位方法。地标和无线电定位是通过直接观察地面或利用导航设备测出某一时刻的飞机位置，这些位置都是飞机当时的实际位置，称为实测位置；推测定位是根据飞机的航行规律，通过推测计算所确定的任一时刻的飞机位置，称为推测位置。

本节将介绍地标定位和推测定位的基本程序和方法，无线电定位将在无线电领航的章节中介绍。

5.2.1 地标定位

地标定位就是用地图对照地面，依靠目视观察辨认地标来确定飞机位置。地标定位方法简单可靠，是地标罗盘领航中检查、修正航迹的重要依据，也是完成通用航空飞行的基本条件之一。

空中观察地标

5.2.1.1 地标种类及识别特征

地标是一些具有识别特征和领航使用价值的地形地物，如机场、居民点、道路、河流、湖泊、山峰等。根据飞行时空中观察地标的几何形状、大小，地标可分为线状地标、面状地标和点状地标。河流、道路、山谷、海岸线等在空中观察其形状细长，称为线状地标；城市、湖泊、机场、大水库等，在空中观察其具有一定的面积，称为面状地标；村镇、小岛、山峰、桥梁以及各种线状地标的交叉点或转折点等，在空中观察其面积很小，可以当作一个点，所以称为点状地标。

地图上地标用一定的符号表示，地面上的地标比地图上的丰富多彩，形状各异，而且由于受季节、天气、地域、建筑等的影响，地标将发生变化，所以，必须学会识别各种地标。

飞行员在地面对各种地标的认识，是空中识别地标的基础。但是，飞行员在地面看到的多是地标侧面的近景，而飞行中是俯视地标的远景，与在地面时大不相同，因此，从空中识别各种地标，必须着眼其大小、形状、颜色以及其他特征。

各种类型的地标识别特征，在不同的飞行地区、飞行高度及不同的季节，昼夜和气象条件，不同的进入方向去观察，都有所不同，但也有其不变的一面。对于各种地标识别特征，主要通过飞行员的飞行实践去观察、总结，从而达到熟悉地标。

5.2.1.2 辨认地标的基本程序

为了准确地辨认地标，必须掌握对正地图、确定范围和观察辨认 3 个基本环节。

1）对正地图

对正地图的目的就是使地图上的方向同地面上的方向一致，便于用地图同地面对照，常用的方法有两种。

（1）按航向对正地图。

飞行中，首先从航向仪表上读出飞机的航向，然后在地图上目测出相应的方向，使它对正机头，那么，地图上的方向就大体同地面上的方向一致，如图 5.10 所示。这种方法常用在飞机完成机动飞行后确定飞机位置。

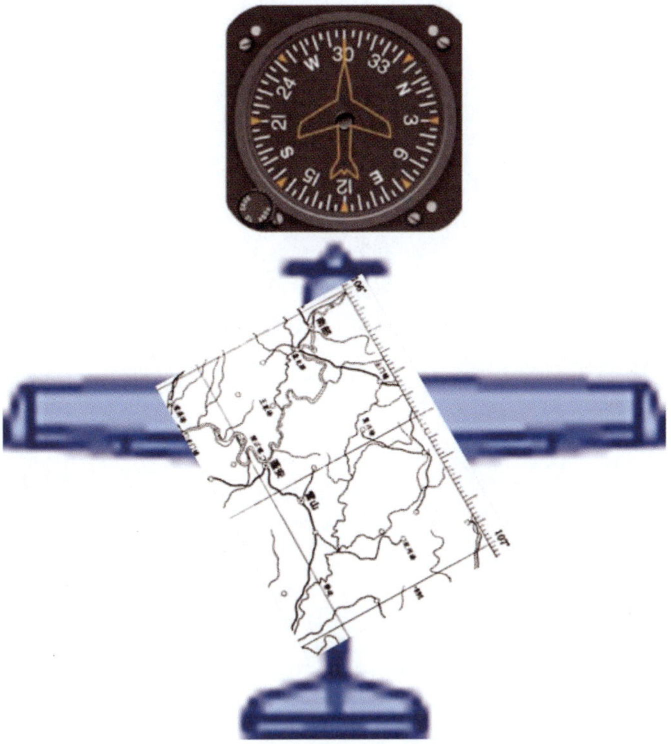

图 5.10 按航向对正地图

当飞机沿航线飞行时，航线角和航向一般相差不大，可以直接将航线去向对正机头，地图上的方向就和地面上的方向一致。

（2）按线状地标对正地图。

飞行中，首先观察辨认出地面上明显的线状地标，如河流、铁路、公路等，并在地图上确认，然后使地图上该线状地标的走向同地面上的一致，这样地图上的方向就和地面上的方向基本一致，如图 5.11 所示。使用这种方法应当仔细，核对好地图后应参考航向仪表的指示，检查是否对反 180°，即防止把地图拿反 180°。

（3）按航线对正地图。

沿航线飞行时，航线角与飞行中所飞航向相差不大，就直接用航图上所画航线的去向对正飞机的机头方向。这种方法简便实用，飞行中经常采用。

图 5.11　按线状地标对正地图

2）确定范围

地图所包括的地面范围很广，而飞行中飞行员目视所能观察到的地面范围却小得多，为了不失时机地有计划地辨认地标，辨认之前应该确定地图和地面对照的范围，以便飞行员集中注意力去辨认地标。

确定的对照范围，应该是以推算位置为圆心，以当时飞行高度上的能见距离为半径的圆所包括的区域。由于对照范围不需要十分精确，所以多用心算、目测来确定。

地标的能见距离与地形特点、飞行高度、座舱玻璃透明度、座舱视界、季节、昼夜和气象条件有着直接的关系。根据经验，昼间目视飞行条件下，当能见度和座舱透明度比较好的时候，从不同高度上观察地标的能见距离如表 5.1 所示，可将其作为确定对照范围的参考。

表 5.1　不同高度时地标的能见距离　　单位：km

飞行高度/m	地　标						
	大、中城市	小城镇	大河流	铁路	公路	湖泊	水泥跑道
500 ~ 1 000	20 ~ 30	10 ~ 15	10 ~ 20	5 ~ 15	10 ~ 15	20 ~ 30	15 ~ 20
3 000 ~ 5 000	50 ~ 70	40 ~ 50	40 ~ 60	20 ~ 30	30 ~ 40	40 ~ 60	40 ~ 60

3）观察辨认

对正地图并确定了对照范围以后，应通过地图和地面对照，由飞机两侧向前、由近及远地进行观察辨认，按照由线到点、由明显到一般的顺序，先搜索易于辨认的明显地标，如大的河流、居民点、铁路和公路等，再辨认出比较小的地标。

观察辨认地标时，必须以推算位置为基础，依据 4 个要素，即航迹、时间、地标特征和地标相关位置进行比较，准确地辨认出地标。

飞行员在飞行中应掌握飞机的航迹，其目的在于了解需辨认的地标出现在飞机的哪一侧，使飞行员有目的地观察，避免在空中左右盲目观察，防止将左右的相似地标认错。掌握预达时刻的目的在于飞行员了解远近不同地标出现的早晚，可以根据预达时刻，提前一定时间（一般为 3 ~ 5 min）对正地图进行观察辨认，使飞行员能够合理地安排工作，有效地分配注意力，避免将前后相似地标认错。每个地标都有它本身的特征，如城镇、河流、铁路、公路和具有特殊外貌的地标，特征十分明显，一眼就能认出，飞行员应当仔细研究地标特征，认真观察辨认地标特征，防止记错地标特征而出现认错地标。有些特征不太明显或相似的地标则不易辨认，这时应根据地标与周围其他地标的相关位置即相互关系来观察辨认，才能避免认错地标。受自然变迁、建设发展及其他影响，虽然地标特征发生了较大变化，但地标间的相关位置却变化较慢，因此，辨认地标多以辨别地标相关位置为主。

5.2.1.3　辨认地标的方式

飞行中应根据具体情况灵活运用对正地图、确定范围、观察辨认这 3 个辨认地标的基本环节。辨认地标的方式通常有两种：

（1）辨认预定地标。在搜索辨认预定地标时，首先根据预达时刻，提前 3 ~ 5 min 对正地图，确定对照范围，进行认真辨认。在沿航线飞行中常常需要辨认预定地标。

（2）辨认临时地标。飞行中有时需要辨认临时观察到的地标，这时应根据当时的时刻和航迹、地速，迅速推算出飞机的概略位置，并确定对照范围，然后对正地图，根据地标间的相关位置及特征用地图和地面反复、仔细地进行辨认。这种方式常用在机动飞行后辨认临时地标，也用在沿预定航线飞行时辨认临时地标。

5.2.1.4　地标定位的方法

辨认出地标以后，就可以根据某一时刻飞机与该地标间的相互关系，在地图上确定该时刻飞机的位置。用地标定位，必须对具体情况做具体分析。地标定位的方法有 3 种：

（1）飞机从地标上空通过。如果飞机从已辨认的地标上空通过，表明该地标在地图上的位置就是飞机的实测位置，因此，在地图上查出该地标并标记“×”和飞越的时刻。

（2）飞机从两地标间通过。如果飞机从已辨认的两个地标之间通过，此时飞行员目测出飞机与两地标间的距离，即可在地图上依据目测出的距离标出相应位置点，这一点即是飞机位置，如图 5.12 所示。

图 5.12　飞机从两地标间通过

（3）飞机从地标正侧方通过。如果飞机从已辨认的地标正侧方通过，此时飞行员目测出飞机同该地标的水平距离，即可在地图上该地标的正侧方量出水平距离，该点即是飞机位置。例如 09:10 飞机从罗江右侧通过，目测飞机与罗江的水平距离为 5 km，因此在地图上找出罗江并将地图对正飞行方向，然后从罗江向右侧量取 5 km，该点就是 09:10 时的飞机位置，飞行员在地图上该位置处标记下“×09:10”，如图 5.13 所示。

图 5.13　飞机从地标正侧方通过

飞行员测量飞机同地标间的水平距离是根据飞机的真高 H 和地标的垂直观测角 β 来确定的。真高根据高度表的指示确定，垂直观测角可利用量角器向量尺测量出来。在实际飞行中，飞机同地标间的水平距离主要凭飞行员的经验进行目测。测定水平距离的准确性，将直接影响到定位的准确性，因此，必须经常练习，反复实践，才能掌握过硬的目测本领，提高地标定位的准确性。

5.2.2　推测定位

推测定位是根据飞机飞离起始点上空后所测出的航迹角和地速，通过计算和地图作业，确定出任一时刻的飞机位置。推测定位的起始点一般都是实测位置。根据实际飞行中的情况和条件，以及计算方法的不同，推测定位的方法有 3 种：

5.2.2.1　按两个实测位置推测位置

按两个实测位置推测位置

在目视飞行规则条件下，根据飞机保持同一航向飞行过程中先后确定的两个或两个以上的实测位置，推算出保持这一航向飞行任意时刻的飞机位置。实施的程序和步骤如下：

（1）在地图上标出两个实测位置并通过两个实测位置画出航迹线及航迹的延长线。

（2）根据两个实测位置的距离和飞行时间，计算出地速和到预定时刻的推测距离。

（3）在地图上的航迹延长线上量出推测距离，该点就是预定时刻的推测位置。

【例 5.4】　飞机于 14:15 飞越新津上空，飞机保持预定航向、高度、真空速飞行，

14:37 飞机飞越简阳上空，飞机保持所有的航行元素不变，求 14:50 飞机的推测位置。

【解】 首先在地图上标出两个实测位置（见图 5.14），通过两个实测位置画出航迹线，并量出两个实测位置间距离为 72 km；根据新津到简阳的飞行距离 72 km 和飞行时间 22 min，用计算尺推算出 14:37 到 14:50（即 13 min）的飞行距离为 43 km；在地图上从简阳沿航迹延长线量取 43 km，得到的该点就是 14:50 飞机的推测位置，并以“○”标出，注明时刻。

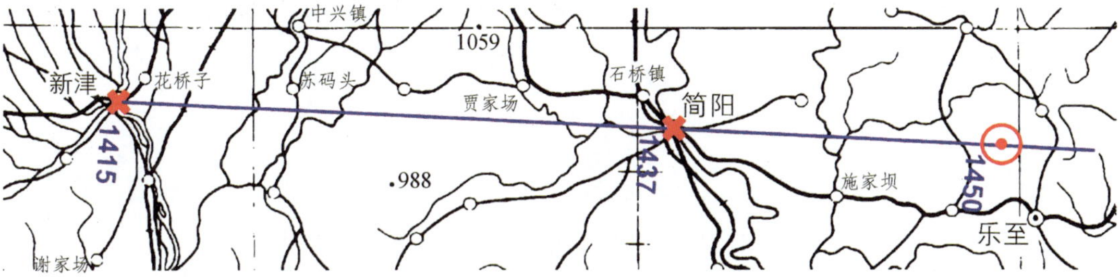

图 5.14 按两个实测位置推测定位

按两个实测位置求推测位置，简便可靠，是缺乏测量偏流、地速设备的飞机上常用的方法。飞行员使用这种方法时，为了提高推测位置的准确性，记录两个实测位置的时间应精确到秒。实际应用时，飞行员先按照两实测位置目测出航迹，再以位置间的距离为单位，按时间比例目测出飞离第二个位置的距离，求得推测位置。

5.2.2.2 按航迹角和地速推测位置

按航迹角和地速推测位置

按航迹角和地速推测位置，必须确定一个实测位置作为推算起点，测出飞离推算起点以后的偏流角和地速，记录下平均磁航向，然后推算出飞机的航迹角和某一时间飞过的距离，在地图上求出推测位置。实施的程序和步骤如下：

（1）在地图上标出推算起点，推算起点一般是机场、导航台、明显地标等。

（2）根据测出的有关数据计算真航迹角 TTK，并在地图上从推算起点画出航迹线。

（3）根据地速 GS，计算出从飞离推算起点到预定时刻的推测距离。

（4）在地图上的航迹线上量出推测距离，该点即为预定时刻飞机的推测位置。

【例 5.5】 飞机于 14:15 飞离新津城上空，保持平均磁航向 94°、真空速 180 km/h 飞行，测出偏流 + 6°、地速为 200 km/h，求 14:50 飞机的推测位置。

【解】 在地图上标出推算起点（见图 5.15），然后根据 $MH_{平}$ 94°、DA + 6°计算出 MTK100°，修正磁差（新津地区为 – 2°）后为 TTK98°，在地图上以推算起点画出航迹线；又根据 GS 200 km/h，计算出从 14:15 到 14:50 即飞离推算起点的飞行距离为 117 km，在地图上从新津沿航迹线量取 117 km 距离，就是 14:50 飞机的推测位置，并标注“○ 1450”。

按航迹角和地速推测位置，只需要有一个实测位置，但要做一定的测量、计算和图上作业，因而是飞行员在有测量偏流、地速设备的飞机上常用的一种方法。

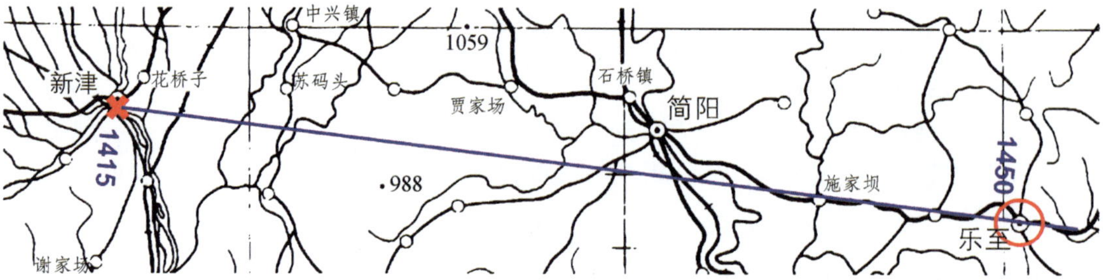

图 5.15　按航迹角和地速推测位置

5.2.2.3　按无风航迹推测位置

按无风航迹推测位置

飞行中，有时为了绕飞雷雨、禁区或由于其他航行上的原因等，需要改变航向做机动飞行，这时飞机的航向改变次数很多，这就需要飞行员在进行机动飞行的过程中，及时地确定飞机位置，防止位置不清导致迷航。按航迹角和地速来确定飞机位置，由于改航次数多，每一段直线飞行的时间短，需要飞行员进行大量测量和计算工作，使空中工作过于繁忙，增加了飞行员的工作负荷，而且在暂时不知道风或偏流、地速的情况下，甚至无法推测计算。在这种情况下，可以按无风航迹推测飞机位置。

空中无风时，飞机的航迹线与航向线一致，即 MTK = MH、GS = TAS，因此，从地图上的推算起点开始，按航向画出航向线（称为无风航迹），按真空速和飞行时间计算出飞机无风时的飞行距离，便可以求出无风时的飞机位置，这一位置叫无风位置或无风点。根据航行速度三角形的原理可知：有风时的飞机位置，总是偏在无风位置的下风方向，与无风位置的距离等于飞行时间内飞机随风飘移的距离。所以，从无风位置画出该飞行时间内的风速向量，即可求有风时的飞机推测位置。按无风航迹求推测位置，实际上就是图解航行速度三角形，只是图解时，为了简化空中工作、减轻飞行人员负荷，并不是逐段画出航行速度三角形，而是从最后一个无风位置画出机动飞行时间内的风速向量，以求出与最后一个无风位置对应的推测位置，如图 5.16 所示。实施的程序和步骤如下：

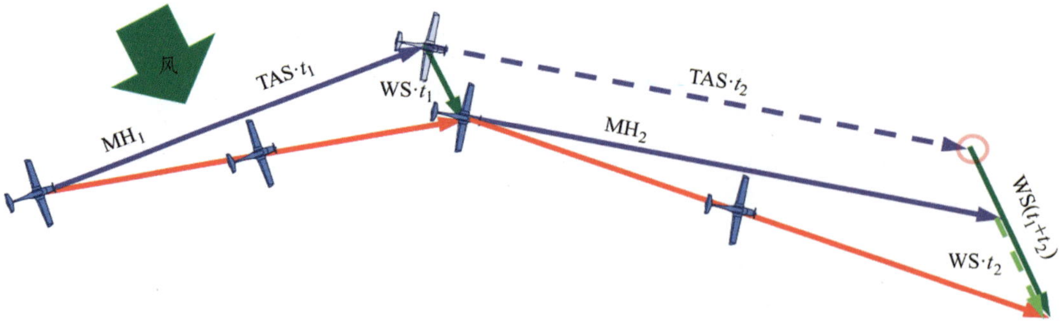

图 5.16　按无风航迹推测位置的原理

（1）确定一个实测位置作为推算起点。

（2）记录下每次改航的时刻、平均磁航向和真空速，计算出每一航段的无风距离。

（3）从推算起点开始，在地图上逐段画出空速向量，得到每一段的无风位置。

（4）从最后一个无风位置，画出绕飞时间内随风的飘移量，求出推测位置。

【例 5.6】 由新津飞往遂宁，已知风向 280°、风速 30 km/h，飞机临近苏码头时，发现前方有雷雨，决定向航线右边绕飞。12:10 飞机通过苏码头上空开始绕航，保持磁航向 MH127°、真空速 TAS180 km/h 飞行。这时飞行员按真航向 TH125°（新津地区磁差为 – 2°）在地图上从苏码头（即推算起点）画出第一段无风航迹。

12:19 飞机改航，保持磁航向 87°、真空速 180 km/h 飞行。这时飞行员立即计算出第一段无风距离为 27 km，推算出 12:19 无风位置，然后从该无风位置按真航向 85°在地图上画出第二段无风航迹。

12:29 飞机改航，保持磁航向 49°、真空速 180 km/h 飞行。这时立即计算出第二段无风距离为 30 km，推算出 12:29 无风位置，然后从该无风位置按真航向 47°在地图上画出第三段无风航迹。

飞行一段时间后，判断飞机已绕过雷雨区，于 12:40 结束绕飞继续飞往遂宁。这时飞行员应立即计算出第三段无风距离为 33 km，推算出 12:40 无风位置（为最后一个无风位置）。然后根据风向 280°（真方向）从最后的无风位置画出风向线，再根据风速 30 km/h 和绕飞总时间 30 min，计算出绕飞过程中受风影响的飘移为 15 km，在风向线上从最后无风位置量出飘移量 15 km，即可推算出 12:40 飞机的推测位置，并标上“○”，注明时刻，如图 5.17 所示。

图 5.17 按无风位置求推测位置

由于各种误差的影响，推测出来的飞机位置是一个概略位置，飞行员应以该推测位置为参考，用地图对照地面，用辨认临时地标的方法，辨认出地标确定飞机的精确位置。如果需要从该位置飞向某一预定点，则画出该位置到预定点的航线，量出航线角和距离，并根据空中风计算应飞航向和时间。当飞机正确通过该位置上空后，操纵飞机保持计算的应飞航向、高度和空速飞行；如果不能确定飞机的精确位置，则应以推测位置为起点进行，这种情况准确性稍差，并应在飞行过程中注意检查和修正。

在实际飞行中，为了计算简便，易于实施，也可以按预定的等腰三角形或梯形航线绕飞，如图 5.18 和图 5.19 所示。

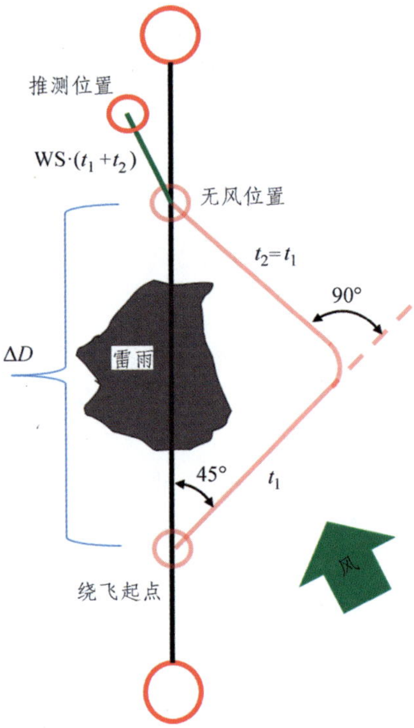

图 5.18　等腰三角形航线绕飞

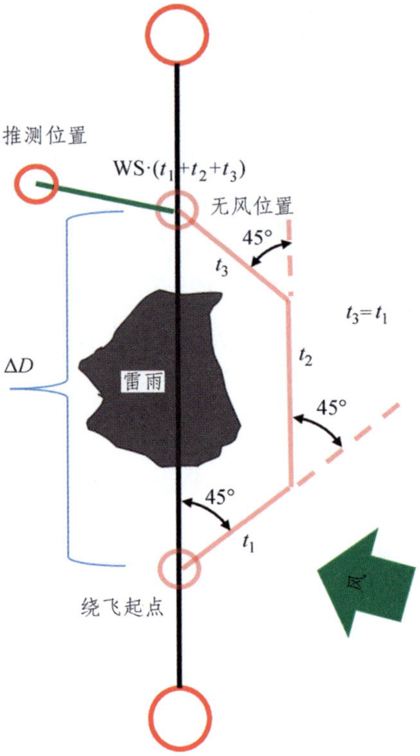

图 5.19　梯形航线绕飞

按三角航线绕飞时，第一次改变航向 45°（或 30°、60°），飞行适当时间后，向改航的反方向转回两倍角度即 90°（或 60°、120°）再飞相等的时间；按梯形绕飞，第三次改变则同第一次改航，但方向相反。用这种方法绕飞，最后的无风位置可按改航的角度和无风飞行距离在地图上画出，也可以通过计算求得。

按 45°三角形绕飞时，回到航线的无风位置同绕飞起点的距离为

$$\Delta D = 2\text{TAS} \cdot t_1 \cdot \cos 45° \approx 1.4\text{TAS} \cdot t_1 \tag{5.6}$$

按梯形航线绕飞时，回到航线的无风位置到绕飞起点的距离为

$$\Delta D = 2\text{TAS} \cdot \cos 45° + \text{TAS} \cdot t_2 \approx (1.4t_1 + t_2)\ \text{TAS} \tag{5.7}$$

改航的第一航向应在航线角的基础上进行计算，如果在当时航向基础上计算，则应从改航起点画出该航向的航向线，然后按上述方法在航向线上确定最后的无风位置。

5.2.2.4　提高推测位置的准确性

飞行中进行的测量计算，受到许多客观条件限制，因此，计算的数据存在误差，而且大小不固定，因此必须正确理解影响因素，并采取措施，才能提高推测位置的准确性。

1）推测位置的误差

由于飞机上的仪表不可能绝对准确、空中风的变化、飞行员保持航行诸元的偏差以

及测量、计算和作业的误差等，使求出的推测位置与实际位置不一致，产生了偏差。推测位置同实际位置间的偏差距离，叫推测位置误差。通过分析可以知道误差产生的原因主要有两方面：一方面是推算资料（航向、空速、偏流、地速和风等）不准确引起的，另一方面是地图作业不准确引起的。根据对推测位置误差的实际统计，推测位置的均方误差一般为飞过距离的 7%，最大误差不超过 14%。

2）提高推测位置准确性的措施

（1）准确校准有关仪表和设备，减小仪表误差。

（2）飞行中保持好航行诸元，准确记录和测量推算资料，进行推算时取平均值。

（3）提高地图作业的准确性。

（4）缩短推算距离，消除积累误差。

5.3 检查航迹

飞机沿航线飞行时，虽然修正了偏流，按应飞航向和预计地速飞行，但由于空中风的变化以及仪表设备、领航计算的误差等其他因素的影响，飞机仍可能偏离预计航线，不能沿航线按预达时刻准时到达。因此，在沿航线飞行过程中，飞行员必须经常判定飞机位置，检查航迹，掌握飞机偏航情况，明确偏航产生的原因。

5.3.1 偏航的产生

飞机偏离航线的程度可以用偏航距离和偏航角表示。产生偏航的原因主要有 3 个方面：

尺算偏航角示范

5.3.1.1 偏航的表示

飞机偏离航线的垂直距离叫偏航距离（Cross Track Error，XTK）。飞机位置在航线右侧，偏航距离为正；飞机位置在航线左侧，偏航距离为负，如图 5.20 和图 5.21 所示。偏航距离可根据飞机到地标的水平距离与地标偏离航线的距离来确定。

飞机的航迹线与航线间的夹角叫偏航角（Track Angle Error，TKE）。飞机准确通过起点，航迹线偏在航线右边，偏航角为正；航迹线偏在航线左边，偏航角为负，如图 5.20 和图 5.21 所示。

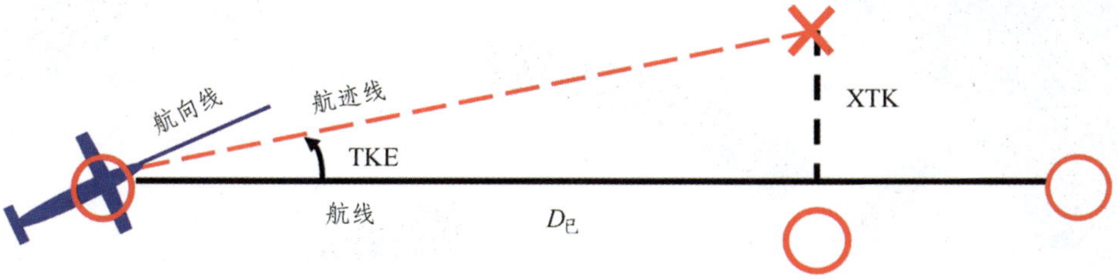

图 5.20 偏航距离和偏航角（通过起点）

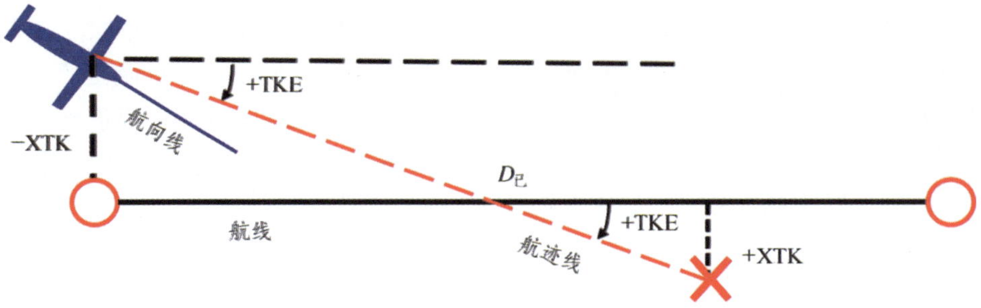

图 5.21　偏航距离和偏航角（未通过起点）

偏航角一定，偏航距离与飞行时间（即飞行距离）成正比。

在地标罗盘领航中，偏航角可通过偏航距离进行计算，从图 5.20 中得出

$$\tan TKE = XTK/D_{已}$$

偏航角一般较小，简化得到

$$TKE = 57.3° \times XTK/D_{已} \approx 60° \times XTK/D_{已} \qquad (5.8)$$

整理为

$$TKE/60° = XTK/D_{已} \qquad (5.9)$$

按公式的比例关系可以用计算尺求出 TKE，计算尺尺型如图 5.22 所示。

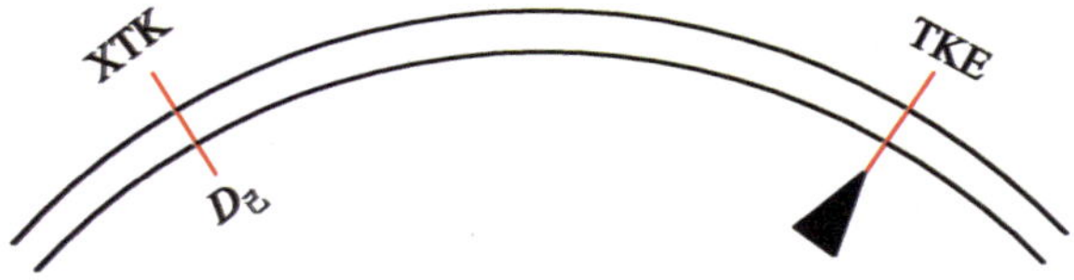

图 5.22　计算 TKE 尺型

【例 5.7】 飞机准确通过起点，飞行 90 km，判断飞机在航线左侧 6 km，求偏航角。

【解】 确定出 XTK = －6 km，根据计算尺对尺可求得：TKE = －4°（见图 5.23）。

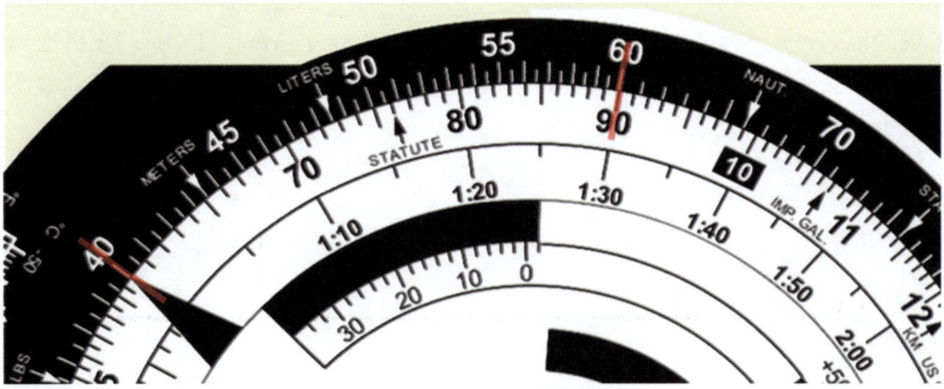

图 5.23　尺算 TKE

5.3.1.2 产生偏航的原因

飞行中飞机偏离航线产生偏航的原因归纳起来主要有 3 个方面：

1）没有正确通过航线（航段）起点

飞机通过起点加入航线（航段）时，如果飞机没有从航线（航段）起点上空通过，而是偏离起点一定的距离，假如风修正正确且航行诸元在飞行过程中不发生变化，那么，飞机的航迹线将与航线平行，到达检查点时飞机位置将正切检查点，如图 5.24 所示。这样飞机继续飞行将不能准确飞到预定点上空。

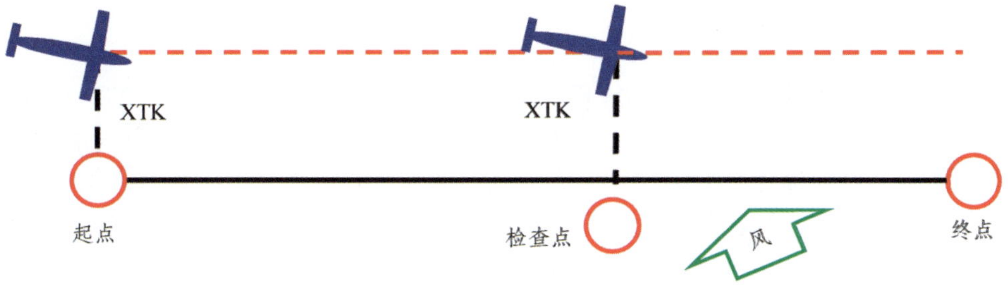

图 5.24 飞机没有正确通过起点产生的偏航

2）偏流变化或修正偏流不正确

在侧风中飞行，为了使航迹线与航线重合，飞机正确通过起点后，必须迎风修正一个偏流，保持 $MH_{应}$ 飞行。飞行中，假定仪表无误差、航向保持准确，如果实际偏流发生变化或飞行员修正偏流不正确，飞机的航迹线将与航线不一致，产生偏航。

（1）实际偏流变大或修正偏流过小，即 $DA_{实} > DA_{预}$，航迹线将偏在航线的下风面，如图 5.25 所示。左侧风时飞机偏右，偏航角为正；右侧风时飞机偏左，偏航角为负。

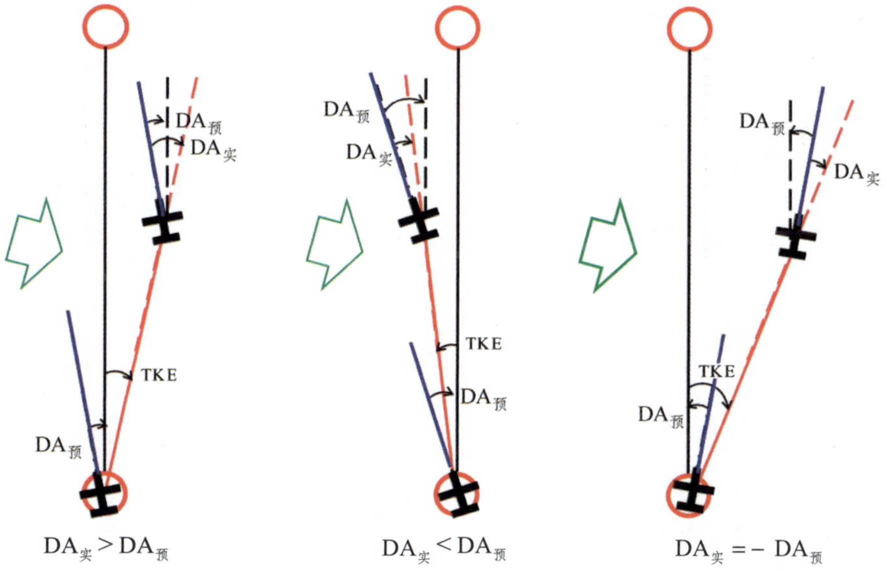

图 5.25 偏流变化或修正不正确产生的偏航

（2）实际偏流变小或修正偏流过大，即 $DA_{实} < DA_{预}$，航迹线将偏在航线的上风面，如图 5.25 所示。左侧风时飞机偏左，偏航角为负；右侧风时飞机偏右，偏航角为正。

（3）偏流修正反，即 $DA_{实} = -DA_{预}$，航迹线将向下风面偏得更大，如图 5.25 所示。左侧风时飞机偏右，右侧风时飞机偏左。

从图 5.25 中可以看出：在飞行过程中，如果在保持航向不变的情况下，偏航角就等于偏流的变化量，即 $TKE = \Delta DA$。在接近顺（逆）风飞行时，偏流的变化主要是由风向变化引起的；在接近正侧风飞行时，偏流的变化主要是由风速变化引起的；在其他侧风情况下，风向、风速变化将引起偏流不同程度的变化。

3）航向保持不准确

飞行中，飞机正确通过起点，由于一些因素（如飞行员技术、飞机颠簸、仪表误差等）的影响，飞机实际的平均磁航向与预计的应飞磁航向会不一致，即 $MH_{平} \neq MH_{应}$。如果偏流不变，航向保持不准确，会使航迹线偏离航线，产生偏航。当航向增大时，航迹线将偏在航线右侧，航迹角增大，偏航角为正，如图 5.26 所示；当航向减小时，航迹线将偏在航线左侧，航迹角减小，偏航角为负，如图 5.27 所示。

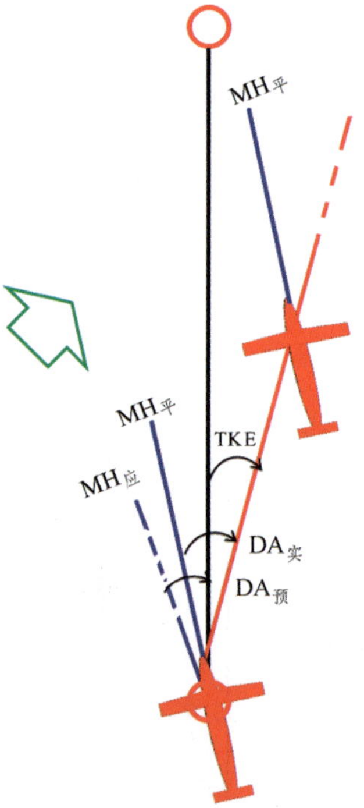

图 5.26　航向增大产生的偏航

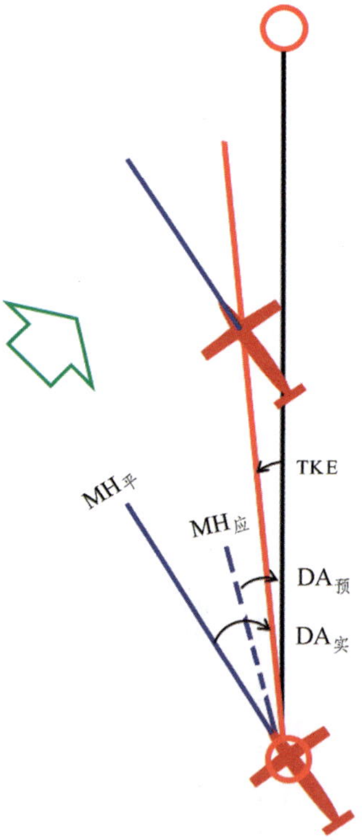

图 5.27　航向减少产生的偏航

从图中可以看出：偏航角的大小，在偏流不变的情况下，等于航向改变的角度，即航向的变化量，可用数学式表示为

$$TKE = \Delta MH = MH_{平} - MH_{应} \tag{5.10}$$

偏航角和偏流的根本区别：偏航角是航迹线偏离航线的角度，而偏流是航迹线偏离航向线的角度；产生偏流的原因是有侧风，无风或顺（逆）风时偏流为 0°，而产生偏航的原因主要是偏流的变化和航向的变化，不论有风或无风，不论是否是侧风，飞机都可能偏航；偏流的正负完全取决于侧风的情况，左侧风产生正偏流，右侧风产生负偏流，而偏航角的正负完全取决于航迹线偏离预计航线的情况，左侧风时航迹线可能偏右，也可能偏左，还可能不偏，右侧风也是同样的情形；在航向不改变的条件下，偏流的变化量等于偏航角。

在实际飞行中，引起偏航的原因可能是多方面的，并非完全由某一方面引起。所以，飞行员应根据具体情况进行分析，迅速、准确地做出判断。

5.3.2 检查航迹

在沿航线的飞行中，必须首先确定出飞机位置，准确地判断飞机偏航情况，然后才能适时、正确地引导飞机飞往预定点。

5.3.2.1 检查航迹的内容和方法

检查航迹就是从方向、距离上检查飞机能否沿预计航线准确、准时地到达预定点。从方向上检查飞机的航迹是否偏离航线，偏航角多少，如保持原航向能否准确飞到预定点上空，叫作方向检查；从距离上检查飞机已飞过的距离（称为已飞距离 $D_{已}$），以及到预定点的剩余距离（称为未飞距离 $D_{未}$），判断飞机能否按预达时刻准时到达，叫作距离检查。实际飞行中，根据实际情况和飞行需要，可以单独进行方向或距离的检查，也可以同时对方向和距离进行检查，这种检查叫作全面检查。在地标罗盘领航中，全面检查一般都在沿航线预定的检查点进行。

5.3.2.2 检查航迹的程序和方法

地标罗盘领航中常用明显的线状地标进行方向检查和距离检查，而全面检查则通过两个实测位置进行方向和距离检查。

1）用线状地标进行方向检查

飞行中，当航线附近有近似平行（交角不大于 15°）于航线的线状地标时，可以用该线状地标来进行方向检查，即检查航迹线偏离航线的情况。实施步骤如下：

（1）根据地速和已飞时间，推算出已飞距离，确定当时飞机所在区域。

（2）目测定位，比较飞机到地标的水平距离与地标到航线的距离，确定偏航距离。

【例 5.8】 如图 5.28 所示，飞机于 14:20 飞越甲地上空，14:40 判定飞机在河流右侧约 4 km 处，已知地速为 205 km/h，根据已飞时间 20 min 推算出飞机距离甲地约 68 km，飞行员从地图上可以查出该区域内河流在航线左边约 8 km，所以飞机偏在航线左边约 4 km，即 XTK = −4 km。

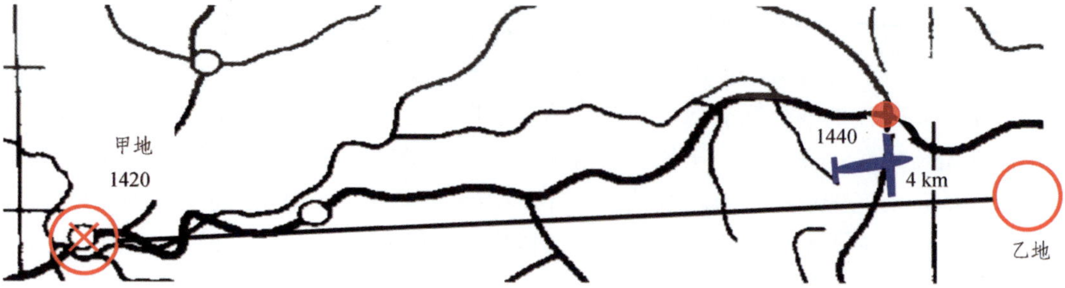

图 5.28　线状地标进行方向检查

2）用线状地标进行距离检查

飞行中，利用适当距离上与航线近于垂直（交角一般在 60°～120°）的线状地标，可以进行距离检查，即求出已飞距离和未飞距离，推算出预达时刻。实施步骤如下：

（1）根据航迹角或航向推算出飞越该地标的区域。

（2）飞机飞越线状地标时计时，依据地图量取已飞距离和未飞距离。

（3）根据已飞时间，推算出地速和预达时刻，判断飞机是否能准时到达预定点。

【例 5.9】　如图 5.29 所示，甲、乙两地相距 140 km，飞机于 11:47 飞越甲地上空，预达乙地 12:12。飞机于 12:02 从河流上空通过，即可从地图上量出已飞距离为 80 km、未飞距离为 60 km，又根据飞行 15 min，就可计算出地速为 320 km/h 和下一段的飞行时间为 11 min，即预达乙地的时刻是 12:13，所以如果飞机继续这样飞下去，飞机将晚到 1 min。

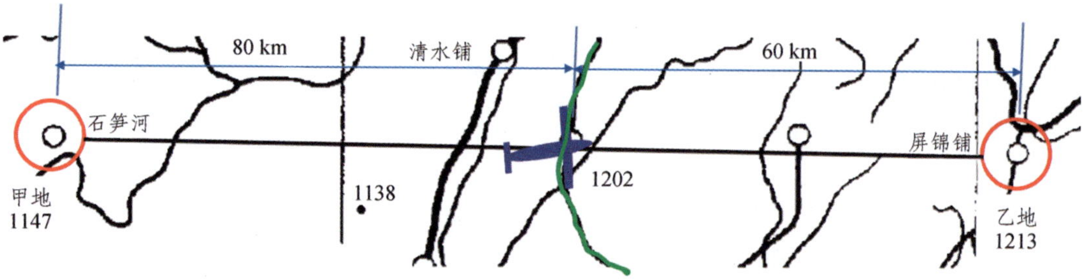

图 5.29　线状地标进行距离检查

实际飞行中用线状地标检查方向或距离时，为了避免差错，不能单打一，必须兼顾，即在进行方向检查时应注意飞机的已飞距离，而在进行距离检查时应注意飞机的航迹（即方向），防止工作中出现认错地标、量错距离、判断不准等危及飞行安全的情况。

3）用两个实测位置进行全面检查

飞行中，在保持应飞航向、高度和空速的条件下飞行，这时偏航的产生原因就是偏流发生了变化；飞机不能按预达时刻准时到达预定点，则是因为地速发生了变化。用地标确定两个实测位置进行全面检查，就是通过选定的检查段，推算出偏航角、航迹角、偏流和地速，其目的就

用两实测位置全面检查

是确定出飞机偏航情况和能否准时到达预定点，以便正确地修正偏差，保证飞机准确、准时到达目的地。

地标罗盘领航若航线较长时，常在航线附近选择 1 ~ 2 个位置适当的显著地标作为检查点，进行全面检查。全面检查的实施步骤和方法如下：

（1）选择检查点，作为检查段的终点，并量取距离。

（2）飞机飞越检查段起点时，确定飞机位置记下时刻。

（3）保持好预定航行诸元（航向、高度、空速）飞行，记录有关数据，如预达检查点时刻。

（4）根据预达时刻提前 3 ~ 5 min 辨认检查点，当飞机飞越或正切检查点时，确定飞机位置并记下时刻，确定偏航距离。

（5）根据飞机在检查段飞行过程中所记录和测定的已飞距离、飞行时间、平均磁航向和偏航距离等，通过计算得出偏航角、航迹角、偏流和地速。

【例 5.10】 由绵阳飞往南充，选择绵阳、盐亭作为检查段，盐亭在航线左侧 7 km，如图 5.30 所示。飞机 09:15 飞越绵阳上空，保持平均磁向 114°、真空速 185 km/h 飞行，09:35 飞机从盐亭右侧 4 km 处通过，求偏航角、航迹角、偏流和地速。

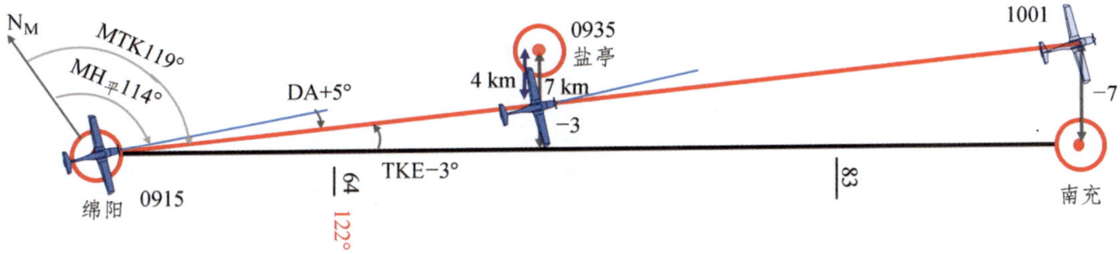

图 5.30 全面检查举例

【解】 ① 确定偏航距离。从飞机、航线、检查点三者关系可以判断出飞机的偏航距离为 – 3 km，即 XTK = – 3 km。

② 计算偏航角。根据已飞距离和偏航距离求出 TKE = – 3°。

③ 计算磁航迹角。磁航迹角等于磁航线角与偏航角之和，即

$$MTK = MC + TKE \tag{5.11}$$

偏航角为正，航迹偏在航线右侧，磁航迹角大于磁航线角；偏航角为负，航迹偏在航线左侧，磁航迹角小于磁航线角。实际应用多用心算，可以理解为：磁航迹角等于在磁航线角基础上向偏航方向加一个偏航角，即偏航角为正，磁航迹角是在磁航线角上多一个偏航角度；偏航角为负，磁航迹角是在磁航线角上少一个偏航角度。例中已知 MC = 122°、TKE = – 3°，心算出 MTK = 119°。

④ 计算偏流。偏流等于磁航迹角与平均磁航向之差，即

$$DA = MTK - MH_{平} \tag{5.12}$$

当磁航迹角大于平均磁航向，说明航迹偏在航线右侧，偏流为正；磁航迹角小于平

均磁航向，说明航迹偏在左侧，偏流为负。偏流的大小就等于航迹与航向的夹角，可以理解为：磁航迹角比磁航线角大多少，则偏流就为正的多少度；反之，偏流就为负的多少度。例如已知 $MH_{平}=114°$、$MTK=119°$，心算出 $DA=+5°$。

⑤ 计算地速。计算的地速为检查段的平均地速，根据检查段距离即已飞距离和测定的飞行时间 $t_{已}$，用领航计算尺或心算即可求出。例中已知 $D_{已}=64$ km、$t_{已}=20$ min，即求出地速为 192 km/h；同时根据未飞距离 $D_{未}=83$ km 可以推算出到达南充需要飞行 26 min，即飞机保持原航行诸元将于 10:01 到达南充，如果原来预计到达南充为 10:00，则可知道飞机将晚到 1 min。根据检查段检查航迹情况可知：飞机到达南充时将偏在南充左边，距离约 7 km。

需要特别注意：如果所测量的检查段里，包含沿航线上升阶段，那么，由于平飞真空速比爬升的平均真空速大，在不考虑各高度层风的变化条件下，平飞地速就比爬升平均地速大，即飞机以平飞地速飞过相同地面距离的时间，要比有爬升段所用的时间少。因此，必须在已飞时间中扣除爬升多花时间，这样计算才能得到较准确的平飞地速。根据经验，目前民航运输机在中、低空大约每上升 4 min 所飞过的水平距离要比按平飞地速飞过同样距离多花 1 min；在 6 000 m 以上高空，高度越高，上升平均真空速越接近平飞真空速，上升率也越来越小，上升多花 1 min 的上升时间就要长一些。通过计算，上升多花 1 min 与上升率、上升高度的关系见表 5.2。

表 5.2　上升多花时间与上升率、上升高度的关系

上升率/（m/s）	上升高度/m	多花时间/min
1	240（约 250）	1
2	480（约 500）	1
3	720（约 700）	1
4	960（约 950）	1
5	1 200	1

【例 5.11】 飞机 12:00 通过起点高度为 1 000 m（QNE），保持 2 m/s 沿航线爬升到 3 000 m（QNE）改平飞，12:19 到达检查点，$D_{已}$ 72 km，计算平飞地速。

【解】 飞机保持 2 m/s 从 1 000 m 爬升到 3 000 m，爬升高度为 2 000 m，多花 4 min。

所以 $GS=D_{已}/(t_{已}-t_{多})=72/[(19-4)/60]=288$（km/h），即飞机在该航段飞行的平飞地速为 288 km/h。

用两个实测位置进行全面检查，简便可靠，是地标罗盘领航常用的方法。用这种方法计算的偏流、地速，其准确性取决于实测位置标记、平均磁航向记录、距离量取和时间测量的准确度，并且与飞过的距离有关。因此，为提高所测偏流、地速的准确性，飞行中除保持好航行诸元、准确记录平均航向、测准飞行时间、提高地标定位的准确性外，检查段的距离应当选择得当，过短或过长都不好。经验表明，中、小型飞机检查段的距离一般以 50 ~ 100 km 为宜。

5.4 修正航迹

经飞行员完成全面检查判定飞机航迹已偏离了航线，即产生了偏航，如果继续保持原航向和地速飞行，飞机将不能准时、准确地飞到预定点上空。因此，飞行中应对航迹进行修正，即重新计算确定应飞航向和预达时刻，使按修正后的航迹飞行能够准确、准时地到达预定点。修正航迹的方法还可用在飞机改航直飞航路点的情况。

5.4.1 修正航迹飞向预定点

修正航迹包括两方面的修正：一方面是进行方向修正，使飞机准确飞到预定点；另一方面是进行预达时刻修正，使飞机能够按新的预达时刻准时到达预定点。

5.4.1.1 方向修正

方向修正的常用方法有两种：按新航线角修正和按航迹修正角修正。

按新航线角修正方向

1）按新航线角 MC 新修正方向

飞机偏航后，飞行员可以通过操纵飞机从当时所在位置改航直飞预定点。飞机当时所在位置与预定点间的连线，叫作新航线，这一概念是相对计划的原航线而言，如图 5.31 所示。

新航线的方向就是新航线角（$MC_{新}$）。新航线偏离原航线的程度用一个角度来表示，即新航线同原航线的夹角，叫偏离角（Deviation Of Track Angle，TKD）。飞机偏在原航线右侧，偏离角为正；飞机偏在原航线左侧，偏离角为负。偏航距离一定，未飞距离越短，偏离角越大；反之偏离角越小。

偏离角可根据偏航距离 XTK 和未飞距离 $D_{未}$ 通过领航计算尺算出。从图 5.31 中可以看出

$$\tan TKD = XTK / D_{未}$$

偏航角一般较小，简化得到

$$TKD = 57.3° \times XTK / D_{未} \approx 60° \times XTK / D_{未} \quad (5.13)$$

整理为

$$TKD/60° = XTK / D_{未} \quad (5.14)$$

这一比例关系用计算尺对尺计算，尺型如图 5.32 所示。

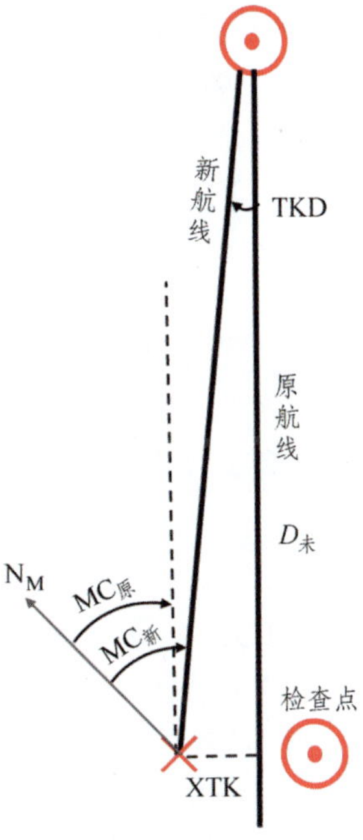

图 5.31 新航线角和偏离角

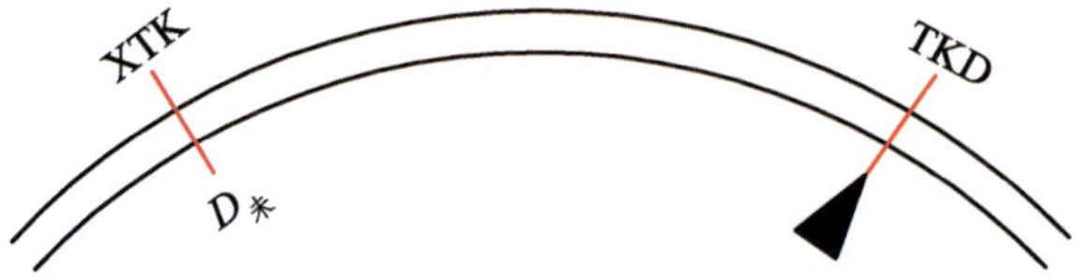

图 5.32　计算偏离角的尺型

新航线角（$MC_{新}$）可用向量尺从地图上直接量出，但通常是根据原航线角计算出来。从图 5.31 中可以看出：新航线角 $MC_{新}$ 等于原航线角 MC 减去一个偏离角 TKD，即

$$MC_{新} = MC - TKD \tag{5.15}$$

因此，在原航线角基础上向偏出反方向修正一个偏离角，就得到新航线角，即飞机偏右偏离角为正，新航线角比原航线角减少一个偏离角度；飞机偏左偏离角为负，新航线角比原航线角增加一个偏离角度。飞机从起点通过的前提下，TKE 与 TKD 符号相同。

按新航线角修正方向，就是在新航线角基础上迎风修正一个偏流，计算出飞机沿新航线飞到预定点的应飞航向，并保持这一航向飞行，即

$$MH_{应} = MC_{新} - DA \tag{5.16}$$

沿直线飞行中，如果偏航不大，航向改变不大（一般不超过 20°），那么改航前后偏流变化不大，偏流变化可以忽略不计。因此，在推算应飞航向时，可以用检查段飞行中实际偏流作为沿新航线飞行的预计偏流；如果航向改变过大，就应该重新测量偏流或根据空中风计算出新的偏流。按新航线角修正方向的程序和步骤如下：

（1）确定飞机位置，判断偏航距离。

（2）根据已飞距离和未飞距离，用计算尺求出偏航角和偏离角。

（3）根据求出的偏航角计算出航迹角和偏流。

（4）根据求出的偏离角计算出新航线角。

（5）在求出的新航线角基础上修正实际偏流，即可求出沿新航线飞行的应飞航向。

【例 5.12】　温江飞往罗江（见图 5.33），检查点高骈铺在航线上。飞机通过温江上空后，保持平均磁航向 42°飞行，同时保持预定空速和指定飞行高度层，飞机从高骈铺的右侧 3 km 通过，计算改航直飞罗江的应飞航向。

【解】　① 确定偏航距离。XTK = + 3 km。

② 计算偏航角和偏离角。已知 $D_{已}$ = 53 km、$D_{未}$ = 41 km，对尺求出 TKE = + 3°、TKD = + 4°。

③ 计算航迹角和偏流。已知 $MH_{平}$ = 42°、MC = 46°，计算出 MTK = 49°、DA = + 7°。

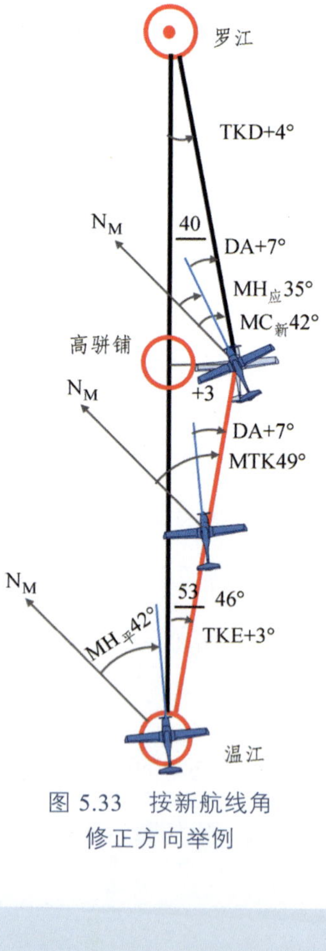

图 5.33　按新航线角修正方向举例

④ 计算新航线角。已知 MC = 46°，计算出 $MC_{新}$ = 42°。

⑤ 计算应飞航向。根据前面已计算出的 $MC_{新}$ 和 DA，可计算出 $MH_{应}$ = 35°。

按新航线角修正方向，只要能求出准确的位置和偏流，就能计算出沿新航线飞行的应飞航向。因此在实际飞行中只要能够测出偏流，可以不考虑飞过的航迹和偏航的远近，常用于风变化较大、偏航较远、中途改航至备降场以及绕飞等机动飞行后，引导飞机飞向预定地点。

2）按航迹修正角ΔTK 修正方向

按航迹修正角修正方向

飞行中，根据同一航向上的两个实测位置判断偏航后，如果不改变航向而是继续保持原来的平均航向和空速飞行，在风不变的条件下，飞机将沿着航迹的延长线飞行，如图 5.34 所示。飞行员为了修正方向使飞机准确飞到预定点，就必须使航迹延长线向预定点改变一个角度，这个角度称为航迹修正角（ΔTK），就是指航迹延长线与新航线的夹角。从图 5.34 中可以看出，航迹修正角等于偏航角 TKE 和偏离角 TKD 之和，即

$$\Delta TK = TKE + TKD \tag{5.17}$$

从飞机在风中的航行规律分析可知：在航向改变不大的情况下，偏流的变化很小，航迹角变化量就等于航向变化量，也就是航向改变多少，航迹角就改变多少。因此，当航迹需要改变航迹修正角ΔTK 时，可通过改变航向来实现，即在原来保持的航向上向偏航的反方向修正一个航迹修正角，就可得到沿新航线飞行的应飞航向。按航迹修正角修正方向就是在原来所保持的平均磁航向 $MH_{平}$ 的基础上修正航迹修正角ΔTK，求出应飞航向，即

$$MH_{应} = MH_{平} - \Delta TK \tag{5.18}$$

飞机偏右，ΔTK 为正，飞机应向左修正，应飞航向比平均航向少一个航迹修正角度；飞机偏左，ΔTK 为负，飞机应向右修正，应飞航向比平均航向多一个航迹修正角度。按航迹修正角修正方向的程序和步骤如下：

（1）记录平均航向，记录时要注意罗盘指示。

（2）确定飞机位置，判断偏航距离，并将飞机位置和时刻标记在地图上。

（3）计算偏航角和偏离角，并求出航迹修正角。

（4）计算应飞航向，在原来平均航向的基础上修正一个航迹修正角，即可得出沿新航线飞行的应飞航向。

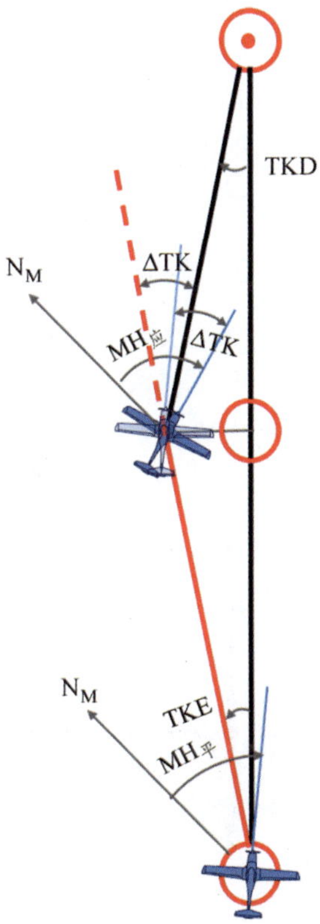

图 5.34 按航迹修正角修正方向

【例 5.13】 由绵阳飞往遂宁，如图 5.35 所示。10:05 飞机通过绵阳上空，保持 $MH_{平}$ 143°、TAS190 km/h 飞行，10:20 飞机从三台县城右 7 km 处通过，三台县城在航线左边 1 km，求改航直飞遂宁的应飞航向。

【解】 ① 记录平均航向。从飞机的航向仪表得到 $MH_{平}$ 143°。

② 确定飞机位置，判断偏航距离。飞机在三台县城右 7 km 处，确定出偏航距离为 XTK = +6 km。

③ 计算 TKE、TKD 和ΔTK。已知 $D_{已}$ = 52 km、$D_{未}$ = 82 km，根据 XTK = +6 km，分别用计算尺对尺求出 TKE = +7°、TKD = +4°，计算出ΔTK = +11°。

④ 计算应飞航向。已知 $MH_{平}$ 143°，根据ΔTK = +11° 可知飞机偏右，应向左修正，即航向减小，因此可计算出 $MH_{应}$ = 143° − （+11°） = 132°。

所以飞机改航沿新航线直飞遂宁的应飞航向 $MH_{应}$ = 132°。

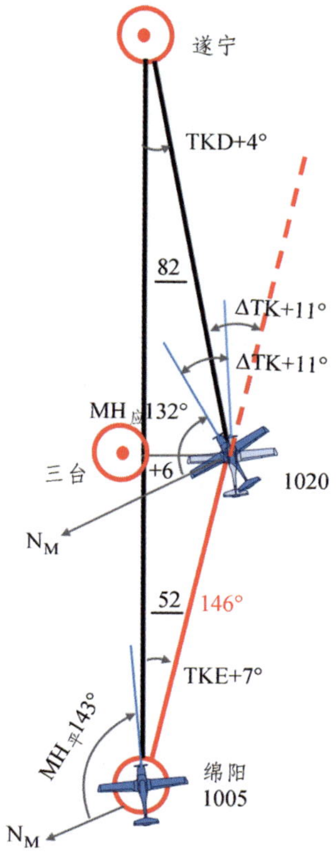

图 5.35 按航迹修正角修正方向举例

按航迹修正角修正航迹，不需要掌握偏流资料，简便易行，并且能够修正因偏流不准而引起的航迹偏差，是飞行中常用的一种方法。但是，这种方法要求所飞过的航迹线必须近于直线，航迹修正角不能过大（一般不超过 20°），如果航迹因航向改变和空中风不稳而有较大曲折或偏航过大时，则不宜采用此方法。

3）修正方向中需要注意的问题

（1）飞机没有准确通过起点时偏航角的计算。

当飞机没有准确通过起点时，计算偏航角所需要的偏航距离为检查点处偏航距离与起点处偏航距离的关系，如图 5.36 所示，即

$$XTK = XTK_{检} - XTK_{起} \tag{5.19}$$

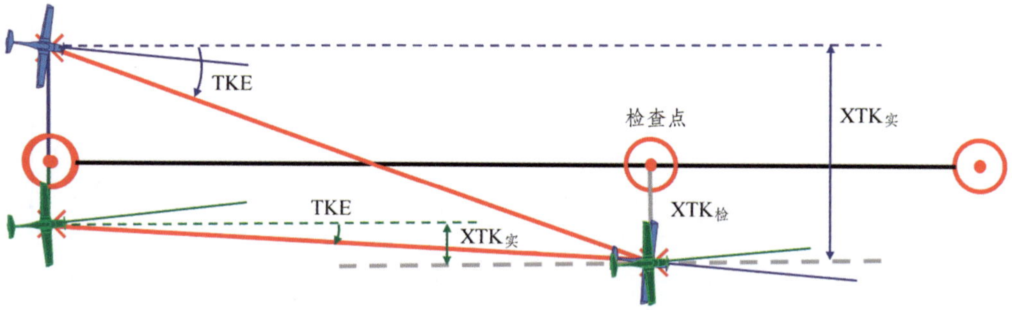

图 5.36 没有正确通过起点求偏航角

飞机从起点右（左）侧通过，飞机到达检查点确定出的实际偏航距离为在检查点处偏航距离减去起点处偏离的距离。飞行中只要将实际偏航距离判定准确，那么偏航角就可以用计算尺对尺求出。

领航 1/60 法则

（2）心算偏航角、偏离角和航迹修正角方法。

在进行修正方向时，为了简化空中工作，迅速、准确地求出应飞航

向 MH 应，常常采用系数法心算偏航角和偏离角。飞行前地面准备时，飞行员根据检查点前后两个航段的距离，用计算尺或心算方法求出偏航距离 1 km 时的偏航角（称为偏航角系数）和偏离角（称为偏离角系数），两者之和即为偏航距离 1 km 时的航迹修正角（称为航迹修正角系数），将这一系数标记在检查点旁；空中实施中当飞机到达检查点时，迅速判定偏航距离，然后将偏航距离乘以航迹修正角系数，即可心算出航迹修正角，从而快速、准确地心算出修正方向直飞预定点的应飞航向。

① 计算尺求修正系数。分别将活动盘上的 $D_{已}$、$D_{未}$ 与固定盘上的 XTK 为 1（10 处）对齐，从活动盘上的“▲”所对的固定盘上读出的刻度（应缩小至读数的 $\frac{1}{10}$）即为 TKE 系数、TKD 系数，如图 5.37 所示。TKE 系数、TKD 系数相加即为航迹修正角系数，即

$$\Delta TK\text{ 系数} = TKE\text{ 系数} + TKD\text{ 系数} \tag{5.20}$$

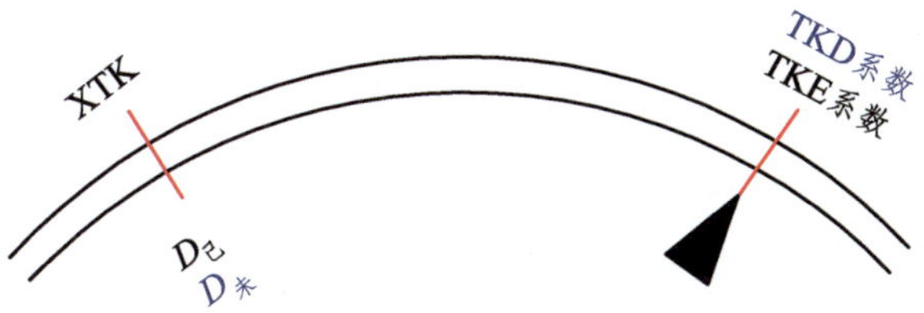

图 5.37 尺算 TKE 系数和 TKD 系数尺型

② 心算法求修正系数。通过偏航角和偏离角的计算公式可以推导出修正系数的心算方法。

$$TKE = 57.3° \times XTK/D_{已} \approx 60° \times XTK/D_{已}$$

$$TKD = 57.3° \times XTK/D_{未} \approx 60° \times XTK/D_{未}$$

当 XTK = 1 km 时，计算出的偏航角就是偏航角系数，即

$$TKE\text{ 系数} = 60°/D_{已} \tag{5.21}$$

或

$$TKE\text{ 系数} \times D_{已} = 60° \tag{5.22}$$

同理，当 XTK = 1 km 时，计算出的偏离角就是偏离角系数，即

$$TKD\text{ 系数} = 60°/D_{未} \tag{5.23}$$

或

$$TKD\text{ 系数} \times D_{未} = 60° \tag{5.24}$$

心算偏航角、偏离角方法就是运用 1/60 规则，它的理论基础是如果飞行距离约为 60 km（NM），每偏离 1 km（NM），则偏差的角度为 1°。例如已飞距离 60 NM，未飞距离 30 NM，偏航距离为 3 NM，则偏航角为 3°、偏离角为 6°。

归纳起来，推算应飞航向有 3 种方法，学习中必须将这 3 种推算方法进行认真分析、比较（见表 5.3），分析优、缺点，灵活运用于飞行实践。

表 5.3　3 种推算应飞航向的比较

方法	基本表达式	所需条件及来源	优点	缺点	使用特点
按已知风	$MH_{应}=MC-DA$	MC：地图上量或航行资料查； DA：按已知风（气象台预报或空中实测）计算	（1）能预先（在地面或到一段航线起始点前）计算，增加了航行的预见性； （2）如风的资料准确且风比较稳定，则工作简单、准确	（1）风变化大则不准确； （2）罗盘有误差，保持推算出的应飞航向飞行，仍会偏航	只要知道风就可以用，常用于到一段航线的起始点前预计应飞航向
按新航线角	$MC_{新}=MC-TKD$ $MH_{应}=MC_{新}-DA$	MC：地图上量或航行资料查； TKD：地图上量或计算； DA：TKD<15°，用改航前所测的；TKD>15°，需重测或用已知风计算	能修正风变化的影响，使飞机飞往预定点	不能避免因罗盘有固定误差而造成的偏航	主要用在每段航线的中途，是飞行途中风的变化较大或航迹不规则时，推算应飞航向的主要方法
按航迹修正角	$MH_{应}=MH_{平}-\Delta TK$	$MH_{平}$：飞行中从罗盘读出； ΔTK：地图上量或计算	（1）不需要掌握偏流； （2）可以消除因罗盘有固定误差、测量或计算偏流误差而造成的偏航	飞过航迹必须是近似直线；如风有变化，航迹弯曲不准确	主要用在每段航线的中途，是飞过近似直线，没有掌握偏流和罗盘有固定误差时使用的方法

5.4.1.2　预达时刻修正

根据已飞距离 $D_{已}$、未飞距离 $D_{未}$ 以及检查段的飞行时间 $t_{已}$，即可在计算尺上计算出检查段的平均地速，以及保持该地速飞到预定点的飞行时间（$t_{未}$），从而确定出到达预定点的新的预达时刻，并向空中交通管制部门通报新的预达时刻。

综上所述，在飞行中，飞行员通过对方向和距离的修正，使飞机能够准确、准时地到达预定点。在修正航迹中飞行员应注意：

（1）修正航迹必须有根据。飞行中无根据地改变航向来修正航迹，会给沿航线飞行领航工作带来混乱，而且容易导致丢失飞机位置，所以，飞行中禁止无根据地任意改变航向。飞行中必须确定飞机的精确位置，并用该位置进行修正计算。

（2）修正航迹时找准原因，选择适当方法。飞行中飞行员必须对飞机航迹进行认真的分析，找准偏航产生的原因，并根据原因选择适当的方法进行修正。

（3）修正航迹要及时，但不要频繁。飞行中检查航迹时发现了偏差，并且预计发展下去将会影响到辨认地标、正常航行以及危及飞行安全时，就应果断地及时修正航迹，但又不要过于频繁，偏差不大时，可以等到一定的时机才予以修正，如检查点位置。

（4）修正航迹要便于检查和再修正。修正航迹时，不仅要考虑到当时已存在的偏差，还要照顾到修正航迹以后是否便于掌握飞机位置，进行再检查和修正。在地标罗盘领航中，一般情况都作直飞预定点的修正。

5.4.2 改航直飞新航路点

改航直飞
新航路点

飞行中有时为了航行的需要，要求飞机改航直飞新的航路点。改航直飞新航路点的程序和步骤如下：

（1）确定改航起点，量出到新航路点的航线角和距离。

（2）按已知风（或实测风）计算沿新航线飞行的偏流、地速。

（3）推算沿新航线直飞新航路点的应飞航向和到新航路点的飞行时间。

（4）飞机到达改航起点操纵飞机改航至应飞航向并计时，推算预达时刻。

【例 5.14】 航线为大竹—蓬安—南充—大竹，如图 5.38 所示。已知气象风 330°/20 km/h，飞机保持 TAS 200 km/h 飞行，10:05 到达蓬安县城上空，飞行员决定在陵江镇改航直飞西充，飞机于 10:06 通过陵江镇，计算从陵江镇直飞西充的应飞航向和预达时刻。

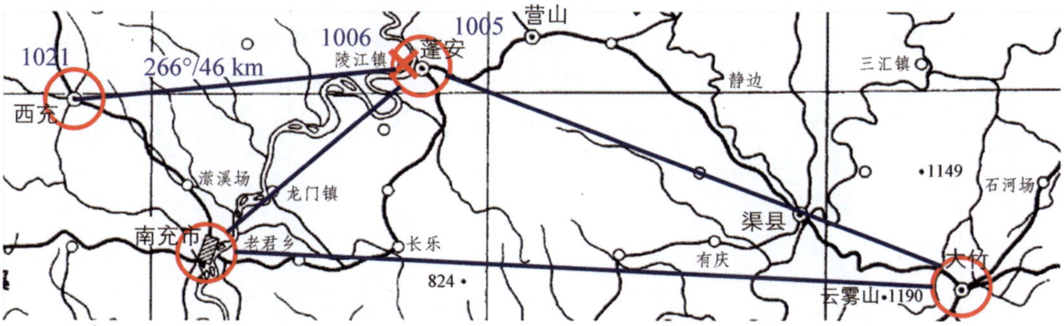

图 5.38 改航直飞新航路点举例

【解】 ① 确定改航起点，量 $MC_{新}$、$D_{未}$。改航起点为陵江镇，地图上量出陵江镇直飞西充的 $MC_{新}=266°$、$D_{未}=46$ km。

② 计算 DA、GS。已知 WD330°、WS20 km/h、TAS200 km/h 及量出的 $MC_{新}$ 266°，计算尺算出 DA = －5°、GS = 192 km/h。

③ 推算沿新航线的应飞航向 $MH_{应}$ 和飞行时间 $t_{未}$。根据量出的 $MC_{新}$ 266°和计算出的 DA－5°，可以算出从陵江镇直飞西充的应飞航向 $MH_{应}=271°$；根据量出的 $D_{未}$ 46 km 和计算出的 GS192 km/h，可以求出飞行时间 $t_{未}=15$ min。

④ 飞机 10:06 到达陵江镇上空改航至应飞航向 $MH_{应}$ 271°，保持 $MH_{应}$ 沿航线直飞西充，预计到达西充的时刻是 10:21。

改航直飞新航路点的方法在实际飞行中应用广泛，新航路点可以是飞行计划内一点，也可以是飞行计划外一点，常用在完成绕飞、飞向备降场等机动飞行情况。

5.5 计算空中风

飞行中，随着飞行时间、地区和高度的改变，空中风常常会发生变化，这种变化将引起偏流、地速的改变。为了准确地推算应飞航向、预达时刻和飞机位置，必须求出空中的实际风向风速，以便飞行员及时、准确地修正风对飞行的影响。

对于没有测量风向、风速设备的飞机，常采用图解法、计算尺法及心算目测法计算出风向、风速。

5.5.1 图解法计算风向、风速

在航行速度三角形中，如果知道了空速向量和地速向量，就可以通过图解的方法计算出风速向量，即空中的风向、风速。

图解法计算风向、风速有两种形式：一种是已知空速向量和地速向量按比例画航行速度三角形，量出风向、风速；另一种是已知两个实测位置和空速向量，在地图上图解航行速度三角形，量出风向，计算出风速。

【例 5.15】 已知飞机保持的平均真航向 $TH_{平}$ = 80°、真空速 TAS = 300 km/h 飞行，飞行中测出 DA = +10°、GS = 330 km/h，按比例画航行速度三角形图解风向、风速。

【解】 取比例尺为 1：300 万，按向量合成法则画出航行速度三角形，如图 5.39 所示。然后用向量尺分别量出风向为 WD = 330°、风速 WS = 60 km/h（图上为 2 cm）。

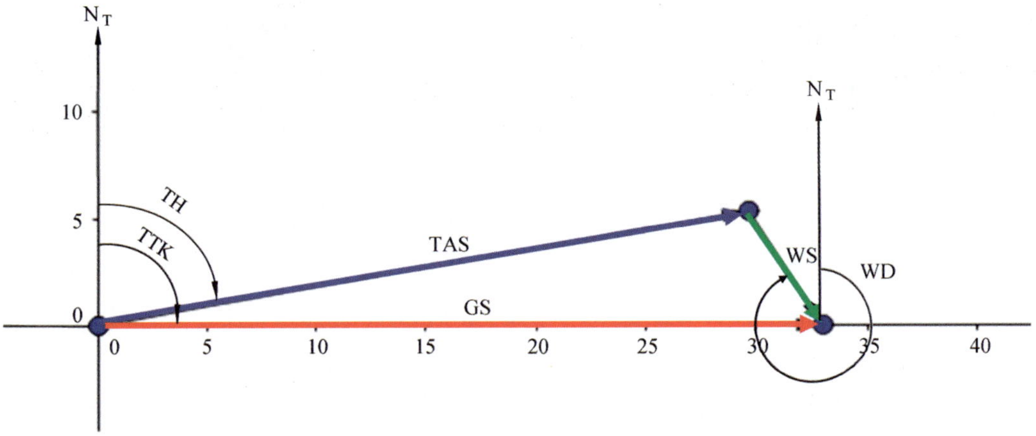

图 5.39 航行速度三角形图解风向风速

图解法计算风向、风速，需要进行图上作业，飞行员工作负荷较大，而且麻烦，准确性也比较低，一般用在不能用其他方法计算风向、风速的情况下。

5.5.2 计算尺计算风向风速

飞行中，如果在同一航向上测量或计算出一个实际偏流和地速，就可以根据偏流、地速和飞机所保持的平均航向、真空速，用计算尺计算出风向风速。计算尺计算风向、风速的程序和方法如下：

（1）转动索环使 TTK 刻度与顶部▼对齐。

（2）拉动计风板使盘中心孔压住 GS 值速度弧线。

（3）在 TAS 值速度弧线与 DA 值角度线交点处标出风点。

（4）转动索环使风点在索环上半部并压在中心线上。

（5）顶部▼所对索环刻度即为 WD，风点与盘中心孔间的差值即为 WS。

尺算风向
风速示范

【例 5.16】 已知真航迹角 TTK120°，地速 GS140 kt，真航向 TH115°，真空速 TAS150 kt，求风向和风速。

【解】 ① 求 DA。已知 TTK120°、TH115°，计算出 DA = +5°。

② 转动索环使 TTK 刻度 120°与顶部▼对齐，如图 5.40 所示。

③ 拉动计风板使盘中心孔压住 GS140 kt 值速度弧线，如图 5.41 所示。

④ 在 TAS150 kt 值速度弧线与 DA + 5°值角度线交点处标出风点，如图 5.42 所示。

⑤ 转动索环使风点在索环上半部并压在中心线上，如图 5.43 所示。

⑥ 顶部▼所对索环刻度即为 WD，风点与盘中心孔间的差值即为 WS。从拉尺结果可以看出：顶部▼所对索环刻度为 65°，即 WD 为 65°；风点与盘中心孔间的差值为 16，即 WS 为 16 kt。

圆盘计算尺的计风板尺算风向、风速实际就是在计风板上解算航行速度三角形，如例 5.16 的解算如图 5.44 所示。

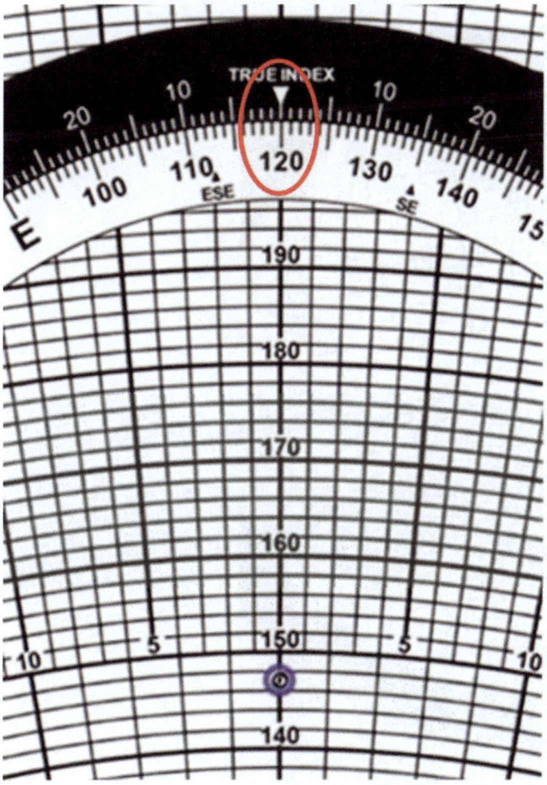

图 5.40 尺算 WD、WS 步骤 1

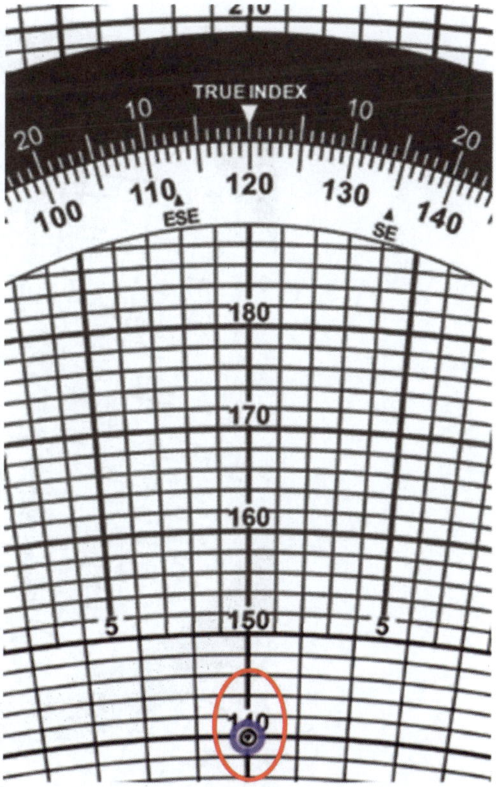

图 5.41 尺算 WD、WS 步骤 2

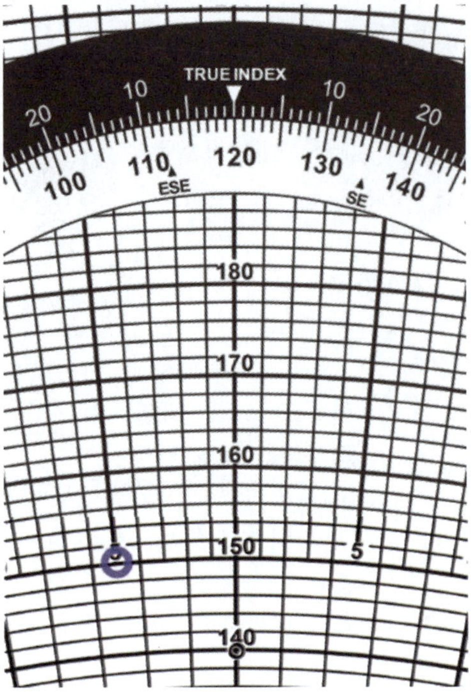

图 5.42　尺算 WD、WS 步骤 3

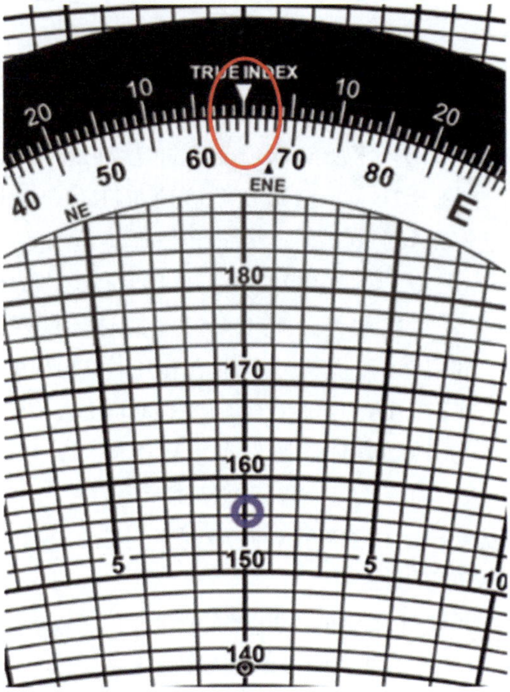

图 5.43　尺算 WD、WS 步骤 4

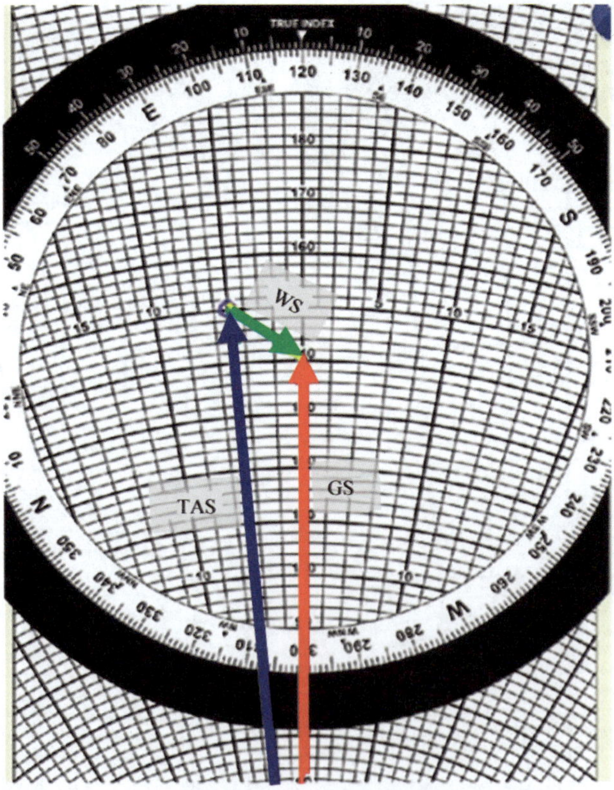

图 5.44　尺算 WD、WS

尺算 WD、WS 必须注意下列问题，才能在工作中做到计算快速、准确：

（1）尺算时航迹角必须是真航迹角，尺算出的风是气象风。

（2）真空速、风速、地速必须是同一单位。

（3）尺算时应将概念（线和角）、计算、图形三者结合，防止出现错误。

5.5.3 心算目测风向、风速

飞行中将测量或计算得到的偏流、地速换算成相对的顺（逆）风分量 WS_1 和侧风分量 WS_2，在罗盘上目测 WS_1、WS_2 即可得到风向、风速。其步骤和方法如下：

（1）心算风速分量。从风的分解已经知道顺（逆）风分量 $WS_1 \approx GS - TAS$；侧风分量 $WS_2 \approx TAS/60 \cdot DA$。

实际应用中，根据所飞机型常用的真空速，计算出心算系数（TAS/60），飞行中就可以按照测出或计算出的偏流 DA，快速心算出侧风分量 WS_2 来。例如，Y5 飞机真空速一般为 180 km/h，心算系数 $TAS/60 \approx 180/60 = 3$，则 $WS_2 \approx 3DA$；TB-20 飞机真空速一般为 140 kt（约 260 km/h），心算系数 $TAS/60 \approx 260/60 \approx 4.5$，则 $WS_2 \approx 4.5DA$；Y7-100 飞机真空速一般为 420 km/h，心算系数 $TAS/60 \approx 420/60 = 7$，则 $WS_2 \approx 7DA$。

（2）心算风速。飞行中，为了计算简便，常按下面的近似公式心算风速：

$$WS \approx WS_1 + WS_2/2 \quad \text{使用条件：} WS_1 > WS_2 \tag{5.25}$$

$$WS \approx WS_2 + WS_1/2 \quad \text{使用条件：} WS_1 < WS_2 \tag{5.26}$$

（3）目测航行风向。根据 WS_1、WS_2 通过罗盘中心，与航向一致的是 WS_1，与航向垂直的是 WS_2，按比例目测出风的分量，两个分量的合成方向就是航行风向（罗盘刻度），如图 5.45 所示。

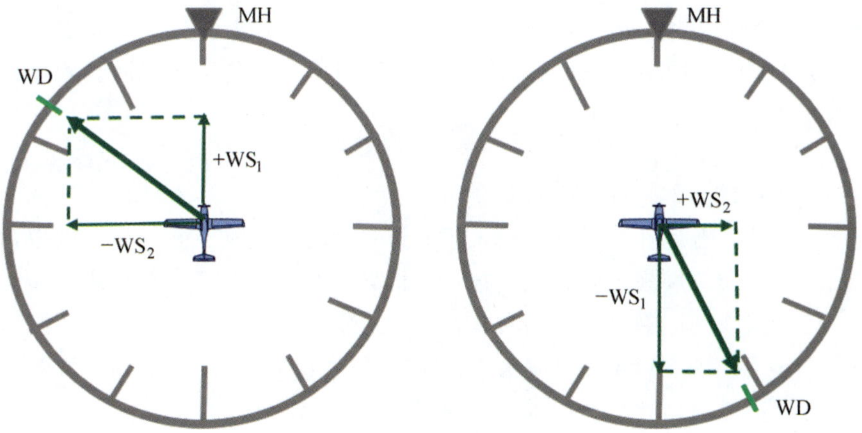

图 5.45 罗盘表面目测风向

【例 5.17】 已知 TB-20 飞机飞行中，$MH_{平} = 30°$、TAS = 140 kt，测出 DA = −5°、GS = 125 kt，心算风向、风速。

【解】 ① 心算风速分量。已知 TAS = 140 kt、GS = 125 kt、DA = －5°，心算出 WS_1 = 125 － 140 = －15（kt）；WS_2≈TAS/60 · DA≈140/60 ×（－5°）≈2.5 ×（－5°）≈－13（kt）。

② 心算风速。由于 $WS_1 > WS_2$，所以 $WS = WS_1 + WS_2/2 = 15 + 13/2 \approx 22$（kt）。

③ 目测航行风向。用算出的 WS_1、WS_2，从罗盘表面目测出的航行风向 WD 约为 250°，如图 5.46 所示。

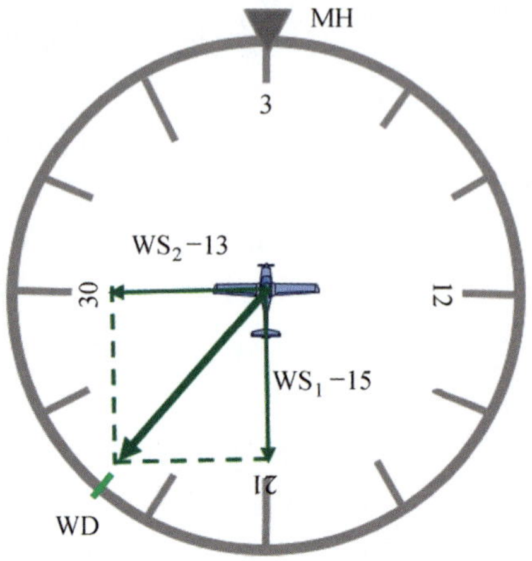

图 5.46 罗盘目测举例

心算目测风向、风速是一种简便、快速的方法，但准确性较差，一般多用在对风的计算准确性要求不高的情况。

5.6 地标罗盘领航工作

5.6.1 地标罗盘领航检查点工作程序

沿航线飞行实施地标罗盘领航的主要工作就是检查航迹和修正航迹，通常是在检查点前后进行的，检查点工作的所有计算结果均需填入领航记录表相应表格，并按规定或按管制员要求发位置报。

地标罗盘领航检查点工作内容和步骤可归纳为“辨、判、记、改、算、填、发”。

辨——到达检查点前，根据飞机航迹和预达时刻提前 3 ~ 5 min 观察辨认检查点，并记录平均磁航向和真空速。

判——按地标定位“三环节、四要素”确定飞机位置，判断偏航距离，并进行修正航迹的计算，求出下一航段的应飞航向。

记——到达或正切检查点时，记下时刻。

改——操纵飞机改航，航向对正应飞航向，飞向预定点（或转弯点）。

算——计算地速及预达预定点（或转弯点）的时刻，计算空中风向、风速，并校对和订正导航数据。

填——填写位置报告表。

发——向空中交通管制部门发位置报。

检查点工作的所有计算结果均需填入领航记录表相应表格，并按规定或按管制员要求发位置报。按民航总局规定向管制员报告：机号、时间、位置、飞行高度、飞行情况和预达下一位置点或到达降落机场的时刻，对于空中风，如果风向偏差（实际风与预报风）≥30°、风速偏差≥30 km/h 时应报告，实际空中气温与预报空中气温偏差≥5 °C 也应报告；飞行员也可根据管制员要求进行报告。

有的航线有一个或多个转弯点，实际上转弯点既是前一航段的终点，又是后一航段的起点，同时还起检查点的作用。因此，当飞机飞向转弯点转弯加入下一航段的飞行中，除了完成检查点的各项工作外，飞行员还应进行转换航段和按预报或实测风加入航线的工作：按预报风加入航线一般用在空中风变化不大或航段方向改变不大的情况，即按地面准备所计算的应飞航向和飞行时间进行；按实测风加入航线一般用在空中风变化较大或航段方向改变较大的情况，飞机在到达转弯点前，按空中实际测算的最新风向、风速和下一航段的航线角、保持的真空速进行计算，求出偏流、地速、应飞航向和飞行时间，此方法加入航线比按预报风加入准确性高。当飞机通过转弯点时，记下时刻，操纵飞机对正应飞航向加入下一航段飞行。

5.6.2 地标罗盘领航实践

地标罗盘领航记录表填写

地标罗盘领航工作是组织实施飞行的重要环节，贯穿于整个飞行过程。领航工作要求准确、迅速，它包括地面领航准备和空中实施两部分。领航计算和记录表填写是领航工作的重要内容和关键环节。

地标罗盘领航地面准备要完成地图作业并将数据填写在记录表里，领取相关航行资料并填写，完成相关领航计算并填表，简化空中工作。

地标罗盘领航空中实施就是按照准备的领航计划实施领航工作，主要就是测量数据、计算数据，并操纵飞机按预定数据飞行，将相关数据填入领航记录表，使飞机准时、准确、安全到达目的地。

【例 5.18】 某型飞机，目视飞行航线为新津机场飞往绵阳机场，转弯点为遂宁机场，飞行前地图作业如图 5.47 所示。飞行员准备时领取的航行资料：新津—遂宁飞行高度层

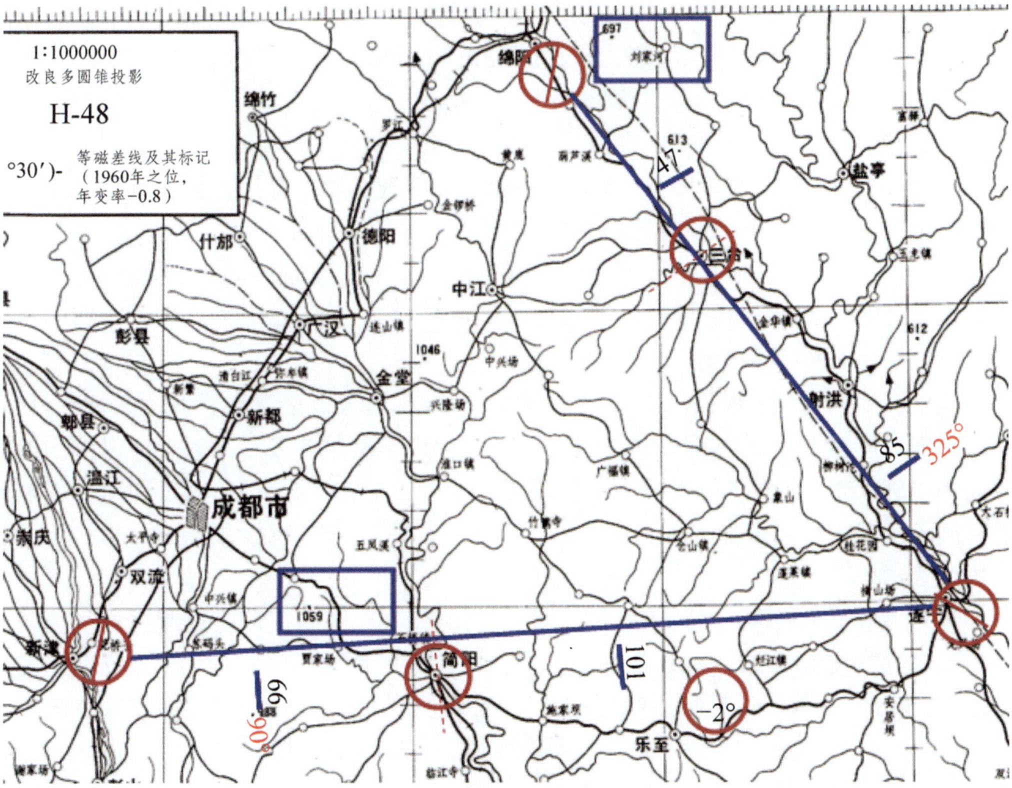

图 5.47 地标罗盘领航地图作业

2 100 m（6 900 ft），风 225°/25 km/h，空中温度 + 2 °C；遂宁—绵阳飞行高度层 1 800 m（5 900 ft），风 215°/20 km/h，空中温度为 0 °C；飞行中保持指示空速（表速）170 km/h，地面用油按 15 min 共计 20 L 计算，空中耗油率为 120 L/h。

空中实施过程（模拟）：

步骤 1：飞机 10:08 开车，10:14 飞机向北起飞，10:20 通场入航，入航高度为 900 m（QNE），飞机保持 2 m/s 上升率沿航线上升。

步骤 2：飞机 10:30 爬升到飞行高度层改平飞，保持 $MH_{平}$ 95°、BAS170 km/h 沿航线飞行，测量出 t_H + 2 °C。

步骤 3：10:41 飞机从简阳左侧 10 km 处通过，改航飞向转弯点遂宁机场。

步骤 4：飞机保持 $MH_{平}$ 100°、BAS170 km/h、FL 2 100 m 飞行，测出 t_H + 2 °C。

步骤 5：11:09 飞机到达遂宁转弯点上空，飞机按预报风加入第二边航线。

步骤 6：飞机保持 $MH_{平}$ 319°、BAS170 km/h、FL 1 800 m 飞行，测出 t_H + 0 °C。

步骤 7：11:36 飞机从三台左侧 4 km 通过，改航飞向绵阳机场。

步骤 8：飞机保持 $MH_{平}$ 321°，BAS170 km/h，FL 1 800 m 飞行，测出 t_H + 0 °C。

步骤 9：飞机于 10:52 到达绵阳机场上空，经管制员指挥加入起落航线。

步骤 10：10:55 飞机着陆，10:58 关车。

【解】 领航工作分为地面准备和空中实施两部分进行计算和填表。

（1）地面准备计算和填表。

① 将地图作业数据按规定依次填入记录表中“领航计划”部分，见表 5.4。

② 将航行资料填入记录表“航行资料”部分。

③ 进行领航计算并填写记录表。

真空速 TAS 计算：已知飞行高度、空中温度和表速，则可以用计算尺求出各航段飞行的真空速，并填入表中“领航计划”部分。

计算应飞磁航向、地速：按已知风分别计算出各航段的偏流、地速和应飞磁航向，并填入表中，初学者为便于计算和检查，可将计算的偏流写在“领航计划”表下半部分。

计算航段飞行时间：根据求出的地速和航段距离，对尺或心算出各航段的飞行时间。

计算航线距离和航线飞行时间：航线距离为起飞至着陆各航段之和，所以求出的航线距离为 299 km；航线飞行时间为各航段飞行时间之和加上起飞—入航/到达—着陆的所需时间（目视飞行一般按 5 min 计算），可求出为 1:37（20 + 30 + 27 + 15 + 5），将计算数据填入表中。

计算可飞时间和油量：可飞时间为航线飞行时间加上备份时间，以起飞机场为备降场的备份时间规定为 1:30，本例备降场为新津机场，因此可飞时间求出为 3:07（1:37 + 1:30）。应携带的最少油量包括航线各航段飞行的油量、备份油量以及飞机在地面试车、滑行所需的油量（一般按 15 min 计算），即最少携带油量 =（航线飞行时间 + 备份时间）× 耗油率 + 地面试车和滑行所需油量，求出应携带的最少油量为 394 L（3:07 × 120 + 20）。

（2）空中实施计算和填表。

步骤 1：领航工作及计算。

① 记录开车时刻 10:08、起飞时刻 10:14、入航时刻 10:20 和入航高度 900 m（QNE），填在规定的专栏里。

② 推算到简阳（检查点）的预达时刻和预计航迹：根据地面准备时已计算出的入航至简阳航段飞行时间 20 min 再加上爬高多花时间 2 min（飞机从 900 m 上升到 2 100 m 共爬高 1 200 m，上升率 2 m/s 对应的飞机每爬高约 500 m 多花 1 min，所以多花 2 min），因此到简阳的预达时刻为 10:42，填入时间预计栏；飞机入航时准确通过起点，因此，到简阳预计航迹就是航线角 90°，填入对应栏航迹（注：航迹栏上半部均是预计航迹，下半部均是实际航迹）。

步骤 2：领航工作及计算。

①记录平均磁航向和真空速：平均磁航向从航向仪表上读取平均值，本例读出 $MH_{平}$ 为 95°；如果飞机有真空速表，可直接读取数据。

②计算真空速：如果飞机没有真空速表，则需根据表速、高度和外界大气温度计算，本例中所有数据与地面准备时相同，所以真空速为 188 km/h。

步骤 3：领航工作及计算。

① 辨认地标定位：飞行中应根据预达检查点时刻 10:42 提前 3 ~ 5 min，观察辨认简阳，辨认出简阳后判断出飞机与简阳的关系——飞机正切简阳时在左边 10 km 位置。

② 判断偏航距离 XTK：从地图作业可知飞机航迹与航线一致时，飞机正切简阳应在简阳左边 7 km 处，实际飞机位置在左边 10 km 处，因此可得到飞机偏在航线左边 3 km，即 XTK = －3 km。

③ 进行改航计算：根据 XTK、$D_{已}$、$D_{未}$快速计算出 TKE = －3°、TKD = －2°、ΔTK = －5°、$MH_{应}$ = 100°，即改航后飞机应飞航向为 100°；当飞机正切简阳时记下时刻 10:41，并操纵飞机改航至航向 100°保持飞向转弯点；然后计算出从检查点到转弯点的预计航迹（就是新航线角）为 92°，计算出上一航段的航迹为 87°和实际偏流为 – 8°，并填表。

④ 计算实际地速和预达转弯点时刻：根据到达检查点时刻 10:41 可知飞机比预计早到 1 min，通过计算尺或心算求出实际地速和下一航段飞行时间，计算须注意爬高段多花时间的扣除，所以计算出的实际地速为 208 km/h，检查点到转弯点飞行时间为 29 min，因此飞机预达转弯点时刻为 11:10。

⑤ 计算空中风向、风速：根据已计算出的 TAS、GS、DA、MTK（需要换算为 TTK）通过计算得到空中实际风向、风速：WS29 km/h、WD190°。

⑥ 填、发位置报：一般在检查点、转弯点须向管制员报告飞行情况及位置等，因此必须填写位置报告表。位置报告表的填写就是将空中领航计算有关数据填入，但须注意：如飞机从某一地标旁通过则为正切，如飞机从地标上空通过则为飞越；在目视飞行规则条件下飞行情况填“能见”；地速、高空风向的个位数采用四舍五入取整；风速的个位数采用 0、5 取整。填写完毕后按照民航总局规定向管制员报告：机号、时间、位

置、飞行高度、飞行情况和预达下一位置点或到达降落机场的时刻，对于空中风，如果风向偏差（实际风与预报风）≥30°、风速偏差≥30 km/h 时应报告，实际空中气温与预报空中气温偏差≥5 °C 也应报告；飞行员也可根据管制员要求进行报告。

步骤 4：领航工作及计算。

飞行员应记录 $MH_{平}$ 和 TAS 或者计算 TAS：从仪表读出 $MH_{平}$ 100°、计算出的 TAS188 km/h。

步骤 5：领航工作及计算。

① 按预达遂宁机场 11:00 提前 3 ~ 5 min 寻找遂宁机场。

② 到达转弯点遂宁机场转弯，记下时刻 11:09，并操纵飞机按预报风加入第二边航线，即飞机转弯至航向为 319°飞向三台（检查点）。

③ 计算转弯前航段飞行的数据：飞机到达遂宁机场上空，说明实际航迹与预计航迹一致，即实际航迹角为 92°，根据该航段的平均航向与求出的实际航迹可算出 DA = − 8°；飞机 11:09 到达转弯点，比预计到达时刻提前 1 min，可计算出该航段的实际地速为 215 km/h，说明风发生了变化，计算实际的风为 WD188°、WS30 km/h。

④ 推算预达三台的时刻和预计航迹：飞机是按预报风加入航线的，因此，从遂宁机场到三台的预计飞行时间已在地面准备时按预报风算出为 27 min，所以预达三台的时刻为 11:36；预计航迹为 325°。

⑤ 填发位置报：同前。

步骤 6：领航工作及计算。

飞行员应记录 $MH_{平}$ 和 TAS 或者计算 TAS：从仪表读出 $MH_{平}$ 为 319°，计算出 TAS 为 185 km/h。

步骤 7：领航工作及计算。

① 判断偏航距离：确定出 XTK = − 2 km。

② 进行改航计算：计算得出 TKE = − 1°、TKD = − 2°、ΔTK = − 3°、$MH_{应}$ = 322°，操纵飞机改航至航向为 322°保持飞向绵阳机场，然后计算出 $MTK_{预}$（$MC_{新}$）= 327°，MTK = 324°，DA = + 5°。

③ 计算实际地速和预达终点机场时刻：飞机准时到达检查点，所以 GS = 190 km/h、$t_{未}$ = 15′、$T_{到}$ = 11:51。

④ 计算空中风向、风速：根据测量和计算的有关数据计算出 WS = 18 km/h，WD = 211°。

⑤ 填、发位置报。

步骤 8：领航工作及计算。

飞行员应记录 $MH_{平}$ 和 TAS 或者计算 TAS：从仪表读出 $MH_{平}$ = 321°，计算出 TAS = 185 km/h。

步骤 9：领航工作及计算。

① 飞行员根据预达绵阳机场时刻 11:51，提前 3 ~ 5 min 寻找绵阳机场。

② 到达绵阳机场上空记下时刻 11:52，按管制员指挥的加入起落航线方法加入起落航线，然后计算有关数据：确定出实际航迹角为 327°，计算出三台至绵阳航段的实际偏流为 + 6°，根据航段实际飞行时间 16 min 及飞行距离 47 km，计算出实际地速为 176 km/h，最后计算出空中实际风向 258°，风速为 21 km/h。

步骤 10：领航工作及计算。

10:55 飞机着陆，10:58 关车。

① 飞机着陆时记下时刻 11:55。

② 关车时记下时刻 11:58。

③ 计算飞行总时间和地面工作时间：飞行总时间是多段从起飞、着陆的飞行时间之和，本例只有一个起飞、着陆，飞行总时间为 1:41；地面工作时间为每次开车起飞的地面时间与每次着陆到关车的地面时间之和，本例的地面工作时间为 9 min（6 min + 3 分 min）。

表 5.4 地标罗盘领航实践（模拟）记录表填写

领 航 记 录 表

机 长________ 付驾驶________

领航员________ 机 号________

距离/时间 ①299/1.37 ② / ③ / ④ /

油量/可飞时间 ①394/3.07 ② / ③ / ④ /

航行资料	高度	风向/风速	温度	表速	真空速
	2100	225°/25	+2° C	170	188
	1800	215°/20	0° C	170	185
		/			

地 名					
日 出	:	:	:	:	:
日 落	:	:	:	:	:

开车① 10:08 ② : ③ : ④ :

起 飞	10:14	:	:	:
着 陆	11:55	:	:	:
关 车	11:58	:	:	:

飞行总时间 1 时 41 分 地面工作时间 0 时 9 分

位 置 报 告 表

机 号	飞越××（或正切）时间	高度	飞行情况	地速	预计到达××时间	高空风	温度
××	正切简阳1041	21	能见	210	预达遂宁1110	190°/30	+2°
××	飞越遂宁1109	21	能见	220	预达三台1136	190°/30	+2°
××	正切三台1136	18	能见	190	预达绵阳1151	210°/20	0°

____年____月____日

领航计划： 值班领航员：

航线	磁航线角	磁向	地速	距离	时间	高度		无线电导航点	电台磁方位	相对方位	航线检查
						安全	指定				
新津机场	90°	95°	203	66	:20	1659	2100				
简阳	90°	95°	203	101	:30	1659	2100				正切简阳
遂宁机场	325°	319°	190	85	:27	1297	1800				
三台	325°	319°	190	47	:15	1297	1800				正切 三台
绵阳机场					+5						
					遂宁-绵阳	DA+6°					
					新津-遂宁	DA-5°					

空中领航计算：

位 置	时 间		磁向	偏流	航 迹	真速	地速	风向/风速	无线电导航点	定向时间	相对方位	备 注
	预计	实际										
入航	:	10:20	95°	-8°	90°/87°	188	208	190°/29				$H_{入}$900m
简阳	10:42	10:41	100°	-8°	92°/92°	188	215	188°/30				XTK-3km
遂宁	11:10	11:09	319°	+5°	325°/324°	185	190	211°/18				TKE-3°
三台	11:36	11:36	321°	+6°	327°/327°	185	176	258°/21				TKD-2°
绵阳	11:51	11:52			/			/				$MH_{应}$100°
	:	:			/			/				XTK-2km
	:	:			/			/				TKE-1°
	:	:			/			/				TKD-2°
	:	:			/			/				$MH_{应}$322°

思政案例

中国民航 18152 号机 1966 年永登山区迫降事故

案例概述：1966 年 2 月 15 日 13 时 48 分，一架隶属于中国民航兰州管理局第九飞行大队的运-5 甲型小型客机（机身编号 18152，1961 年从南昌 320 厂生产出厂并交付给兰州管理局第九飞行大队执管，至事发时机龄 5 年，是一架半新机）从兰州东岗机场起飞，该机当天执飞的是从兰州东岗机场至西宁乐家湾机场的定期航班任务，机上有 4 名机组成员（机长、副驾驶、报务员和空中机械师）和数目不详的乘客（民航版本的运-5 甲最大载客量是 11 人）。

18152 号机的 5 名机组成员是共事多年、配合十分默契的老搭档，而兰州至西宁这条不算太长的航线他们也已经飞了不下二十回，从未出过差错，屡受好评。当天的天气也非常好，能见度超过 20 km，航线沿途低空少云，可以保持全程目视可见飞行。

18152 号机从兰州起飞入航后不久就开始偏离航线，但自信过度的机组并没有察觉，而是继续沿着偏离的航线飞行，14 时 06 分飞机爬升到 3 000 m 的飞行高度，能见度非常好，可见地面。报务员报告地面指挥："18152 当前飞行高度 3 000 m，能见飞行"；地面指挥回复："18152，保持高度 3 000 m，到达红城子（航线上的第一个转弯点，按照计划预计是 14 时 16 分飞越）时报"；报务员回答："高度保持 3 000 m，到红城子报，18152 收到"。

10 min 后，也就是预计抵达红城子转弯点的 14 时 16 分，18152 号机的机长却未能发现作为地标的红城子镇，此时机组依然没有意识到他们已经偏航。3 min 后的 14 时 19 分，在继续往前飞行了一段距离后机长看到了一个城镇的轮廓，以为红城子到了，所以告知报务员向地面报告。

报务员随即向地面指挥报告："18152 飞越红城子"；地面指挥回复："转向西南"；机组表示："收到"。

但实际上机长看到的不是红城子镇，而是位于红城子镇以北 18 km 处的大通镇，实际上只要仔细想想就会发现纰漏：由于当天是顺风飞行，理应早于 14 时 16 分的规定时间看到红城子地标才对，但却偏偏比预定时间还晚了 3 min 才看到所谓的地标，这是不符合常理的。但是 18152 号机机组却完全没有在意这个问题，而是按计划将大通镇当成红城子镇转弯改航，此时飞机已经偏航达 19 km（当时飞机总共也就飞行了 66 km）。

向西南方向转弯不久，飞机飞入了永登县七山乡境内，七山乡地势沟壑纵横，山岭盘结，平均海拔 2 200 m，属于高山区。此时飞机依旧保持着 3 000 m 的规定高度飞行，但机组越飞越觉得不对劲，周围的山峰越来越高，山顶距离机腹的距离也越来越近，机组依然不认为自己的航线有误，还执拗地驾机往前继续飞，一边飞一边爬高至 3 500 m（这是满载状态的运-5 甲能飞的最高高度），试图飞越这片山区（见图 5.48）。

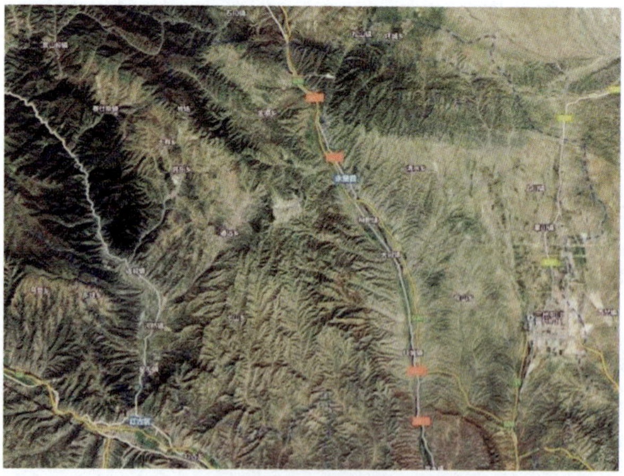

图 5.48　地貌

怎料大山似乎无穷无尽，很快飞机飞入了一片喇叭口形的群山高岭之中，在勉强飞越了第一个山口后发现前方一山更高，满载的飞机无法飞越，机组这才决定原路返回。

当机组操作飞机增速转弯企图转向时，由于心情太过焦急，动作过猛，导致飞机转弯时坡度过大，随即迅速掉高度，随即机翼、起落架和机腹挂上了一座山顶的树木，飞机顿时丧失了姿态平衡。幸亏该山顶林木较密，飞机扎进了浓密的树冠群中，往前冲了一段后被树木生生地“托”在半空中，机上人员奇迹般地全部生还。而飞机则因为多处被树枝撞击变形宣告完全报废，酿成一起二等飞行事故。

来自民航兰州管理局的调查组在经过调查后认定，18152 号机酿成二等飞行事故的主要原因是该机机长骄傲自满、思想麻痹，认为是“老航线”“航线短”“天气好”，因而在飞行前不认真做飞行前准备，飞行过程中既不认真进行领航计算，也不仔细对照地标检查航迹。在预计到达检查点时，没有找到地标，也未引起警惕，以至于仅仅只飞了 66 km 就已经偏航了 19 km 造成迷航。当飞机误入高山区时，机长既不向地面报告并请求指引复航，也不及早脱离高山区，而是抱着侥幸心理，盲目爬高、钻山口，直到飞机遇到飞不过去的高山时才不得已大坡度转弯，但已经为时太晚。因此，18152 号机的责任机长对本次事故负主要责任。

最后调查组给出了三条事故教训：

（1）18152 号机机长因较长时间飞行比较顺利，便产生了骄傲自满的思想，飞行前准备不认真，飞行中领航检查不认真。在顺利的情况下，越要认真准备，认真飞行。必须戒骄戒躁，谦虚谨慎。

（2）万一发生迷航，应及时报告地面指挥，要求开放有关导航设备，协助复航，并按照迷航处置规定进行工作。不能抱有侥幸取胜的心理。

（3）地面指挥调度人员必须认真检查机组的准备情况，及时、准确地掌握飞行动态。发现疑问时要认真分析、确实弄清，给予正确的指挥。在工作中切忌对情况不认真研究，而是主观臆测地决定问题，切忌消极指挥。

思政元素：

（1）当代民航精神（忠诚担当的政治品格、严谨科学的专业精神、团结协作的工作作风、敬业奉献的职业操守）；

（2）追求卓越的工匠精神，精益求精、科学严谨的专业精神，严谨的工作作风和坚强的心理品质；

（3）社会主义核心价值观（爱岗敬业），优良的飞行职业道德、社会责任感；

（4）强烈的责任意识，扎实的基本功，高超的技术水平和职业素养；

（5）安全精飞的工作态度，严守安全底线，强调飞行安全意识、风险意识、责任意识和法治意识。

实践（模拟）任务

地标罗盘领航实践

1. 实践目的

通过地图作业、填写飞行前和飞行实施记录表，熟悉地标罗盘领航地面准备和空中实施的程序和方法，掌握领航记录表中相关数据的计算和填写方法。

2. 准备工具/材料

1∶100 万黑白地图（H-48）、领航记录表、领航计算尺、向量尺。

3. 任务完成要求

完成地图作业、领航计算及记录表填写。

4. 任务（模拟）

（1）航线：

绵阳机场→遂宁机场，检查点三台（－2 km）。

（2）航行资料：

高度	预报风	温度	指示空速	空中耗油率 37 kg/h
2 100 m	190°/30 km/h	+ 10 °C	110 kt	地面按 15 min 计算

（3）空中实施（模拟）：

① 10:00 开车，10:03 从 19 跑道起飞，右转入航。

② 10:05 入航，入航高度 2 600 ft（QNE），保持爬升率 600 ft/min 至 2 100 m 改平，计算预达三台的时刻。

③ 记录航行要素：$MH_{平}$ 149°，IAS110 kt，t_H + 10 °C。

④ 10:21 飞机从三台左侧 1 km 通过，修正偏航，预达遂宁，完成检查点工作程序。

⑤ 记录航行要素：$MH_{平}$ 155°，IAS110 kt，t_H + 10 °C。

⑥ 提前联系 ATC，获得进场条件，根据 ATC 指令拨正高度表。

⑦ 10:45 到达遂宁机场，10:48 落地，10:50 关车。完成记录表的填写。

拓展资料

驾驶舱视角　　地标领航的影响因素　　我国目视飞行航图

本章小结

（1）推算应飞航向和预达时刻是每次领航工作中不可缺少的工作，飞行中按已知风尺算偏流、地速即可求出。

（2）确定飞机位置是领航工作要解决的首要问题，地标定位和推测定位是目视飞行规则条件下确定飞机位置的基本方法。

（3）飞行员必须经常检查航迹，掌握飞机偏航情况，明确偏航产生的原因；检查航迹时要进行方向和距离两方面的检查。

（4）飞行中发现偏航应及时修正，即重新计算确定应飞航向和预达时刻，使修正后的航迹能够准确、准时地到达预定点；方向修正有按 $MC_{新}$ 和按 ΔTK 修正两种方法。

（5）为了准确推算应飞航向、预达时刻和飞机位置，必须求出空中实际风向风速，飞行中一般采用计算尺法、心算目测法进行计算。

（6）地标罗盘领航检查点工作内容和步骤可归纳为“辨、判、记、改、算、填、发”七个字。

思考探究任务

任务 1：结合飞行实际，从空中风的变化、飞行操纵的保持等，分析飞行中偏流与偏航角的区别与联系。

任务 2：归纳分析地标罗盘领航修正航迹两种方法的适用情形、特点和注意事项，结合飞行实际说说快速、准确完成计算、改航的方法。

6 基本无线电领航

学习指南

1. 学习目标

知识目标：能够准确解释无线电领航基础理论，区别无线电领航设备特点和领航方法，能够描述、归纳机载设备的原理和应用，学会准确利用机载仪表完成相关领航计算，解决领航工作中较复杂的问题。

能力目标：能够陈述、区别、选择和使用无线电领航方法实施领航工作，能够对飞机飞行过程中的导航问题进行比较、计算，能够对比无线电领航设备的性能特点，并分析无线电领航的方法和特点，学会使用领航方法和设备评价飞行安全风险。

素质目标：培养自主学习的能力，形成自主和终身学习的能力，进一步培养实践创新能力，养成优良的飞行作风，树立安全意识，具备坚强心理品质，具有较强沟通能力、团队意识，具有家国情怀、使命担当。

2. 知识点

无线电领航基础理论，无线电方位，无线电领航设备，进入预定方位线，向 NDB/VOR 台飞行，背 NDB/VOR 台飞行，切入航线/方位线，无线电定位，检查点领航工作。

3. 学习重/难点

重点：无线电方位及变化规律，无线电测角系统原理和指示仪表，向台/背台飞行判断偏航原理及修正，切入航线/方位线的计算和仪表指示。

难点：无线电方位与飞机位置、电台、航向间的关系，无线电测角系统指示仪表，进入预定方位线原理及判断，向台/背台飞行判断偏航及仪表指示，切入航线/方位线计算和仪表指示。

利用飞机上的机载无线电导航设备接收和处理无线电波，从而获得导航参量，确定出飞机位置及飞往预定点的航向、时间，引导飞机沿选定航线安全、高效地完成规定的飞行任务，这就是无线电领航。现代航空中，基本的、核心的领航方法就是无线电领航，它具有很多突出的优点：不受时间、天气限制；精度高；定位时间短，甚至可以连续地、适时地定位；设备简单、可靠。因此，无线电领航是云中、云上、夜间、低能见度等复杂气象条件和缺乏地标区域飞行时一种必不可少的重要的领航方法，是目前保证飞机在复杂气象条件下按仪表飞行规则（IFR）进近着陆的主要手段。

无线电领航是20世纪20年代后期出现的一种领航方法，这是无线电领航技术的早期阶段。从第二次世界大战开始至20世纪60年代初是无线电领航技术的发展阶段，世界各国研制了各种无线电导航系统，包括世界航空目前广泛应用的甚高频全向信标（VOR）、测距仪（机）（DME）、仪表着陆系统（ILS）、无线电高度表（RA）以及1997年9月退出民用航空舞台的奥米伽导航系统（ONS）。20世纪60年代以后，无线电领航技术进入了更加成熟的新阶段。在这一阶段，随着科学技术和航空工业的迅速发展，特别是电子技术、计算机技术、自动控制理论和系统工程的高速发展，极大地促进了无线电导航设备的发展，无线电领航方法得到了更广泛的应用，成为现代航空最重要的、最基本的领航方法；在此阶段，各种无线电导航系统的性能得到了极大的改善和提高，出现了更能适应各种复杂条件的新型无线电导航系统——卫星导航系统和微波着陆系统等。

无线电导航系统辐射和接收无线电波，因而易被发现和干扰，其台站设施易遭破坏。本章研究和讨论的是使用测角、测距无线电导航系统实施基本领航的原理和方法。

6.1 无线电领航基础理论

无线电信号

6.1.1 无线电领航基本结构

无线电领航的本质及其过程如图6.1所示，从图中可以看出无线电领航的基本内容和方法。

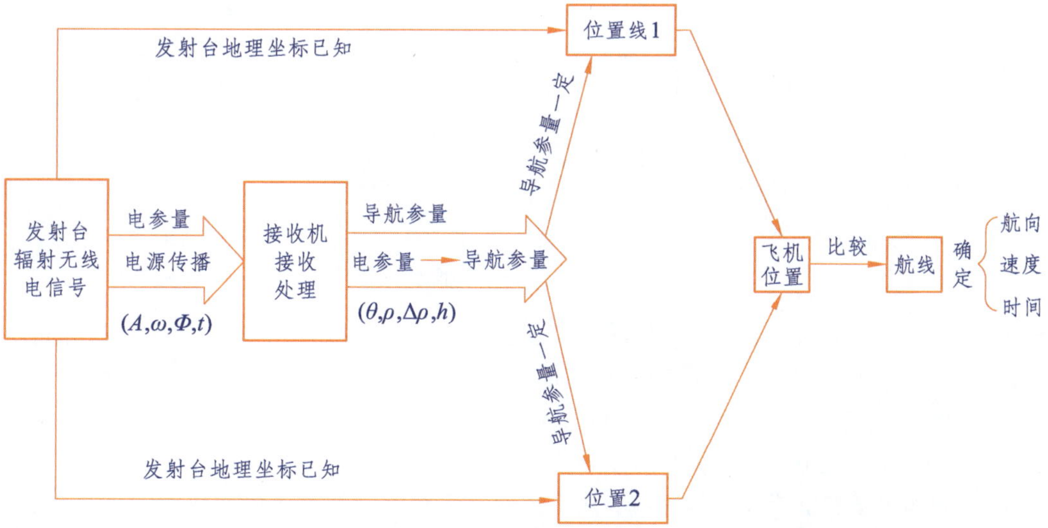

图6.1　无线电领航结构图

（1）一个或若干个已知地理位置的发射台及由它发射的无线电信号。

（2）无线电信号的电参量（如振幅 A、频率ω、相位 Φ、时间 t）中的一个或多个携带着导航信息，经过电波传播到达接收机。

（3）接收机接收和处理无线电信号，测出所需要的电参量，再根据电波传播特性，转换成相应的导航参量（如距离ρ、距离差$\Delta\rho$、方位θ、飞机高度 h）。

（4）根据得到的导航参量及已知地理位置的发射台，就可以在地图上获得一条相对于该发射台的位置线（或位置面）。

（5）两条位置线或 3 个位置面相交，就可以得到飞机的平面（或空间）位置。

（6）根据确定的飞机位置与预定航线的关系，就可以确定出下一航段的应飞航向、速度，使飞机安全、准时、准确地到达目的地。

从无线电领航结构图中不仅可以准确地理解无线电领航的基本过程，而且还能看出各种无线电导航系统的区别就在于发射台安装位置不同、发射的电波电参量不同、采用的位置线或位置面的形式不同。

6.1.2 位置线与导航系统

在已知导航发射台位置的情况下，接收并测量出无线电信号的电参量，根据相关电波的传播特性，转换成为导航需要的、接收点相对于该导航台坐标的导航参数——位置、方位，距离、距离差等。所谓位置线（Lines of Position，LoP），就是一个导航系统所测量的电信号的某一参量为定值时，该参量值所对应的接收点位置的轨迹。目前，民航通常采用的位置线有直线、圆、等高线，如图 6.2 所示。相应地，按其测定的位置线不同，无线电导航系统可分为测向（或测角）系统、测距系统和测高系统。

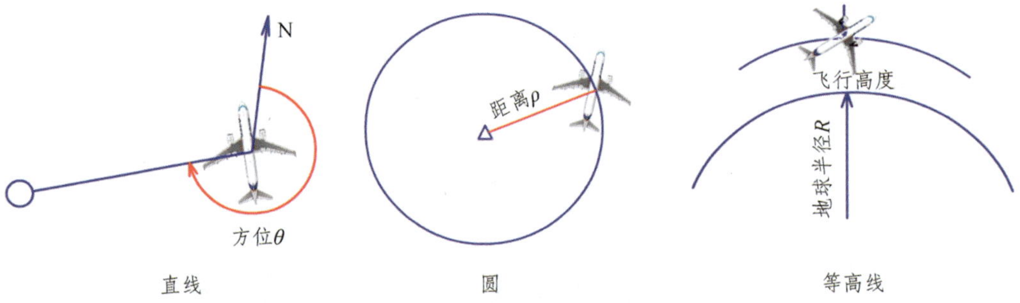

图 6.2 无线电导航的位置线

（1）测向（或测角）系统：位置线为直线，该系统通过无线电波测量飞机和地面导航台之间的方位角，如目前使用的自动定向系统、全向信标系统和仪表着陆系统。

（2）测距系统：位置线为平面上的圆，该系统通过无线电波测量飞机和地面导航台之间的斜距，如测距仪。

（3）测高系统：位置线是等高线，该系统通过无线电波测量飞机和地面的垂直距离，如无线电高度表。

上述讨论是以接收点与发射点位于同一平面内为前提的，当接收点与发射点不在同一平面内时，对应于某一导航参量的接收点轨迹就不是平面中的位置线，而是空中的位置面。只有在飞行高度相对于距离来说可以忽略不计时，才能把位置面看成位置线。因此，对于远距离导航，不会引起较大误差；而对于近距离导航，飞机上装有数字计算机和有高度输入数据的情况下，也可以通过计算校正来测得飞机的平面位置。本章所讨论的导航系统，都认为在同一平面内。

6.1.3 无线电导航系统的分类

无线电导航台

通常将用来产生或确定一条位置线的无线电导航仪器称为无线电导航设备；用来完成领航任务的地面（或空中）和机载整套无线电导航设备及其辅助设备称为无线电导航系统。

无线电导航系统种类很多，从不同的角度出发，可以对无线电导航系统进行不同的分类。

6.1.3.1 按测量电信号的参量分类

（1）振幅无线电导航系统。
（2）频率无线电导航系统。
（3）相位无线电导航系统。
（4）脉冲无线电导航系统。
（5）脉冲/相位混合无线电导航系统。

6.1.3.2 按测量的位置线几何形状分类

（1）测角无线电导航系统。
（2）测距无线电导航系统。
（3）测角测距无线电导航系统。
（4）测高无线电导航系统。
（5）测距差无线电导航系统。

6.1.3.3 按有效作用距离分类

（1）近程导航系统。有效作用距离为 100 ~ 500 km。
（2）远程导航系统。有效作用距离为 500 ~ 3 000 km。
（3）超远程导航系统。有效作用距离大于 3 000 km。

6.1.3.4 按机载设备实现系统功能分类

（1）自主式（自备式）无线电导航系统。机载设备不依赖飞机以外任何设备完成功能。

（2）他备式无线电导航系统。必须有导航设施如地面、空间台站配合，才能完成系统的功能。

6.1.3.5　按无线电导航台（站）的安装位置分类

（1）陆基无线电导航系统。导航台（站）安装在陆地（包括海上）。

（2）空基无线电导航系统。导航台（站）安装在飞机上。

（3）星基无线电导航系统。导航台（站）安装在卫星上。

6.1.3.6　按飞机的飞行区域分类

（1）航路导航系统。用于保证飞机沿预定航路安全飞行的导航系统。

（2）终端区导航系统。用于保证飞机进场和着陆的导航系统。

莫尔斯电码介绍

6.1.4　莫尔斯电码

莫尔斯电码（Morse code）是美国人莫尔斯于 1844 年发明的，由点（·）、划（—）两种符号组成。一点为一基本信号单位，一划的长度等于 3 点的长度；在一个字母或数字内，各点、划之间的间隔为 2 点的长度；字母（数字）与字母（数字）之间的间隔为 7 点的长度。表 6.1 是 26 个英文字母对应的莫尔斯电码组合。

字母电码

表 6.1　英文字母对应的莫尔斯电码

字符	电码符号	字符	电码符号
A	●—	N	—●
B	—●●●	O	———
C	—●—●	P	●——●
D	—●●	Q	——●—
E	●	R	●—●
F	●●—●	S	●●●
G	——●	T	—
H	●●●●	U	●●—
I	●●	V	●●●—
J	●———	W	●——
K	—●—	X	—●●—
L	●—●●	Y	—●——
M	——	Z	——●●

1832 年，美国画家塞缪尔·莫尔斯在旅欧学习美术的归途中，听到一位同车的旅伴谈起了电磁学，便如获至宝，如痴如醉地研究起如何把电磁学应用到电报传输中去，终于发明了用“长”“短”两种信号排列组合代表不同字母的“莫尔斯电码”，并造出了用

莫尔斯电码传输电文的有线电报设备，同时于1838年在纽约和华盛顿等地公开表演，所用电码被称为莫尔斯电码。1896年，意大利富商的儿子古里埃尔莫·马可尼在父亲的庄园里研究成功了世界上第一台无线电发报机，人们开始用莫尔斯电码通过无线电把自己的思想发往远处，开始了人类利用无线电的新纪元。

在无线电发明后一百多年中，莫尔斯电码一直是人类沟通信息的重要方式。最早的重要应用是海轮之间的通信。在新中国诞生的历程中，莫尔斯电码成为革命根据地和前方的唯一最迅速的通信工具。

在民用航空中利用莫尔斯电码可以进行通信、信息传递，在导航中利用莫尔斯电码可完成电台的识别及判断信号质量。

6.1.5 无线电方位

正确理解和测量无线电方位，是使用无线电测角系统进行领航的基础和前提条件。

6.1.5.1 无线电方位的概念

地面导航台和机载设备（一般情况用飞机代替）之间的连线，叫作无线电方位线，简称方位线，它也是电台到飞机的无线电波传播的路线，如图 6.3 所示。全向信标台（VOR）所发射的无线电波具有方向性，因此从全向信标台画出的方位线称为径向线。无线电方位线和径向线都是大圆圈线。

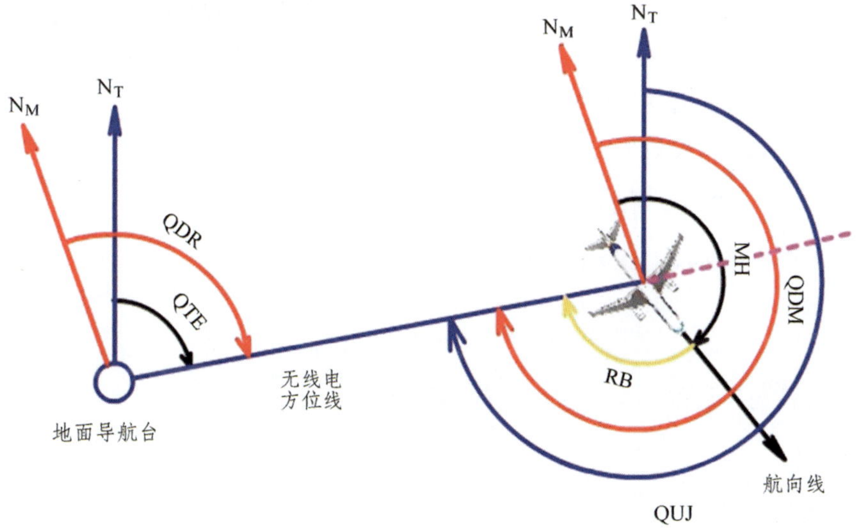

图 6.3 无线电方位

飞机在空中飞行的瞬间位置，必定在地面导航台有效作用范围内所测定的方位线上；飞机与电台之间的关系位置改变将使方位线同样改变，所以，每一条方位线都可以而且只能用同一个电台方位角或飞机方位角来表示。

1）电台相对方位角（Relative Bearing，RB）

从航向线顺时针量到无线电方位线的角度，叫电台相对方位角（RB），简称相对方位，范围是 0°～360°。电台相对方位角表示电台相对于飞机纵轴（航向线）的位置，即电台在飞机纵轴的哪一个方向上。例如，相对方位 RB120°表示电台在飞机纵轴（航向线）的右后方。

2）电台方位角

从飞机所在位置的经线北端顺时针量到无线电方位线的角度，叫电台方位角，范围是 0°～360°。电台方位角表示电台在飞机位置的哪个方位上，例如电台方位角 120°表示电台在飞机位置的东南方位。以真经线北端为基准的电台方位角叫电台真方位（True Track to the Station，QUJ）；以磁经线北端为基准的电台方位角叫电台磁方位角（Magnetic Bearing to the Station，QDM）。电台方位角也是飞机从当时位置飞往电台的方位，即预计航迹角，所以也称为向台方位。

3）飞机方位角

从电台所在位置的经线北端顺时针量到无线电方位线的角度，叫飞机方位角，范围是 0°～360°。飞机方位角表示飞机在电台位置的哪个方位上，例如飞机方位角 120°表示飞机在电台位置的东南方位。以真经线北端为基准的飞机方位角叫飞机真方位（True Track from the Station，QTE）；以磁经线北端为基准的飞机方位角叫飞机磁方位角（Magnetic Beargin from the Station，QDR）。飞机方位角也是飞机背离电台飞行的方位，所以也称为背台方位。

从图 6.3 中可以看出飞机保持磁航向（MH）时所测出的电台相对方位角（RB）、电台磁方位角（QDM）、飞机磁方位角（QDR）之间的关系为

$$\mathrm{QDM} = \mathrm{MH} + \mathrm{RB} \tag{6.1}$$

$$\mathrm{QDR} = \mathrm{QDM} \pm 180^\circ \tag{6.2}$$

6.1.5.2 无线电方位的变化规律

无线电方位与飞机的航向和位置之间是相互联系的，它们的变化具有一定的规律。

无线电方位变化 1

1）在同一条方位线上，无线电方位的变化

在同一条方位线上，电台方位角和飞机方位角都是一定的，一个航向将对应一个相对方位 RB，如图 6.4 所示。当航向改变时，相对方位 RB 将随之改变。航向增大，相对方位减小；航向减小，相对方位增大；航向的改变量等于相对方位的变化量。因此，飞行中读取相对方位时必须注意航向。

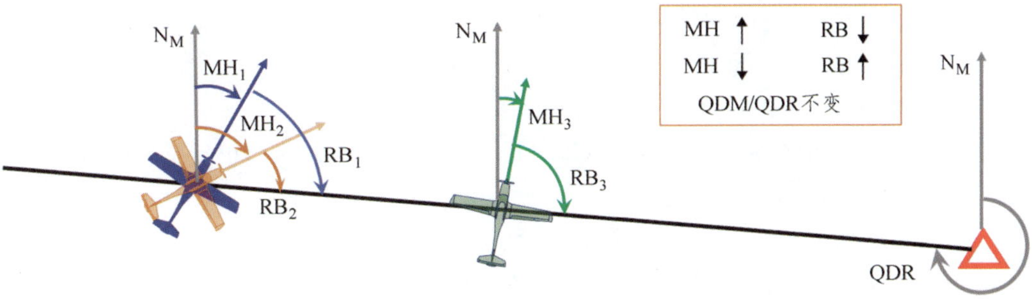

图 6.4 航向改变时相对方位的变化

2）保持航向飞行，无线电方位的变化

除飞机沿方位线飞行外，飞机保持一定的航向飞行，无线电 3 个方位都将随着飞机位置的改变而变化，如图 6.5 所示。随着飞机向前飞行，电台在右侧，无线电 3 个方位都将逐渐增大；电台在左侧，无线电 3 个方位都将逐渐减小。

无线电方位变化 2

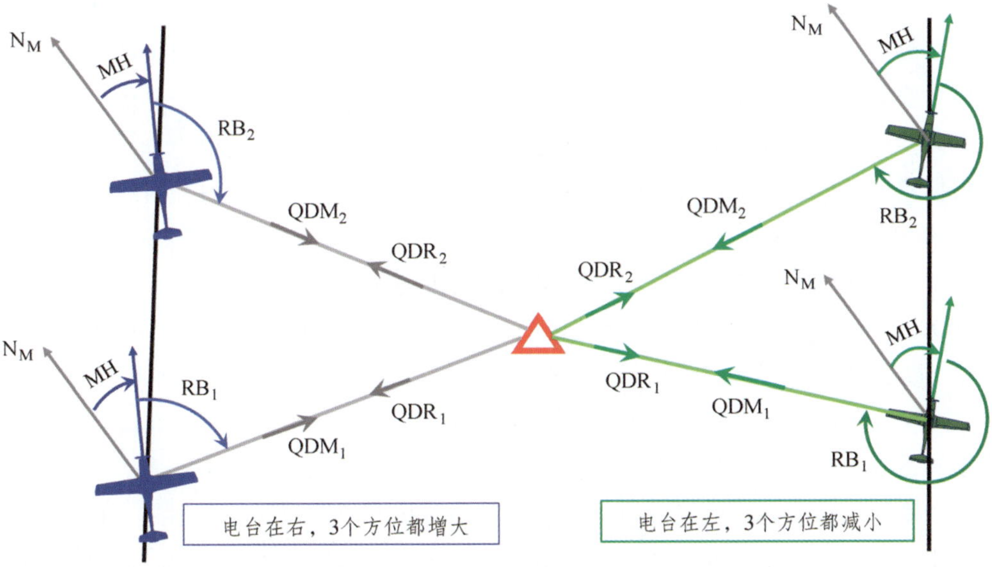

图 6.5 保持航向飞行中无线电方位的变化

6.2 无线电领航设备

目前，中国民航使用的无线电测角系统是自动定向仪（ADF）和甚高频全向信标（VOR），使用的无线电测距系统是测距仪（DME）。

6.2.1 自动定向仪（Automatic Direction Finder，ADF）

自动定向仪（也称自动定向机）是最早应用的无线电导航系统，它与地面导航台配合组成近程测角系统。自动定向仪依靠机上环形天线的方向特性来测定电台相对方位。典型设备的工作频率为 190 ~ 1 750 kHz，我国实际使用的频率为 200 ~ 500 kHz，欧洲通常使用的频率为 225 ~ 455 kHz。

自动定向仪具有结构简单、造价低廉、维护方便等优点，目前仍然是一种常用的导航系统。自动定向仪的主要功用：

（1）测量电台的相对方位角，并将其显示在方位指示器上。

（2）对飞机进行定位，引导飞机向台或背台飞行。

（3）利用自动定向仪来判断飞机飞越导航台的时机。

（4）利用自动定向仪引导飞机进场及进近着陆。

（5）可以接收民用广播电台的信号，用于定向，同时还可收听 500 kHz 的遇险信号，并确定遇险方位。

6.2.1.1 自动定向仪组成

ADF 介绍

1）地面设备

地面设备主要是地面导航台，它由中波导航机（发射机）、发射天线及一些辅助设备组成，安装在航站和航线中，不断地向空间发射一个无方向性的无线电信号，因此称为无方向性信标（Non Directional Beacon，NDB），简称 NDB 导航台。

根据不同的用途，地面 NDB 导航台又分为两种：一种是供飞机在航线上定向和定位使用的 NDB 台，发射功率一般为 500 W，有效作用距离不少于 150 km；不同的航线 NDB 导航台使用不同的识别码，中国民航的识别码为两个英文字母的国际莫尔斯电码；航线 NDB 导航台的开放与关闭由航站指挥调度部门控制和掌握；航线 NDB 导航台可用于归航，即引导飞机飞到该导航台上空进场着陆。另一种就是用于飞机进近着陆的 NDB 台——远、近台；我国很多机场都在主降方向的跑道中心延长线上安装有远、近台，而现在新建的机场则一般只安装近台；在大型机场，跑道着陆方向的两端均安装有 NDB 导航台，远台一般都兼作航线导航台使用，其发射功率与航线导航台相同，有效作用距离不少于 150 km；近台发射功率为 100 W 左右，有效作用距离为 50 km；远台发射的识别码是两个英文字母的国际莫尔斯电码，近台识别码为远台识别码的第一个字母；远、近台的开放和关闭，同样受指挥调度部门控制，一般是远台至少应在飞机到达前半小时开放，以便引导飞机进场，近台可以在飞机到达前 15 min 开放；如果装有双向的远、近台，跑道两端的远、近台所使用的频率一般是相同的，但识别码不同，因此在使用双向远、近台时，只能根据飞机着陆方向开放其中一边的远、近台，不能两边同时开放，以免影响飞行安全。同时，飞行员应该用耳机收听识别码，防止飞行事故的发生。

2）机载定向机

机载定向机包括自动定向接收机、控制盒、方位指示器、环形天线和垂直天线或组合式环形/垂直天线。环形天线和垂直天线联合接收地面 NDB 台的无方向性信号，送到定向接收机进行处理，处理后的方位信息送至方位指示器显示，分离出来的地面 NDB 导航台的音频识别信号送至飞机音频系统，如图 6.6 所示。

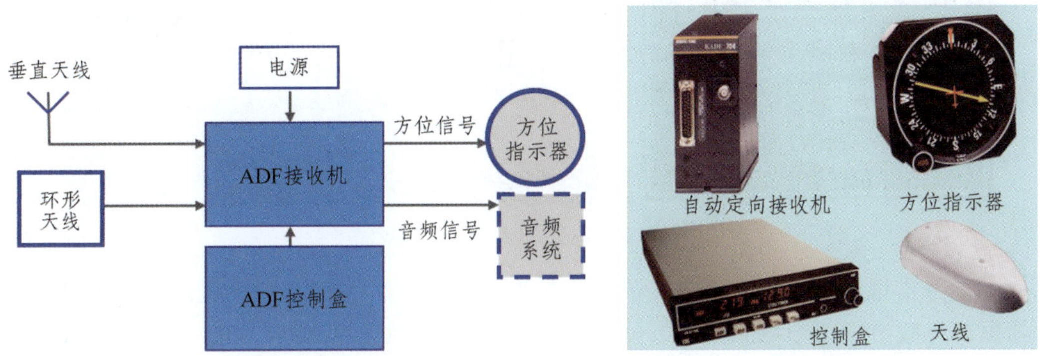

图 6.6 机载自动定向机

（1）天线。一种是无方向性天线，叫作垂直天线或辨向天线，其接收的信号用来调谐接收机，并与环形天线接收的信号叠加，为自动定向机提供单值定向；另一种就是方向性天线，叫作环形天线，用以提供方位信息。早期的环形天线是一个电机带动旋转的圆环，安装在机身外部密封的蛋状流线型罩壳中；现代飞机使用的环形天线一般都制成与飞机蒙皮平齐的扁平型、两个正交的固定式环形天线，它减小了环形天线安装对飞机在飞行中的空气阻力，而且采用旋转测角器代替环形天线的转动，减少大量机械传动部件，提高了定向机工作的可靠性，维护更为简便。最新式的天线是在两个正交的铁淦氧体上绕成正交的固定环形天线，并与垂直天线组装在一起，形成组合式环形/垂直天线，两种天线的输出信号经处理送至接收机，再经正、余弦平衡调制得到方位信息，然后经微处理器的方位解算，输出方位数据，从而取消了测角器这一机械转动部件。

（2）自动定向接收机。接收机是机载自动定向机的主要组成部分。它主要用来接收和处理天线送来的地面 NDB 台的信号，输出方位信息和音频识别信号分别到方位指示器和音频系统，同时还可以接收和处理地面中波广播电台的信号，用中波广播电台进行定向。现代的自动定向接收机采用集成电路和全固态数字化微处理器，体积和质量更小，耗电更少，可靠性也大大提高；采用频率合成器、超外差二次混频电路，直接以二-十进制编码（BCD 码）和数据总线的调谐方式。

（3）控制盒。控制盒与自动定向接收机配套使用，用来控制接收机的工作方式和选择电台的频率，工作方式一般有断开（OFF）、天线（ANT）、定向（ADF）和测试（TEST）4 种。控制盒可以控制音量和差拍音频，以便收听等幅信号。一些飞机的控制盒有双频控制（即控制两部自动定向机的频率）和频率预选装置。图 6.7 所示是几种典型的 ADF 控制盒。

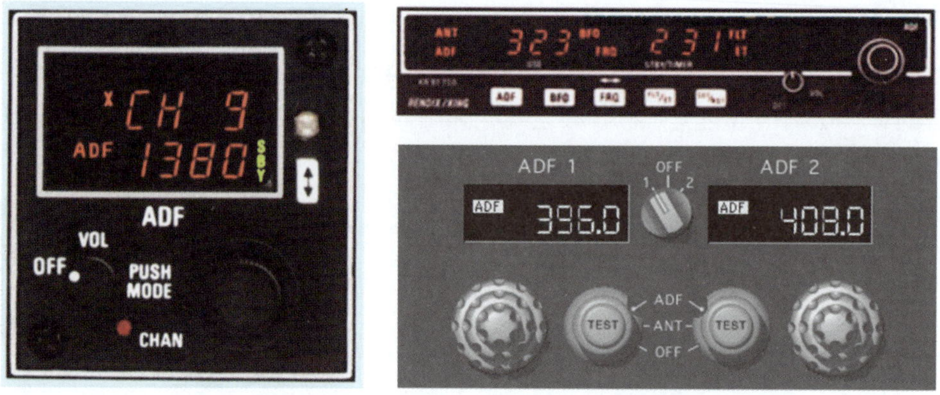

图 6.7　典型的 ADF 控制盒

（4）方位指示器。自动定向机的指示器有多种形式，一种是以飞机纵轴为基准从指示器顶部标线 0°开始，顺时针转动的角度即是飞机到地面 NDB 台的相对方位，如果仪表盘是固定的，一般就称为无线电罗盘（如运-5 飞机），如果仪表盘可以人工转动，现在一般都称为 ADF 指示器（如 TB-20 飞机）；一种是现在普遍使用的无线电磁指示器（Radio Magnetic Indicator，RMI），这种指示器的刻度盘是活动的，它由航向系统或惯性基准组件驱动，这时自动定向机指针相对于刻度盘上的读数就是电台磁方位；另一种就是将方位信息送至电子飞行仪表系统，并在电子水平状态指示器上显示出来。图 6.8 是几种典型的方位指示器。

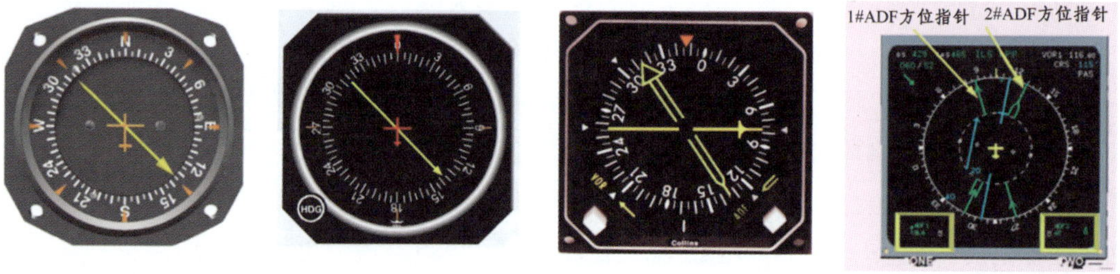

无线电罗盘　　ADF指示器　　无线电磁指示器RMI　　电子飞行仪表系统EFIS

图 6.8　典型的 ADF 方位指示器

6.2.1.2　自动定向仪工作原理

ADF 原理

自动定向仪是利用环形天线接收电波所具有的方向性来测定出地面 NDB 台的电台相对方位。

1）环形天线的方向性

如图 6.9 所示，环形天线是一个比接收信号波长小得多的闭合环路，由绝缘导线缠绕在长方形铁心上而成，当环形天线平面与电波来向成一个角度θ时，环形天线上的感应合成电动势：

$$e_{合} = (2e\pi d)/\lambda \cos\theta = K \times \cos\theta \tag{6.3}$$

环形天线感应合成电动势随着来波方向即θ角的变化而变化。当θ= 0°或 180°（即来波方向与环形天线平面平行），环形天线上合成电动势最大，接收机里音量最强；当θ= 90°或 270°（即来波方向与环形天线平面垂直），天线上合成电动势为零，接收机里音量最弱。用极坐标来表示环形天线感应合成电动势与电波来向的关系，表现为一个“8”字形方向图，如图 6.10 所示，图中用“+”“-”号表示相位相反的合成电动势。

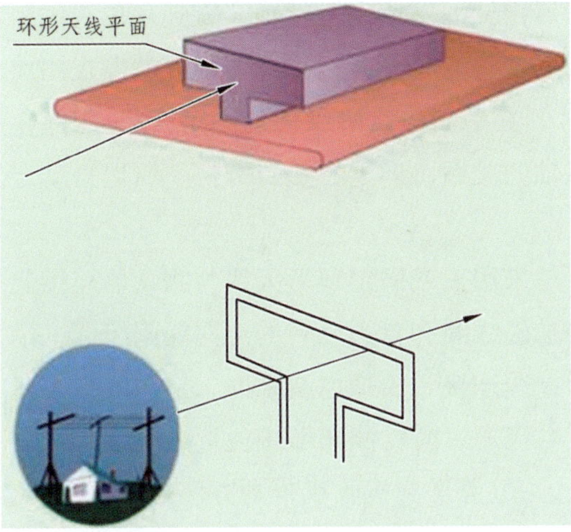

图 6.9　环形天线

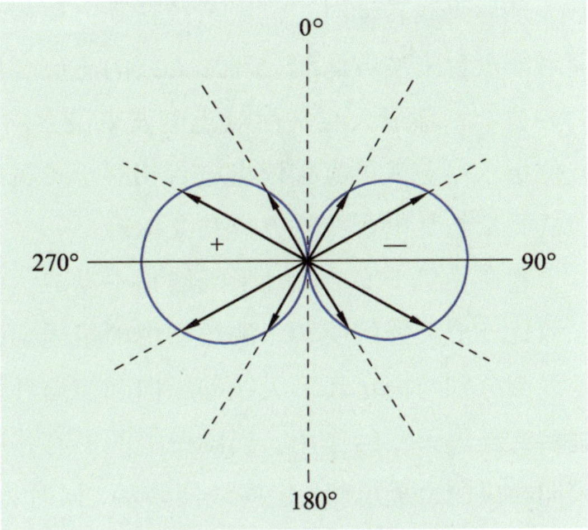

图 6.10　环形天线方向特性

“8”字形方向图的特点：接收信号的最小值比最大值灵敏；接收信号最小值有两个，即双值性，且相位差 180°，这是因为环形天线旋转一周，环形天线平面将有两次对正电波的来向，即有两个最小值；最小值接收信号两侧传来的合成电势，其相位相差 180°。

2）垂直天线的单值定向

为了消除环形天线定向的双值性，采取环形天线与垂直天线相结合的复合天线，以取得单值定向。垂直天线是无方向性天线，电波作用在垂直天线上产生的感应电势，同电波的强弱成正比，与电波的来向无关，垂直天线的方向性图为一个圆。

当垂直天线接收信号的感应电势的振幅相位和环形天线接收信号的最大感应电势相同时，则两种天线的感应电势进行叠加后，得到的总电势：

$$e_T = 1 + K \cdot \cos\theta \qquad (6.4)$$

叠加后方向性图为“心”形，如图 6.11 所示。

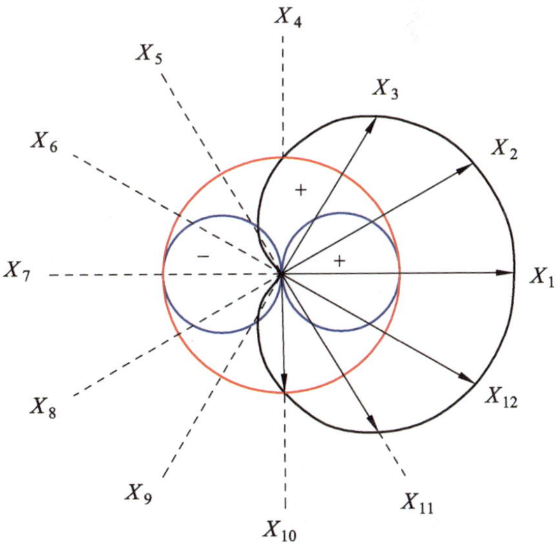

图 6.11　“心”形的叠加方向性图

从心形方向性图可以看出两种天线组合后只有一个接收信号最小值，即复合天线旋转一周（实际只是环形天线转动），接收到的总电势只有一个最小值，这种方法称为单值定向，用这种方法就消除了环形天线定向的双值性。

3）自动定向

环形天线转动时，伺服系统带动方位指示器指针向左或向右转动，直到环形天线平面对准电台来波方向时，环形天线的感应合成电动势为零，方位指示器指针就停在相应的方位上；环形天线平面对正电波来波方向时，其平面与飞机纵轴的夹角为θ，因此在方位指示器上就可直接读出电台相对于飞机纵轴的关系，即电台相对方位，所以自动定向机测量的是电台相对方位角（RB）。

现在飞机上安装的环形天线是不动的，而是采用正交固定环形天线与测角器连接起来取代环形天线的旋转。测角器由两组固定的励磁线圈和自由旋转的定向线圈组成，励磁线圈分别与固定环形天线的纵向和横向环形天线连接，模拟电波来向，定向线圈则起旋转式环形天线的作用。当励磁线圈中有感应电流通过时，测角器中便形成一个与电波来向相应的合成电势，定向线圈转动，同时将这一电势送到接收机带动方位指示器转动。当定向线圈停止转动时，方位指示器也停止转动，指示出方位来。

目前，最新式的自动定向仪已不采用测角器和任何转动部件，而是采用低频（如 96 Hz）调制信号对固定环形天线接收信号调幅后合成产生一个组合调制信号，再经微处理器采用相关技术与低频调制信号比较，以确定出飞机与地面导航台的相对方位。

4）自动定向仪的调谐与显示

用自动定向仪测量 NDB 台的电台相对方位时，必须首先在 ADF 控制盒上调谐好所测 NDB 台的频率，ADF 接收机才能接收所测 NDB 台的无线电信号，进行定向，测量并显示出相对方位。

6.2.1.3　自动定向仪指示仪表

ADF 指示器

利用自动定向机定向，其方位指示器有多种形式，其显示方式也有所区别。

1）无线电罗盘

无线电罗盘也称作相对方位指示器（RBI），它的刻度盘是固定不动的，没有航向旋钮，标线始终与刻度盘上 0°或 N 对齐，这时方位指针指示的读数就是电台相对方位角，如图 6.12 所示。

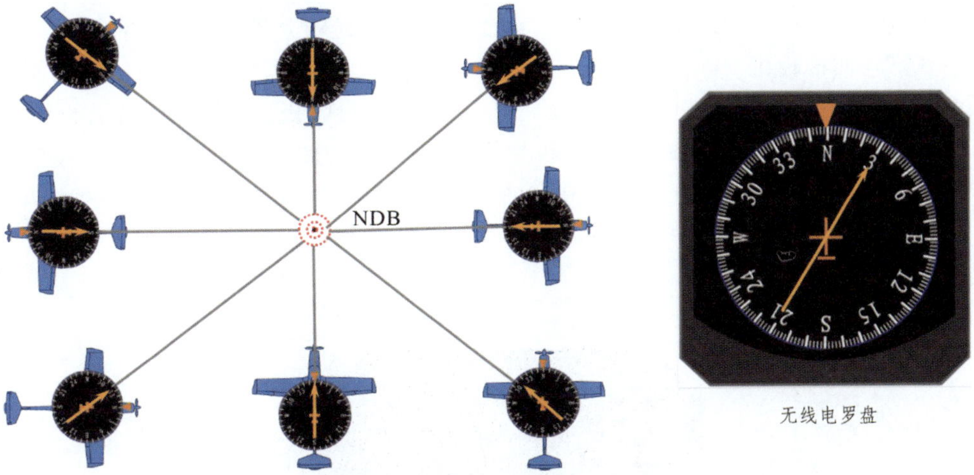

图 6.12　无线电罗盘的指示

2）ADF 指示器

ADF 指示器的刻度盘是可以转动的，它通过左或右下角的航向旋钮控制。当飞行员不转动航向旋钮，即刻度盘上 0°或 N 与航向标线对齐，其指示与无线电罗盘完全一样；当飞行员转动航向旋钮使刻度盘转动至当时航向与航向标线对正，这时 ADF 指示器方位指针针尖指示的就是电台磁方位，方位指针针尾指示的就是飞机磁方位，方位指针针尖与航向标线的夹角即为电台相对方位，如图 6.13 所示。图中飞机航向为 90°，测出的相对方位为 320°，转动“HDG”使刻度盘 90°与航向标线对齐，可读出 QDM = 50°、QDR = 230°。

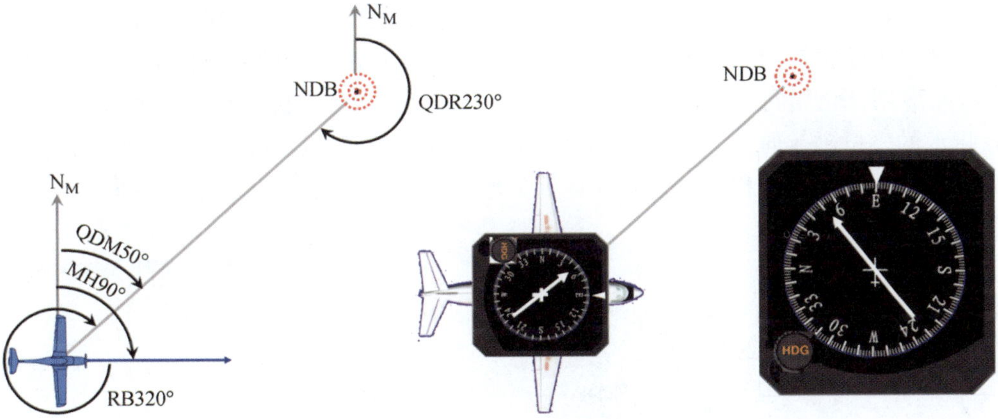

图 6.13　ADF 指示器的指示

3）无线电磁指示器（RMI）

RMI 上直接显示的信息有磁航向（MH）、电台磁方位（QDM）和飞机磁方位（QDR）。当飞机的航向改变时，RMI 的刻度盘受航向信号控制随之转动，从 RMI 的航向标线可以读出飞机当时的航向。方位指针有两根，细针指示第一部 ADF 或 VOR 接收机送来的方位信号，显示出所测定的方位；粗针指示第二部 ADF 或 VOR 接收机送来的方位信号，显示出所测定的方位。仪表下方的两个“ADF/VOR 转换钮”控制所选电台：左边的转换钮控制第一部接收机，即控制细指针；右边的转换钮控制第二部接收机，即控制粗指针；转换钮选择“ADF”方式，说明方位信息来自 ADF 接收机，方位指针指示的是 NDB 台的方位，如图 6.14 所示；转换钮选择“VOR（NAV，VHF）”方式，说明方位信息来自 VOR 接收机，方位指针指示的是 VOR 台的方位。无线电磁指示器 RMI 的指示与飞机所在方位线有关，而与飞机航向无关。

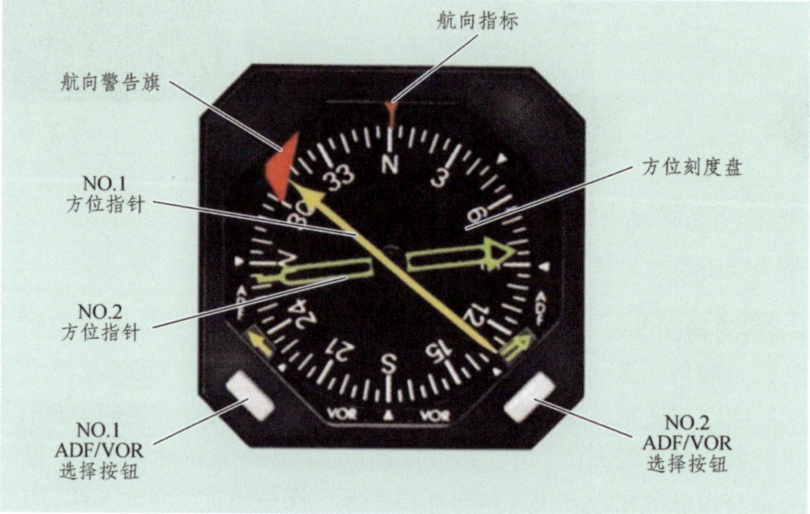

图 6.14　无线电磁指示器（RMI）

在调谐好地面 NDB 台频率和“ADF/VOR 转换钮”选择“ADF”方式后，即可在 RMI 上通过方位指针指示出所测定的方位角。细指针和粗指针的方位指示原理、使用方法和领航应用完全相同。图 6.15 所示为 RMI 的方位显示与飞机、NDB 台的关系，图中 RMI 指示的飞机磁航向为 210°，针尖所指读数即为电台磁方位 300°，针尾所指读数即为飞机磁方位 120°，电台相对方位为指针针尖所指刻度与航向刻度之差，为 90°。

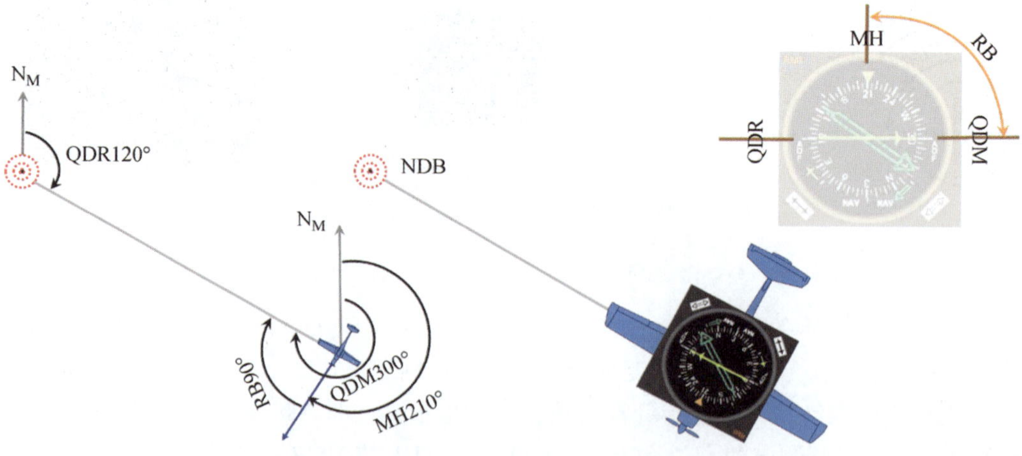

图 6.15　RMI 的指示

6.2.1.4　自动定向仪的干扰和误差

ADF 干扰和误差

无线电波在传播中，会受到飞机金属机身的影响，也会受到电离层、大气条件、地表面性质、地理环境以及人为干扰等因素的影响，使定向产生误差。同时，自动定向仪设备本身也有误差，同样会引起一定的定向误差。这些误差大致可分为干扰误差、电波传播误差和设备误差。

1）干扰误差

干扰误差主要包括大气静电放电产生的静电干扰和环形天线附近金属导体干扰引起的象限误差。

（1）静电干扰：大气放电时，会辐射多种频率的电波，其中影响最大的是中波和长波，这样 ADF 接收机会接收大气中产生的这些杂波，使定向的指示器指针摆动或缓慢旋转，难以辨别准确的方位。在雷暴云附近飞行时，由于雷暴云大量放电，也会使方位指针突然偏向雷暴云方向。空中的雨、雪、冰晶和较浓的浮尘微粒也都可能带有电荷，飞机碰到这种微粒就会把电荷接收过来，聚积多了，在飞机同空气之间往往发生放电，这种放电会影响自动定向机的接收和定向，严重时干扰将使方位指针在 20° ~ 40°范围内摆动。克服静电干扰的方法：仔细辨听信号，当干扰杂音最小，指针指示稳定的瞬间读取方位；选择距离近、功率大的导航台。

（2）象限误差：当地面电台辐射的无线电波碰到飞机机身等金属物体时，将在金属物体上产生交变的感应电流，该电流又在机身等金属物体周围产生辐射电波，这种现象称为二次辐射。二次辐射电波与原信号电波叠加后，合成电波作用到环形天线的方向与原电波传播方向相差一个角度，从而改变了定向方向，造成定向误差，该误差称为象限误差。象限误差同飞机的形状（主要是机体）和来波的方向有关，即象限误差将随来波的方向而变化。象限误差可以用机械传输装置或电感的方法来补偿，补偿原理是使指示器指针比环形天线多转或少转一个相当于象限误差的角度。现代飞机通常采用电感式象限误差修正器来解决此问题。

2）电波传播误差

电波传播误差主要有极化误差（也叫夜间效应）、山地效应误差和海岸效应误差等。电波传播误差的大小一般随接收的地点、时间和季节等有所不同。

（1）极化误差（夜间效应）：自动定向机工作在中波波段，电离层对电波的吸收白天比夜间强，白天在 200 NM 距离之内接收机只能收到地波信号，夜晚电波受电离层的损耗比白天小，由电离层反射的天波分量加强，所以定向机可能同时接收到地波与天波信号。这样，一方面会形成电波衰落，另一方面由于反射的天波将使垂直极化波变为椭圆极化波，在环形天线的水平部分产生感应电势，不仅会使接收信号减弱，同时使环形天线的最小接收方向模糊不清，而造成定向误差，即极化误差。由于夜间电离层变化较大，工作在中波的自动定向机在夜间受的影响较大，所以这种极化误差也称为夜间效应。夜间效应通常出现在日落后 2 h 和日出前 2 h 电离层变化最大的一段时间内；由夜间效应引起的定向误差一般为 10° ~ 15°。减小夜间效应的根本办法是避免接收天波。由于波长越长，电离层反射越弱，所以应尽量选择频率低、距离较近的导航台，增加飞行高度，并在测定方位时读取平均值。

（2）山地效应：电波在传播过程中，遇到山峰、丘陵和大建筑物时会发生绕射和反射，因此在山区等低空飞行时，自动定向机指示器的方位指针有可能出现偏离正确位置或摆动，这种现象叫作山地效应。山地效应有绕射和反射引起的方位误差两种。图 6.16 说明了由于电波的绕射，飞机在 *A* 点接收的电波，就像是从 *O′*位置传来的，使定向机测出的方位角产生误差；电波的波长越长，绕射能力越强，因此用中波或长波进行定向时影响越大；山地绕射误差可达 10°以上。图 6.17 说明了由于山地对电波的反射，使飞机在 *A* 点不仅接收 *O* 点电台的直传电波，还同时接收来自 *B* 点的反射电波，所测得方位不是 *AO*，而是 *AO′*；电波的波长越短，反射能力越强，因此用短波或超短波进行定向的影响越大。

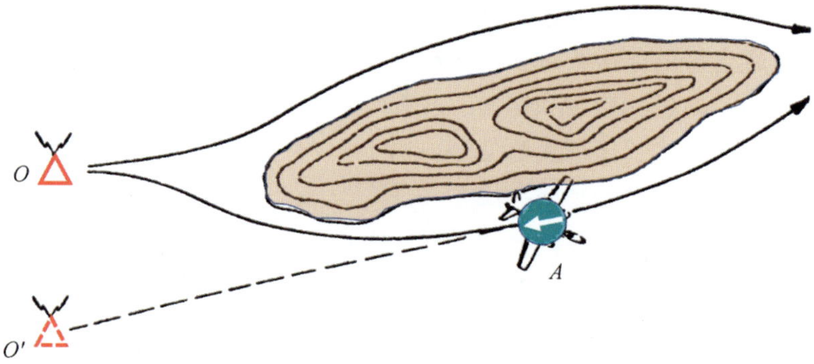

图 6.16　电波绕射引起的方位误差

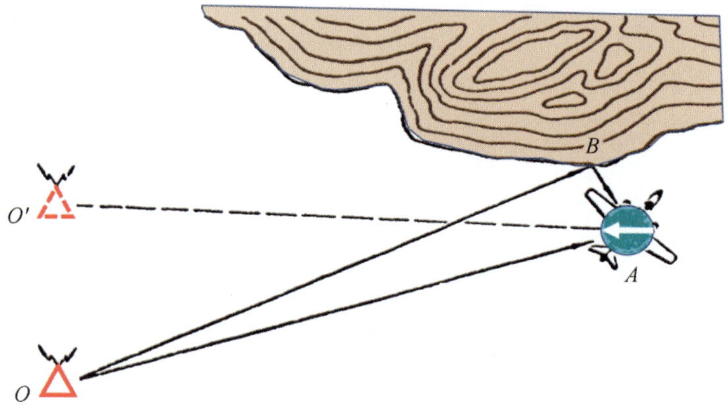

图 6.17　电波反射引起的方位误差

山地效应只存在于靠近山地 30 ~ 40 km 范围内，在这个范围内，山地效应的大小主要取决于飞行高度和离山地距离。飞行高度越低，离山地距离越近，山地效应越大。因此，在多山地区飞行时，飞行员应随时掌握飞行高度，并根据推算位置检查飞行方向，并加强对外观察，特别是前方山峰的位置应引起足够的重视。

为了避免和减小山地效应的影响，应当尽可能利用熟悉的地形进行目视飞行，或在干扰范围之外测定方位，并适当提高飞行高度，以及选择合适的地面导航台。

（3）海岸效应：电波从陆地进入海面或从海面进入陆地，由于电波传播的导电系数发生改变，从而使定向机接收的偏转电波来向与原来电波方向不一致，因此方位指针指示的是偏转电波的方位，造成定向误差，这种现象称为海岸效应，如图 6.18 所示。电波传播的方向同海岸线的夹角越小，则海岸效应所引起的方位误差越大；传播方向与海岸线垂直时，不产生误差。实践证明，当传播方向与海岸线的夹角大于 20° ~ 30°的时候，海岸效应引起的误差可以忽略。

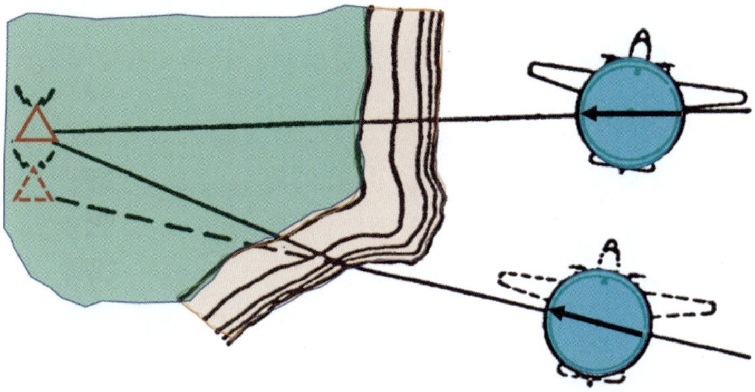

图 6.18 海岸效应引起的方位误差

海岸效应只在飞机接近海岸线的地面或海面时发生，随着飞行高度的升高，误差逐渐减小，飞行高度在 3 000 m 以上时，海岸效应可以忽略不计。为避免或减小海岸效应的影响，应尽量不要在靠近海岸的低高度测方位；如果必须测方位，也应选择电波传播方向与海岸线的夹角接近垂直的电台，并适当上升飞行高度。

3）设备误差

设备误差是自动定向仪系统本身的结构引起的定向误差，包括机械误差和电气误差。机械误差是环形天线测角器安装和制造上的不精确等原因引起的；电气误差主要是指天线效应、测角器的电气耦合以及接收机与调谐线圈屏蔽不良、环形天线屏蔽不良，使环形线圈存在分布电容等原因引起的误差。目前，机载定向机制造厂家采取了各种措施使设备误差控制在 1°左右，最先进的 ADF 设备误差不超过 0.4°，因此，在实际应用中设备误差可以忽略不计。

在飞行中经常会遇到各种干扰和误差，其中大部分不能直接消除，但是飞行员可以根据情况迅速判断引起方位误差的原因，及时采取适当措施，则完全可以避免或减小干扰和误差对准确测定方位的影响。

6.2.1.5 NDB 信号的盲区

地面 NDB 台正上空有一个静锥区，在这一区域，无线电波极其微弱，不能使自动定向机 ADF 正常工作；高度越高，静锥区越大。飞机进入 NDB 电台上空的静锥区即盲区时，将收听不到地面 NDB 台信号，ADF 指针停滞或摆动。

6.2.2　甚高频全向信标（VHF Omnidirectional Range，VOR）

甚高频全向信标（VOR）是一种近程无线电测角导航系统。它是第二次世界大战末期由美国发展起来的，1946 年成为美国航空标准导航设备，1949 年被国际民航组织（ICAO）采用，正式作为国际标准的无线电导航系统。

VOR 系统属于他备式导航系统，由地面发射台和机载设备组成，工作在 108 ~ 117.95 MHz 频段。VOR 系统通过地面发射台天线发射出方位信息，机载设备接收和处理这一方位信息，并通过指示器指示相应的方位信息，引导飞机完成飞行任务。VOR 系统的主要功用如下：

（1）测量电台的飞机磁方位角，并将其显示在方位指示器上。

（2）利用机场安装的 VOR 台，可以实现飞机离场和归航进场。

（3）利用两个已知位置的 VOR 台，可以实现飞机定位。

（4）引导飞机沿选定的 VOR 航路飞行。

（5）航路 VOR 台可以用来作为航路检查点，实行交通管制。

（6）与测距台配合，可以进行区域导航（RNAV）。

（7）用机场 VOR 台，可以引导飞机进近着陆。

6.2.2.1　甚高频全向信标组成

VOR 系统包括地面设备和机载设备两部分。

VOR 介绍

1）地面设备

VOR 系统的地面设备就是地面全向信标台，简称 VOR 台。根据不同的用途，VOR 台又分为两种：一种是用于引导飞机进场及进近着陆的终端 VOR 台（Terminal VOR，TVOR），也称为 B 类 VOR 台，使用 108.00 ~ 112.00 MHz 之间十分位为偶数的频率，共计 40 个波道，发射功率为 50 W，工作距离为 25 NM，TVOR 台采用低功率发射的原因是低功率发射信号不干扰在相同频段上工作的其他 VOR 台，低功率发射信号导航距离短，可以减小多路径干扰。另一种是用于航路导航的航路 VOR 台，也称为 A 类 VOR 台，使用 112.00 ~ 117.95 MHz 之间每隔 50 kHz 的共计 120 波道，发射功率为 200 W，工作距离为 200 NM，航路 VOR 台台址通常选在无障碍物的地点，如山顶。

在我国地面 VOR 台使用的识别码为 3 个英文字母的国际莫尔斯电码。VOR 系统的工作范围取决于接收机的灵敏度、地面台的发射功率、飞机高度以及 VOR 台周围的地形。地面 VOR 台还提供话音发送及发射 VOR 台识别码，保证对所选用的 VOR 台进行监视。VOR 台地面设备发射机有两种形式：普通 VOR（Conventional VOR，CVOR）和多普勒 VOR（Doppler VOR，DVOR）；CVOR 的精度一般在 ±2° ~ ±4°范围内，DVOR 减小了场地误差，精度在≤1°范围内。

2）机载 VOR 设备

机载 VOR 设备包括控制盒、天线、甚高频（VHF）接收机和指示器。尽管有多种型号的机载设备，处理方位信息方法不同，但它们的基本功能是相似的。机载 VOR 设备都是通过天线接收地面 VOR 台的无线电信号，送入甚高频接收机进行处理，将处理后的方位信息送至方位指示器显示，并与预选的航路（道）比较，得到航道偏差信号去驱动航道偏离指示，同时将分离出来的地面 VOR 台的音频识别信号送至飞机音频系统进行监听，如图 6.19 所示。同时，接收机所输出的信号还可输送到飞行指引仪和自动飞行控制系统，供完成飞行指引或自动飞行。

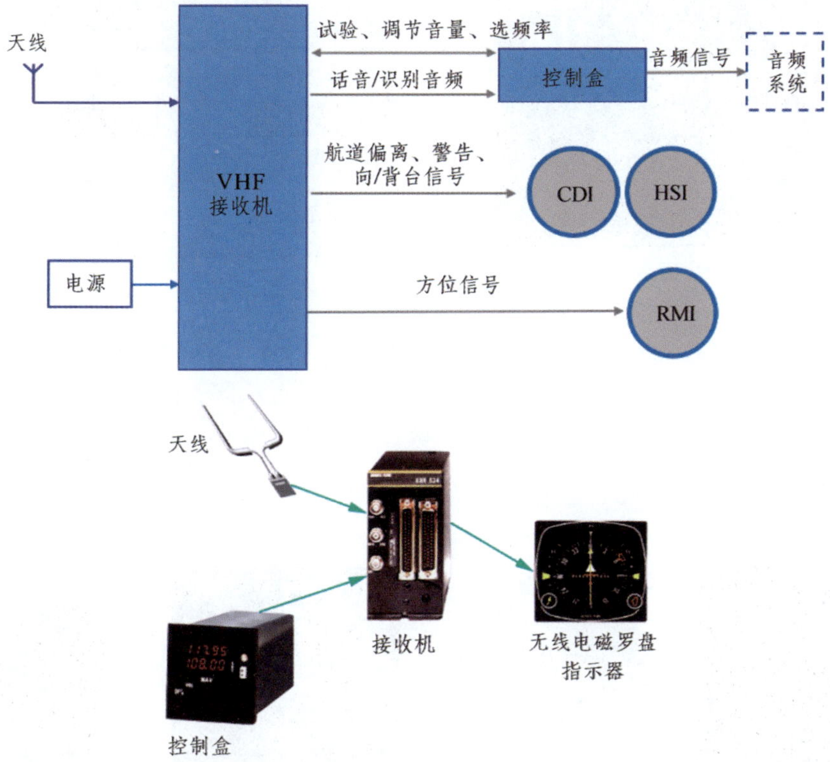

图 6.19 机载 VOR 设备

（1）天线：在多数飞机上，VOR 天线与仪表着陆系统的 LOC 天线共用，安装在垂直安定面上或机身的上部，避免机身对电波的阻挡，以提高接收信号的稳定性。VOR 天线的形式多种多样，有蝙蝠翼形天线、环形天线以及改进的“V”形偶极子天线等。

（2）甚高频接收机：主要用来接收和处理天线送来的地面 VOR 台的方位信息。输出的话音和台识别信号到音频系统，供飞行员监听防止选台错误；方位信息去驱动无线电磁指示器的指针显示出方位；航道偏离信号去驱动水平状态指示器（HSI）或航道偏离指示器（CDI）的航道偏离杆；向/背台信号去驱动 HSI 和 CDI 上的向/背指示器；警告信号去驱动 HSI 和 CDI 的警告旗，给出警告提示。VOR 接收机一般与仪表着陆系统的接收机组合在一起。

（3）控制盒：在小型飞机上，控制盒是单一组件；在现代飞机上，VOR 系统、仪表着陆系统和测距机共用控制盒。控制盒用来选择工作系统（仅对组合控制盒）、调谐地面台频率、调节音量。控制盒试验按钮用来检查相应设备的工作性能；音量控制用来调节话音和识别码的音量。控制盒上可以同时选择两个频率，使用频率由频率转换开关控制。图 6.20 所示是几种典型的控制盒。

图 6.20　典型的 VOR 控制盒

（4）指示器：将接收机提供的导航信息显示给飞行员，飞行员根据提供的指示进行飞机的定位和导航。常用的指示器有 3 种：无线电磁指示器（RMI）、航道偏离指示器（Course Deviation Indicator，CDI）和水平状态指示器（Horizontal Situation Indicator，HSI），图 6.21 所示为典型的指示器。随着航空电子技术的发展，现代飞机都已采用电子仪表取代机械仪表进行显示。

无线电磁指示器RMI　　航道偏离指示CDI　　水平状态指示器HSI　　电子飞行仪表系统EFIS

图 6.21　典型的 VOR 指示器

6.2.2.2　甚高频全向信标工作原理

甚高频全向信标 VOR 系统测方位时通过机载设备接收地面 VOR 台发射的两种信号，并测量出这两种信号的相位差，就可以得到飞机磁方位，称为 VOR 方位或径向方位 R（Radial），然后将所测飞机磁方位反向 180°，就可以得到电台磁方位。

VOR 原理

VOR 地面台发射的信号是有方向性的。地面 VOR 台发射的两种信号：一种是基准相位信号，它是先用 30 Hz 对 9 960 Hz 副载波调频，然后调频副载波再对载波调幅，基准相位信号是通过天线的不旋转垂直部分发射的，该信号在水平方向图上的波形为一个圆；另一种就是有方向性的可变相位信号，可变相位信号是通过全向天线发射的，它是用 30 Hz 对载波调幅，相位随 VOR 台的径向方位变化，即可变相位信号在 360°范围内以 30 r/s 的角速度旋转，它的辐射场是旋转的“8”字方向图。可变相位信号和基准相位信号虽然是分开的，而在空间飞机位置合成后就形成了可以由接收机接收的 VOR 信号，其合成后的辐射场是一个心形方向性图，并以 30 r/s 的频率旋转，最大值出现的时刻随方位角 θ 而改变，如图 6.22 所示。

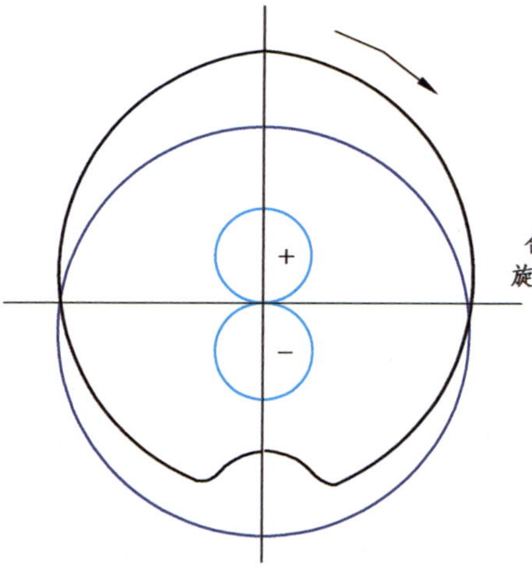

图 6.22　VOR 信号的合成辐射场方向图

地面 VOR 台发射信号时，在磁北方向上可变相位信号与基准相位信号的相位是一致的；当可变相位信号旋转时，可变相位信号离开磁经线北端越大，与基准相位信号间的相位差也越大，如图 6.23 所示。飞机在同一接收点两种信号的相位差，正好等于 VOR 径向方位，即飞机磁方位。因此，飞行中只要通过接收机测出可变相位信号与基准相位信号的相位差并反向 180°（180°的固定相移可以通过电气或机械的方法设置），便可得到方便飞行员使用的电台磁方位，并将其显示在指示器上。

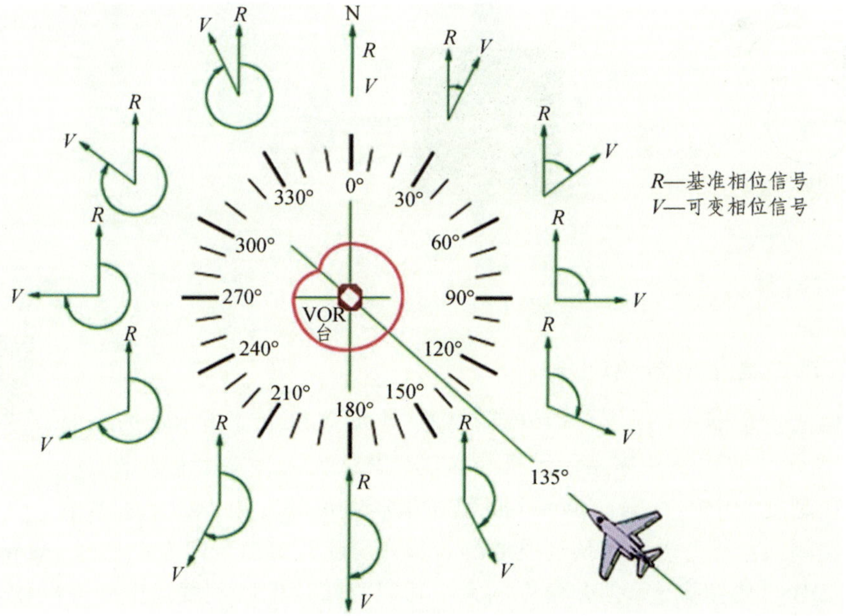

图 6.23　不同方位时两种信号的相位差

用机载 VOR 设备测量地面 VOR 台的方位时，必须首先在甚高频导航控制盒上调谐好所选 VOR 台的频率，机载 VOR 接收机才能接收所选 VOR 台的全向信号，进行方位测定及显示。

6.2.2.3　甚高频全向信标指示仪表

机载 VOR 指示器

利用甚高频全向信标 VOR 测定方位，方位指示器有多种形式，其显示也有区别。

1）无线电磁指示器（RMI）

RMI 上测量并显示 VOR 台的方位时显示基本格式与“ADF”方式一样，不同的是调谐好地面 VOR 台频率和“ADF/VOR 转换钮”选择“VOR（NAV，VHF）”方式。图 6.24 为 RMI 的方位显示与飞机、VOR 台的关系，RMI 指示的飞机航向为 270°，针尖所指的角度就是电台磁方位 40°，计算出相对方位角为 130°，针尾所指的角度就是飞机磁方位 220°，即飞机当前位于或正在穿越 VOR 台径向方位 220°的径向线。

图 6.25 表示飞机在 VOR 台不同径向线上时的 RMI 指示情况。

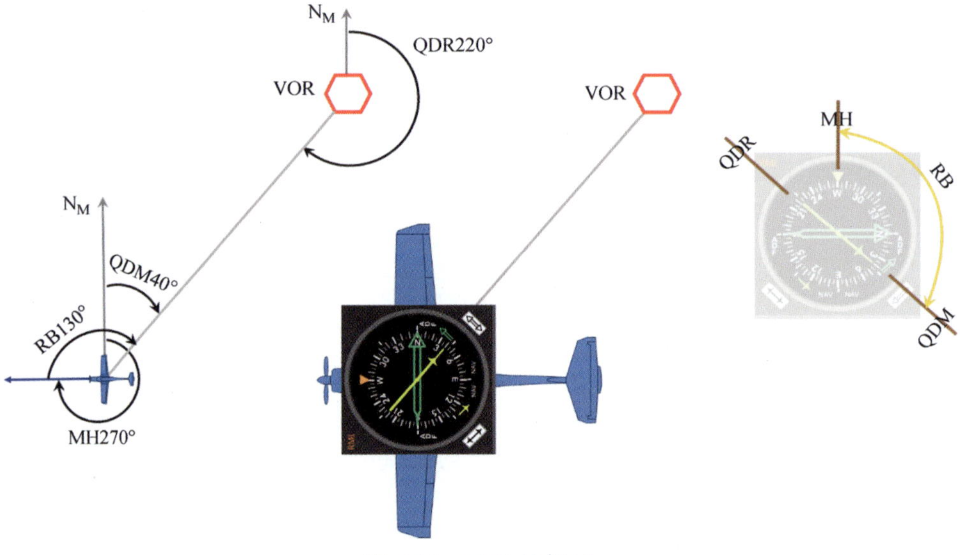

图 6.24　RMI 的指示

2）航道偏离指示器（CDI）

CDI 显示

航道偏离指示器（CDI）一般安装在中、小型飞机上，指示器的表面如图 6.26 所示，它主要用来指示飞机与 VOR 预选航道的关系：如果航道偏离杆偏在刻度盘中心右侧，表示飞机偏在预选航道的左边；如果航道偏离杆偏在左侧，表示飞机偏在预选航道的右边。预选航道由全向方位选择（Omni-Beaing Selection，OBS）旋钮调定，偏差角度的大小可以直接读偏离刻度盘中心的点数，在 VOR 方式时，对于左/右 5 个点的仪表每点表示偏差 2°，满偏为 ± 10°。使用时，首先在控制盒上调谐好所选地面 VOR 台频率，然后转动左下角 OBS 旋钮选择预先航道，这时刻度盘随 OBS 转动而转动，直至刻度盘上预选航道度数与航道指标对正，这时可从航道偏离杆偏离刻度盘中心点数读出飞机偏离航道情况，如图 6.27 所示。

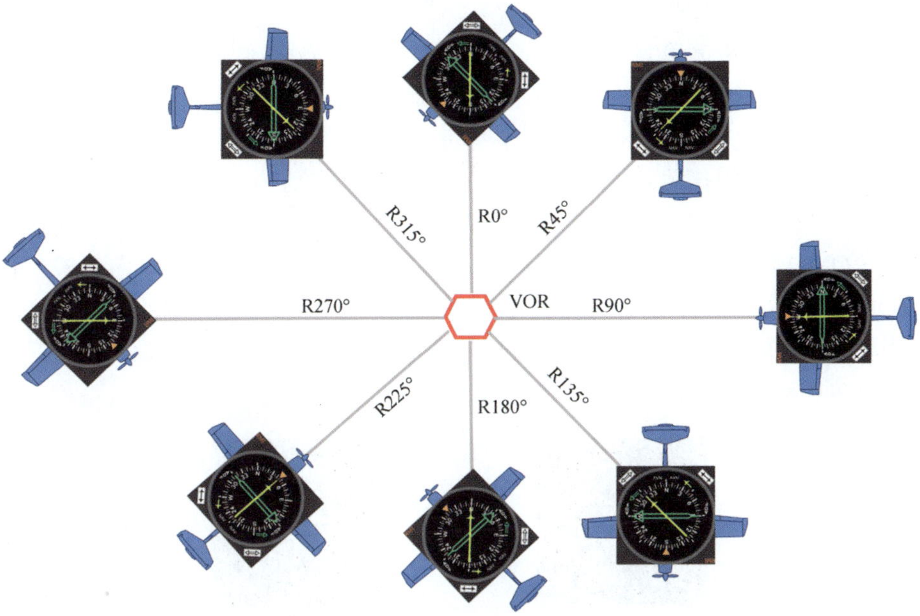

图 6.25 VOR 径向线与 RMI 指示

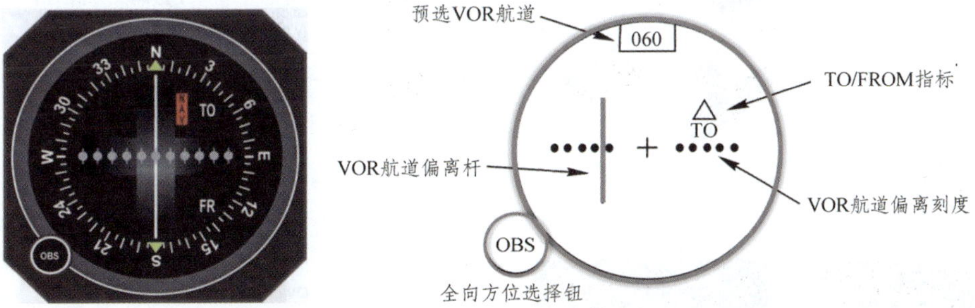

图 6.26 航道偏离指示器（CDI）

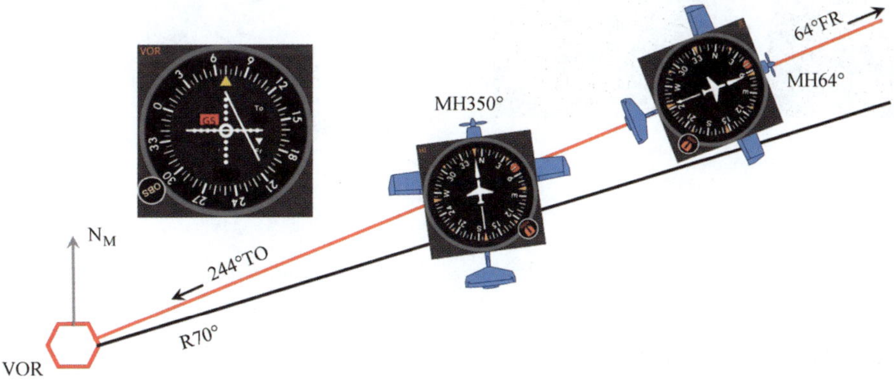

图 6.27 CDI 指示飞机偏离情况

TO/FROM（FR）指标表明飞机在预选航道的哪个位置区域飞行，只表示飞机所在位置，与飞机航向无关。飞机当时位置测出的电台磁方位与预选航道之差小于±90°时，显示“TO”，表明飞机在向台区域飞行；测出的电台磁方位与预选航道之差大于±90°时，显示“FROM（FR）”，表明飞机在背台区域飞行。如图6.28所示，飞机在VOR径向方位90°的径向线上，测出的电台磁方位为270°，当预选航道选择90°时，二者之差为180°，大于±90°，因此显示“FROM（FR）”；当预选航道选择270°时，二者之差为0°，小于±90°，因此显示“TO”。图6.29中飞机航向不同，但只要预选航道调定55°时均显示“TO”，预选航道调定235°时均显示“FROM（FR）”。图6.30中预选航道选择180°时，虽然航向不同，但当飞机位于180°指向电台一侧均显示“TO”，当飞机位于180°背离电台一侧均显示“FROM（FR）”。由此可见，TO/FROM（FR）指示与飞机的航向无关，取决于飞机当时位置所处的区域。所以，飞行中判断TO/FROM（FR）指示的简便方法是：当飞机位置处在预选航道向台一侧的180°区域时显示“TO”；当飞机位置处在预选航道背台一侧的180°区域时显示“FROM（FR）”。

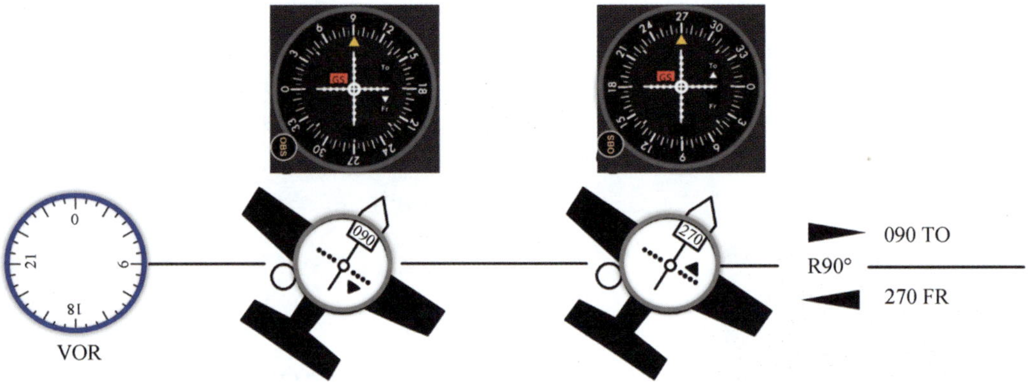

图6.28　同航向、同径向线TO/FROM（FR）显示

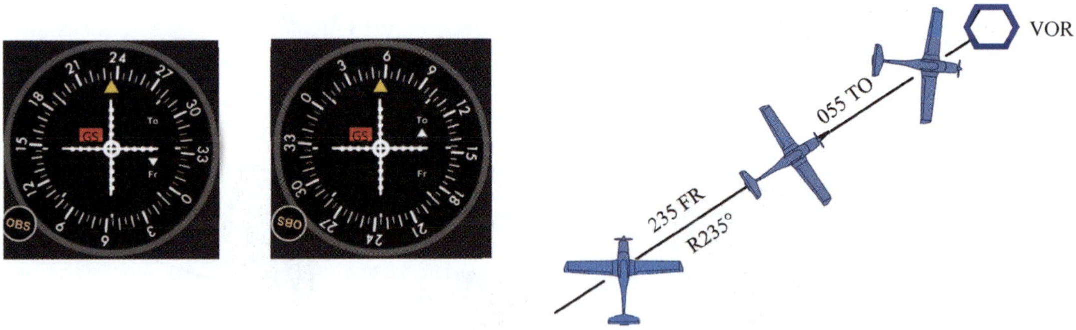

图6.29　不同航向、同径向线TO/FROM（FR）显示

利用CDI可以直接测量飞机当时位置所在的VOR径向方位，其步骤是：首先调谐所选择的VOR台频率，并听清莫尔斯电码，然后转动OBS旋钮直至航道偏离杆处于中立位置，这时从航道标线读出所对预选航道度数，即是所需测量的无线电方位。TO/FROM（FR）指示如果指“FROM

CDI测方位

（FR）”，所读出的预选航道度数就是 VOR 径向方位，即当时的飞机磁方位；TO/FROM（FR）指示如果指“TO”，所读出的预选航道度数就是电台磁方位。如图 6.31 所示，测出的电台磁方位为 240°，VOR 径向方位为 60°。

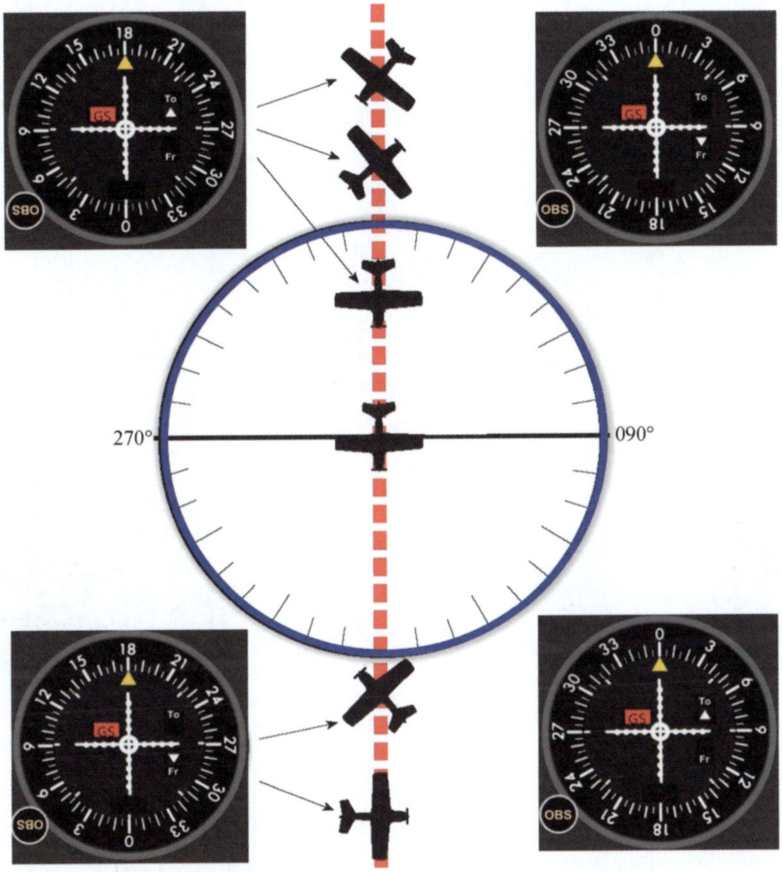

图 6.30 不同航向、不同径向线 TO/FROM（FR）显示

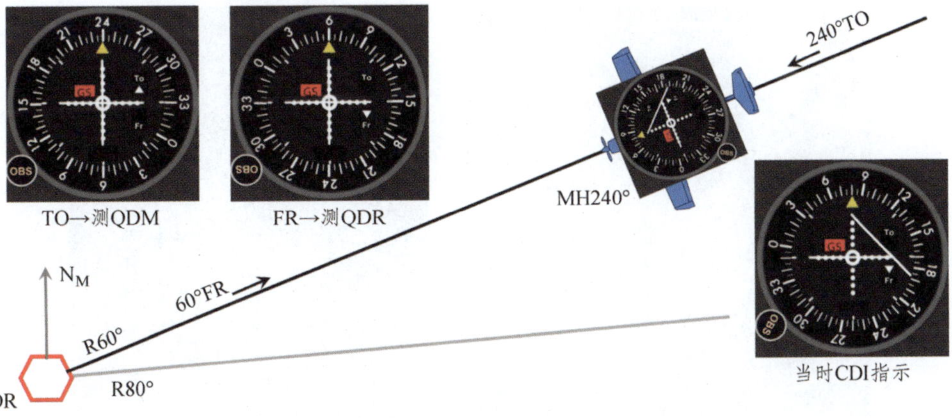

图 6.31 用 CDI 测定方位

利用 CDI 可以计算出飞机当时位置所在的电台磁方位或飞机磁方位。当 CDI 的 TO/FROM（FR）指标显示“TO”时，电台磁方位为：飞机偏在预选航道左边，预选航道方位角 + 偏离量；飞机偏在预选航道右边，预选航道方位角 − 偏离量。当 CDI 的 TO/FROM（FR）指标显示“FR”时，飞机磁方位为：飞机偏在预选航道右边，预选航道方位角 + 偏离量；飞机偏在预选航道左边，预选航道方位角 − 偏离量，如图 6.32 所示。

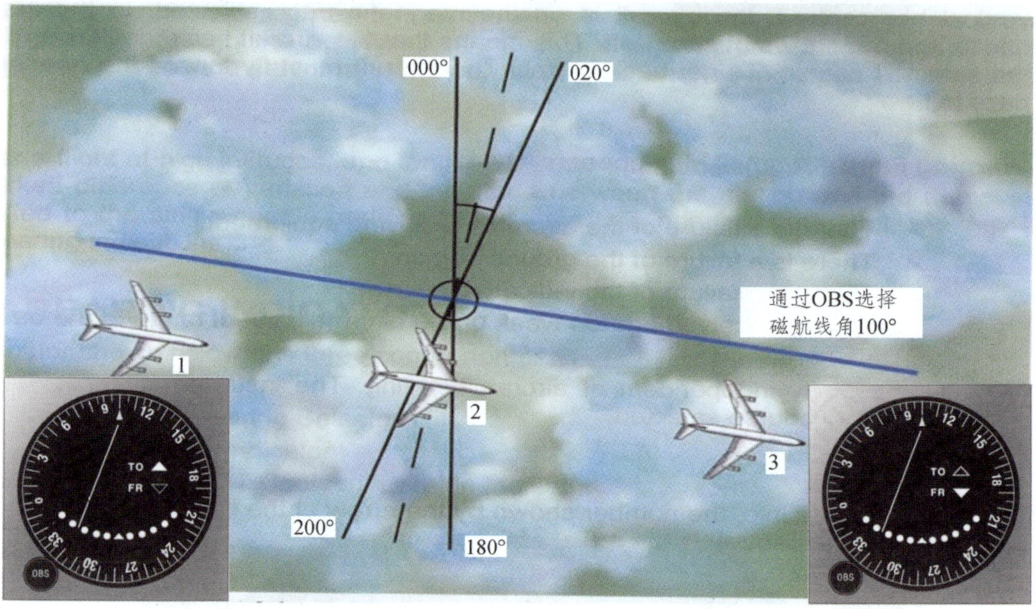

图 6.32 用 CDI 计算飞机位置所在的无线电方位

3）水平状态指示器（HSI）

水平状态指示器（HSI）也称为航道罗盘，现代飞机都安装有 HSI。目前有机械式和电子式两种，但工作原理和显示内容基本相同，只是电子式 HSI 使用起来更加直观、简便、轻松，典型的 HSI 如图 6.33 所示。

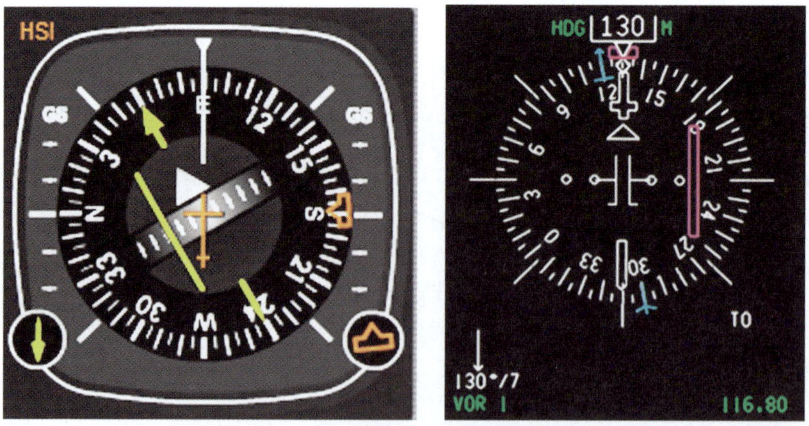

图 6.33 水平状态显示器（HSI）

水平状态指示器（HSI）是一个综合性领航仪表，它指示飞机在水平面内的状态，它是航向系统、甚高频全向信标系统和仪表着陆系统的综合指示器。当选择 VOR 方式时，航道偏离杆由飞机位置所在径向方位与预选航道的角度偏离信号驱动，显示出飞机偏离预选航道的情况。判断飞机偏离预选航道时，是以预选航道指针针尖方向为准，看航道偏离杆偏左还是偏右：如果航道偏离杆偏在刻度盘中心的右边，说明飞机位置偏在预选航道的左边；如果航道杆偏在左边，说明飞机偏右。偏差角度大小由偏离杆偏离中心的点数读出：对于偏离刻度是 5 个点的 HSI 每点偏差为 2°，最大偏离为 ± 10°；对于偏离刻度只有 2 个点的 HSI 每点偏差为 5°，最大偏离也是 ± 10°。预选航道通过转动航道选择旋钮调定，转动航道选择旋钮时，刻度盘不动，预选航道指针转动，直至预选航道指针针尖指示预选航道度数为止；有的 HSI 上有预选航道显示窗，调定时观察显示窗里的数据，即可很方便地调定预选航道。对于 B737、B757、A320 等机型，预选航道选择则在中央仪表板上方的控制板上调定，方法同有预选航道数据显示窗的一样。HSI 上 TO/FR 指标指示同 CDI 完全一样。

使用 HSI 指示飞机偏离预选航道时，首先在控制盒上调谐好所选地面 VOR 台的频率，然后转动预选航道选择旋钮调定预选航道，即可通过航道偏离杆与刻度盘上的偏离刻度关系，确定出飞机偏离航道的左右及大小，如图 6.34 所示。

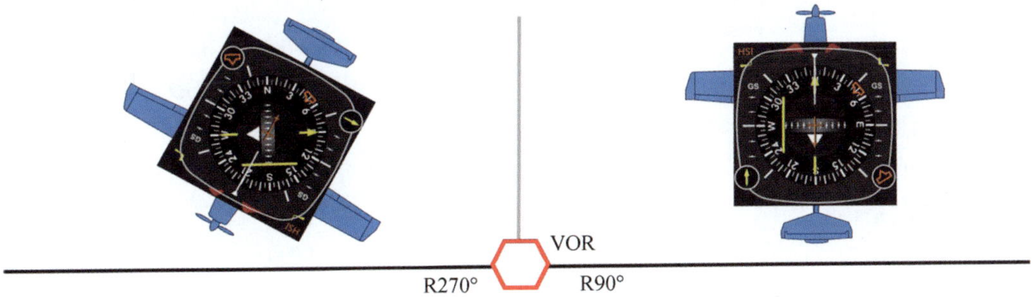

图 6.34　HSI 指示与飞机偏离

用 HSI 直接测量飞机所在径向线的 VOR 方位的方法和步骤：首先调谐好所选地面 VOR 台的频率，并听清莫尔斯电码；如果这时航道偏离杆不在中立位置，则转动预选航道选择旋钮，航道预选指针和航道窗读数同时转动，直至航道偏离杆回到中立位置，停止转动预选航道选择旋钮，即可从航道预选指针针尖处刻度读出所测方位角。如果向/背指标指“背台”，则为飞机磁方位，即 VOR 径向方位；如果向/背指标指“向台”，则为电台磁方位，如图 6.35 所示。用这种方法测定方位通常在电台信号比较微弱时使用。

利用 HSI 计算飞机当时位置所在的电台磁方位或飞机磁方位的方法与 CDI 完全相同。

HSI 测方位

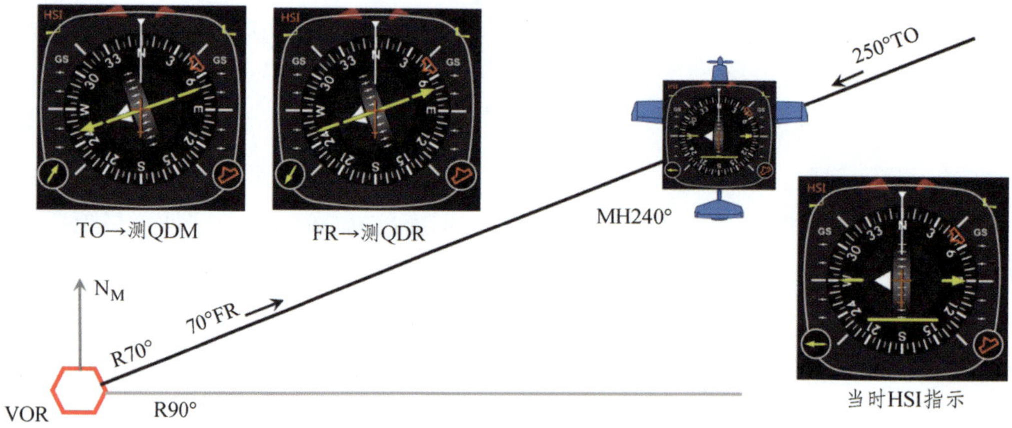

图 6.35　用 HSI 测定方位

6.2.2.4　甚高频全向信标的误差

VOR 系统的误差包括传播误差和设备误差两大类。

1）传播误差

传播误差的主要误差因素有垂直方向性图效应、场地影响和地形影响。

（1）垂直方向性图效应。由于地面反射波和直达波的相互干涉，会使垂直面的方向性图分裂成多瓣状，也就是说，在某些仰角范围内，VOR 信号强度很弱。另外，为了使 VOR 有足够的作用距离，希望 VOR 天线架高一些，而天线架得越高，波瓣分裂现象也越严重，造成垂直方向性图效应。为了减小这种效应所造成的误差，一般采取在天线下面一段距离附加一个圆的金属反射网。

（2）场地影响和地形影响。场地误差是指那些靠近 VOR 台周围的地形、地物的影响所产生的误差；地形误差是指那些远离 VOR 台的地形特点（如山丘、森林等）引起的误差。这些误差导致在测定方位时，好像 VOR 台址发生了位移，影响最小的也会使得 VOR 台的方位射线产生不均匀的间隔。所以，对 VOR 台的架设场地和周围的地形提出了严格要求：要尽可能使 VOR 台对远处山峰高出地面的角度不超过 3°；在靠近 VOR 台周围地区 100 m 范围内，地面上灌木丛和树木应清除干净，地面的凹凸不平不应超过 ±15 m；在 100 m 处，不应有 1.5 m 高的铁桩、围栏，更不允许有金属网；在 200 m 处不应有高 10 m 以上的铁塔；在 500 m 范围内不应有较高的障碍物。

2）设备误差

设备误差是设备本身引起的误差，包括地面台的天线间隔误差、接收指示设备误差和极化误差。

（1）地面台的天线间隔误差：主要是由于 VOR 天线系统中形成“8”字形的一对天线之间的间隔，与其波长相比不是小得很多而使“8”字形失真引起的，它会使天线系统方向性图的旋转不稳定。

（2）接收指示设备误差：主要来源于接收机和全方位选择器（OBS）的影响。

（3）极化误差：主要是接收垂直极化波引起的，当飞机姿态或 VOR 天线倾斜时，就会产生这种极化误差。飞机相对于 VOR 的仰角越大，即飞行高度越高，极化误差也越大。

由于上述误差的存在，特别是传播误差的影响，普通 VOR 的精度一般在 ± 2° ~ ± 4°范围内，多普勒 VOR 的精度一般在 ± 1°以内。

6.2.2.5 VOR 信号的盲区

地面 VOR 台上空有锥形静锥区，在这一区域即地面台垂直方向 50°的范围无线电波极其微弱，将接收不到地面 VOR 台的信号，接收机不能正常工作，这一区域范围称为盲区；高度越高，静锥区越大。

当飞机飞到信标台附近后，CDI/HSI 仪表的航道偏离杆和向/背台指标会发生迅速改变，表示飞机将马上接近地面台，如果飞机在过台后航线发生变化，那么飞行员应该提前做好航向调整的准备，避免发生过大的航路偏航。

6.2.2.6 VOR 系统的检查校验

VOR 机场校准标志

1）VOT 检查

VOR 检测设备，是能够发射出测试信号的地面站台。一些装配有 VOTs 的机场会公布 VOTs 的测试地点，飞机滑行到机场公布的一个测试地点，并给出该位置相对于台的方位，使 CDI 居中后对比误差，测量误差在 ± 4°之内 VOR 精度可以正常导航。

2）空中检查

与地面检查类似，飞机在空中时，飞行到机场公布的一个高度和位置调谐 VOR 台，并与公布的相对位置进行误差对比，测量误差在 ± 6°之内 VOR 精度可以正常导航。

3）对比检查

如果一台飞机上装配有两台 VOR 接收装置，可以将两台 VOR 控制盒调谐到同一 VOR 台的同一条径向线上，对比两者之间的误差，测量误差在 ± 4°之内 VOR 精度可以正常导航。

DME 简介

6.2.3 测距机（DME）

测距机（Distance Measuring Equipment，DME）系统是一种能够测量由询问器到某个固定应答器（地面台）距离的二次雷达系统。测距机是在第二次世界大战期间由英国发明，1959 年成为国际民航组织批准的标准测距系统，是目前民用飞机普遍装备的一种无线电导航系统，它常常与 VOR 台安装在一起，成为使用广泛的测角测距近程导航系统。它可用于飞机定位、测高、等待飞行、进场着陆、航路间隔、避开保护空域及计算地速等。

6.2.3.1 测距机组成

DME 系统是询问-应答式脉冲测距系统，由机载设备和地面信标设备组成。

1）地面信标设备

地面信标设备由应答器、监视器、控制单元、机内测试设备、天线和电键器组成。应答器是 DME 系统地面信标设备的主要组成部分，由接收机、视频信号处理电路和发射机组成。接收机的作用是接收、放大和译码所接收的询问信号；发射机的作用是产生、放大和发送应答脉冲对。

地面 DME 台通常设计为能同时为 100 架飞机提供服务，如果询问的飞机多于 100 架，地面 DME 台通过降低灵敏度来限制回答，保持对 100 架飞机询问的应答。

DME 正常的测距范围为 0 ~ 200 NM，最大可达 390 NM，测距精度一般为 0.3 NM。地面 DME 台的识别码是 3 个英文字母的国际莫尔斯电码。

2）机载 DME 设备

机载 DME 设备主要由询问器、控制盒、距离指示器和天线部分组成。

（1）询问器：由收发信机组成。发射机的作用是产生、放大和发射编码的询问脉冲对；接收机的作用是接收、放大和译码所接收的回答脉冲对。询问器还包含有距离计算电路，其作用是确定回答脉冲对的有效性，并计算距离，这一距离为飞机到地面信标台的斜距。

（2）天线：具有垂直极化全向辐射图形的单个 L 波段天线，其作用是发射询问信号和接收应答信号。

（3）控制盒：对询问器收发信机提供需要的控制和转换电路，同时还提供频率选择。

（4）距离指示器：指示飞机到地面信标台的斜距，以 NM 为单位；在某些距离指示器上，还显示有计算的地速和到达地面信标台的时间。必须注意：这两个参数只有在飞机沿径向线飞行时才是准确的，如电台在飞机一侧，显示的只是 DME 距离的变化率。

6.2.3.2 测距机的工作原理

DME 系统是从机载询问器向地面信标台发射询问脉冲对开始测距的，地面信标台接收这些询问脉冲对，延迟 50 μs，然后给询问器发射应答脉冲对；机载询问器距离计算机按照发射询问脉冲对和接收应答脉冲对之间所经过的时间减去地面台延迟时间，就可以计算出飞机到地面台的斜距，即 $D = ct/2$；计算的距离信息送到距离指示器显示，供飞行员使用，如图 6.36 所示。

机载 DME 设备连续地对地面信标台进行询问，直到它选择其他波道或者飞机飞出 DME 系统的作用距离为止。

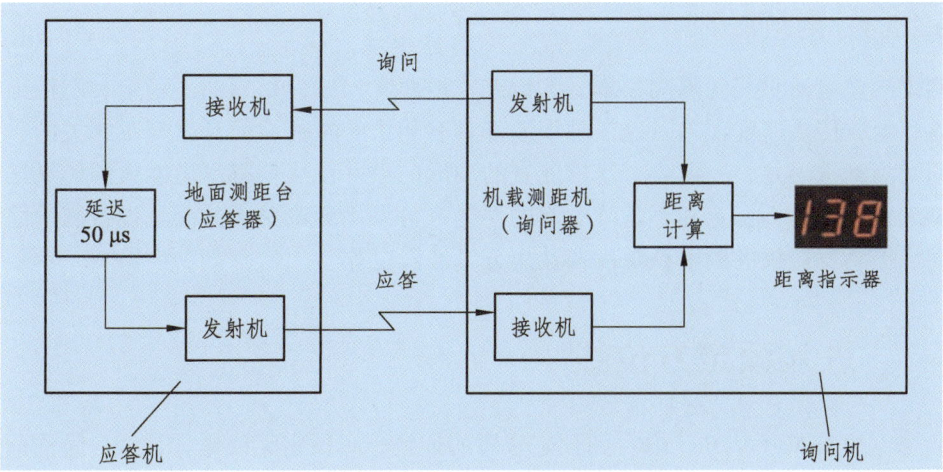

图 6.36 DME 系统简化原理方框图

DME 系统的工作频率为 962 ~ 1 213 MHz 之间的 252 个波道，相邻波道间隔为 1 MHz，机上设备与地面设备的收发频率是对应的，测距信标台的发射频率比询问频率高或低 63 MHz。询问频率安排在 1 025 ~ 1 150 MHz 范围，共安排 126 个询问频率，采用 X、Y 的波道安排，则共有 252 个应答波道，分别为 1X ~ 126X 和 1Y ~ 126Y 波道。对于民用 DME 来说，有 52 个波道不用，不用的波道是 1 ~ 16X/Y 和 60 ~ 69X/Y。其原因：一是 DME 通常与 VOR 和 ILS 联用，而 VOR 和 ILS 一共只有 200 个波道，所以 DME 也只需要 200 个波道；二是测距机与空中交通管制应答机工作在同一频段，尽管采用不同的时间编码，但为了避免可能产生的相互干扰，测距机系统中 252 个波道中禁止使用这些波道。

6.2.3.3 测距机指示仪表

地面 DME 台通常与 VOR 或 ILS 地面台安装在一起，因此，它们的工作频率是配套使用的，即在“VHF NAV”控制盒上调谐好 VOR 或 ILS 的频率，则 DME 的频率也就自动地调定了；而有的 DME 台是单独安装的或控制盒是单独的，则需对地面 DME 进行调谐。

距离指示器可以是单独的显示器，也可以与其他电子设备的显示器共用，如图 6.37 所示。

图 6.37 典型的 DME 距离指示器

6.2.3.4 测距机的误差

测距误差包括时间间隔测量本身的误差、地面 DME 台延迟的不稳定和不精确引起的误差、电波传播速度误差。这 3 种误差都具有随机的特征，而且是互不相关的，要减少时间间隔测量误差，一定要有足够陡直的波形前沿并设法获得尽可能大的信噪比；地面 DME 台延迟的不稳定和不精确引起的误差，可采用测试单元的测量设备测量固定延迟时间，提高发射机的频率稳定度及选用分米波段工作。

6.3 进入预定方位线

从选定的 NDB（VOR）电台到预定位置的连线，叫预定无线电方位线，简称预定方位线。引导飞机飞到预定方位线的瞬间，称为进入预定方位线。

进入预定方位线在领航上应用十分广泛。利用与航线接近垂直的预定方位线，可以进行距离检查，判断飞机到达各航路点的时刻；可以进行切入指定方位线的飞行；可以用于掌握转弯时机；可以用于进场及加入仪表进近；可以用于控制空域边界，避开禁区或障碍物；可以用于准确进入空中走廊等。

6.3.1 进入预定方位线判断原理

进入预定方位线的判断方法有按电台相对方位判断和按电台磁方位/飞机磁方位判断两种，可以用于判断进入预定方位线的领航仪表有 ADF 指示器、RMI、CDI 和 HSI 4 种。

每一条无线电方位线都可以用一个电台方位角/飞机方位角和/或电台相对方位角来表述，对于预定的每一条方位线，其电台方位角/飞机方位角都是唯一的。由此可以确定无风时进入预定方位线的电台磁方位/飞机方位角和电台相对方位，称为预定电台磁方位 $QDM_{预}$/预定飞机方位角 $QDR_{预}$ 和预定电台相对方位 $RB_{预}$。飞行中应根据航向和仪表上指示的电台磁方位 $QDM_{指}$/$QDR_{指}$ 或 $RB_{指}$ 与 $QDM_{预}$/$QDR_{预}$ 或 $RB_{应}$ 比较判断飞机是否进入方位线。

在飞机保持航向沿航线飞行过程中，电台方位角/飞机方位角和电台相对方位角是不断变化的，根据仪表指示的无线电方位与预定的无线电方位进行比较，就可以判断出飞机进入预定方位线的瞬间。如果电台在右侧，飞机到达预定方位线之前，仪表指示的 $QDM_{指}$/$QDR_{指}$ 小于预定的 $QDM_{预}$/$QDR_{预}$，同样仪表指示的电台相对方位角 $RB_{指}$ 也小于预定的电台相对方位角 $RB_{应}$；当飞机飞至预定方位线，即飞机所在方位线与预定方位线重合时，$QDM_{指} = QDM_{预}$/$QDR_{指} = QDR_{预}$ 或 $RB_{指} = RB_{应}$，这一时刻就是进入预定方位线的瞬间；当飞机继续飞行，飞机将离开预定方位线，电台在右侧，则无线电方位都将大于预定的无线电方位，如图 6.38 所示。电台在左侧时判断进入预定方位线的时机与电台在右侧刚好相反。

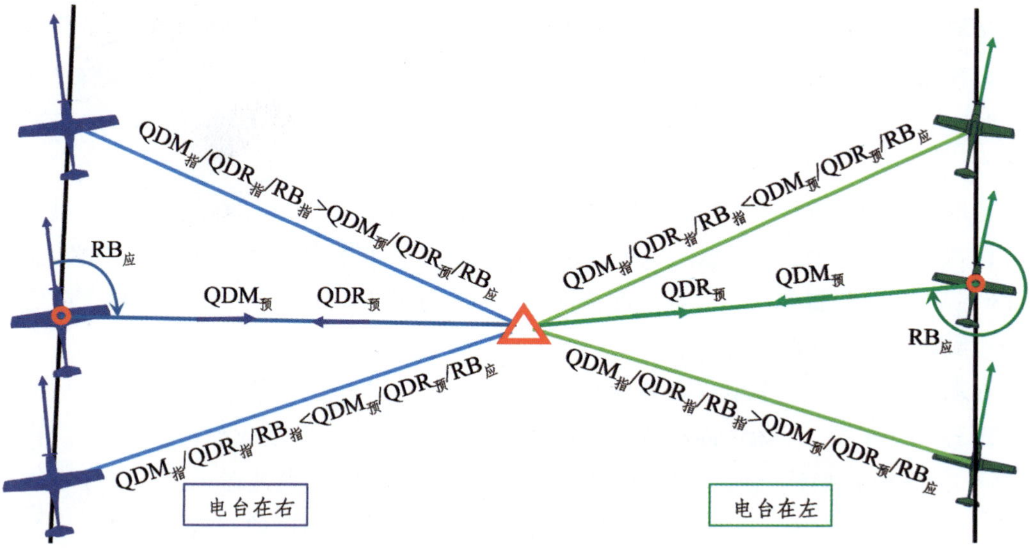

图 6.38 进入预定方位线的判断

从图 6.38 中可以总结出其判断规律：

（1）电台在右侧，飞机向前飞行无线电方位逐渐增大。

$QDM_{指}/QDR_{指} < QDM_{预}/QDR_{预}$ 或 $RB_{指} < RB_{应}$，飞机未到方位线；

$QDM_{指}/QDR_{指} = QDM_{预}/QDR_{预}$ 或 $RB_{指} = RB_{应}$，飞机进入方位线；

$QDM_{指}/QDR_{指} > QDM_{预}/QDR_{预}$ 或 $RB_{指} > RB_{应}$，飞机已过方位线。

（2）电台在左侧，飞机向前飞行无线电方位逐渐减小。

$QDM_{指}/QDR_{指} > QDM_{预}/QDR_{预}$ 或 $RB_{指} > RB_{应}$，飞机未到方位线；

$QDM_{指}/QDR_{指} = QDM_{预}/QDR_{预}$ 或 $RB_{指} = RB_{应}$，飞机进入方位线；

$QDM_{指}/QDR_{指} < QDM_{预}/QDR_{预}$ 或 $RB_{指} < RB_{应}$，飞机已过方位线。

6.3.2 进入预定方位线地面准备

进入预定方位线的地面准备工作，首先就是选择好适当的地面导航台（称为侧方台），然后在地图作业中画出从选定导航台到预定位置的预定方位线，并量出无线电方位（相对方位角、电台磁方位角），按规定标注在图上并填写记录表；完成预报风的修正计算后，将计算数据填入记录表。进入预定方位线的地面准备内容和步骤归纳起来是“选、画、量、标、算、填”6 个字。

（1）选——选择航线侧方一个合适的导航台，用经纬度或以机场为准画出导航台位置，以该位置为中心用红色“△”符号标记出来。

（2）画——从导航台中心到预定点之间用黑色或蓝色笔画出预定方位线，注意只画出预定位置左右的一段（1 ~ 2 cm）。

（3）量——用向量尺量出进入预定方位线时的电台真方位和相对方位。

量取电台真方位（QUJ）。将向量尺的底边压住预定方位线，移动向量尺使量角器中心压在经线（或纬线）上，从经线（或纬线）所对刻度处读取电台真方位。读取电台真方位时应防止读反180°，读取时以预定点为准，电台在预定位置以东，量取的电台真方位为0°~180°；电台在预定位置以西，量取的电台真方位为180°~360°。

量取电台相对方位（RB）。将向量尺的底边压住预定方位线，移动向量尺使量角器中心压在预定位置上，从航线去向所对的半圆刻度处读取电台相对方位。读取时防止读反180°：以预定位置所在的航线去向为准，电台在航线右侧时应读取外圈刻度，电台在航线左侧时应读取内圈刻度。

在地图作业中，量取电台真方位或电台相对方位其中一个方位，就可以用真航线角计算出另一个方位，因为地面准备时量出的真航线角就是无风飞行的真航向。

（4）标——沿航线方向将电台磁方位和电台相对方位用黑色或蓝色笔标注在右侧的预定方位线的上下。标注时应用量取的电台真方位修正飞行地区的磁差，换算为电台磁方位QDM进行标注。

（5）算——就是根据气象台预报的空中风，计算出飞机保持应飞航向飞行进入预定方位线时的无线电方位。实际上，进入同一方位线电台磁方位不变，而电台相对方位随航向改变而变化，所以该方法就是计算飞机保持应飞航向进入时的电台相对方位。

（6）填——就是将前面步骤中的数据按规定格式填入领航计算表格内。

【例6.1】 航线为绵阳导航台—遂宁导航台，检查点为三台，准备用五凤溪NDB导航台来控制飞机到检查点的时机，气象台预报的空中风为280°/36 km/h，飞机保持TAS185 km/h飞行，完成进入预定方位线的地面准备。

【解】 首先完成画航线、标航线数据的作业，然后进行进入预定方位线的地面准备。

① 选定侧方台。所选的侧方台为五凤溪导航台，台址在城镇中心，用红色“△”以台址为中心标出侧方台位置。

② 画出方位线。预定位置就是三台正切航线的垂足位置，连接五凤溪导航台中心到预定位置，取航线左右一小段用铅笔或蓝色笔画出预定方位线。

③ 量取电台真方位和电台相对方位。按量取无线电方位的方法量取，得到电台真方位QUJ为227°，电台相对方位RB为83°。

④ 标注数据。计算出电台磁方位为QDM = 229°（磁差按 – 2°计算），按规定将无线电方位标注在预定方位线一侧，如图6.39所示。

⑤ 计算修正预报风后的无线电方位。已知TAS = 185 km/h，用计算尺计算出DA = – 7°、$MH_{应}$ = 153°，所以求出飞机保持应飞航向飞行进入预定方位线时的电台相对方位$RB_{应}$ = 76°。

⑥ 填写记录表。将地图作业和计算的数据按规定格式填写在领航记录表格内。

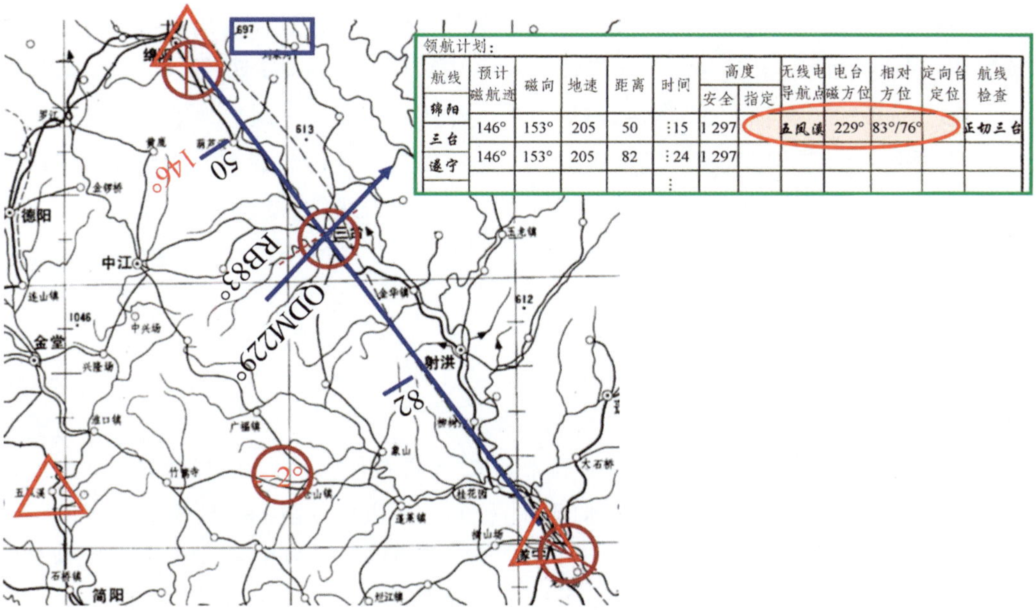

图 6.39 进入预定方位线的地面准备

6.3.3 进入预定方位线的空中实施

进入预定方位线的空中实施程序，可归纳为“调、算（定）、判、记”4 个字。

（1）调——根据进入方位线的预计时刻，提前 3 ~ 5 min 在控制盒上调谐好所选侧方台的频率，听莫尔斯电码判明电台并向电台定向，观察指示器的指示是否正常。

（2）算或定——如果使用的是 ADF 指示器，则应根据飞行中实际航向，计算出进入预定方位线时应指的电台相对方位；如果使用的是 CDI、HIS，则要根据进入预定方位线时 VOR 台的径向方位，按电台磁方位角/径向方位选定预选航道；如果使用 RMI，则都不需要。

（3）判——根据飞行中指示器变化，按判断进入预定方位线的方法，判断进入预定方位线的瞬间。

（4）记——飞机进入预定方位线的瞬间记下时刻，供领航计算使用。

所选地面电台是 NDB 用 ADF 指示器和 RMI 进行判断，所选地面电台是 VOR，则可用 RMI、CDI、HSI 进行判断。

ADF 进入方位线

6.3.3.1 用 ADF 指示器判断进入预定方位线

用 ADF 指示器判断进入预定方位线，必须与航向仪表配合，并根据航向的变化，及时计算进入预定方位线时应该指示的电台相对方位 $RB_{应}$，然后与 ADF 指示器实际指示 $RB_{指}$ 对照，准确地判断飞机是否进入方位线。

（1）仪表设想法。ADF 指示器中心代表电台，方位指针尾部代表飞机当时位置，航向方向与标线一致，方位指针代表飞机当时所在的方位线，首先计算出保持当时航向进入预定方位线时应该指示的电台相对方位 $RB_{应}$，从刻度盘上找到 $RB_{应}$ 刻度，然后通过仪表中心画出一条线（虚拟的），将这条线设想为预定方位线，直观地观察飞机与假想预定方位线间的关系即可判断出飞机是否进入预定方位线。当假想预定方位线在飞机航向前方（机头前方）时，飞机未进入预定方位线；当假想预定方位线在飞机航向后方（机尾后方）时，飞机已过预定方位线；当假想预定方位线与方位指针重合即方位指针指 $RB_{应}$ 时，飞机刚好进入预定方位线。

如图 6.40 所示，飞机保持 $MH_{平}$ 95°沿预定航线 MC85°飞行，预计 12:10 进入预定方位线。地面准备中量出的 $RB_{预}$ 260°。飞行过程中，飞行员根据预达时刻提前 3 ~ 5 min 调谐地面 NDB 台，作进入预定方位线准备，飞行员根据实际航向 95°，计算出飞机进入预定方位线应指示的电台相对方位 $RB_{应}$ 为 250°。飞机在位置 1，通过航向仪表与 ADF 指示器指示数据配合可判断出飞机未到预定方位线；飞机保持航向继续飞行，ADF 指示器指示逐渐减小，当减小到指示电台相对方位角 250°时，从 ADF 指示器上即可判断出飞机刚好进入预定方位线（图中位置 2），记下进入预定方位线实际时刻 12:11。

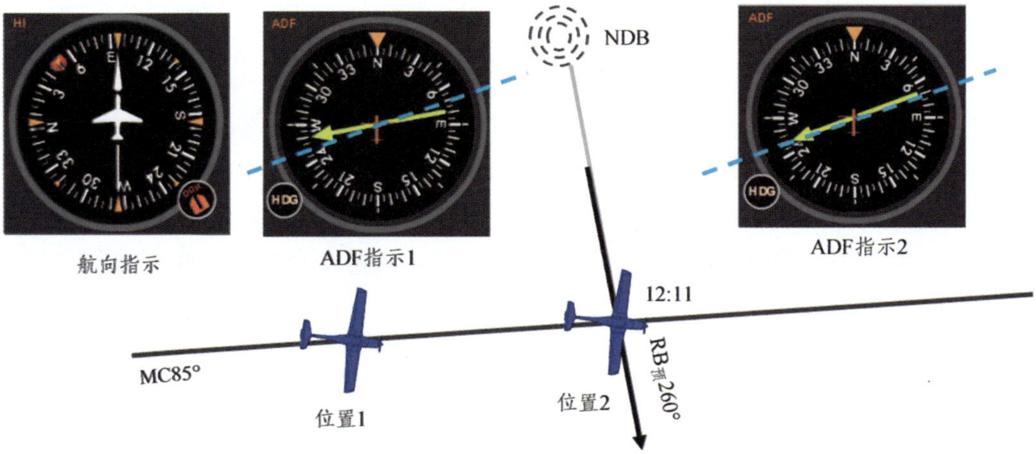

图 6.40　用 ADF 指示器判断进入预定方位线

（2）计算比较法。用 ADF 指示器读出的 $RB_{指}$ 与计算出的 $RB_{应}$ 进行比较来判断，也可以用 ADF 指示器读出的 $RB_{指}$ 与保持的飞机航向 MH 计算出的 QDM 与 $QDM_{预}$ 进行比较来判断。重要的是要通过 ADF 指示器指针的指示准确判断电台在飞机的左侧还是右侧。

6.3.3.2　用 RMI 判断进入预定方位线

RMI 进入方位线

不管地面电台是 NDB 还是 VOR，用 RMI 指示器判断进入预定方位线的方法是一样的。

（1）仪表设想法。RMI 指示器中心代表电台，方位指针尾部代表飞机当时位置，航向方向与标线一致，方位指针代表飞机当时所在的方位线，从刻度盘上找到QDM$_{\text{预}}$（或QDR$_{\text{预}}$）刻度，然后通过仪表中心画出一条线（虚拟的），将这条线设想为预定方位线，直观地观察飞机与假想预定方位线间的关系即可判断出飞机是否进入预定方位线。当假想预定方位线在飞机航向前方（机头前方）时，飞机未进入预定方位线；当假想预定方位线在飞机航向后方（机尾后方）时，飞机已过预定方位线；当假想预定方位线与方位指针重合即方位指针针尖指QDM$_{\text{预}}$（或针尾指QDR$_{\text{预}}$）时，飞机刚好进入预定方位线。

（2）比较法。此方法就是根据 RMI 实际指示的QDM$_{\text{指}}$（或QDR$_{\text{指}}$）与QDM$_{\text{预}}$（或QDR$_{\text{预}}$）进行比较来判断。重要的是要通过 RMI 指针的指示准确判断电台在飞机的左侧还是右侧。

如图 6.41 所示，飞机保持 MH$_{\text{平}}$ 95°沿预定航线飞行，MC = 85°，预计 12:10 进入预定方位线。地面准备中进入预定方位线时的电台磁方位为QDM$_{\text{预}}$ 345°。飞行中飞行员根据预达时刻提前 3 ~ 5 min 调谐地面 NDB 台，并用“ADF/VOR”转换按钮选择“ADF”方式，作进入预定方位线准备，这时飞机在位置 1，根据 RMI 指示可判断出飞机未到预定方位线；飞机保持航向继续飞行，RMI 指示逐渐减小，当减小到指示电台磁方位角 345°时，从 RMI 上即可判断出飞机刚好进入预定方位线（图中位置 2），记下实际进入预定方位线的时刻 12:11。

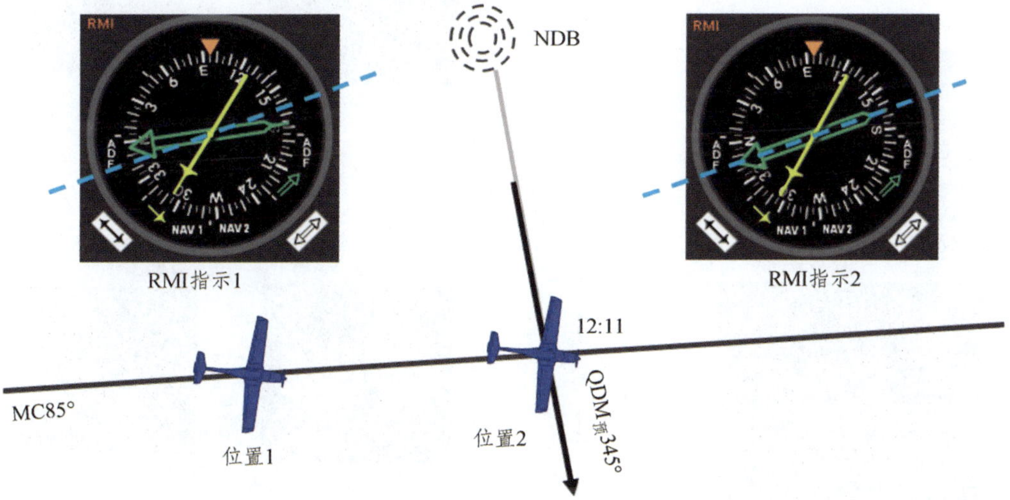

图 6.41 用 RMI 判断进入预定方位线

6.3.3.3 用 CDI 判断进入预定方位线

CDI 进入方位线

用 CDI 判断进入预定方位线只适用于 VOR 台。用 CDI 指示器判断进入预定方位线，首先转动 OBS 旋钮调好预选航道，然后直接看偏离杆偏离情况，就可以准确地判断飞机是否进入方位线。

用 CDI 指示器判断进入预定方位线最简便的方法是可以通过仪表设想进行。从刻度盘上找到 MH 刻度，在仪表中心画出小飞机（虚拟的），小飞机航向线与刻度盘 MH 刻度一致，直观地观察飞机与偏离杆间的关系即可判断出飞机是否进入预定方位线。当偏离杆在飞机航向前方（机头前方）时，飞机未进入预定方位线；当偏离杆在飞机航向后方（机尾后方）时，飞机已过预定方位线；当偏离杆在中立位置时，飞机刚好进入预定方位线。

此外，用 CDI 指示器判断进入预定方位线的方法还有仪表直读法、计算法和旋转仪表法，但这些方法比较麻烦，而且直观性较差，相对较少使用。

如图 6.42 所示，飞机保持 MH$_{平}$ 0°沿预定航线 MC0°飞行，预计 10:00 进入预定方位线。地面准备中已知进入预定方位线时的电台磁方位为 QDM$_{预}$ 240°，即 VOR 径向方位为 60°。飞行中飞行员根据预达时刻提前 3 ~ 5 min 调谐地面 VOR 台，并在 CDI 上转动 OBS，使预选的航道为 R60°（即 QDR$_{预}$ 60°）。飞行员观察 CDI 的显示情况（图中指示 1）即可判断出飞机未到预定方位线；当飞机继续飞行至与 VOR 径向线夹角为 10°时，航道偏离杆开始向中立位置移动，当回到中立位置（图中指示 2）的瞬间飞机刚好进入预定方位线，同时记下实际飞机进入预定方位线的时刻。

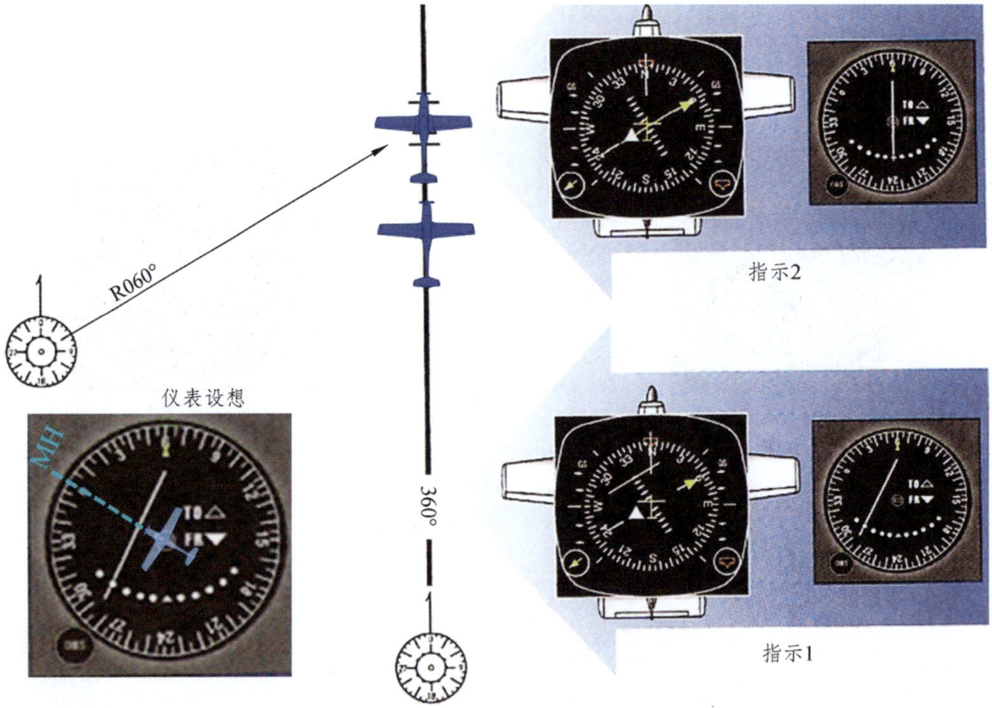

图 6.42　用 CDI/HSI 判断进入预定方位线

6.3.3.4　用 HSI 判断进入预定方位线

HSI 进入方位线

用 HSI 进入预定方位线只适用于 VOR 台。用 HSI 指示器判断进入预定方位线，首先转动 CRS 旋钮调好预选航道，然后直接看偏离杆偏离情况，就可以准确地判断飞机是否进入方位线。当偏离杆在飞机航向前方（小飞机标志前方）时，飞机未进入预定方位线；当偏离杆在飞机航向后方（小飞机标志后方）时，飞机已过预定方位线；当偏离杆在中立位置时，飞机刚好进入预定方位线。

如图 6.42 所示，飞机保持 $MH_{平}$ 0°沿预定航线 MC0°飞行，预计 10:00 进入预定方位线。地面准备中已知进入预定方位线的电台磁方位为 $QDM_{预}$ 240°，即 VOR 径向方位为 60°。飞行中，飞行员根据预达时刻提前 3 ~ 5 min 调谐地面 VOR 台，并在 HSI 上转动航道预选旋钮预选航道为 R60°（即 $QDR_{预}$ 60°）。飞行员观察 HSI 的显示情况（图中指示 1）即可判断出飞机未到预定方位线；当飞机继续飞行至与预定方位线（VOR 径向线）夹角为 10°时，航道偏离杆开始向中立位置移动，当回到中立位置（图中指示 2）的瞬间即飞机刚好进入预定方位线，同时记下实际飞机进入预定方位线的时刻。

6.3.4 提高进入方位线的准确性

用无线电测角系统进入预定方位线时，由于无线电测角设备的误差以及调谐不准、读取方位和航向不准等原因，使测出的位置线与实际位置线不一致，进入预定方位线时产生了误差。因此飞行中必须采取措施，提高进入预定方位线的准确性。

6.3.4.1 进入预定方位线的误差

1）进入预定方位线的角度误差

进入预定方位线的角度误差由测量方位角的误差和量画方位角的误差引起，但测量误差大大多于量画误差，因此可以不考虑量画误差。角度误差按产生原因可分为设备误差、方法误差和飞行技术误差三部分。目前使用的无线电测角系统的角度误差 $\Delta\theta$ 一般为 2° ~ 3°。角度误差使得飞机进入预定方位线时产生了位置偏差，如图 6.43 所示。

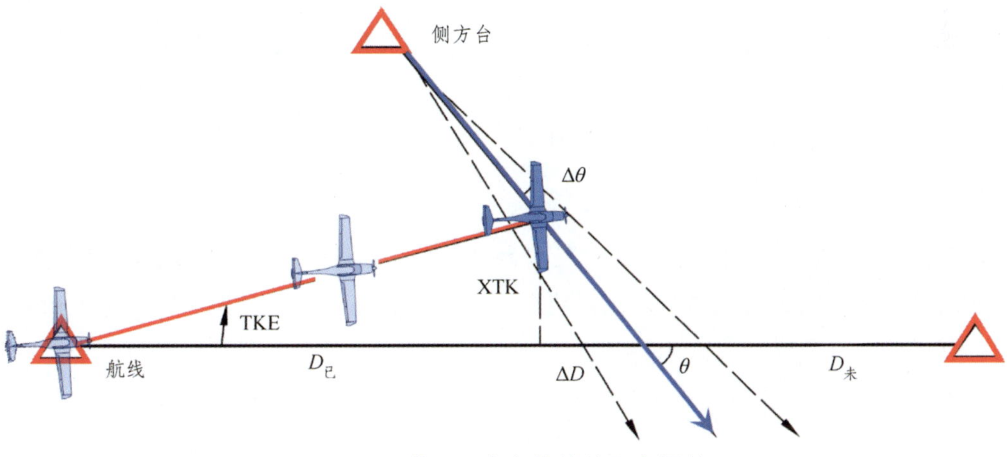

图 6.43 进入预定方位线的距离误差

2）进入预定方位线的距离误差

当无线电方位线与航线不垂直时，由于飞机偏航，飞行员即使准确判断飞机已进入预定方位线，但飞机实际未到达或已飞过预定位置点，使记录的时刻和计算的地速产生误差，使预达下一位置点的时刻不准确，这种误差称为距离误差ΔD，如图 6.43 所示。

6.3.4.2 提高进入预定方位线准确性的措施

实际飞行中应当调准电台，保持好航向和姿态，读准无线电方位；在选择侧方台时，一般以电台远近为主，以方位线同航线的夹角为辅，全面衡量，尽可能选择功率大（$\Delta\theta$较小）、距离近、精度高和预定方位线同航线夹角θ接近于 90°的侧方台；在进行地图作业时准确地量、画方位线，并对由于飞机偏航而引起的距离误差进行修正。总之，通过这些方法，可以提高进入预定方位线的准确性。

6.4 向 NDB/VOR 台飞行

利用无线电领航设备引领飞机沿预定航线跟踪航迹或沿指定方位线飞向预定 NDB/VOR 台的过程，叫向电台飞行。

6.4.1 向电台飞行的两种方法

两种向台飞行方法

向电台飞行的方法有两种：一种是不修正偏流向台飞行，另一种是修正偏流向台飞行。

6.4.1.1 不修正偏流向台飞行

不修正偏流向台飞行，就是飞行中始终保持飞机机头对正电台，即始终保持相对方位角为 0°或使每一瞬间的航向等于电台方位角飞行，最后飞机将飞到 NDB/VOR 台上空，这种方法也称为被动向台。常用的方法有连续修正法和间断修正法两种。

1）连续修正法

没有侧风时，如果保持飞机机头对正电台飞行，飞机可以沿大圆圈线进入电台上空，飞机航迹是一条直线；有侧风时，飞机将向下风方向偏出，飞行员为了使飞机纵轴对正电台，就必须不断地向迎风方向转动飞机，即修正航向：左侧风时航向不断减小，右侧风时航向不断增大，使 ADF 指示器指针始终指零或 RMI 方位指针始终指飞机航向；最后飞机将从接近逆风的方向飞向电台，进入电台上空，这种方法就是连续修正法，如图 6.44 所示。侧风中被动向台飞行时，飞机的航迹是一条偏向下风方向的曲线，因此，飞行时间将有所增加，并造成偏航。时间增加和偏航大小与真空速和风速的大小及侧风程度有关。

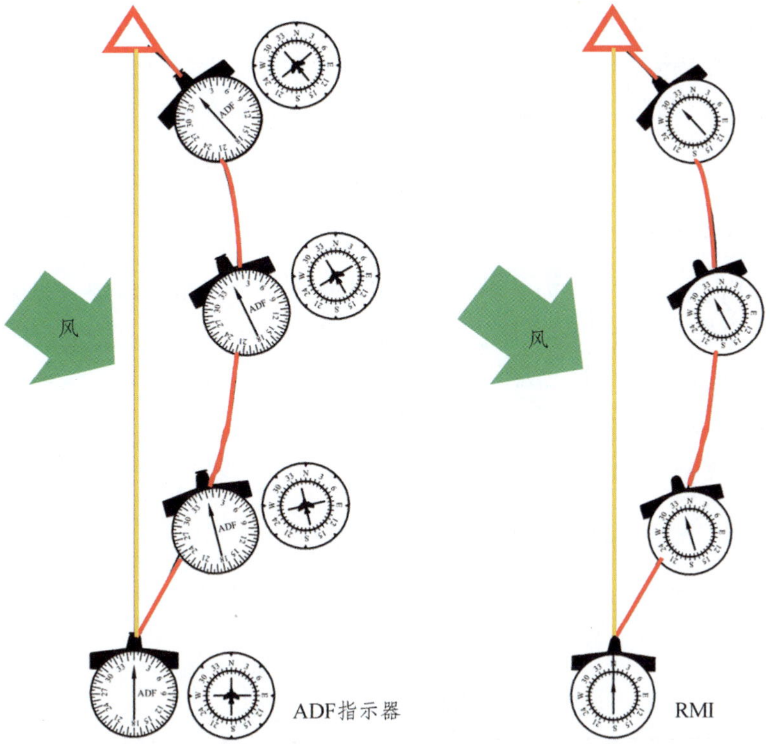

图 6.44 连续修正法被动向台

2）间断修正法

被动向台飞行时，当距电台较远，为了减少修正次数，常常采用先使飞机纵轴对正电台，并保持机头对正电台的航向飞行，经过一定时间后，如果发现飞机纵轴已经没有对正电台，则进行修正，使机头重新对正电台，保持修正后的航向飞行，如此不断修正，飞机将沿着折线飞到电台上空，这种方法就是间断修正法，如图 6.45 所示。修正的间隔时间取决于方位角变化的快慢，一般是 3 ~ 5 min；飞机接近电台时，方位角变化加快，修正的间隔时间应该相应地缩短。使用间断修正法，飞机的航迹是一条折线，同样会造成偏航和时间增长，但由于不需要经常改变航向，间断修正法是被动向台的常用飞行方法。

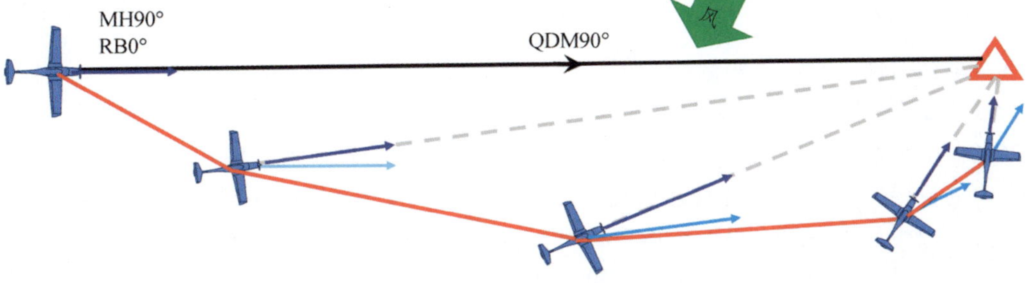

图 6.45 间断修正法被动向台

被动向台时飞行时间增长，产生偏航，使飞机航迹不易掌握，进入电台的准确性低，还会影响航班的经济性，而且从安全角度上也不允许飞机偏航过大，所以飞机沿航线飞行时，正常情况下，都不采用不修正偏流向台飞行，只有在飞机发生迷航等特殊情况时才采用。

6.4.1.2　修正偏流向电台飞行

侧风情况下向电台飞行，为了不致偏航过大或者受航行条件限制，要求飞机沿航线/方位线飞向电台时，就必须迎风修正一个偏流，使航向线偏在航线/方位的迎风方向一侧，如图 6.46 所示。这样，飞机将沿着航线/方位线进入电台上空，这种方法就是修正偏流向电台飞行，也称为主动向台。飞行过程中：

$$MH_{应} = MC（QDM） - DA \tag{6.5}$$

$$RB_{应} = 360° + DA \tag{6.6}$$

$$QDM_{应} = MC（QDM） \tag{6.7}$$

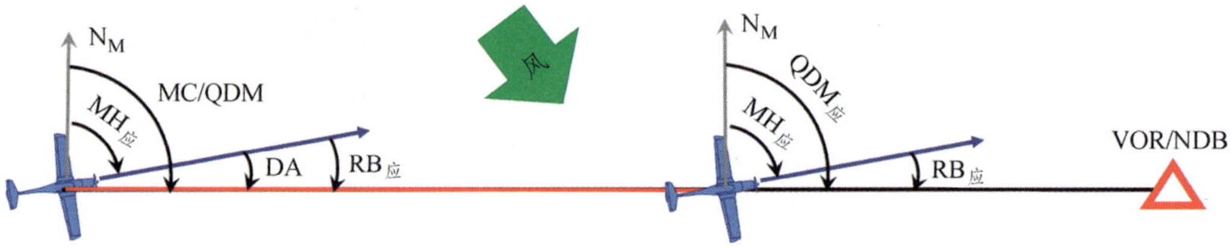

图 6.46　修正偏流向电台飞行

从图 6.46 中可以看出，飞机在某位置测定的电台磁方位等于飞机从该位置直接飞向电台的航线角，称之为向台航迹。

修正偏流向电台飞行时所需的偏流，可用已知风计算出，也可以在向电台飞行过程中估算或利用后方台求出。

1）已知偏流主动向电台飞行方法

当偏流已知时，直接修正偏流，保持应飞磁航向飞行，用 ADF 指示器、RMI、CDI 和 HSI 判断飞机是否沿着航线/方位线飞向电台。

主动向台
渐次修正法

2）偏流未知主动向电台飞行方法

在不知道偏流时，可用渐次修正法和计算法进行主动向台飞行。

（1）渐次修正法。

飞行中根据无线电方位的增减，可以判断飞机偏离方向和左右侧风；根据无线电方位变化的快慢，可以估计出偏流的大小；然后以估计的偏流作修正偏流飞向电台。向电台飞行过程中如果发现飞机继续偏离，可以将前次估计的偏流增大或减小一半，这样逐次增半或减半，直到无线电方位角不再变化为止。这时候的航向就是飞向电台的应飞航向。这种方法就叫渐次修正法。此方法一般在不能准确掌握飞机到导航台的距离时使用。

如图 6.47 所示，飞机首先机头对正电台飞行，即 MH = 90°、RB = 0°；保持航向飞一段时间后，测得 RB = 350°，判断出飞机偏右，左侧风，估计 DA = +4°；操纵飞机向左修正到 MH = QDM − DA = 80° −（+4°）= 76°飞行，这时 $RB_{应}$ = 4°；飞机保持 76°航向再飞一段时间后，测得 RB = 344°，判断出飞机继续偏右，说明偏流修正不够，因此偏流增加一半，即估计 DA = +6°，操纵飞机向左修正到 MH = QDM − DA = 60° −（+6°）= 54°，这时 $RB_{应}$ = 6°；飞机保持 MH54°飞行，如果观测到 RB 不再变化，即可认为空中实际偏流为 $DA_{实}$ = +6°，飞机保持应飞航向飞行就可以飞到电台上空。

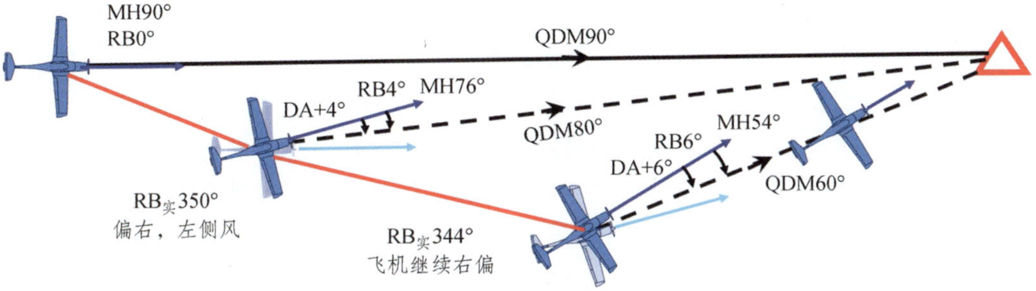

图 6.47 渐次修正法

（2）计算法。

在向电台飞行的过程中，可以根据飞行时间和无线电方位的变化，用计算的方法求出偏流，进行航向的修正，直接飞向电台。此方法一般在准确掌握飞机与导航台距离时采用。如图 6.48 所示，飞机在 *A* 位置对正电台，RB = 0°，保持航向飞行，到达 *B* 位置时，电台相对方位角变化量是ΔRB（同时也是 TKD），从三角形中可得到计算偏流的公式为

$$\sin\Delta RB/t_{已} = \sin DA/t_{未} \tag{6.8}$$

飞行中，ΔRB 一般较小，同时 DA 一般也较小，简化得到

$$\Delta RB/t_{已} = DA/t_{未} \tag{6.9}$$

计算时需明确：电台相对方位角减小时风为左侧风，DA 为“+”；电台相对方位角增大时风为右侧风，DA 为“−”；TKE 就等于ΔDA。

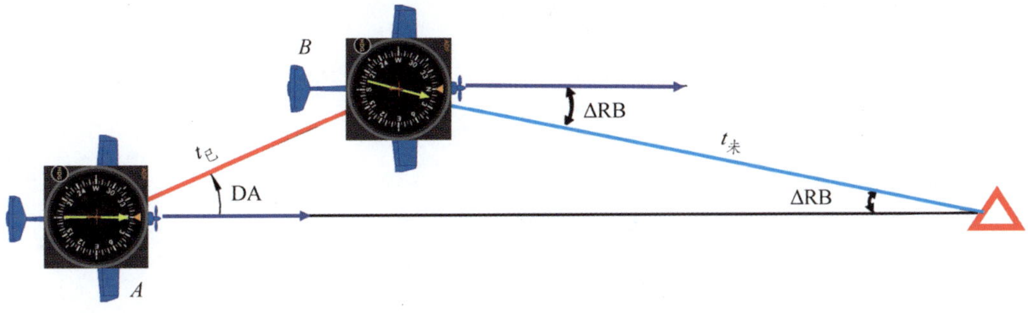

图 6.48 向电台计算法求偏流

计算出偏流后，即可根据飞机从 B 位置飞向电台的航线角（当时的电台磁方位），迎风修正偏流，按计算出的应飞航向飞至电台上空。

6.4.2 向电台飞行判断偏航

向电台飞行过程中，由于风及其他因素的影响，飞机会产生偏航，因此向电台飞行过程中必须及时发现并确定偏航。

向台判断偏航

6.4.2.1 判断偏航基本原理

向电台飞行中，飞机任何时刻都必定在某一条方位线上，也就是飞机当时测出的电台磁方位就是飞机飞向电台的新航线角，因此利用测出的电台磁方位角与航线角比较，即可判断飞机的偏航情况，如图 6.49 所示。如果没有偏航，飞机所在方位线将与航线重合，电台磁方位 QDM 将等于磁航线角 MC；如果偏航，飞机所在方位线与航线就不重合，电台磁方位 QDM 将不等于磁航线角 MC：飞机偏左，电台磁方位将大于磁航线角；飞机偏右，电台磁方位将小于磁航线角。用电台相对方位角判断偏航的方法同理。

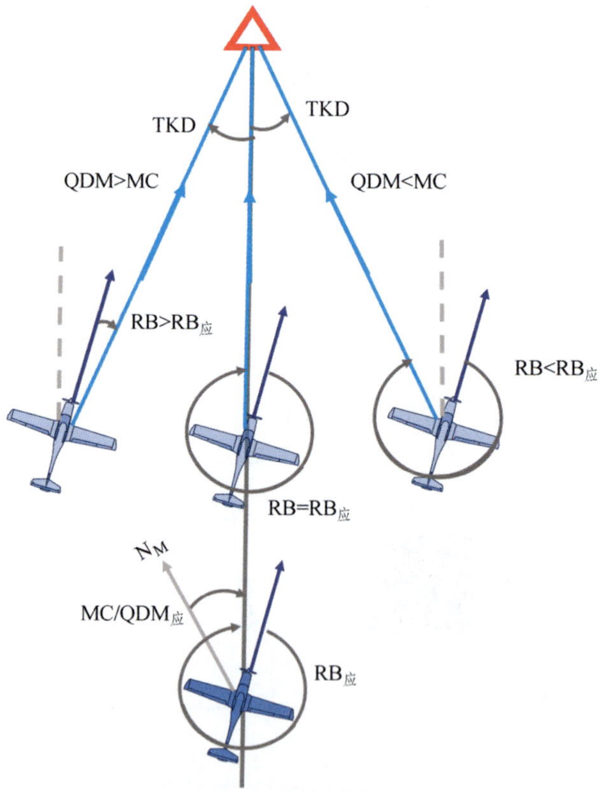

图 6.49 向台判断偏航

向电台飞行利用无线电方位判断偏航的规律：

$QDM > MC$ 或 $RB > RB_{应}$，飞机偏左；

$QDM = MC$ 或 $RB = RB_{应}$，飞机不偏；

$QDM < MC$ 或 $RB < RB_{应}$，飞机偏右。

实际飞行中可归纳为：向电台飞行，大偏左，小偏右，相等不偏。从图 6.49 中可以看出偏离角为

$$TKD = MC - QDM \tag{6.10}$$

或

$$TKD = RB_{应} - RB \tag{6.11}$$

6.4.2.2 用仪表判断偏航的方法

ADF 向台判断偏航

1）用 ADF 指示器判断偏航

飞行中 ADF 指示器与航向仪表配合使用。用 ADF 指示器判断偏航的仪表设想：指针代表方位线，指针针尖指示实际电台相对方位，仪表中心表示电台，飞机在指针针尾，方向与航向标线一致；飞行员从刻度盘上找到 $RB_{应}$ 刻度，然后通过仪表中心画出一条虚拟的线即航线，飞行员直观地观察飞机（针尾）在航线的左侧还是右侧，即可判断出飞机偏离航线的情况，如图 6.50 所示。偏离角的大小就是刻度盘上实际方位与 $RB_{应}$ 刻度的差值。

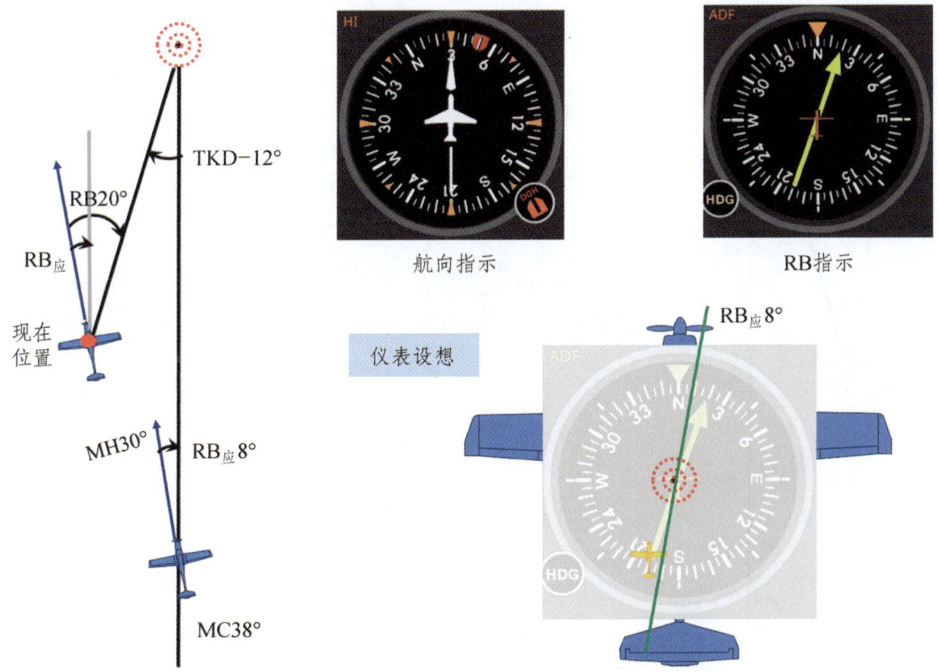

图 6.50　用 ADF 向台判断偏航

实际飞行中常采用填补法进行，即通过航向与电台相对方位的填补，心算出电台磁方位，然后与航线角（即预计航迹角）比较，判断出飞机偏离航线的位置。具体方法是：将电台相对方位角补够或减少到360°（即ADF指示器指示大于0°的度数加给航向，反之ADF指示器指示小于360°由航向给ADF指示补足360°），心算出电台磁方位与航线角比较，即可判定飞机的位置。例如航线角127°，从仪表上读出MH130°、RB355°，这时由航向借5°给ADF指示补足360°，剩余的航向125°即为电台磁方位125°，比航线角127°小，表明飞机偏右+2°。

还有一种方法就是直接采用ADF指示器当时指示的RB与$RB_{应}$比较来判断偏航，这种方法在飞行中很少使用。

RMI向台判断偏航

2）用RMI判断偏航

利用RMI判断偏航，通过"ADF/VOR"按钮选择导航源，方位指针针尖指示QDM与航线角MC比较即可得出偏离角TKD。用RMI向台判断偏航的仪表设想：航向标线与中心的连线代表航向线，刻度盘上的磁航线角刻度与中心的连线代表航线，方位指针代表飞机当时所在的方位线，刻度盘中心表示电台，飞机位于指针尾部。以航线为准，飞机（针尾）在左侧表示飞机偏左，偏离角为负；飞机（针尾）在右侧表示飞机偏右，偏离角为正；方位指针针尖与设想航线间的夹角就是偏离角，如图6.51所示。根据RMI仪表设想直观地判断飞机偏航其实就是用RMI当时指示的QDM与航线角MC比较来判断偏航的图形化。

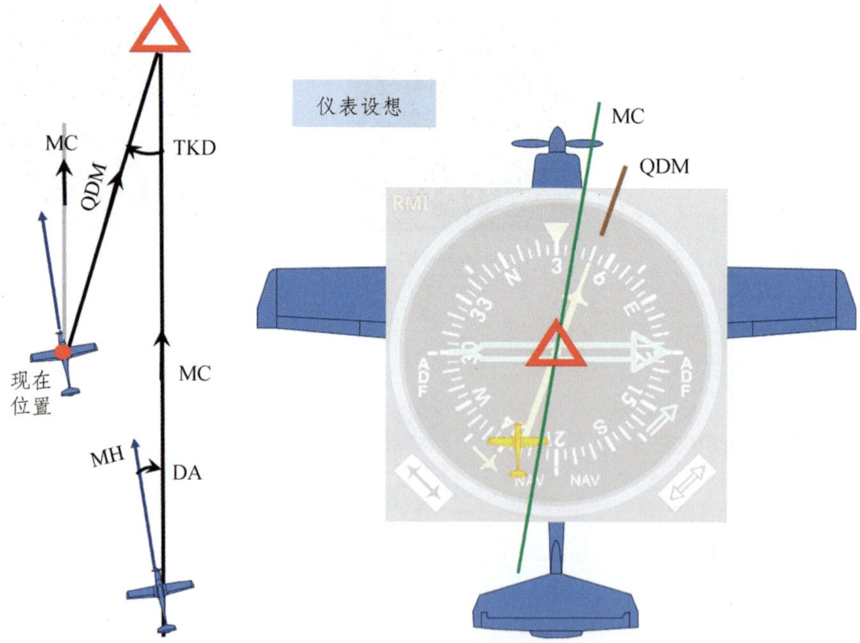

图6.51 用RMI判断偏航仪表设想

【例 6.2】 预定航线 MC50°，调谐好频率并判明电台后，RMI 的指示如图 6.52 所示，MH = 55°、QDM = 60°，判断飞机偏航情况。

【解】 从图 6.52 中可以进行仪表设想，即从刻度 50°处连接仪表中心画出假想航线，通过方位指针尾部可以直接判断出飞机偏在航线左侧，得出 TKD = －10°；也可用指示的 QDM60°与 MC50°直接比较，判断出飞机偏左－10°。图 6.52 中右图是根据仪表指示反映出的飞机与航线的关系。

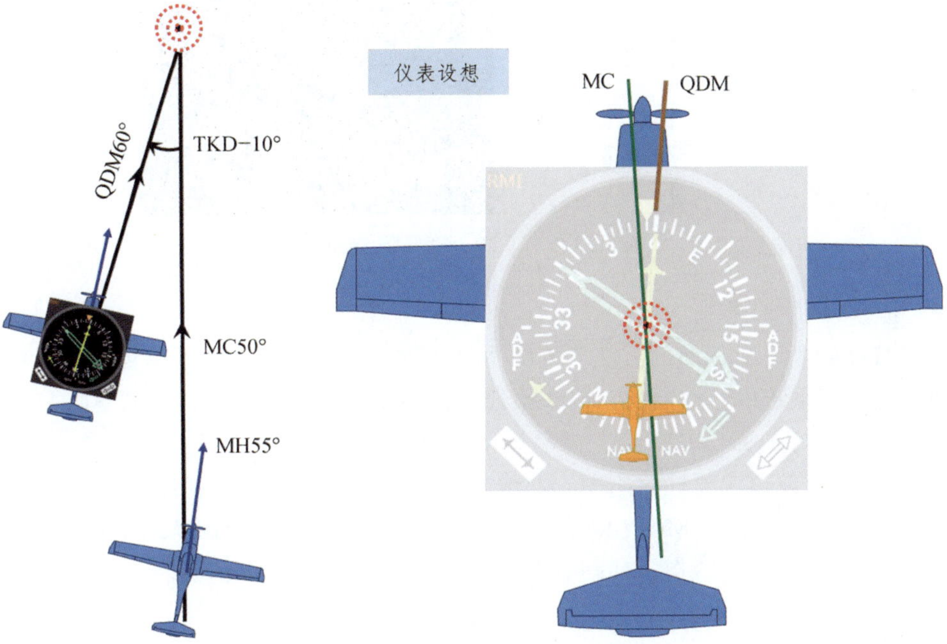

图 6.52 用 RMI 向台判断偏航

3）用 CDI 判断偏航

CDI 判断偏航应首先在控制盒上调谐好所选地面 VOR 台的频率，并听清呼号，然后转动“OBS”旋钮使刻度盘上的预定航道的磁航线角 MC 刻度与标线对齐，飞行员通过直接判断航道偏离杆偏离刻度盘中心（代表飞机）的情形，就可以判断出飞机的偏航情况。如果航道偏离杆偏右，表明飞机偏左；航道偏离杆偏左，表明飞机偏右；偏离角的大小从偏离刻度处直接读出（即数点）。向台飞行，当飞机偏在预选航道左边时，电台磁方位等于预选航道 MC 增加一个偏离角 TKD；当飞机偏在预选航道右边时，电台磁方位等于预选航道 MC 减少一个偏离角 TKD。

【例 6.3】 预定航线 MC50°，调谐好地面 VOR 台后调定预选航道 MC50°，保持 MH55°飞行，这时 CDI 的指示如图 6.53 所示，判断飞机的偏航情况。

【解】 从图 6.53 中可以看出航道偏离杆偏在中心的右侧 4 个点，说明飞机偏左，得出 TKD = －8°。

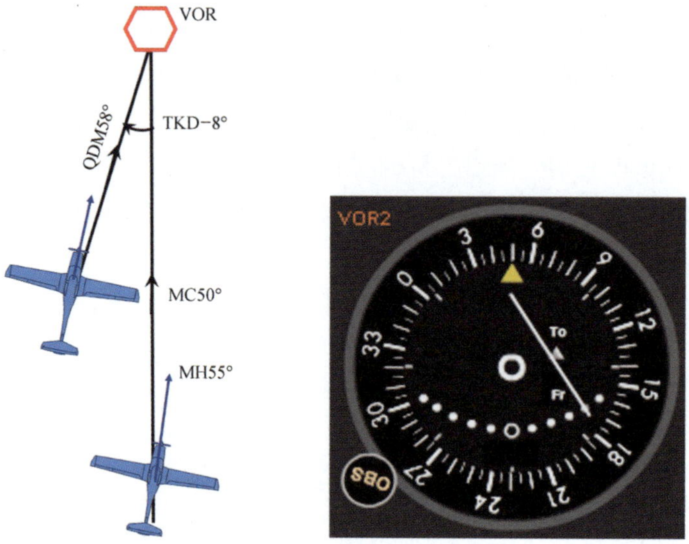

图 6.53　用 CDI 向台判断偏航

4）用 HSI 判断偏航

利用 HSI 判断飞机偏航的方法与 CDI 基本相同，只是 HSI 增加了航向指示，刻度盘的转动是受航向系统信号控制的，转动预选航道旋钮时预选航道指针转动。用 HSI 判断偏航应首先调谐好地面 VOR 台，然后转动预选航道旋钮在刻度盘/窗上选定预选航道 MC，飞行员通过航道偏离杆偏离中心左或右的点数，判明飞机的偏航情况。

【例 6.4】 预定航线 MC 120°，调谐好地面 VOR 后调定预选航道 MC120°，保持 MH110°飞行，这时 HSI 的指示如图 6.54 所示，判断飞机的偏离情况。

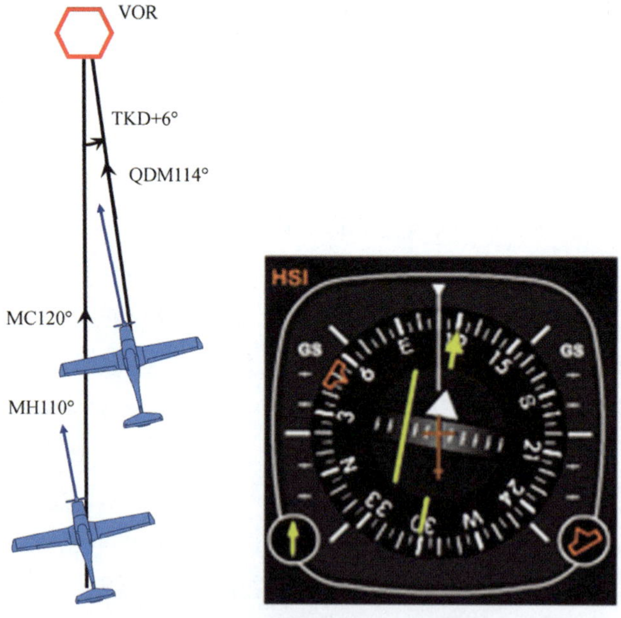

图 6.54　用 HSI 向台判断偏航

【解】 从图 6.54 中可以看出航道偏离杆偏在中心的左侧 3 个点，说明飞机偏在右侧 + 6°。

利用 CDI/HSI 判断飞机偏航，可以很直观地判断出飞机偏航的左右及大小，但飞行距离不同，同样的偏离角所对应的偏航距离也不相同。飞行中为了及时掌握飞机偏离航线的距离，常常采用快速的心算方法，即 1/60 规则，它的理论基础是飞行距离约为 60 NM，每偏离 1 NM，则偏离的角度为 1°，即对于 5 个点的 CDI/HSI 上每浬每点偏航距离约 210 ft（约 65 m），就是说当飞机距离电台 1 NM，如果 CDI/HSI 指示飞机偏离航道 1 个点，则飞机大约偏航的距离为 210 ft（或约 65 m），以此类推即可算出在不同距离偏离不同点数飞机的偏航距离。例如，飞机在 30 NM 偏 1 个点的偏航距离约 1 NM，飞机在 60 NM 偏 2 个点的偏航距离为约 4 NM。

6.4.3 向电台飞行修正航迹

飞行员判断出飞机偏航后，需要修正航迹使飞机飞到预定电台上空。向电台修正航迹有按新航线角修正和按航迹修正角修正两种方法。

6.4.3.1 按新航线角修正航迹

向电台飞行测出的电台磁方位 QDM 就是从当时位置改航直飞电台的新航线角 $MC_{新}$，因此，只需求出偏流，即可按新航线角修正偏流飞向预定电台，如图 6.55 所示。按新航线角向电台修正航迹的方法和步骤如下：

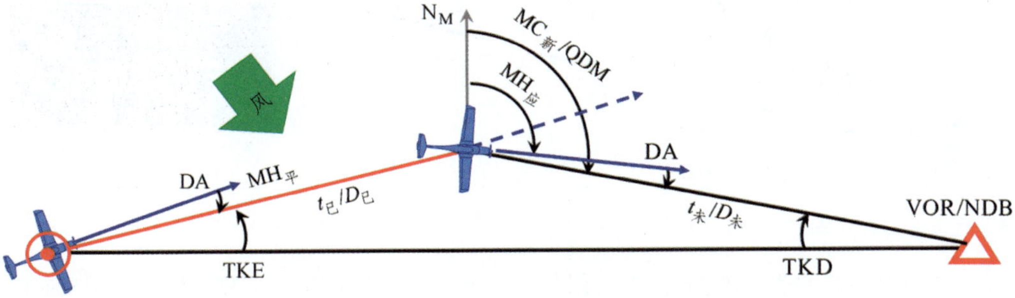

图 6.55 按新航线角向台修正航迹原理

（1）根据判断偏航的方法求出新航线角（即当时的电台磁方位角）和偏离角。

（2）计算偏航角 TKE。

$$TKE = D_{未}（t_{未}）/ D_{已}（t_{已}）\cdot TKD \quad (6.12)$$

（3）计算航迹角 MTK。

$$MTK = MC + TKE \quad (6.13)$$

（4）计算偏流 DA。

$$DA = MTK - MH_{平} \quad (6.14)$$

（5）计算应飞磁航向 $MH_{应}$。

$$MH_{应}=QDM（MC_{新}）-DA \tag{6.15}$$

（6）计算沿新航线飞行应该指示的无线电方位。

$$RB_{应}=360°+DA \tag{6.16}$$

$$QDM_{应}=QDM（或 MC_{新}） \tag{6.17}$$

【例 6.5】 航线为 MC70°，飞机保持平均磁航向 MH60°飞行 15 min，利用 ADF 指示器进行向台检查，这时 ADF 指示器指示 RB13°，还有 20 min 未飞，如图 6.56 所示。判断偏航并进行向台修正航迹直飞电台的计算并作图。

【解】 ① 用填补法可得到电台磁方位 QDM = 73°，这一角度也是飞机直飞电台的新航线角，判明飞机偏左，TKD = －3°。

② 计算 TKE。结合目测心算出 TKE = －4°。

③ 计算 MTK。已知 MC = 70°，计算出 MTK = 66°。

④ 计算 DA。已知 $MH_{平}$ = 60°，计算出 DA = ＋6°。

⑤ 计算 $MH_{应}$。由上面求出的 QDM 和 DA 即可求出 $MH_{应}$ = 67°。

⑥ 计算 $RB_{应}$。计算出的 $RB_{应}$ = 6°。

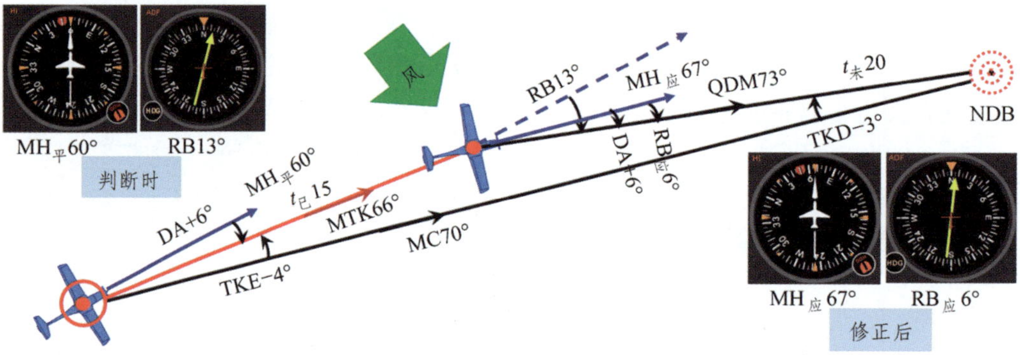

图 6.56　利用 ADF 指示器按新航线角向台修正航迹

【例 6.6】 航线为 MC70°，飞机保持平均磁航向 MH60°飞行 15 min，利用 RMI 进行向台检查，这时 RMI 指示电台磁方位 QDM73°，还有 20 min 未飞，如图 6.57 所示。判断偏航并进行向台修正航迹直飞电台的计算并作图。

【解】 ① RMI 所测出的电台磁方位 QDM73°，就是新航线角，用这一角度与原航线角 70°比较，即可判定飞机偏左，TKD = －3°。

② 计算 TKE。结合目测心算出 TKE = －4°。

③ 计算 MTK。已知 MC = 70°，计算出 MTK = 66°。

④ 计算 DA。已知 $MH_{平}$ = 60°，计算出 DA = ＋6°。

⑤ 计算 $MH_{应}$。由上述求出的 DA 和已知的 QDM 即可求出 $MH_{应}$ = 67°。

⑥ 计算 $QDM_{应}$。$QDM_{应}$ 就等于所测出的 QDM，即 $QDM_{应}$ = 73°。

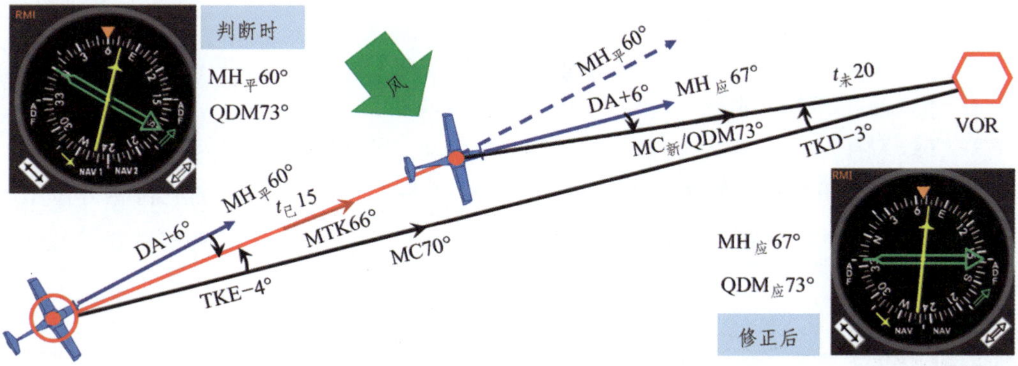

图 6.57　利用 RMI 按新航线角向台修正航迹

【例 6.7】　航线为 MC70°，航道偏离指示器 CDI 预选航道调定 70°，飞机保持平均磁航向 MH60°飞行 15 min，利用 CDI 进行向台检查：航道偏离杆向右偏 1.5 个点，还有 20 min 未飞，如图 6.58 所示。判断偏航并进行向台修正航迹直飞电台的计算并作图。

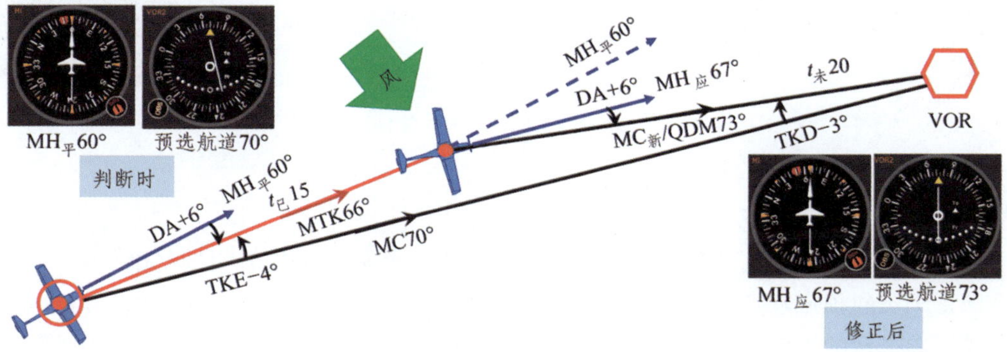

图 6.58　利用 CDI 按新航线角向台修正航迹

【解】　① 根据 CDI 上偏离杆与飞机的关系，确定出飞机的偏航。飞机偏左，TKD = －3°，QDM = 73°。

② 计算 TKE。结合目测心算出 TKE = －4°。

③ 计算 MTK。已知 MC = 70°，计算出 MTK = 66°。

④ 计算 DA。已知 $MH_{平}$ $MH_{平}$ = 60°，计算出 DA = ＋6°。

⑤ 计算 $MH_{应}$。由上述求出的 QDM 和 DA 即可求出 $MH_{应}$ = 67°。

⑥ 转动“OBS”旋钮，重新调整预选航道 $MC_{新}$ 即直飞向台的电台磁方位 73°，航道偏离杆回到中立位置，飞行中始终保持航道偏离杆在中立，飞机将沿新航线飞到 VOR 台上空。

【例 6.8】　航线为 MC70°，水平状态指示器 HSI 预选航道调定 70°，飞机保持平均磁航向 MH60°飞行 15 min，利用 HSI 进行向台检查：航道偏离杆向右偏 1.5 个点，还有 20 min 未飞，如图 6.59 所示。判断偏航并进行向台修正航迹直飞电台的计算并作图。

【解】　① 根据 HSI 上偏离杆与飞机的关系，确定出飞机的偏航。飞机偏左，TKD = －3°，QDM = 73°。

② 计算 TKE。结合目测心算出 TKE = －4°。

③ 计算 MTK。已知 MC = 70°，计算出 MTK = 66°。

④ 计算 DA。已知 $MH_{平}$ = 60°，计算出 DA = ＋6°。

⑤ 计算 $MH_{应}$。由上述求出的 QDM 和 DA 即可求出 $MH_{应}$ = 67°。

⑥ 转动“航道预选”旋钮，重新调整预选航道 $MC_{新}$ 即直飞向台的电台磁方位 73°，航道偏离杆回到中立位置，飞行中始终保持航道偏离杆在中立，飞机将沿新航线飞到 VOR 台上空。

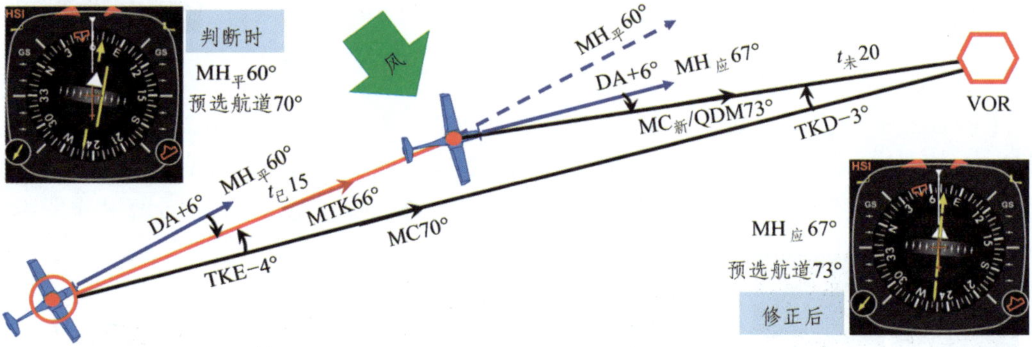

图 6.59　利用 HSI 按新航线角向台修正航迹

6.4.3.2　按航迹修正角修正航迹

根据向电台测出的偏离角，计算出航迹修正角，然后在平均航向的基础上修正一个航迹修正角飞向预定电台上空。因此，只需求出航迹修正角，即可按航迹修正角修正航迹完成飞向电台的工作，如图 6.60 所示。按航迹修正角修正航迹的方法和步骤如下：

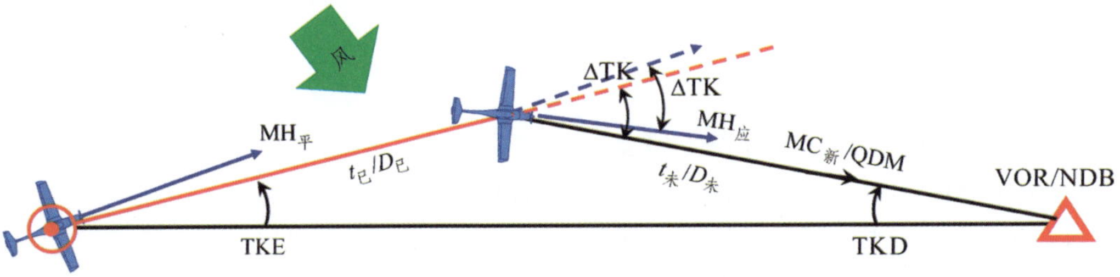

图 6.60　按航迹修正角修正航迹原理

（1）根据判断偏航的方法求出偏离角。

（2）计算航迹修正角ΔTK。心算的公式为

$$\Delta TK = t_{总}（D_{总}）/ t_{已}（D_{已}）\cdot TKD \tag{6.18}$$

其中，$t_{总} = t_{已} + t_{未}$ 或 $D_{总} = D_{已} + D_{未}$。

（3）计算应飞航向 $MH_{应}$。

$$MH_{应} = MH_{平} - \Delta TK \tag{6.19}$$

（4）计算沿新航线飞行应该指示的无线电方位。$RB_{应}$ 可以根据改航前后的航向变化量和判断飞机偏航时的电台相对方位计算出；$QDM_{应}$ 则是判断飞机偏航时的 QDM。

【例 6.9】 航线为 MC120°飞行，飞机保持平均磁航向 MH125°飞行 15 min，用 ADF 指示器进行向台检查，这时 ADF 指示器指示 RB351°，飞机还有 16 min 未飞，如图 6.61 所示。判断偏航并进行向台修正航迹的计算和作图。

【解】 ① 用填补法可得到 QDM = 116°，与 MC120°比较，判定飞机偏右，TKD = +4°。

② 计算ΔTK。心算出ΔTK = [（15 + 16）/15] ×（+4°）≈ +8°。

③ 计算 $MH_{应}$。已知 $MH_{平}$ 125°，$MH_{应} = MH_{平} - \Delta TK = 125° - (+8°) = 117°$。

④ 确定 $RB_{应}$。飞机航向由 125°改航至 117°，航向减小 8°，对应的相对方位就应增加 8°，即 $RB_{应}$ 就是在 351°基础上增加 8°得到 359°，所以 $RB_{应}$ = 359°。

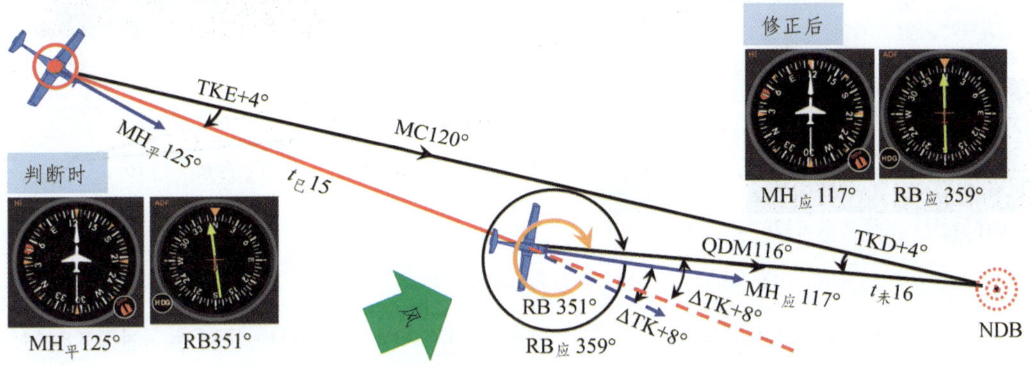

图 6.61 利用 ADF 指示器按航迹修正角向台修正航迹

【例 6.10】 航线为 MC120°飞行，飞机保持平均磁航向 MH125°飞行 15 min，用 RMI 进行向台检查，这时指示 QDM116°，飞机还有 16 min 未飞，如图 6.62 所示。判断偏航并进行向台修正航迹的计算和作图。

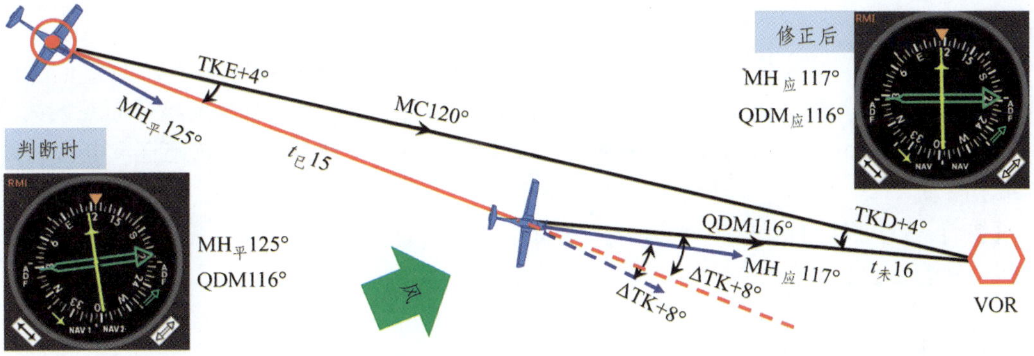

图 6.62 利用 RMI 按航迹修正角向台修正航迹

【解】 ① 用 RMI 上测出的 QDM = 116°，与 MC = 120°比较，即可判定飞机偏右，TKD = +4°。

② 计算ΔTK。结合公式心算出ΔTK＝［（15＋16）/15］×（＋4°）≈＋8°。

③ 计算 $MH_{应}$。已知 $MH_{平}$ ＝125°，$MH_{应}$ ＝125°－（＋8°）＝117°。

④ 确定 $QDM_{应}$。改航后飞机沿同一方位线飞向电台，应该指示的电台磁方位不会改变，即 $QDM_{应}$ ＝116°。

【例 6.11】 航线为 MC120°飞行，航道偏离指示器 CDI 预选航道调定 120°，飞机保持平均磁航向 MH125°飞行 15 min，利用 CDI 进行向台检查：航道偏离杆向左偏离 2 个点，还有 16 min 未飞，如图 6.63 所示。判断偏航并进行向台修正航迹直飞电台的计算并作图。

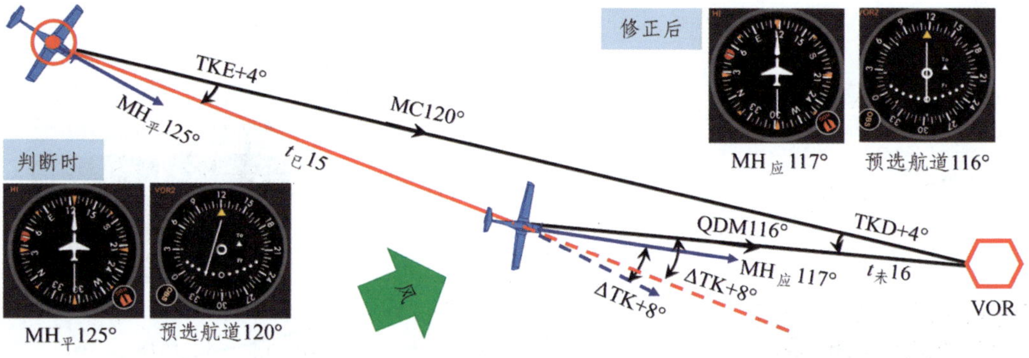

图 6.63　利用 CDI 按航迹修正角向台修正航迹

【解】 ① 根据 CDI 上偏离杆与飞机的关系，确定出飞机偏航：TKD＝＋4°，QDM＝116°。

② 计算ΔTK。心算出ΔTK＝＋8°。

③ 计算 $MH_{应}$。已知 $MH_{平}$ ＝125°，$MH_{应}$ ＝125－（＋8°）＝117°。

④ 转动 OBS 旋钮，重新调整预选航道 $MC_{新}$ 即直飞向电台的电台磁方位 116°，航道偏离杆回到中立位置；飞行中始终保持航道偏离杆在中立，飞机将沿着 QDM116°方位线飞到 VOR 台上空。

【例 6.12】 航线为 MC120°飞行，水平状态指示器 HSI 预选航道调定 120°，飞机保持平均磁航向 MH125°飞行 15 min，利用 HSI 进行向台检查：航道偏离杆向左偏离 2 个点，还有 16 min 未飞，如图 6.64 所示。判断偏航并进行向台修正航迹直飞电台的计算并作图。

【解】 ① 根据 HSI 航道偏离杆与飞机的关系，确定出飞机的偏航：飞机偏右，TKD＝＋4°，QDM＝116°。

② 计算ΔTK。结合公式心算出ΔTK＝＋8°。

③ 计算 $MH_{应}$。已知 $MH_{平}$ ＝125°，$MH_{应}$ ＝125°－（＋8°）＝117°。

④ 转动“航道预选”旋钮，使预选航道指直飞电台的电台磁方位 116°，航道偏离杆回到中立位置；飞行中始终保持航道偏离杆在中立，飞机将沿着 QDM116°方位线飞到 VOR 台上空。

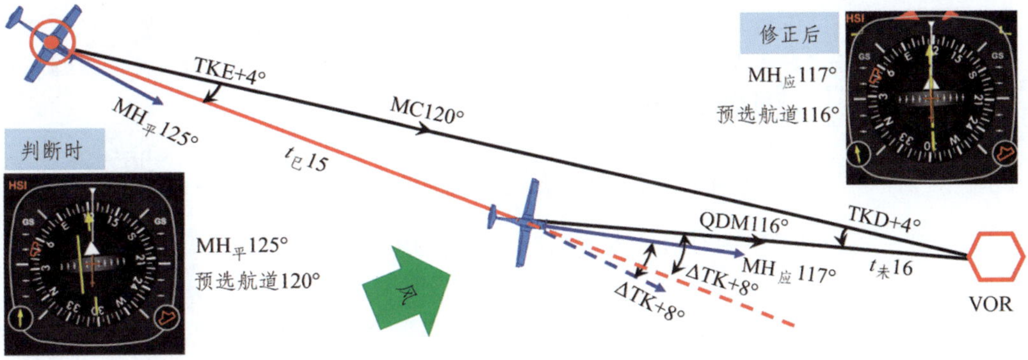

图 6.64　利用 HSI 按航迹修正角向台修正航迹

实际飞行中，飞机偏航进行修正航迹直飞电台时，一般较多采用按航迹修正角修正航迹的方法；如果要按新航线角修正航迹，也常采用估计偏流渐次修正的方法；修正时多结合目测和心算进行。

6.4.4　判断飞机过台时机

向电台飞行过程中，飞行员应根据预达电台的时刻，依靠无线电导航仪表正确判断飞机通过电台的时机，确定飞机位置。

ADF 判断过台

6.4.4.1　通过 NDB 台时机的判断

用 ADF 指示器、RMI 判断过 NDB 台时，仪表上指针刚开始会出现摆动，然后迅速“倒针”，指针指反向 180°，这时飞机从电台正上空通过；如果飞机从地面电台的一侧过台时，则方位指针开始也会摆动，然后指针缓慢倒转，那么方位指针指示 3 点钟位或 9 点钟位时飞机从电台旁侧通过，随着飞机向前飞行，方位指针将逐渐向背台方位接近，如图 6.65 所示。如飞机高度低、速度快，由于过台时间很短，飞行员往往不能发现过台

图 6.65　飞机过 NDB 台时机

点，为了保证过台的准确性，有的在电台位置还安装了指点标台，飞机上则装有信标接收机；当飞机通过电台上空时，信标接收机接收并发出信号，即灯亮、铃响，提醒飞行员飞机正在过台，飞行员即可根据信号判定飞机过台的时刻。

6.4.4.2　通过 VOR 台时机的判断

CDI 判断过台

用 RMI 判断过 VOR 台时机的方法与判断过 NDB 台的方法完全相同。

用 CDI、HSI 判断过 VOR 台时，当飞机进入盲区，CDI、HSI 上航道偏离杆会出现摆动，当向/背台指标倒转瞬间，同时警告牌出现，表明飞机从电台正上空通过；而飞机从地面 VOR 台正侧方通过时，航道偏离杆摆动较小，向/背台指标倒转瞬间，警告牌不出现，在这一过程中航道偏离杆始终偏在左/右侧。如图 6.66 所示为 CDI 过台时仪表指示的变化。

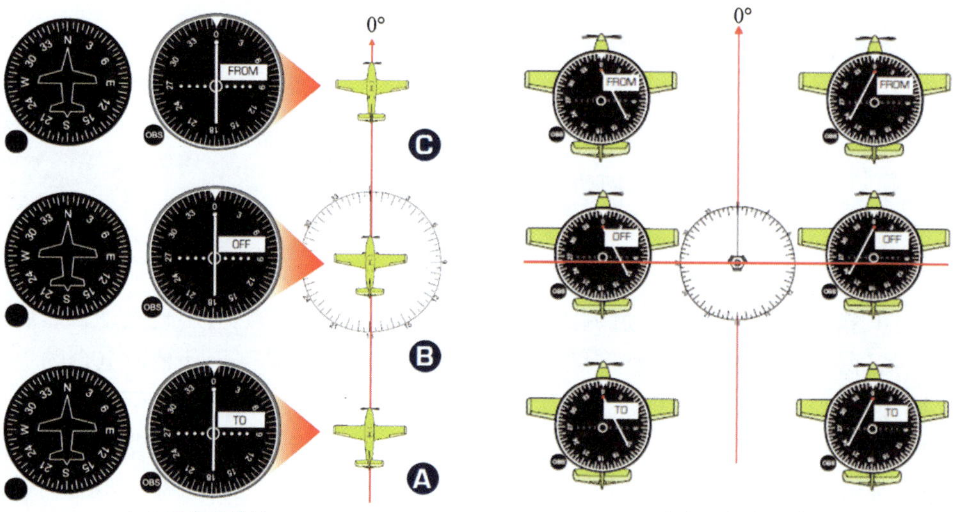

图 6.66　飞机通过 VOR 台时机

6.5　背 NDB/VOR 台飞行

背电台飞行就是飞机飞越 NDB/VOR 台后，利用后方 NDB/VOR 台测定的航行元素来保持飞机沿预定航线跟踪航迹飞行或切入航线的飞行方法。

6.5.1　背电台飞行判断偏航

背台飞行判断偏航就是利用无线电领航仪表测定的无线电方位，计算或显示出背台飞行过程中的偏流及偏航，确定飞机能否沿预定航线飞到预定点上空。

6.5.1.1 判断偏航基本原理

飞机准确通过 NDB/VOR 台上空后，保持一定的航向直线飞行一定时间，那么飞机所在的无线电方位线同飞机的平均航迹线重合，这时测出的飞机磁方位 QDR 就是飞机的平均磁航迹 MTK，即 $MTK_{平} = QDR$，如图 6.67 所示。为了使用方便，常将飞机磁方位 QDR 称为背台航迹。根据飞机准确过台到测偏流期间所保持的平均磁航向 $MH_{平}$ 和测出的飞机磁方位 QDR，从图 6.67 可以看出

$$DA = QDR - MH_{平} = RB - 180° \tag{6.20}$$

$$TKE = QDR - MC \tag{6.21}$$

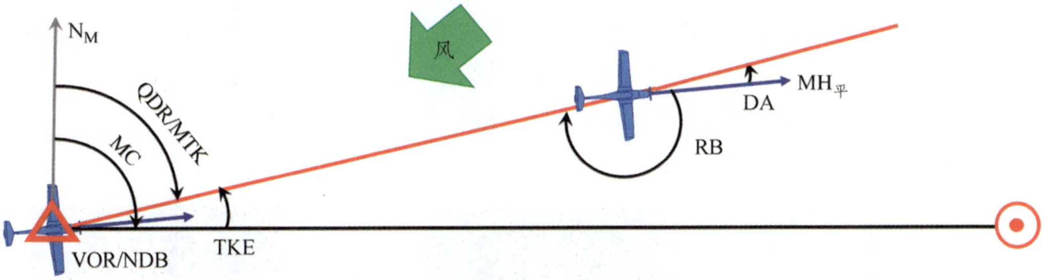

图 6.67 准确过台后判断偏航

背电台飞行中利用测出的飞机磁方位角与航线角比较，即可判断飞机的偏航情况：如果没有偏航，飞机所在方位线将与航线重合，飞机磁方位 QDR 将等于磁航线角 MC；如果偏航，飞机所在方位线与航线就不重合，飞机磁方位小于磁航线角，则飞机偏左，反之飞机磁方位大于磁航线角，则飞机偏右。用电台相对方位角判断偏航的方法同理。飞行中可归纳为：背电台飞行，大偏右，小偏左，相等不偏。

6.5.1.2 用仪表判断偏航的方法

ADF 背台判断偏航

1）用 ADF 指示器判断偏航

飞行中 ADF 指示器与航向仪表配合使用。背台飞行中，飞机每一时刻都必定在某一条方位线上，因此将 ADF 当时测出的相对方位角 RB 与飞机保持航向沿航线作背台飞行时应该指示的电台相对方位角 $RB_{应}$ 比较就可以知道飞机的偏航情况。当 $RB < RB_{应}$ 时，飞机偏左；当 $RB = RB_{应}$ 时，飞机不偏；当 $RB > RB_{应}$ 时，飞机偏右，如图 6.68 所示。这种方法在飞行中很少使用。计算的公式为

$$TKE = RB - RB_{应} \tag{6.22}$$

$$RB_{应} = 180° + DA \tag{6.23}$$

用 ADF 指示器判断偏航可以通过仪表设想进行。方位指针代表方位线，仪表中心表示电台，飞机在方位指针尾部，方向与航向标线一致，方位指针针尖指示飞机当时电台相对方位，从刻度盘上找到 $RB_{应}$ 刻度，并从这一刻度通过仪表中心画出一条线，这条线就是航线，飞行员直观地观察飞机（针尾）与航线的位置关系，即可判断出飞机偏离航线的情况。偏航角的大小就是指示的电台相对方位与 $RB_{应}$ 刻度的差值；偏流就是指示的电台相对方位角与 180°间的差值，方位指针指示大于 180°，偏流为“+”，方位指针指示小于 180°，偏流为“–”。如图 6.69 所示，飞机准确过 NDB 电台，保持平均磁航向 MH90°沿航线 MC104°飞行，飞行一段时间后，ADF 指示器指示 RB190°，通过仪表设想可以得出 $RB_{应}$ = 194°、DA = +10°、TKE = –4°。

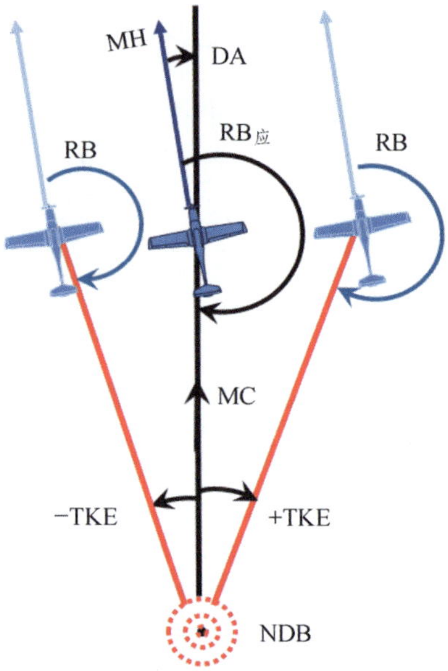

图 6.68　用 ADF 背台判断偏航原理

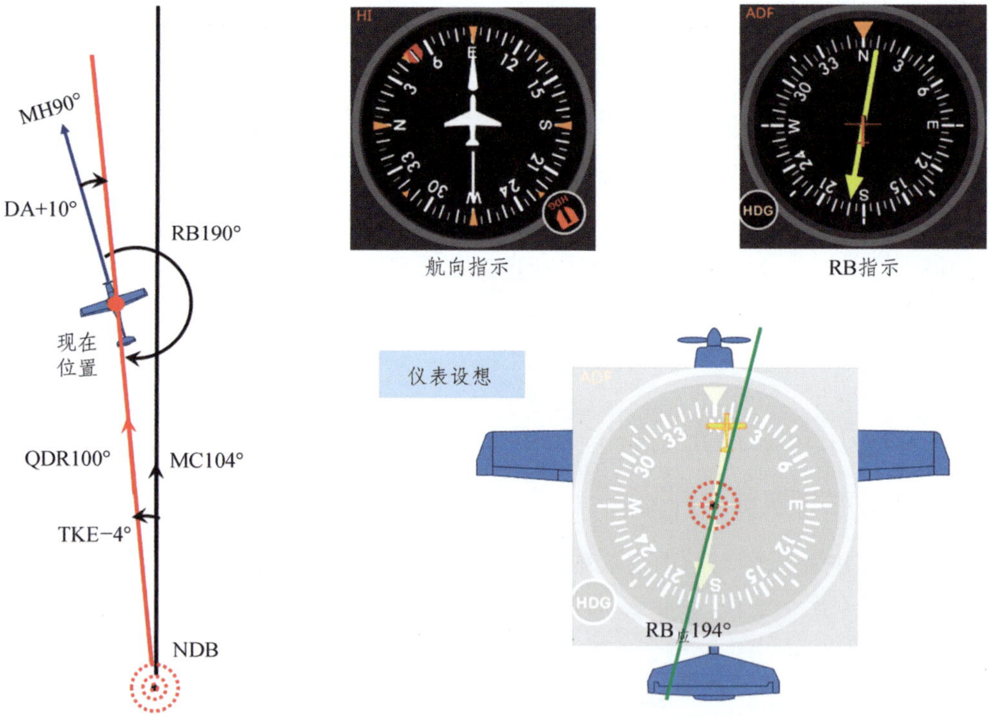

图 6.69　用 ADF 背台判断偏航

实际飞行中常采用填补法计算出飞机磁方位 QDR 来背台判断偏航，即通过航向与电台相对方位的填补，心算出飞机磁方位 QDR，与预定航线的航线角 MC 比较，判断出飞机与预定航线的关系，并可求出 DA、TKE。具体方法是将电台相对方位角补够或减小到 180°，心算出飞机磁方位角 QDR 与预定航线的航线角 MC 比较即可判定飞机位置。如图 6.69 所示，航线角为 104°，从仪表读出 MH90°、RB190°，那么电台相对方位角 190°比 180°多 10°，则将 10°加到航向 90°上，即可得到飞机磁方位角 QDR = 100°，比航线角 104°小，表明飞机偏左，可以计算出 DA = +10°、TKE = −4°。

用 ADF 指示器检查航迹，其准确性与飞机准确过台后保持的航向是否稳定、读取电台相对方位角的准确性及离台的远近等因素有关。因此，当用 ADF 指示器检查航迹时，必须定准瞬间航向，如果平均航向与瞬间航向不一致，则求出的偏流角、航迹角、偏航角就会有相应的误差，如图 6.70 所示。为了减小这种误差，应取电台相对方位的平均值来计算。读取电台相对方位平均值是读取电台相对方位的最基本、最常用的方法。飞行中，应在严格保持平均航向的同时，仔细观察 ADF 指示器的指示，经过一段时间的判断，确定读取的数值；在确定具体数值时，应先确定指示的方向，再确定指示的范围，最后确定应读取的数值。读取电台相对方位时，应参照飞机与电台的概略方位和已飞时间进行综合判断。为了提高检查航迹的准确性，还应尽量选择发射功率大、距飞机较近和工作比较稳定的导航台。

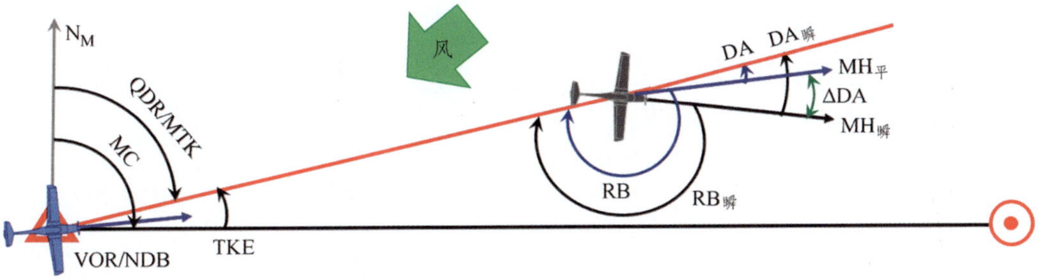

图 6.70 由于航向不一致引起的误差

2）用 RMI 背台判断偏航

背台飞行用 RMI 上方位指针针尾指示的 QDR 与预定航线的航线角 MC 比较，即可判断出飞机与预定航线的关系。当 QDR < MC 时，飞机偏左；QDR = MC 时，飞机不偏；QDR > MC 时，飞机偏右。

RMI 背台判断偏航

利用 RMI 判断偏航，需通过“ADF/VOR”按钮选择导航源是 NDB 还是 VOR，但判断方法完全相同。用 RMI 背台判断偏航可以通过仪表设想进行。方位指针代表飞机当时所在的方位线，刻度盘中心表示电台，飞机位于方位指针尾部，刻度盘上的磁航线角刻度与中心的连线代表假想航线。飞行中根据 RMI 仪表设想，就可以在 RMI 上很直观地判断出飞机与预定航线的关系。方位指针尾部与假想航线间的夹角就是偏航角；以假想航线为准，方位指针尾部偏右时偏航角为正，方位指针尾部偏左时偏航角为负。方位指针尾部与航向标线的夹角就是偏流，以航向标线为准，方位指针尾部偏右为正偏流，方位指针尾部偏左为负偏流。

如图6.71所示，飞机准确过台，保持平均磁航向 MH55°沿航线 MC50°飞行，飞行一段时间后，RMI 指示 QDR60°；进行仪表设想时从磁航线角刻度 50°处连接中心画出假想航线，那么从 RMI 上直接判断出方位指针尾部偏右，即飞机偏右，并根据方位指针尾部比假想航线大 10°，确定出 TKE = +10°；根据方位指针尾部比航向标线大 5°，确定出 DA = +5°。也可根据背台飞行指示的 QDR60°与 MC50°比较，大偏右，所以飞机偏在航线右侧 TKE = +10°。

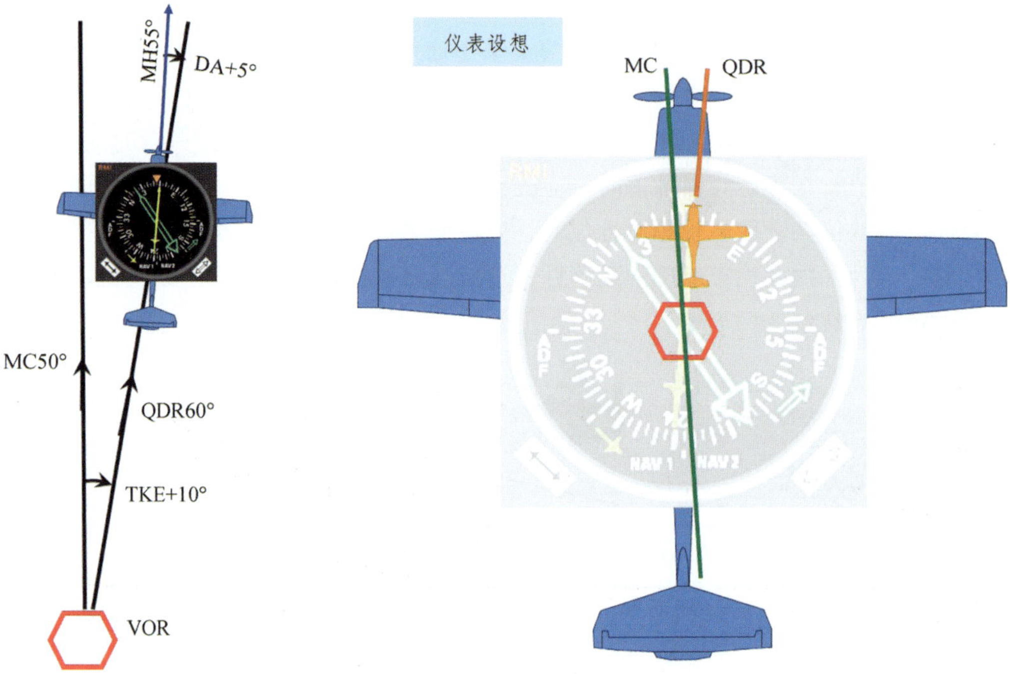

图 6.71　用 RMI 背台判断偏航

3）用 CDI 背台判断偏航

飞行中通过观察 CDI 上的航道偏离杆与表盘中心的位置关系来背台判断偏航。航道偏离杆在刻度盘中心（代表飞机）的右侧，表明飞机偏左；航道偏离杆偏在刻度盘中心的左侧，表明飞机偏右；偏航的大小从偏离刻度处直接读出（即数点）。用 CDI 实施背台判断偏航首先在控制盒上调谐好所选地面 VOR 台，并听清呼号，然后转动“OBS”旋钮使刻度盘上的 MC 刻度与标线对齐，飞行员就可以从 CDI 上航道偏离杆的情况直接判断飞机偏航情况，计算出飞机磁方位 QDR 和 DA。背台飞行，当飞机偏在预选航道左边时，飞机磁方位等于预选航道 MC 减少一个偏航角 TKE；当飞机偏在预选航道右边时，飞机磁方位等于预选航道 MC 增加一个偏航角 TKE。

【例 6.13】　飞机保持 MH55°沿磁航线角 MC50°的预定航线飞行，调谐好地面 VOR 台后调定预选航道 50°，检查航迹时 CDI 的指示如图 6.72 所示，完成背台判断偏航工作。

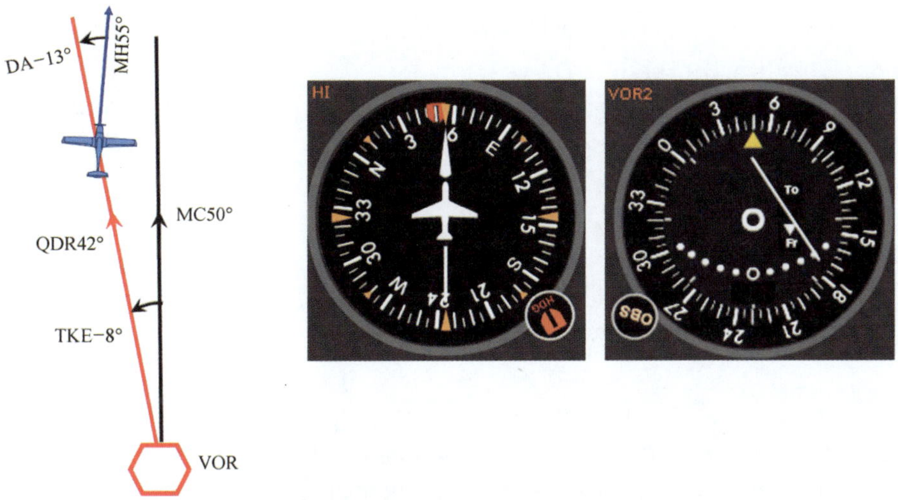

图 6.72 用 CDI 背台判断偏航

【解】 从图 6.72 中可以看出航道偏离杆偏在中心的右侧 4 个点，表明飞机偏左，TKE = －8°，计算出 QDR = 42°、DA = －13°。

4）用 HSI 背台判断偏航

飞行中利用 HSI 判断偏航的方法与 CDI 相同，只是在 HSI 上可以直接读出飞机的磁航向，转动预选航道旋钮时，预选航道指针转动而刻度盘不动。用 HSI 实施背台判断偏航首先在控制盒上调谐好地面 VOR 台，转动“预选航道” 旋钮在刻度盘或窗上选定预选航道，飞行员通过航道偏离杆偏离中心左或右的点数，即可判明飞机的偏航情况，并可计算出 QDR 和 DA。

【例 6.14】 飞机保持 MH115°沿磁航线角 MC120°的预定航线飞行，调谐好地面 VOR 台后转动“预选航道” 旋钮调定预选航道 120°，检查航迹时的 HSI 指示如图 6.73 所示，完成背台判断偏航工作。

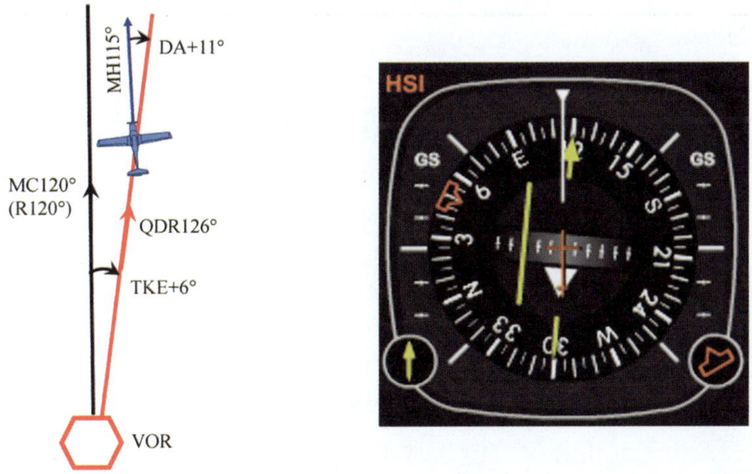

图 6.73 用 HSI 背台判断偏航

【解】 从图 6.73 中可以看出航道偏离杆偏在中心的左侧 3 个点，表明飞机偏右，TKE = +6°，计算出 QDR = 126°、DA = +11°。

利用 CDI 或 HSI 背台检查航迹时，可以通过航道偏离杆偏出的点数和飞行距离，用心算的方法快速算出飞机偏离航线的距离，心算方法与向台飞行相同。

6.5.1.3 通过电台上空不准确背台判断偏航

当飞机没有准确从航线起点的导航台上空通过时，测出的无线电方位线就不是平均磁航迹线，飞机磁方位 QDR 就不等于 MTK。

1）飞机从电台一侧通过

VOR 台和 NDB 台都存在顶空盲区，根据仪表指示判断飞机过台不可能绝对准确。由于飞行员的操纵技术水平等原因，都可能造成飞机过台时从电台的一侧通过，即过台时飞机通过电台时有一个偏差距离 d，这样就使得背台飞行测出的方位线与飞机的航迹线不一致，存在一个误差角θ，这一角度的大小取决于通过电台时的偏差距离 d 和背台测方位时的已飞距离 $D_{已}$，它们间的关系为

$$\theta \approx 57.3° \times d / D_{已} \tag{6.24}$$

飞机从电台右侧通过，θ为正；飞机从电台左侧通过，θ为负，如图 6.74 所示。

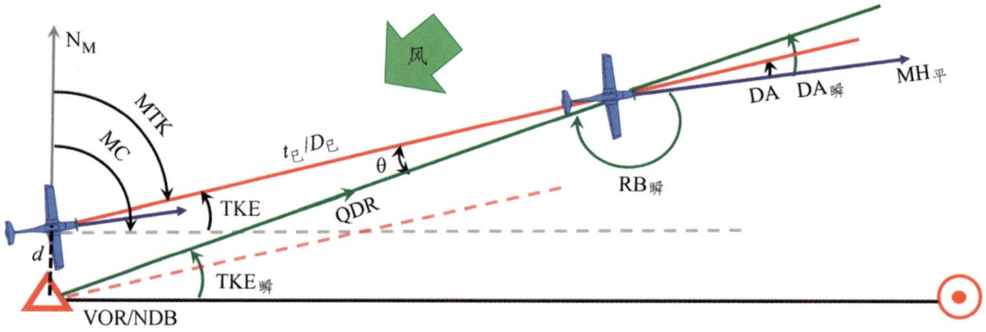

图 6.74 从电台一侧通过判断偏航

飞机过台的偏差距离 d 随飞行高度的升高而增大，误差角θ随飞过距离的增大而减小。所以，通过时偏差距离 d 在 0.2 ~ 1 km 范围内，当飞过距离不小于 57 km 时，误差角θ将小于 1°。因此，实际飞行中，飞机过台不能立即测方位，而应该飞行一段时间后再测，才能减小过台不准带来的误差。

2）切入航线

在实际飞行中经常采用不通过起点导航台上空而是直接切入航线，当飞机切到航线时，飞机已经距离电台一段距离了。虽然飞机切入航线后要保持一定航向飞行一段时间，然后才用后方台测定无线电方位，但此时背台测出的无线电方位线与飞机航迹线不一

致，相差一个误差角θ，它随飞行距离的增加而减小，如图 6.75 所示。实际飞行中，一般都采取切回航线后，保持航向等于航线角飞行，则 DA = TKE，可使计算简化。为了减小误差，切回航线后不要马上测偏流，而应飞行一段时间后再测。

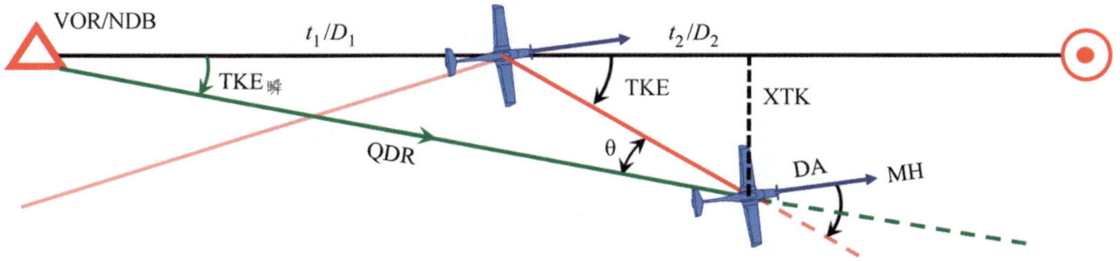

图 6.75　切入航线检查航迹

6.5.2　背电台飞行修正航迹

背电台飞行检查完航迹判断偏航后，可以在当时位置立即改航或到预定位置（预定时刻）改航，沿新航线直飞下一预定点，即修正航迹。背电台修正航迹有按新航线角修正和按航迹修正角修正两种方法。

6.5.2.1　按新航线角修正航迹

按新航线角背台修正航迹是在背电台测定无线电方位的基础上，求出偏航角和偏流，然后在新航线角上修正一个偏流，确定出飞机沿新航线直飞预定点的应飞航向，如图 6.76 所示。

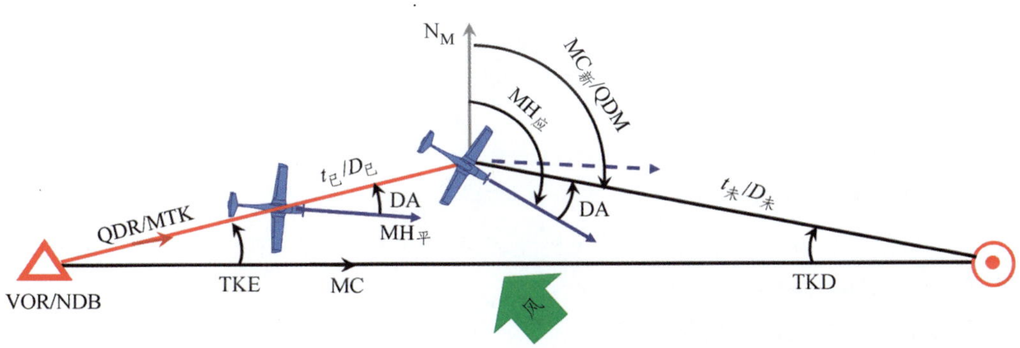

图 6.76　按新航线角背台修正航迹原理

背台按新航线角修正航迹的方法和步骤如下：

（1）根据背台检查航迹的方法，求出飞机磁方位和偏航角、偏流。

（2）计算偏离角 TKD。心算的公式为

$$\text{TKD} = (D_{已}/D_{未})\cdot\text{TKE} = (t_{已}/t_{未})\cdot\text{TKE} \tag{6.25}$$

（3）计算新航线角 $MC_{新}$。

（4）计算应飞磁航向 $MH_{应}$。

（5）确定沿新航线飞行应该指示的无线电方位。当飞机保持应飞航向背台修正航迹时，如果电台在飞机纵轴左侧，则修正过程中，无线电方位越来越小；如果电台在飞机纵轴右侧，则修正过程中，无线电方位越来越大。

【例 6.15】 飞机由马过河 NDB 飞往贵阳，MC = 71°，10:00 飞机准确通过马过河 NDB 台后保持 $MH_{平}$ 78°飞行一段时间测无线电方位，ADF 指示器显示 RB178°，如图 6.77 所示。飞行员决定 10:15 改航直飞贵阳，未飞时间为 40 min。进行背台修正航迹直飞贵阳的计算。

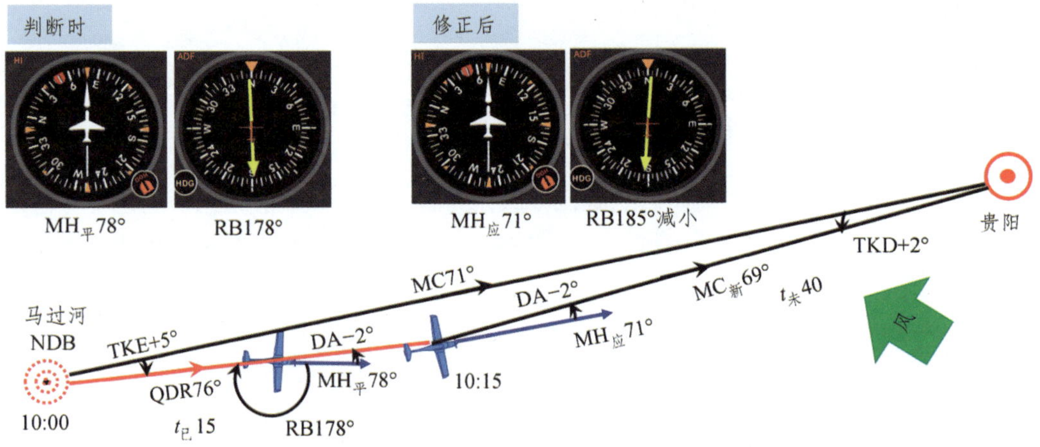

图 6.77 利用 ADF 指示器按新航线背台修正航迹

【解】 ① 判断偏航，确定偏流。用填补法可求出飞机磁方位 QDR = 76°，计算出 DA = −2°、TKE = +5°。

② 计算 TKD。由 $t_{已}$ = 15 min、$t_{未}$ = 40 min、TKE = +5°，用心算公式计算出 TKD = +2°。

③ 计算 $MC_{新}$。已知 MC = 71°、TKD = +2°，计算出 $MC_{新}$ = 71° −（+2°）= 69°。

④ 计算 $MH_{应}$。$MH_{应}$ = 69° −（−2°）= 71°。

⑤ 飞机偏右，应向左修正，操纵飞机左转至航向 71°保持，在修正航迹直飞贵阳的过程中，ADF 指示器指示将越来越小。

【例 6.16】 飞机由五凤溪 NDB 台飞往涪陵 NDB 台，MC = 111°，预计五凤溪到涪陵需要飞行 45 min。飞机准确通过五凤溪导航台上空，用 RMI 保持 $MH_{平}$ = 100°飞行 16 min 后进行检查和修正航迹，这时 RMI 的指示如图 6.78 所示。进行背台修正航迹直飞涪陵 NDB 台的计算。

【解】 ① 判断偏航，确定偏流。从 RMI 读出 MH = 100°、QDR = 106°，判明飞机偏在航线的左边，确定出 TKE = −5°、DA = +6°。

② 计算 TKD。由 $t_{已}$ = 16 min、$t_{未}$ = 29 min、TKE = −5°，心算出 TKD = −3°。

③ 计算 $MC_{新}$。已知 MC = 111°、TKD = −3°，计算出 $MC_{新}$ = 111° −（−3°）= 114°。

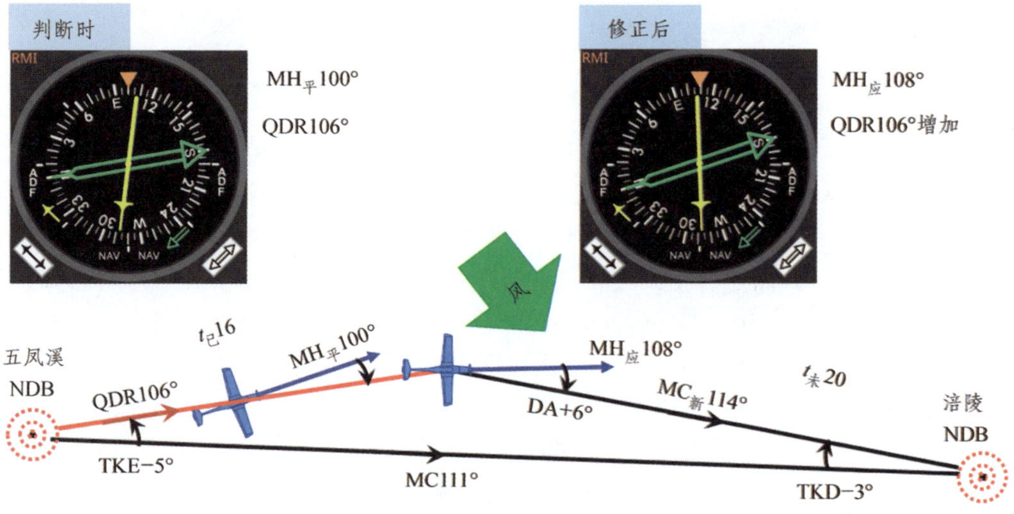

图 6.78 利用 RMI 按新航线角背台修正航迹

④ 计算 $MH_{应}$。已知 $MC_{新}$ = 114°、DA = +6°，计算出 $MH_{应}$ = 114° − (+6°) = 108°。

⑤ 飞机偏左，应向右修正，操纵飞机转至航向 108°保持，在飞机背台修正航迹直飞涪陵 NDB 台的过程中，五凤溪 NDB 台在飞机纵轴的右侧，因此修正过程中 RMI 上方位指针指示逐渐增大。

【例 6.17】 飞机由赣州 VOR 台飞漳浦 VOR，MC = 128°，12:05 飞机从赣州 VOR 台上空准确过台，CDI 的预选航道调定为 128°，保持磁航向 $MH_{平}$ 135°飞行，12:20 用赣州 VOR 台检查航迹，CDI 指示出航道偏离杆在中心左侧 2 个点处，如图 6.79 所示。飞行员保持航行诸元飞行，决定在 12:25 改航直飞漳浦 VOR，预达漳浦 VOR 的时刻为 12:55。进行背台修正航迹直飞漳浦 VOR 的计算。

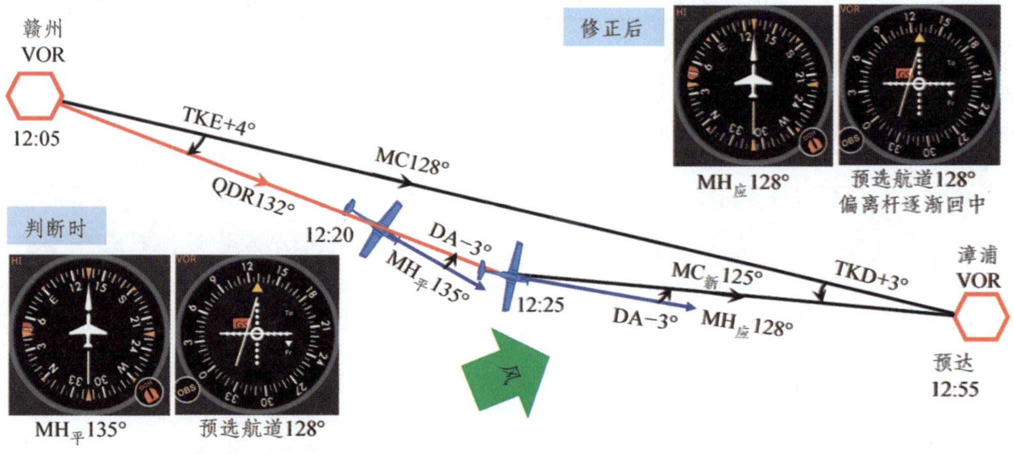

图 6.79 利用 CDI 按新航线角背台修正航迹

【解】 根据准确过赣州 VOR 台时刻 12:05、预计改航时刻 12:25 及预达漳浦 VOR 时刻 12:55 可以确定出背台检查、修正航迹计算所需的 $t_{已}$ = 20 min、$t_{未}$ = 30 min。

① 判断偏航，确定偏流。12:20 背台检查航迹时，CDI 指示航道偏离杆在中心左侧 2 个点，说明飞机偏右，TKE = +4°；根据已知 MC128°、$MH_{平}$ 135°计算出 QDR（MTK）= 132°、DA = −3°。

② 计算偏离角 TKD。根据已确定的 $t_{已}$、$t_{未}$ 和 TKE，心算可得 TKD = +3°。

③ 计算新航线角 $MC_{新}$。已知 MC = 128°、TKD = +3°，计算出 $MC_{新}$ = 125°。

④ 计算 $MH_{应}$。根据已计算出的 $MC_{新}$、DA，可以计算出 $MH_{应}$ = 128°。

⑤ 飞机偏右，应向左修正，飞行员操纵飞机至航向 128°保持，在飞机背台修正航迹直飞漳浦 VOR 的过程中，赣州 VOR 台在飞机纵轴的左侧，因此修正过程中电台磁方位是逐渐减小的，在 CDI 上反映出来就是航道偏离杆逐渐向中立位置移动。

【例 6.18】 飞机由桐庐 VOR 台飞往宁波 NDB，MC = 89°，09:00 飞机准确从桐庐 VOR 台上空通过，HSI 的预选航道调定为 89°，保持磁航向 $MH_{平}$ 80°飞行，09:10 用桐庐 VOR 台检查航迹，HSI 指示航道偏离杆在中心右侧 3 个点处，如图 6.80 所示。飞行员保持航行诸元飞行，决定在 09:20 改航直飞宁波 NDB，预达宁波 NDB 的时刻为 09:40。进行背台修正航迹直飞宁波 NDB 的计算。

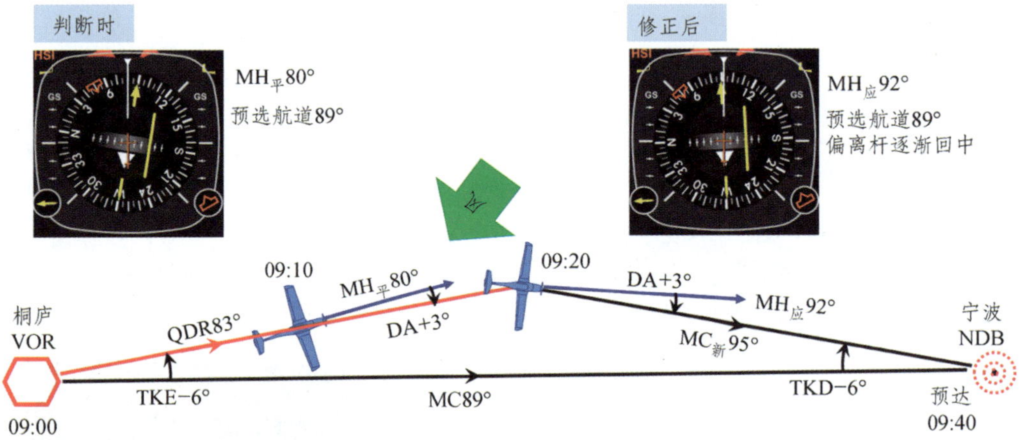

图 6.80　利用 HSI 按新航线角背台修正航迹

【解】 根据飞机准确过桐庐 VOR 台时刻 09:00、预计改航时刻 09:20 及预达宁波 NDB 时刻 09:40 可以确定出背台检查、修正航迹计算所需的 $t_{已}$ = 20 min、$t_{未}$ = 20 min。

① 判断偏航，确定偏流。09:10 背台检查航迹时，HSI 指示航道偏离杆在中心右侧 3 个点，说明飞机偏左，TKE = −6°；根据已知 MC89°、$MH_{平}$ 80°计算出 QDR（MTK）= 83°、DA = +3°。

② 计算偏离角 TKD。根据已确定的 $t_{已}$、$t_{未}$、TKE，心算可得 TKD = −6°。

③ 计算新航线角 $MC_{新}$。已知 MC = 89°、TKD = −6°，计算出 $MC_{新}$ = 95°。

④ 计算应飞航向 $MH_{应}$。根据已计算出的 $MC_{新}$、DA，可以计算出 $MH_{应}$ = 92°。

⑤ 飞机偏左，应向右修正，飞行员操纵飞机至航向 92°保持，在飞机背台修正航迹直飞宁波 NDB 的过程中，桐庐 VOR 台在飞机纵轴的右侧，因此电台磁方位是逐渐增大的，在 HSI 上反映出来就是航道偏离杆逐渐向中立位置移动。

6.5.2.2 按航迹修正角修正航迹

按航迹修正角背台修正航迹是在背台测定无线电方位的基础上，求出偏航角和航迹修正角，然后在原来保持的平均磁航向 $MH_{平}$ 的基础上，修正一个航迹修正角，使飞机沿新航线直飞预定点，如图 6.81 所示。

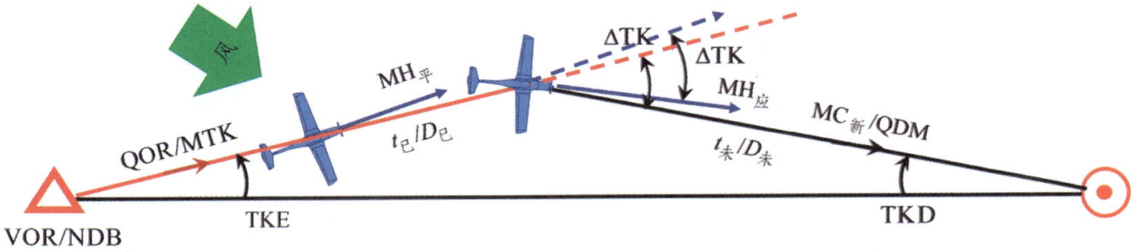

图 6.81　按航迹修正角背台修正航迹原理

背台按航迹修正角修正航迹的方法和步骤如下：

（1）根据背台检查航迹的方法，求出飞机磁方位和偏航角。

（2）计算航迹修正ΔTK。心算的公式为

$$\Delta TK = t_{总}（D_{总}）/ t_{未}（D_{未}）\cdot TKE \qquad (6.26)$$

（3）计算应飞航向 $MH_{应}$。

（4）确定应该指示的无线电方位。确定方法与背台按新航线角修正航迹的方法相同。

【例 6.19】　飞机由太原 NDB 台飞往石家庄 NDB，MC = 71°，预计太原到石家庄 NDB 需飞行 40 min。飞机准确从太原 NDB 台通过，保持 $MH_{平}$ 65°飞行 15 min 后，ADF 指示器测出 RB190°，如图 6.82 所示。完成背台检查并修正航迹直飞石家庄 NDB 的工作。

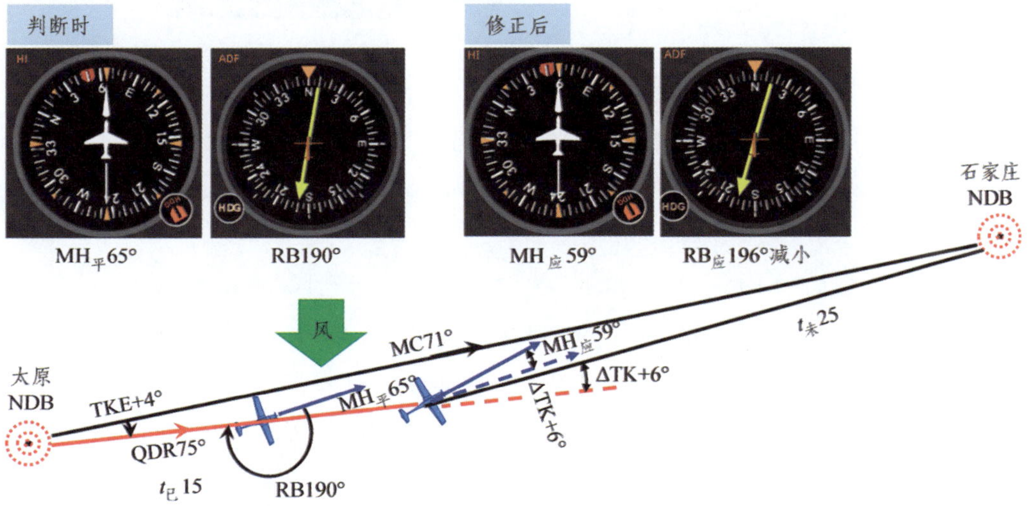

图 6.82　利用 ADF 按航迹修正角背台修正航迹

【解】　① 用填补法可得到 QDR（MTK）= 75°，这时 QDR > MC，确定出飞机偏右，TKE = +4°。

② 计算ΔTK。已知 $t_{已}$ = 15 min、$t_{未}$ = 25 min、TKE = +4°，心算出ΔTK = +6°。

③ 计算应飞航向 $MH_{应}$。已知 $MH_{平}$ = 65°、ΔTK = +6°，可计算出 $MH_{应}$ = 59°。

④ 飞机偏右，应向左修正，操纵飞机向左转至航向 59°保持，飞机在修正航迹直飞石家庄 NDB 的过程中，ADF 指示器的指示逐渐减小。

【例 6.20】 飞机由龙门 NDB 飞往绣缎街，MC = 39°，预计从龙门 NDB 台到绣缎街的飞行时间为 18 min。飞机准确通过龙门 NDB 台上空，保持 $MH_{平}$ 45°飞行 6 min 后用 RMI 背台检查航迹并立即修正飞向绣缎街，当时 RMI 的指示如图 6.83 所示。完成背台检查并修正航迹直飞绣缎街的工作。

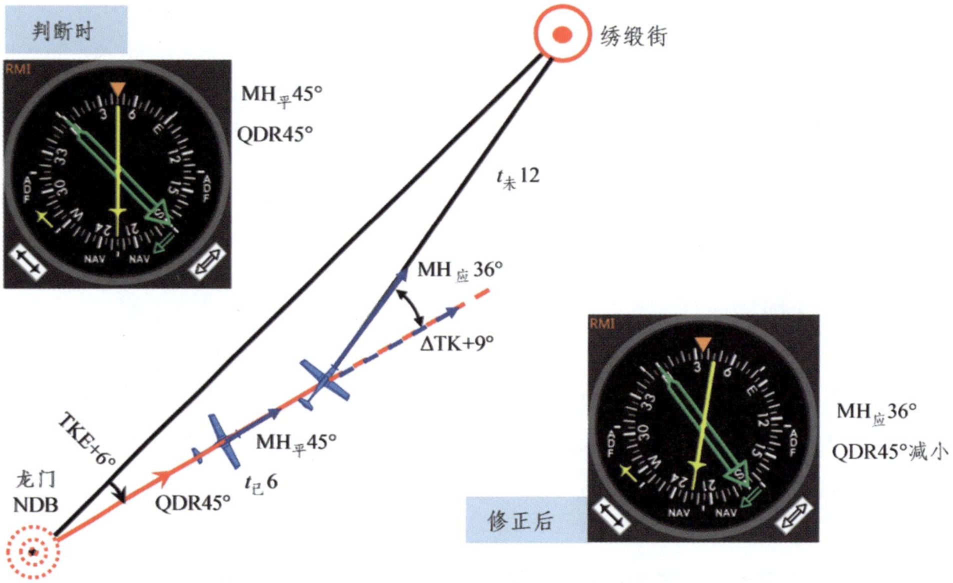

图 6.83 利用 RMI 按航迹修正角背台修正航迹

【解】 ① RMI 指示 $MH_{平}$ 45°、QDR45°，可知飞机偏右，TKE = +6°。

② 计算航迹修正角ΔTK。已知 $t_{已}$ = 6 min、$t_{未}$ = 12 min、TKE + 6°，心算出ΔTK = +9°。

③ 计算应飞航向 $MH_{应}$。根据 $MH_{平}$ 45°、ΔTK + 9°，可计算出 $MH_{应}$ = 36°。

④ 飞机偏右，应向左修正，操纵飞机左转至航向 36°保持飞行，飞机在修正航迹直飞绣缎街的过程中，RMI 上方位指针的指示将逐渐减小。

【例 6.21】 飞机从花垣 VOR 台飞往常德，MC = 70°，从花垣 VOR 至常德需要飞行 55 min。飞机准确通过花垣 VOR 台上空，CDI 的预选航道调定为 70°，保持 $MH_{平}$ 67°飞行 30 min 后用 CDI 检查航迹，CDI 的指示是航道偏离杆偏在中心左侧 2 个点处，如图 6.84 所示，机组决定立即修正航迹直飞常德。完成背台检查并修正航迹直飞常德的工作。

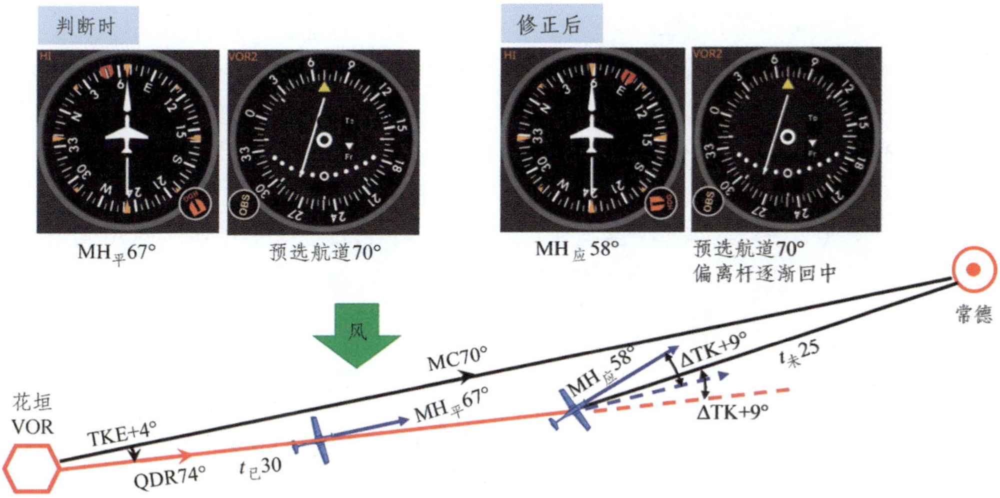

图 6.84　利用 CDI 按航迹修正角背台修正航迹

【解】 ① 判断偏航。CDI 上航道偏离杆在中心左侧 2 个点处，说明飞机偏在航线右边，TKE = +4°。

② 计算航迹修正角ΔTK。已知$t_{已}$ = 30 min、$t_{未}$ = 25 min、TKE = +4°，计算出ΔTK = +9°。

③ 计算应飞航向。根据 $MH_{平}$ = 67°、ΔTK = +9°，可以计算出 $MH_{应}$ = 58°。

④ 飞机偏右，应向左修正，操纵飞机左转至航向 58°保持飞行，飞机在修正航迹直飞常德的过程中所测定的电台磁方位角逐渐减小，在 CDI 上反映出来就是航道偏离杆逐渐向中立位置移动。

按航迹修正角进行向、背台修正航迹时，在完成航迹修正角的计算后，飞行员直接在航向指示仪表上修正航迹修正角，即飞机偏在预定航线左边，就在原来航向的基础上向右增大一个航迹修正角；飞机偏在预定航线右边，就在原来航向的基础上向左减小一个航迹修正角。如果航向指示仪表上有预选航向游标或航向选择窗，则直接拧大或拧小一个航迹修正角。

实际飞行中，很多航段都是由电台到电台，因而可以用 RMI 完成向、背台的飞行，前提是飞机能够同时接收到前、后电台的方位信号。用 RMI 同时进行向、背台飞行，对航迹控制、修正十分方便。RMI 同时进行向背台的基本原理：第一部接收机调前方台，RMI 上细针（单针）指示的就是前方台的无线电方位；第二部接收机调后方台，RMI 上粗针（双针）指示的就是后方台的无线电方位；进行向、背台飞行时，如果飞机不偏，则没有 TKE、TKD，两根方位指针将重合；当飞机偏左时，两方位指针不重合，而且两方位指针针尖都指向右侧；当飞机偏右时，两方位指针不重合，两方位指针针尖都指向左侧；单（细）针针尖所指刻度与双（粗）针针尾所指刻度的差值就是航迹修正角，因而进行航迹修正时十分方便，并且可以随时进行航迹修正。用 RMI 向、背台飞行修正航迹的实施步骤如下：

（1）调谐好前、后方电台并听清呼号。

（2）用 RMI 进行偏航的判断。

（3）根据 RMI 指示求出航迹修正角。

（4）确定出修正航迹直飞前方台的应飞航向。

（5）确定修正航向后 RMI 的方位指示。

【例 6.22】 由溧水 NDB 台飞往无锡 VOR 台，MC = 98°，飞机准确通过溧水 NDB 台后，第一部接收机调溧水 NDB 台，第二部接收机调无锡 VOR 台，飞机飞行一段时间后，RMI 的指示 $MH_{平}$ 95°，如图 6.85 所示，飞行员决定立即进行修正航迹直飞无锡 VOR 台。完成检查并修正航迹直飞无锡 VOR 台的工作。

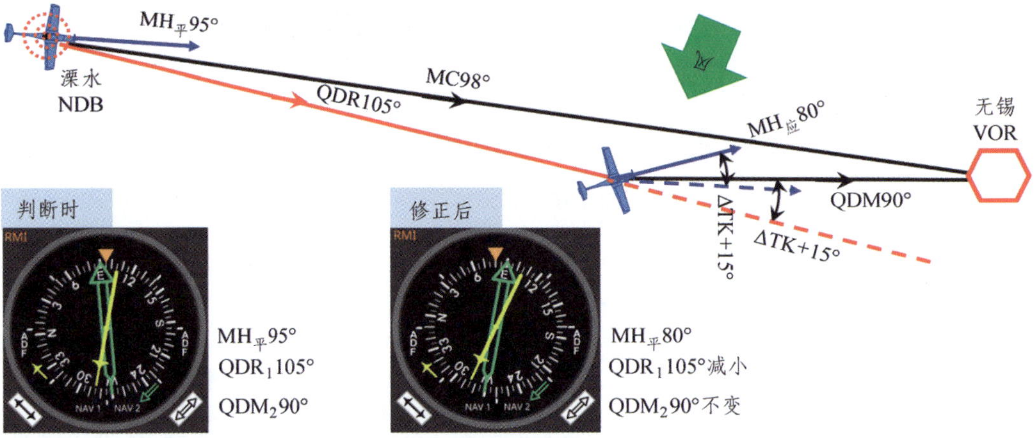

图 6.85 用 RMI 同时向、背台飞行修正航迹

【解】 ① 判断飞机偏航。从 RMI 的方位指针可以看出两方位指针针尖都指左侧，说明飞机偏右，应向左修正。

② 求航迹修正角ΔTK。从 RMI 指示可以读出单针所指示溧水 NDB 的飞机磁方位为 100°，双针所指示无锡 VOR 台的电台磁方位为 93°，因而可求出ΔTK = + 7°。

③ 确定 $MH_{应}$。飞机偏右，应向左修正，即在原来平均航向 95°的基础上减小一个航迹修正角 7°，确定出应飞航向为 88°。

④ 确定无线电方位的指示。飞行员操纵飞机左转至航向 88°并保持飞行，这时飞机沿前方台的一条方位线飞行，这条方位线就是修正航迹后直飞前方台的新航线，因而双针所指示的无线电方位不变，即双针指示不动；而单针的指示在改航后将逐渐减小，并逐渐向双针方向移动，当飞机直飞到电台上空时，单针转至与双针重合。

6.6 切入航线/方位线

沿航线向/背台飞行中，如果发现飞机偏离航线较大，飞机有可能偏出航路影响飞行安全时，可应用进入预定方位线的原理。首先操纵飞机切回到航线，然后重新修正偏流沿航线向/背台飞行。此外，在仪表离场、进场和仪表进近中，有时为了避开空中冲突以及航行需要，需要飞机从当时所在位置切入指定方位线，飞至要求位置。向/背台切入有切入预定航线和切入指定方位线两种情况。

6.6.1 切入航线

6.6.1.1 切入航线的方法和步骤

1）判断飞机偏离预定航线情况

向/背台飞行中利用 ADF 指示器、RMI、CDI、HSI 判断偏航的方法，可准确地判定飞机偏离预定航线的左右及大小。

2）确定切入航向 $MH_{切}$

当判定飞机偏离预定航线情况后，应操纵飞机向偏出的反方向修正航向，使修正后的航向线与预定航线成一定的夹角（称为切入角α），这个修正后的航向就叫切入航向（$MH_{切}$）。飞机应保持切入航向切入预定航线，如图 6.86 所示。从图 6.86 中可以看出

$$MH_{切} = MC \pm \alpha \quad（右切“+”，左切“-”） \tag{6.27}$$

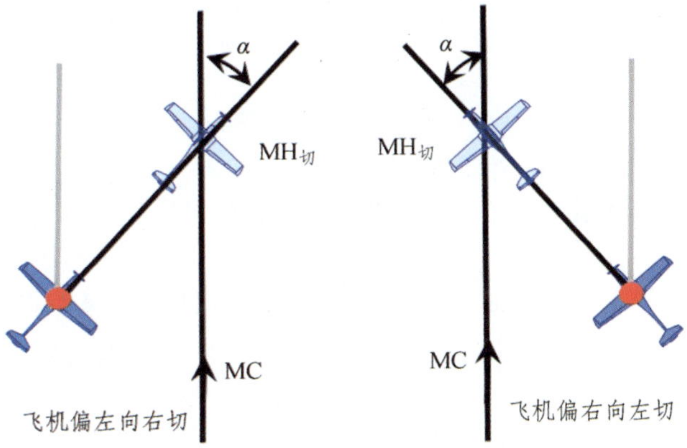

图 6.86 确定切入航向

沿航线飞行切入预定航线，切入角α可选 30°～60°间的整十度数以及最常用的 45°切入角。飞行中主要依据 4 个方面来选择切入角的大小：飞机当时所处的上、下风面；飞机偏航的大小程度；飞机距离电台的远近；航路情况（包括地形、禁区、走廊等情况）。

3）判断切回预定航线的瞬间

飞机保持切入航向 $MH_{切}$ 飞行，根据进入预定方位线的原理，当 ADF 指示器指示 $RB_{切}$、RMI 指示 $QDM_{切}$ 或 $QDR_{切}$、CDI/HSI 航道偏离杆回中时飞机切回预定航线。在切入的过程中，其无线电方位的变化是：向台切入——飞机偏左，向右切入航线无线电方位都逐渐减小，飞机偏右，向左切入航线无线电方位都逐渐增大；背台切入——飞机偏左，向右切入航线无线电方位都逐渐增大，飞机偏右，向左切入航线无线电方位都逐渐减小。飞机切回航线瞬间的无线电方位计算公式为

向台切入：$$RB_{切} = 360° \pm \alpha \quad（左切“+”，右切“-”） \tag{6.28}$$

$$QDM_{切} = MC \tag{6.29}$$

背台切入： $RB_{切} = 180° \pm \alpha$ （左切“+”，右切“-”） （6.30）

$QDR_{切} = MC$ （6.31）

在实际飞行中，应适当提前改出转至 $MH_{应}$，使飞机沿预定航线飞行；如飞机转弯半径较大，还应在快回到航线时，逐渐减小切入角，防止飞机改出时偏出预定航线。

4）修正偏流沿航线飞行

飞机切回预定航线后，应迎风修正偏流，使飞机沿航线飞到/飞离电台，即

$$MH_{应} = MC - DA \quad (6.32)$$

切回预定航线沿航线向/背台飞行的应飞航向计算一般在切入航线过程中进行。飞机保持应飞航向沿航线向/背台飞行中由于操纵不准确或空中风发生变化，飞机仍可能偏离航线。因此，飞行中要用无线电领航设备不断地检查飞机航迹，发现偏航应立即修正，使飞机沿航线飞向/飞离电台。

6.6.1.2 利用仪表进行切入

1）用 ADF 指示器切入航线

飞行中利用 ADF 指示器进行向/背台切入航线，就是根据 ADF 指示器指示的 RB 进行的。

【例 6.23】 由宜昌 NDB 飞向天门 NDB 台，飞机保持航向 $MH_{平}$ 85°沿 MC95°飞行，一段时间后 ADF 指示器指示 RB = 20°，如图 6.87 所示。判断飞机偏航并用 30°切入角做向台切入航线工作。

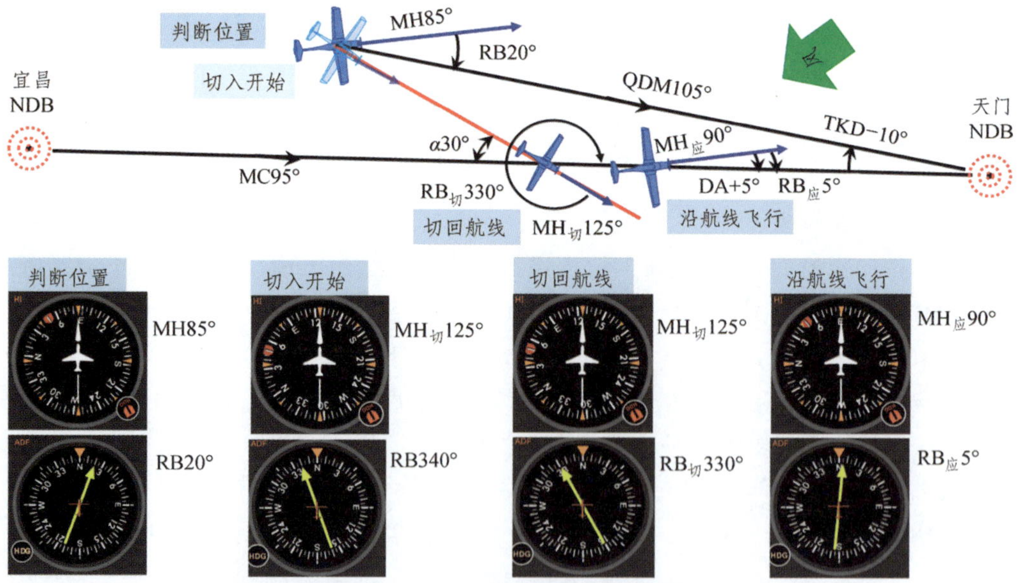

图 6.87 用 ADF 向台切入预定航线

【解】 ① 判断飞机偏航。已知 $MH_{平}$ 85°、RB20°，用填补法得出 QDM105°、TKD = – 10°，飞机偏在预定航线左边。

② 确定切入航向 $MH_{切}$。飞机偏左向右切，切入角 $\alpha = 30°$，确定出 $MH_{切} = 95° + 30° = 125°$，然后操纵飞机右转至切入航向 $MH_{切}$ 125°保持向预定航线切入。

③ 确定切回航线瞬间。计算出飞机切回航线瞬间的 $RB_{切} = 360° - 30° = 330°$，因此飞机在向右切入过程中电台相对方位 RB 指示是不断减小的，当指示减小至 RB330°时，飞机切回航线，飞行员应当适当提前改出至沿航线飞行。

④ 修正偏流沿航线向台飞行。前段飞行的偏流为 + 10°，飞机偏左判断为偏流修正过大，估算出切入航线后沿航线向台飞行的 DA 为 + 5°，所以飞机沿航线飞行 $MH_{应} = MC - DA = 95° - (+5°) = 90°$。因此，飞机保持航向 90°沿航线飞行时 ADF 指示器应该指示的 RB = 5°。如果 ADF 指示器指示 5°不变，则飞机将沿预定航线飞向天门 NDB。

【例 6.24】 从商县 NDB 飞往宜阳，MC = 76°，飞行中航向仪表指示 $MH_{平}$ 80°，飞行一段时间 ADF 指示器指示 RB182°，如图 6.88 所示，完成判断飞机偏航并用 45°切入角切入航线飞向宜阳的工作。

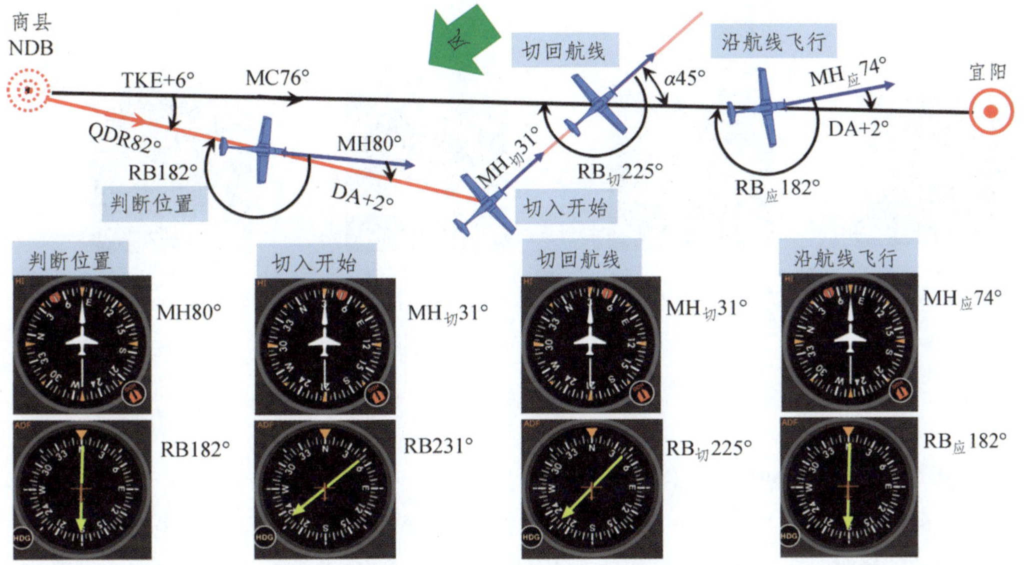

图 6.88 用 ADF 背台切入预定航线

【解】 ① 判断飞机偏航情况。已知 $MH_{平}$ 80°、RB182°，用填补法计算出 QDR = 82°，这时 QDR > MC，因此飞机偏右，得到 TKE = + 6°、DA = + 2°。

② 确定切入航向。飞机偏右应向左切，切入角 $\alpha = 45°$，确定出的 $MH_{切} = 76° - 45° = 31°$，这时飞行员操纵飞机左转至切入航向 $MH_{切}$ 31°，保持该航向切入预定航线。

③ 确定切回航线瞬间。飞机向左切入回到航线瞬间的 $RB_{切} = 225°$（即 $180° + \alpha$），所以飞机在向左切入的过程中，其电台相对方位 RB 指示是不断减小的，当 RB 指示减小至 225°时，飞机切回航线，飞行中飞行员应适当提前改出至沿航线飞行。

④ 修正偏流沿航线背台飞行。根据已知的 MC = 76°和已计算出的 DA = +2°，计算出沿航线背台飞行的 $MH_{应}$ = MC − DA = 76° − （+2°）= 74°，因此，保持飞机航向 74°飞行，其 ADF 指示器应该指示 RB = 182°（即 180° + DA）。如果背台飞行中 ADF 指示器指示 182°不变，则飞机将沿预定航线背离商县 NDB 台飞向宜阳。

2）用 RMI 切入航线

飞行中利用 RMI 进行向/背台切入航线，就是根据 RMI 指示的 QDM 或 QDR 进行的。

【例 6.25】 由五凤溪 NDB 飞向涪陵 NDB 台，飞机保持航向 $MH_{平}$ 115°沿 MC111°飞行，一段时间后 RMI 指示 $MH_{平}$ 115°、QDM120°，如图 6.89 所示。判断飞机偏航用 40°切入角做向台切入航线工作。

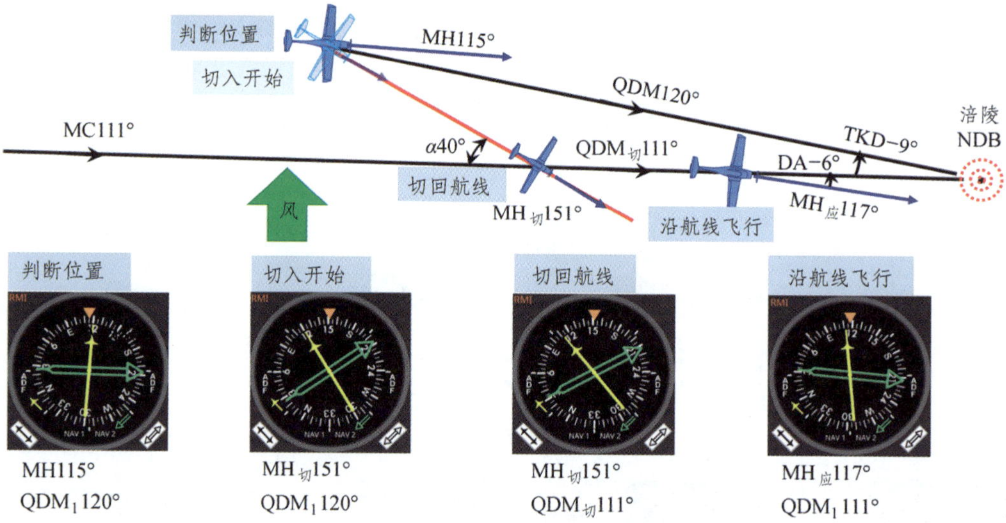

图 6.89 用 RMI 向台切入预定航线

【解】 ① 判断偏航。判断偏航时指示的 QDM = 120°，QDM > MC，所以飞机偏左，TKD = −9°。

② 确定切入航向 $MH_{切}$。飞机偏左应向右切，切入角 α = 40°，确定出 $MH_{切}$ = MC + α = 111° + 40° = 151°，然后操纵飞机右转至切入航向 $MH_{切}$ 151°向预定航线切入。

③ 确定切回航线瞬间。计算出飞机切回航线瞬间的 $QDM_{切}$ = MC = 111°，所以飞机在向右切入的过程中，RMI 上指示的电台磁方位不断减小，当指示减小为 QDM111°时，飞机切回航线。飞行员应适当提前改出使飞机沿航线飞行。

④ 修正偏流沿航线向台飞行。估计 DA − 6°，计算出飞机沿航线向台飞行 $MH_{应}$ = 111° − （−6°）= 117°。因此，飞机保持航向 117°沿航线飞行时，RMI 应该指示的电台磁方位 $QDM_{应}$ 为 111°。如果 RMI 的指示始终保持不变，则飞机将沿航线飞向涪陵 NDB 台。

【例 6.26】 由五凤溪 NDB 飞往涪陵 NDB，MC = 111°，11:00 飞机从五凤溪 NDB 上空准确通过，11:10 用 RMI 背台检查航迹，这时 RMI 的指示为：$MH_{平}$ 115°、QDR105°，如图 6.90 所示，完成判断偏航并用 30°切入角切入航线飞向涪陵 NDB 的工作。

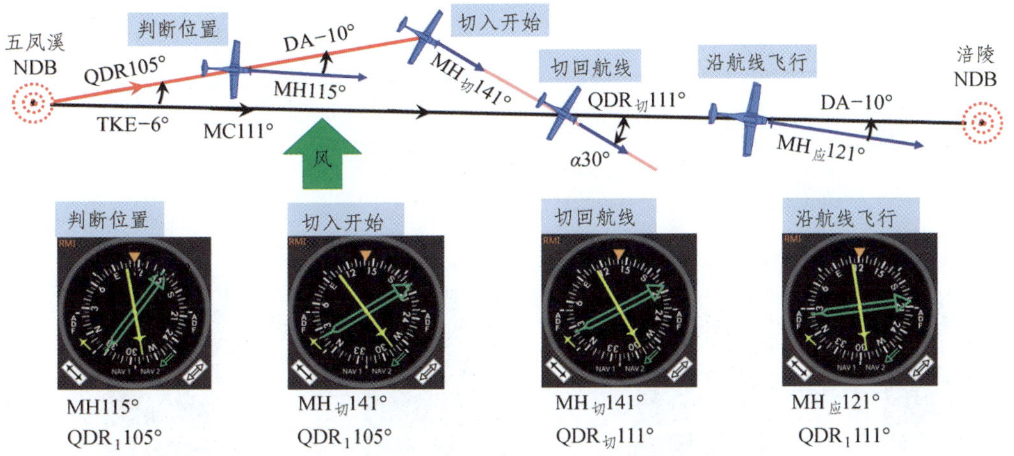

图 6.90 用 RMI 背台切入预定航线

【解】 ① 判断飞机偏航。已知 11:10 时背台检查航迹的 RMI 指示为 $MH_{平}$ = 115°、QDR = 105°，可以确定飞机偏左，得到 TKE = －6°、DA = －10°。

② 确定切入航向。飞机偏左应向右切，已知 MC = 111°，切入角α = 30°，计算得到 $MH_{切}$ = 111° + 30° = 141°，这时操纵飞机右转至切入航向 141°保持，向预定航线切入。

③ 确定切回航线的瞬间。飞机向右切入航线回到航线瞬间的 $QDR_{切}$ = MC = 111°，所以飞机向右切入的过程中，其 RMI 上方位指针指示的飞机磁方位逐渐增大，当指示增大至 QDR111°时，飞机切回航线，飞行员应适当提前改出使飞机沿航迹飞行。

④ 修正偏流沿航线背台飞行。根据已知的 MC111°和已确定的 DA－10°，可以计算出沿航线背台飞行的 $MH_{应}$ = 111° －（－10°）= 121°，因此，保持飞机航向 121°飞行，其 RMI 应该指示的飞机磁方位 $QDR_{应}$ 为 111°；如果 RMI 的指示始终保持不变，则飞机将保持航向 121°沿航线背五凤溪 NDB 台飞向涪陵 NDB。

3）用 CDI 切入航线

飞行中利用 CDI 进行向/背台切入航线，就是根据 CDI 上的航道偏离杆的指示进行的。

【例 6.27】 由贵阳飞向百色 VOR 台，飞机保持航向 $MH_{平}$ 190°沿 MC179°飞行，航道偏离指示器 CDI 预选航道调定 179°，飞行一段时间后 CDI 指示：航道偏离杆偏左 3 个点，如图 6.91 所示。判断飞机偏航并用 45°切入角做向台切入航线工作。

【解】 ① 判断飞机偏航。根据 CDI 的指示可知飞机偏右，TKD = ＋6°。

② 确定切入航向 $MH_{切}$。飞机偏右应向左切，切入角α = 45°，确定出 $MH_{切}$ = MC－α = 179°－45° = 134°，然后操纵飞机左转至切入航向 $MH_{切}$ 134°向预定航线切入。

③ 确定切回航线瞬间。计算出飞机向左切回航线瞬间的 $QDM_{切}$ = MC = 179°，所以飞机在向左切入的过程中，CDI 上航道偏离杆向右移动逐渐向中立位置靠拢，当航道偏离杆回到中立位置时，飞机切回航线。飞行员应在航道偏离杆回到中立前适当提前改出，使飞机改出结束时航道偏离杆正好回到中立位置。

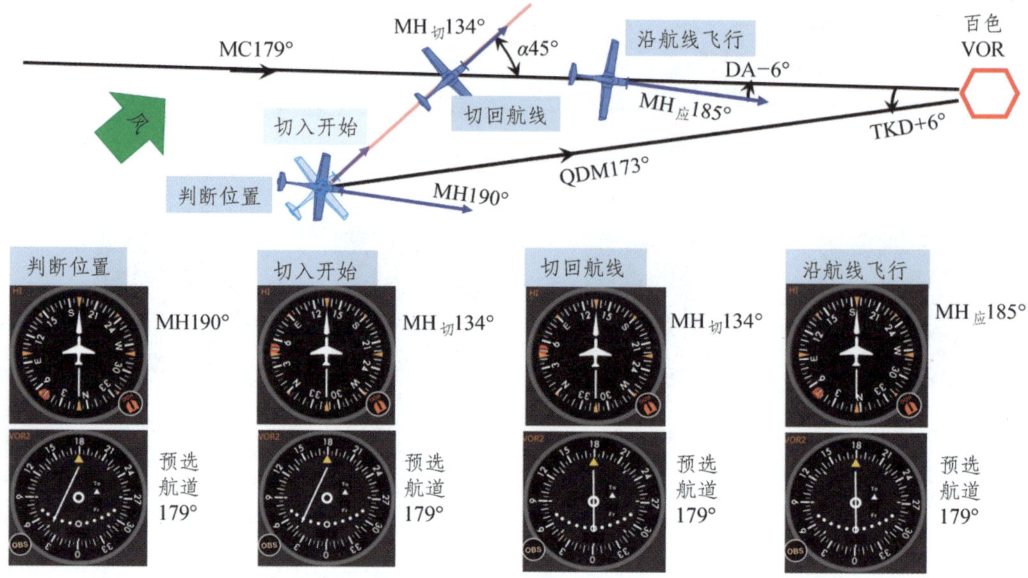

图 6.91　用 CDI 向台切入预定航线

④ 修正偏流沿航线向台飞行。估计偏流 DA = －6°，计算出飞机沿航线向台飞行 $MH_{应}$ = 179° －（－6°）= 185°。因此，保持飞机航向 185°沿着预定航线飞向百色 VOR 台过程中，CDI 的航道偏离杆应始终在中立位置。

【例 6.28】 由西昌 VOR 台飞往洪溪，MC = 55°，飞机准确通过西昌 VOR 台后，保持 $MH_{平}$ 60°飞行，一段时间后用 CDI 作背台检查航迹，这时 CDI 的指示为：预选航道调定为 55°，航道偏离杆在中心左侧 5 个点处，如图 6.92 所示。完成判断偏航并用 60°切入角做切入航线飞向洪溪的工作。

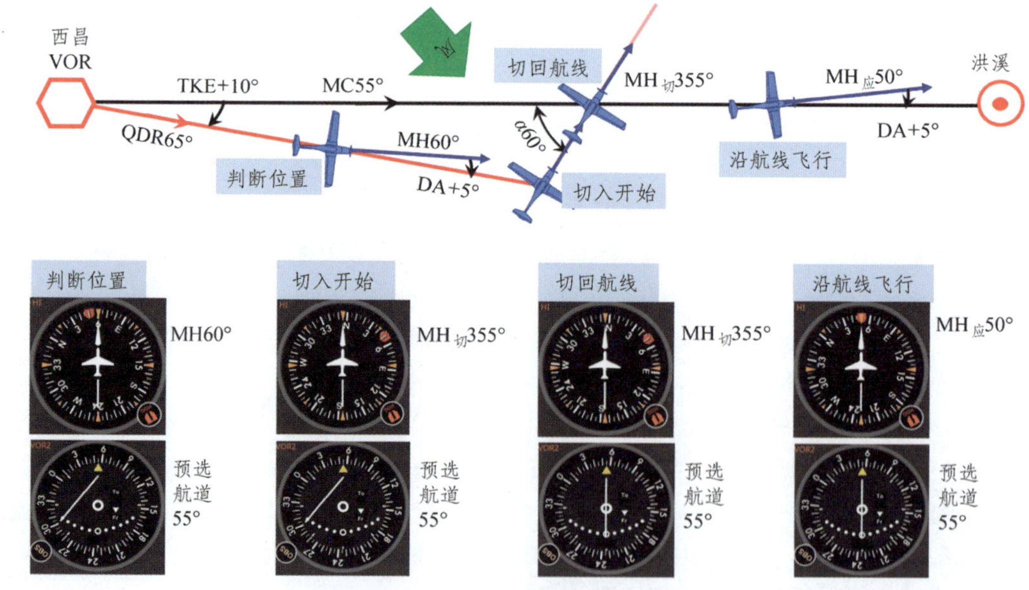

图 6.92　用 CDI 背台切入预定航线

【解】 ① 判断飞机偏航。根据 CDI 的指示可知 $TKE = +10°$，$MC = 55°$，飞机偏右，$QDR = 65°$；又根据 $MH_{\text{平}}$ 60°，可计算出 $DA = +5°$。

② 确定切入航向 $MH_{\text{切}}$。飞机偏右应向左切，可以计算出 $MH_{\text{切}} = MC - \alpha = 55° - 60° = 355°(-5°)$，操纵飞机左转至切入航向 $MH_{\text{切}}$ 355°，保持该航向切入预定航线。

③ 确定切回航线瞬间。飞机向左切回航线瞬间的 $QDR_{\text{切}} = MC = 55°$，所以飞机在向左切入航线的过程中，其 CDI 上航道偏离杆向右移动，逐渐向中立位置靠拢，当航道偏离杆回到中立位置时，飞机切回航线，飞行员应在航道偏离杆回到中立前适当提前改出，使飞机在改出结束时航道偏离杆正好回到中立位置。

④ 修正偏流沿航线向台飞行。根据 $MC = 55°$ 和已确定的 $DA + 5°$，计算出飞机沿航线背台飞行的 $MH_{\text{应}} = 55° - (+5°) = 50°$。因此保持飞机航向 50°飞行，CDI 的航道偏离杆始终在中立位置，则飞机将沿着预定航线背西昌 VOR 台飞往洪溪。

4）用 HSI 切入航线

飞行中利用 HSI 进行向/背台切入航线，就是根据 HSI 上的航道偏离杆的指示进行的。

【例 6.29】 由息峰飞向花垣 VOR 台，飞机保持航向 $MH_{\text{平}}$ 56°沿 MC59°飞行，水平状态指示器 HSI 预选航道调定 59°，飞行一段时间后 HSI 指示：航道偏离杆偏左 4 个点，如图 6.93 所示。判断飞机偏航并用 30°切入角做向台切入航线工作。

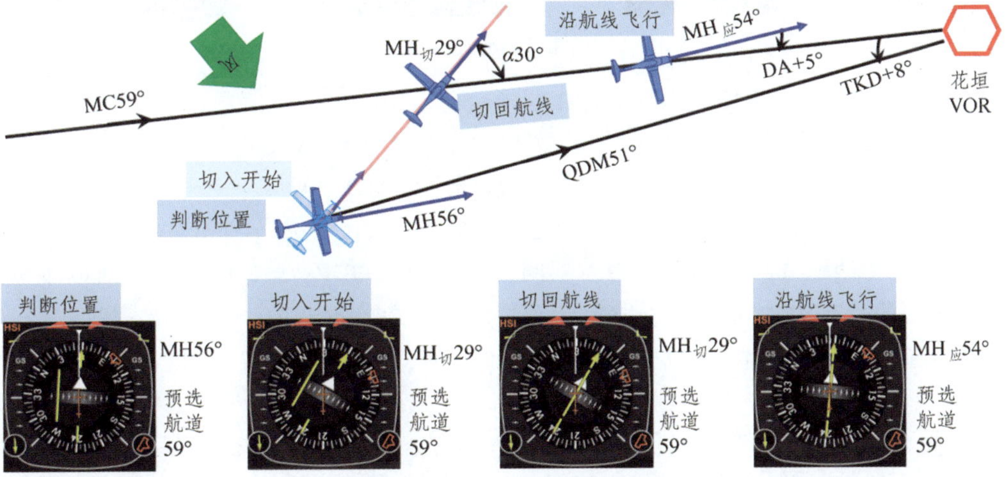

图 6.93 用 HSI 向台切入预定航线

【解】 ① 判断偏航。根据 HSI 的指示可判断出飞机偏右，$TKD = +8°$。

② 确定切入航向 $MH_{\text{切}}$。飞机偏右应向左切，确定出 $MH_{\text{切}} = MC - \alpha = 59° - 30° = 29°$，然后操纵飞机左转至切入航向 $MH_{\text{切}}$ 29°向预定航线切入。

③ 确定切回航线瞬间。计算出飞机向左切回航线瞬间的 $QDM_{\text{切}} = MC = 59°$，所以飞机在向左切入的过程中，HSI 上航道偏离杆向右移动，逐渐向中立位置靠拢，当航道偏离杆回到中立位置时，飞机切回航线。飞行员应在航道偏离杆回到中立前适当提前改出，使飞机改出结束时航道偏离杆正好回到中立位置。

④ 修正偏流沿航线向台飞行。估计偏流 DA = +5°，计算出飞机沿航线向台飞行 $MH_{应}$ = 59° −（+5°）= 54°。因此，保持飞机航向 54°沿着预定航线飞向花垣 VOR 台的过程中，HSI 的航道偏离杆应始终在中立位置。

【例 6.30】 由南汇 VOR 台飞往佘山，MC = 64°，飞机从南汇 VOR 上空准确通过，保持 $MH_{平}$ 55°飞行，一段时间后用 HSI 背台检查航迹，这时 HSI 的指示为：预选航道调定 64°，航道偏离杆在中心右侧 3 个半点处，如图 6.94 所示，完成判断偏航并以 60°角切入预定航线做飞向佘山的工作。

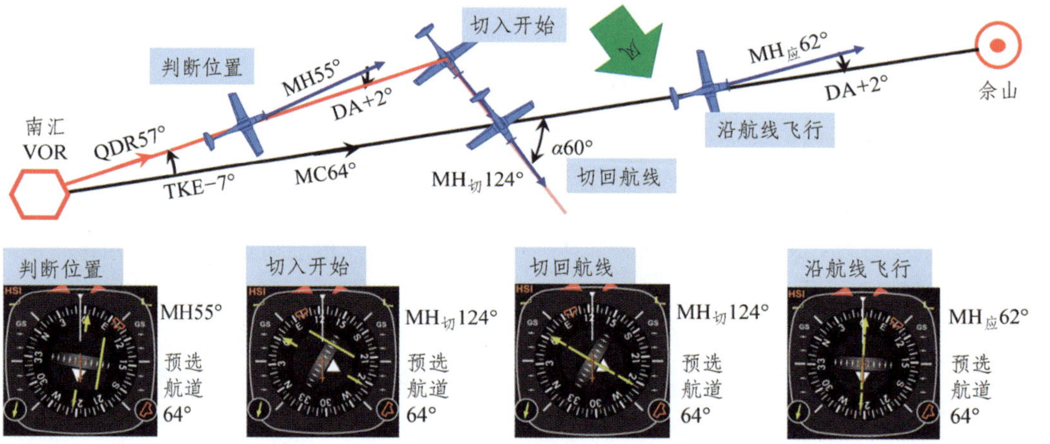

图 6.94 用 HSI 背台切入预定航线

【解】 ① 判断飞机偏航。根据 HSI 的指示可以判断出飞机偏左，得到 TKE = −7°，又根据 MC = 64°、$MH_{平}$ 55°可以计算出 QDR = 57°、DA = +2°。

② 确定切入航向 $MH_{切}$。飞机偏左向右切，确定出 $MH_{切}$ = MC + α = 64° + 60° = 124°，操纵飞机右转至航向 124°保持，向预定航线切入。

③ 确定切回航线瞬间。飞机向右切回航线瞬间的 $QDR_{切}$ = MC = 64°，所以飞机向右切入航线的过程中，其 HSI 上航道偏离杆向左移动，逐渐向中立位置靠拢，飞行员应在航道偏离杆回到中立前适当提前改出，使飞机改出结束时航道偏离杆正好回到中立位置。

④ 修正偏流沿航线背台飞行。根据 MC = 64°和已确定的 DA + 2°，可以计算出飞机沿航线背台飞行的 $MH_{应}$ = 64° −（+2°）= 62°。因此保持飞机航向 62°飞行，HSI 的航道偏离杆始终在中立位置，飞机将沿着预定航线背南汇 VOR 台飞至佘山。

6.6.2 切入方位线

向/背台切入方位线，与切入预定航线的步骤一样，其方法略有不同，最关键的就是将指定的方位线看成是一条航线即可，也就是把 $QDM_{指}$ 或 $QDR_{指}$ 看成航线角 MC。

切入 VOR
径向线

6.6.2.1 切入方位线的方法和步骤

1）判断飞机与指定方位线的关系

通过飞机当时位置所测定的电台磁方位QDM或飞机磁方位QDR与需切入指定方位线的电台磁方位$QDM_{指}$或飞机磁方位$QDR_{指}$比较，判断出飞机在指定方位线的左或右。

2）确定切入航向$MH_{切}$

准确判断飞机与指定方位线的位置关系后，应操纵飞机转至切入航向保持向指定方位线进行切入。切入航向$MH_{切}$为

向台切入：　$MH_{切} = QDM_{指} \pm \alpha$　（右切“+”，左切“-”）　（6.33）

背台切入：　$MH_{切} = QDR_{指} \pm \alpha$　（右切“+”，左切“-”）　（6.34）

3）判断切入指定方位线的瞬间

飞机保持$MH_{切}$切入指定方位线的过程中，根据进入预定方位线的原理，当ADF指示器指示$RB_{切}$、RMI 指示$QDM_{指}$或$QDR_{指}$、CDI/HSI 航道偏离杆回中时，飞机切入指定方位线。在切入的过程中，其无线电方位的变化是：向台切入——飞机偏左，向右切入指定方位线无线电方位都逐渐减小，飞机偏右，向左切入指定方位线无线电方位都逐渐增大；背台切入——飞机偏左，向右切入指定方位线无线电方位都逐渐增大，飞机偏右，向左切入指定方位线无线电方位都逐渐减小。飞机切入指定方位线瞬间的无线电方位计算公式为

向台切入：　$RB_{切} = 360° \pm \alpha$　（左切“+”，右切“-”）　（6.35）

$QDM_{切} = QDM_{指}$　（6.36）

背台切入：　$RB_{切} = 180° \pm \alpha$　（左切“+”，右切“-”）　（6.37）

$QDR_{切} = QDR_{指}$　（6.38）

在实际飞行中，应适当提前改出，使飞机沿预定航线飞行；如飞机转弯半径较大，还应在快回到航线时，逐渐减小切入角，防止飞机改出时偏出预定航线。

4）修正偏流沿方位线飞行

飞机切入指定方位线后，迎风修正偏流使飞机沿指定方位线飞向/飞离电台。偏流可通过空中风计算或估算得到。在沿指定方位线飞向/飞离电台的过程中，不断检查飞机航迹，发现偏航，立即修正，使飞机能够准确地沿指定方位线飞向/飞离电台。

6.6.2.2 利用仪表进行切入

1）用ADF指示器切入指定方位线

飞行中利用ADF指示器进行向/背台切入指定方位线，就是根据ADF指示器指示的RB进行的。

【例 6.31】 飞机正保持航向 MH300°飞向 NDB 进场，这时 ATC 指挥飞机切入向台方位 $QDM_{指}$ 330°的指定方位线向台飞行，当时 ADF 指示为 RB350°，如图 6.95 所示。判断并完成切入指定方位线飞向 NDB 台的工作。

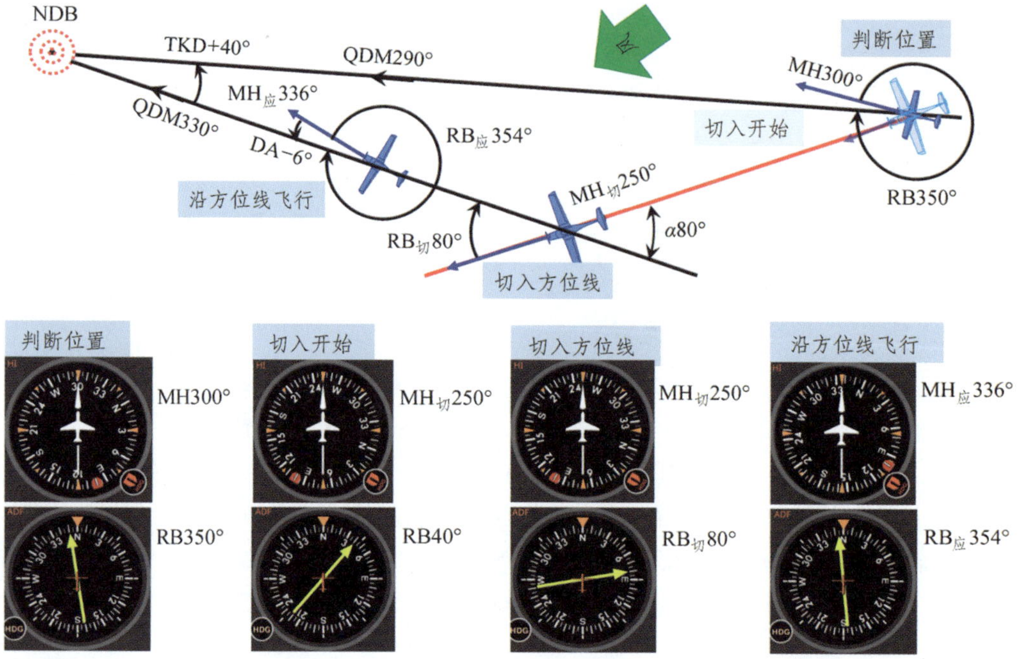

图 6.95 用 ADF 指示器切入指定方位线

【解】 ① 判断飞机与指定方位线的关系。用填补法可得飞机当时位置的 QDM = 290°，与 $QDM_{指}$ 330°比较，因 QDM < $QDM_{指}$，所以飞机在指定方位线的右侧，TKD = +40°。

② 确定切入航向 $MH_{切}$。飞机偏右，应向左切，取切入角 $\alpha = 80°$，所以切入航向 $MH_{切}$ 就等于 250°（即 330° − 80°），操纵飞机左转至切入航向 250°向指定方位线切入。

③ 确定切入指定方位线的瞬间。计算出飞机向左切入指定方位线瞬间的 $RB_{切}$ = 360° + α = 360° + 80° = 80°，所以飞机在向左切入的过程中，ADF 指示器指示逐渐增大，当增大至指示 80°时，飞机切入指定方位线。飞行员应适当提前改出，使改出结束时飞机刚好在指定方位线上。

④ 修正偏流沿方位线向台飞行。估计 DA = −6°，计算出飞机沿指定方位线向电台飞行的 $MH_{应}$ = 336°，保持飞机航向 336°沿指定方位线飞行的过程中，ADF 指示器指示应为 $RB_{应}$ 354°。

2）用 RMI 切入指定方位线

飞行中利用 RMI 进行向/背台切入指定方位线，就是根据 RMI 指示的 QDM 或 QDR 进行的。

【例 6.32】 飞机用英德 VOR 台作背台飞行，飞机过英德 VOR 台一段时间后 RMI 的指示为：$MH_{平}$ 10°、QDR5°，现需要切入背台方位为 340°的径向线背台飞行，如图 6.96 所示，完成背台切入指定方位线的工作。

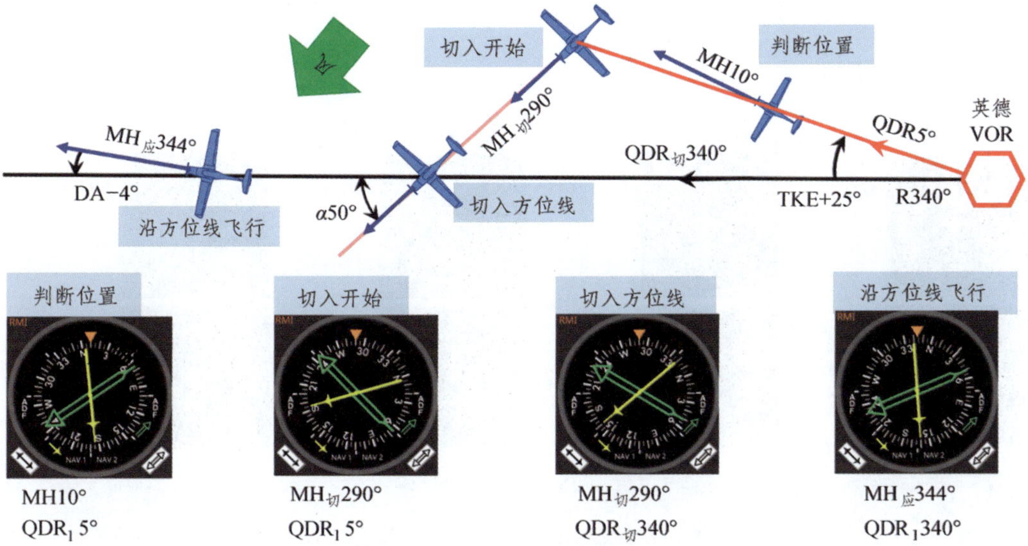

图 6.96 用 RMI 切入指定方位线

【解】 ① 判断飞机与指定方位线的关系。RMI 当时指示 $MH_{平}$ 10°、QDR5°，可知 QDR5° > $QDR_{指}$ 340°，飞机在指定方位线的右侧。

② 确定切入航向 $MH_{切}$。飞机偏右，应向左切，取$\alpha = 50°$，计算出 $MH_{切} = 290°$，操纵飞机左转至航向 290°保持，向指定方位线切入。

③ 确定切入指定方位线瞬间。飞机向左切入指定方位线的过程中，RMI 的指示逐渐减小，当减小到指示 $QDR_{切}$ 340°时，飞机切入指定方位线。实际飞行时，飞行员应适当提前改出，使改出结束飞机刚好在指定径向线。

④ 沿指定方位线背台飞行。飞行员如果按估计的偏流 DA = −4°计算出沿径向线背台飞行的 $MH_{应} = 344°$，保持该航向飞行，始终保持 RMI 上方位指针针尾指示背台方位 $QDR_{指}$ 340°，飞机就能沿径向线背台飞至下一预定点。

3）用 CDI 切入指定方位线

飞行中利用 CDI 进行向/背台切入指定方位线，就是根据 CDI 上的航道偏离杆的指示进行的。需注意的是，CDI 的预选航道要重新设置为指定的 $QDM_{指}$ 或 $QDR_{指}$。

【例 6.33】 飞机从河口飞往龙口，通过河口后，发现飞机故障决定备降武汉机场，ATC 指挥飞机切入 $QDM_{指}$ 190°飞向武汉 VOR 台。飞行员按指令调武汉 VOR 台频率并将 CDI 预选航道设置为 190°，这时 CDI 显示航道偏离杆偏在左侧最大刻度外，航向仪表指示为 MH205°，如图 6.97 所示。完成判断并切入指定径向线飞向 VOR 台。

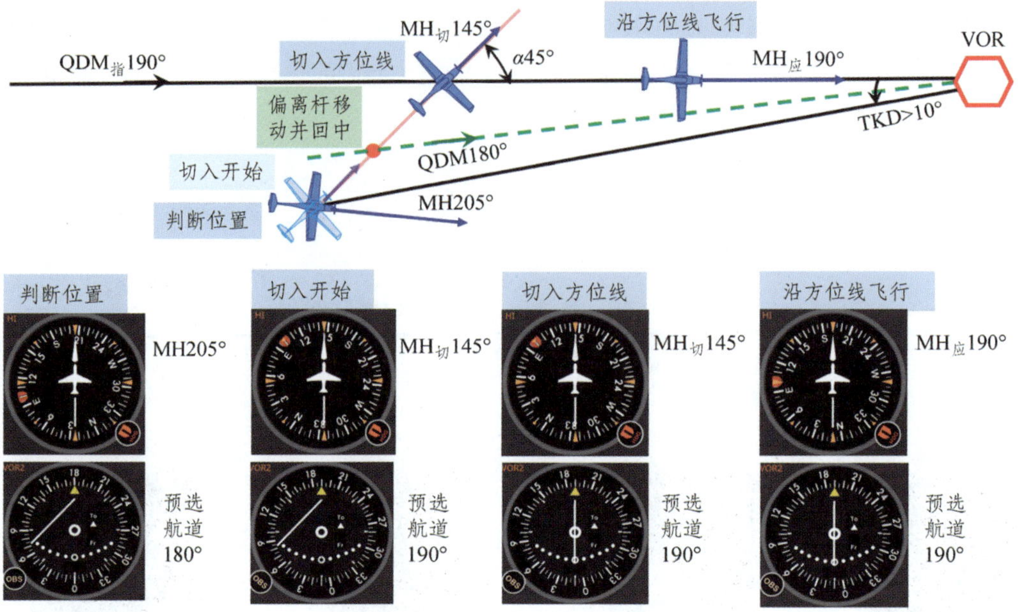

图 6.97　用 CDI 切入指定方位线

【解】　① 判断飞机与指定方位线的关系。根据 CDI 的指示知道飞机偏在指定方位线 $QDM_{指}$ 190°的右侧，TKD > 10°；根据飞行进程来看，飞机距离 VOR 台还有一段距离。

② 确定切入航向 $MH_{切}$。采用 45°角切入可以在到达 VOR 台之前切到指定方位线上，所以计算出 $MH_{切}$ = 145°，操纵飞机左转至航向 145°切入指定方位线。

③ 确定切入指定方位线的瞬间。飞机向左切入飞行的过程中，无线电方位逐渐增大，当增大至 QDM 与 $QDM_{指}$ 相差 10°时，CDI 航道偏离杆开始移动并向中立位置靠拢；当航道偏离杆回到中立位置时，飞机切入指定径向线；飞行员应适当提前改出，使改出结束时飞机在指定径向线上。

④ 沿指定方位线向台飞行。飞行员根据情况进行航向修正，始终保持航道偏离杆在中立位置，飞机就能沿指定方位线飞到武汉 VOR 台。

实际飞行中，飞行员常常根据 CDI 指示采取“追杆”的方法始终保持飞机在向台航迹上，沿指定方位线飞到电台上空。“追杆”的方法就是当偏离杆往右偏出时，相应向右增大航向，使偏离杆保持在中立位置；当偏离杆往左偏出时，相应向左减小航向，使偏离杆保持在中立位置。

4）用 HSI 切入指定方位线

飞行中利用 HSI 进行向/背台切入指定方位线，就是根据 HSI 上的航道偏离杆的指示进行的。需注意的是，HSI 的预选航道要重新设置为指定的 $QDM_{指}$ 或 $QDR_{指}$。

【例 6.34】　飞机保持 MH150°，测出飞机在 VOR 台的径向方位 160°的径向线上，如图 6.98 所示，现要求背台切入并沿径向方位 120°的径向线飞行，完成背台切入指定方位线的工作。

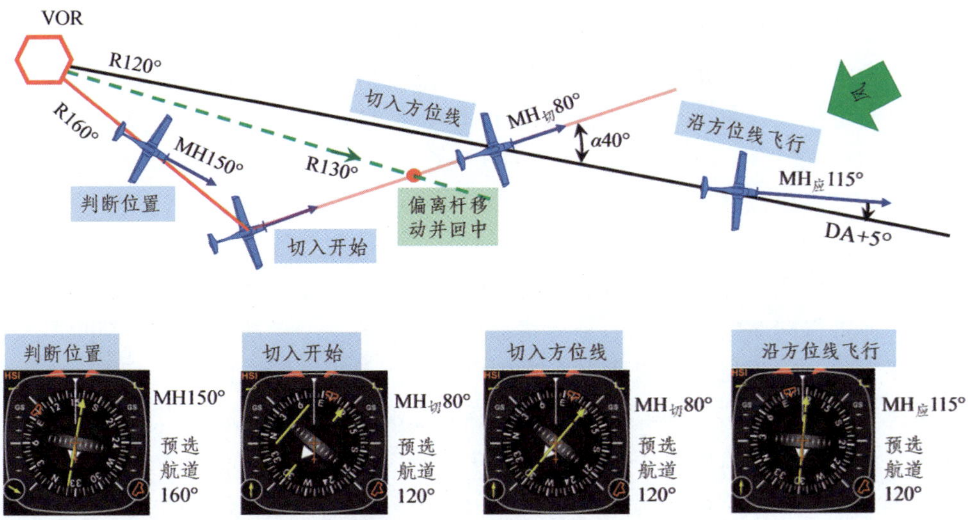

图 6.98 用 HSI 切入指定方位线

【解】 ① 判断飞机与指定方位线的关系。测出的 QDR（R）160°与指定方位线的 $QDR_{指}$（R）120°比较，可知飞机在指定方位线的右侧。

② 确定切入航向 $MH_{切}$。飞机在右，应向左切，取 $\alpha = 40°$，计算出切入航向 $MH_{切} = 80°$，操纵飞机左转至航向 80°并保持，向径向线切入。

③ 判断切入径向线瞬间。转动“预选航道”旋钮调定预选航道为 120°，飞机在向左切入的过程中，无线电方位不断减小，与预选航道的角度差越来越小，当差值为 10°时，航道偏离杆开始移动，当偏离杆回到中立位置时，飞机切入指定径向线。飞行员适当提前改出，使飞机沿径向线背台飞行。

④ 修正偏流沿径向线背台飞行。采取估计偏流的方法，取 DA = +5°，计算出沿径向线背台飞行的 $MH_{应} = 115°$，保持该航向飞行，HSI 的航道偏离杆在中立位置。飞行中应不断检查背台航迹，采取与 CDI 相同的“追杆”方法，使飞机始终沿径向方位为 120°的径向线背台飞行。

6.6.3 向/背台切入的特点

向台和背台切入航线或方位线的程序和步骤虽然相同，但也有其特点。

（1）向台和背台切入航线时，切入过程的时间一般较短；向台和背台切入方位线时，切入过程的时间相对较长。

（2）向台切入的整个过程中，飞机位置是越来越靠近电台的；背台切入的整个过程中，飞机位置是越来越远离电台的。

（3）ADF 指示器在向台切入中，方位指针始终指左/右前方；在背台切入中，方位指针始终指左/右后方。RMI 在向台切入中，方位指针始终指左/右前方；在背台切入中，方位指针始终指左/右后方。CDI、HSI 在向台切入中，向/背台指标始终指示“向台”；CDI、HSI 在背台切入中，向/背台指标始终指示“背台”。

（4）向/背台切入航线和背台切入方位线切入角的确定原则是相同的，向台切入方位线确定切入角大小的原则是：为了保证飞机在飞越电台之前能够切到指定方位线上，当 TKD≤5°时，选择切入角α= 10°；当 5° < TKD≤45°时，选择切入角α= 2TKD；当 45° < TKD≤60°时，选择切入角α= 90°；当 TKD > 60°时，应采取分段切入法。

（5）背台切入可以通过背台求出实际 DA，但向台切入的实际 DA 一般根据飞行经验及飞机偏航采用估算，估算方法是：实际 DA 在前一段飞行修正偏流基础上增减，如果偏流修正过大，则减小一半，如果偏流修正过小，则增加一半。

总之，在进行向/背台切入时，要弄清概念、掌握方法、熟练计算；在判断切入、改出的过程中，要注意保持好飞机状态，防止只顾观察无线电领航设备，而“丢掉”姿态仪，忽略飞行状态；在切入前段，主要应注意姿态仪和航向，控制好飞行状态，保持好切入航向，适当检查无线电方位的变化；在切入后段，应在以姿态仪为主的前提下，多检查无线电领航设备，掌握改出时机，使飞机改出切入刚好在航线或方位线上飞行。

6.7　无线电定位

利用机载无线电领航设备测得的无线电领航元素并获得位置线，在航图上画出位置线，确定出飞机位置，称为无线电定位。无线电定位方法确定的飞机位置是实测位置。

6.7.1　无线电定位原理

无线电定位的基本原理是利用平面中的两条或两条以上的位置线相交，确定出飞机的位置。按照位置线形状，可以把无线电定位分为θ-θ定位、ρ-θ定位、ρ-ρ定位，ρ表示距离，θ表示角度或方位，通过这 3 种定位方式可实现飞机在空中预定位置的定位，也可实现即时位置的实时定位。

6.7.1.1　无线电定位方式

1）θ-θ定位（测向-测向定位）

通过测定两个导航台的方位，可以获得两条方位线，通过这两条直线的交点确定出飞机的位置，如图 6.99 所示。可以实现θ-θ定位的有双 NDB 台、双 VOR 台、NDB/VOR 台和 ILS 等。在θ-θ定位中，当两个导航台的两条位置线相交成直角时，几何定位精度最高；交角不等于直角时，精度将降低；交角为 0°或 180°时，两条可用位置线重合，不能实现θ-θ定位。当交角在 30°与 150°之间时，能满足导航定位的要求。

2）ρ-θ定位（测距-测向定位）

通过测定飞机到测距系统的距离和测角系统的方位，获得一条圆位置线和一条直线（方位线），两条位置线的交点就是飞机的位置，如图 6.100 所示。可以实现ρ-θ定位的有 NDB/DME、VOR/DME、ILS/DME 等，这种定位也称为极坐标定位。ρ-θ定位时两条位置线通常是正交成直角的，因而具有很高的精确度。

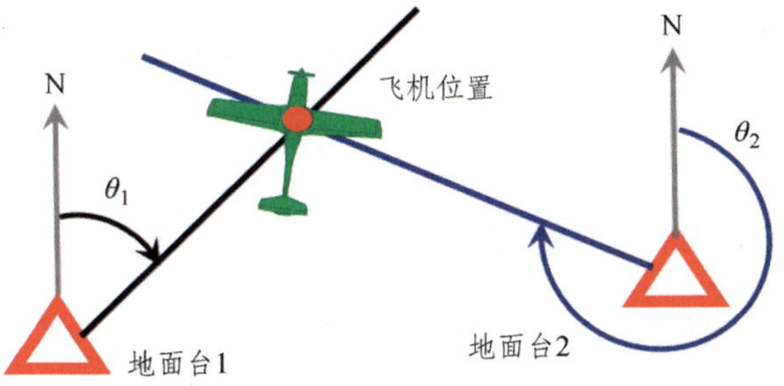

图 6.99　θ-θ定位

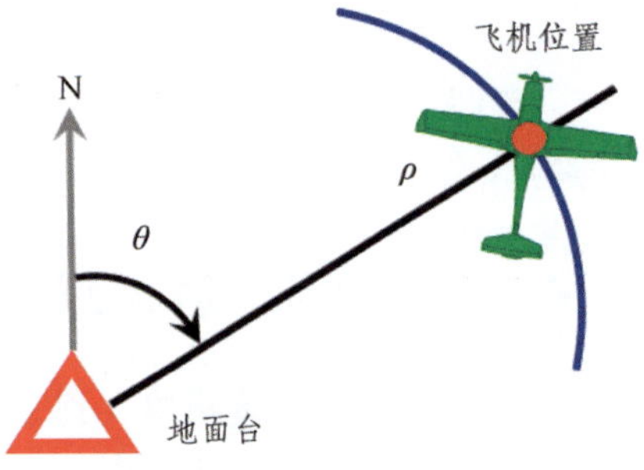

图 6.100　ρ-θ定位

3）ρ-ρ定位（测距-测距定位）

通过测定到两个导航台的距离，从而获得两个圆位置线，通过两个圆的交点即可确定飞机的位置，如图 6.101 所示。可以实现ρ-ρ定位的有：DME/DME、ONS、GPS 等。ρ-ρ定位的优点是具有很高的精度，缺点是存在双值性，有位置模糊问题，即两个圆位置线可以有两个交点。因此在实际使用时增加一个分离的导航台获得第三条圆位置线，从而消除位置的模糊性，称为ρ-ρ-ρ定位。

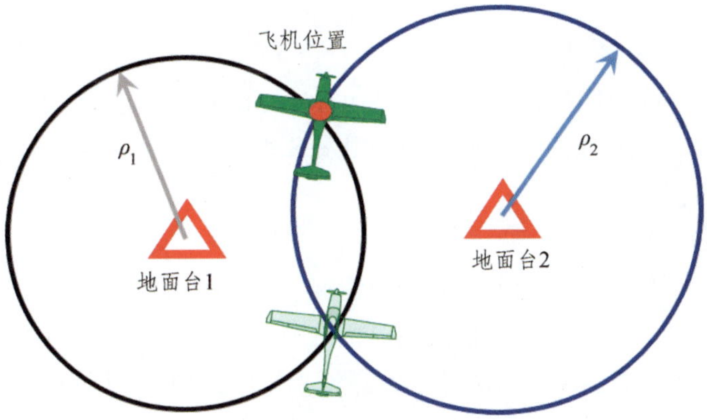

图 6.101　ρ-ρ定位

6.7.1.2　无线电定位方法

无线电定位方位有预定点定位和即时定位两种方法。

1）预定点定位

利用机载无线领航设备在预先确定的位置点定位的方法称为预定点定位，其目的是通过定位判断飞机位置与预定点的关系，检查飞机的航迹，以便确定飞机飞往下一航路点的航向和地速。预定点定位的方法应用广泛，可用于飞机离场、沿航路飞行、进场、进近着陆等方面。

2）即时定位

利用机载无线电领航设备在当时时刻进行定位的方法称为即时定位，其目的是通过定位让飞行员明确飞机和电台的关系，确定出飞机当时的位置，以便计算确定飞往某航路点的航向和预达时刻。即时定位的方法广泛用于飞机离场、进场着陆过程中的机动飞行，航路飞行中的绕飞、返航及备降等方面。

6.7.2 利用机载无线电领航设备实施定位

本章介绍利用机载测角、测距设备实施定位的方法，包括双台定位和单台定位两种。在实施无线电定位时，应根据飞机所处的区域、周围电台的分布情况，选择最佳的电台和定位方式。

双台定位原理

6.7.2.1 双台定位

飞行中，如果地面有两个电台时，对于有两部测角无线电设备的飞机，可以实现同时刻双台定位；对于一部测角无线电设备的飞机，只能先后测出两个电台的方位，然后通过计算确定飞机位置，实施θ-θ定位；如果地面有用于测角的电台（VOR 或 NDB）和 DME 台，可以实现ρ-θ定位。

1）用 RMI 同时刻双台定位

利用 RMI 进行同时刻双台定位时，首先在 RMI 上同时测定两个电台的飞机磁方位，换算为飞机真方位，并在地图上从该两电台处画出两条方位线，两条方位线的交点就是测方位时的飞机位置。

预定点定位的实施步骤如下：

（1）飞行前，根据航线附近电台的分布情况，确定定位区域，选用合适的电台。

（2）根据预达预定点的时刻，稍提前对所选电台进行调谐，听清呼号。

（3）保持好飞行状态，同时向两个电台测量飞机磁方位，并记录读数和当时的时刻。

（4）按测得的飞机磁方位，经换算在地图上画出飞机所在区域的一段方位线，两条方位线的交点就是测方位时的飞机位置，用“×”标出并注明时刻。

即时定位的实施步骤如下：

（1）根据飞机现在的概略区域，确定定位区域，并进行选台调谐，听清呼号。

（2）保持好飞行状态，同时向两个电台测量飞机磁方位，并记录读数和当时的时刻。

（3）按测出的飞机磁方位，经换算在地图上画出飞机所在区域的一段方位线，两条方位线的交点就是测方位时的飞机位置，用“×”标出并注明时刻。

【例 6.35】 如图 6.102 所示，RMI 上单针调的是 NDB 台，双针调的是 VOR 台，11:30 从 RMI 上读出：$QDR_A = 230°$、$QDR_B = 150°$，磁差为 MV – 2°，确定 11:30 的飞机位置。

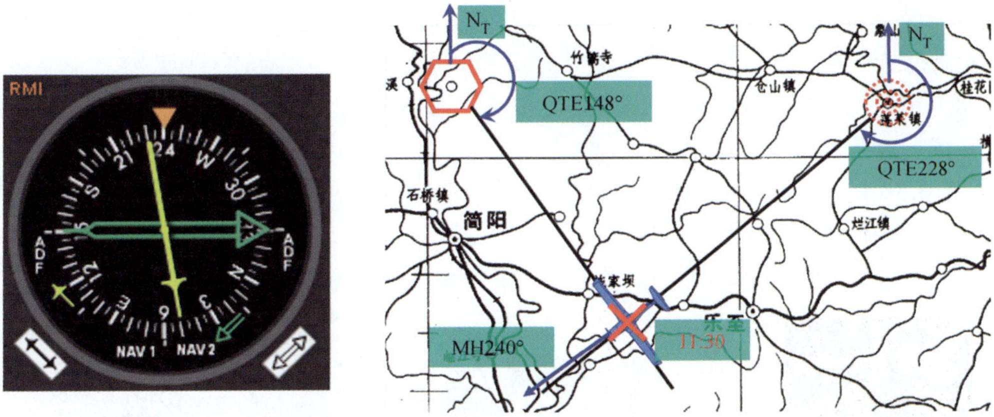

图 6.102 RMI 同时刻双台定位

【解】 ① 进行磁差的修正，计算 QTE。磁差 MV = －2°，经换算 QTE_A = 228°、QTE_B = 148°。

② 在航图上，从 NDB 台画出 QTE_A228°的方位线，从 VOR 台画出 QTE_B148°的方位线，其交点即是 11:30 飞机的位置。

③ 标出飞机位置，注明时刻“11:30”。

2）用 ADF 指示器配合 HSI 或 CDI 同时刻定位

如果所选择的电台一个是 NDB 台，另一个是 VOR 台，飞行中可以用 ADF 指示器配合 HSI 或 CDI 进行同时刻定位。用 HSI、CDI 测出 VOR 台的飞机磁方位（径向方位），换算为飞机真方位；用 ADF 指示器测定 NDB 台的电台相对方位，计算出 NDB 台的飞机磁方位，换算为飞机真方位；在地图上从两电台处分别画出对应的两条方位线，其相交的交点就是飞机测方位时的飞机位置。

预定点定位的实施步骤如下：

（1）飞行前，根据航线附近电台的分布情况，确定定位区域，选用合适的电台。

（2）根据预达预定点的时刻，稍提前对所选电台进行调谐，听清呼号，在 HSI、CDI 上调定进入预定点的 VOR 台的飞机磁方位或电台磁方位。

（3）保持好飞行状态，当 HSI、CDI 航道偏离杆在中立位置时，用 ADF 指示器测量 NDB 的电台相对方位角，并记录 HSI 或 CDI 的飞机磁方位或电台磁方位，进行相应计算并换算为两个电台的飞机真方位，记下当时的时刻。

（4）在地图上画出两个电台的方位线，两条方位线的交点就是测方位时的飞机位置，用“×”标出并注明时刻。

即时定位的实施步骤如下：

（1）根据飞机现在的概略区域，确定定位区域，并进行选台调谐，听清呼号。

（2）保持好飞行状态，转动 HSI 或 CDI 上的航道预选旋钮，使航道偏离杆回到中立位置，并使“向/背”指标指示“背台”，这时航道指针指示的就是飞机所在 VOR 台的径向方位，即飞机磁方位，同时记录 ADF 指示器指示的 NDB 台的电台相对方位，记下时刻。

（3）将 VOR 台的飞机磁方位换算为飞机真方位；将从 ADF 指示器记录的电台相对方位角计算为飞机磁方位，然后换算为飞机真方位。

（4）在地图上从两个电台画出两条方位线，两条方位线的交点就是测方位时的飞机位置，用“×”标出并注明时刻。

【例 6.36】 飞行员于 10:15 用 HSI 测定飞机 VOR 台的径向方位，如图 6.103 所示，这时从 ADF 指示器读出到 NDB 台的电台相对方位是 270°，磁差 MV－2°，确定 10:15 的飞机位置。

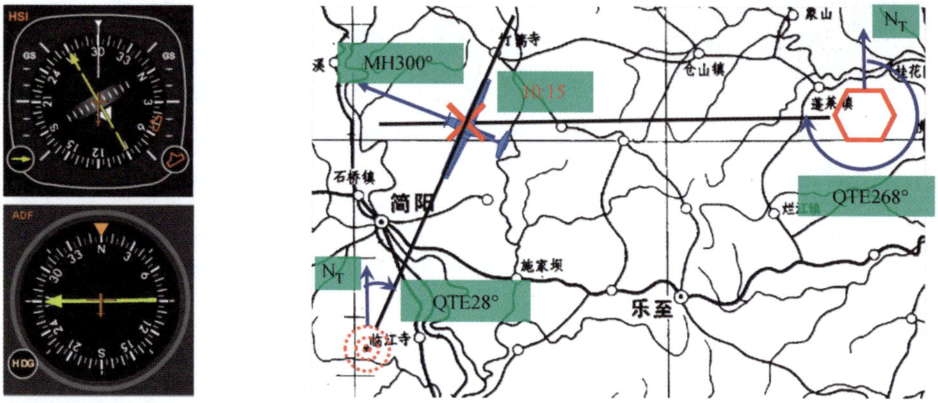

图 6.103　ADF 与 HSI 配合同时刻双台定位

【解】 ① 从 HSI 的指示可读出飞机磁方位（径向方位）为 270°，换算成 QTE_A = 268°。

② 从 ADF 读出 RB = 270°，此时航向 MH = 300°，计算可得：QDM_B = 210°、QDR_B = 30°，进行磁差修正，得到 QTE_B = 28°。

③ 在航图上，从 VOR 台画出 QTE_A268°的方位线，从 NDB 台画出 QTE_B28°的方位线，其交点就是 10:15 飞机位置。

3）双台计算法预定点定位

有的飞机只安装有一个 ADF 指示器，因而不能同时测定两个电台的方位角，因此，飞行中利用侧方台进入预定方位线的时候，结合使用后方台或前方台确定的偏航距离，确定出飞机进入预定方位线时的位置。

飞行中，如果电台采用后方台和侧方台，则应在进入预定方位线以前，先向后方电台测方位，根据后方电台测得的飞机磁方位角，求出偏航 TKE，并计算出飞机进入预定方位线时的偏航距离；根据求得的偏航距离，向偏出的方向做航线平行线，平行线与预定方位线的交点就是飞机进入预定方位线时飞机的位置，如图 6.104 所示。

飞行中，如果电台采用前方台和侧方台，则应在进入预定方位线的瞬间记下时刻，然后立即将使用频率转换为前方台，测定方位，求出偏离角 TKD，并计算出飞机进入预定方位线时的偏航距离，根据求得的偏航距离，向偏出的方向做航线平行线，平行线与预定方位线的交点就是飞机进入预定方位线时飞机的位置，如图 6.105 所示。

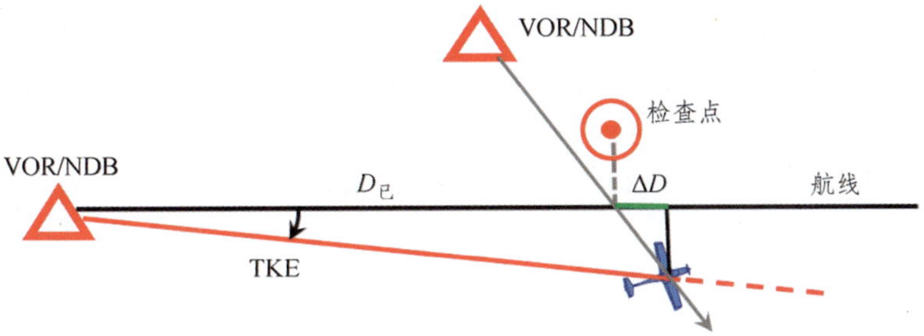

图 6.104　后方/侧方台计算法定位

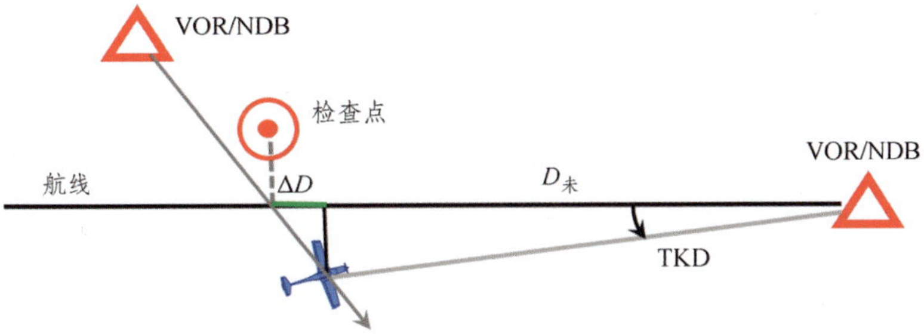

图 6.105　前方/侧方台计算法定位

4）VOR/NDB 结合 DME 定位

当有 DME 台而且飞机在其有效工作范围内时，用 VOR/NDB 台结合 DME 实施ρ-θ定位。VOR/NDB 结合 DME 的定位精度比θ-θ定位要精确得多，因此是仪表离场、进场及进近中常用的定位方式。飞行中，只要有条件都应充分利用 VOR/NDB 结合 DME 进行定位，控制飞机进入预定点或进行实时定位。VOR/NDB 结合 DME 预定点定位的实施步骤如下：

（1）飞行中，如果 VOR/NDB 是前方台或后方台，则应用 VOR/NDB 台控制飞机的航迹，然后用 DME 指示器指示距离确定飞机位置；如果 VOR/NDB 是侧方台，则应根据进入预定方位线的原理，使用 ADF 指示器、RMI、HSI、CDI 判断飞机进入方位线的瞬间，记录 DME 指示器指示的 DME 距离，并记下时刻。

（2）根据所测出的 VOR/NDB 台的飞机磁方位，换算为飞机真方位 QTE，从地图上的 VOR/NDB 台处画出一条方位线，然后以地面 DME 台为圆心，记录的 DME 距离为半径画出圆的位置线，其交点即为当时的飞机位置。

（3）在飞机位置用“×”标注并注明时刻。

在进行 VOR/NDB 结合 DME 台的定位时，应尽量选择与 DME 台安装在同一位置的 VOR 或 NDB 台，这样既能提高定位的精度，又可以减轻飞行员的工作负担，实施起来更加容易。

6.7.2.2　单台定位

利用航线侧方电台也可确定飞机位置，这种方法称为单台定位。单台定位的特点是连续对一个电台测量两次方位，取得两条方位线，然后通过作图或计算即可确定飞机位置。单台定位常采用正切电台心算法。这种方法是在不同时刻向同一侧方电台测出两个方位角，并且心算出正切电台（第二条方位线）时飞机距电台的距离，按这一距离在第二条方位线上截取一点，就是当时飞机的位置。心算法有正切电台前 45°（27°）法和正切电台前后 α 角法。

1）正切电台前 45°（27°）法

正切电台27°法举

飞行中为了简化空中计算，在正切电台时（$RB_2 = 90°$或 270°）确定飞机位置。飞机在正切电台前 45°（27°）开始计时，正切电台时停止计时，根据测量出的飞行时间和地速心算出正切电台时飞机到电台的距离 d，在地图上从电台开始在正切电台的方位线截取距离 d，即可确定出飞机位置，如图 6.106 所示。飞行中根据电台的远近选取 45°或 27°法：电台较近时选择 45°法，这时 $d = GS \cdot t$；电台较远时选择 27°法，这时 $d = 2GS \cdot t$。正切电台前 27°（45°）法的实施步骤如下：

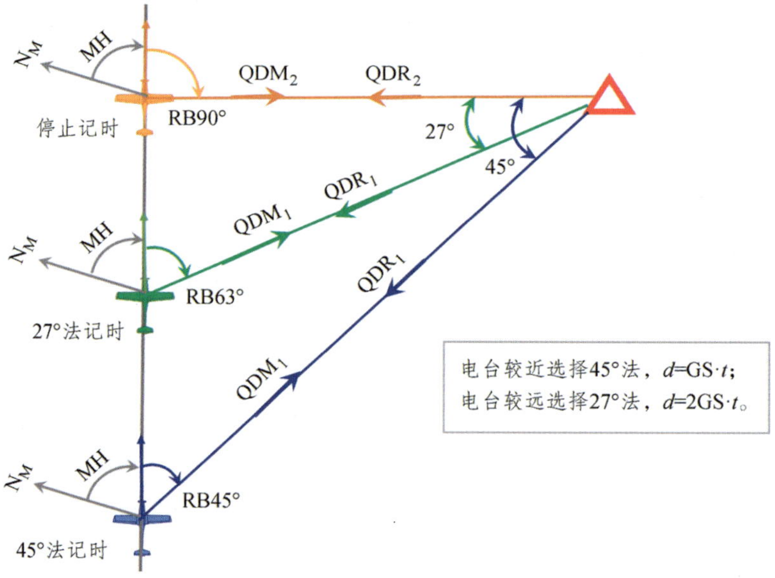

图 6.106　正切电台前 27°（45°）法

（1）在预先准备时，选好侧方电台，画出垂直于航线的方位线，量出电台离航线的距离，并将无线电方位量出并标注在地图上。

（2）根据电台离航线的远近，选择 45°或 27°法，并画出方位线，确定出进入该方位线的无线电方位。

（3）飞行中计算出预达两条方位线的时刻，提前调好侧方台频率，并听清呼号。

（4）飞机进入第一条方位线开始计时，并保持航向飞行，飞机进入第二条方位线（正切）停止计时得出飞行时间，用地速心算出飞行距离及正切电台时飞机离电台的距离 d。

（5）在地图上从电台中心沿正切电台方位线量取距离 d，得到飞机位置，用“×”标注，并注明时刻。

【例 6.37】 遂宁飞广汉，MC = 296°，选取 27°法正切五凤溪 NDB 台时定位。地面准备时已完成工作并量出 $QDM_{切}$ = 206°、$d_{预}$ = 30 km。飞机通过起点后，保持 MH296° 沿航线飞行，用 ADF 向五凤溪 NDB 台定向，10:25 当 QDM_1 = 233°飞机进入第一条方位线计时，飞机进入第二条方位线（正切）的时刻是 10:30，如图 6.107 所示（图中单针指示），已知 GS = 230 km/h，确定飞机 10:30 的位置。

图 6.107 正切电台 27°法举例

【解】 飞行时间 t = 10:30 − 10:25 = 5′，计算出 d = 2GS × t = 2 × 230 km/h × 5 min = 38 km。

在地图上从五凤溪 NDB 中心在正切电台时的方位线上量取 38 km，这一位置就是飞机 10:30 的位置。d 比 $d_{预}$ 多 8 km，说明飞机偏在航线的右侧 8 km 处。

2）正切电台前/后 α 角心算法定位

正切电台前/后 α 角法就是测量出正切电台前/后方位变化角 α 的时间，利用心算方法计算出正切电台飞机到电台的飞行时间 t 和距离 d，如图 6.108 所示。心算飞机到电台的飞行时间和到电台的飞行距离的公式为

$$t = 60 \times t_{已}\ (\text{min})/\alpha \tag{6.39}$$

$$d = GS \times t_{已}\ (\text{min})/\alpha \tag{6.40}$$

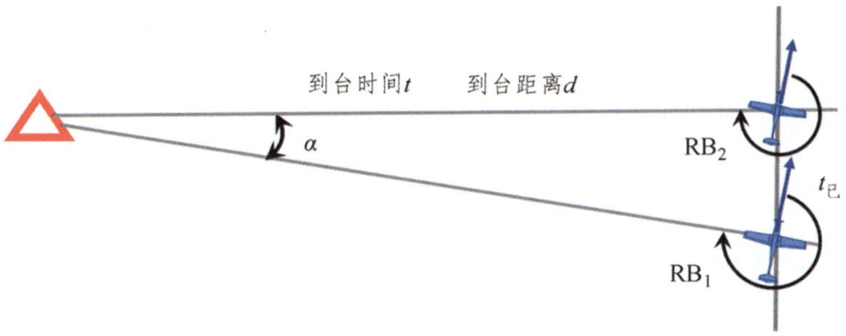

图 6.108 心算飞往电台的时间和距离

利用这种定位方法，在空中即时定位时十分方便，但方位变化角α不能太大，一般不超过 20°。心算时，如果无线电方位角变化为 5°、10°和 20°，这时飞机到电台的飞行时间和距离分别是平飞时间和距离的 12 倍、6 倍和 3 倍。例如，ADF 指示器的电台相对方位角指示在 2 min 内从 265°变为 260°，地速为 180 kt，因此无线电方位角变化为 5°，2 min 的飞行距离为 6 NM，则可计算出飞机到电台的飞行时间为 $t = 12\times 2$ min = 24 min，飞机离 NDB 台的距离为 $d = 12\times 6$ NM = 72 NM。利用这种方法还可以快速计算出飞机飞往电台所需的燃油量。

6.7.3 提高无线电定位的准确性

用 ADF 指示器、RMI、CDI、HSI 测量指示的方位角总会有误差，加上画方位线也不可能绝对准确，而 DME 测量距离也有误差，因此进行单、双台定位时，所确定的位置不是飞机的实际位置，而是在实际位置的附近，即误差区，如图 6.109 和图 6.110 所示。

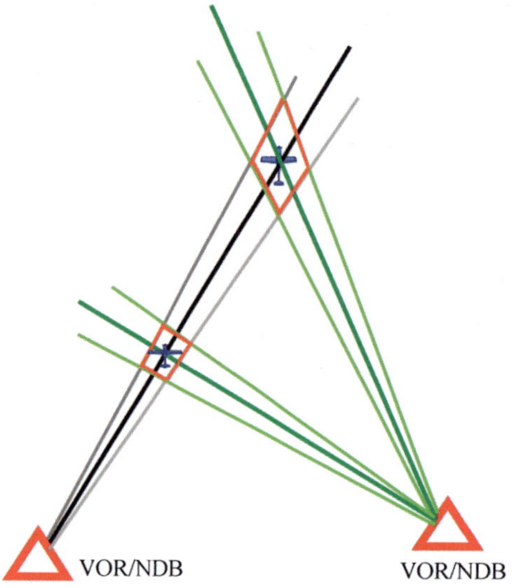

图 6.109 θ-θ 定位误差

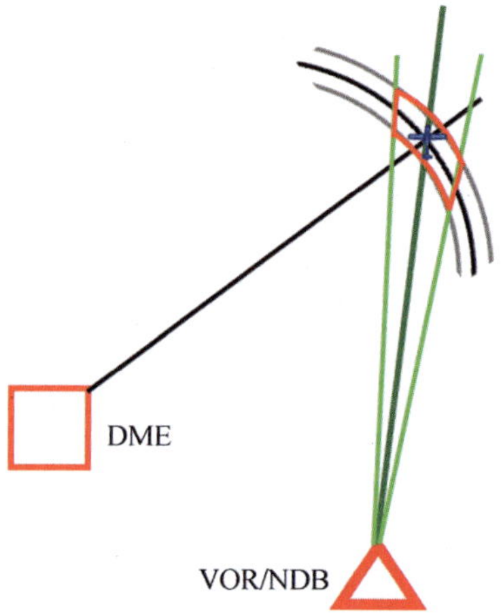

图 6.110 ρ-θ 定位误差

从图中可以看出：定位误差的大小除了与测方位、距离的误差有关外，还与飞机离电台的远近和两条方位线的交角有关。实施定位时选择精度高、功率较大、距离较近的电台以及两条方位线交角接近 90°时，定位误差较小。因此，为提高无线电定位的准确性，必须采取以下措施：

（1）选择准确性高的电台，并注意电台在播发呼号时，不要读取无线电方位。

（2）双台定位时应选择交角适当的电台，一般应在 30° ~ 150°范围内，最好 90°；单台定位时要选择适当的两次测方位时间间隔，使两条方位线的差角在 30° ~ 150°。

（3）测方位角时，飞行员应保持好航向和空速，做到“三准”，即电台要调准、方位要读准、方位线要画准。

无线电定位误差是客观存在的，但通过选择适当的电台，熟练使用领航设备，准确测量方位和图上作业，尽量减小测方位的误差，可以使定位误差大大减小，精度得到提高。

6.8 无线电领航检查点工作

6.8.1 无线电领航检查点工作程序

沿航线飞行实施无线电领航的主要工作就是检查航迹和修正航迹，通常是在检查点前后进行的；检查点工作的所有计算结果均需填入领航记录表相应表格，并按规定或按管制员要求发位置报。

实施无线电领航中应严格保持好航行诸元，利用 ADF 指示器、RMI、CDI、HSI 进行向、背台检查航迹，并做好进入预定方位线的准备和改航准备，尽可能利用侧方电台检查地速、修正预达下一位置点的时刻。检查点工作内容和步骤可归纳为“检、算、判（记）、改、算、填、发”。

检——在预计到达检查点前 3 ~ 5 min 用背台（或向台）检查航迹，记录平均磁航向、真空速和测定无线电方位。

算——计算出飞机的偏航角、航迹角、偏流及新航线角（下段飞行的预计航迹）、应飞航向；根据记录的 $MH_{平}$ 计算进入预定方位线时的电台相对方位，做好进入预定方位线和改航准备。

判（记）——提前检查所需侧方电台的工作情况，在预计到达检查点前 3 ~ 5 min 调出侧方电台并听清呼号，保持好航行诸元飞行，根据 ADF 指示器、RMI、CDI、HSI 的指示判断飞机进入预定方位线的瞬间并计时。

改——操纵飞机改航，使航向对正应飞航向，飞向预定点（或转弯点）。

算——计算地速及预达下一点的时刻；计算空中风向、风速，并校对和订正导航数据。

填——填写位置报告表。

发——向空中交通管制部门发位置报。

6.8.2 无线电领航实践

无线电领航
记录表填写实践

无线电领航地面准备要完成地图作业，并将数据填写在记录表里，领取相关航行资料并填写，完成相关领航计算并填表，简化空中工作。

无线电领航空中实施就是按照准备的领航计划实施领航工作，主要就是测量数据、计算数据，并操纵飞机按预定数据飞行，将相关数据填入领航记录表，使飞机准时、准确、安全到达目的地。

【例 6.38】 某飞机仪表飞行航线为新津导航台至遂宁导航台，检查点为简阳，利用五凤溪 NDB 台控制到检查点的时机，地面准备时地图作业如图 6.111 所示。飞行员进行直接准备时领取的航行资料为：新津——遂宁飞行高度层 2 100 m（6 900 ft），风

225°/25 km/h、空中温度 t_H + 5 °C。飞行中保持指示空速（表速）170 km/h 飞行，空中耗油率 120 L/h，地面用油按 20 L 计算。

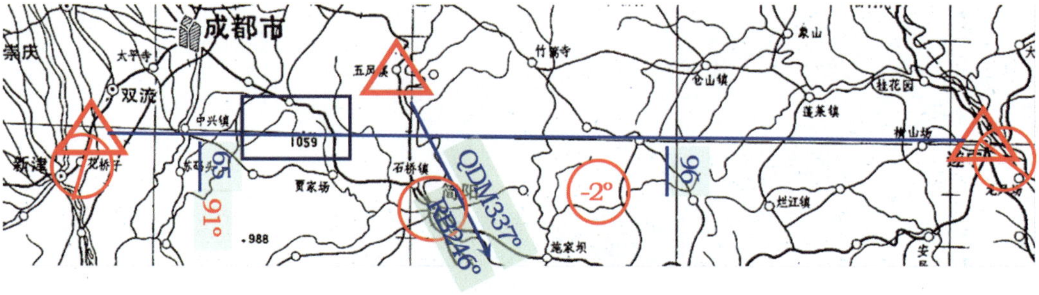

图 6.111　无线电领航地图作业

空中实施过程（模拟）：

步骤 1：飞机 10:00 开车，10:10 飞机向北起飞，10:12 直接过台加入航线，入航高度为 700 m（QNE），飞机保持 2 m/s 爬升率沿航线爬升。

步骤 2：飞机 10:23′40″爬升到飞行高度层改平飞，保持 $MH_{平}$ 96°，BAS170 km/h 沿航线飞行，测出空中温度 + 5 °C。

步骤 3：10:30 飞机背台测得 RB181°、MH96°，作进入预定方位线和改航准备。

步骤 4：10:35 飞机 MH96°进入预定方位线，改航。

步骤 5：飞机保持 $MH_{平}$ 86°、BAS170 km/h、飞行高度 2 100 m 沿航线飞行，t_H + 5 °C。

步骤 6：10:51 向电台检查航迹，MH86°，RB 为 1°，说明飞机沿新航线飞行。

步骤 7：飞机 11:05 到达遂宁导航台上空，经管制员指挥加入进近程序。

步骤 8：11:15 飞机着陆，11:26 关车。

【解】　领航工作分为地面准备和空中实施两部分进行计算和填表。

（1）地面准备计算和填表。

① 将地图作业数据按规定依次填入记录表中“领航计划”部分，见表 6.2。

② 将航行资料填入记录表“航行资料”部分。

③ 进行领航计算并填写记录表。

真空速 TAS 计算：已知飞行高度、空中温度和表速，则可以用计算尺求出各航段飞行的真空速，并填入表中“领航计划”部分。

计算应飞磁航向、地速：按已知风分别计算出各航段的偏流、地速和应飞磁航向并填入表中，初学者为便于计算和检查，可将计算的偏流写在“领航计划”表下半部分。

修正进入预定方位线时应该指示的电台相对方位。由于修正了预报风，因而进入预定方位线时应该指示的相对方位为 $RB_{应}$ = 241°，填写在记录表中“相对方位”栏。

计算航段飞行时间：根据求出的地速和航段距离，对尺或心算出各航段的飞行时间。

计算航线距离和航线飞行时间：航线距离为起飞至着陆各航段之和，所以求出的航线距离为 161 km；航线飞行时间为各航段飞行时间之和加上起飞—入航/到达—着陆的所需时间（仪表飞行一般按 10 min 计算），可求出为 57 min（19 + 28 + 10），将计算数据填入表中。

计算可飞时间和油量：可飞时间为航线飞行时间加上备份时间，以起飞机场为备降场的备份时间规定为 1:30，本例备降场为新津机场，因此可飞时间求出为 2:27（0:57 + 1:30）；求出应携带的最少油量为 314 L（2:27 × 120 + 20）。

（2）空中实施计算和填表。

步骤 1：领航工作及计算。

① 记录开车时刻 10:00、起飞时刻 10:10、入航时刻 10:12 和入航高度 700 m（QNE），填在规定的专栏里。

② 推算到简阳（检查点）的预达时刻和预计航迹：根据地面准备时已计算出的入航至简阳航段飞行时间 19 min 再加上爬高多花时间 3 min，因此到简阳的预达时刻为 10:34，填入时间预计栏；飞机入航时准确通过起点，因此，到简阳预计航迹就是航线角 91°，填入对应航迹栏。

步骤 2：领航工作及计算。

① 记录平均磁航向和真空速：平均磁航向从航向仪表上读取平均值，本例读出 $MH_{平}$ 96°；如果飞机有真空速表，可直接读取数据。

② 计算真空速：如果飞机没有真空速表，则需根据表速、高度和外界大气温度计算，本例中所有数据与地面准备时相同，所以真空速为 192 km/h。

步骤 3：领航工作及计算。

① 背台检查航迹的计算：记录侧方位时刻，根据 RB181°、MH96°可算出 DA = + 1°、MTK（QDR）= 97°、TKE = + 6°。

② 改航计算：可以计算出 TKD = + 4°、ΔTK = + 10°、$MH_{应}$ = 86°、$MC_{新}$ = 87°。

③ 进入预定方位线准备：计算出飞机保持 MH96°进入预定方位线时电台相对方位应该指示 241°。

④ 提前调谐侧方台五凤溪 NDB，并听清呼号，观察无线电方位指示器的指示。

步骤 4：领航工作及计算。

① 记录进入预定方位线的时刻 10:35。

② 操纵飞机转至航向 86°保持飞行。

③ 计算实际地速和预达终点（转弯点）时刻：10:35 进入方位线，比预达时刻晚 1 min，可通过计算尺或心算求出实际地速和下一航段飞行时间，计算须注意爬高段多花时间的扣除，所以计算出的实际地速为 195 km/h，预达遂宁导航台的时刻为 11:05。

④ 计算空中风向、风速：根据已计算出的 TAS、GS、DA、MTK 可以计算出空中风向、风速为 325°/5 km/h。

⑤ 填、发位置报。

步骤 5：领航工作及计算。

① 记录平均磁航向和真空速：$MH_{平}$ = 86°、TAS = 192 km/h。

② 如果 BAS、t_H、FL 发生改变，则重新计算 TAS。

步骤 6：领航工作及计算。

① 记录向台定向时刻和方位：10:51 测出 RB1°。

② 判断飞机沿新航线飞行：用填补法可得 QDM = 87°，QDM = MC，说明飞机在新航线上飞行。

步骤 7：领航工作及计算。

① 到达终点计时：$T_{到}$ 11:05，飞机加入进近程序。

② 计算有关数据：确定实际航迹角为 87°，简阳至遂宁航段的实际偏流为 + 1°；根据航段实际飞行时间及飞行距离计算出实际地速，如果飞机准时到达，则不需计算；如果 TAS、GS、DA 都没有变化，说明空中风也没有发生变化，否则需要计算出空中实际风向、风速。

步骤 8：领航工作及计算。

① 飞机着陆时记下时刻 11:15。

② 关车时记下时刻 11:26。

③ 计算飞行总时间和地面工作时间：飞行总时间为 1:05；地面工作时间为 21 min（10 min + 11 min）。

表 6.2 无线电领航实践（模拟）记录表填写

领 航 记 录 表

机　长＿＿＿＿＿＿ 付驾驶＿＿＿＿＿＿

领航员＿＿＿＿＿＿ 机　号＿＿＿＿＿＿

距离/时间 ①161/57′ ② / ③ / ④ /

油量/可飞时间 ①314/2.27′ ② / ③ / ④ /

航行资料	高度	风向/风速	温度	表速	真空速
	2100	225°/25	+5° C	170	192
		/			

地　名					
日　出	:	:	:	:	:
日　落	:	:	:	:	:

开车① 10: 00 ② : ③ : ④ :

起　飞	10: 10	:	:	:
着　陆	11: 15	:	:	:
关　车	11: 26	:	:	:

飞行总时间 1 时 05 分　　地面工作时间 0 时 21 分

位 置 报 告 表

机 号	飞越××（或正切）时间	高度	飞行情况	地速	预计到达××时间	高空风	温度
×	正切简阳1035	21	云上	200	预达遂宁1105	330°/5	+5°

＿＿年＿＿月＿＿日

领航计划：　　　　值班领航员：

航线	磁航线角	磁向	地速	距离	时间	高度 安全	高度 指定	无线电导航点	电台磁方位	相对方位	航线检查
新津导航台	91°	96°	205	65	:19	1659	2100	五凤溪	337°	246°/241°	正切简阳
简阳	91°	96°	205	96	:28	1659	2100			/	
遂宁导航台					+10					/	
										/	
										/	
						新津--遂宁 DA-5°				/	
										/	

空中领航计算：

位　置	时间 预计	时间 实际	磁向	偏流	航　迹	真速	地速	风向/风速	无线电导航点	定向时间	相对方位	备　注
入航	:	10:12	96°	+1°	91°/97°	192	195	325°/5	新　津	10:30	181°	$H_{入}$700m
简阳	10:34	10:35	86°	+1°	87°/87°	192	195	/	五凤溪	10:35	241°	TKE+6°
遂宁导航台	11:05	11:05			/			/	遂　宁	10:51	1°	TKD+4°
	:	:			/			/				$MH_{应}$86°
	:	:			/			/				
	:	:			/			/				
	:	:			/			/				
	:	:			/			/				
	:	:			/			/				

思政案例

我国无线电导航事业的创始人——温启祥

案例概述：温启祥，我国无线电导航事业的创始人之一。1909 年 6 月，温启祥出生在锡北镇张泾一个店员家庭，曾任中国航空公司无线电工厂管理工程师。新中国成立后，历任华东军区上海第二十三厂、汉口无线电厂总工程师，电子工业部微波统一系统和应答机研究所、火控雷达和导航设备研究所总工程师、高级工程师，中国电子学会第二届常务理事，中国造船学会第二届理事。他是第三届全国人大代表，组织研制成功最早的中长波导航台、海上中波中程导航系统、微波飞机着陆雷达、军用塔康导航系统等。1950年，温启祥获“全国劳动模范”称号。

1932 年，温启祥考入南京国民政府交通部中国航空公司，先后在南京、宜昌、汉口、温州等航空站从事无线电报通信工作。温启祥在温州站做报务工作时，对无线电技术产生了浓厚的兴趣，一边自学，一边动手安装收音机，进而钻研发射机。到重庆工作不久，于 1938 年冬，经华斌介绍，加入了中国共产党。1940 年，组织上鉴于当时白色恐怖的笼罩，决定暂时停止他的地下活动，让他以党外人士身份继续为党工作。

1942 年，温启祥随中航公司迁到印度加尔各答。当时无线电部门由外国人负责，他们对中国员工经常出言不逊，从而激发了温启祥要为中国人争气的决心和志气，使他更加勤奋地钻研无线电工程技术，并在同事的鼓励与协助下，做出了第一部 750 W 的归航机和第一部 100 W 的短波发信机，为中国人争了光。因此他也被提升为无线电工厂的管理工程师。

1946 年 2 月，中航公司搬回上海。当时正值中国共产党周恩来同志率领代表团在上海与国民党进行谈判，急需组建秘密电台与中共中央保持联系。温启祥根据当时龙华机场地下党负责人的指示，冒着生命危险，利用其无线电工厂负责人的有利条件，以及他所掌握的无线电技术，为上海中共地下党赶制了一部秘密电台，并安装在该机场的一个归航台里。后来，温启祥在与同事闲谈中得知国民党当局对此事已有所察觉，便立即将此情报报告地下党，及时予以拆除，使党免受损失。1947 年，他又为中共地下党做了一部比较轻便的秘密电台，安装在一位地下党员的家中，一直用到上海解放。

上海解放后，温启祥以高涨的热情，投入了中国人民解放军华东军区空军部机务处电信器材修理厂，即（上海）空军第 23 工厂的筹建工作。工厂建成后，温启祥出任技术计划检验股股长。当时，为了配合解放舟山群岛的需要，在物资匮乏、技术力量薄弱的情况下，他主持修配和赶制了 500 W 报话机、750 W 长波归航机和 100 W 短波发射机，使沪、宁、杭的防空通信系统初具规模。此后，又为前线指挥部提供了通信导航设备，有力地支援了解放战争。温启祥由于成绩卓著，于 1950 年 9 月评为全国工业劳动模范，并于当年 10 月出席了北京全国工农兵英模大会。1953 年，23 厂发展成相当规模的国营 710 厂，温启祥任副厂长兼总工程师。1954 年，他当选为上海市人民代表大会代表。1958 年元月，温启祥调任国防部第十研究院设在四川成都的第十研究所任副所长兼总工程师，1959 年补选为四川省政协委员，同年和 1961 年又两次赴苏学习与谈判。其间，温启祥深感我国无线电导航技术与国际水平的差距甚大，决心为我国导航事业的发展贡献力量。回成都后，便在第十研究所专门成立了“导航研究室”，进行航空近程导航系统的研究。1962 年 8 月 16 日，温启祥根据国防部的任命，到国防部第十研究院设在陕西西安的第二十研究所，担任副所长兼总工程师，挑起了建设和开创我国导航事业的重担，提出了“严肃的工作态度，严格的科学精神和严密的科研作风”的建所方针。第二十研究所在温启祥的组织领导下，先后开展了航空近程导航系统、飞机着陆引导系统、中程与远程无线电导航系统，以及卫星导航、组合导航和超长波大功率山谷通信天线系统的研究开发工作，并取得了显著的成绩。

1980 年 3 月，温启祥因年事已高改任第二十研究所顾问以后，为祖国多做贡献的初衷丝毫不减当年，仅在技术文献的编撰与研究方面，他先后主持或参与《电子工业名词辞典》《中国大百科全书·电子学与计算机卷》《电子学名词辞典》和《中国军事工业史料丛书·船舶导航史料专集》等有关无线电导航部分的编撰或编审，以及《2000 年中国电子工业发展》的研究工作。

思政元素：

（1）艰苦朴素、自力更生、勇于进取的民族奋斗精神；

（2）精神传承：严肃的工作态度，严格的科学精神，严密的科研作风；

（3）社会主义核心价值观（爱岗敬业），优良的飞行职业道德、社会责任感；

（4）强烈的责任意识，扎实的基本功，高超的技术水平和职业素养；

（5）安全精飞的工作态度，严守安全底线，强调飞行安全意识、风险意识、责任意识和法治意识。

实践（模拟）任务

无线电领航实践

1. 准备工具/材料

1∶100 万黑白地图（H-48）、领航记录表、领航计算尺、向量尺。

2. 任务完成要求

完成地图作业、领航计算及记录表填写。

3. 任务（模拟）

（1）航线。

起点：广汉机场导航台。

终点：遂宁机场导航台。

检查点：广福镇。

侧方台：绵阳机场导航台。

（2）航行资料。

高度	预报风	温度	指示空速	空中耗油率 120 L/h
2 100 m	230°/30 km/h	+16 °C	170 km/h	地面按 15 min 计算

（3）空中实施（模拟）。

① 07:34 开车，07:39 起飞，07:45 入航，$H_{入}$ 1 100 m（QNE），飞机保持 2 m/s 沿航线上升；

② 07:53 改平后保持 $MH_{平}$ 125°，FL 2 100 m，BAS170 km/h 飞行，测得 t_H+16℃；
③ 07:58 背台测得 RB174°，做改航及进入预定方位线准备；
④ 08:05 进入预定方位线，改航后保持 $MH_{平}$ 118°向台飞行；
⑤ 08:16 向台检查航迹，飞机在新航线上，计算 $RB_{应}$；
⑥ 保持 $MH_{平}$ 118°，FL 2 100 m，BAS170 km/h 飞行，测得 t_H+16℃；
⑦ 08:24 到达遂宁导航台上空，加入进近程序；
⑧ 08:32 飞机着陆，08:39 关车。

拓展资料

TACAN 系统　　ADF 方向特性　　导航设备飞行校验

本章小结

（1）无线电领航是利用机载无线电导航设备接收和处理无线电波，从而获得导航参量，确定出飞机位置及飞往预定点的航向、时间；目前，中国民航采用的基本无线电导航系统有 ADF、VOR、DME，可以测量出方位、距离。

（2）无线电方位有电台相对方位角、电台方位角和飞机方位角，飞行员使用机载仪表 ADF 指示器、RMI、CDI、HSI 获取数据来实现领航工作。

（3）无线电领航方法包括进入预定方位线、向台飞行、背台飞行、切入航线/方位线、确定位置，飞行中飞行员一定要根据无线电导航仪表指示和飞行规律实施相关计算、操纵飞机，实现安全飞行。

（4）进入预定方位线应用广泛，飞行中利用 ADF 指示器、RMI、CDI、HSI 的指示变化进行准确判断。

（5）向台飞行包括两种飞行方法、偏航判断、修正航迹和过台时机判断，飞行中利用 ADF 指示器、RMI、CDI、HSI 仪表指示来完成工作。

（6）背台飞行包括偏航判断和修正航迹，飞行中利用 ADF 指示器、RMI、CDI、HSI 仪表指示来完成工作。

（7）切入航线/方位线飞行中，飞行中利用 ADF 指示器、RMI、CDI、HSI 来进行，飞行员一定要注意仪表指示的变化，掌握操纵时机。

（8）飞行中可以利用测量的方位、距离来确定飞机位置，其方法有双台定位和单台定位两种。

（9）无线电领航检查点工作内容和步骤可归纳为“检、算、判（记）、改、算、填、发”七个字。

思考探究任务

任务 1：查阅资料，分析总结无线电方位指示器（ADF、RMI、CDI、HSI）的指示特点，列举飞行中使用的注意事项。

任务 2：归纳向台、背台飞行修正航迹的异同点，并结合飞行实际谈谈飞行中合理实施向、背台飞行的想法。

7 仪表进近着陆

学习指南

1. 学习目标

知识目标：能够准确解释仪表着陆系统的功用、组成、工作原理，并学会利用指示仪表判断下滑轨迹偏差，能够列举等待航线加入程序，学会直观判断加入等待航线，理解并学会 DME 弧、基线转弯（修正角航线）、直角航线的飞行方法，能够列举并学会四转弯的检查、修正及仪表指示，能够说明并学会五边进近的飞行程序、方法及复飞决断。

能力目标：能够准确分析仪表着陆系统指示仪表判断下滑轨迹偏差的特点，能选择和使用加入等待航线的方法，能够陈述、区别、选择 DME 弧、基线转弯（修正角航线）、直角航线实施进近，能够对比、归纳四转弯、五边进近飞行的特点，结合飞行目标评价安全风险，具备实际领航应用及操作能力。

素质目标：具有一定的实践创新、自主学习能力，逐步形成学习航行新技术的能力，进一步培养实践创新能力，养成优良的飞行作风，具备坚强的心理品质，培养机组的团队意识，具有家国情怀、使命担当。

2. 知识点

仪表着陆系统功用、原理和指示仪表，等待航线加入程序，DME 弧、基线转弯（修正角航线）和直角航线的飞行方法，四转弯检查、修正方法，五边进近飞行程序、方法及复飞决断。

3. 学习重/难点

重点：仪表着陆系统（ILS）原理及仪表指示，等待航线加入判断，DME 弧飞行方法及修正风，基线转弯（修正角航线）和直角航线飞行数据及飞行方法，四转弯检查与修正，非精密进近最后航段飞行时间和下降率计算及下滑线控制方法，连续下降最后进近程序，精密进近五边下滑轨迹控制方法。

难点：仪表着陆系统（ILS）的原理及仪表指示，等待航线加入判断，DME 弧飞行偏航及修正风，风对基线转弯（修正角航线）和直角航线的影响及修正，四转弯的检查，非精密进近最后航段飞行时间和下降率计算，精密进近五边航向道和下滑道切入与改出。

飞机沿航路巡航到达目的地机场后，要按照规定的进场路线进场并加入进近程序进近着陆。仪表进场进近着陆是飞行员利用机载无线电导航设备和地面导航设施的一种飞行方法，是仪表飞行规则条件下领航工作的重要部分，是飞行员最重要的基本功，它对保证机场区域空中交通的流畅、增大空中交通流量、确保飞行安全和提高经济效益都有十分重大的意义。

仪表进近概念

仪表进近程序（Instrument Approach Procedure，IAP）是航空器根据飞行仪表和对障碍物保持规定的超障余度所进行的一系列预定航迹的机动飞行过程，实际上就是利用地面导航设施和机载无线电领航设备所提供的导航数据，飞行员按照仪表指示保持飞机沿预定航迹的机动飞行，机动飞行中必须保证对障碍物保持规定的超障余度。这种飞行程序（即机动飞行）是从规定的进场航路或起始进近定位点开始，到能够完成目视着陆的一点为止，并且如果飞机不能完成着陆而中断进近，则应飞至等待或航路飞行的一个位置。

传统仪表进近程序根据仪表进近程序最后航段所使用的导航设备、精度以及能否提供下滑道信息分为精密进近和非精密进近两大类。精密进近（Precision Approach，PA）是在最后进近航段能够为飞机提供航向道和下滑道信息，引导飞机沿预定的下滑线进入着陆的仪表进近程序，精确度比较高；我国民航现有导航设备中，能够实施精密进近程序的有仪表着陆系统（ILS）和精密进近雷达（PAR）；仪表着陆系统 ILS 是目前国际上广泛使用的一种着陆引导系统，我国没有将 PAR 进近作为一种独立的程序使用，只是作为一种辅助手段。非精密进近（Non-Precision Approach，NPA）是在最后进近航段只能提供航向道信息，而不能提供下滑道信息的仪表进近程序，精确度比较低，因而飞机进近着陆受天气条件的限制要大得多；我国民航现有导航设备中能够实施非精密进近程序的有 NDB、VOR，如安装有 DME 台，则用 DME 台与之配合实施；仪表着陆系统当下滑台不工作或机载设备收不到下滑信号时，只能用其航向道引导的飞机沿最后进近航段进近，也是一个非精密进近程序。

一个仪表进近程序通常由 5 个航段组成：进场航段、起始进近航段、中间进近航段、最后进近航段和复飞航段，如图 7.1 所示。在整个仪表进近过程中，飞行员要解决飞机下降高度、减小速度、调整姿态、移动位置、对正跑道和安全着陆 6 个问题，当然，不同航段解决问题的侧重点是不同的。

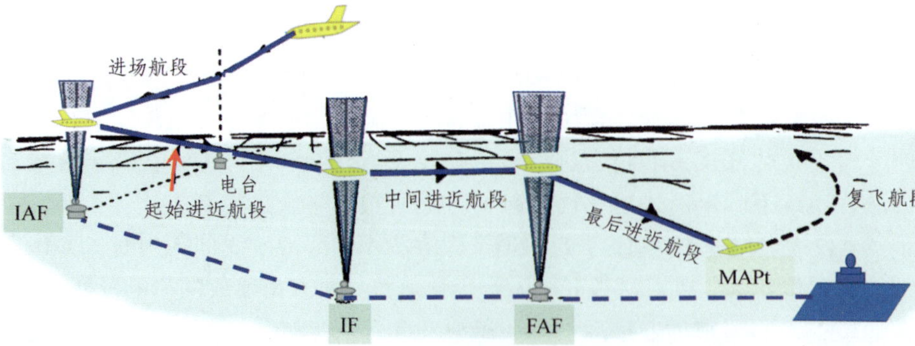

图 7.1　仪表进近程序航段

进场航段是航空器从航路飞行阶段下降过渡到起始进近定位点（Initial Approach Fix，IAF）的航段，主要用于理顺航路与机场运行路线之间的关系，提高运行效益，维护空中交通秩序，保证空中交通流畅。一般在空中交通流量较大的机场设置这一航段，制定出标准仪表进场程序，有的机场在这一航段还设有等待程序。

起始进近航段是从起始进近定位点（IAF）开始，到中间进近定位点（Intermediate approach Fix，IF）或者最后进近定位点/最后进近点（Final Approach Fix，FAF；Final Approach Point，FAP）终止的航段，主要用于航空器消失高度，并通过一定的机动飞行完成对准中间或最后进近航迹。在仪表进近程序中，起始进近航段具有很大的机动性，一个仪表进近程序可以建立一个以上的起始进近，但其数据应按空中交通流向或其他航行要求加以限制。

中间进近航段是从中间进近定位点（IF）到最后进近定位点/最后进近点（FAF/FAP）间的航段。它是起始进近到最后进近的过渡航段，主要用于调整飞机外形、速度和位置，并稳定在航迹上，完成对准最后进近航迹，进入最后进近。中间进近航段最好是平飞姿态，一般不下降，如果确实需要下降高度，下降也应平缓，以消失少量高度。

最后进近航段是完成航迹对正和下降着陆的航段，这一航段是整个仪表进近程序中最关键的阶段，包括仪表飞行和目视着陆两部分。仪表飞行部分是从 FAF/FAP 开始至复飞点（Missed Approach Point，MAPt）或下降到决断高度的一点为止；目视着陆部分是从飞行员由仪表飞行转入目视进近开始直到进入跑道着陆为止。根据实际飞行情况，目视着陆可以对正跑道直接进入着陆，也可以作目视盘旋进近着陆。

复飞航段是从复飞点或决断高度中断进近开始，到航空器爬升到可以作另一次进近或回到指定等待航线、重新开始航线飞行的高度为止。当飞机进近时，飞行员判明不能确保飞机安全着陆时，应当果断地中断进近进行复飞，因此每一个仪表进近程序都制定有一个复飞程序，这是保证飞行安全的必备条件。在复飞的起始阶段不允许转弯，飞机直线上升到复飞程序公布的转弯高度或转弯点上空时，方可转向指定的航向或位置。

在设计制作仪表进近程序时必须遵循安全、经济和简便的原则。根据各机场的导航设施、布局及采用的航线形式，仪表进近程序有 4 种基本构型：① 直线程序（含 DME 弧），飞机从 IAF 沿规定的航迹直接下降到中间进近的起始高度；这种程序具有良好的经济性和安全性，飞行操作简便，在机场具备必要的导航设施和不受地形限制的情况下使用。② 反向程序，当进场方向与着陆方向接近相反时，为使飞机转至着陆方向，在起始进近航段所进行的一种机动飞行，使飞机在规定高度进入中间或最后进近航段；这种程序是仪表进近程序的重要形式，包括基线转弯（Base turn）和程序转弯（Procedure turn），基线转弯也称为修正角航线程序。③ 推测航迹程序，在起始进近切入中间进近航段之前，采用一段推测航迹的进近程序；这种程序可以缩减飞机在机场上空飞行的时间和空域，减少飞机间进近时的冲突，实施简便，它包括 S 形程序和 U 形程序。④ 直角航线程序，在直线程序没有足够的距离以适应消失高度的需要和不便于采用反向程序时可采用直角航线程序；为了增加运行的机动，可以用直角航线程序作为反向程序的备份；在我国一些小机场或导航设施不完备的机场采用直角航线程序较多，直角航线程序常用作等待航线程序，如图 7.2 所示。

本章将介绍传统的仪表进近着陆设备、程序和方法。

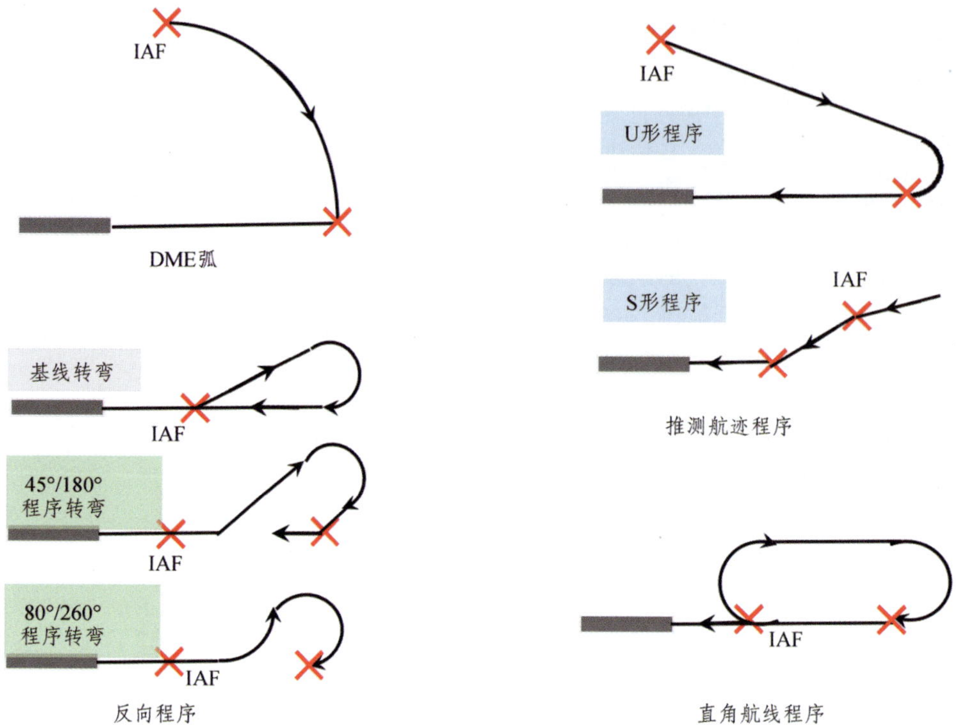

图 7.2　仪表进近程序基本构型

7.1　仪表进近着陆设备

仪表进近着陆设备包括用于着陆引导的无线电设备和提供辅助参考的目视助航设备（包括机场灯光和机场标志）。这里只讲解用于进近的无线电设备。

7.1.1　仪表进近着陆设备

中国民航目前能够实施传统仪表进近程序的无线电着陆设备有 NDB、VOR、DME、ILS 和 PAR。现有无线电着陆设备中能够实施非精密进近程序的有 NDB、VOR，如机场安装有 DME 台，则用 DME 台与之配合实施。现有无线电着陆设备中能够实施精密进近程序的有仪表着陆系统（ILS）和精密进近雷达（PAR）。

7.1.2　仪表着陆系统（Instrument Landing System，ILS）

仪表着陆系统（ILS）在 1949 年就被国际民航组织确定为飞机标准进近着陆设备。它能在气象条件恶劣和低能见度条件下给飞行员提供引导信息，保证飞机安全进近着陆。

7.1.2.1 仪表着陆系统的功用

ILS 进近

仪表着陆系统的功用就是为进场着陆飞机提供航向道和下滑道信息，并在飞行仪表上显示出来，供飞行员操纵飞机沿下滑道完成进近着陆。

根据仪表着陆系统地面台的精度和机载接收设备的分辨能力以及机场的净空条件、跑道视程等因素，国际民航组织将仪表着陆系统分为 3 类，用跑道视程（Runway Visual Rang，RVR）和决断高度/高（Decision Altitude/Height，DA/H）两个量来表示。决断高度/高是指飞行员对飞机着陆或复飞做出判断的最低高度，在这一高度上，飞行员必须建立目视参考并处于正常的着陆位置才能转入目视下降着陆，否则应当复飞。

7.1.2.2 仪表着陆系统地面设备

ILS 地面设备

仪表着陆系统地面台包括三部分。提供航向道的航向信标（Localizer，LLZ 或 LOC），它的天线安装在跑道末端的中心延长线上，一般距跑道末端 400 ~ 500 m；提供下滑航径的下滑信标台（Glide Slope，GS），它的天线安装在跑道入口内的一侧，一般距入口 250 m 前后，与跑道中心线的横向距离为 150 m 左右；提供距离引导的指点标（Marker Beacon，MB），如图 7.3 所示。

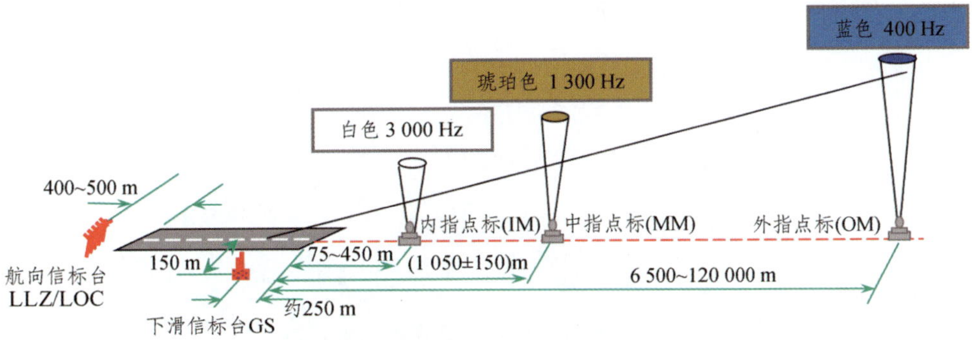

图 7.3 ILS 地面台的配置

航向信标台通过航向台天线阵所产生的辐射场，在通过跑道中心延长线的竖直平面内形成航道面，如图 7.4 所示。航向信标台用来提供飞机偏离航道面的横向引导信号。

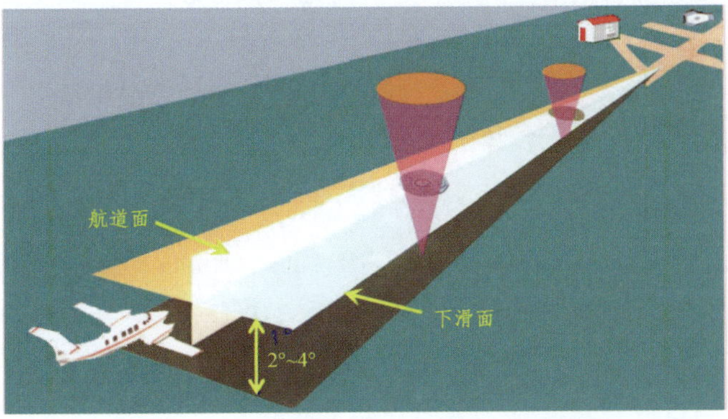

图 7.4 航向台和下滑台产生的引导信号

下滑信标台通过下滑台天线所产生的辐射场形成下滑面，下滑面与跑道水平面的夹角即下滑角，最佳为 3°。根据机场净空条件，下滑角可在 2° ~ 4°间调整，如图 7.4 所示。下滑信标台提供飞机偏离下滑面的垂直引导信号。

航道面和下滑面的交线，定义为下滑道。飞机沿下滑道下降，就能对准跑道中心线和保持规定的下滑角，准确地进近着陆。

指点信标台为 2 个或 3 个，装在顺着着陆方向的跑道中心延长线的规定距离上，分别叫内指点标（Inner Marker，IM）、中指点标（Middle Marker，MM）和外指点标（Outer Marker，OM）。指点信标台的作用是向空中飞机提供位置和距跑道入口的距离。外指点标通常安装在下滑道切入点附近，常与远台 NDB 安装在一起，称为外示位信标台（LOM）。中指点标一般位于决断高 DH60 m 处，常与近台 NDB 安装在一起，称为中示位信标台（LMM），Ⅰ类 ILS 进近下降至此高度时应能转为目视进近；非精密进近或 ILS 进近下滑道不工作时，该点通常作为复飞点。内指点标一般安装在决断高 DH30 m 处，是Ⅱ类 ILS 进近决断的参考，如图 7.5 所示。每个指点信标台发射垂直向上的倒锥形波束，当飞机飞过不同指点标台上空时，机上接收指示设备接收并指示信号，使指点标灯亮，耳机或喇叭中可以听到不同音调的频率和识别码。指点信标台的工作频率是 75 MHz。

指点标灯光

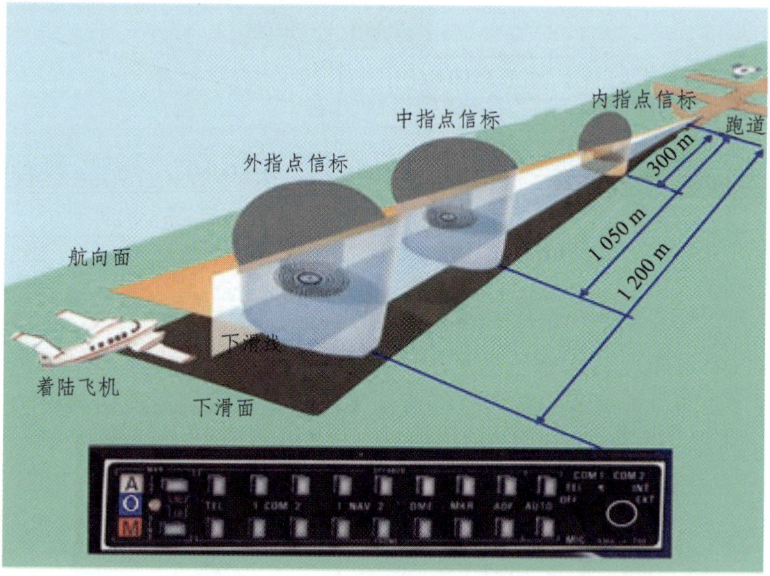

图 7.5　指点信标台的设置与工作

航向信标台工作频率是 108.10 ~ 111.95 MHz 间十分位为奇数的频率再加 50 kHz 的频率，共有 40 个波道；下滑信标台的工作频率为 329.15 ~ 335 MHz 的 UHF 波频，频率间隔 150 kHz，共有 40 个波道。航向信标台和下滑信标台工作频率是配对工作的，选择调谐好航向台频率，也就自动选择了下滑台频率。

7.1.2.3 仪表着陆系统机载设备

机载 ILS 设备包括天线、接收机、控制盒和指示仪表，如图 7.6 所示。

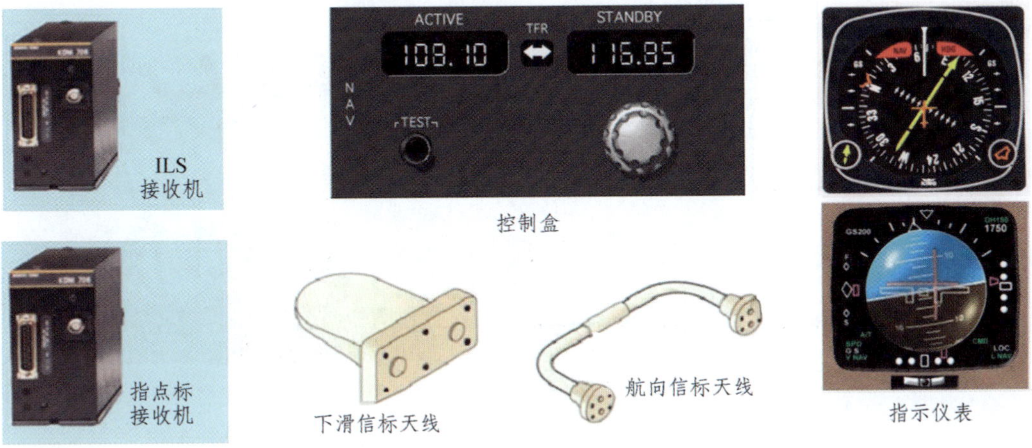

图 7.6 仪表着陆系统机载设备

（1）接收机。接收机有甚高频 VOR/LOC 航向信标接收机、超高频 GS 下滑信标接收机、甚高频指点标接收机。其作用是接收并处理地面台所发射的信号，送入指示器指示飞机偏离下滑道情况或送入自动飞行控制系统。

（2）控制盒。机载 ILS 系统的控制一般是通过控制盒实现的。在控制盒上可以选择航向信标接收机频率。

（3）指示仪表。仪表着陆系统的指示可由几种不同的仪表同时显示。常用的指示仪表有（电子）水平状态指示器（E）HSI 和（电子）姿态指引仪（E）ADI，在指示器上可读出飞机的横向偏离和垂直偏离。

（4）天线。机载 ILS 系统需要 3 种天线，即共用的水平极化型 VOR/LOC 天线、用于下滑接收机的折叠式偶极天线、用于指点标台的环状天线。

7.1.2.4 仪表着陆系统的工作原理

ILS 工作原理

仪表着陆系统有两种调制制度，即比相制和比幅制。比相制主要在俄罗斯和东欧一些国家使用；比幅制主要在欧美和东南亚一些国家使用。随着航空事业的发展，国际民航组织决定现在都采用比幅制为国际民航的通用制度。以下用比幅制为例说明。

1）航向信标台的工作原理

如图 7.7 所示，航向信标台的 VHF 振荡器产生 108.10 ~ 111.95 MHz 频段中的任意一个航向信标频率，分别加到两个调制器。一个载波用 90 Hz 调幅，另一个用 150 Hz 调幅。两个通道的调制幅度相同，调制后的信号通过两个天线阵发射，在空间产生两个朝着着陆方向，有一边相重叠的相同形状的定向波束，左波束用 90 Hz 正弦波调幅，右波束用

150 Hz 正弦波调幅，如图 7.8 所示。在两波束相重叠的中心线部分，90 Hz 和 150 Hz 调制信号的幅度相等，形成 3° ~ 6°航向道，并调整使它与跑道中心线相重合。

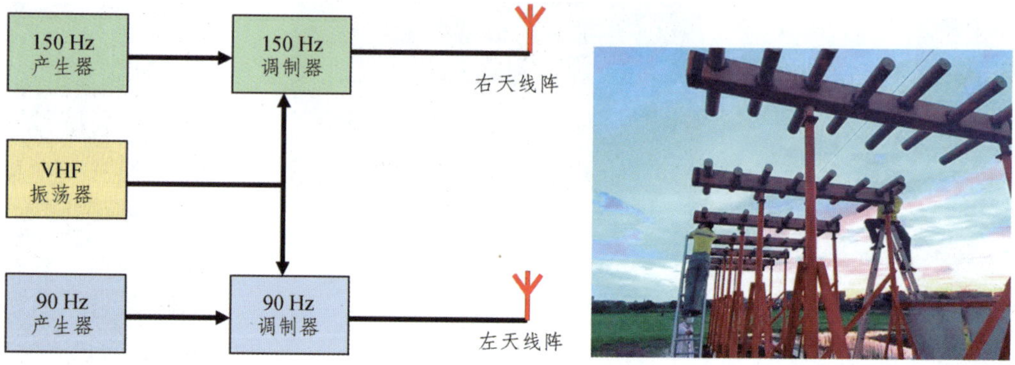

图 7.7　航向信标台原理图

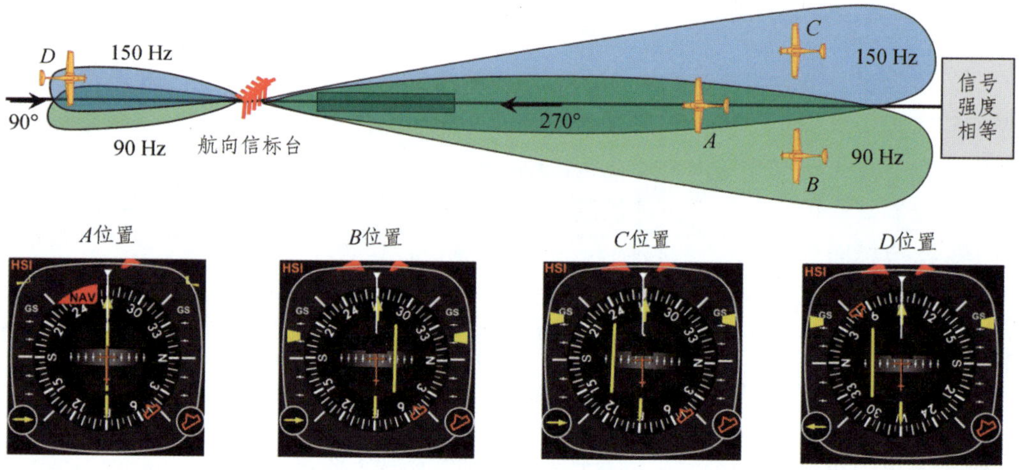

图 7.8　航向信标台发射信号和飞机位置的关系

当飞机在航向道上时，90 Hz 调制信号等于 150 Hz 调制信号；如飞机偏离到航向道的左边，90 Hz 调制信号大于 150 Hz 调制信号；如飞机偏离到航向道的右边，150 Hz 调制信号大于 90 Hz 调制信号。当机载接收设备接收到两种调制信号后，经放大、检波和比较两个调制信号的幅度，驱动指示仪表中“航道偏离杆”显示出飞机偏离航向道的相对位置（右或左）和大小（度），如图 7.8 所示。HSI 上航道偏离刻度是 2 个点的仪表，每偏 1 个点表示飞机偏离航向道 1.25°，满偏刻度为偏离 2.5°；HSI 上航道偏离刻度是 5 个点的仪表，每偏 1 个点表示飞机偏离航向道 0.5°，满偏刻度为偏离 2.5°。

有的航向信标台天线还同时提供与跑道着陆方向相反的天线方向性图，如图 7.8 所示。在这个方向上，90 Hz 调制信号在反进近航道的右边，而 150 Hz 调制在左边，并且航向信标发射机在跑道的近端，这个区域叫反航道（Back Course）。反航道区域没有下滑信号，沿反航道进近的飞机只能使用航向信标。

2）下滑信标台的工作原理

下滑台发射的两组天线安装在一根直杆上，在顺着着陆方向上发射两个与跑道平面成一定仰角（即下滑角），并有一边相重叠的相同形状的波束。在两个波束相重叠的中心线部分，90 Hz 和 150 Hz 调制信号的幅度相等，形成 1.4°厚的下滑面，如图 7.9 和图 7.10 所示。

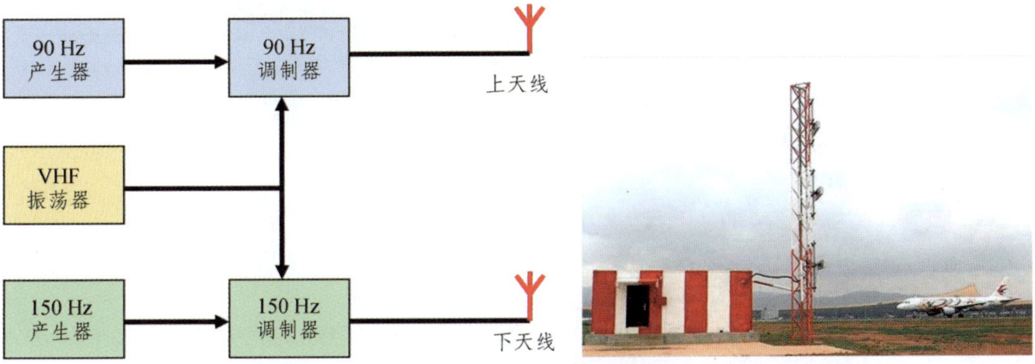

图 7.9　下滑信标台原理图

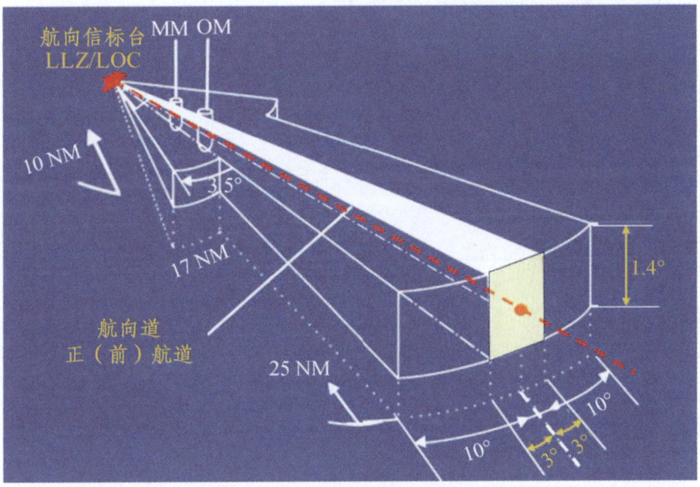

图 7.10　ILS 下滑道区域

当机载接收设备接收到下滑台发射的两种调制信号后，经放大、检波和比较两个调制信号的幅度，驱动指示仪表中“下滑道偏离指标”显示出飞机偏离下滑道的上下和大小（度），如图 7.11 所示。在 ADI、HSI 上“下滑偏离指标”每偏离 1 点为 0.35°，满偏刻度为 0.7°。

3）理想下滑道的形成

仪表着陆系统中航向信标所确定的航道面与下滑信标所确定的下滑面的交线即为下滑道，下滑道的范围为航向道宽 3° ~ 6°与下滑面厚 1.4°在空间上形成的一个矩形延长的角锥形下滑道，如图 7.10 所示。飞行中就可以通过 HSI、ADI 的显示，确定出飞机偏离下滑道的上、下和左、右及大小。在下滑道扇区以外，偏离指示只能判断出飞机在下滑道的上或下、右或左，但不能准确地读出偏离下滑道的角度大小。

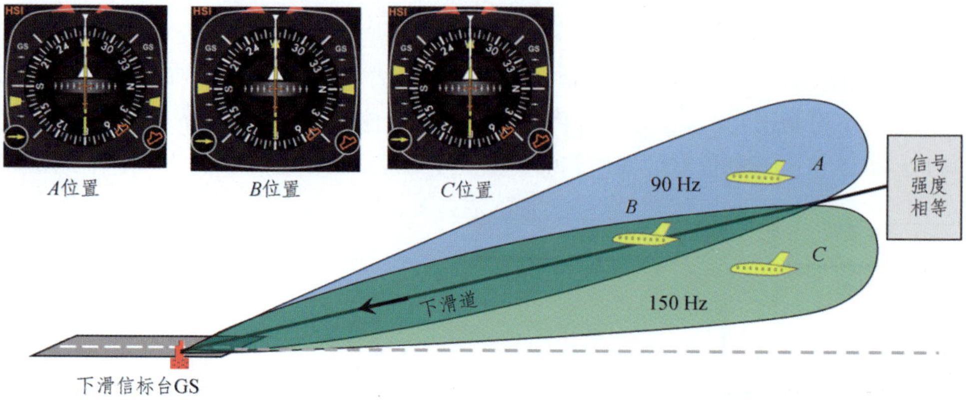

图 7.11　下滑信标台发射信号和飞机位置的关系

4）机载 ILS 设备的工作原理

机载 ILS 的工作原理如图 7.12 所示。下滑信标（航向信标）信号由天线接收后送入预选器，预选器选择出下滑台（航向台）频率信号并排除其他频率信号，预选出的信号与频率合成器的本振信号相混合，产生中频信号并送至检波器，检波器从载波频率中分离出 90 Hz 和 150 Hz 音频信号。检波后的信号分成两路：一路至监控电路，用来检查信号的有效性和信号强度；另一路至仪表偏转电路，用来比较 90 Hz 和 150 Hz 音频信号的强度，并产生相当于两个音频信号之差的信号电压，即偏离电压，此电压用于驱动 ADI 和 HSI 中的下滑偏离指针（航道偏离杆），向飞行员提供下滑偏离（航道偏离）情况。

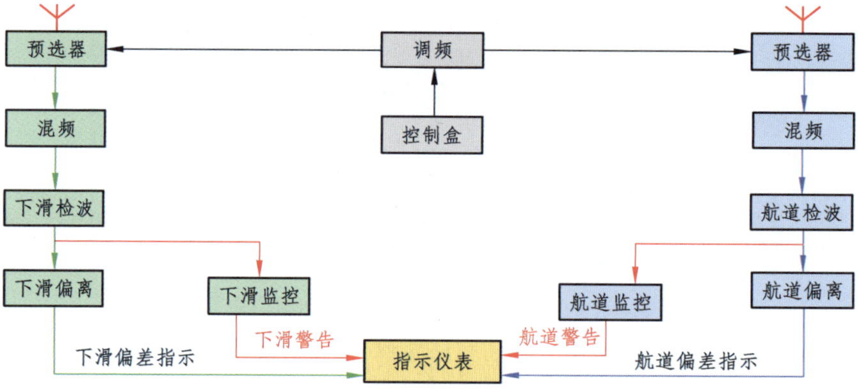

图 7.12　机载 ILS 设备工作原理

7.1.2.5　仪表着陆系统下滑道偏差

由于系统本身内部或机场条件的影响（如装设天线的地面高度变化、电气特性的变化、交叉调制、下滑道转动中心的变化、恒定相位和变化相位间接相位移等），ILS 不可能工作在理想状态，实际飞行过程中，机载接收机也不可能收到十分满意、稳定的下滑道信号。因此，飞机实际下滑轨迹与理想下滑道存在一定的偏差，这一偏差对飞行安全将产生影响，在飞行中应力求避免，尽量减小下滑道偏差。

1）航向信标的偏差

（1）邻近物体反射对航向台影响引起的偏差。在航向台作用区域内的各种障碍物（如建筑物、飞机、树林等）以及起伏不平的地势都将对航向台天线辐射的电磁场起反射作用，飞机上的接收机同时接收直达信号和反射信号，航向道会发生畸变：随着飞机离着陆跑道端越来越近，反射信号对航向道的影响越大，影响的结果将使机上接收机指示不稳定，使指示器上航道偏离杆在“中立位置”左右摆动。

（2）交叉调制引起的偏差。交叉调制就是 ILS 系统各辐射器通道之间的相互影响，交叉调制将导致各辐射器辐射的信号不仅包括原有的正常信号，还包含其他通道调制频率的交叉调制信号，两种信号在功率分配电桥输出端叠加，发射出的信号在航向道上将产生多个频率调幅场的合成场，使航向道产生附加位移，使航向道偏离跑道中心（延长）线。

（3）其他影响引起的偏差。在跑道周围的各种不动或运动的二次辐射器，以及地面发射设备工作状态的变化，都将使航向道相对于跑道中心（延长）线发生偏移。

2）下滑信标的偏差

（1）上下天线安装高度不同引起的下滑偏差。由于下滑接收机接收的是上天线和下天线场强产生的合成信号，因此上、下天线安装高度的不同将引起下滑偏差：当飞机离天线安装点很远时，这个偏差很小；在低高度特别是 50 m 以下有一定的影响。因此，着陆中在低高度时应参考目视的判断，注意力的分配要合理迅速。

（2）交叉调制引起的偏差。交叉调制使上、下天线的辐射信号中除了有基本信号外，还包含另一通道调制频率的交叉调制信号。因而上、下天线场都产生了附加相移，从而使下滑面产生偏移。

（3）天线安装点地面高度变化和它的电气特性变化引起的偏差。天线安装点高度 H 将随地面积雪、杂草的生长高度等而变化，天线安装点高度变化和它的电气特性变化都将引起下滑面转动中心变化，从而导致下滑面坡度发生改变，引起下滑偏差。

（4）地势不平坦引起的偏差。机场下滑台附近地势不平坦对下滑面的影响与邻近物体反射对航向道的影响相同，在此不再赘述。

7.1.2.6 仪表着陆系统性能数据

航向台发射的信号覆盖区，在 ILS 航向道中心线左右 10°范围内的有效作用距离为 25 NM；在左右 10°～35°范围的有效作用距离为 17 NM；在左右 35°以外的有效作用距离为 10 NM，如图 7.10 所示。如果地形限制或有其他导航设备能在中间进近段提供满意的覆盖时，在左右 10°范围内的有效距离可减小至 18 NM，其余范围的有效距离可减小至 10 NM。

下滑台发射的信号覆盖区，在跑道中心（延长）线两侧各 8°内，从跑道平面以上（0.3～1.75）θ 的范围内（θ 为下滑角），有效作用距离为 10 NM，如图 7.13 所示。

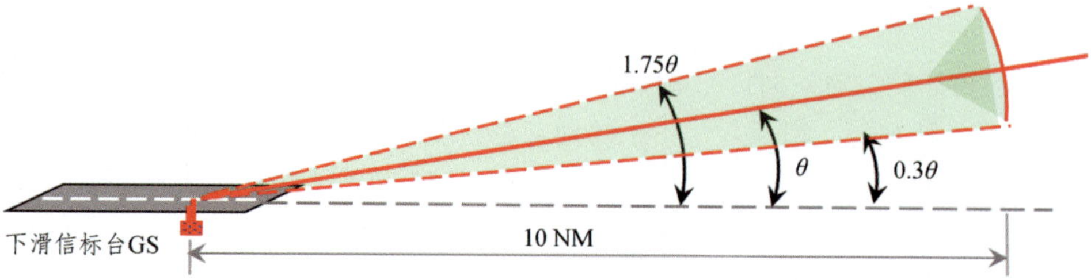

图 7.13　下滑台的有效覆盖距离

ILS 的识别信号采用国际莫尔斯电码，中国民航由 3 个英文字母组成，第一个字母是“I”，后两个字母为远台或机场归航台的识别代码。

7.2　进场航段的飞行方法

随着飞机离目的地机场越来越近，空中交通管制部门会发出下降许可，使飞机在一个适当的高度进入进近管制区域。

7.2.1　进场航段的飞行程序

周密的下降计划是做好进近的开始，下降前根据 ATIS 通告或管制指令，完成下降计划的准备：根据进近程序、天气、飞机情况制订下降计划，并在下降实施中根据实际情况进行修改，使之符合实际；在航路点上至少输入一个低于巡航高度的高度层，下降进近中各航路点的高度输入，应以公布的进场图、进近图内的高度为依据，建立一个下降剖面；确定下降顶点——无风并在经济速度下降所需的距离大约是每下降 1 000 ft 需 3 NM，即下降高度所需的提前距离（下降顶点）为 3 乘以所要下降的高度（千英尺）；如飞机下降到给定高度过程中需减速，下降顶点还可适当提前；下降过程中还应考虑风的影响。

进场航段的实施程序和步骤：

（1）不操纵飞机的飞行员联系管制部门，收到进场条件后，查阅着陆数据和降落机场资料；操纵飞机的飞行员收到进场条件后，完成下降时刻或下降率的计算，查阅降落机场资料。

（2）下降前，操纵飞机的飞行员发口令“下降前项目”，完成规定动作。

（3）操纵飞机的飞行员要求“下降前检查单”，机组完成检查单所有项目；不操纵飞机的飞行员联系进近管制。

（4）开始下降后，当收到着陆条件时做进近简令，机组成员听进近简令，发现错误及时纠正，明确进场进近方法。

（5）机组成员按规定设置好通信、导航频率，预选着陆航道。

（6）下降到过渡高度层或听管制员通告，将高度表拨正到 QNH。

7.2.2 等待航线的飞行方法

很多大、中型机场都设有等待航线。等待航线的作用是调节飞机的空中交通流量和调配间隔、等待进近着陆、等待天气好转、消失高度；在到达一个许可限制或复飞时，也会使用等待航线。右航线规定为标准等待程序，左航线为非标准等待程序。

等待航线的实施程序和步骤：

（1）当需要飞机在等待定位点进行等待飞行时，空中交通管制部门在飞机到达定位点前 5 min，发出进行等待的管制许可。

（2）进行各种计算，并在到达等待定位点前 3 min，开始调速到等待速度。

（3）根据飞机飞往等待定位点的航向，按规定方法加入等待航线。

（4）沿等待航线飞行，直至脱离等待航线。

等待航线介绍

7.2.2.1 等待航线的构成

常规的等待航线构成如图 7.14 所示。对于已公布的等待航线，可以从相关航图上查出等待定位点参数、出航航迹、入航航迹、出航时间、最低等待高度层、最大等待速度；对于未公布的等待航线，以上数据则可从空中交通管制部门处获得。等待飞行中，如果空中交通管制员未指明是左等待或者等待图没有规定，则所有的转弯都是右转弯。等待燃油耗油量及最大等待时间则需飞行员进行计算。

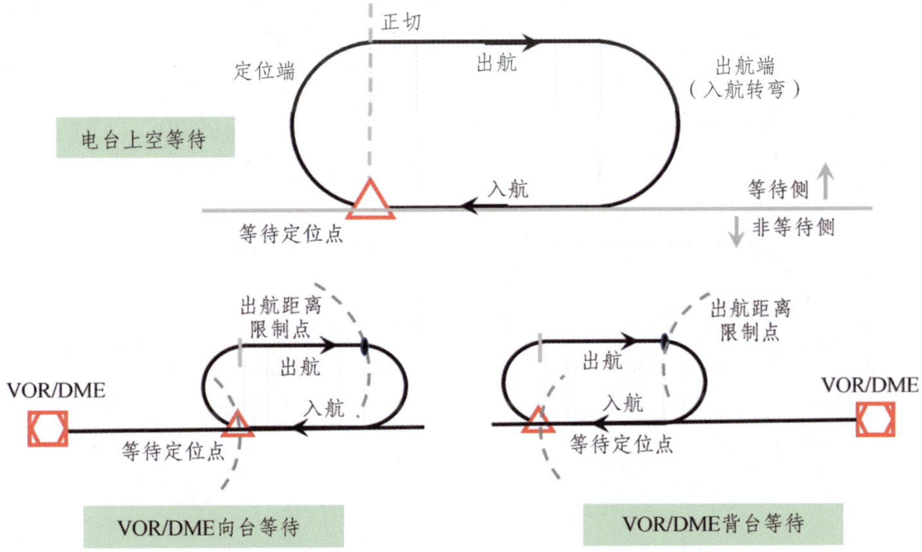

图 7.14 常规等待航线的构成

管制部门发出等待的管制许可包括：① 等待定位点；② 等待航线与等待定位点的方位关系；③ 飞向等待定位点的入航航迹所使用无线电设备的径向线、航向、方位、航路或航线；④ 等待航线的出航距离或以分钟为单位的出航时间；⑤ 等待航线的转弯方向（右转弯可以省略）。以上内容为航图上未公布的等待航线，如果等待航线在航图上已公布，则③～⑤项的内容可以省略。发出等待许可之后，管制部门还要通知飞机预计进近时间或预计追加管制许可（下一个许可）的时间。而进场飞机的预计追加管制许可时间，是在该飞机的等待定位点，不是其进近等待点时由管制部门发出。

等待航线的出航时间规定是 14 000 ft（4 250 m）（含）以下为 1 min，14 000 ft（4 250 m）以上为 1.5 min。出航计时的开始是在转至出航航向或正切定位点，以发生较晚者为准；如果不能确定正切位置，则在完成出航转弯至出航航向即开始计时。如果有 DME，可用 DME 距离限制来代替时间。

在背台等待情况，如果从等待定位点至 VOR/DME 台的距离较短，可规定一条限制径向线。在需要限制空域的地方，也可规定一条限制径向线。如果飞行中首先遇到限制径向线，则应跟随这条径向线直至开始入航转弯，如果有限制 DME 距离，则最晚到达限制 DME 距离开始转弯。

等待航线加入方法

7.2.2.2 等待航线的加入

如果等待定位点是电台，可以根据正在飞向电台的飞机位置与加入扇区关系来确定加入方法。如果等待定位点是 VOR 交叉定位点或 VOR/DME 定位点，则按加入扇区或沿径向线、DME 弧加入；为了节省空域，也可限制特定的航线加入，如果有这种限制，则加入航线应规定在程序内。本部分只介绍按扇区加入等待航线的方法。

1）等待航线加入扇区的划分

等待扇区及加入

以等待定位点为圆心，入航航迹反向线为基准，向等待航线程序一侧（右航线向右、左航线向左）量取 110°并通过起始点画出一条直线，该直线与入航航迹反向线将 360°的区域划分为 3 个扇区。1 扇区 110°，2 扇区 70°，3 扇区 180°，各扇区还应考虑其边界两侧各 5°的机动区，如图 7.15 所示。

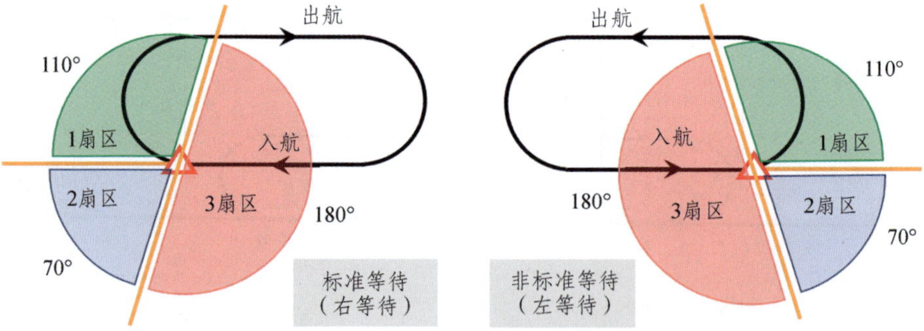

图 7.15 等待航线加入扇区

2）等待航线的加入方法

确定加入扇区后，飞行员就可以根据正在飞向等待定位点的飞机位置与加入扇区关系采用直接加入、偏置加入或平行加入 3 种方法加入等待航线，即 1 平、2 偏、3 直接。如果飞机位置在机动区，则按两个相邻扇区中任意一种方法加入等待。

（1）1 扇区平行加入（Parallel Entry）。如图 7.16 所示，飞机到达定位点后，转至出航航向飞行适当时间或距离，然后左转弯（右航线）或右转弯（左航线）切入入航航迹上向台飞行或回到定位点，飞机第二次飞越定位点（或二次过台）正常转弯加入等待航线。

（2）2 扇区偏置加入（Teardrop Entry）。如图 7.17 所示，飞机到达定位点后，向等待航线一侧转弯，使飞机航向与出航航迹成 30°的偏置角，保持这一航向飞适当时间或距离，然后转弯切入入航航迹向台飞行或回到定位点，第二次飞越定位点（或二次过台）正常转弯加入等待航线。飞机在偏置航迹上飞行时间与出航时间相等。

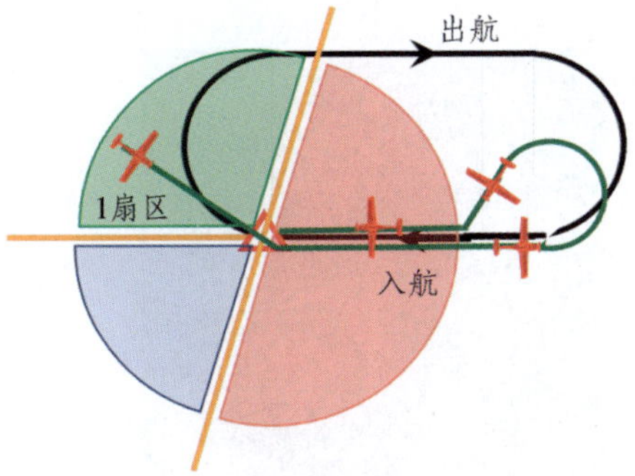

图 7.16　平行加入

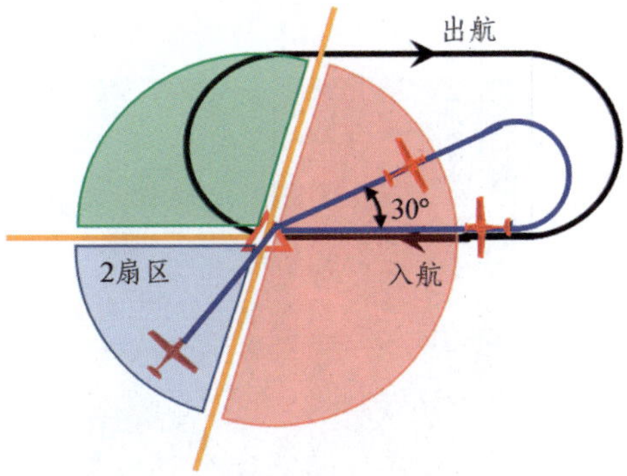

图 7.17　偏置加入

（3）3 扇区直接进入（Direct Entry）。如图 7.18 所示，飞机到达定位点后，直接转弯加入等待航线程序。3 扇区直接进入过定位点，飞机立即转弯加入等待航线，将会使航线宽度变窄，当飞机完成入航转弯后，飞机可能偏到航线的外侧，不能准确切入入航航迹，因此实际飞行中需要采用相应的飞行方法来减小这种偏差。

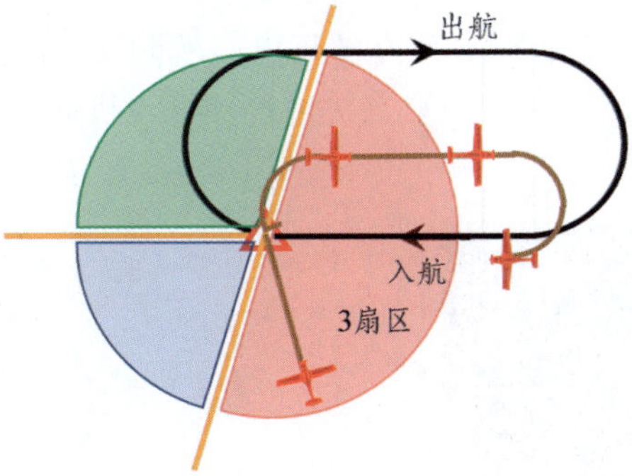

图 7.18　直接加入

3）等待航线加入的直观判断

实际飞行中需要快速、准确地判断飞机所在扇区和加入方法，利用 RMI/HSI 进行直观判断是非常简便的方法，用左（右）手来确定扇区和加入方法也是一种简便有效的方法。

（1）用 RMI/HSI 直观判断。

利用 RMI/HSI 进行判断，首先是在 RMI/HSI 的刻度盘上确定出 3 个扇区，然后看入航航迹线或出航航迹角落在哪个扇区，就用该扇区的加入方法加入等待航线。

仪表判断加入等待方法

右等待加入扇区的 RMI/HSI 仪表设想是假设仪表中心就是等待定位点，以“右翼尖”为基准，向上 20°画出一条通过刻度盘中心的假想直线，又画出航向标线到刻度盘中心的连线，这两条线（即扇区分界线）就将仪表刻度盘分为 3 个加入扇区，如图 7.19 所示。左等待加入扇区的 RMI/HSI 仪表设想是以“左翼尖”为基准，扇区分界线的画法同右航线一样。

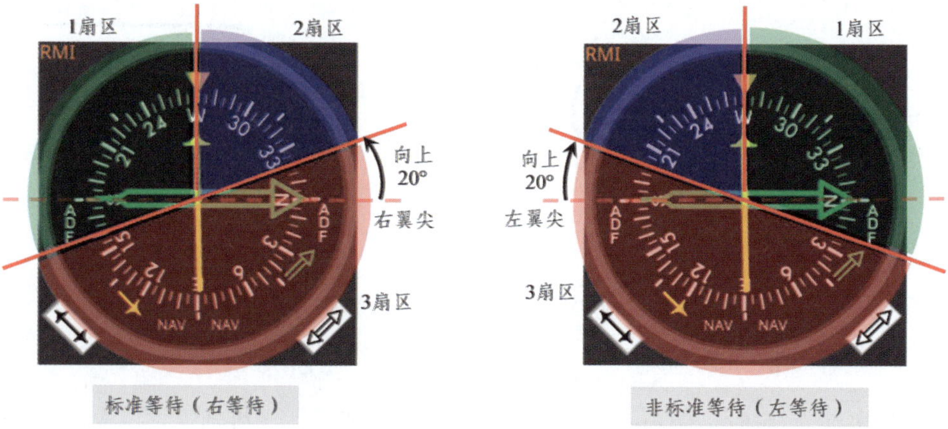

图 7.19　RMI/HSI 扇区划分（以 RMI 为例）

如图 7.20 所示，飞机在电台上空做入航航迹 240°（即出航航迹 60°）的右等待，从 RMI 指示可知飞机保持 MH90°沿着 QDM90°的方位线飞向电台，在 RMI 上设想出 3 个扇区，画出等待航线，可知入航航迹线或出航航迹角 60°落在第一扇区，因此采用平行加入的方法，即飞机通过导航台后，向左转至出航航向 60°保持并背台飞行适当时间，再左转弯切入向台航迹 240°，保持至第二次过台操纵飞机右转弯加入等待航线。

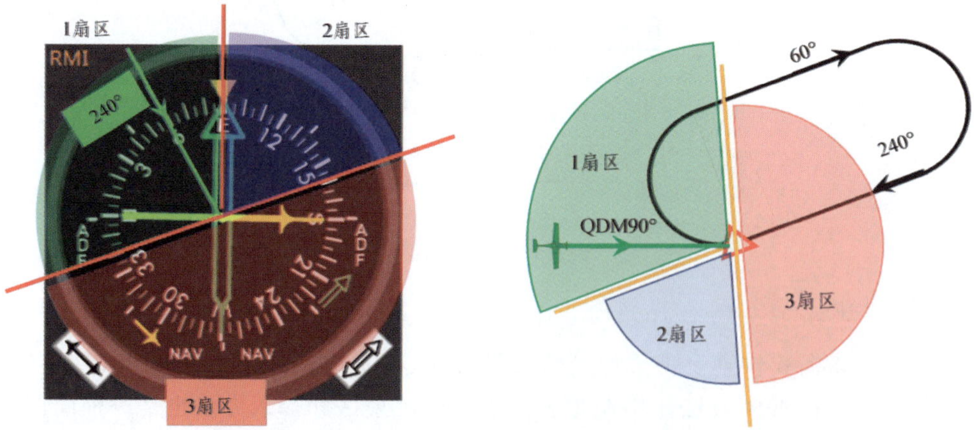

图 7.20　用仪表判断加入等待航线举例

（2）用左（右）手法直观判断。

方法一：手心向外/向下看入航航迹线或出航航迹角度。通过左（右）手进行加入扇区的设想，看入航航迹线或出航航迹角落在哪个扇区，就用该扇区的加入方法加入等待航线。这种判断方法比较常用。

图 7.21 所示为扇区设想。手心向外/向下，右航线用右手，食指所指是飞机正在飞向定位点的航向，以食指为准，向左减小 110°的方向为拇指所指方向，向右增加 70°的方向为中指所指方向，连接中指、拇指将 360°范围分成 3 个扇区，左上方拇指与食指所夹的 110°扇区为第一扇区，右上方食指与中指所夹的 70°扇区为第二扇区，下方中指与拇指所夹的 180°扇区为第三扇区；左航线用左手，扇区设想与右航线相同，右上食指与拇指所夹的 110°扇区为第一扇区，左上方中指与食指所夹的 70°扇区为第二扇区，下方拇指与中指所夹的 180°扇区为第三扇区。

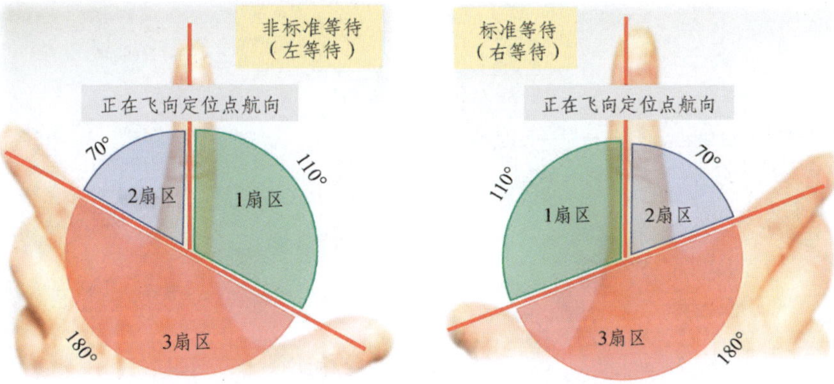

图 7.21　左（右）手扇区设想（手心向外/向下）

如图 7.22 所示，飞行中收到 ATC 许可——“……在 VOR/DME 086°径向方位 15DME 定位点以西等待程序，等待约 5 海里，左转……”，飞行员操纵飞机保持航向 350°飞向等待定位点。这时飞行员用左手设想加入扇区，食指指示 350°、拇指指示 100°、中指指示 280°，从而确定出飞机的入航航迹线或出航航迹角 266°落在第三扇区，因而采用直接加入方法。

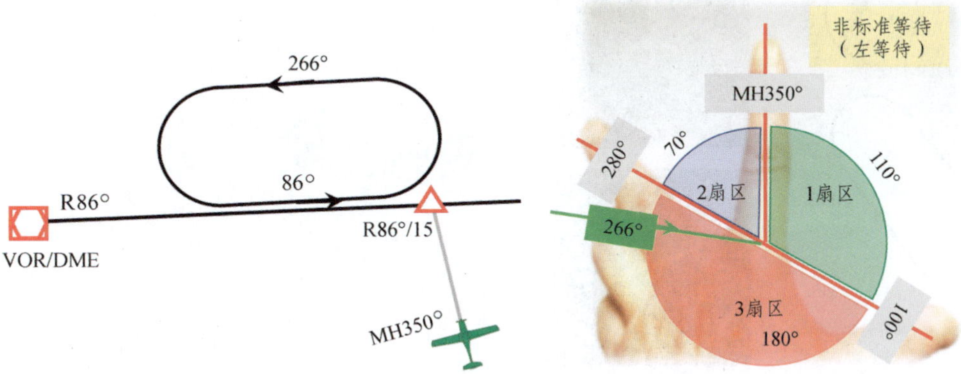

图 7.22　左（右）手法判断加入等待航线（方法一）

方法二：手心向内/向上看航向。通过左（右）手进行加入扇区的设想，看飞向等待定位点的航向角度落在哪个扇区，就用该扇区的加入方法加入等待航线。这种方法用在临时等待预估航向提前判断比较方便。

图 7.23 所示为扇区设想。手心向内/向上，右航线用右手，食指所指是出航航迹角，以食指为准，向左减小 70°的方向为中指所指方向，向右增加 110°的方向为拇指所指方向，连接中指、拇指将 360°范围分成 3 个扇区，右上方拇指与食指所夹的 110°扇区为第一扇区，左上方食指与中指所夹的 70°扇区为第二扇区，下方中指与拇指所夹的 180°扇区为第三扇区；左航线用左手，扇区设想与右航线相同，左上食指与拇指所夹的 110°扇区为第一扇区，右上方中指与食指所夹的 70°扇区为第二扇区，下方拇指与中指所夹的 180°扇区为第三扇区。

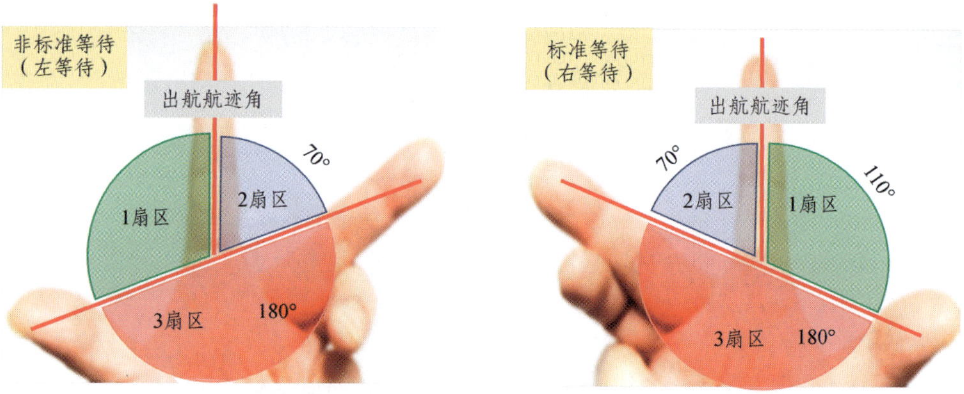

图 7.23　左（右）手法判断加入等待航线（方法二）

图 7.24 所示，飞行中收到 ATC 许可——“……同意由现位置飞往 NDB，在 220°方位飞向台等待，左转……”，此时飞行员读出仪表指示的航向 55°、电台相对方位 110°，计算出 QDM 即向台方位为 165°。因没有风的资料，所以操纵飞机右转至无风航向 165°保持飞向等待定位点。这时飞行员用左手设想加入扇区，食指指示出航航迹 220°、拇指指示 110°、中指指示 290°，从而确定出飞机航向 165°落在第一扇区，因而采用平行加入方法。

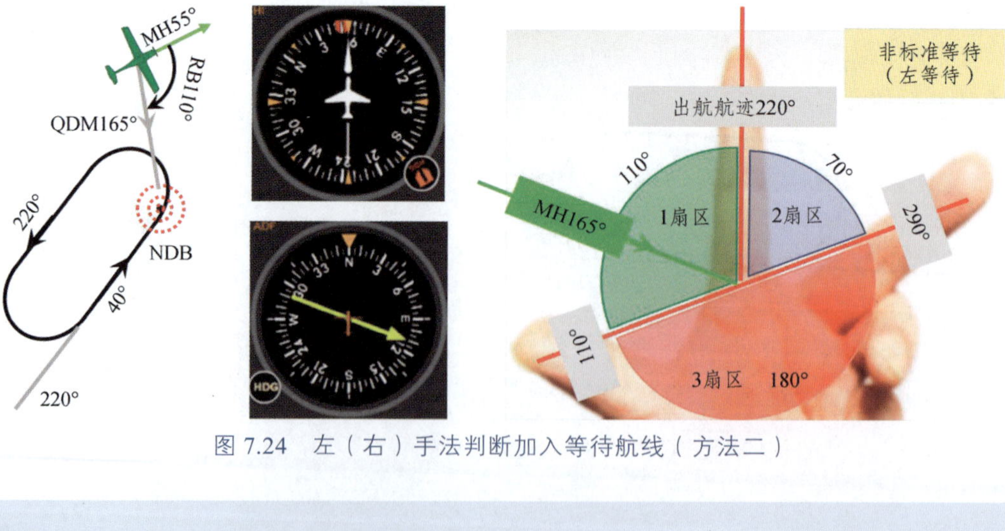

图 7.24　左（右）手法判断加入等待航线（方法二）

做好等待航线飞行关键是 5 “T”，即 Turn、Time、Twist、Throttle、Talk。

Turn：转弯方向，飞机通过等待定位点后向右/左转弯，按等待航线飞行。

Time：出航时间，按规定 1 min 或 1.5 min，计时开始以正切等待定位点或转至出航航向时，以发生较晚者为准。

Twist：转动，即通过全向方位选择钮或航道预选旋钮，选择向台航迹（即入航航迹），这项工作只用在 VOR 的等待航线飞行。

Throttle：油门，通过调节油门，使飞机用最佳等待速度沿等待航线飞行。需注意的是，该速度必须小于图上公布或指定的最大等待速度，否则将继续调节油门，使等待速度符合规定。

Talk：通话，即按照规定的通话程序进行地空通话，建立良好的空、地交流。

7.3 起始进近航段的飞行方法

中国民航建立并公布的起始进近航段机动飞行过渡形式有直线程序（含 DME 弧）、基线转弯（修正角航线程序）、推测航迹程序和直角航线程序。这里只介绍 DME 弧、基线转弯（修正角航线程序）和直角航线程序的飞行方法，其他形式实质上就是利用向台/背台跟踪 NDB 方位线或 VOR 径向线飞行并结合推测领航实施。

7.3.1 沿 DME 弧飞行

我国已有北京、贵阳、宜昌、潍坊、景德镇和南通等机场采用 DME 弧。沿 DME 弧飞行就是利用 VOR/DME 台作为圆心，保持规定的 DME 距离做圆周飞行。沿 DME 弧飞行需要 DME 和 VOR 设备；飞行时利用 DME 距离指示器配合 RMI、CDI、HSI 来完成。

7.3.1.1 进入 DME 弧

飞行中，飞机在某一方位线上做向 VOR 或背 VOR 台飞行，飞行员根据 DME 指示器显示的距离，引导飞机进入预定的 DME 弧，即向左或向右转 90°，按规定转弯率（$\omega = 3°/s$）转弯，准确地切入 DME 弧。实施时应掌握好切入 DME 弧的开始转弯前置量：飞机向台飞行进入时，即从弧外切入，应提前在 $D_{指} = d_{预} + R$ 开始转弯；飞机背台飞行进入时，即从弧里切入，应提前在 $D_{指} = d_{预} - R$ 开始转弯，如图 7.25 所示。转弯半径可通过计算尺计算，也可通过心算求出，心算的方法：

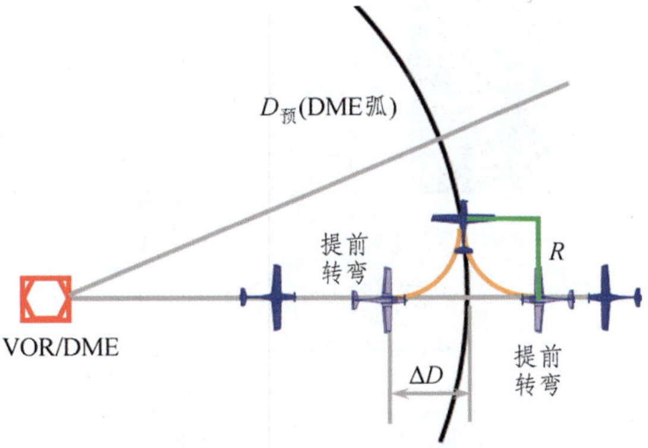

图 7.25　DME 弧前置量

$$\Delta D = R = 0.5\% \cdot GS \approx 0.5\% \cdot TAS \qquad (7.1)$$

心算公式适用于转弯速度小于 170 kt 的飞机，超过这一转弯速度，则应用计算尺准确计算。

DME 弧（外弧）飞行

7.3.1.2　DME 弧飞行

从理论上讲，在无风条件下通过保持 RMI 方位指针与“左翼尖”（电台在左时，即飞左弧或逆弧）或“右翼尖”（电台在右时，即飞右弧或顺弧）一致，DME 指示器显示预定 DME 距离，这样飞机可以保持一定的速度沿 DME 弧做圆周飞行，但实际飞行中，通常是沿一系列的短直线飞行，即沿 DME 弧飞行方法有飞内弧和外弧两种。这里只介绍落 5°（10°）转 10°（20°）飞内弧的方法。

1）落 5°（10°）转 10°（20°）的飞行方法

这种飞行方法就是当 RMI 方位指针指向左或右翼尖参考点且飞机在预定的 DME 距离时，保持航向沿割线飞行，并允许 RMI 方位指针落后于翼尖参考点 5°或 10°，这时 DME 指示器显示距离比 $d_{预}$ 有少许增加；飞行员操纵飞机向电台一侧转 10°或 20°航向，RMI 方位指针又回到翼尖参考点之前 5°或 10°，保持其航向飞行，RMI 方位指针又逐渐从翼尖参考点之前 5°或 10°再次变为翼尖参考点之后 5°或 10°，DME 指示器也从比 $d_{预}$ 多变为相等直至又比 $d_{预}$ 多，飞机再次向电台一侧转 10°或 20°航向飞行，如此按需要重复上述操作，就可以保持飞机沿 DME 弧飞行，如图 7.26 所示。

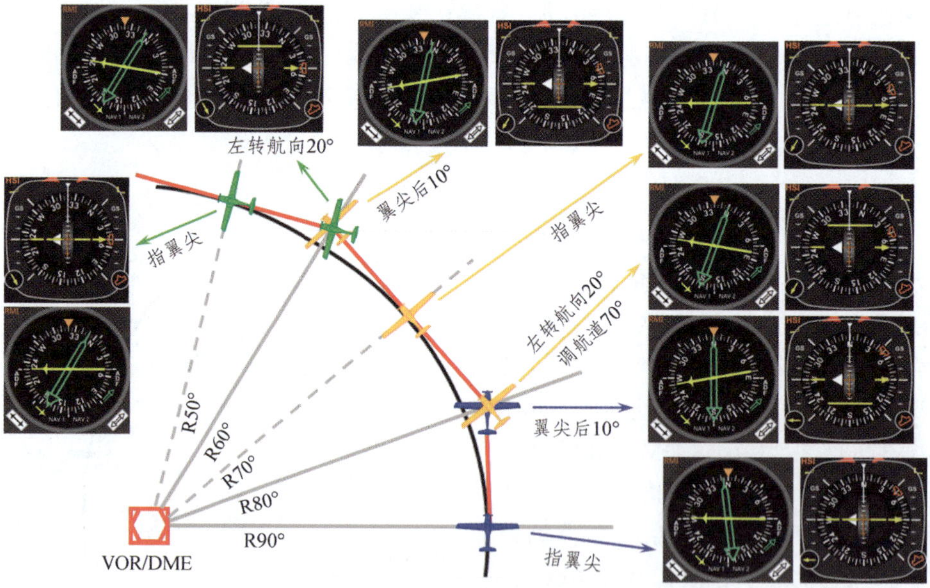

图 7.26　沿 DME 弧飞行（以落 10°转 20°为例）

一般情况下，如果 $d_{预}$ 较小时，采取“落 10°转 20°”的方法，即 RMI 方位指针落在翼尖参考点下 10°，则航向转 20°；如果 $d_{预}$ 较大时，采取“落 5°转 10°”的方法，即 RMI

的方位指针落在翼尖参考点下 5°，则航向转 10°。飞行中如果对 HSI、CDI 的使用熟悉，也可以用 HSI、CDI 配合 DME 指示器完成沿 DME 弧飞行，只是需要飞行员在沿 DME 飞行的过程中，用预选航道旋钮调好飞机切弧时的航道，然后通过航道偏离杆偏离刻度进行判断，当偏离杆偏离 2.5 或 5 点时转航向 10°或 20°，保持其航向，并重新调预定的切弧时的航道，如此进行，同样可以使飞机沿 DME 弧飞行。

2）偏航的修正

飞机在沿 DME 弧割线的直线飞行中，如果飞机发生偏航，必须进行航向修正。修正的时机一般在 RMI 方位指针正好与翼尖参考一致的位置，通常的修正方法是飞机每偏离 DME 弧 0.5 NM，航向改变 10°或 20°，其目的是使飞机重新回到 DME 弧上，即如果飞机偏在 DME 弧外侧每 0.5 NM，则操纵飞机向电台一侧转 20°航向；如果飞机偏在 DME 弧内侧每 0.5 NM，则向外侧转 10°航向。如图 7.27 所示，当 RMI 方位指针指示在左翼尖基准时，如果 DME 指示 9.5 NM，说明飞机偏在弧内侧，则修正航向 10°至保持航向 350°飞行；如果 DME 指示 10.5 NM，说明飞机偏在弧外侧，则应修正 20°至保持航向 320°飞行。

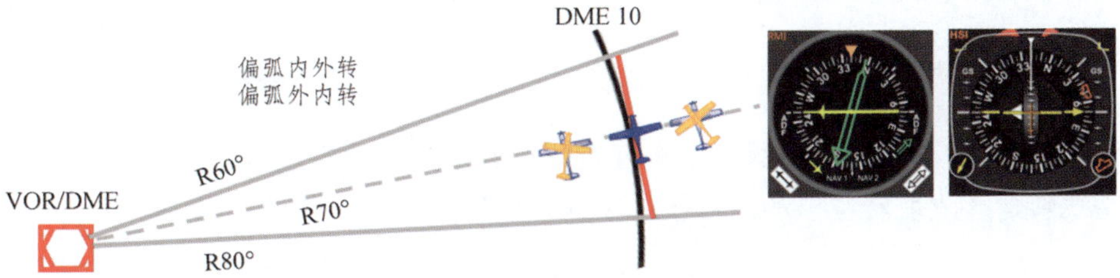

图 7.27　沿 DME 弧飞行偏航的修正

3）风的修正

在沿 DME 弧飞行中，假设风是稳定的，但由于飞机是沿一系列割线做直线飞行，因而对于所有的直线段来说，侧风程度是不相同的，它对整个 DME 弧来说是变化的。因此，在侧风情况下沿 DME 弧飞行，必须对侧风进行修正，重新选择一个参考点，该考点称为有风参考点。选择有风参考点的原则是：如果侧风使飞机远离电台，即弧内风，则有风参考点以翼尖基准前移 DA 角度；如果侧风使飞机靠近电台，即弧外风，则有风参考点以翼尖基准后移 DA 角度，如图 7.28 所示。

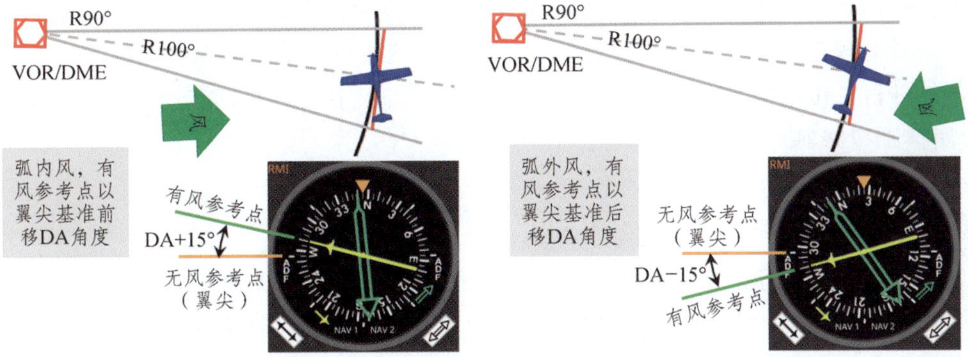

图 7.28　DME 弧飞行风的修正

7.3.1.3 从 DME 弧切入方位线（径向线）

当飞机沿 DME 弧结束飞行需切入指定的方位线（径向线）时，飞行员应提前转弯，用 RMI、HSI、CDI 来控制提前转弯时机。转弯的提前量随 DME 弧的距离和飞机速度的不同而变化。在实际飞行中，飞机转弯速度在 170 kt 范围内的转弯前置角 AOL 可以用心算公式进行计算。

$$\text{AOL} = 0.3\text{GS}/d_{\text{预}} \approx 0.3\text{TAS}/d_{\text{预}} \tag{7.2}$$

例如速度 100 kt，保持航向 30°切入 R120°，DME 弧若为 10 NM，则转弯前置角为 3°（即 0.3 × 100/10），即在 RMI 上提前 3°方位角或 HSI/CDI 上航道偏离杆剩 3°时开始按照标准转弯率调整航向，转向 R120°并保持在该径向线上飞行。

7.3.2 沿基线转弯（修正角航线）飞行

中国民航一般设计、公布基线转弯（修正角程序）的反向程序。

基线转弯构成

7.3.2.1 基线转弯（修正角航线）构成

基线转弯（修正角航线）的起始进近定位点必须是一个导航台，由出航航迹（背台边）、基线转弯（入航转弯）和向台航迹（入航航迹）构成，如图 7.29 所示。

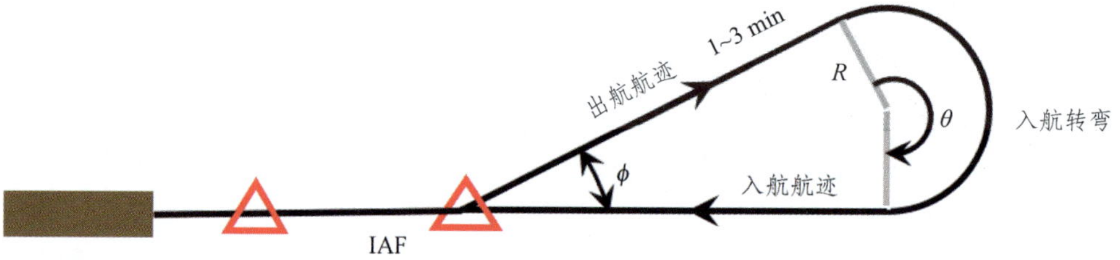

图 7.29 基线转弯（修正角航线）的构成

出航时间规定：出航时间可根据下降的需要，从 1 ~ 3 min 以 0.5 min 为增量。如果空域紧张，为了缩小保护区的总长度，出航航段的飞行时间按不同分类的飞机规定不同，但必须公布出相应的程序。中国民航按 A/B 类和 C/D 类两种公布。

出航计时规定：从飞机通过导航台（起始进近定位点）瞬间开始计时。

出航航段长度的限制：出航航段长度可根据位置适当的导航设施的径向线/方位线及 DME 距离加以限制。

7.3.2.2 基线转弯（修正角航线）飞行数据

基线转弯（修正角航线）的无风数据，在仪表进近图中按 A/B 类、C/D 类飞机分别予以公布，但需注意的是，公布的数据都是按飞机分类的最大速度设计的，而实际飞行时有差异，使用时必须结合所飞机型进行计算。

1）仪表进近图公布的数据

如图 7.30 所示为某机场仪表进近图公布的基线转弯（修正角航线）航线数据。

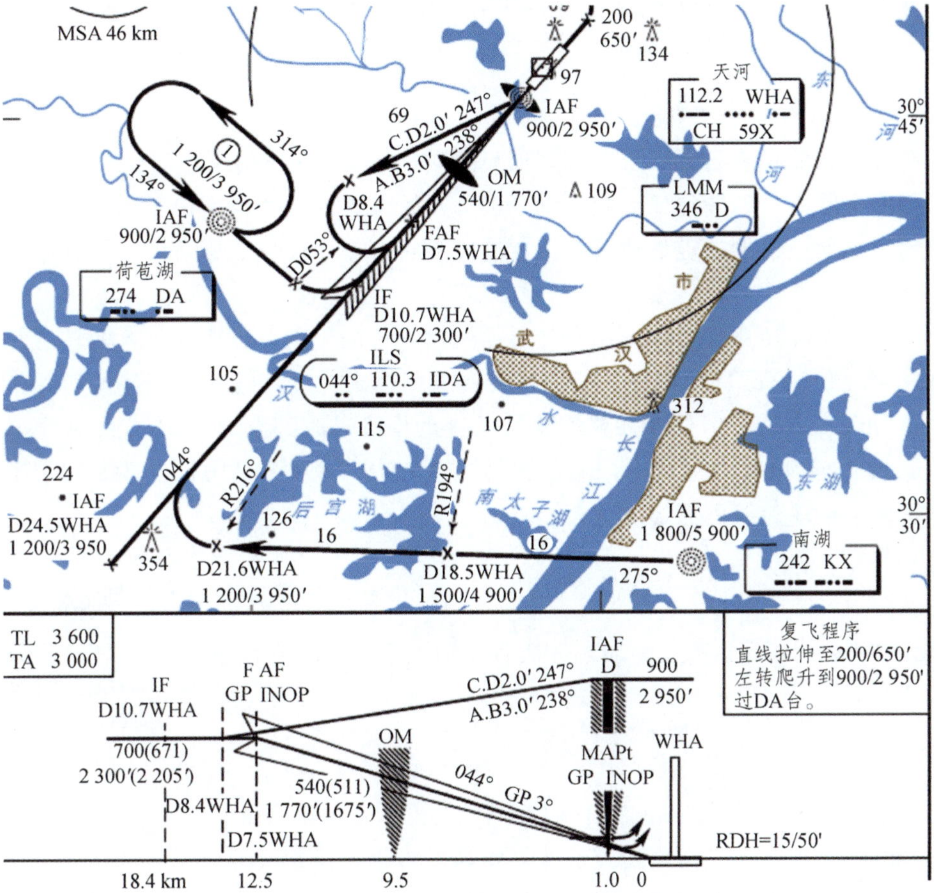

图 7.30 某机场公布的基线转弯（修正角航线）

（1）起始进近定位点及高度。

起始进近定位点在 LMM（中示位信标台）上空，起始进近高度为修正海压高 900 m，飞机飞越定位点前不得低于该高度。

（2）出航航段（背台边）的航迹角和出航时间。

该程序为左航线，出航航段的磁航迹为 A、B 类 238°，C、D 类 247°；出航时间为 A、B 类飞机 3 min，C、D 类飞机 2 min。

（3）入航转弯开始高度。

该程序入航转弯开始高度为修正海压高 700 m，飞机向左进行转弯角度为 194°（A、B 类）或 203°（C、D 类）的平飞入航转弯，切入五边进近（跑道延长线）的向台高度为修正海压高 700 m。

（4）入航航段的航迹和第二次过台高度。

该程序的最后进近定位点在 DME 台（WHA）7.5 NM 处，入航航段的向台航迹为

44°，第二次过 LMM 台高度为决断高度。

飞行员在使用基线转弯（修正角航线）进近时，应当熟记无风数据，并着重掌握：1 个时间——出航时间，2 个航迹——出航航迹和入航航迹，3 个高度——起始进近高度、入航转弯高度和第二次过台高度。

2）结合机型的计算数据

飞行员在按照仪表进近图公布的数据飞行时，必须掌握飞机进近时航线宽度、长度、出航航段的下降率、四转弯（剩余航向 90°）开始位置的无线电方位。飞行实施中，飞行员应当根据所飞机型的进近速度、转弯坡度或转弯率，按仪表进近图公布程序的数据进行计算。

由于飞机实际转弯半径与程序设计所需转弯半径的偏差，因而在计算四转弯开始位置的无线电方位时有两种情况：① 入航转弯采用标准坡度连续转弯至保持切入角切入五边，这种转弯方法一般用于飞机实施精密进近程序过渡到五边；② 入航转弯采用先转弯至剩余航向 90°改平直飞一段直线再转弯至五边，这种转弯方法一般是用于飞机实施非精密进近程序过渡到五边。

7.3.2.3 基线转弯（修正角航线）的加入

基线转弯（修正角航线）的加入方法有按加入扇区加入和任意方向加入两种。

基线转弯扇区加入方法

1）按加入扇区加入

当飞机保持航向飞向定位点时，如果飞机落在加入扇区里，则直接加入基线转弯（修正角航线），即飞机飞向定位点，按规定高度飞越定位点，沿出航航迹背台飞行。如果飞行员已经确认飞机在以电台为圆心的 25 NM（46 km）进场扇区内，则可以在到达定位点前先切入出航航迹反向延长线（即方位线）上，沿方位线飞行，过台后直接加入基线转弯（修正角航线），如图 7.31 所示。

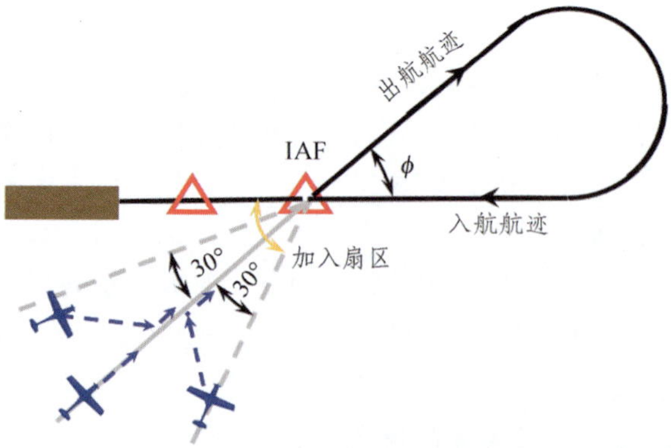

图 7.31　加入扇区及方法

加入扇区的确定：以定位点为基准点，以出航航迹反向线 ± 30°画出扇区，如扇区没有包括入航（着陆）反方向，则加入扇区应扩展至入航（着陆）反方向。因此，当 $\phi \leqslant 30°$，加入扇区范围为 60°角；当 $\phi > 30°$，加入扇区范围为（$30° + \phi$）角。

2）等待航线任意方向加入

当飞机保持航向飞向定位点但飞机位置不在加入扇区时，如果基线转弯（修正角航线）和一个等待航线相结合，则可以按加入等待航线的方法加入等待航线完成飞行后，过渡到基线转弯（修正角航线），实现任意方向加入，如图 7.32 所示。

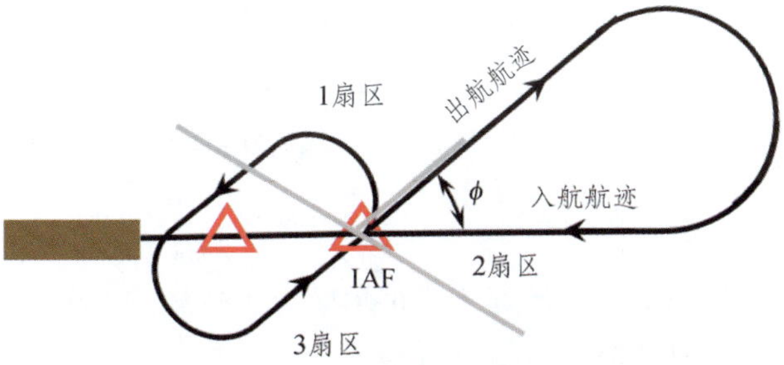

图 7.32　任意方向加入

7.3.2.4　基线转弯（修正角航线）风的影响与修正

起始进近过程中，由于风的影响，飞机的实际航迹将偏离预定航线，实际航迹将变宽或窄、长或短，飞机在完成入航转弯改出时不能准确地切到五边向台航迹上飞行。如果航线过窄或过短，将造成五边向台进近着陆困难，不能安全着陆；如果航线过宽或过长，有可能使飞机偏出规定的安全保护区而危及飞行安全。因此，在进近中必须对风进行准确修正，其目的是保证航线的宽度和长度，使飞机完成入航转弯改出时在五边上。

基线转弯（修正角航线）对风的修正，通常按心算的方法进行。为便于心算，须先对风进行分解，然后推算出所飞机型的心算系数。

1）风的分解

在进近飞行中，将预报风沿出航航迹分解成顺（逆）风分量 WS_1 和侧风分量 WS_2，从图 7.33 中可以看出

$$WS_1 = WS \cdot \cos\alpha \tag{7.3}$$

$$WS_2 = WS \cdot \sin\alpha \tag{7.4}$$

式中　α——风向 WD 与出航航迹 $MC_{出}$ 的夹角。

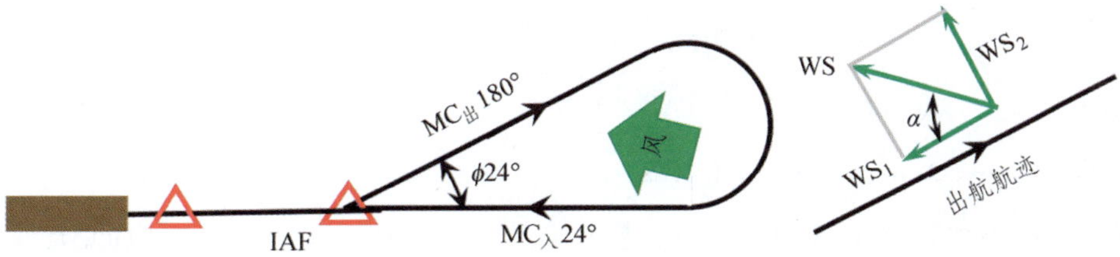

图 7.33　基线转弯（修正角航线）风的分解

【例 7.1】 基线转弯（修正角航线）$MC_{出}$ 180°、$MC_{入}$ 024°，预报风 220°/10 m/s，完成分解风的工作。

【解】 预报风是气象风，按出航边分解为顺（逆）风分量 WS_1 和侧风分量 WS_2，画出风的分解向量图，如图 7.33 所示。风向 220°与出航航迹 $MC_{出}$ 180°夹角α为 40°，以出航航迹为基准，顺时针增大 40°，画出风向线，并分解风，计算结果为

$$WS_1 = 10 \cdot \cos 40° = 7.6\ (m/s)$$

$$WS_2 = 10 \cdot \sin 40° = 6.4\ (m/s)$$

2）风的修正

风对基线转弯（修正角航线）的影响主要是对出航航段、入航转弯的影响，所以分别在这些阶段对风进行修正。

（1）出航航段、入航转弯分别修正风。

① 修正风对出航航段的影响。风对出航航段的影响是使航段长度增加或减少、宽度变宽或变窄，使飞机不能在预定入航转弯位置开始入航转弯。为了使飞机在完成入航转弯切入五边向台航迹时，能够保证飞机到电台之间的规定距离，因而必须对风进行修正。

a. 侧风分量 WS_2 的修正。如图 7.34 所示，飞机应向侧风方向修正一个 DA，修正后的出航航向为

$$MH_{出} = MC_{出} - DA \tag{7.5}$$

$$DA = 57.3° \times WS_2/TAS \approx WS_2 \times 60°/TAS \tag{7.6}$$

对于既定机型，其出航速度一定，因而可计算出求 DA 的心算系数。

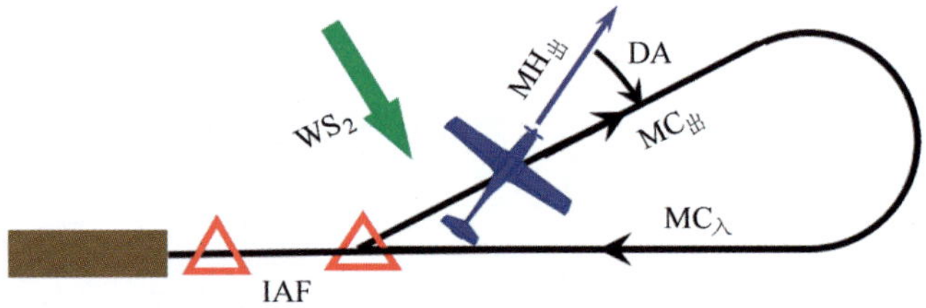

图 7.34 出航航段修正 WS_2

b. 顺（逆）风分量 WS_1 的修正。如图 7.35 所示，顺（逆）风分量使出航地速增加或减少，因此修正时顺风少飞一个Δt，逆风多飞一个Δt，即

$$t_{应} = t_{出} \pm \Delta t\ （顺风“-”，逆风“+”） \tag{7.7}$$

顺风：$$\Delta t = t_{出} \cdot WS_1/(TAS + WS_1) \tag{7.8}$$

逆风：$$\Delta t = t_{出} \cdot WS_1/(TAS - WS_1) \tag{7.9}$$

对于既定机型和程序，其 TAS、$t_{出}$ 是一定的，计算出不同 WS_1 所对应的Δt，就可确定出心算的系数。

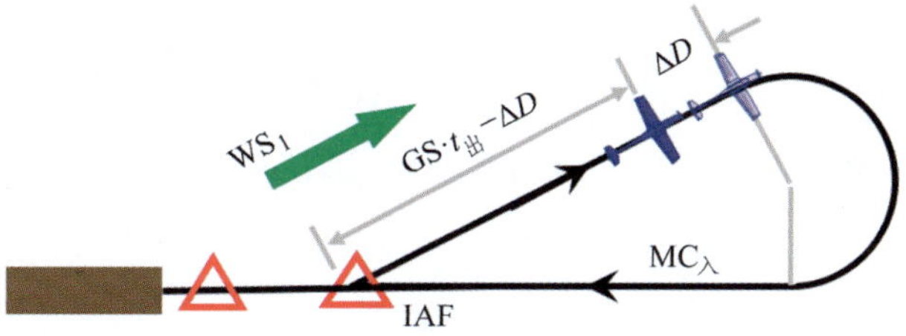

图 7.35 出航航段修正 WS_1

② 修正风对入航转弯的影响。在入航转弯过程中，同样要受到 WS_1 和 WS_2 的影响，但 WS_1 的影响较小，主要是 WS_2 的影响使飞机入航转弯改出时不能正确切入五边，对 WS_2 的修正采用增或减坡度的方法进行，如图 7.36 所示。坡度修正量 $\Delta\alpha$ 为

$$\Delta\alpha = \pm 2\pi\alpha\theta\cos\phi \cdot WS_2/360TAS(1+\cos\phi) \tag{7.10}$$

式中，顺风取“+”，逆风取“−”。对于既定机型和程序，其 TAS、ϕ、θ 都是一定的，将不同 WS_2 代入计算出坡度修正量 $\Delta\alpha$，确定出心算的修正系数。

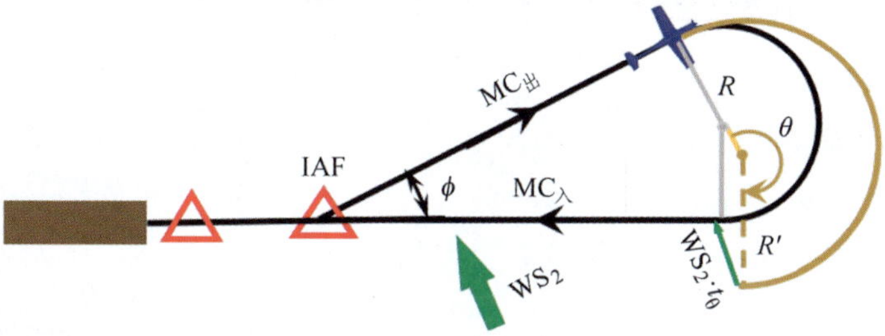

图 7.36 坡度修正 WS_2 影响

（2）出航航段修正风对出航航段、入航转弯的影响。

为了消除飞机沿出航航迹飞行和入航转弯时风的影响，使飞机完成入航转弯时正好准确地切到五边向台航迹上，采取在出航航段修正 WS_1、WS_2 的措施，即在出航航段上迎风修正一个航向修正量 A 角和多飞或少飞时间 Δt，入航转弯用正常坡度进行，使飞机准确地切到五边向台航迹上。

① 顺（逆）风分量 WS_1 的修正。为了使飞机在完成入航转弯切入五边向台航迹时，能够保证飞机到电台之间的规定距离，消除顺（逆）风分量 WS_1 对出航背台飞行和入航转弯的影响而产生的距离偏差 ΔD，必须在顺风时少飞一个 Δt 的时间，逆风时则多飞一个 Δt 的时间。

$$\Delta t = \Delta D/GS = (t_{出} + t_\theta)WS_1/(TAS \pm WS_1) \tag{7.11}$$

$$t_{应} = t_{出} \pm \Delta t \text{（顺风“−”，逆风“+”）} \tag{7.12}$$

对于既定的机型和程序，其 $t_{出}$、t_θ、TAS 都是一定的，将不同的 WS_1 代入即可计算出 Δt，确定出心算的修正系数。

② 侧风分量 WS_2 的修正。为了消除飞机在出航背台飞行和入航转弯中受 WS_2 的影响，使飞机在完成入航转弯时正好切到五边向台航迹上，修正出航背台飞行和入航转弯

中 WS_2 影响而产生的距离偏差 ΔD，在出航航段飞行中，迎风修正一个 A 角，即保持 $MH_{出} = MC_{出} - A$ 飞行，如图 7.37 所示。A 角包含两重含义：出航侧风的修正，即 DA；WS_2 对入航转弯的影响，出航航段飞行的实际航迹线是图 7.37 中所示的红色线。

顺风：
$$A = \frac{(t_{出} - \Delta t + t_\theta)\text{TAS}}{(t_{出} - \Delta t)(\text{TAS} + \text{WS}_1)}\text{DA} \tag{7.13}$$

逆风：
$$A = \frac{(t_{出} + \Delta t + t_\theta)\text{TAS}}{(t_{出} + \Delta t)(\text{TAS} - \text{WS}_1)}\text{DA} \tag{7.14}$$

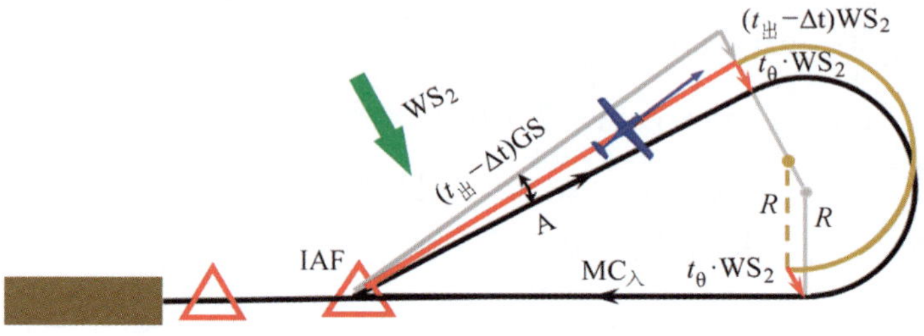

图 7.37　出航航段修正 WS_2 影响

对于既定的机型和程序，将不同的 WS_1 代入即可得出角度的修正量 A 角，并确定出心算的系数。

3）修正风对四转弯开始位置无线电方位的影响

飞机入航转弯剩余 90°航向时即进行四转弯，由于受风的影响，四转弯过程中飞机将随风飘移一段距离，使得飞机转弯改出结束不能准确地切入五边，因而必须对风进行修正。如图 7.38 所示，顺风转弯修正一个提前转弯量，逆风转弯修正一个延迟转弯量，转弯提前/延迟的修正量 $\Delta\beta$ 为

$$\Delta\beta \approx t_{90°} \cdot 57.3°/（L + R_\lambda）\times \text{WS}_2 \tag{7.15}$$

从图 7.38 中可以看出：左航线顺风加 $\Delta\beta$，逆风减 $\Delta\beta$；右航线顺风减 $\Delta\beta$，逆风加 $\Delta\beta$。

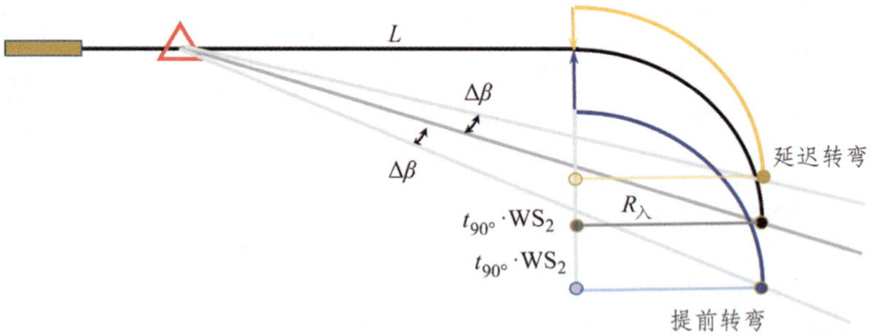

图 7.38　四转弯进入的修正

4）出航下降率的修正

基线转弯（修正角航线）出航下降率的计算为 $RD = \Delta H / t_{应}$。飞行中，如果保持的下

降率大于计算的 RD，则未到达入航转弯开始位置时飞机高度已下降到入航转弯规定高度，飞行员应改平飞；如果保持的下降率小于计算的 RD，则飞机开始入航转弯时还没有下降到规定的入航转弯高度，飞行员应在转弯中继续下降到规定高度改平。

5）入航转弯时机的判断

掌握好入航转弯的时机，对准确切入五边下降着陆具有重要意义，因此飞行中必须严格控制出航背台航迹，使飞机沿规定航迹飞行，同时参考出航时间或 DME 距离来控制开始入航转弯的时机。

（1）利用出航时间检查。

出航背台飞行中，严格保持好背台航迹，则当 $t = t_{应}$时，开始入航转弯，完成入航转弯飞机刚好切到五边向台航迹；如果 $t < t_{应}$，则可能造成五边向台航迹缩短，入航转弯改出后下滑线高，造成着陆困难；如果 $t > t_{应}$，则会使五边向台航迹增长，入航转弯改出后下滑线低，同样造成进近着陆困难，并可能偏出安全保护区，危及飞行安全，如图 7.39 所示。

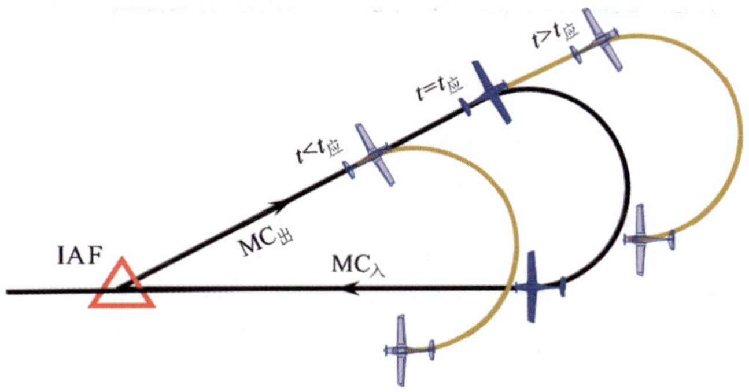

图 7.39 用出航时间检查

（2）用 DME 距离检查。

用地面 DME 台和机载 DME 指示器可以十分方便地检查出航航迹，准确度较高。如图 7.40 所示，检查方法与用出航时间检查航迹相同。

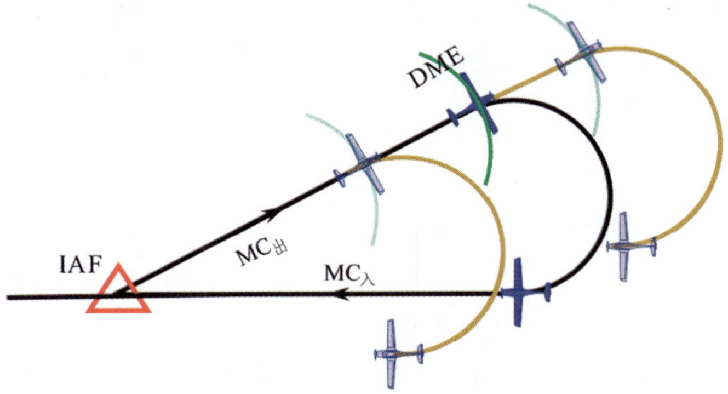

图 7.40 用 DME 检查

7.3.3　沿直角航线飞行

直角航线程序通常建立在着陆方向的左侧，称为左航线，建立在着陆方向右侧的称为右航线。

直角航线构成

7.3.3.1　直角航线构成

直角航线程序的起始进近定位点是一个导航台或定位点，由出航转弯、出航航段（迹）和入航转弯、入航航段（迹）所构成，如图 7.41 所示。

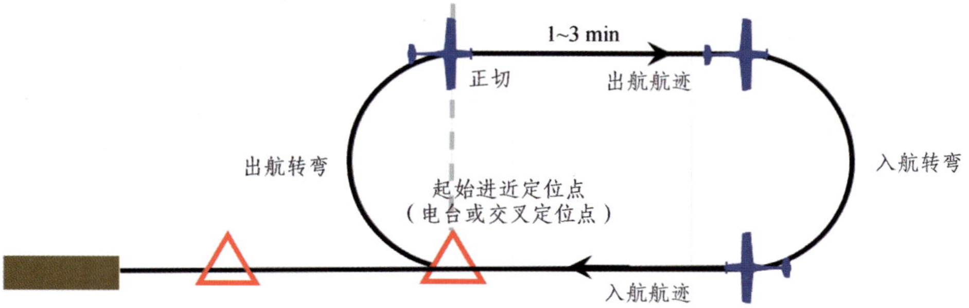

图 7.41　直角航线的构成

（1）出航时间的规定：出航时间可根据下降的需要，从 1 ~ 3 min 以 0.5 min 为增量。如果空域紧张，为了缩小保护区的总长度，出航航段的飞行时间按不同分类的飞机规定不同，但必须公布出相应的程序。中国民航按 A/B 类和 C/D 类两种公布。

（2）出航计时的规定：使用一个电台的直角航线程序，出航计时是从正切电台或转至出航航向开始，以晚到者为准；使用一个定位点的直角航线程序，出航计时是以转至出航航向时开始。

（3）出航航段长度的限制：出航航段长度可根据位置适当的导航设施的径向线/方位线及 DME 距离加以限制。

7.3.3.2　直角航线飞行数据

直角航线程序的无风数据，按 A/B 类和 C/D 类飞机的仪表进近图的形式予以公布，公布的数据都是按照飞机分类的最大速度设计的，而所飞机型实际飞行时有差异，所以使用时必须进行相应计算。

1）仪表进近图公布的数据

如图 7.42 所示为某机场仪表进近图公布的直角航线程序数据。

（1）起始进近定位点及高度。起始进近定位点在 GJ 台上空；起始进近高度为修正海压高 1 200 m，飞机飞越定位点前不得低于该高度。

（2）出航航段的航迹角和出航时间。该直角航线程序为左航线，出航航段磁航迹为 223°；出航时间为 A/B 类飞机 1.5 min，C/D 类飞机 1 min。

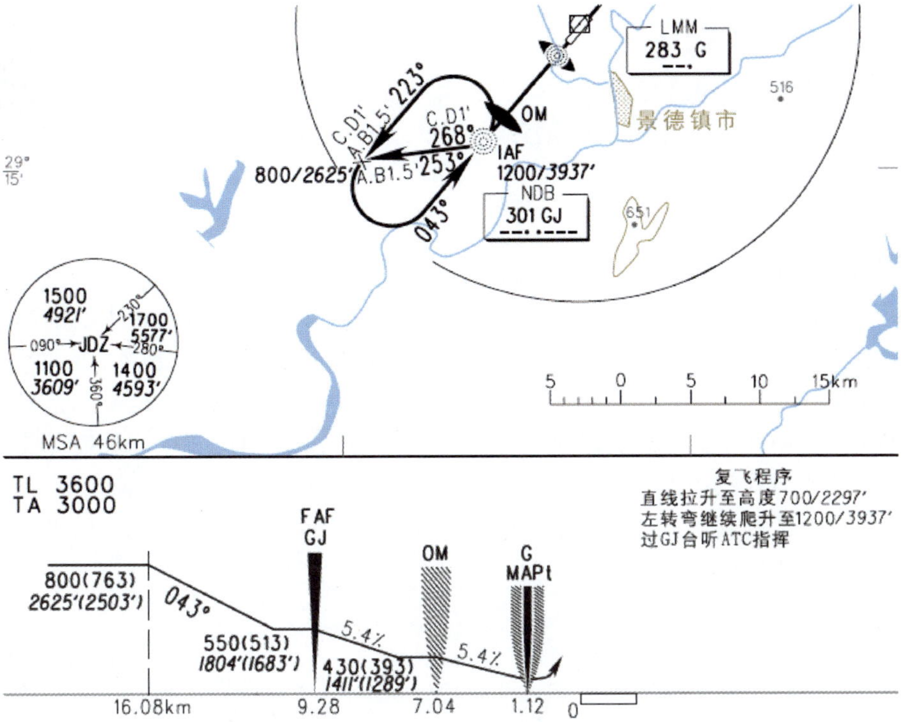

图 7.42　某机场公布的直角航线程序

（3）入航转弯开始高度。入航转弯开始高度为修正海压高 800 m；飞机左转进行 180°的平飞入航转弯，切入五边进近（跑道延长线）的向台高度为修正海压高 800 m。实际飞行时，如果飞机到达入航转弯开始位置，高度高于规定高度，则在入航转弯过程中还可以继续下降高度至五边向台高度改平，继续转弯至切入五边改出。有的程序没有中间进近航段，飞机切入五边（向台航迹）即开始最后进近；如果五边航迹与跑道延长线不一致，则飞机平飞转弯改出应在五边向台航迹上。

（4）入航航迹和第二次过台高度。该程序的最后进近定位在 NDB 台（GJ）上空，入航航段的向台航迹为 43°，第二次过台（GJ 台）高度为修正海压高 550 m，飞机在飞越该台前不得低于该高度。

在进行进近时，无风数据应当熟记并着重掌握：1 个时间——出航时间，2 个航迹——出航航迹和入航航迹，3 个高度——起始进近高度、入航转弯高度和第二次过台高度。

2）结合机型的计算数据

飞行员在按照仪表进近图公布的数据飞行时，必须掌握所飞机型进近时的程序宽度、长度、正切起始进近定位点（是一个电台）的无线电方位、出航航段的下降率、入航转弯开始位置的无线电方位、四转弯开始（剩余航向 90°）位置的无线电方位。飞行实施中，应当根据所飞机型的进近速度、转弯坡度或转弯率，按仪表进近图公布的进近程序数据进行计算。

7.3.3.3 直角航线的加入

直角航线的加入应根据进入的扇区，采用直接进入、偏置进入和平行进入 3 种方法。其具体方法与等待航线按扇区加入完全相同。

直角航线加入方法

7.3.3.4 直角航线风的影响与修正

沿直角航线做起始进近的过程中，由于风的影响，飞机的实际航迹将偏离预定的直角航线，实际航线变宽或窄、变长或短，使飞机在完成入航转弯改出时不能准确地切到五边向台航迹上飞行。如果航线过窄、过短，将造成五边向台进近着陆困难，不能安全着陆；如果航线过宽、过长，有可能使飞机偏出规定的安全保护区而危及飞行安全。因此，在飞机进近中必须对风进行准确修正，其目的是保证航线的宽度和长度，使飞机完成入航转弯改出时在五边上。

直角航线对风的修正，通常按心算的方法进行。为便于心算，须先对风进行分解，然后推算出所飞机型修正风的心算系数。

1）风的分解

风对飞机航行的影响反映在两个方面：顺（逆）风分量影响飞机的地速，将增加或缩短飞行时间；侧风分量影响飞机的航迹，使飞机偏离预定航线。在直角航线飞行中，将预报风沿出航航迹分解成顺（逆）风分量 WS_1 和侧风分量 WS_2，如图 7.43 所示。从图中可以看出：

$$WS_1 = WS \cdot \cos\alpha \tag{7.16}$$

$$WS_2 = WS \cdot \sin\alpha \tag{7.17}$$

式中 α——风向与出航航迹 $MC_{出}$ 或入航航迹 $MC_{入}$ 之间的夹角。

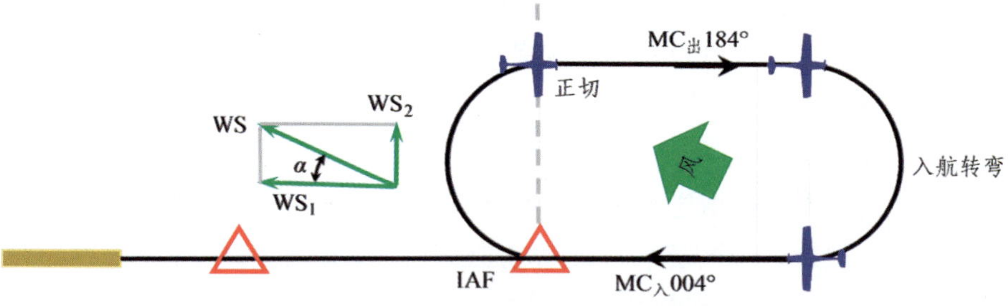

图 7.43 直角航线风的分解

【例 7.2】 直角航线 $MC_{出}$ 184°、$MC_{入}$ 004°，预报风 WD210°、WS10 m/s，进行分解风的计算。

【解】 画风的分解向量图方法：以 IAF 为基准点，用风向与 $MC_{出}$ 或 $MC_{入}$ 比较，看哪一个夹角 α 小于 90°，确定后，以 $MC_{出}$（或 $MC_{入}$）为准，增大或减小一个 α 角，画出风向线，在风向线上画出一个指向基准点 IAF 的箭头，就完成了预报风的表示，然后沿平行和垂直于出航航迹画出风的分量，如图 7.43 所示。本例风向 210°，与出航航迹 $MC_{出}$ 184°夹角α为 26°，所以以出航航迹为基准，顺时针增大 26°，画出方位线，该方位线就是风向 210°的风向线，画出指向 IAF 的箭头，分解出风的 WS_1、WS_2 为

$$WS_1 = 10 \times \cos 26° = 9\ (\text{m/s})$$

$$WS_2 = 10 \times \sin 26° = 4.4\ (\text{m/s})$$

在实际飞行中，还经常利用风分量图和航向仪表进行快速分解。

2）风的修正

风对直角航线的影响主要是对出航转弯、出航航段和入航转弯的影响，所以分别在这些阶段对风进行修正。

（1）修正风对出航转弯的影响。

出航转弯中顺（逆）风分量和侧风分量将影响转弯，使飞机进入出航航段时航线变宽或变窄，使飞机转至出航航向时错过正切计时点，因此必须在出航转弯中对风进行修正。

① 顺（逆）风分量 WS_1 的修正。如果是顺风，则不需修正，飞机过定位点即开始转弯，当飞机转至出航航向飞一段时间就可以正切定位点；如果是逆风，则飞机过定位点必须多飞一个Δt 才转弯，以修正 180°转弯中受 WS_1 的影响而产生的偏移ΔD，如图 7.44 所示。

$$\Delta t = \Delta D/GS = t_{180°} \cdot WS_1/(TAS - WS_1) \tag{7.18}$$

对于规定的程序和机型，$t_{180°}$、TAS 都是一定的，计算出不同 WS_1 所对应的Δt，即可确定时间修正量的心算系数。

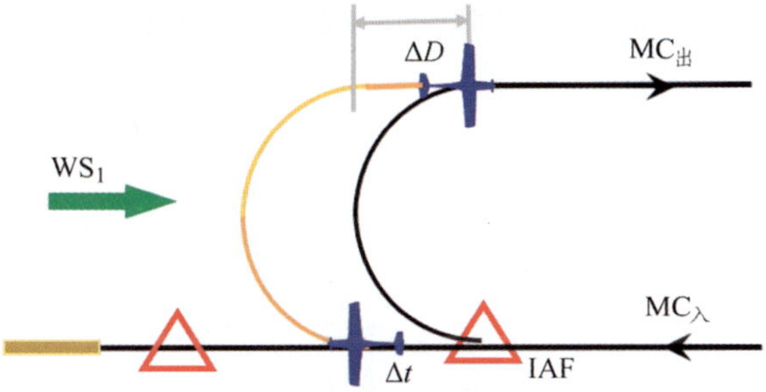

图 7.44　出航转弯修正 WS_1

② 侧风分量 WS_2 的修正。可以采取两种方法修正：一种是转弯中增减坡度的方法；另一种是转 90°后改平飞一定时间再转 90°的方法。

第一种转弯增减坡度的方法如图 7.45 所示。转弯坡度修正量$\Delta\alpha$为

$$\Delta\alpha = \frac{\pi\alpha}{2TAS} WS_2 \tag{7.19}$$

对于既定机型，α、TAS 一定，计算出不同的修正系数，便可在飞行中进行心算。

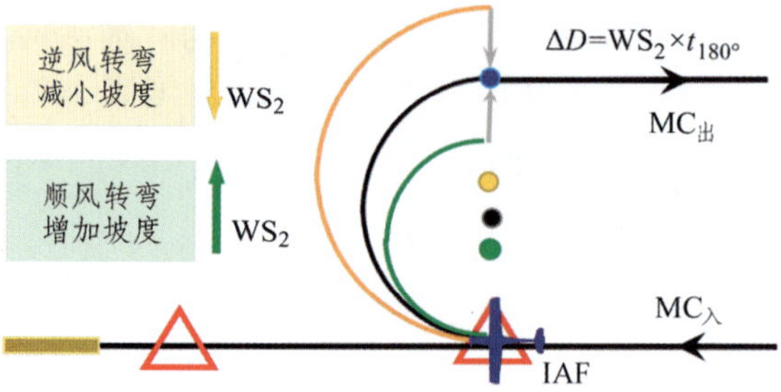

图 7.45　增减坡度修正 WS_2

第二种 90°改平直线飞行一定时间再转 90°的方法如图 7.46 所示，这种方法只适合逆风转弯的情形。直线飞行时间Δt 为

$$\Delta t = \Delta D/GS = 2 \cdot t_{90°}WS_2 / (TAS - WS_2) \tag{7.20}$$

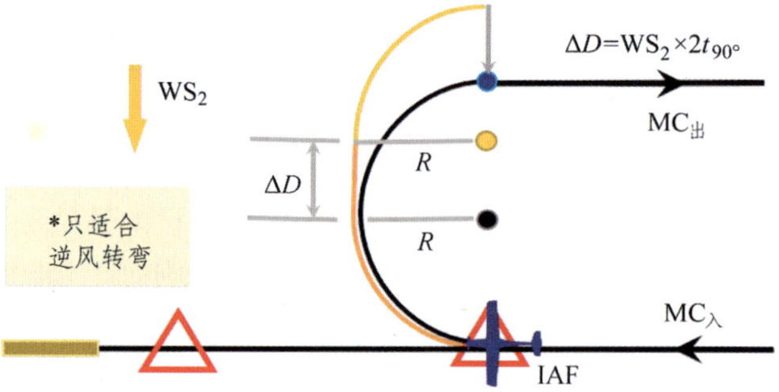

图 7.46　出航转弯修正 WS_2

既定机型 TAS、$t_{90°}$一定，计算出不同 WS_2 所对应的Δt，即可确定平飞的时间修正系数。

（2）修正风对出航航段的影响。

风对出航航段的影响是使航线长度增加或减少、宽度变宽或变窄，使飞机不能在预定入航转弯位置开始转弯，因此必须对风进行修正。

① 侧风分量 WS_2 的修正。如图 7.47 所示，飞机应修正一个偏流 DA，即修正风后的出航航向 $MH_{出}$ 为

$$MH_{出} = MC_{出} - DA \tag{7.21}$$

其中 $$DA = 57.3° \times WS_2/TAS \approx WS_2 \times 60°/TAS$$

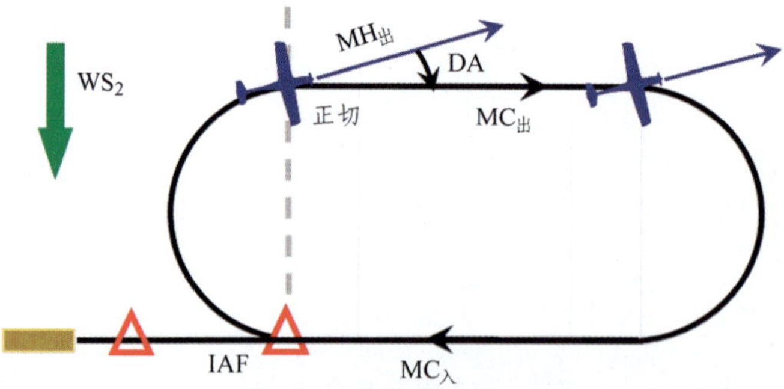

图 7.47　出航航段修正 WS_2

② 顺（逆）风分量 WS_1 的修正。如图 7.48 所示，顺（逆）风分量 WS_1 使出航地速增加或减小，因此修正时顺风时少飞一个 Δt，逆风则多飞一个 Δt。

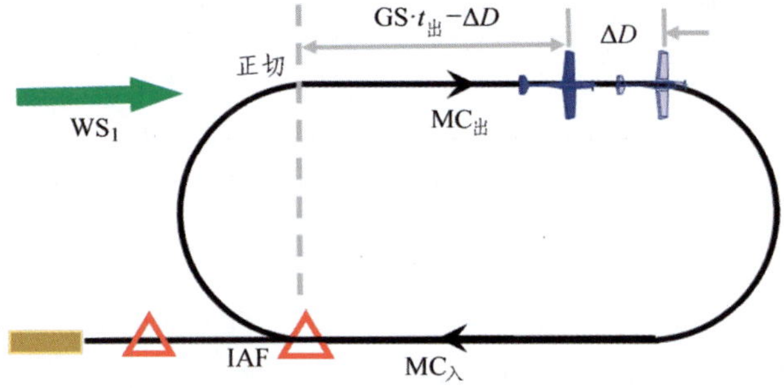

图 7.48　出航航段修正 WS_1

$$\Delta t=(t_{出}+t_{90°})WS_1/GS=(t_{出}+t_{90°})WS_1/(TAS\pm WS_1) \qquad (7.22)$$

既定的程序、机型，其 $t_{出}$、TAS 是一定的，计算出不同 WS_1 所对应的 Δt，就可确定出时间的心算系数。

（3）修正风对入航转弯的影响。

由于出航转弯速度与入航转弯速度不同，$TAS_{出}>TAS_{入}$，因此飞机入航转弯转 90°改平直线飞一段距离 $D=2(R_{出}-R_{入})$，然后再转 90°切入五边上。入航转弯中同样要受到风的影响，必须对风进行修正。

① 顺（逆）风分量 WS_1 的修正。飞机沿出航航段飞行后做一个 90°转弯，如图 7.49 所示，对于直线段的修正计算：

$$DA=57.3°\times WS_1/TAS \qquad (7.23)$$

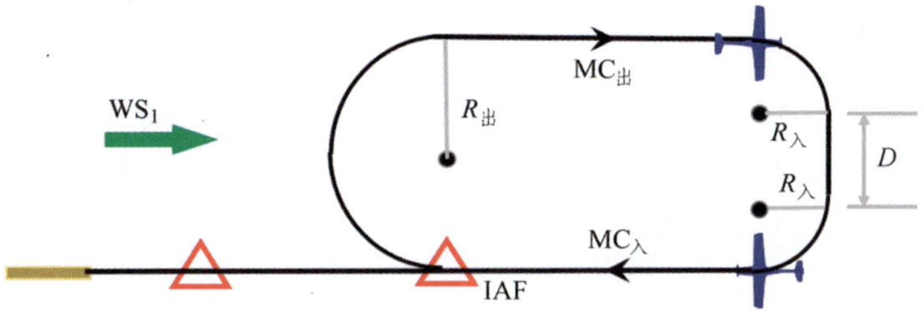

图 7.49　入航转弯中修正 WS_1

② 侧风分量 WS_2 的修正。侧风分量对入航转弯的影响可采取时间修正或坡度修正的方法。

a. 采取时间修正。如图 7.50 所示，时间修正量的计算：

$$\Delta t=\frac{t_D+2t_{90°}}{TAS\pm WS_2}\cdot WS_2 \qquad (7.24)$$

对于既定的机型，其 TAS、$t_{90°}$一定，通过计算即可得到修正系数。由于时间上对 WS_2 的修正，将使开始四转弯的时机提前（顺风）或延迟（逆风），引起无线电方位的改变，提前或延迟修正方法同基线转弯（修正角航线）一样。

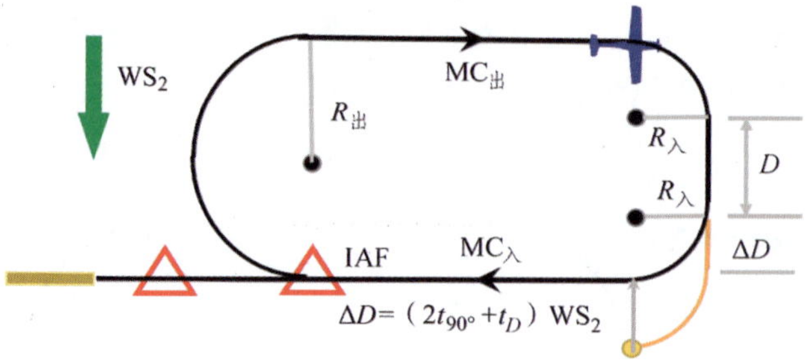

图 7.50　入航转弯时间修正 WS_2

b. 采取坡度修正。入航转弯 90°后改平直飞至进行四转弯开始方位线，飞机采取增加或减小坡度的方法修正侧风 WS_2 的影响，使飞机改出正好在五边航迹上，如图 7.51 所示，坡度修正量 $\Delta\alpha$ 为

$$\Delta\alpha = \alpha\pi/2TAS_{入} \times WS_2 \tag{7.25}$$

对于既定的机型，其 α、$TAS_{入}$ 是一定的，可通过计算得出修正的心算系数。

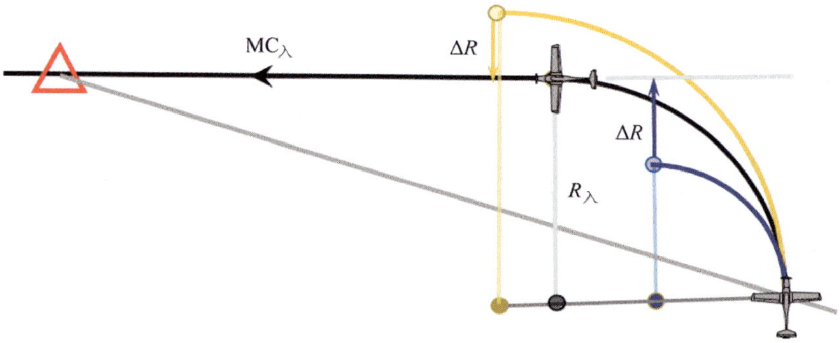

图 7.51　入航转弯坡度修正 WS_2

飞行中须注意：飞机切到五边航迹上的飞机位置将在无风切入点的前或后，即增大坡度转弯，飞机位置落在无风切入点后，减小坡度转弯，飞机位置落在无风切入点前，飞行员应注意这一点，防止五边过长或过短。

3）无线电方位和下降率的修正

由于在出航边对侧风分量的修正使飞机航向发生了改变，因而飞机正切电台位置和入航转弯开始位置的电台相对方位 $RB_{切}$、$RB_{入}$ 发生了变化，必须进行修正。修正的方法是航向增大一个 DA，则 $RB_{切}$、$RB_{入}$ 就减小一个 DA，反之航向减少一个 DA，$RB_{切}$、$RB_{入}$ 就增大一个 DA。

出航航段的下降率按经风修正的 $t_{应}$ 通过心算即可求出出航时应保持的下降率。

4）出航航迹的检查方法

直角航线飞行中对程序的宽度和长度的准确判断十分重要，是正确做好入航转弯和五边飞行的前提，因此飞行中必须对出航航迹进行检查。

（1）无线电方位配合出航时间检查。

利用地面 NDB/VOR 台，测量出飞机与电台的无线电方位，同时参考出航时间来判断出航航迹，即可判断直角航线的宽窄和长短。

如图 7.52 所示，当飞机进入入航转弯时机的方位线时，参考实际出航时间 t 与应飞时间 $t_{应}$ 比较即可确定。当 $t > t_{应}$，直角航线变宽、变长；当 $t < t_{应}$，直角航线变窄、变短。

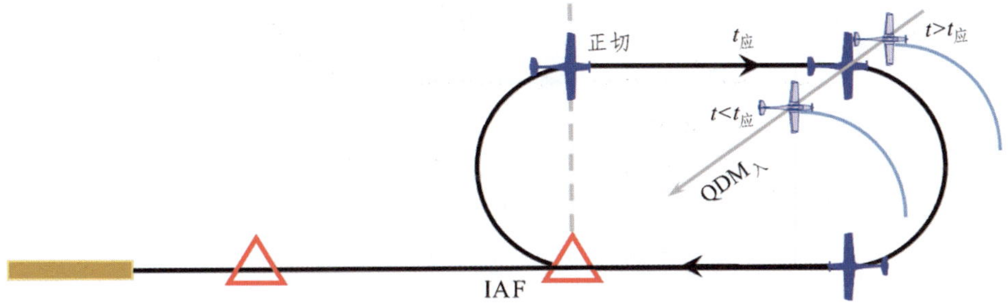

图 7.52　出航时间检查出航航迹

（2）无线电方位配合 DME 检查。

利用测量飞机到地面 NDB/VOR 台的无线电方位，配合 DME 的距离指示来判断出航航迹，即可判断直角航线的宽窄和长短，十分方便、准确。

如图 7.53 所示，当飞机进入入航转弯时机的方位线时，假设 DME 应指示 5.1 NM，飞行中根据 DME 的距离指示即可判断出航线的宽窄、长短。当 DME < 5.1 时，直角航线变窄、变短，将会造成五边距离短，飞机改出在五边上时，下滑线高，应在五边向台时适当增大下降率修正；当 DME > 5.1 时，直角航线变宽、变长，将会造成五边距离长，飞机改出在五边上时，下滑线低，应在五边向台时适当减小下降率修正。

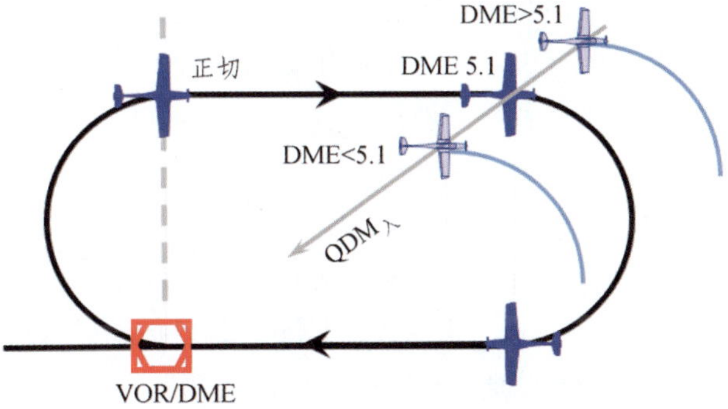

图 7.53　DME 比较检查出航航迹

如图 7.54 所示，当飞机的 DME 显示应指示 DME 距离时，根据 RMI 或 ADF 指示器上测出的无线电方位角与应该指示的 $QDM_{入}$、$RB_{入}$进行比较，就可以知道直角航线的情况。当 QDM（或 RB）> $QDM_{入}$（或 $RB_{入}$），则直角航线变窄，四边可能变短，应在入航转弯适当增大坡度（最大不超过 30°）进行修正；当 QDM（或 RB）< $QDM_{入}$（或 $RB_{入}$），则直角航线变宽，四边可能变长，应注意控制四转弯的进入时机，同时五边向台时应适当增大下降率进行修正。

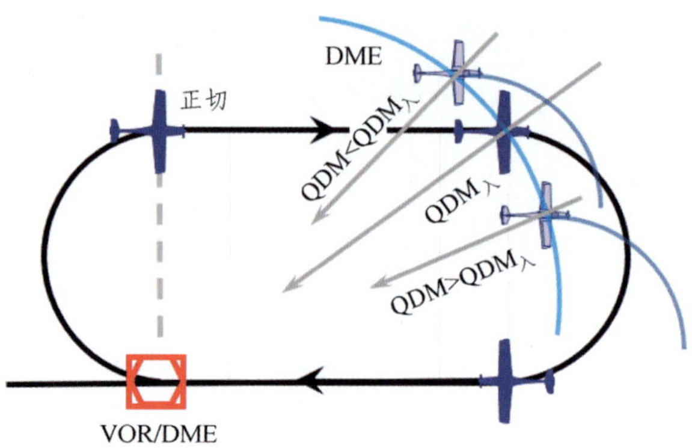

图 7.54　无线电方位检查航迹

7.4　四转弯的飞行方法

四转弯是按照起落航线定义的，是指飞机在入航转弯过程中转至入航航迹的最后90°转弯。实际飞行中飞行参数与程序设计所使用参数差异、飞机飞越电台时可能产生的偏差、空中风变化以及风修正不准确、航行诸元保持偏差，都可能使飞机转至入航航迹改出时偏离入航航迹。所以，飞行中必须控制好四转弯的开始时机，并在四转弯过程中检查转弯航迹，发现偏差及时修正，使飞机准确地切到五边入航航迹上，为五边进近创造良好的条件。

7.4.1　四转弯过程中航向与无线电方位的对应关系

飞机在四转弯过程中，航向和无线电方位都在发生变化。飞机转弯正常时，每一个航向对应着一个预定的无线电方位。飞行中利用这种一一对应关系，控制好飞机进入四转弯的开始时机，并用检查点检查转弯航迹。

7.4.1.1　四转弯开始时的无线电方位

当飞机入航转弯转到当时航向与入航航迹 $MC_入$相差 90°时，飞机即开始四转弯，这一时机的控制用无线电方位（QDM 或 RB）进行，即当指示的 QDM/RB 等于预计的 QDM_4/RB_4时，飞机以预定的转弯速度和坡度开始四转弯。

有风时，必须将四转弯的开始时机提前或延迟，以修正侧风分量 WS_2的影响。提前/延迟的修正量$\Delta\beta$可用公式（7.15）计算出：左航线顺风加$\Delta\beta$，逆风减$\Delta\beta$；右航线顺风减$\Delta\beta$，逆风加$\Delta\beta$。

7.4.1.2　四转弯中的检查点

四转弯过程中，应根据当时航向剩余角ΔMH 和电台方位角或相对方位角的对应关系来检查飞机是否在正常的转弯航迹上，一般检查点取ΔMH = 60°和ΔMH = 30°两个。

1）无风情况下的对应关系

由图 7.55 可得到

$$RB = \Delta MH - \beta \text{（右航线）或 } RB = 360° - \Delta MH + \beta \text{（左航线）} \quad (7.26)$$

$$QDM = MC_{入} - \beta \text{（右航线）或 } QDM = MC_{入} + \beta \text{（左航线）} \quad (7.27)$$

通过公式可以计算出无风条件下飞机转弯到ΔMH 时应指示的无线电方位。

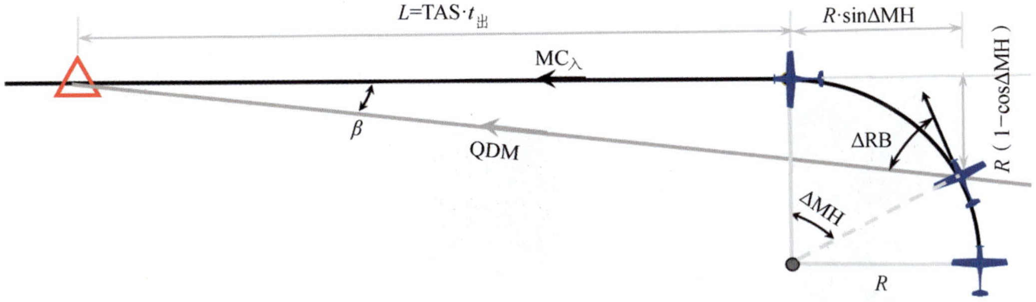

图 7.55 无风情况下四转弯中的检查

2）有风情况下的对应关系

有风条件下，飞机四转弯开始时机提前或延迟了，因此在转弯中的检查点所对应的无线电方位也应进行修正，如图 7.51 所示。修正方法与四转弯开始时风的修正相同，此处不再赘述。

7.4.2 四转弯过程中偏差判断与修正

飞行中利用 ADF 指示器、RMI、CDI 和 HSI 可以判断四转弯过程中的偏差并进行修正。

7.4.2.1 四转弯偏差判断

飞行中当飞机转至剩余航向 90°、60°、30°时，就可以根据与对应的无线电方位比较，判断四转弯进入的早晚。如果测出的无线电方位大于规定的无线电方位，则右航线偏在转弯航迹外侧为进入晚，左航线偏在转弯航迹内侧为进入早；如果测出的无线电方位小于规定的无线电方位，则右航线偏在内侧为进入早；左航线偏在外侧为进入晚。

1）用航向和 ADF 指示器判断

飞机保持预定转弯空速和坡度进入四转弯，如果转弯正常，航向指示和电台相对方位指示是协调的。左航线时，飞机左转向入航航迹，航向将逐渐减小至 $MC_{入}$，ADF 指示器指示的电台相对方位将逐渐增大至 360°；右航线时，所不同的是飞机右转弯，航向逐渐增大至 $MC_{入}$，相对方位逐渐减小至 0°。

ADF 判断四转弯

如图 7.56 所示，四转弯为左转，入航航迹 $MC_{入}$270°，当飞机转至航向

330°（即ΔMH60°）或 300°（即ΔMH 30°），正常四转弯时，对应的 RB 为 305°或 331°（β 假设为 5°和 1°）；当飞机转至 MH = MC$_{入}$时，RB = 0°。如果转弯不正常，航向和电台相对方位指示就不协调：当转至航向 330°（即ΔMH60°）时，RB < 305°，表明飞机偏在正常转弯航迹的外侧，转弯结束飞机将偏在五边向台航迹的外侧，这种情况叫进入晚；反之，当ΔMH = 60°时，RB > 305°，表明飞机偏在正常转弯航迹的内侧，转弯结束，飞机将偏在五边向台航迹的内侧，这种情况叫进入早。

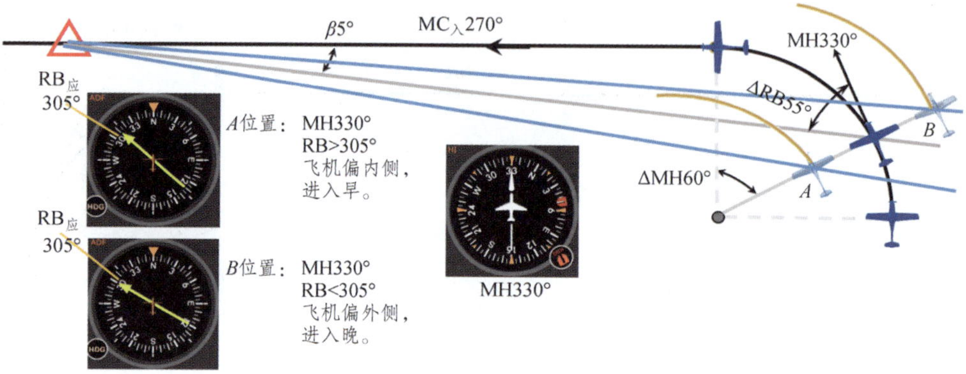

图 7.56　用 ADF 指示器判断四转弯偏差

2）用 RMI 指示器判断

RMI 判断四转弯

四转弯时根据 RMI 指示的航向 MH 和电台磁方位 QDM 进行判断。飞机保持预定转弯速度和坡度进入四转弯后，如果转弯正常，航向指示和电台磁方位指示是协调的。左航线时，飞机左转向入航航迹，航向将逐渐减小至 MC$_{入}$，RMI 指示的电台磁方位将逐渐减小至 MC$_{入}$；右航线时，所不同的是飞机右转弯，航向逐渐增大至 MC$_{入}$，电台磁方位也是逐渐增大到 MC$_{入}$为止。

如图 7.57 所示，四转弯为左转，入航航迹 MC$_{入}$290°，当ΔMH = 60°或 30°时，即 MH = 350°或 320°，对应的 QDM$_{预}$ = 295°或 291°（β 假设为 5°和 1°）；当 MH = MC$_{入}$ = 290°时，QDM = 290°。如果转弯不正常，航向和电台磁方位指示不协调：如当ΔMH = 60°，即 MH = 350°时，RMI 指示的 QDM > 295°，表明飞机偏在正常转弯航迹的内侧，进入早；如指示的 QDM < 295°，表明飞机偏在正常转弯航迹的外侧，进入晚。

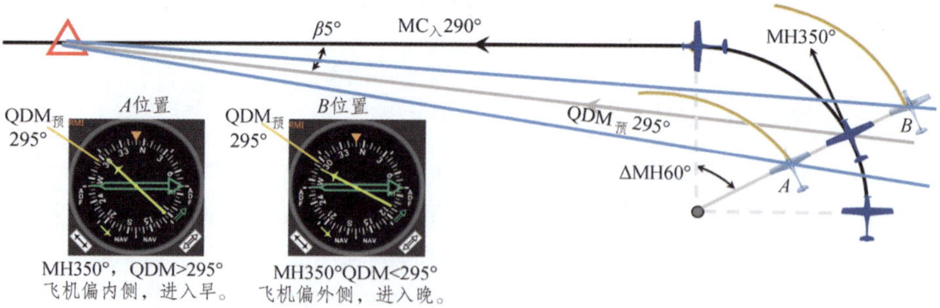

图 7.57　用 RMI 判断四转弯偏差

3）用 CDI 判断

在 VOR 进近时，可以用 CDI 配合航向来判断四转弯中的偏差情况。当飞机进入四转弯前，在 CDI 上调定向台航迹 $MC_{入}$，然后利用 CDI 上航道偏离杆的偏离情况来判断飞机四转弯的偏差。如图 7.58 所示，四转弯为左转，入航航迹 $MC_{入}290°$，当$\Delta MH = 60°$，即 MH = 350°时，β假设为 5°，即偏离角为 5°，这时偏离杆应在两个半点处。如果偏离杆在两个半点以外，表明飞机偏在正常转弯航迹的内侧，进入早；如果偏离杆在两个半点以内，表明飞机偏在正常转弯航迹的外侧，进入晚。

CDI 判断
四转弯

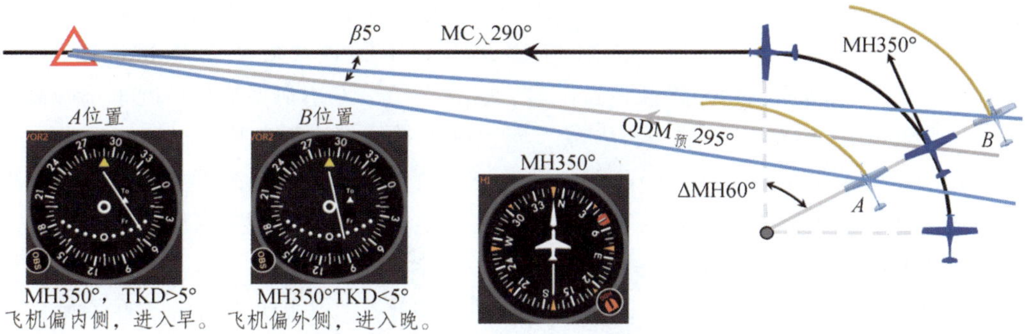

图 7.58 用 CDI 判断四转弯偏差

4）用 HSI 判断

VOR 进近时用 HSI 来判断更加方便。当飞机进入四转弯前，在 HSI 上调定向台航迹 $MC_{入}$，其判断方法完全同 CDI 判断一样，如图 7.59 所示。

HSI 判断
四转弯

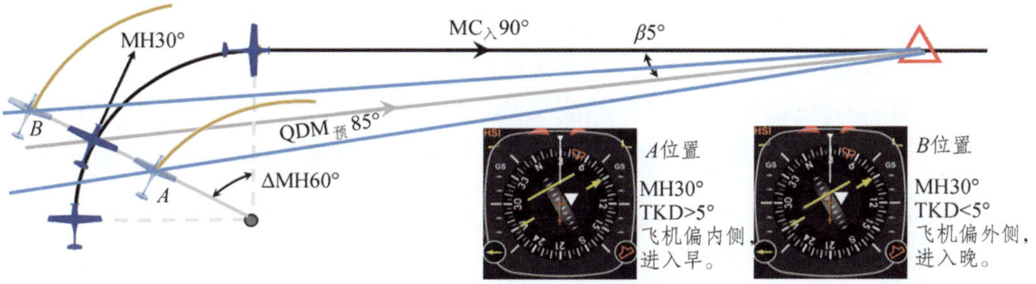

图 7.59 用 HSI 判断四转弯偏差

7.4.2.2 四转弯偏差修正

当判断出飞机进入早时，则应适当减小转弯坡度；当判断出飞机进入晚时，则应适当增大转弯坡度。增大或减小坡度，实际上就是通过调整转弯半径，使飞机完成入航转弯后刚好切入五边向台航迹上。

在四转弯偏差的判断与修正中，对于最后 30°转弯须注意，如果将要改出四转弯时，仍未修正好，偏差较大，则应按“早进入早改出，晚进入晚改出”的原则，提前或延迟改出四转弯，以 10°切入角直接切入五边向台航迹。“早进入早改出，晚进入晚改出”的方法是：进入早，当飞机转至ΔMH10°时，改出转弯保持这一航向向五边向台航迹切入，从程序一侧切入入航航迹；进入晚，当飞机转到ΔMH0°时不改出，而继续多转 10°后改出转弯，保持该航向以 10°切入角从程序另一侧切入入航航迹。

7.5 非精密进近程序的五边进近

五边进近起始于完成起始进近切入五边向台航迹，常包括中间进近和最后进近。

非精密进近程序的五边进近，常用的有 NDB、VOR 进近及结合 DME 的进近、LOC（LLZ）进近，利用地面电台与机载设备配合，引导飞机沿五边在不能见情况下下降高度至最低下降高（度），转入目视飞行着陆。五边进近是仪表进近程序中的重要阶段，是保证飞行安全的关键阶段。在这一阶段，需进一步调整飞机的着陆外形和速度，严格保持好五边航迹和高度，创造良好的着陆条件，在规定高度取得目视参考转入目视着陆，如不能取得目视参考，则应中断进近而复飞。实施非精密进近时，必须严格按照进近图公布的数据飞行，并根据飞行仪表指示，及时判断和修正五边进近偏差，安全着陆。

本部分只介绍 NDB、VOR 进近及结合 DME 的进近方法。

7.5.1 非精密进近程序的实施程序

认错跑道
险撞 4 机

NDB、VOR 及结合 DME 的进近实施程序包括 4 个阶段。

1）脱离航路进场

在取得进场许可和进场条件后，机组应调谐、收听并识别所调的导航台，计算沿航线下降的开始时刻和位置，飞行中注意修正风的影响。

飞机由航路下降点沿规定的进场路线飞向起始进近定位点（IAF），飞机在到达 IAF 前应保持进场程序规定高度或空中交通管制员指令高度，并调整速度和飞机外形。

2）机动飞行过渡到五边

飞机按指定高度、加入方法加入起始进近，做机动飞行过渡到五边，常用的机动飞行过渡方法有沿 NDB/VOR 方位线过渡、U/S 形程序过渡、直角航线过渡、基线转弯（修正角航线）过渡、DME 弧过渡。在这一阶段应注意检查和修正，使飞机在规定点和高度准确地切入五边向台航迹。当飞机转到向台航迹时减速并选放襟翼。

3）沿五边进近下降着陆

完成机动飞行后，应及时判断飞机偏离五边向台航迹的情况，并采取适当的修正方法修正，然后修正侧风沿五边向台航迹飞行，并下降到规定的高度。如果有远台，则应按规定高度过台后转入正常下滑，背远台飞向近台。飞机下降到最低下降高度（MDA）能见到足够的跑道环境并能使飞机安全着陆时，放着陆襟翼，转入目视继续下降进近着陆。

4）中断进近复飞

当飞机下降到 MDA 时，如果飞行员看不到足够的跑道环境或处于不能正常着陆的状态，则不能继续下降，应保持这一高度飞至复飞点（MAPt），如果这一过程中仍然看不到足够的跑道环境，则必须按规定的复飞程序复飞。

7.5.2 五边向台航迹的控制

非精密进近
不安全事件

飞机完成转弯后，应迅速稳定在进近航迹上，尽早建立良好的着陆形态。在五边进近的向电台飞行中，由于侧风影响或其他原因，飞机可能偏离向台航迹。因此，必须经常检查 ADF 指示器、RMI、CDI、HSI 的指示，迅速判断飞机位置，及时进行修正。修正时操纵动作要柔和，修正量不能过大。五边向台航迹的判断和修正方法与航线飞行相同，只是修正时切入角比较小。

7.5.2.1 五边向台航迹偏差的判断

1）用 ADF 指示器判断偏差

用 ADF 指示器判断五边向台航迹偏差时，必须与航向仪表相配合。五边进近中可以根据具体情况用不同方法进行。

（1）飞机转至对正电台（即 $RB = 0°$），用航向 MH 与五边向台航迹比较：

当 $MH < MC_{入}$，飞机偏右；

当 $MH = MC_{入}$，飞机不偏；

当 $MH > MC_{入}$，飞机偏左。

（2）飞机转至 $MH = MC_{入}$时，用指示的 RB 与 0°或 360°比较：

当 $RB < 360°$，飞机偏右；

当 $RB = 0°$，飞机不偏；

当 $RB > 0°$，飞机偏左。

（3）填补法判断。飞行中常用填补法进行偏差判断，心算出当时的电台磁方位角 QDM，与五边向台航迹进行比较，判断飞机位置的偏差。心算时根据情况可采取固定电台相对方位角或固定航向的方法实施飞行。

2）用 RMI 判断偏差

判断时根据 RMI 方位指针指示的 QDM 与五边向台航迹 $MC_{入}$ 比较，即可判断出偏差。使用时须注意 ADF/VOR 台的选择，防止选错电台。

3）用 CDI、HSI 判断偏差

在控制盒上调谐好所选地面 VOR 台的频率，并听清呼号，然后转动预选航道旋钮

选好预定航道 $MC_{入}$，通过判断航道偏离杆偏离刻度盘中心（代表飞机）的情形，就可以判断出飞机的偏差。

7.5.2.2　五边向台航迹偏差的修正

判明偏差后，根据偏离角的大小、离台远近及侧风情况，选择适当的切入角切入五边向台航迹，修正偏流沿五边进近。在选择切入方法时，主要从切入五边的快慢、切入位置到电台的距离远近、操纵的复杂程度等方面考虑。

1）倍角切入法

倍角切入法就是取切入角等于两倍偏离角，即$\alpha = 2TKD$，保持切入航向切入五边向台航迹。倍角切入法能够较快地切入五边向台航迹，但不容易掌握转弯提前量，所以这种方法常用于偏离角较大或飞机处于下风面的情形。

如图 7.60 所示，五边向台航迹 $MC_{入} = 270°$，当 RB = 0°时，MH = 290°，判明飞机偏左，TKD = －20°，取切入角 2TKD = 40°，操纵飞机向右切入，保持 $MH_{切} = 310°$飞行，ADF 指示器逐渐由 340°减小至 RB 指示接近 320°时，表明飞机即将切到五边向台航迹上，适当提前改出并使飞机沿向台航迹飞行。

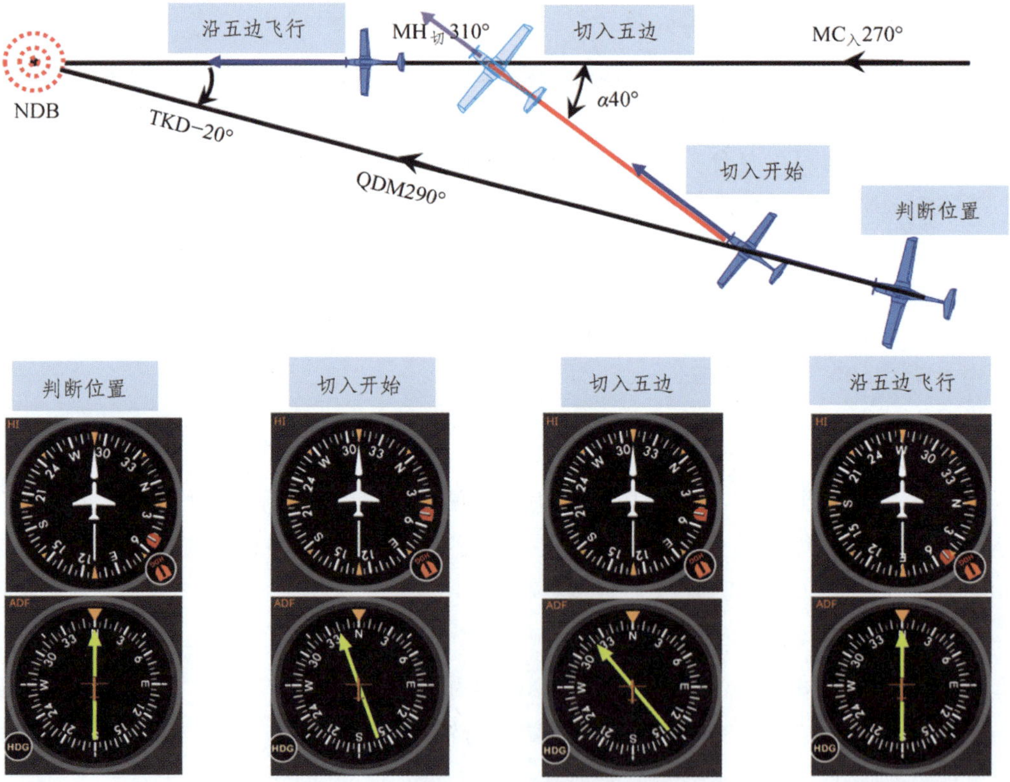

图 7.60　倍角切入法（用 ADF 指示器）

2）固定角切入法

不论偏离角大小，都采用固定的切入角，通常采用的切入角是 10°，因而又称 10°切入法。固定角切入法实施简单，修正量较小，常用在偏离角不大或飞机处于上风面的情况。如果偏离较大，可以用 15°或 20°的固定角切入。使用固定航向切入，偏离角最好不大于 10°，而采用固定无线电方位切入，偏离角不大于 20°为好。

（1）按固定航向切入。就是取切入角为 10°，保持 $MH_{切}$ = $MC_{入}$ ± 10°飞行，当 RMI 指示 $MC_{入}$ 或 ADF 指示器指示 10°（350°），飞机切到五边向台航迹；用 CDI、HSI 同样可以完成切回五边向 VOR 台飞行。该方法实质上与倍角切入法一样，只是切入角的选择不同。

（2）按固定无线电方位切入。用 ADF 进行就是保持固定的电台相对方位 RB = 10°（或 350°）切到五边向台航迹上；用 RMI 进行就是始终保持方位指针与航向的夹角为 10°即可，如图 7.61 所示。飞机在切入过程中，飞机的航向逐渐接近五边向台航迹，当航向同五边向台航迹之差为 10°时，飞机切回五边向台航迹上，稍提前改出，修正偏流飞向电台。

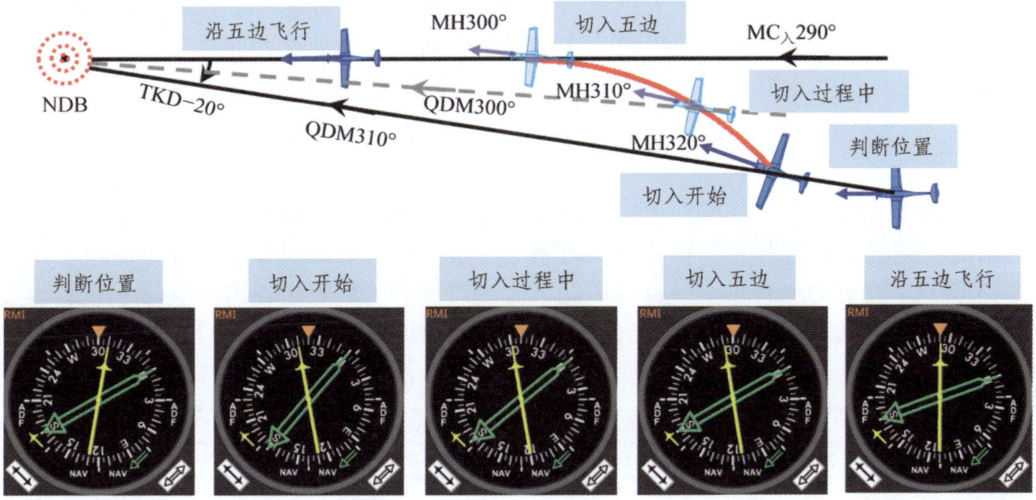

图 7.61　RMI 固定方位切入

3）变换角切入法

变换角切入法就是在偏离角较大的情况下，根据偏离采取先大后小的方法选取不同的切入角，分段切入五边向台航迹。变换角切入法能迅速修正较大的偏差，便于掌握转弯提前量，准确切入五边向台航迹，但切入过程中切入航向改变次数多，计算较频繁，应当防止判断错误。

如图 7.62 所示，当 MH = 130°时，测出 QDM = 115°，判明飞机偏右，即 TKD = +15°。先取切入角 30°，保持 $MH_{切}$ 100°飞行；当 RMI 方位指针指示 QDM120°时，即 TKD = +10°，将切入角减小到 20°，保持 $MH_{切}$ 110°飞行；当 RMI 方位指针指示 QDM125°时，即 TKD = +5°，将切入角减小到 10°，保持 $MH_{切}$ 120°飞行；当 RMI 方位指针指示 QDM130°时，飞机切到五边向台航迹上。

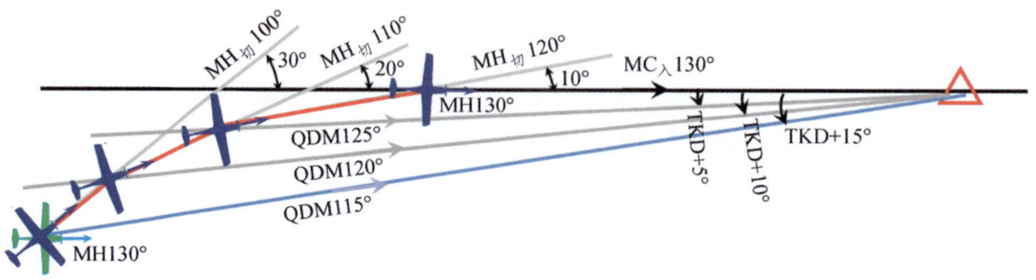

图 7.62　变换角切入法

对于机场建有远、近台的五边进近，还需注意过远台时参考近台指示；在远、近台间飞行，利用远台背台、近台向台飞行的方法控制五边航迹；在飞机快到达近台时，应当参考远台的指示来综合判断。

7.5.3　五边进近高度的控制

仪表进近过程中，必须按仪表进近图公布的数据，严格控制飞越各定位点的高度，特别是最后进近航段下降梯度的控制，这对安全着陆具有十分重要的意义。

非精密进近没有下滑引导，必须按公布的最后进近航段的下降梯度来控制飞机。

7.5.3.1　根据飞机的地速调整下降率

仪表进近图的剖面图公布有最后进近航段的下降梯度 Gr 和最后进近定位点至复飞点的距离，还以表格的形式公布有不同地速飞过这一距离的时间和应保持的下降率，如图 7.63 所示。在五边飞行中，飞行员根据五边进近地速，从表中查出对应的下降率和飞行时间，操纵飞机保持该下降率下滑。同时根据地速的增加或减小，适当地将下降率增加或减小，控制飞机按公布的规定下降梯度下降到最低下降高（度）MDH（A）。

测距(NSE)	2	3	4	5	6			
高度	159/520′	256/840′	352/1150′	448/1470′	545/1790′			

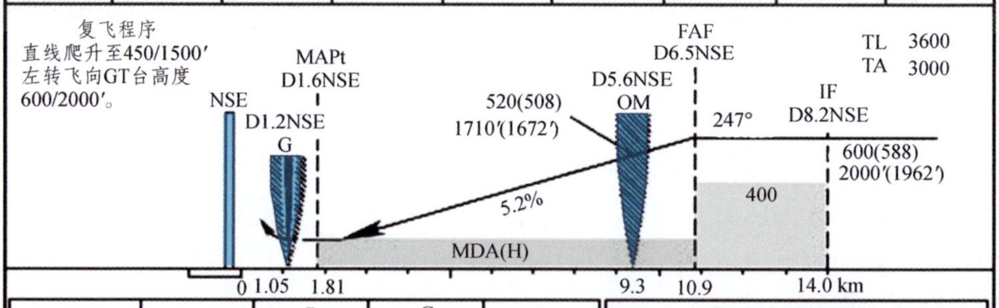

	A	B	C	D
VOR/DME MDA(H) VIS	150(138) 500′(450′) 1600		150(138) 500′(450′) 2000	
盘旋 MDA(H) VIS	200(186) 660′(610′) 2800	220(205) 730′(680′) 3200	350(335) 1150′(1100′) 4400	520(505) 1710′(1660′) 5000

FAF-MAPt 9.09 km							
速度	kt	80	100	120	140	160	180
	km/h	150	185	220	260	295	335
时间	min:sec	3:41	2:57	2:27	2:05	1:50	1:38
下降率	ft/min	420	530	630	740	840	950
	m/s	2.2	2.7	3.2	3.8	4.3	4.8

修改：无

图 7.63　仪表进近图剖面图的应用（非精密进近）

最后进近航段的下降率和飞行时间，还可以根据 FAF 到 MAPt 的距离 D、下降梯度 Gr 和地速 GS 进行计算。

心算下降率的公式为

Gr 单位为%：$RD\,(\text{ft/min}) = 100\ Gr \cdot GS\,(\text{kt})$ （7.28）

$RD\,(\text{m/s}) = Gr \cdot GS\,(\text{m/s})$ （7.29）

Gr 单位为 ft/NM：$RD\,(\text{ft/min}) = Gr \cdot GS\,(\text{kt})\,/\,60$ （7.30）

【例 7.3】 最后进近航段的下降梯度 Gr 为 5%，地速 GS 为 81 kt（150 km/h）= 41.7 m/s，求下降率 RD。

【解】 $RD\,(\text{ft/min}) = 100 \times 5\% \times 81\,(\text{kt}) = 405\,(\text{ft/min}) \approx 410\,(\text{ft/min})$

$RD\,(\text{m/s}) = 5\% \times 41.7\,(\text{m/s}) = 2.1\,(\text{m/s})$

实际飞行，常需进行“m/s”与“ft/min”的换算，换算时可用心算的方法进行，即将“m/s”换算为“ft/min”时用“下降率 × 200”；将“ft/min”换算为“m/s”时用“下降率 ÷ 200”。

7.5.3.2 根据 DME 距离控制五边进近高度

如果机场内安装有 DME 台，利用机载 DME 设备，根据所测出的 DME 距离和与之对应的高度来控制最后进近的各点高度。在仪表进近程序图中，根据最后进近和下降梯度，以 DME 距离——高度的表格形式公布，如图 7.63 所示。实际飞行中，根据测距机和高度表的指示，按表列的数据，就可以判断出飞机的垂直偏差，即飞机飞越每一定位点时是否在规定的下滑线。如果判断出高了，应适当增大下降率；如果低了，就应适当减小下降率，将飞机修正到正确的下滑线上继续下降。

7.5.3.3 利用飞机飞越电台高度控制五边进近高度

对于在五边进近航迹上安装有导航台、指点标台的机场，在五边进近过程中可以利用飞机飞越电台的高度指示与规定高度比较，控制飞机沿正确的下滑线下降。

7.5.3.4 利用目视进近坡度指示系统控制五边进近高度

如果机场安装有目视进近坡度指示系统 VASIS，飞行员可以利用目视灯光来控制五边进近高度，特别在最后进近的后半段作用更加明显。它可以提供能增大安全系数的下滑轨迹，引导飞机继续下降，完成进近着陆。

7.5.4 复飞点确认及正确决断

非精密进近决断

飞机沿最后进近航迹下降到规定的一个高度/高，如果不能建立目视参考，或者是处于不能够正常进入着陆的位置时，飞机不能继续下降，应保持这一规定高度平飞至复飞点。如果改平飞至复飞点的过程还是不能转入目视进近，则必须按公布的复飞程序复飞，如图 7.64 所示。这一规定的高度/高就叫作最低下降高度/高（Minimum Descent Atitude/Height，MDA/H），它是表示机场着陆最低标准的要素之一。最低下降高度 MDA 是以平均海平面为基准，飞行中气压式高度表拨正值为 QNH；最低下降高 MDH 是以机场标高或跑道入口标高为基准，飞行中气压式高度表拨正值为 QFE。

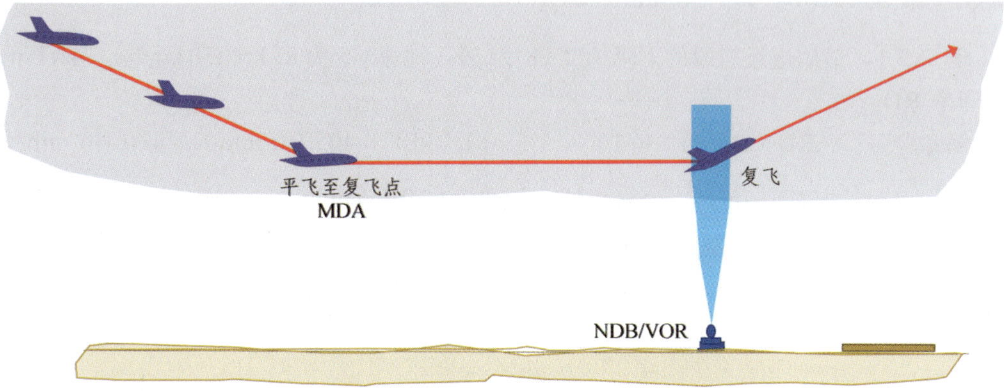

图 7.64　继续进近与中断进近复飞

在我国公布的非精密进近程序中，复飞点通常是电台上空或交叉定位点。在仪表进近程序图中标注有“MAPt”或“复飞点”，如图 7.63 所示。

飞机沿五边航迹下降到仪表进近图公布的最低下降高度/高（MDA/H）时，如果能够目视跑道并处于正常进入着陆的位置，可以继续下降，转入目视进近着陆，按空中交通管制员指令进行直线着陆或目视盘旋着陆；如果下降到最低下降高度/高（MDA/H）时，不能目视跑道或处于不能够正常进入着陆的位置，飞机应中断进近，不得继续下降，应当改平飞保持 MDA/H 飞至复飞点，在这一过程中可继续判断能否转入目视进近，如飞机已到达复飞点还不能转入目视，则按进近图上公布的复飞程序复飞，上升至规定高度或规定点转弯，重新进近或者到等待航线等待，根据情况也可以沿航线飞行返航或备降。

7.5.5　连续下降最后进近（Continuous Descent Final Approach，CDFA）

目前非精密进近的最后进近航段设计中，传统的梯级下降是在机场净空剖面基础上设计的，其中有的包含梯级下降定位点（SDF），有的则不包含。按照包含梯级下降定位点的程序飞行（即没有稳定梯度下降的飞行），需要飞行员在通过最后进近定位点以后多次调整航空器的推力、俯仰姿态和高度，这些调整增加了在飞行关键阶段飞行员的工作负荷和发生差错的可能性；对于最后进近航段不包含梯级下降定位点的非精密进近，允许飞行员在通过最后进近定位点之后立即下降至最低下降高度/高（MDA/H），这种操纵通常被称为“快速下降后平飞（dive and drive）”。无论对于上述哪种情况，航空器均有可能保持在最低下降高度/高（MDA/H）飞行直至从某一点开始继续下降至跑道或达到复飞点（MAPt），在仪表气象条件下可能导致在低至地面以上 75 m（250 ft）高上的延长水平飞行，并有可能导致最后进近时下降梯度过大或过小。

2013 年 3 月 19 日，中国民航总局发出 AC-121/135FS-2013-46 咨询通告《连续下降最后进近（CDFA）》，为在实施非精密进近程序过程中使用连续下降最后进近技术的运营人提供了指南，并说明了使用 CDFA 技术的运行程序，以及航空运营人将 CDFA 技术作为标准操作程序（SOP）实施所推荐的一般程序和训练大纲。为提高非精密进近的安全水平，运营人应该尽早停止使用梯级下降或者“快速下降后平飞”的飞行方法，取而代之的是制定标准操作程序，训练和要求飞行员使用 CDFA 技术。

连续下降最后进近（CDFA），是一种与稳定进近相关的飞行技术，在非精密仪表进近程序的最后进近阶段连续下降，没有平飞，从高于或等于最后进近定位点高度/高下降到高于着陆跑道入口大约 15 m（50 ft）的点或者到该机型开始拉平操作的点。各机型（即使是只具备基本导航能力的机型）均能够使用 CDFA 技术。

传统的梯级下降或快速下降后平飞的非精密进近方式通过仪表在水平方向上能够一目了然地判断出飞机偏在跑道五边延长线的左边或者右边，但在垂直方向上则需要根据两块仪表上的显示，得出“高度”和“距离”数值，并以“距离”的整数值为基准，来反复对照相应的“高度”值是否匹配，不进行计算比较，不直观、隐隐袭来的触地危险也不甚明显；如果能见度不好，此时的高度控制易受干扰、易中断、易出错。而采用 CDFA 实施非精密进近，取消了最后进近中的梯级下降，释放了机组的精力，降低了飞机的操纵难度，在飞机恒定下降过程中，机组在特定决断高度/高（DDA/H）上实施“着陆/复飞”决断，类似于精密进近，便于操作和技术统一，降低了非精密进近没有垂直引导的固有风险。

相对于传统的梯级下降或快速下降后平飞的非精密进近技术，CDFA 技术具有下述优势：

（1）通过应用稳定进近的概念和标准操作程序降低安全风险。

（2）提高飞行员情景意识并减少工作负荷。

（3）减少大推力状态下的低空平飞时间，提高燃油效率、降低噪声。

（4）进近操作程序类似于精密进近和类精密进近，包括复飞机动飞行。

（5）能够与气压垂直导航（baro-VNAV）进近的实施程序相结合。

（6）减少在最后进近航段中低于超障余度的可能性。

（7）当处于公布的下降梯度或下滑角度飞行时，航空器姿态更容易使飞行员获得所需的目视参考。

7.5.5.1 连续下降最后进近适用性

CDFA 技术适用于下列公布了垂直下降梯度或下滑角度的非精密进近程序：VOR，VOR/DME；NDB，NDB/DME；LOC，LOC/DME；GNSS；在境外运行时，还可能包括 LOC-BC，LDA，LDA/DME，SDF，SDF/DME 等。

CDFA 技术不能用于：目视盘旋进近；对于航图中公布不使用 CDFA 技术（航图上会标注“NON-CDFA”）的非精密进近程序。对于未公布下降梯度，或未以距离明确 FAF 的 NPA 进近程序，CDFA 进近方法不适用。

CDFA 知识

7.5.5.2 连续下降最后进近运行程序

1）设备要求

除了非精密进近程序所要求的设备外，CDFA 技术不需要特殊的航空器设备。飞行员可以使用基本的驾驶技能、航空器的基本导航性能、航空器飞行管理系统（FMS）或区域导航系统（RNAV）设备等在适用的非精密进近程序中安全实施 CDFA。同时，飞行员可以利用测距仪（DME）定位点、交叉径向线、卫星导航系统（GNSS）提供的航空器至跑道的距离等数据，按照仪表进近图监控航空器在复飞点前的水平和垂直进近航迹。

2）进近类型要求

CDFA 要求使用仪表进近程序中公布的垂直下降梯度或气压垂直引导下滑角度，安装有飞行管理系统（FMS）、气压垂直导航（baro-VNAV）、广域增强系统（WAAS）或类似设备的航空器，当从数据库中选定仪表进近程序时，通常会提供公布的垂直下降角（VDA）或下滑角度；具有飞行航迹角（FPA）模式的航空器允许飞行员根据公布的垂直下降梯度或下滑角度输入一个电子下滑角。如果航空器没有这类设备，那么飞行员必须计算需要的下降率。

3）CDFA 特定决断高度/高（DDA/H）

使用 CDFA 技术进近时，为确保航空器在复飞过程中不低于公布的最低下降高度/高，考虑到航空器在复飞过程中可能的高度损失等因素，由运营人确定的在公布的最低下降高度/高以上的某一高度/高，称为 CDFA 特定决断高度/高（DDA/H），如图 7.65 所示。例如某航空公司公布的波音机型 CDFA 特定决断高度/高（DDA/H）：昼间 DDA/H = 公布的 MDA/H + 50 ft，夜间 DDA/H = 公布的 MDA/H + 220 ft，以上数值按百英尺向上取整。

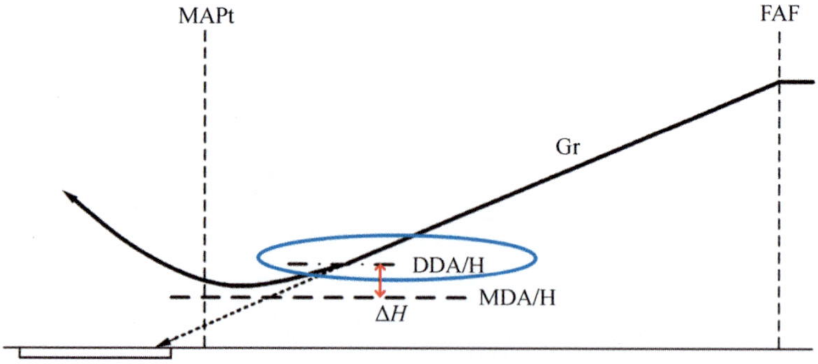

图 7.65　CDFA 特定决断高度/高（DDA/H）

当下降至 CDFA 特定决断高度/高（DDA/H）时，如果不具备着陆条件，飞行员应开始复飞。

4）最后进近定位点后包括梯级下降定位点的程序设计

在某些情况下，最后进近定位点后包括梯级下降定位点，仪表进近程序会公布梯级下降定位点和之后相应的垂直下降梯度，如图 7.66 所示。对于最后进近定位点后包括梯级下降定位点的程序，其设计目标是公布一个垂直下降梯度或下滑角度，确保垂直航迹不低于梯级下降定位点的超障高度。如果最后进近航段有梯级下降定位点，剖面图应采用连续下降的表示方法，不再采用梯级下降的表示方法。

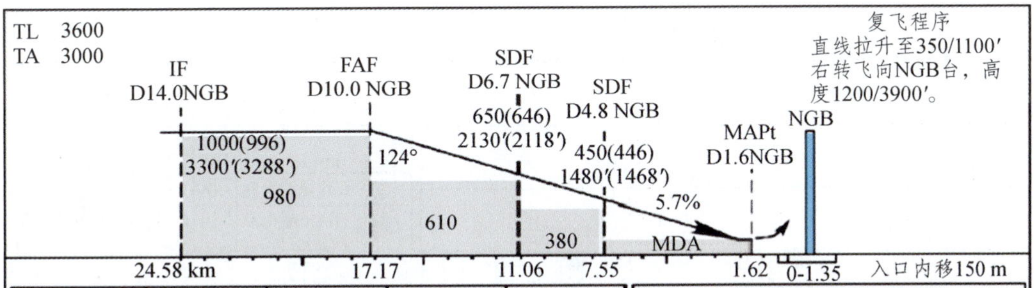

	A	B	C	D
VOR/DME MDA(H) VIS	130(126) 430′(420′) 1500			130(126) 430′(420′) 1700
盘旋 MDA(H) VIS	210(206) 690′(680′) 3200	210(206) 690′(680′) 3600	415(411) 1370′(1350′) 4400	680(676) 2240′(2220′) 5000

FAF-MAPt 15.55 km							
地速	kt	80	100	120	140	160	180
	km/h	150	185	220	260	295	335
时间	min:sec	6:18	5:02	4:12	3:36	3:09	2:48
下降率	ft/min	460	580	690	810	920	1040
	m/s	2.4	2.9	3.5	4.1	4.7	5.3

修改：扇区划分及高度，磁差

图 7.66 最后进近定位点后包括梯级下降定位点

7.5.5.3 连续下降最后进近航图阅读

CDFA 航图必须符合民航局（2013）3194 号电报的规范和要求，有差异的必须进行修订。准确阅读 CDFA 航图是执行 CDFA 程序的关键之一。本部分只介绍传统非精密进近程序的 CDFA 航图。

CDFA 航图标注

1）高度/距离表

高度/距离表放在剖面图上方，测距数值排列方式与进近方向一致；仅公布一种进近程序的不需要注明进近类型。但如果 LLZ 进近程序与 ILS 进近程序在同一张图上公布，高度/距离表前需注明“GP INOP”，如图 7.67 所示。

高度/距离表中测距数值从 FAF 位置以内的第一个整测距数值开始标注，如果 FAF 位置正好对应整测距数值，则表中省略 FAF 位置的测距数值，如图 7.67 中 FAF 位置在 D6.0 IPP 处表中省略 FAF 位置的测距数值“6”；若 FAF 距第一个整测距数值非常近，可从第二个整测距数值开始标注；最小的测距数值对应的高度/高不能低于 MDA/H，ILS 进近图中不能低于 GP INOP 时的 MDA/H，例如图 7.67 中整测距数值“2”对应的高度为 213 m，如果整测距数值“1”对应的高度为 116 m，图中 GP INOP 时的 MDA 为 150 m，所以标注的最小测距数值应为“2”。

GP INOP	测距(IPP)	1	2	3	4	5	6	7
	高度		213/700′	310/1020′	407/1340′	504/1650′		

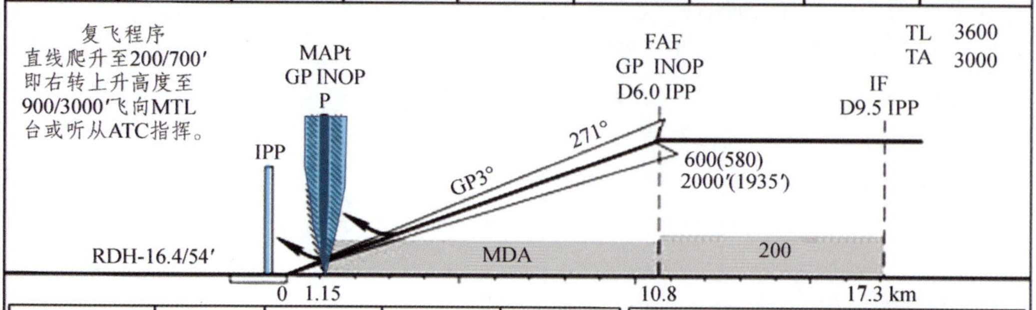

		A	B	C	D
ILS/DME	DA(H) RVR/VIS	80(60) 270′(200′) 550/800			
GP/INOP	MDA(H) VIS	150(130) 500′(430′) 1600			
盘旋	MDA(H) VIS	180(157) 600′(520′)		210(187) 690′(620′)	240(217) 790′(720′)

FAF-MAPt(GP INOP) 9.7 km							
地速	kt	80	100	120	140	160	180
	km/h	150	185	220	260	295	335
时间	min:sec	3:56	3:09	2:37	2:15	1:58	1:45
下降率	ft/min	420	530	640	740	850	960
	m/s	2.2	2.7	3.2	3.8	4.3	4.9

修改：着陆标准，常用取整，平率，图号

图 7.67 CDFA 航图的剖面图及表格

2）地速/飞行时间/下降率表

地速/飞行时间/下降率表中只标注 FAF 至 MAPt 的距离和飞行时间。如果 LLZ 进近程序与 ILS 进近程序在同一张图上公布，则表中 MAPt 后需注明“(GP INOP)”，如图 7.67 所示。

表中标注 kt 和 km/h 两种单位的地速，km/h 单位的数值是以 kt 为基准换算后按 5 km/h 取整的。表中的飞行时间和下降率都是按以 kt 为单位的地速数值进行计算并列出的。

3）复飞标注

CDFA 运行非精密进近复飞在剖面图中采用特定决断高度/高复飞的标注方法（见图 7.67），应在 MDA/H 之上拉起，并保证飞机复飞轨迹的最低位置不低于 MDA/H，不再采用飞机下降至 MDA/H 平飞到 MAPt 拉起的表示方法。

航段最低超障高度/高（OCA/H）在图中用阴影表示。

7.5.5.4 连续下降最后进近飞行技术

1）计算所需下降率

中国民航局公布的仪表进近图中提供了地速/飞行时间/下降率表。飞行员可以使用该表根据地速直接查出或使用插值法、心算法计算出使用 CDFA 技术所需要的下降率。例如图 7.66 中公布的垂直下降梯度是 5.7%，当地速为 120 kt 时，直接查出需要的下降率是 690 ft/min；当地速为 140 kt 时，直接查出需要的下降率是 810 ft/min；如果地速为 130 kt，用插值法可以计算出需要的下降率是 750 ft/min，用心算法计算出的下降率是 741 ft/min（即 130 × 5.7% × 100），心算法的误差更大一些。

对于没有地速测算和显示功能的飞机，飞行员利用表速估算出地速并进一步计算出下降率的方法是可以接受的。

CDFA 飞行中要严格遵守仪表进近图上每个位置的高度限制。

2）最后进近定位点后包括梯级下降定位点的实施方法

对于由最后进近定位点高度/高和梯级下降定位点高度/高确定的下降梯度或下滑角度略小于梯级下降定位点和跑道之间航段所公布的垂直下降梯度或下滑角度的程序，飞行员可以使用两种方法实施进近。

（1）以较小的下降率从最后进近定位点开始下降，从而在梯级下降定位点高度或以上飞越，然后过渡到公布的垂直下降梯度。

（2）从通过最后进近定位点以后的一点开始下降，使航空器以相应公布的垂直下降梯度下降，并且在飞越梯级下降定位点时满足高度限制要求。

对于最后进近定位点后包括梯级下降定位点的进近程序，运营人应在其手册和标准操作程序中确定其飞行员应使用何种方法实施进近。无论使用哪种方法，在实施进近的过程中，飞行员都应该沿着一条满足所有高度限制的连续下降航迹来实施进近。

3）在 CDFA 特定决断高度/高（DDA/H）时决断

沿公布的垂直下降梯度或下滑角度飞行时，航空器将会在复飞点前达到 CDFA 特定决断高度/高（DDA/H），在下降至 CDFA 特定决断高度/高（DDA/H）时，飞行员有且只有两种选择：清楚看到和辨认要求的目视参考并且具备着陆条件时方可继续下降至着陆；或者执行复飞，且不允许航空器下降到最低下降高度/高以下。

4）在复飞点前开始复飞

当在复飞点之前执行复飞并且未取得空中交通管制的指令时，应按照公布的复飞程序飞行，在飞越复飞点后才可以开始沿公布的复飞程序转弯。MAPt 的存在只是限制飞机复飞的水平轨迹，并不限制飞跃 MAPt 高度高于程序要求的高度。

5）不使用 CDFA 技术的运营人的能见度最低标准

如果在非精密进近中不采用 CDFA 技术，运营人所确定的其机场运行最低标准应在局方批准的该机场最低标准之上。对于 A、B 类飞机，跑道视程/能见度（RVR/VIS）至少增加 200 m，对于 C、D 类飞机，RVR/VIS 至少增加 400 m［参见《民用航空机场运行最低标准制定与实施准则》（AC-97-FS-2011-01）］。增加上述能见度最低标准，目的是使不采用 CDFA 技术的运营人的飞行员在最低下降高度/高平飞时有足够的余度来获得恰当的目视参考，并转换至目视下降，以便在接地区着陆。具体能见度最低标准的批准应在运营人的运行规范或其他批准文件中详细说明。

6）CDFA 中监控垂直航迹的注意事项

飞机飞至最后进近定位点时一定要检查穿越高度，并作出喊话；机组应遵守五边进近航段上的每一个最低高度限制（梯度下降定位点）。

当飞机在五边下降稳定时，PF应在每整数DME值报出相应的高度值，并报出高度偏差。

当进近图中存在高度限制时，PF应报出每一个水平位置的高度限制；当垂直轨迹出现偏差时，应即时修正；当出现难以修正的偏差时，应果断复飞，复飞过程中应严格按复飞程序的水平轨迹飞行，实施进近着陆一票否决制。

7.6 精密进近程序的五边进近

精密进近程序的五边进近是利用ILS或PAR为飞机提供航向道和下滑道信息，引导飞机沿预定的下滑道下降着陆。目前，我国没有将PAR进近作为一种独立的程序使用，只作为一种辅助方法。本部分只介绍用ILS实施五边进近的方法。

7.6.1 ILS进近的实施程序

ILS进近实施

实施ILS进近及结合DME进近包括4个阶段。

（1）脱离航路进场。这一阶段的工作与非精密进近几乎一样。

（2）机动飞行过渡到五边。机动飞行过渡时，飞机在切入航向道前的工作与非精密进近相同，用U/S形程序、直角航线程序、修正角航线程序、DME弧过渡，在飞机转向五边的后半段时，应选择切入角切入航向道，保持飞机沿航向道飞行，保持平飞切入下滑道，改下滑使飞机沿下滑道飞行。

（3）沿五边下滑道下降着陆。完成机动飞行后，及时判断飞机偏离五边下滑道的情况，如有偏差，应调整航向和下滑角进行修正，使飞机沿规定的航道和下滑坡度下降至决断高度/高（DA/H），转入目视进近，安全着陆。

（4）中断进近复飞。飞机下降到决断高度/高（DA/H）之前约3 s，如果不能看到足够的跑道环境，或者飞机处于不能正常着陆的状态时，应在下降到不低于决断高度/高（DA/H）按照公布的复飞程序立即复飞。

7.6.2 ILS进近的实施方法

ILS五边飞行

7.6.2.1 切入航向道的方法

按公布的程序完成起始进近，飞机转向五边的后半段，当飞机航向与跑道方向小于60°夹角的任意度数时，改平飞机，放切入角，保持切入航向切入航向道。一般情况下，切入角选择30°～60°，最佳切入角为45°，如是顺风转弯，则应适当减小切入角，以利于飞机一旦截获航向道后，能迅速转向航向道方向，减小风的影响；逆风转弯，则应适当增大切入角，以利于飞机在转弯中减小风的影响，飞机改出时位于航向道上。在切入过程中，可根据 ADF 指示器、RMI、CDI 和 HSI 指示逐渐减小切入角，以免在截获航向道信号时，因切入角大而不能及时准确地在航向道内对正着陆航道而偏离航向道。

改出切入的时机和方法：飞机放好切入角后，应保持好飞机状态，稳定切入航向，适时检查航道偏离杆的变化，判断改出切入的时机。具体方法：① 人工操纵。当 HSI 上航道偏离杆一开始从最大范围处向中立位置移动时，进行改出切入工作，即迅速操纵飞机以适当的坡度改出切入，改出过程中应及时检查、协调航向和航道偏离杆向中立位置的移动速度，防止改出过早或过晚，当航向变化快，偏离杆移动慢，进入早，应减小坡度；当航向变化慢，偏离杆移动快，进入晚，应增大坡度；实践经验表明，当严格保持航向标线和偏离杆相互压叠，一致运动，就能使飞机改出至着陆航向时位于航向道上。② 人工操纵结合 ADI。飞行员按 ADI 的驾驶指令操纵飞机，使飞机改出切入位于航向道上。③ 使用自动驾驶仪。当所有设备正常工作时，飞机将自动切入 ILS 航向道。

7.6.2.2 切入下滑道的方法

飞机保持在航向道上飞行的过程中，下滑偏离指标逐渐回中，当指标回中时，飞机切到下滑道，这时操纵飞机改下滑，但是因为飞机的向前惯性，当放着陆襟翼时，飞机升力增加，导致飞机上拱，飞机实际位置则在下滑道之上，接着操纵飞机回到下滑道，增加了操纵动作，使飞机舒适性降低，再加上操纵动作的提前量，因而需将改下滑时机提前。具体方法：① 人工操纵。飞机截获下滑道后，根据下滑道偏离指标，保持飞机以平飞状态从下滑道的下方切入，这样利于飞机状态保持，有利于安全。当下滑道偏离指标向下移至 1/2 点时，操纵飞机改下滑。② 人工操纵结合 ADI。飞行员按 ADI 的驾驶指令操纵飞机，使飞机改下滑后在下滑道上飞行。③ 使用自动驾驶仪。当所有设备正常工作时，飞机将自动切入下滑道。

在航向道没有截获的情况下，下滑道不会首先被截获，这是 ILS 系统内部所设置的。

7.6.2.3 下滑轨迹的控制

飞机在完成切入 ILS 航向道和下滑道后，沿五边进近，跟踪 ILS 航向道和下滑道下降至决断高度/高（DA/H）做出继续进近或者中断进近复飞的决断。

1）航向道偏差的判断与修正

航向道偏差的判断在 HSI 或 ADI 上可以直观地确定出来，以航道偏离杆偏离中心位置来确定，偏离杆偏左，飞机偏右，偏离杆偏右，飞机偏左，偏离的大小从偏离刻度读出。

当发现飞机偏离航向道后，应及时向偏离杆方向切入，切入角的选择：HSI 为每侧 5 个点的，每偏 1 个点取 5°切入角；HSI 为每侧 2 个点的，每偏 1 个点取 10°切入角。放切入角后，应严格保持飞行状态，适时检查偏离杆的移动情况，当偏离杆与航道预选指针接近重合即将回到中立时，及时改出切入，修正偏流沿航向道飞行，保持 HSI 偏离杆在 1 个点（或半个点）以内飞行。

2）下滑道偏差的判断与修正

下滑道偏差的判断在 HSI 或 ADI 上可以直观地确定出来：当下滑偏离指标在中立位（基准线）以上，说明飞机低于下滑道；下滑偏离指标在中立位以下，说明飞机高于下滑道；偏差的大小由下滑道偏差刻度直接读出。

PAPI 判断

飞机高于下滑道应增大下降率，使高度下降快一些，使飞机回到下滑道上；飞机低于下滑道应减小下降率，使高度下降慢一些，使飞机切回下滑道，必要时可平飞切入下滑道。飞机回到下滑道上后，应注意调整下滑速度，使飞机保持在下滑偏离指标 1/2 个点以内飞行。

对下滑道的控制以 HSI 和 ADI 为主，同时也可利用升降速度表、DME-H 表格、飞机过台高度及精密进近坡度指示系统（Precision Approach Path Indicator，PAPI）进行综合判断和修正。

7.6.2.4　复飞点确认及正确决断

精密进近决断

飞机沿下滑道下降到规定的高度/高时，如果不能建立目视参考，或者处于不能正常着陆的位置时，飞机不能继续下降，按公布的复飞程序立即复飞，如图 7.68 所示。这一规定的高度/高就叫决断高度/高（Decision Altitude/Height，DA/H），是表示机场着陆最低标准的要素之一。决断高度 DA 是以平均海平面为基准，飞行中气压式高度表拨正值为 QNH；决断高 DH 是以入口标高为基准，气压式高度表拨正值为 QFE。飞行员可从剖面图中查出机型所属类别的决断高度/高（DA/H）。

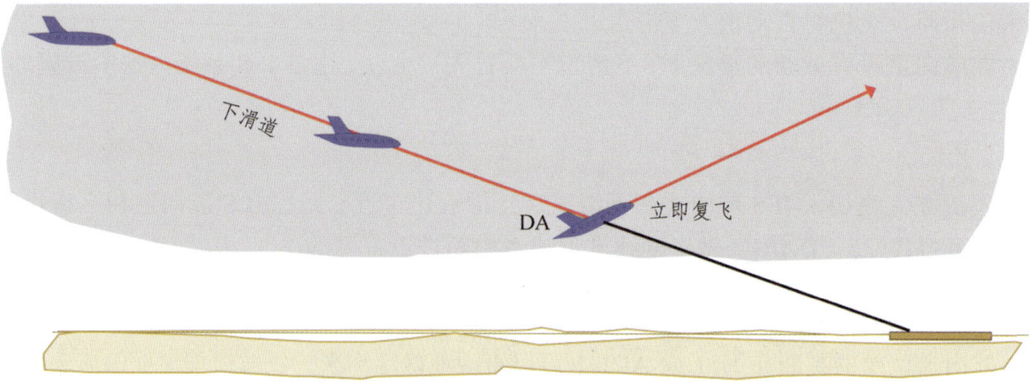

图 7.68　继续进近与中断进近复飞

7.6.2.5　下滑台不工作或接收不到下滑信号的进近方法

飞行中由于一些情况的发生，有时下滑台不工作或机载接收机接收不到下滑信号，这时按非精密进近的最低着陆标准执行，这种情况下五边航迹的控制完全与设备完好时一样，只是高度的控制方法按非精密进近五边高度的控制方法。

7.6.3 ILS 反航道进近

反航道进近

有的机场只安装一套 ILS 系统，如果飞机是从航向台一端进近着陆，这种进近称为反航道进近。反航道进近与正航道进近的最大区别就在于反航道进近没有下滑指引。如图 7.69 所示，实施反航道进近时：

如果未按压“B/C”方式按钮：① HSI 上预选航道调“着陆航道”，进近时 HSI 显示的偏差与飞机和航向道的实际情况是反的；② HSI 上预选航道调“正航道”刻度，进近时以针尾方向为准看偏差。

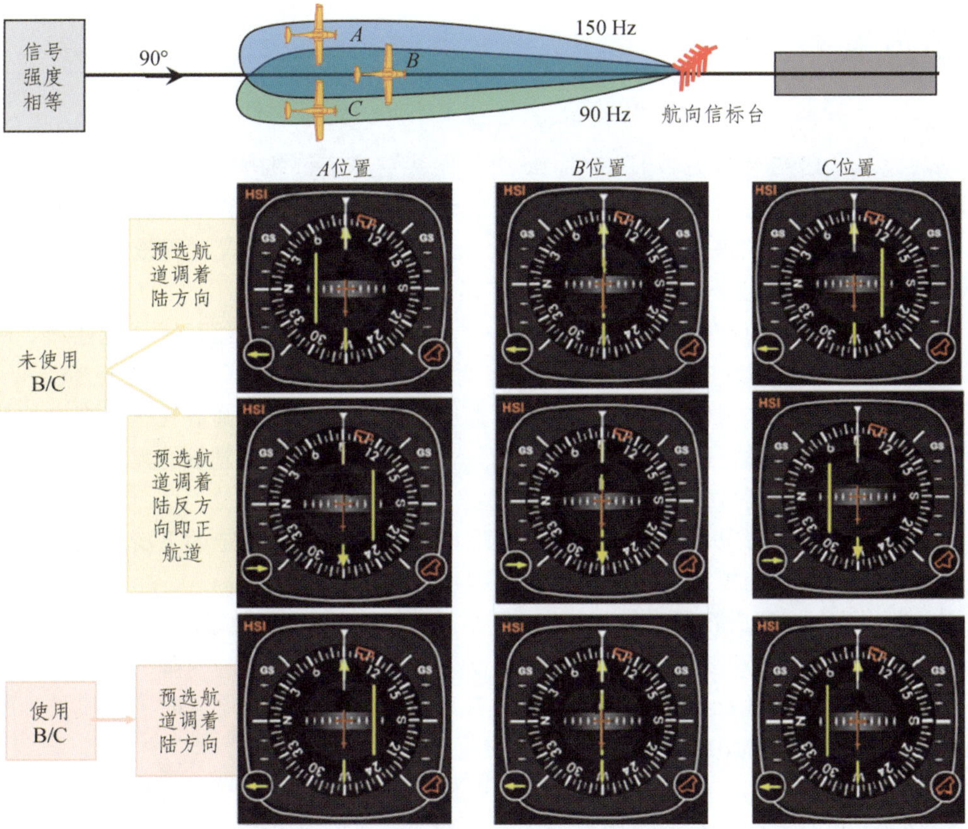

图 7.69　反航道进近飞机位置与仪表指示

使用飞行指引系统，按压“B/C”方式按钮，HSI 上预选航道调“着陆航道”，HSI 上显示的偏差与飞机和航向道的实际情况完全一致。

反航道进近的五边高度控制按非精密进近的方法进行。飞机沿反航道进近必须注意 3 点：

（1）当飞机飞过航向台 LLZ 时，ILS 引导将变成无效。因此飞行时能见度必须足够，以便在进近的最后阶段使用目视进近着陆。

（2）不像正航道进近一样，无法使用指点标信息。

（3）如果不使用“B/C”方式，可能会造成飞行员判断飞机位置的错误。

7.6.4 成功进近要素

ILS 进近不安全事件

成功进近包括的要素有速度、高度、着陆状态和对正跑道偏差等，影响这些的主要有侧风的修正、速度的调整、飞行姿态的控制、飞行座位的调整和着陆灯的使用时机等。

成功的进近是指飞机在跑道入口时高度为 15 m（50 ft）、速度为该机型着陆入口速度、飞机处于着陆外形并位于跑道中心线上。因此，飞行中应全面、综合地控制好飞机，发现偏差及时修正，使飞机成功地进近着陆，顺利地完成飞行任务。

思政案例

进近中错调高度表导致飞机冲出跑道事件

案例概述：1999 年 6 月 9 日 17 时 06 分，距离广东湛江机场 18.5 km 处，一架执飞从广州白云国际机场至湛江机场的某航班客机和湛江机场塔台取得联系，当时湛江上空大雨滂沱（湛江天气预报报道当日有中到大雨），乌云密布，天气情况较差，能见度不足 5 km，并不利于降落，但塔台还是同意了机组降落的请求。

17 时 12 分，当飞机距离湛江机场还有 8 km 左右的距离时机组放下了起落架，此时湛江机场塔台指示飞机在第 34 号跑道降落，并告知机场能见度较差。

此时机组刚刚按照规定执行完着陆前检查单，但唯独漏掉了调节气压高度表的场压值，导致气压高度表数值和实际高度产生偏差，但无线电高度表显示的数值准确无误，这给机组的认知和判读带来了不小的麻烦。

因此在这种混乱情况下，该航班在进入下滑道阶段就高于规定的下滑道高度，副驾驶也没有按照民航守则规定的进场程序要求报出此时飞机的高度。

17 时 14 分，该航班飞抵湛江机场 34 号跑道入口，但此时飞机距离跑道高度依然有 50 m，超过规定高度。发现这一情况的机组立刻下压操纵杆希望瞬时降低高度，但也使飞机的进场速度从 140 kt 猛增到了 160 kt，在飞机接地前的最后 5 s 时，飞机接地速度达到 457 m/min，空速 162 kt，严重超过安全规定。

在飞越跑道入口 420 m 后，飞机以 160 kt 的空速接地，由于接地过猛（第一次接地力达 4.71g），机身整个又被反作用力弹回空中约 9 m，机组赶紧向后拉杆以避免“海豚跳”现象，同时副驾驶将引擎推力降至怠速，飞机在向前平行“飘行”了 310 m 后第二次接地，此时力依旧过大，已经经受一次重击的起落架再也支持不住第二次重击，右侧主起落架立刻折断，左侧主起落架也紧随其后发生折扭，最后瘦弱的前起落架根本无法支撑机身的重量也很快变形（这一过程在极短的时间里发生），飞机顷刻间向右偏出跑道、冲入机场草坪，带着火星和飞扬的泥土又冲了 710 m 左右才勉强停了下来。

飞机上的 90 人除 2 人受轻伤外其余均安然无恙，飞机本身则完全报废，毫无修复价值，此次事故为二级飞行事故。

调查结果：该航班的机组没有严格执行降落前检查单程序，忘记调节气压高度表的场压值，导致飞机入场高度过高，之后机组又配合不佳，致使飞机在接地时力度过大导致飞机弹跳，最终使得右起落架折断让飞机向右偏出跑道，造成二级飞行事故。湛江机场塔台未能及时发现飞机进场姿势，也未能严令机组复飞，对此次事故负次要责任。

思政元素：

（1）以“生命至上、安全第一”为特征的当代民航精神；

（2）工匠精神，精益求精、科学严谨的专业精神；

（3）社会主义核心价值观，牢记使命、忠诚履职、团结协作；

（4）强烈的责任意识，扎实的基本功，高超的飞行技术和职业素养；

（5）严守安全底线和严谨的飞行作风。

拓展资料

等待航线修正风　　非精密进近威胁和差错　　ILS 进近实施要求

本章小结

（1）仪表着陆系统为进场着陆飞机提供航向道和下滑道信息，通过地面设备和机载设备配合完成，飞行员利用仪表来准确判断飞机与航向道、下滑道的偏差，完成修正。

（2）等待航线的加入分为 3 个扇区，飞行员在飞行中利用导航仪表、左/右手法则完成加入扇区的判断，准确地加入等待航线。

（3）起始进近航段有 4 种过渡形式，对于 DME 弧、基线转弯和直角航线程序一定要准确阅读公布的无风数据，并结合机型完成数据计算，飞行中必须修正风的影响，确保完成入航转弯飞机位于五边航迹上。

（4）保持四转弯航迹准确是做好五边进近的基础，通过四转弯过程中航向与无线电方位的对应关系实施检查与修正，飞行中依靠导航仪表准确判断。

（5）五边进近包括中间进近和最后进近，非精密进近、精密进近实施五边进近时，重点是航迹控制、高度控制和决断。航迹控制应充分利用导航仪表进行检查和修正；高度控制对于不同的进近应采取不同的方法进行；当飞机下降到规定的最低高度/高时，充分评估目视参考条件，完成继续进近或复飞的决断。

思考探究任务

任务 1：归纳总结，结合飞行训练机型和训练机场，分析、列举加入等待航线的方法。

任务 2：归纳对比不同导航仪表实施非精密进近、精密进近五边航迹控制的特点，并结合着陆安全评价其安全风险。

8 现代导航方法

学习指南

1. 学习目标

知识目标：能够准确解释惯性导航系统和全球卫星导航系统的功用、组成、工作原理并学会阅读显示信息，能够列举四大卫星导航系统的特点，学会惯性基准系统、卫星导航系统和飞行管理系统的飞行前相关工作，理解并学会基于性能导航的三要素，能够说明基于性能导航的运行标准和方法。

能力目标：能够准确分析惯性导航系统、全球卫星导航系统的工作原理，能选择和使用现代导航系统完成基本领航工作，能够陈述、区别、选择现代导航系统和方法实施飞行，能够对比、归纳四大卫星导航系统的优缺点，结合飞行目标评价现代导航系统的安全风险。

素质目标：具有一定的实践创新、自主学习能力，逐步形成学习航行新技术的能力，进一步培养实践创新能力，养成优良的飞行作风，具备坚强的心理品质，培养机组团队意识和国际视野，具有家国情怀、使命担当。

2. 知识点

惯性导航系统，惯性基准系统，全球定位系统，GLONASS，GALILEO，北斗系统，RNAV，RNP，PBN，飞行管理系统。

3. 学习重/难点

重点：惯性基准系统自对准，全球定位系统定位原理、误差及差分技术，北斗系统的组成、定位原理和特点，基于性能导航规范、运行标准，飞行管理系统的组成、功能实现和显示/控制装置。

难点：惯性导航系统的原理、误差，全球定位系统的误差，基于性能导航规范，机载导航性能监控告警功能，运行标准，飞行管理系统的功能实现方法，控制显示组件显示页面。

利用 NDB、VOR、DME 等设备实施导航，飞行中采用从一个导航台飞向另一个导航台的传统导航方法，无线电定位只能定出相对于电台的位置；传统导航技术/方法的实质就是导航台（台）到导航台（台）飞行。随着航空业的高速发展，空中交通流量日益增长，束缚于导航台这种传统的航线结构和导航方法，存在着很大的局限性，限制了飞行流量的增加。自从出现了奥米伽导航、多普勒雷达、惯性导航、卫星导航以后，导航手段发生了根本性变化，现代导航技术/方法逐渐发展、成熟、壮大。现代导航技术就是指以导航性能为衡量标准的区域导航技术和与之相关的技术，其实质是实现航路点（点）到航路点（点）飞行。

国际民航组织（ICAO）在 1991 年提出了新航行系统（FANS）和区域导航（RNAV）的概念。区域导航（Area Navigation，RNAV）可以确定出飞机的绝对位置（地理坐标）和/或飞机相对于计划航线的位置（航线坐标），不需飞向或飞越导航台，使得航线编排更加灵活，脱离了地面电台的束缚，可沿任意期望路径实现点到点飞行。随后国际民航组织在附件 11《空中交通服务》和《航空器运行手册》（DOC 8168）中提出了部分区域导航设计和应用的标准和建议。美国和欧洲等航空发达国家及地区已经积累了丰富的区域导航应用经验，但由于缺乏统一的标准和指导手册，各地区采用的区域导航命名规则、技术标准和运行要求并不一致，如美国 RNAV 类型分为 A 类和 B 类，欧洲 RNAV 类型分为 P-RNAV 和 B-RNAV。

根据 RNAV 运行过程中出现的问题，1991、1992 年由 FANS 委员会向国际民航组织提出所需导航性能（Required Navigation Performance，RNP）概念，并于 1994 年正式颁布 RNP 手册（DOC 9613-AN/937）。在此基础上，ICAO 及其成员国设计了基于 RNP 的区域导航航路。

基于性能的导航（Performance Based Navigation，PBN）是国际民航组织（ICAO）提出的一种新型飞行运行方式和空中交通管理概念，对民航实现持续安全、增加空域容量、减少地面导航设施投资、提高节能减排和环保效果等具有重要作用，是我国民航建设新一代航空运输系统的核心技术之一，对中国民航的机场建设、导航设施布局和空域使用将产生重大影响，对有效促进民航持续安全、提高飞行品质、增加空域容量、减少地面设施投入和节能减排等都具有积极作用。2003 年 9 月，ICAO 第十一届空中航行会议上整合了各国/地区 RNP/RNAV 运行规范，形成了统一 PBN 运行标准；ICAO 于 2007 年 3 月发布了《基于性能导航 PBN 手册》（ICAO DOC 9613 终审稿），用以规范区域导航的命名、技术标准，并指导各国实施该新技术；2013 年，ICAO 发布《基于性能导航 PBN 手册》第四版。《基于性能导航 PBN 手册》详细描述了各类 RNAV、RNP 导航规范的运行要求，为 PBN 实现协调、一致的全球化运行奠定了基础

8.1 现代导航系统

8.1.1 惯性导航系统

惯性导航

惯性导航是利用惯性敏感元件测量飞机相对惯性空间的线运动和角运动参数，在给

定的运动初始条件下，由计算机推算出飞机的姿态、方位、速度和位置等参数，从而引导飞机完成预定的航行任务。惯性导航是一种自主式的导航方法。

惯性导航最主要的惯性敏感元件是加速度计和陀螺仪。这两种元件是根据牛顿力学定律测量飞机相对惯性空间的线运动和角运动参数的（有的新型陀螺，如激光陀螺，它的工作原理不属于牛顿力学原理范畴）。用这两种惯性元件与其他控制元件、部件、计算机等组成测量系统，完成导航参数的测量，故称之为惯性导航系统（Inertial Navigation System，INS），简称惯导系统。

惯导系统依靠自身的惯性敏感元件，不依赖任何外界信息测量导航参数，因而惯导系统的突出优点是：① 完全自主式的导航系统，不受气象条件的限制，隐蔽性好，完全依靠机载设备自主完成导航任务；② 系统校准后短时定位精度高。

惯导系统的主要缺点是：① 定位误差随时间而不断增加，即存在积累误差，一般为 1.5 ~ 2 kt，因而在长时间工作后，会产生不同程度的积累误差；② 陀螺、加速度计、计算机的精度要求高，成本也高。

第二次世界大战末期，德国在 V-2 火箭上首次安装了初级的惯导系统，利用陀螺稳定火箭的姿态和航向，推动了惯导系统的发展。1949—1950 年，美国麻省理工学院仪表实验室和北美航空公司先后研制出惯性导航平台，把惯导系统推到了一个迅速发展的阶段；20 世纪 50 年代到 60 年代，惯导系统主要用于军事上，并得到了较大发展；20 世纪 60 年代后，惯导系统开始进入民航。在当前普遍使用 FMS 的大中型民用航空器上，IRS 是 FMS 的众多导航传感器之一。

目前广泛应用的惯导系统，按结构可归纳为两大类：一类是系统中有 1 ~ 2 个三轴陀螺稳定平台，加速度计和陀螺都安置在平台上，这种系统称为平台式惯导系统；另一类是系统中没有实际的陀螺稳定平台，加速度计和陀螺直接“捆绑”在机体上，“平台”的概念是用计算机建立的“数学平台”模型来替代的，这种系统称为捷联式惯导系统。惯导系统也可以按所采用导航坐标系分为两类：一类是采用当地水平坐标系作为导航坐标系，称为当地水平惯导系统；另一类是采用惯性坐标系，即惯性平台稳定在惯性空间，称为空间稳定惯导系统，这种惯导平台只有稳定回路，不需要跟踪回路。目前，常用的是指北方位惯导系统、游动方位惯导系统等。

8.1.1.1　惯性导航原理

中国激光陀螺奠基人高伯龙

惯导系统的主要功能包括两大部分：① 自动测量飞机各种导航参数及飞行控制参数，供飞行员使用。测量的导航参数和飞行控制参数包括飞机在地面或空中相对地球的瞬时位置（即时位置）；用来计算飞机到达目的地所需时间、风向/风速、偏流等；航行和引导飞机的重要参数航向；控制飞机实际飞行轨迹的重要参数（如航迹角）；表明飞机偏离给定航线情况的偏航角、偏航距离；解算出来的风向/风速；飞机即时位置到目的地的待飞距离/待飞时间；表征飞机姿态的俯仰角、倾斜角及航向角；表征飞机角速率的俯仰角速率、倾斜角速率、偏航角速率等。② 与飞机其他控制系统相配合，完成对飞机的人工或自动控制（或制导）。

1）惯性导航基本原理

惯性导航原理

惯导系统测量的最基本的导航参数是地速和位置，其他参数均可由此推导得出。

假设飞机在地球表面的飞行距离不远，可以认为飞机在一个平面内飞行；又假设飞机飞行的时间不长，可以认为地球不转，即不考虑地球的自转运动。在上述假设条件下，设想在飞机上做一个平面装置即平台，这个平台的台面始终平行于当地的水平面。在这个平台上，沿北南方向放置一个加速度计 A_y，沿东西方向放置一个加速度计 A_x，如图 8.1 所示。飞机起飞地点为直角坐标系的原点。

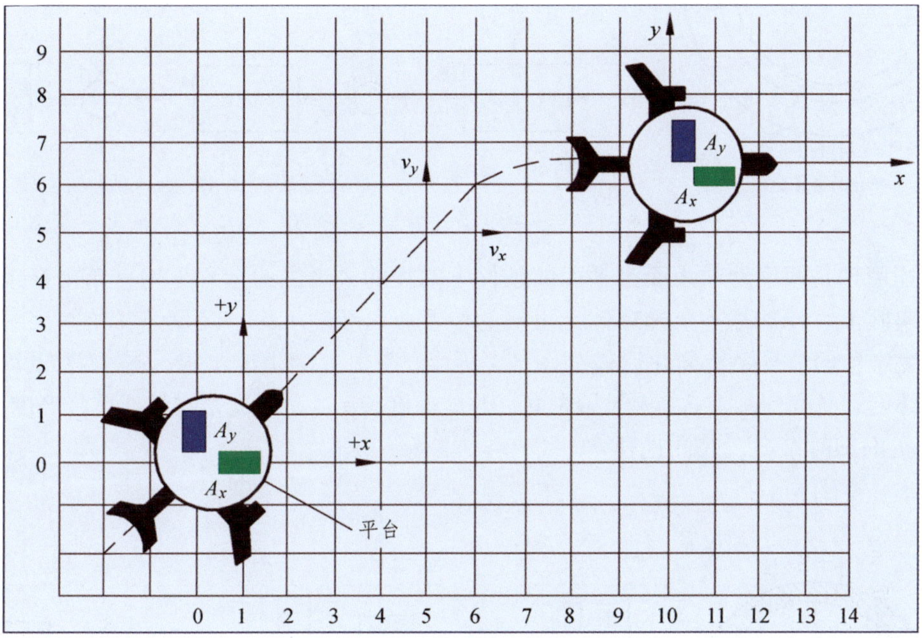

图 8.1　二自由度惯导导航原理

当飞机起飞后，两个加速度计可以随时测出飞机沿北南和东西方向的线加速度。根据数学、物理学原理，加速度 a 对时间的一次积分即为速度。

$$V = V_0 + \int_0^t a \cdot \mathrm{d}t \tag{8.1}$$

求得飞机沿 x 轴和 y 轴方向的速度，即可得到飞机的即时速度（合成速度）。速度对时间的积分，即加速度对时间的二重积分，就可得到位移。

$$S = S_0 + \int_0^t V \cdot \mathrm{d}t = S_0 + V_0 t + \int_0^t \left(\int_0^t a \cdot \mathrm{d}t\right)\mathrm{d}t \tag{8.2}$$

求得飞机沿 x 轴和 y 轴方向的位移 S_x、S_y，即可合成得出飞机在直角坐标系上的位置。

综上所述，飞机在飞行中只要测出飞机对地面运动的水平加速度，利用积分器，经一次积分可求得地速，再经一次积分就可求得飞机飞行的位移，从而计算并确定出飞机的位置。实现这一原理的简化惯导系统如图 8.2 所示（图中 x_0、y_0、$\dot{x}_0$、$\dot{y}_0$ 为起始坐标值和起始初速度值）。

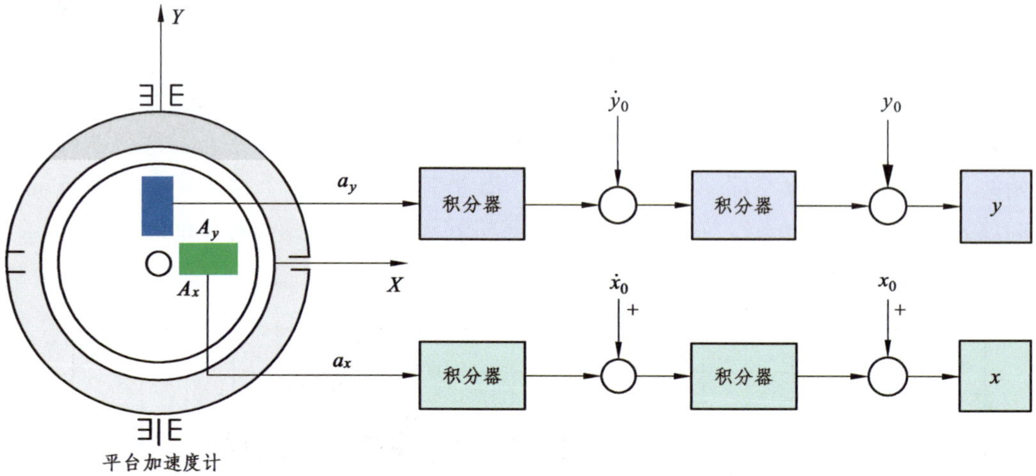

图 8.2　二自由度简化惯导系统原理

上述原理是假设地球表面为平面的条件下阐述的，飞机的位置是用直角坐标系来表示的。实际上，地球是一个椭球体，飞机的位置应以纬度（ϕ)、经度（λ）来表示。用经、纬度定位的惯导系统简化原理如图 8.3 所示。图中 R 为地球半径，ϕ、λ 为飞机即时位置的纬度、经度，v_{E0}、v_{N0} 为起始东向、北向速度，ϕ_0、λ_0 为起始点的纬度、经度，v_E、v_N 为飞机的即时东向、北向地速。

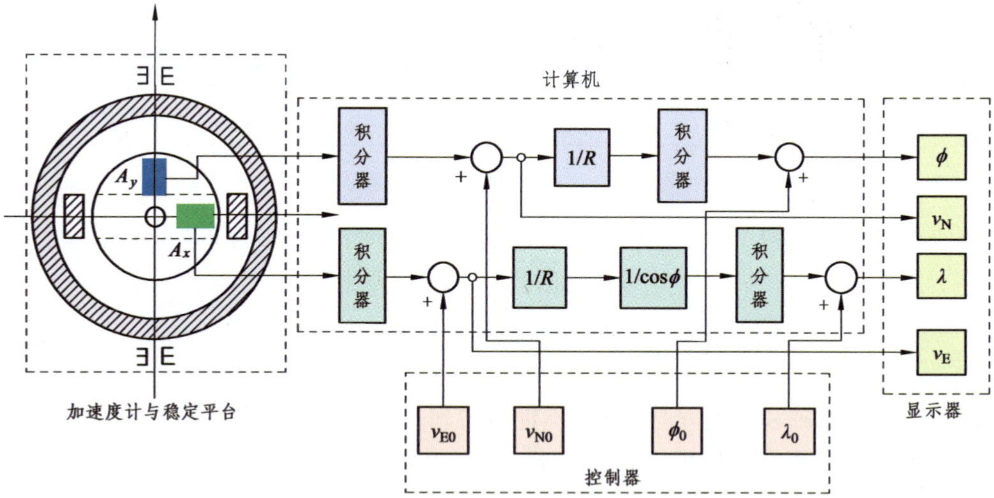

图 8.3　用经/纬度表示的简化惯导系统原理

2）惯性基准系统工作原理

惯性基准系统（Inertial Reference System，IRS）实质上就是使用激光陀螺的捷联式惯性导航系统。惯性基准系统可靠性较高、制造成本较低，

捷联式惯导

因而得到了广泛应用。自 20 世纪 80 年代以来，中国民航引进的波音 737/757/767、空客 A310/A320 等都安装有惯性基准系统。

惯性基准系统就是将陀螺和加速度计直接固连于机体上的惯导系统。它没有电气机械平台，是用计算机建立一个数学平台来代替平台式惯导系统中的电气机械平台实体。用计算机建立数学平台是惯性基准系统的关键问题。

惯性基准系统的原理如图 8.4 所示。导航加速度计和陀螺直接安装在飞机上，用陀螺测量的角速度信息减去计算的导航坐标系相对惯性空间的角速度，则得到机体坐标系相对导航坐标系的角速度，利用这个信息进行姿态矩阵的计算。有了姿态矩阵，就可以把机体坐标系轴向的加速度信息变换到导航坐标系轴向，然后进行导航计算。同时，利用姿态矩阵的元素，提取姿态和航向信息。所以，姿态矩阵的计算、加速度信息的坐标变换、姿态航向角的计算，这三项功能实际上就代替了导航平台的功能。

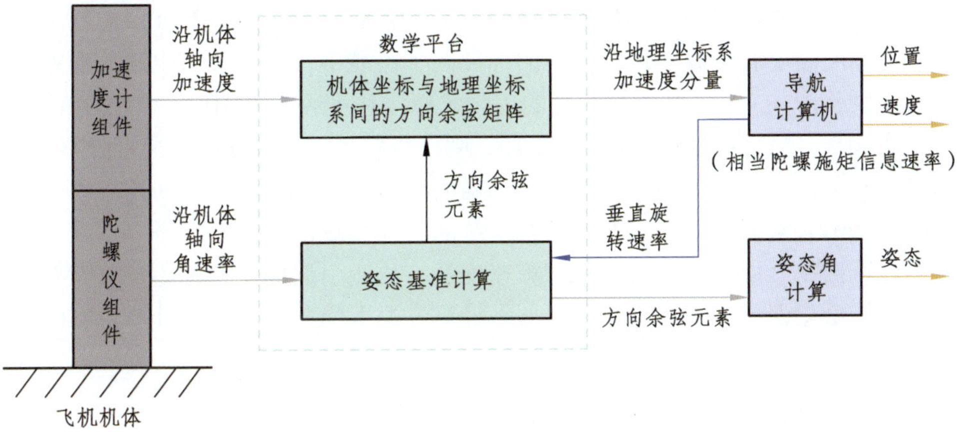

图 8.4　惯性基准系统工作原理

8.1.1.2　惯性导航系统误差

惯性导航系统的误差源有许多，其中主要有陀螺仪和加速度计本身的误差、安装误差和标度误差，以及系统的初始条件误差、计算误差和各种干扰引起的误差等。

由惯导系统原理可知，惯导系统在进入正常的导航工作状态之前，应当首先进行系统的初始化工作。惯导系统的初始化包括：给定初始条件、惯导平台的初始对准、陀螺仪的测漂和定标。第一项内容比较简单，容易引入，在静基座（地面）情况下，初始速度为零，初始位置为当地的经、纬度；在动基座情况下，初始条件一般由外界提供；给定初始速度和位置的操作也简单，只要将这些数值通过控制显示器送入计算机即可。第三项内容在陀螺性能比较稳定的情况下，不需要每次启动都进行。而第二项内容即惯导平台的初始对准，是将惯导平台在系统开始工作时调整在所要求的坐标系内，使平台水平精度达 10″、方位精度达 2′ ~ 5′。作为初始对准，除了精度要求外，对准速度或时间也是非常重要的指标。一般民航飞机所用惯导系统的对准时间为 15 ~ 20 min，最短的大约为 10 min。

惯导系统的误差源有确定性和随机性两类。两类误差源引起的系统误差特性不同。

1）确定性误差源引起的系统误差特性

惯导系统中确定性误差源主要有陀螺仪和加速度计的安装误差、标度误差，以及初始条件误差、系统的计算误差等。确定性误差源可以通过补偿方法加以消除。

（1）安装误差。陀螺仪和加速度计安装时由于安装角度偏差而引起的误差，称为安装误差。如果陀螺仪有 1′ 的安装误差角，大约产生 0.004°/h 的等效漂移；如果加速度计的安装误差角为 3′，飞机的运动加速度为 0.1g，则安装误差相当于 $10^{-4}g$ 的加速度零位误差。

（2）标度误差。加速度计和陀螺仪的输出是脉冲，每一个脉冲信号代表一个速度增量 q_A（对加速度计）或一个角度增量 q_g（对陀螺仪），q_A 称为加速度计的标度因子，q_g 称为陀螺仪的标度因子。q_A 和 q_g 是通过测试确定的，并存放在计算机内。在工作过程中，每次采样后，将采样得到的脉冲数乘标度因子就得到所要的增量。标度误差就是指在工作中的实际标度因子和存放在计算机内的标度因子可能不一致，从而引起的误差。如陀螺仪的标度误差为 0.001，则由它产生的等效陀螺漂移大约为 0.01°/h；如加速度计的标度误差为 0.001，飞机的轴向加速度为 0.1g，则产生等效于 $10^{-4}g$ 的加速度计零位误差。

（3）初始条件误差。由于初始条件不准确而引起的系统误差称为初始条件误差。初始条件误差将引起常值的经度误差，以及系统的其他振荡误差。

（4）计算误差。由于计算模型、计算速度及字长所引起的误差称为计算误差。计算误差通常包括量化误差、不可交换性误差、计算方法上的截断误差、计算机有限字长的舍入误差。

2）随机性误差源引起的系统误差特性

补偿了确定性误差源引起的误差后，随机误差源就成为影响系统精度的主要误差源。在随机误差源的作用下，惯导系统误差是随时间增大的。系统的随机误差源有很多，其中主要的有陀螺漂移的零位偏置和加速度计的零位偏置。

（1）陀螺漂移的零位偏置：陀螺由于随机漂移而导致陀螺仪零位产生偏差。陀螺的随机漂移除白噪声外，主要的是有色噪声，包括随机常数、随机斜坡、随机游动和马尔柯夫过程。

（2）加速度计的零位偏置：加速度计的零位产生偏差将引起系统误差，加速度计的零位偏置是随机的，这一随机误差是随机偏置、随机斜坡和两种马尔柯夫过程的组合。

8.1.1.3　惯性导航系统初始对准

惯导系统必须进行系统初始对准。通过光学或机电方法，将外部参考坐标系引入平台，使平台对准在外部提供的姿态基准方向称为受控式对准；利用惯导系统本身的敏感元件（陀螺和加速度计）测得的信号，结合系统原理进行自动对准称为自主式对准。

根据对准精度的不同，可把初始对准过程分为粗对准和精对准。粗对准是直接利用加速度计和陀螺仪的信号控制平台或计算初始姿态阵，在较短的时间内使平台系大致对准导航系或粗略地计算出初始姿态阵，在这一粗对准步骤中，对准精度没有严格要求，但要求对准速度快，即要求尽快将平台对准在一定的精度范围内，为下一步精对准提供良好的条件；精对准在完成粗对准后即进行，使之达到系统对准的精度要求。

自主对准包括水平对准和方位对准，方位对准是在水平对准的基础上进行的。

1）惯性基准系统对准实质

惯性基准系统的一个关键问题就是：在外场条件下，满足环境条件与时间限制的初始对准，即系统必须在飞机受阵风、登机、装载等各种干扰运动的影响下，在较短的时间内以一定的精度确定出从机体坐标系到导航坐标系的初始变换矩阵。所以，系统的初始对准实质就是确定初始时刻的姿态阵。

2）惯性基准系统对准方法

粗对准：在这一阶段，依靠重力矢量及地球速率矢量的测量值，直接估算从机体坐标系到导航参考坐标系的变换矩阵。

精对准：在这一阶段，通过处理惯性仪表的输出信号，精校计算的参考系与真实参考系间的小失准角，建立精确的初始变换矩阵。

3）惯性基准系统对准时间

初始对准的时间是惯导系统的一个重要技术指标。目前，惯性基准系统的正常对准时间一般不会超过 10 min。

惯导系统的初始对准需要一定的时间，特别是在寒冷的冬季，惯导系统的对准时间会更长一些。这是因为惯性传感器陀螺、加速度计等达到稳定的工作状态需要恒定温度，而寒冷的季节惯性传感器需要更长的时间才能达到稳定的工作状态。为了减少对准时间，惯导系统可以进行快速对准或存储航向对准，较短时间即可完成，但是导航精度要低一些，因此当使用情况不是迫切需要时，惯导系统应该进行正常对准，以获取最佳导航精度。

8.1.1.4 惯性基准系统

大气数据惯性基准系统

1）惯性基准系统组成

惯性基准系统由惯性基准组件、方式选择组件和控制显示组件组成。但装备在不同的飞机上有不同的组合形式，以 B737 飞机为例，惯性基准系统由两个惯性基准组件（IRU）、一个公用的惯性基准系统显示组件（ISDU）、一个公用的方式选择组件（MSU）组成，如图 8.5 所示。现在很多机型将大气数据系统进行组合成为大气数据惯性基准系统。

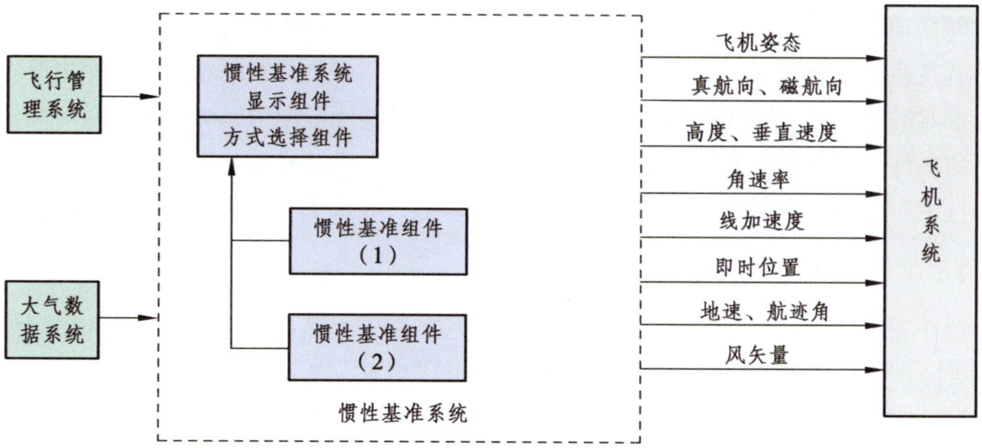

图 8.5　B737 飞机惯性基准系统

向惯性基准系统输入信号的设备主要有大气数据系统和飞行管理系统。大气数据系统向惯性基准系统输入气压高度、升降速度和真空速，前两个参数用来与惯性基准系统垂直通道组合计算飞机的高度和惯性垂直速度，而真空速主要用来计算风向、风速、偏流等；飞行管理系统用来向惯性基准系统引入起始位置，同时，惯性基准系统也向该系统提供数据。惯性基准系统与飞机其他系统的连接及提供的参数如图 8.6 所示。

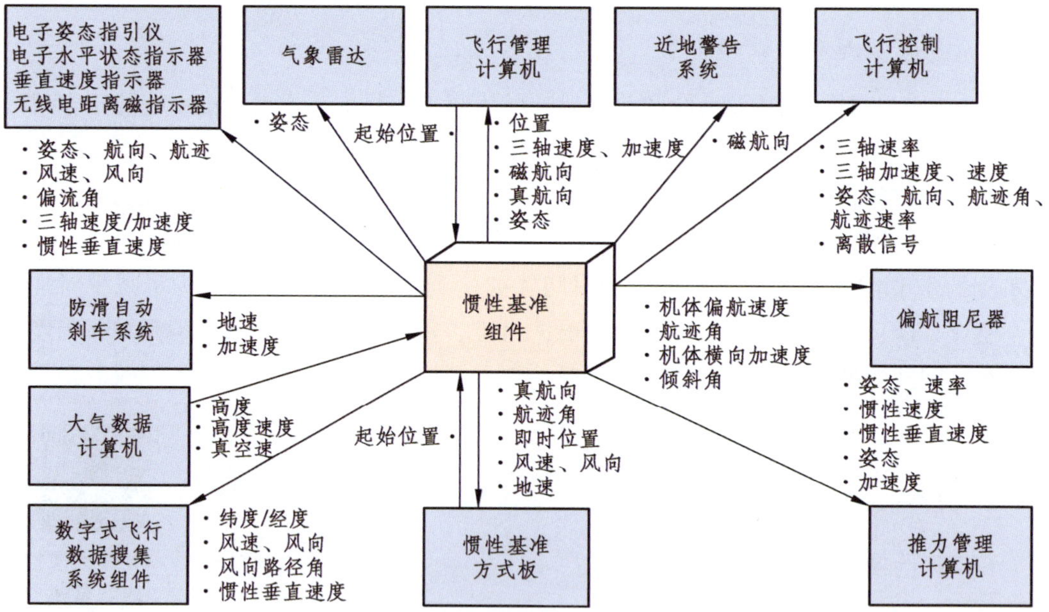

图 8.6　惯性基准系统与机上系统的连接

惯性基准组件（IRU）是惯性基准系统的核心组件，安装在电气电子设备舱里。惯性基准组件内部主要有固连于箱体上的三个激光陀螺、三个挠性加速度计组成的传感器组件等，机上一般装有 2～3 套惯性基准组件。最重要的位置数据使用的是三个 IRU 数值的加权平均值；使用的顺序是左、中、右，但误差过大的那台 IRU 不在其列。速度数据一般使用的是三个 IRU 数值的算术平均值。如果某一个 IRU 失效，则使用单一的正常工作的 IRU 输来的数据。航向、高度和升降速度数据则需看自动驾驶仪所衔接的“指令”方式所对应的通道，该通道对应的 IRU 即是使用的那一套；如自动驾驶仪不在“衔接”状态，则按左、右、中的顺序使用来自 IRU 的数据。

惯性基准方式板主要用作系统控制、数据引入、系统状态通告和导航信号选择显示，装在驾驶舱头顶设备板上。有的机型惯性基准方式板是一个组件，上部分为控制显示器，下部分为方式选择电门和信号通告牌；有的机型仍分开为两个组件，即惯性基准系统显示组件（ISDU）和方式选择组件（MSU），如图 8.7 所示。上述两类控制显示组件的功能相同。

一体式

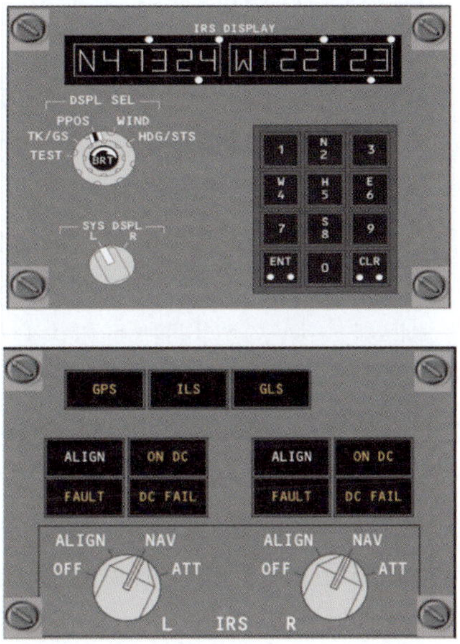

分离式

图 8.7　惯性基准方式板

2）惯性基准系统相关显示仪表

惯性基准系统显示信息的相关仪表和装置主要有：惯性基准系统显示组件（ISDU）、飞行管理系统的控制显示组件（CDU）、水平状态指示器（EHSI/HSI）、姿态指引仪（EADI/ADI）、无线电距离磁指示器（RDMI）、垂直速度指示器（VSI）等。

波音 737NG 的 ISDU

飞行管理系统与惯性基准系统交联，惯性基准系统的一些工作可通过飞行管理系统的 CDU 来完成，主要有两个方面：① 通过 CDU 输入飞机的起始位置，进行自对准；② 通过 CDU 完成系统的自检程序，并将其故障存储以供空、地勤人员使用。

3）惯性基准系统的工作方式

惯性基准系统的工作方式通常有“ALIGN”方式、“NAV”方式、“ATT”方式和“OFF”

方式，有的机型将“ALIGN”方式并入“NAV”方式中。当方式选择电门放“OFF”时，系统电源被切断，系统不工作；当电门放“ALIGN”时，电源接通，系统开始启动，进行自对准；当电门放“NAV”时，系统可以进行导航工作，这是惯导的基本工作方式，必须在移动飞机和发动机启动前选择该方式，一经选择，方式选择电门不能扳离此位，否则惯导将失去导航能力；当电门放“ATT REF”时，系统仅作姿态输出，提供俯仰、倾斜和平台航向，其他导航参数不能输出。

惯性基准系统的对准方式有正常（完全）对准和快速（重新）对准两种。

波音 737NG
正常对准

（1）正常（完全）对准

在每天首次飞行或 GPS 不可用，预计有长航段在导航设施覆盖较差的空域时，应执行完全对准。

飞机停在地面通电后，将 MSU 开关从 OFF 转至 NAV 时，南北纬 78°15′之间的正常对准开始。根据飞机所处的不同纬度，IRS 对准时间短至 5 min，长至 17 min。

完全对准过程分为三个阶段：水平粗对准，约 30 s；陀螺-罗盘（或方位角）处理及水平精对准，主要用于测量飞机的真航向角，并使用地球自转角速度的垂直分量计算出飞机所在处的纬度，此阶段耗时较长；初始位置输入数据处理，系统接收到有效的初始位置数据后，内部软件即执行机内自测试，用以检查初始位置输入数据是否在上次断电时系统记录的最后位置数据所允许的范围之内。如果上述三项测试均能通过，则人工输入的初始位置数据被系统接收，约 10 min 后对准结束。

根据不同情况，输入的初始位置数据通常通过以下途径获得：登机门参考位置，在机载导航数据库中存储的各个登机门的参考位置，其主要就是供飞行员用于起始 IRS；飞行管理系统上一次关机最新位置；机场基准点坐标；人工输入数据。具体的初始位置数据获得途径可查阅相应机型手册。

在完全对准期间，必须持续供电，禁止移动飞机位置，启动发动机或工作期间禁止对准，飞机加油、上/下旅客及货物、阵风等影响不大；对准期间初始位置数据必须在 10 min 内输入；初始位置输入数据与上次断电时系统记录的最后位置数据应小于 1°，否则系统对准失败。

（2）快速（重新）对准

在进行了一次完全对准后，如果飞机执行完一个航班后还要继续飞行，或者当机场流量控制导致飞机停留原地等待了较长时间导致剩余地速大于 5 kt，为消除系统积累误差，飞机在停止移动时，转动方式选择旋钮：NAV 位→ALIGN 位→NAV 位，完成系统快速对准，时间大约为 30 s。

波音 737NG
快速对准

4）惯性基准系统导航功能失去

飞行中方式选择旋钮从 NAV 位置移开，导航功能将丧失。但可以作为姿态参考使用，即选择 ATT 位后以直线水平匀速飞行约 30 s 后姿态参数就可用。

8.1.2 全球导航卫星系统

GNSS 简介

全球导航卫星系统（Global Navigation Satellite System，GNSS）是一个全球导航和定位系统，包括一个或多个星座、机载接收机和系统完好性监视设备，以增强系统性能，满足相应运行所要求的所需导航性能。GNSS 是一个广义的导航卫星系统概念，是所有在轨工作并为全球用户提供连续全覆盖导航定位服务的导航卫星系统及相关增强系统的总称。在民用航空飞行导航中，利用机载 GNSS 接收机可以为航空器提供定位、测速和授时（PVT）/定位、导航和授时（PNT）服务；利用地面、卫星和/或航空器上的 GNSS 相关增强系统和设备，可以获得更高等级导航性能服务，以满足民航不同飞行阶段、不同运行等级的需要。

目前，全世界主要有四大卫星导航系统：美国的全球定位系统（Navigation Satellite Timing and Ranging-Navstar，GPS）；俄罗斯的全球轨道导航卫星系统（Global'naya Navigatsionnaya Sputnikovaya Sistema，GLONASS）；欧盟的欧洲全球导航卫星系统（European global navigation satellite system），即伽利略定位系统（Galileo Positioning System，Galileo）；中国的北斗卫星导航系统（BeiDou Navigation Satellite System，BDS），简称北斗系统。在国际民航组织发布的《航空电信》和《GNSS 手册》中定义的 GNSS 系统核心星座是 GPS 星座和 GLONASS 星座，增强系统包括机载增强系统（ABAS）、星基增强系统（SBAS）、地基增强系统（GBAS）。作为国际民航组织规划的新核心星座，Galileo 系统和北斗系统在不远的将来都会纳入 GNSS 中。

四大卫星导航系统

8.1.2.1 全球定位系统

GPS 发展史

全球定位系统（GPS）全称为定时和测距的导航卫星（Navigation Satellite Timing and Ranging-Navstar），它的含义是利用导航卫星进行测时和测距，以构成全球定位系统，国际上将这一全球定位系统简称为 GPS（Global Positioning System）。GPS 能提供全球、全天候、精确、无缝、连续、稳定的导航定位服务，以及提供精确授时、运载体速度及精密测量等多功能服务。

1964 年，美国军方建成了第一代卫星导航系统，即海军导航卫星系统，称为“子午仪系统”，1967 年向全球民用用户开放，1996 年停止运行。GPS 是美国国防部于 1973 年开始研制的海陆空三军共用的美国第二代卫星导航系统，是继美国阿波罗登月飞船和航天飞机之后第三大航天工程。GPS 研究通过三个阶段（1974—1978 年为系统原理研究和方案论证，1979—1987 年为系统试验论证，1988—1993 年为生产实验和系统应用研究）的工作于 1993 年 12 月初始运行能力，1995 年达到完全运行能力并向全球民用用户开放。

全球定位系统的优点：① 具有全球、全天候、连续导航能力，能提供连续、实时的三维空间坐标、三维速度和精密时间，并具有良好的抗干扰性能；② 具有高精度，系统三维空间定位精度优于 10 m，三维速度精度优于 3 cm/s，时间精度为 20 ~ 30 ns；③ 能满足各类用户，可用于铁路、航空、城市交通、农业、森林防火、地震预报、救援等；

④ 具有多种功能，可以广泛用于导航、搜索、通信、交通管理、授时、航空摄影、大地测量等；⑤ 连续输出，更新率高，一般为每秒一次，适用于高动态移动用户的定位；⑥ 用户设备简单，购置费用较低。

全球定位系统存在的缺陷：① GPS 卫星工作于 L 波段，电波入水能力差，不能用于潜艇导航；② GPS 的完好性监测和报警能力不足，对卫星的一些软故障要在很长时间后才能发出故障状态信息；③ 整个系统维护费用太高。

GPS 组成及定位

1）全球定位系统（GPS）的组成

全球定位系统包括空间 GPS 卫星、地面控制站组、用户 GPS 接收机三部分。

空间 GPS 卫星接收和存储地面控制段上载的导航电文和控制指令，并向用户连续广播载有导航电文的 GPS 卫星信号实现导航定位，同时按照地面控制段指令控制卫星的位置、姿态等。GPS 卫星轨道离地高度约为 20 230 km，至少由 24 颗分布在倾角为 55° 的 6 个等间隔轨道上的卫星组成一个完整的空间 GPS 卫星星座，如图 8.8 所示。GPS 卫星分 Block-Ⅰ、Block-Ⅱ、Block-Ⅲ等几类，新一代 GPS 卫星为 Block-Ⅲ，卫星分布可保证全球任何地区、任何时刻都有不少于 4 颗卫星以供观测。

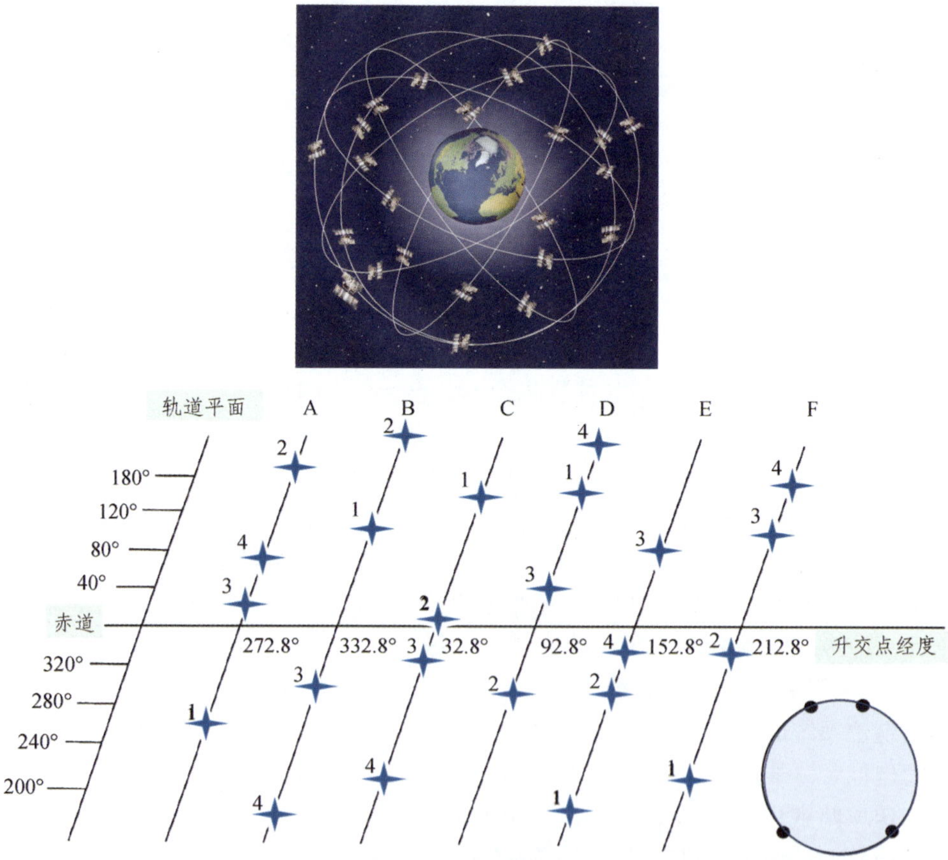

图 8.8　GPS 卫星星座配置

GPS 卫星上有控制卫星自身工作的遥测、跟踪、指令系统，用于轨道调整与姿态稳定的推进系统等。供电系统由太阳能翼板组成，但主要是提供导航信号的无线电收发机、天线、原子钟和计算机。各卫星的原子钟相互同步，并与地面站组的原子钟同步，建立起 GPS 精密时系，称为 GPS 时，它是精密测距的基础。导航发射机发射导航信号，通过测量这些信号的到达时间，用户即确定出导航参数，即经度、纬度、高度和时间。

地面控制站组控制、协调整个系统工作，完成 GPS 信号、卫星轨道及健康姿态监测并编辑、发送导航电文，完成系统时间同步。地面控制站组包括主控站、监测站和注入站。主控站位于美国的科罗拉多，备用主控站位于加利福尼亚范登堡空军基地。

主控站采集各个监测站所测得的伪距、积分多普勒观测值、气象要素、卫星时钟、工作状态数据和监测站自身的状态数据，计算出每颗卫星的星历、时钟修正量、状态数据以及大气修正量，并按一定的格式编辑为导航电文，传送到注入站，定时将这些信息注入各个卫星，如图 8.9 所示。

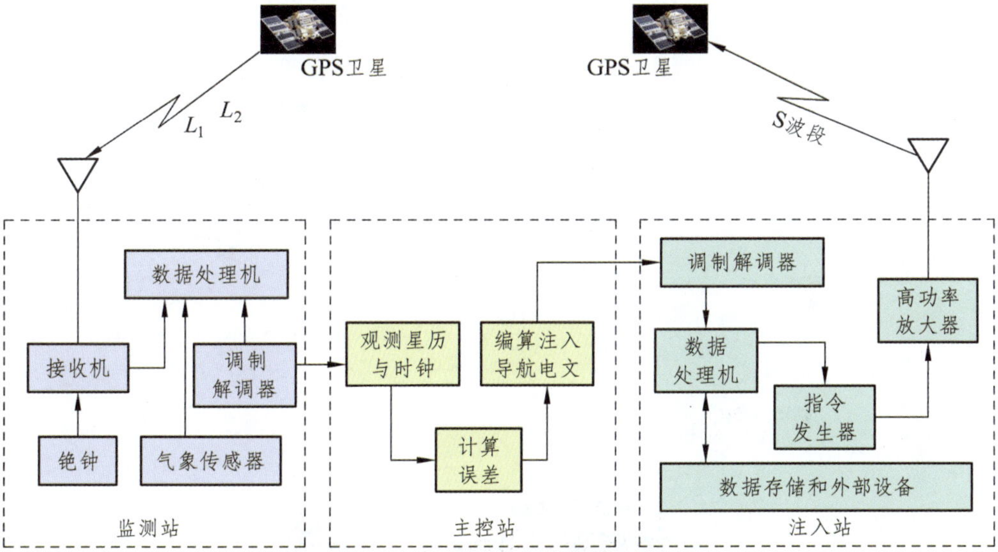

图 8.9　地面控制站组工作框图

用户 GPS 接收机也称为 GPS 接收机，是具有 L 波段信号接收、处理并解算出用户位置、速度和时间（PVT）的系统，包括天线、接收机、微处理机、控制显示设备、电源等。用户 GPS 接收机是采用无源工作方式，凡是有 GPS 接收设备的用户都可以使用 GPS 进行定位导航。

2）GPS 工作原理

GPS 工作原理

GPS 是无源测距系统，在无源测距系统中，用户通过比较接收到的卫星发射信号及本地参考信号，测量传播延时 τ，τ 正比于卫星和用户间的距离 D（$D = C\tau$）。

GPS 通过一颗卫星只能测得一个距离（称为伪距）参量，所以测得 3 个距离参量至少要有 3 颗卫星才能确定飞机的三维位置。当系统以无源方式工作，用户又未装备高稳度时钟时，用户从一颗卫星测得的伪距可表示为

$$d_i^* = [(x-x_{si})^2+(y-y_{si})^2+(z-z_{si})^2]^{1/2}+C\cdot\Delta t_i \tag{8.3}$$

式中　i——第 i 颗卫星；

x、y、z——飞机的宇宙直角坐标；

x_{si}、y_{si}、z_{si}——第 i 颗卫星的宇宙直角坐标。

若所有卫星钟都采用高精度时钟，并且各卫星钟相互同步，则 $\Delta t_i=\Delta t$，表达式可写成

$$d_i^* = f_i(x,y,z,\Delta t) \tag{8.4}$$

此方程有 4 个未知量 x、y、z、Δt，求解此 4 个未知量，须建立 4 个独立的方程，这意味着用无源测距定位方法确定飞机的三维位置和一维时钟，在空间至少需接收 4 颗卫星的信号，从 4 颗卫星测量 4 个伪距，如图 8.10 所示。这样，采用无源测距定位时，用户只需采用一般的石英钟即可。

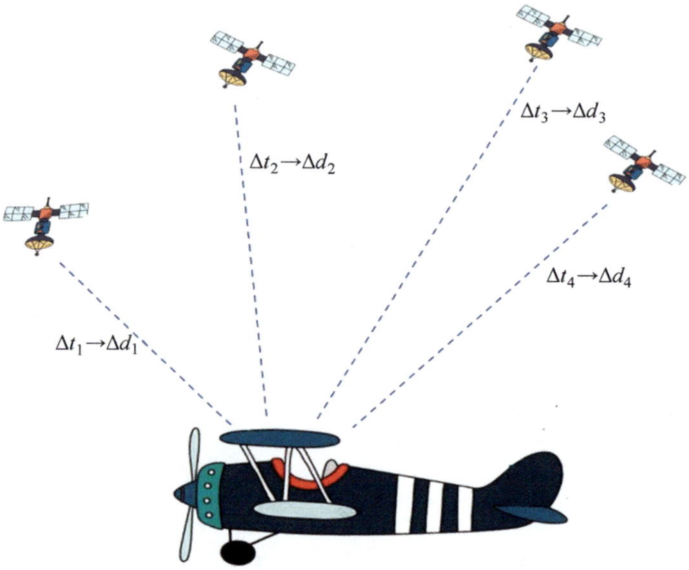

图 8.10　GPS 定位原理

GPS 采用四星无源测距定位的实施步骤是以卫星作为时空基准点；然后测量出定位参数时间，建立位置面或导航定位方程；最后求解用户位置。

卫星导航系统中，飞机通过测量对卫星的相对位置，进而确定自己在宇宙空间或在地球上的位置。导航卫星是系统设置在空间的导航台，为了实现高精度导航定位，必须准确知道任一时刻卫星在空间的位置（x，y，z）。不同时刻的一组组时空数据（t_i，x_i，y_i，z_i）（$i=1$，2，3，⋯）称为卫星星历。

GPS 信号由两个频率分量 L_1 和 L_2 组成。L_1 为 1 575.42 MHz，L_2 为 1 227.60 MHz。信号 L_1 是由两种信号调制：一种是用时钟速率为 10.23 MHz、长度为 7 天的伪随机二进

制码调制，称为 P（Y）码；另一种是用时钟速率为 1.023 MHz、长度仅为 1 ms 的伪随机二进制码调制，称为 C/A 码。信号 L_2 仅用 P（Y）码（或 C/A 码）调制。

GPS 信号的主要特征：进行精确的伪距测量，无多值性。进行精确的多普勒频移测量，以便提取速度信息。提供双频测量，以测量出电离层延时量。提供足够的数据信道来发射卫星星历、时钟修正信息以及其他必要信息。提供两种信号，一种是具有高精度的 P（Y）码，是卫星的精测码，具有较强的抗干扰能力，该码禁止提供给民用用户；另一种是较简单的 C/A 码，C/A 码是用于粗测和捕获的伪随机码，是一种短码，具有一定的抗干扰能力，每个 GPS 卫星分配不同的 C/A 码，其保密性较差，测距精度较低，但能在短时间内被接收机捕获。具有较强的抗干扰能力，能抗低功率窄带干扰、中等功率人为干扰及多路径干扰。

随着 GPS 的发展，目前增加了民用的 L_5（1 176.45 MHz），采用了新型的 M 码、L2C 码、L5 码、L1C 码等几种。

3）全球定位系统的导航定位误差

GPS 定位及误差

GPS 导航定位误差主要表现在测距误差，误差产生的原因主要是测量误差和干扰。

（1）测量误差

引起 GPS 测量误差的因素主要包括卫星相关误差、信号传播相关误差及观测/接收设备相关误差。

卫星相关误差主要包括星历误差、星钟误差和相对论效应。星历误差是指利用广播星历计算的卫星空间位置与卫星实际位置之间的偏差，是测量误差的主要误差之一。产生的原因主要有轨道摄动、监测站监测质量、用户得到的星历是估计值。减小星历误差的主要方法有差分校正法和参数校正法。星钟误差是指 GPS 卫星原子钟与 GPS 时间系统之间的偏差，是测量误差的主要误差之一，减小星钟误差的主要方法有差分校正法和参数校正法。相对论效应是指卫星时钟和接收机时钟处于相对运动状态而产生二者之间相对时钟误差的现象，为了减小相对论效应的影响，必须采取相对论效应补偿。

信号传播相关误差主要包括电离层延迟误差、对流层延迟误差和多路径效应误差。电离层延迟误差是指卫星信号穿过电离层时信号传播路径发生折射形成的误差，是测量误差的主要误差之一。减小电离层延迟误差的主要方法有差分校正法、模型校正法、双频观测校正法。对流层延迟误差是指卫星信号穿过对流层时信号传播路径发生折射所引起的误差，是测量误差中的主要误差之一。减小对流层延迟误差的主要方法有差分校正法、模型校正法。多路径效应误差是指用户接收机接收卫星直达信号外，还会接收到天线周围其他反射体一次或多次的卫星反射信号，反射信号与直达信号形成混合叠加信号，从而引起测距误差。减小多路径效应误差的主要方法有选择接收天线周围环境、选造型适宜屏蔽良好的天线、改良接收机电路设计、适当延长观测时间等。

观测/接收设备相关误差主要包括时钟误差、观测误差和天线位置误差。时钟误差是指用户接收机时钟与卫星原子时钟之间存在的时间同步误差。减小时钟误差的主要方法是定位位置引入时钟误差进行解算、载波相位差分。观测误差是指接收机系统分辨率及天线的安装精度等引起的误差。天线位置误差包括 GPS 接收机天线安装偏差和天线相位中心偏差引起的误差。

（2）干扰

干扰是造成全球定位系统导航性能下降的主要原因。

GPS 信号干扰的影响

根据干扰源所处的频段、位置，干扰分为系统内干扰、系统间干扰和系统外干扰。系统内干扰是指全球定位系统同一卫星发射不同类别信号间的干扰或不同卫星发射相同或不同类别信号间的干扰。系统间干扰是指同处于 L 波段的 GNSS 系统中四种卫星导航系统所发射信号间的相互干扰。系统外干扰是指由非卫星导航系统的其他干扰源发出的干扰，包括雷达、DME、移动通信等。

根据干扰源发射干扰的目的，干扰分为人为干扰和无意识干扰。人为干扰是指具有一定目的的干扰技术，包括阻塞式干扰、欺骗及选择可用性干扰（SA）等，美国政府于 2000 年 5 月 1 日宣布暂停使用 SA。无意识干扰是指 GPS 工作频率附近的其他电子设备发出的无线电信号被接收机接收而产生的干扰，是电子通信/导航领域中的一种普遍现象。

DGPS 原理

4）差分全球定位系统（DGPS）

DGPS 技术是指利用已知精确地理坐标基准站观测卫星信号并求得差分校正值，将该值直接广播或通过同步通信卫星发送给覆盖区域内用户，以便用户修正 GPS 信号的测量误差，是提高定位精度的一种定位增强技术，如图 8.11 所示。

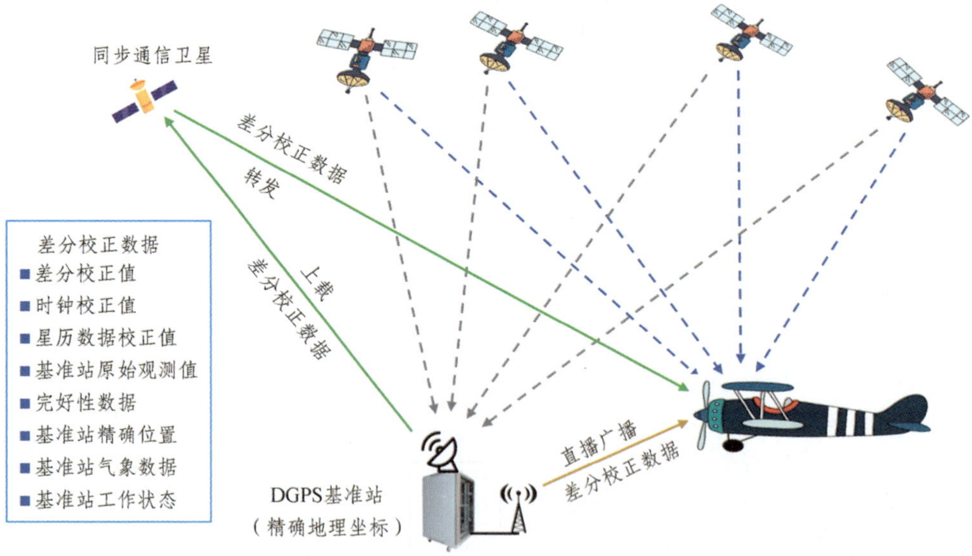

图 8.11　DGPS 技术原理

DGPS 技术的实质就是利用星历误差、星钟误差、电离层延迟误差、对流层延迟误差具有空间相关性和时间相关性。也就是说，同一时间处在同一区域内的不同接收机接收来自同一组卫星的观测值，这 4 种误差成分近似相等或相关。用户接收机与 DGPS 基准站距离越近，同一组卫星同时到达用户与基准站接收机的传播路径越相似，两个接收机 4 种误差时空相关性越强，差分校正值将更加有效地消除测量误差。采用 DGPS 技术能基本消除星历误差、星钟误差、电离层延迟误差、对流层延迟误差等公共误差和 SA 干扰引起的误差，但多路径效应误差、观测/接收设备相关误差不能消除。

差分基准台可同时兼作完好性监测，伪卫星可同时提高可用性、连续服务性和完好性，因此这些地面设施可以增强 GPS 的性能，所以就把差分技术称为“增强系统”。目前，典型增强系统是本地增强系统（Local Area Augmentation System，LAAS）和广域增强系统（Wide Area Augmentation System，WAAS）。

本地增强系统所能提高的精度能力随用户离基准台距离的增加而降低，当用户离开基准台 100 ~ 200 km 以外时，修正能力降低，并且还受数据链作用的限制。

广域增强系统是从广域差分系统发展起来的，它和一般的本地差分 GPS 具有根本的差异，除了基准台联网和覆盖地广外，其突出优点是：误差处理方法上，由主控站在地面解决空间相关性的解耦工作，对星历误差、星钟误差及大气延时误差分别导出；电文利用卫星广播，除差分修正数据外，还有卫星完好性信息同时发送，电文调制在 GPS 的 L 频率上，使得该广播卫星也能供测距用，增加了导航星座中的卫星数目，使得系统的可用性和连续服务性也相继提高；用户设备不必另设数据链的射频接收部分，只要将 GPS 接收机略做修改，留出一个接收广播卫星的通道，加设 WAAS 电文提取和处理程序即可；只需数十个广域增强系统就能达到全球无隙差分增强。

8.1.2.2 GLONASS 系统

GLONASS 简介

GLONASS 系统可为全球海陆空以及近地空间的各种军、民用户全天候、连续地提供高精度的三维位置、三维速度和时间信息。

GLONASS 系统由苏联研发，目前该系统由俄罗斯所有并继续建设和维护。GLONASS 于 1982 年 10 月起步，1993 年 9 月 24 日，俄罗斯联邦总统发布政府令，正式宣布 GLONASS 系统开始运行。1995 年，该系统 24 颗（第一代卫星）组网成功，1997 年 1 月建成，并于 2011 年 1 月 1 日在全球正式运行。

GLONASS 一开始就没有加 SA 干扰，所以其民用精度优于加 SA 的 GPS。不过，其应用普及情况则远不及 GPS，这主要是俄罗斯没有开发民用市场。另外，GLONASS 卫星平均在轨道上的寿命较短，且由于经济困难无力补网，在轨可用卫星少，不能独立组网。

1）系统组成

GLONASS 组成

GLONASS 系统由空间段卫星星座、控制段控制站和用户段接收机三部分组成。

（1）空间段卫星星座。

GLONASS 系统标准配置为 24 颗卫星，而 18 颗卫星就能保证该系统为俄罗斯境内用户提供全部服务。

GLONASS 星座由 21 颗工作星和 3 颗备份星组成，所以 GLONASS 星座共由 24 颗卫星组成。24 颗星均匀地分布在 3 个近圆形的轨道平面上，这三个轨道平面两两相隔 120°，每个轨道面有 8 颗卫星，同平面内的卫星之间相隔 45°，轨道高度 19 100 km，运行周期 11 小时 15 分，轨道倾角 64.8°，如图 8.12 所示。GLONASS 空间卫星配置能保证地球上任何地点、任何时刻均至少可以同时观测 5 颗卫星。每颗 GLONASS 卫星上装有原子钟，以产生星基高稳定时标，并向所有星载设备的处理提供同步；星载计算机将从地面控制系统接收到的专用信息进行处理，并生成导航电文向用户广播。

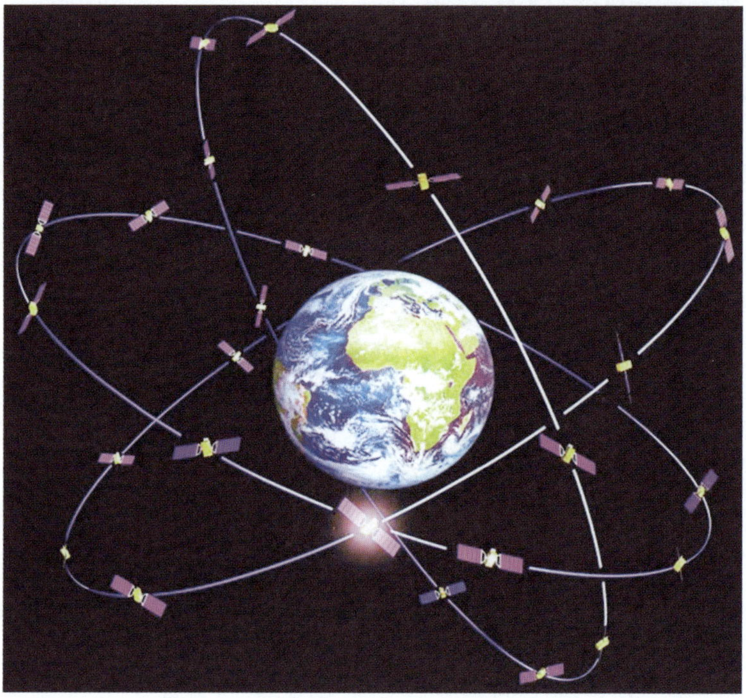

图 8.12　GLONASS 系统卫星轨道及分布

（2）控制段地面控制站。

地面控制站由系统控制中心、中央同步器、遥测遥控站（含激光跟踪站）和外场导航控制设备组成。地面控制站的功能由苏联境内的许多场地来完成。随着苏联的解体，GLONASS 系统由俄罗斯航天局管理，地面控制站已经减少到只有俄罗斯境内的场地了。系统控制中心和中央同步处理器位于莫斯科，遥测遥控站位于圣彼得堡、捷尔诺波尔、埃尼谢斯克和共青城。

地面控制站由 1 个地面控制中心、4 个指令跟踪站、4 个激光跟踪站、1 个监测网组成。地面控制中心包括 1 个轨道计算中心、1 个计划管理中心和 1 个坐标时间保障中心，其主要任务是接收处理来自各指令跟踪站和激光跟踪站的数据，完成精密轨道计算，产生导航电文，提供坐标系时间保障，并向指令跟踪站发送导航电文和控制指令，实现对整个系统的管理和控制。指令跟踪站均分布在俄罗斯境内，每站设有 C 波段无线电测量设备，跟踪测量视野内的卫星，接收卫星遥测数据，并将所测得的数据发送给地面控制中心处理，同时将来自地面控制中心的导航电文和遥控指令，向空中卫星发射。激光跟踪站跟踪测量视野内的卫星，并将所测量的数据送给地面控制中心处理，主要用于卫星轨道校正。监测网主要监测 GPS/GLONASS 的工作状态、完好性，是独立工作的。

（3）用户段接收机。

GLONASS 用户接收机能接收 GLONASS 卫星发射的导航信号，并测量其伪距和伪距变化率，同时从卫星信号中提取并处理导航电文。接收机处理器对上述数据进行处理并计算出用户所在的位置、速度和时间信息。GLONASS 系统提供军用和民用两种服务。目前，GLONASS 系统的主要用途是导航定位，也可以广泛应用于各种等级和种类的定位、导航和时频领域等。

GLONASS 系统设计定位精度为在 95%的概率条件下，水平向为 100 m，垂直向为 150 m。目前 GLONASS 民用标准信号水平定位精度（95%）约为 14 m、垂直定位精度约为 25 m，与 GPS 定位精度相当。

2）工作原理

卫星定位原理

GLONASS 为军民共用系统，为俄罗斯军方及授权用户提供高精度信号，为民用用户提供免费标准信号。GLONASS 系统采用频分多址（FDMA）方式，根据载波频率来区分不同卫星，其优点是无线电信号抗干扰及对弱信号的捕获跟踪性能更好，缺点是增加了用户接收机射频前端设计和精密定位数据处理的复杂度，提高了终端硬件制作成本。

GLONASS 发射的卫星信号载波频率位于 L 波段。GLONASS 载波频率用 G 表示，分别为 $G_1 = 1\ 602 + 0.562\ 5K$（MHz）、$G_2 = 1\ 246 + 0.437\ 5K$（MHz）和 $G_3 = 1\ 204.704 + 0.423K$（MHz），其中 $K = 1 \sim 24$，为每颗卫星的频率编号。

GLONASS 卫星的载波上也调制了两种伪随机噪声码：标准精度信号 C/A 码和高精度信号 P 码。俄罗斯对 GLONASS 系统采用了军民合用、不加密的开放政策。

GLONASS 系统的 C/A 码和 P 码分别有不同的导航电文，C/A 码导航电文是公开的，P 码导航电文没有公开，因此非授权用户很难完整翻译 P 码。

为进一步提高 GLONASS 系统的定位能力，开拓广大的民用市场，俄政府计划用 4 年时间将其更新为 GLONASS-M 系统。更新的主要内容有：改进一些地面测控站设施；延长卫星的在轨寿命到 8 年；实现系统高的定位精度，位置精度提高到 10 ~ 15 m，定时精度提高到 20 ~ 30 ns，速度精度达到 0.01 m/s。另外，俄计划将系统发播频率改为 GPS 的频率。

3）GLONASS 系统现状

GLONASS 系统目前存在的主要问题是：GLONASS 工作不稳定，卫星工作寿命短；GLONASS 用户设备发展缓慢，生产厂家少，设备体积大而笨重；由于 GLONASS 采用的是 FDMA，所以用户接收机设计复杂；对于 GPS/GLONASS 兼容接收机，需解决两系统的时间和坐标系统问题。

8.1.2.3 Galileo系统

伽利略系统简介

Galileo系统是欧盟正在建设的卫星定位系统，欧盟于1999年首次公布伽利略卫星导航系统计划，其目的是摆脱欧洲对美国全球定位系统的依赖，打破其垄断。该项目总共将发射32颗卫星，总投入达34亿欧元。因各成员国存在分歧，计划已几经推迟。

20世纪90年代初，欧洲提出在欧洲建设的第一代全球导航卫星系统（GNSS-1）、为GPS和GLONASS提供增强服务的“欧洲静止轨道导航重叠服务”（EGNOS）系统基础上，建设下一代全球导航卫星系统（GNSS-2），该计划即伽利略（Galileo）计划。

从服务等级来看，根据用户的需求，可以将其分为四个等级：

（1）只依赖空间卫星信号的自主服务，该服务独立于其他系统并向全球用户开放；

（2）利用局域增强或辅助信息，提供局域增强自主服务；

（3）利用EGNOS系统和Galileo系统组合，提供完好性更高的广域增强服务；

（4）Galileo与GNSS其他系统组合，提供更高性能的服务。

从服务对象和内容来看，伽利略系统可以提供五种类型的服务：

（1）公开服务（OS）。面向所有用户提供的免费服务，类似于GPS所提供的民用服务（即C/A码服务）。

（2）商业服务（CS）。为伽利略运营公司（GOC）专门设计的可产生收益的服务。商业服务依赖加密导航电文，服务质量有保障，但用户获取加密电文需获得授权。

（3）生命安全服务（SoL）。生命安全服务与公开服务使用相同的信号，额外增加了系统的完好性信息，以便提供有保障的服务。民航、铁路、航海等领域都是SoL服务领域。

（4）公共特许服务（PRS）。提供连续的、稳定的、加密信号，服务对象为保护级别更高的政府授权用户。

（5）搜索和救援服务。Galileo卫星上装备转发器，允许将遇难信标报警信息转发给搜索和救援（SAR）组织，对救援对象的定位精度将精确到10 m以内。

1）系统组成

伽利略系统故障

伽利略系统由空间段、地面段和用户段三部分组成。

（1）空间段。

伽利略系统空间段由30（24 + 6）颗卫星组成，均匀分布在三个近圆中轨道面上，每根轨道上分布10（9 + 1）颗卫星，轨道倾角为56°，轨道离地平均高度约23 200 km，卫星运行周期为14小时4分45秒，如图8.13所示。每个轨道面上有1颗备用卫星，当某颗工作星失效后，备份星将迅速进入工作位置，替代其工作，而失效星将被转移到高于正常轨道300 km的轨道上。这种星座可为全球提供足够的覆盖范围。

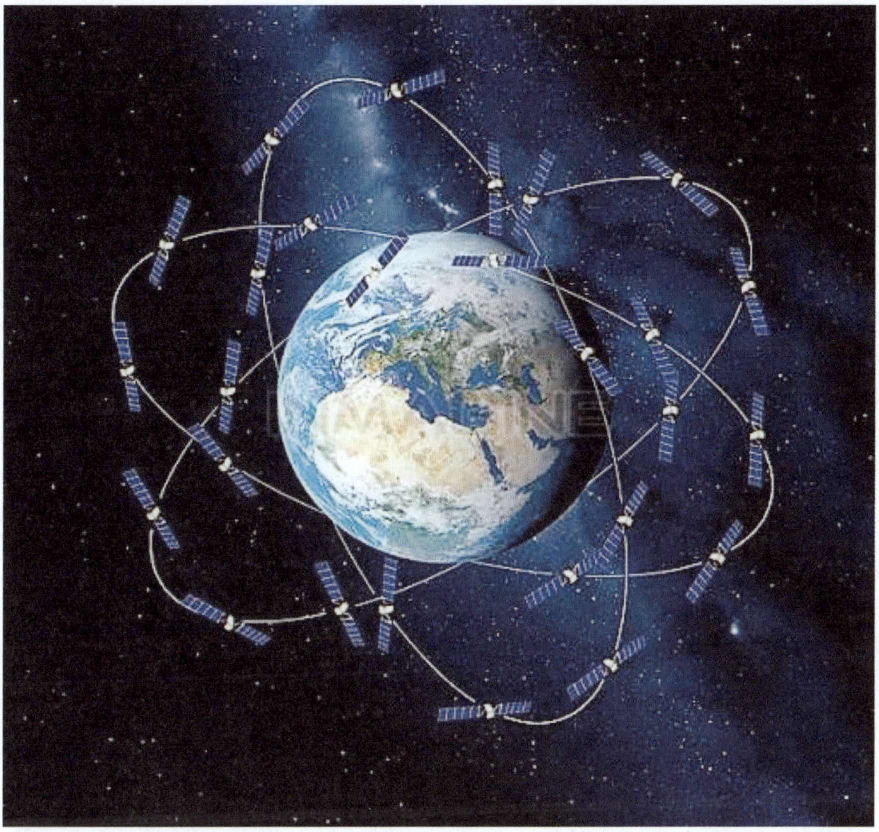

图 8.13 Galileo 系统卫星轨道及分布

（2）地面段。

Galileo 地面段主要由两部分组成：地面控制段和地面任务段。地面控制段控制和管理卫星星座。地面任务段执行控制系统控制、完好性确认、服务播发等。

地面段包括 2 个地面控制中心、5 个遥测跟踪与控制站、9 个 C 波段上行注入站、约 40 个地面跟踪站。两个地面控制中心位于德国上普法芬霍芬和意大利福齐诺。遥测跟踪与控制站、注入站和地面跟踪站一般是并置站，部分单独设置。

（3）用户段。

由于 Galileo 系统可以提供不同类型的服务，因此用户接收机根据不同的服务类型，其设计也有所不同。考虑到该系统与其他导航卫星系统的互操作性，用于接收机设计时可采用兼容设计的方法。

2）工作原理

伽利略系统工作

Galileo 系统的信号设计考虑了多种影响因素，其中包括信号的捕获和跟踪特性，与其他 GNSS 信号的互操作性、抗干扰能力和多路径效应等。

Galileo 系统定义了很多不同的测距码和导航电文格式，以满足系统服务的各种需求。在 E5A、E5b、E6、E1 四个频段上定义了 10 种导航信号。

Galileo 系统卫星信号包含三种测距码：自由访问测距码（未加密公开码）、商业加密测距码、政府加密测距码。

所有在轨卫星使用相同的载波频率采用码分多址（CDMA）方式，发射扩频信号，并参考不同的功率谱相互区分。

Galileo 系统导航电文设计了五种不同的数据：定位导航数据、完好性数据、附加数据、公共安全数据和 SAR 操作数据。

导航数据包含定位必需的参数，如星历信息、卫星钟读数、卫星代码、卫星状态标志和历书信息。星历信息包含开普勒参数和星历参考历元，共有 16 个参数，总数据量为 356 bit。星历信息有效时间为 4 h，每 3 h 更新一次。

3）Galileo 系统的优势

Galileo 系统是世界上第一个基于民用的全球卫星导航定位系统，在 2008 年投入运行后，全球的用户将使用多制式的接收机，获得更多的导航定位卫星的信号，将无形中极大地提高导航定位的精度，这是“伽利略”计划给用户带来的直接好处。另外，由于全球将出现多套全球导航定位系统，从市场的发展来看，将会出现 GPS 系统与 Galileo 系统竞争的局面，竞争会使用户得到更稳定的信号、更优质的服务。多套全球导航定位系统并存，相互间制约和互补将是各国大力发展全球导航定位产业的根本保证。

Galileo 计划是欧洲自主、独立的全球多模式卫星定位导航系统，提供高精度、高可靠性的定位服务，实现完全非军方控制、管理，可以进行覆盖全球的导航和定位功能。Galileo 系统还能够和美国的 GPS、俄罗斯的 GLONASS 系统实现多系统内的相互合作，任何用户将来都可以用一个多系统接收机采集各个系统的数据或者各系统数据的组合来实现定位导航的要求。

Galileo 系统发送实时高精度定位信息，这是现有卫星导航系统所没有的，同时 Galileo 系统能够保证在许多特殊情况下提供服务，如果失败也能在几秒钟内通知客户。与美国的 GPS 相比，Galileo 系统更先进，也更可靠。美国 GPS 向别国提供的卫星信号，只能发现地面大约 10 m 长的物体，而 Galileo 系统卫星则能发现 1 m 长的目标。

8.1.2.4 北斗卫星导航系统

北斗系统宣传片

北斗卫星导航系统简称北斗系统，是中国着眼于国家安全和经济社会发展需要，自主建设运行的全球卫星导航系统，是为全球用户提供全天候、全天时、高精度的定位、导航和授时服务的国家重要时空基础设施。

北斗系统提供服务以来，已在交通运输、农林渔业、水文监测、气象测报、通信授时、电力调度、救灾减灾、公共安全等领域得到广泛应用，服务国家重要基础设施，产生了显著的经济效益和社会效益。基于北斗系统的导航服务已被电子商务、移动智能终端制造、位置服务等厂商采用，广泛进入中国大众消费、共享经济和民生领域，应用的新模式、新业态、新经济不断涌现，深刻改变着人们的生产生活方式。中国将持续推进北斗应用与产业化发展，服务国家现代化建设和百姓日常生活，为全球科技、经济和社会发展做出贡献。

北斗系统秉承“中国的北斗、世界的北斗、一流的北斗”发展理念，愿与世界各国共享北斗系统建设发展成果，促进全球卫星导航事业蓬勃发展，为服务全球、造福人类贡献中国智慧和力量。中国坚持“自主、开放、兼容、渐进”的原则建设和发展北斗系统。北斗系统为经济社会发展提供重要时空信息保障，是中国实施改革开放 40 余年来取得的重要成就之一，是新中国成立 70 年来重大科技成就之一，是中国贡献给世界的全球公共服务产品。中国将一如既往地积极推动国际交流与合作，实现与世界其他卫星导航系统的兼容与互操作，为全球用户提供更高性能、更加可靠和更加丰富的服务。

北斗系统是由我国自主建设运行也是我国迄今为止，规模最大、覆盖范围最广、服务性能要求最高的巨型复杂航天系统。北斗系统具有五大功能：实时导航、快速定位、精确授时、位置报告和短报文通信。

北斗系统的特点：一是北斗系统空间段采用三种轨道卫星组成的混合星座，与其他卫星导航系统相比高轨卫星更多，抗遮挡能力更强，尤其低纬度地区性能优势更为明显；二是北斗系统提供多个频点的导航信号，能够通过多频信号组合使用等方式提高服务精度；三是北斗系统创新融合了导航与通信能力，具备定位导航授时、星基增强、地基增强、精密单点定位、短报文通信和国际搜救等多种服务能力。

20 世纪后期，中国开始探索适合国情的卫星导航系统发展道路，形成了三步走发展战略：2000 年年底建成北斗一号系统，向中国提供服务；2012 年年底建成北斗二号系统，向亚太地区提供服务；2020 年建成北斗三号系统，向全球提供服务，如图 8.14 所示。

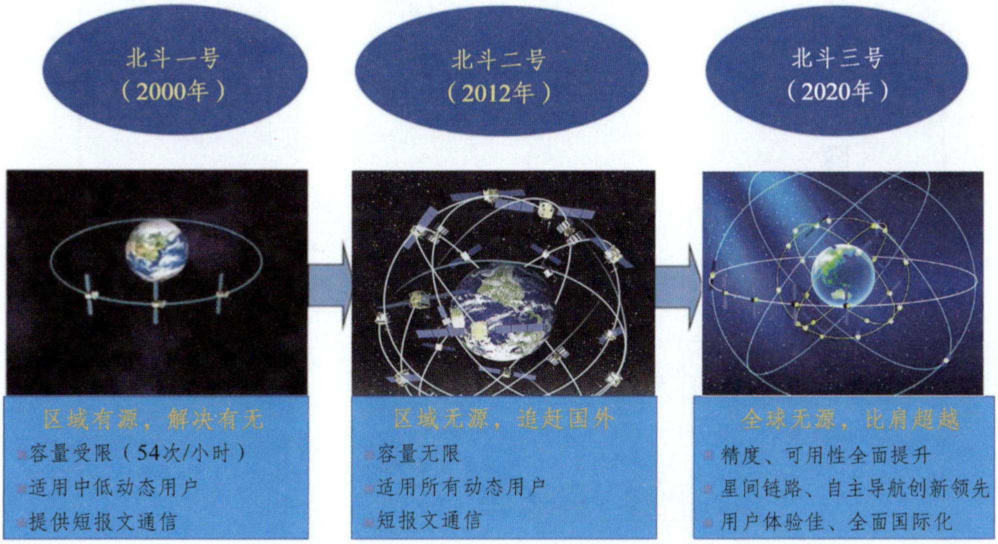

图 8.14 北斗系统的发展及特点

1）北斗导航试验系统概况

北斗一号原理

北斗导航试验系统即“北斗一号（双星快速定位通信系统）”，1994年，启动北斗一号系统工程建设；2000年，发射两颗地球静止轨道卫星，建成系统并投入使用，采用有源定位体制，为中国用户提供定位、授时、广域差分和短报文通信服务；2003年发射第3颗地球静止轨道卫星，进一步增强系统性能。

“北斗一号”由两颗地球静止卫星、一颗在轨备份卫星（110.50e）、中心控制系统、标校系统和各类用户机等部分组成。“北斗一号”是主动式双向测距二维导航，其工作过程是：首先由中心控制系统向卫星i和卫星ii同时发送询问信号，经卫星转发器向服务区内的用户广播。用户响应其中一颗卫星的询问信号，并同时向两颗卫星发送响应信号，经卫星转发回中心控制系统。中心控制系统接收并解调用户发来的信号，然后根据用户的申请服务内容进行相应的数据处理。对定位申请，中心控制系统测出两个时间延迟：即从中心控制系统发出询问信号，经某一颗卫星转发到达用户，用户发出定位响应信号，经同一颗卫星转发回中心控制系统的延迟；从中心控制发出询问信号，经上述同一卫星到达用户，用户发出响应信号，经另一颗卫星转发回中心控制系统的延迟。由于中心控制系统和两颗卫星的位置均是已知的，因此由上面两个延迟量可以算出用户到第一颗卫星的距离，以及用户到两颗卫星的距离之和，从而知道用户处于一个以第一颗卫星为球心的一个球面，和以两颗卫星为焦点的椭球面之间的交线上。另外，中心控制系统从存储在计算机内的数字化地形图查寻到用户高程值，又可知道用户处于某一与地球基准椭球面平行的椭球面上，从而中心控制系统可最终计算出用户所在点的三维坐标，这个坐标经加密由出站信号发送给用户，如图8.15所示。

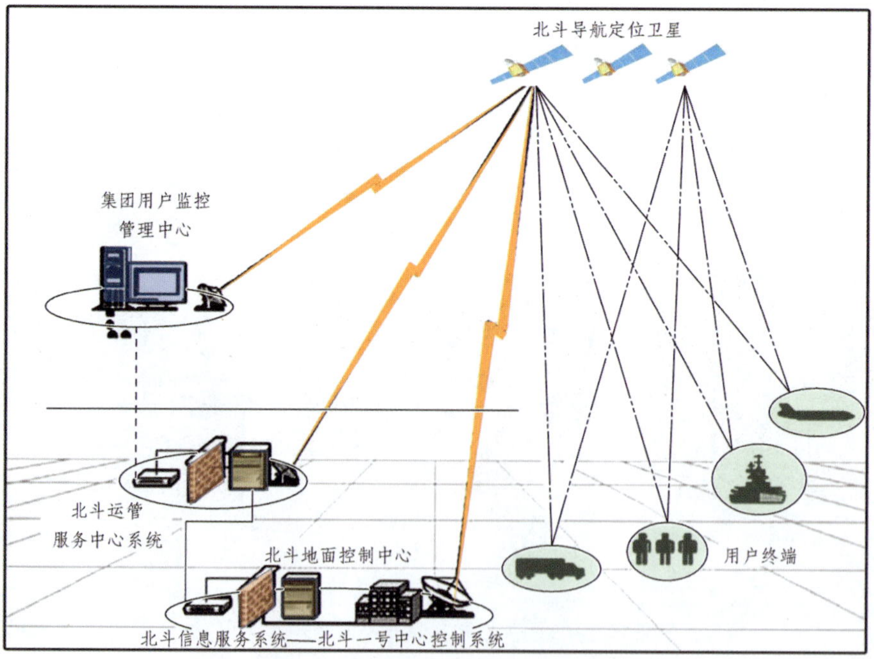

图8.15 “北斗一号”工作过程

“北斗一号”卫星定位系统是我国自主研发，利用地球同步卫星为用户提供全天候、区域性的卫星定位系统。其主要功能是：定位——快速确定目标或者用户所处地理位置，向用户及主管部门提供导航信息，定位精度为水平精度 100 m（1σ），设立标校站之后为 20 m（类似差分状态）；通信——用户与用户、用户与中心控制系统间均可实现双向通信，每次可编写 40～60 个汉字的报文通信；授时——中心控制系统定时播发授时信息，同时为用户提供时延修正值。“北斗一号”能容纳的用户数为每小时 540 000 户。

2）北斗卫星导航系统概况

北斗卫星导航系统包括覆盖中国及周边地区的北斗卫星导航系统区域系统（即“北斗二号”）和覆盖全球的北斗卫星导航系统全球系统（即“北斗三号”）。

北斗三号正式开通仪式

2004 年启动北斗二号系统工程建设，2012 年年底完成 14 颗卫星（5 颗地球静止轨道卫星、5 颗倾斜地球同步轨道卫星和 4 颗中圆地球轨道卫星）发射组网。北斗二号系统在兼容北斗一号系统技术体制的基础上，增加无源定位体制，为亚太地区用户提供定位、测速、授时和短报文通信服务。北斗二号并不是北斗一号的简单延伸，它将克服北斗一号系统存在的缺点，提供海、陆、空全方位的全球导航定位服务，类似于美国的 GPS 和欧洲的伽利略定位系统。“北斗二号”系统主要有三大功能：快速定位。为服务区域内的用户提供全天候、实时定位服务，定位精度与 GPS 民用定位精度相当。短报文通信。一次可传送多达 120 个汉字的信息。精密授时。精度达 20 ns。“北斗二号”由 5 颗静止轨道卫星和 30 颗非静止轨道卫星组成，提供两种服务方式，即开放服务和授权服务。开放服务是在服务区免费提供定位、测速和授时服务，定位精度为厘米级，授时精度为 50 ns，测速精度 0.2 m/s；授权服务是向授权用户提供更安全的定位、测速、授时和通信服务以及系统完好性信息。

2009 年启动北斗三号系统建设，2018 年年底完成 19 颗卫星发射组网，完成基本系统建设，向全球提供服务；2020 年完成 30 颗卫星发射组网，全面建成北斗三号系统。2020 年 6 月 23 日，北斗三号最后一颗全球组网卫星在西昌卫星发射中心点火升空。2020 年 7 月 31 日上午 10 时 30 分，北斗三号全球卫星导航系统建成暨开通仪式在人民大会堂举行，中共中央总书记、国家主席、中央军委主席习近平宣布北斗三号全球卫星导航系统正式开通。北斗三号系统继承北斗有源服务和无源服务两种技术体制，能够为全球用户提供基本导航（定位、测速、授时）、全球短报文通信、国际搜救服务，中国及周边地区用户还可享有区域短报文通信、星基增强、精密单点定位等服务。

3）北斗卫星导航系统的组成

以北斗三号为例，北斗卫星导航系统由空间段、地面段和用户段三部分组成，如图 8.16 所示。

北斗系统用户段

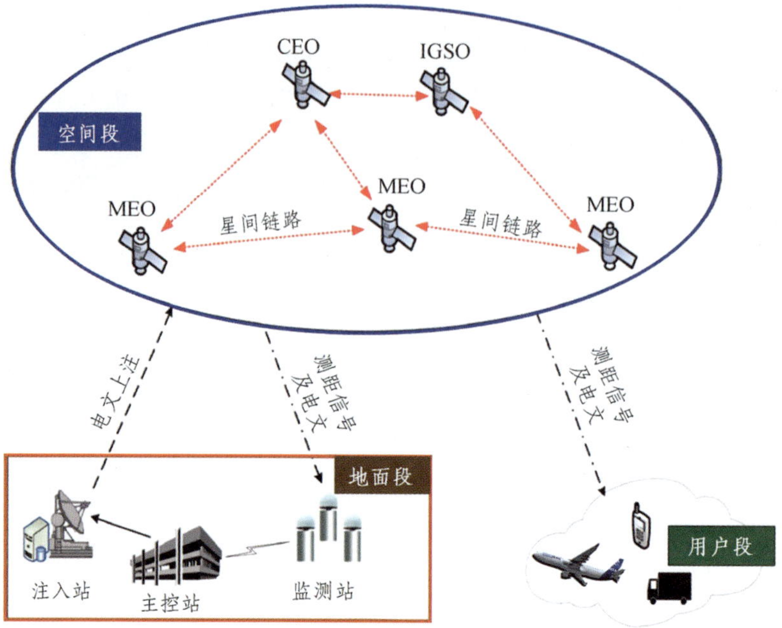

图 8.16　北斗三号系统组成

（1）空间段。

北斗系统空间段计划由 35 颗卫星组成，包括 5 颗静止轨道卫星、27 颗中圆地球轨道卫星、3 颗倾斜同步轨道卫星。考虑卫星的故障、寿命、性能提升等情况，实际在轨卫星数量会更多，如图 8.17 所示。北斗独创的混合星座设计，既能实现全球覆盖、全球服务，又可为亚太大部分地区用户提供更高性能的定位导航授时服务。

北斗三号卫星星座

地球中圆轨道卫星（MEO）轨道高度约 21 500 km，周期约 12 h，倾角 55°，能满足最基础的服务，是全球卫星导航系统中实现全球服务的最优选择，但精度有限，最主要的作用是完成信号地标无死角的卫星信号覆盖。地球静止轨道卫星（GEO）轨道高度约 36 000 km，卫星轨道面与赤道面重合，周期为 24 h，与地球自转同步，卫星相对地表处于“静止”状态，“固定”在赤道正上方一个点上。GEO 卫星在区域导航服务方面具有明显优势，卫星利用率高，属于导航系统中的增强系统，可以起到星间通信和地表通信功能，是提高导航定位精度的杀手锏。倾斜地球同步轨道卫星（IGSO）与静止轨道同属同步轨道，轨道高度相同，运行周期与地球自转周期相同，单星覆盖区域较大，3 颗卫星即可覆盖亚太大部分地区，作为高轨道卫星，信号抗遮挡能力强，尤其在低纬度地区其性能特点更为明显，同时解决了高纬度（尤其南北极地区）低仰角的问题。

（2）地面段。

北斗系统地面段包括主控站、时间同步/注入站和监测站等若干地面站，以及星间链路运行管理设施，如图 8.18 所示。

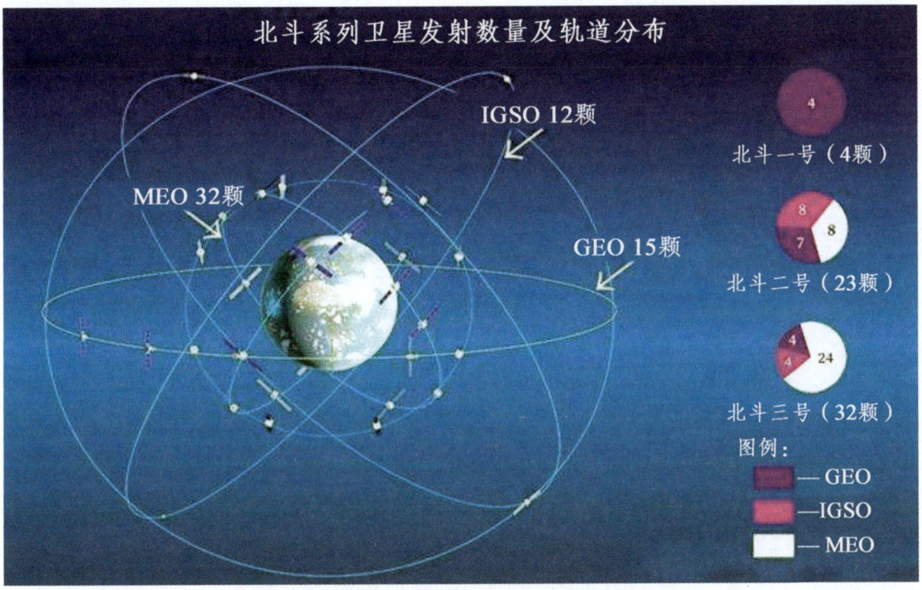

图 8.17　北斗三号空间卫星轨道及分布

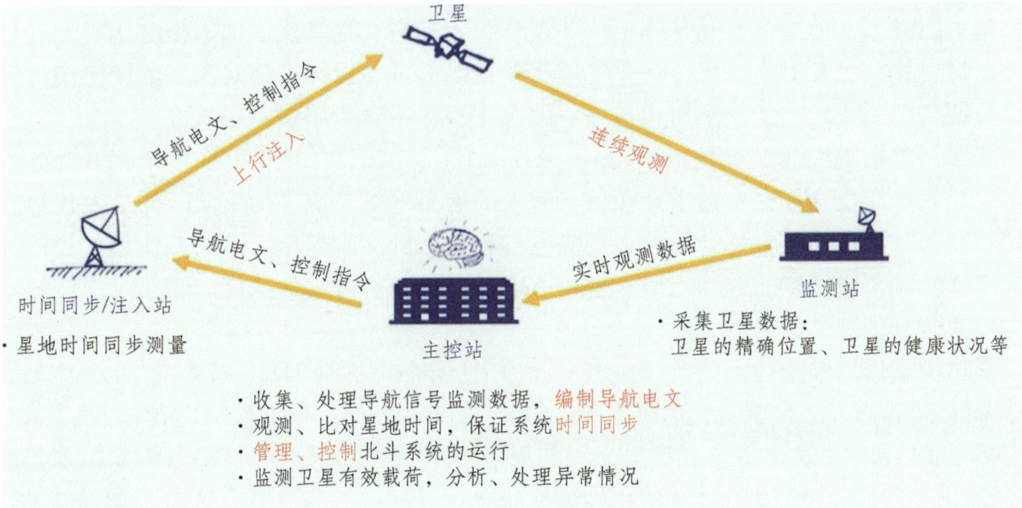

图 8.18　北斗系统地面段

地面段将星历、钟差等信息上注北斗卫星，卫星发射导航信号并传递相关信息，用户终端接收可见的卫星信号和信息后进行解算，便能实现导航定位。

主控站是北斗系统运行和服务的核心枢纽，调度分布在全国的地面站网，管控整个北斗卫星网络。

（3）用户段。

北斗系统用户段包括北斗兼容其他卫星导航系统的芯片、模块、天线等基础产品，以及终端产品、应用系统与应用服务等。

4）北斗卫星导航系统原理

北斗系统
短报文功能

北斗导航卫星发射测距信号和导航电文，导航电文中含有卫星的位置信息。用户接收机在某一时刻同时接收三颗以上卫星信号，测量出用户接收机至三颗卫星的距离，通过星历解算出卫星的空间坐标，利用距离交会法就解算出用户接收机的位置。简单来说导航定位实施步骤是：地球上的北斗用户接收机同时测量自身到至少三颗卫星的距离；各卫星的位置通过导航电文播发给用户；以卫星为球心，距离为半径画球面；三个球面相交得两个点，根据地理常识排除一个不合理点即得用户。

北斗系统短报文通信原理：短报文发送方首先将包含接收方 ID 号和通信内容的通信申请信号加密后通过卫星转发入站；地面中心站接收到通信申请信号后，经脱密和再加密后加入持续广播的出站广播电文中，经卫星广播给用户；接收方用户机接收出站信号，解调解密出站电文，完成一次通信。与定位功能相似，短报文通信的传输时延约 0.5 s，通信的最高频度也是 1 s 1 次。

北斗三号通过信号体制的优化设计和卫星载荷能力提升设计，可支持单次报文最长 1 000 个汉字，终端发射功率可降低到 3 W 以下，系统入站容量优于 1 000 万次/小时，为大规模应用提供条件；根据短报文服务特点，设计了位置报告、应急搜救和报文通信三种基本服务，其他服务在此基础上扩展延伸，为短报文规模化、国际化应用提供基础条件；针对民用服务对系统大容量、终端小型化等需求，设计了相对独立的民用信号，同时为便于民用推广应用，采用相对独立的民用服务平台为用户提供服务。

北斗三号在 B1、B2 和 B3 频段提供 B1I、B1C、B2a、B2b 和 B3I 五个公开服务信号。北斗系统是全球第一个提供三频信号服务的卫星导航系统，这是北斗的后发优势。使用三频信号可以构建更复杂模型，消除电离层延迟的高阶误差。同时，使用三频信号可提高载波相位模糊度的解算效率，理论上还可以提高载波收敛速度。北斗系统信号复用方式为码分多址（CDMA）。

根据信息速率和结构不同，导航电文分为 D1 导航电文和 D2 导航电文。D1 导航电文速率为 50 bit/s，D2 导航电文速率为 500 bit/s。MEO/IGSO 卫星播发 D1 导航电文，GEO 卫星播发 D2 导航电文。卫星导航电文更新周期为 1 h。

5）北斗系统增强系统

北斗地基
增强系统

北斗系统增强系统包括地基增强系统与星基增强系统。

北斗地基增强系统是北斗卫星导航系统的重要组成部分，按照“统一规划、统一标准、共建共享”的原则，整合国内地基增强资源，建立以北斗为主、兼容其他卫星导航系统的高精度卫星导航服务体系。利用北斗/GNSS 高精度接收机，通过地面基准站网，利用卫星、移动通信、数字广播等播发手段，在服务区域内提供 1 ~ 2 m、分米级和厘米级实时高精度导航定位服务。系统建设分两个阶段实施，一期为 2014 年到 2016 年年底，主要完成框架网基准站、区域加强密度网基准站、国家数据综合处理系统，以及国土资源、交通运输、中科院、地震、气象、测绘地理信息 6 个行业数据处理中心等建设任务，建成基本系统，在全国范围提供基本服务；二期为2017年至2018年年底，主要完成区域加强密度网基准站补充建设，进一步提升系统服务性能和运行连续性、稳定性、可靠性，具备全面服务能力。

北斗星基增强系统是北斗卫星导航系统的重要组成部分，通过地球静止轨道卫星搭载卫星导航增强信号转发器，可以向用户播发星历误差、卫星钟差、电离层延迟等多种修正信息，实现对原有卫星导航系统定位精度的改进。按照国际民航标准，开展北斗星基增强系统设计、试验与建设。目前，已完成系统实施方案论证，固化了系统在下一代双频多星座（DFMC）SBAS标准中的技术状态，进一步巩固了BDSBAS作为星基增强服务供应商的地位。

8.1.2.5 全球导航卫星系统性能

全球导航卫星系统性能是针对GNSS为海陆空天的运载体提供定位测速及授时（PVT）和定位导航及授时（PNT）服务所提出的概念，包括三类：

第一类是导航服务性能。该类性能是ICAO对民用航空GNSS导航空间信号提出的性能要求，包括精度、完好性、连续性和可用性4个指标。4个性能指标是相互联系的。为确保GNSS导航定位结果真实可信，并且能满足飞行运行的要求。对于民用航空导航定位而言，4个性能指标中完好性性能指标最重要。

第二类是增值服务性能。该类性能指GNSS扩展服务功能，包括授时、通信及位置报告等一系列增值业务功能。

第三类是高维服务性能。高维服务性能也称为集成服务性能，包括系统集成、系统信息融合、抗干扰能力、抗欺骗能力、安全性、自主性、排异性、信号捕获性等性能指标。

GNSS三类性能中导航性能是GNSS系统性能的基础，在民用航空等高精确导航定位应用中至关重要。

国际民航组织在附件10中对GNSS空间信号的精度、完好性、连续性和可用性等性能要求有详细、明确的指标，供用户查阅、使用。

1）精　度

精度（accuracy）是指在95%概率下，用户接收机解算位置与实际位置之间的偏差。精度是一个统计概念，GNSS导航定位原理表明，其精度可以利用均方根距离和圆概率误差这两个概念来描述。

精度因子（DOP）是测量误差的方差被放大为定位误差的方差的系数，表示用户接收机和GPS卫星之间的几何分布对定位误差、定时误差的影响大小的度量值，反映了由测量误差引起的定位误差取决于用户接收机和GPS卫星之间的相对几何布局。几何精度因子（GDOP）是一个全面反映测量误差对定位、定时误差的影响参数，其可以分解为位置精度因子（PDOP）和时间精度因子（TDOP）。位置精度因子（PDOP）分解为水平精度因子（HDOP）和垂直精度因子（VDOP）。在相同的测量条件下，各种DOP值越小，表明定位误差越小，精度越高。

卫星的几何分布、可见数量都将影响 GDOP 值。当卫星集中分布在某一区域或一条直线上时，其几何分布较差，GDOP 值较大；当卫星分散分布在用户的四周时，其几何分布较好，GDOP 值较小；最佳几何布局是 4 颗参与定位的导航卫星中，一颗位于天顶、仰角为 90°，其他 3 颗连线呈正三角形分布，仰角为 60°，此时 4 颗卫星与用户接收机之间所构成的六面体体积最大，GDOP 最小。定位时可见卫星颗数越多，则可供系统选择的卫星越多，相应的 GDOP 值越小；障碍物遮蔽等问题造成卫星不可见，即使有良好的几何分布，但没有任何实际意义的。

2）完好性

完好性（integrity）是指导航定位结果的可信度。完好性表明系统发生故障或误差超出一定允许极限，无法提供可信的导航定位服务时向用户及时发出系统不可用的告警或关闭系统的能力。

虽然完好性异常现象发生的概率极小，但一旦发生，会导致不可预知的或不可估量的影响，甚至会危及飞行安全。

完好性异常发生的主要原因：卫星时钟异常、卫星电子设备故障、广播卫星星历数据错误、电离层或大气层异常、信号多路径效应大、接收机故障和信号受到干扰等。

衡量完好性的 3 个指标是完好性风险、告警时间和告警门限。

3）连续性

连续性（continuity）是指航空器或其他运载体在运动过程中，导航系统提供所需精度、完好性的连续服务能力。连续性反映了运行阶段系统服务持续工作的能力。

发生服务中断不连续有计划内中断和计划外中断两种情况。计划内中断的主要原因是系统定期维护，计划外中断的主要原因是系统发生故障。

4）可用性

可用性（availability）是指导航系统为用户机提供可用的导航服务时间与该飞行阶段总时间的比值。

可用性与可见卫星数量、飞行区域、卫星几何分布、卫星仰角、周围电磁环境、接收机设备等密切联系。

在高山峡谷中飞行，由于可见卫星数量减少、可用卫星仰角增大、卫星信号多路径干扰增大等原因，会导致可用性下降；在电磁环境复杂，或有人为干扰的环境飞行，也可能导致可用性下降，或中断导航定位服务。

8.1.2.6 GNSS 增强系统

为提高 GNSS 的导航性能，特别是精度和完好性，以满足民用航空用户不同飞行阶段、不同导航应用和导航规范的需求，在用户接收机单点绝对独立定位的基础上，利用外部辅助和差分技术，ICAO 定义了三种类型增强系统（机载增强系统、星基增强系统、地基增强系统），以增强系统导航性能。

1）机载增强系统

机载增强系统（Airborne Based Augmentation System，ABAS）是为了增强或者集成包含机载航空器信息的 GNSS 系统，提高和增强了 GNSS 或航空器导航系统的性能。目前，ABAS 主要采用的技术有三种：接收机自主完好性监视、故障探测和排除技术，使用冗余 GNSS 信息来提供数据的完好性；航空器自主完好性监视技术，使用附加机载传感器信息来提供 GNSS 数据完好性的技术；导航传感器信息综合技术，将 GNSS 和其他机载导航传感器集成，来提高改进的航空器导航系统性能。

（1）接收机自主完好性监视/故障探测和排除技术。

读懂 RAIM 预报

接收机自主完好性监视（Receiver Autonomous Integrity Monitoring，RAIM）算法及功能，嵌入机载卫星导航接收机内部。该算法利用观测到的冗余卫星测距信息，采用一致性校验方法来探测故障卫星，并向机组发出告警信息。RAIM 技术采用导航卫星故障探测（FD）算法，因此 RAIM 算法也可以称为 FD 算法。FD 算法至少需要 5 颗可见卫星，通过组合发现大位置误差，在给定飞行模式下可以探测到故障，但并不能确定故障的确切卫星。

RAIM 可用性与飞行运行类型、阶段有关。如果 RAIM 监控结果满足运行要求，说明此时卫星导航完好性符合要求，即“RAIM 可用”（RAIM Available）；如果 RAIM 监控结果不满足运行要求，将出现 RAIM 告警，即“RAIM 不可用”（RAIM Unavailable）、“失去 RAIM”或“GPS 主用失去”（GPS Primary Lost）。

两种情况将引起 RAIM 告警：视野内卫星几何分布不合适且数量不足；接收机探测到卫星故障，导致失去 GNSS 导航能力。

故障检测和排除（Fault Detection and Exclusion，FDE）算法最少需要 6 颗可见卫星。它是利用冗余卫星信号进行导航解算，不仅可以探测卫星故障，还可以发现并排除故障卫星，以便使用无故障卫星进行导航解算，其导航结果可以支持正常导航。

由于导航卫星运行轨道的特性，低仰角卫星可能受到高山等地形遮蔽，因此在中高度飞行时 RAIM 和 FDE 可用性将略有降低，在高高度飞行时 RAIM 和 FDE 可用性略有提高。

（2）航空器自主完好性监视技术。

航空器自主完好性监视（Aircraft Autonomous Integrity Monitor，AAIM）使用包括来自 GNSS、惯性导航等多种导航传感器的位置估计冗余信息，为卫星导航提供至少等同于 RAIM 的完好性监控能力。

例如，当 RAIM 不可用但是 GNSS 定位信息仍然有效时（只有 4 颗符合要求的可见卫星），可以使用惯性导航系统或者其他导航传感器，来检测 GNSS 数据的完好性，但机载系统必须要有飞行管理系统等相关处理设备。

（3）导航传感器信息综合技术。

导航传感器信息综合技术是指用 GNSS 信息与其他机载传感器信息集成来提高系统的导航性能。例如，飞行管理系统使用包括 GNSS 在内的多导航传感器数据来增强和提高航空器的导航性能。

2）星基增强系统

SBAS 介绍

星基增强系统（Satellite-Based Augmentation System，SBAS）是一种用户接收机导航增强信息来自空间同步卫星星载发射机的卫星导航增强系统。SBAS 能够为广域范围内用户提供比 GNSS 独立导航更优性能的导航定位服务。

现在全球有美国的广域增强系统（Wide Area Augmentation System，WAAS）、欧洲的同步卫星导航覆盖服务（European Geostationary Navigation Overlay Service，EGNOS）、日本的多功能卫星增强系统（Multi-Functional Satellite Augmentation System，MSAS）、印度的 GPS 辅助型静地轨道增强导航（GPS Aided Geo Augmented Navigation，GAGAN）以及俄罗斯的差分校正和监测系统（System for Differential Corrections and Monitoring，SDCM）等 SBAS 系统，如图 8.19 所示。

国家/地区	系统	卫星数量/颗	轨道类型
美国	WAAS	3	GEO
欧洲	EGNOS	3	GEO
俄罗斯	SDCM	3	GEO
日本	MSAS	2	GEO
印度	GAGAN	2	GEO

图 8.19　全球 SABS 系统及服务区域

（1）SBAS 的组成。

SBAS 由空间部分、地面部分和机载部分组成，如图 8.20 所示。

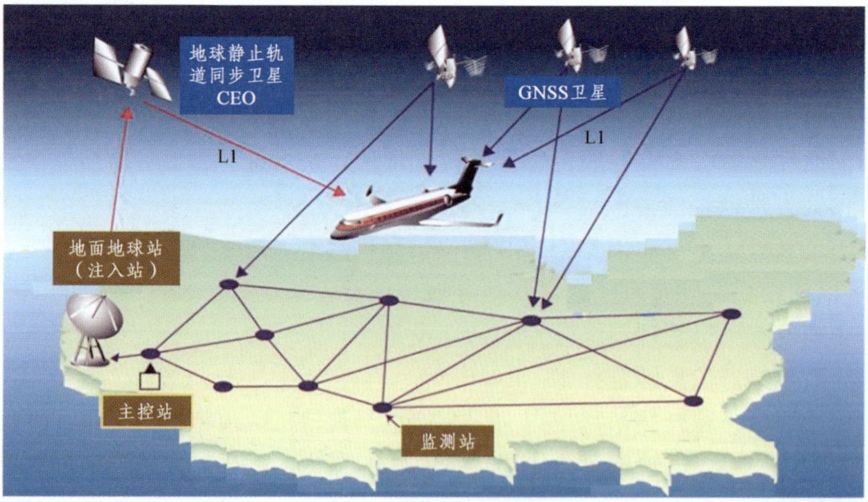

图 8.20　SBAS 组成及工作

空间部分包括 GNSS 核心星座、一颗或者多颗同步卫星（GEO）以及 GEO 卫星上的信号发射机等。

地面部分包括一组分布在主要服务区的监测站，一个或多个主控站，一个或多个卫星上行链路地面地球站（或上行注入站），以及连接地面单元的通信网络。

机载部分包括机载 SBAS 接收机及相关组件。SBAS 接收机可以是独立功能接收机，也可以将 SBAS 接收机功能集成到多模式接收机（MMR）内。

（2）SBAS 的工作原理。

大量分布范围极广的差分参考站（位置已知）对导航卫星进行连续跟踪监测，接收、监测的所有信息处理后发送给主控站；主控站计算星钟误差、电离层延迟等修正量和完好性信息等增强信息，将信息格式化成报文发给上行注入站（地面地球站）；上行注入站将报文调制后，向 SBAS 的地球静止轨道同步卫星（GEO）发射；GEO 卫星将收到的增强信息利用导航卫星载波通过民用码（C/A）转发修正量、完好性等增强信息至用户；用户 SBAS 接收机进行解算得到增强的导航定位结果，其精度、完好性得到大大增强。

SBAS 利用 GEO 卫星，向用户提供可视空间卫星的差分修正量、完好性信息和附加测距信号，向用户提供更高性能、等级的服务。

现有的 SBAS 是作为独立的、区域性系统运行的，且其主要针对各自系统覆盖范围内的民航提供。

各个 SBAS 导航电文的设计思想基本一致，主要包含数据内容、差错控制编码、编排结构及播发方式等方面，但根据系统需求不同，各电文设计也存在一定的差异。

3）地基增强系统

GBAS 介绍

地基增强系统（Ground-based augmentation system，GBAS）是一种用户接收机导航增强信息来自地面发射机的卫星导航增强系统，其主要目的是为机场附近的 GNSS 信号提供精度和完好性增强服务，以支持精密进近和着陆运行。

GBAS 系统可提供进近、定位两类服务。进近服务是指在信号服务区域内提供 I 类及以上等级精密进近、类精密进近（APV）和非精密进近（NPA）进近服务；定位服务是指在信号服务区域内，提供二维或三维定位、测速和授时（PVT）服务，以支持 GLS 进近、区域导航及相关运行等。两类服务分别对应包括完好性要求在内的不同性能要求。

GBAS 工作

（1）GBAS 的组成。

GBAS 系统由卫星子系统、地面站子系统、机载子系统组成，如图 8.21 所示。

① 卫星子系统。

GBAS 卫星子系统包括 GNSS 核心星座、可供选择的 SBAS 系统 GEO 卫星。卫星子系统的主要功能是提供卫星状态、定位和授时信号。可视卫星至少 4 颗，以满足接收机定位的要求。

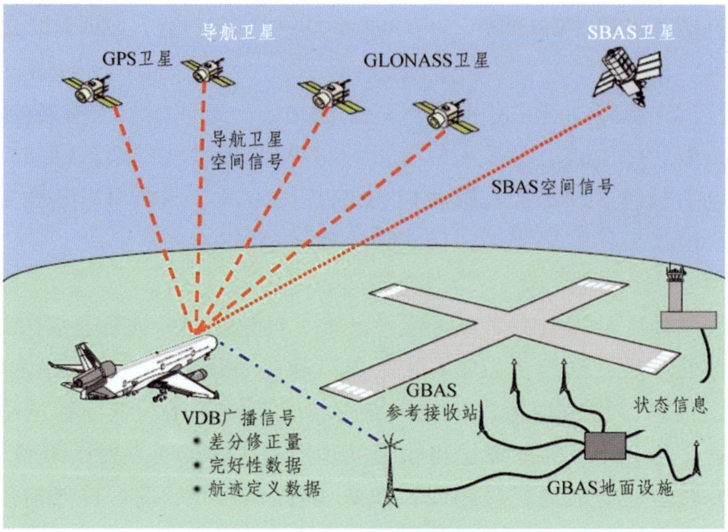

图 8.21　GBAS 系统组成

② 地面子系统。

GBAS 地面站子系统，由一组参考接收机、一台或多台 VHF 数据广播电台（VDB）和其他地面设施组成。参考接收机一般为 3 台或 4 台，并安装在合适的位置。地面子系统完成对导航卫星、SBAS 增强卫星的信号跟踪、处理，并将地面增强信号通过 VDB 电台，向机场周边的航空器广播，为航空器提供精密定位和精密进近引导服务。一套 GBAS 地面设备可同时为信号覆盖范围内的至少 26 个 I 类精密进近程序提供指引。

地面参考接收机一般由 3 部或者 4 部参考接收机，跟踪、接收并解码空间 GNSS 卫星信号，测量视野内的每颗 GNSS 卫星、SBAS 卫星的伪距和伪距变化率。由于存在潜在的多路径干扰信号，参考接收机一定要安装在开阔地带，以尽量减少此类干扰。如果安装 3 部接收机，接收机天线通常为正三角形几何布局；如果安装 4 部参考接收机，通常按正四边形几何布局。

地面 VHF 广播台是利用 VHF 频段向机场周边广播 GNSS 地面增强信号。VDB 的工作频率为 108.025 ~ 117.975 MHz，以 25 kHz 为间隔。VDB 发射机安装在机场内或者附近，通常选择开阔地带或者候机楼顶上，确保广播信号在每一条进近程序的决断高位置没有遮挡。VDB 天线高约 10 m，有效距离半径以地面参考站中心位置为基准，通常要求距离每一进近程序决断高（DH）点 6 km 以内。

③ 机载子系统。

GBAS 的机载子系统包含天线、GBAS 接收机或多模式接收机（MMR），以及控制显示单元。GBAS 机载子系统接收、处理卫星导航信号和地面增强信号，计算并输出定位信息、相对于指定航迹的偏离信息以及相关告警信息。

机载子系统分 MMR 架构和非 MMR 架构两种类型。MMR 架构在新型大中型运输机上比较常用，非 MMR 架构在小型航空器或者老旧航空器上比较常用。非 MMR 架构可提供与 MMR 架构相同的 GBAS 功能，但是将 GBAS 集成到一个非 MMR 架构的航空器上，其航电系统的复杂度远高于 MMR 架构。

（2）GBAS 典型应用。

目前，GBAS 典型应用就是利用卫星着陆系统（GNSS Landing System，GLS）实施精密进近。卫星着陆系统（GLS）是一种基于 GBAS 导航性能增强的卫星着陆系统，包括实现精密进近和着陆的 GBAS 系统，以及与之相关的航空器功能。我国上海浦东机场安装了美国霍尼韦尔公司 SLS-400 型 GBAS 设备，于 2015 年 3 月 20 日完成 GLS 进近验证试飞，现已正式运行。

GLS 进近程序由最后进近航段（Final approach segment，FAS）航迹来定义。FAS 航迹是一条空间线，利用着陆入口点/虚拟入口点（LTP/FTP）、飞行航迹对准点（FPAP）、入口交叉高（TCH）和下滑角（GPA）来定义。这些参数由广播数据块或机载导航数据库来提供。GLS 进近时通过接收地面 VDB 广播的最后进近航段（FAS）数据块或机载导航数据库选定来定义一个虚拟航向道/下滑道；利用 GBAS 接收机/MMR 的高精度三维定位结果，计算航空器偏离定义航向道/下滑道的偏差；计算结果向飞行管理系统输入，并在相关仪表上显示，显示的信息包括水平和垂直偏差、跑道入口距离等。

GBAS 所广播的增强信号有服务区域限制，一般仅适用于机场周边 23 NM。GLS 进近服务区分为水平服务区和垂直服务区，如图 8.22 所示。在有效服务区内，GBAS 系统满足相关等级进近精度、完好性和连续性要求。

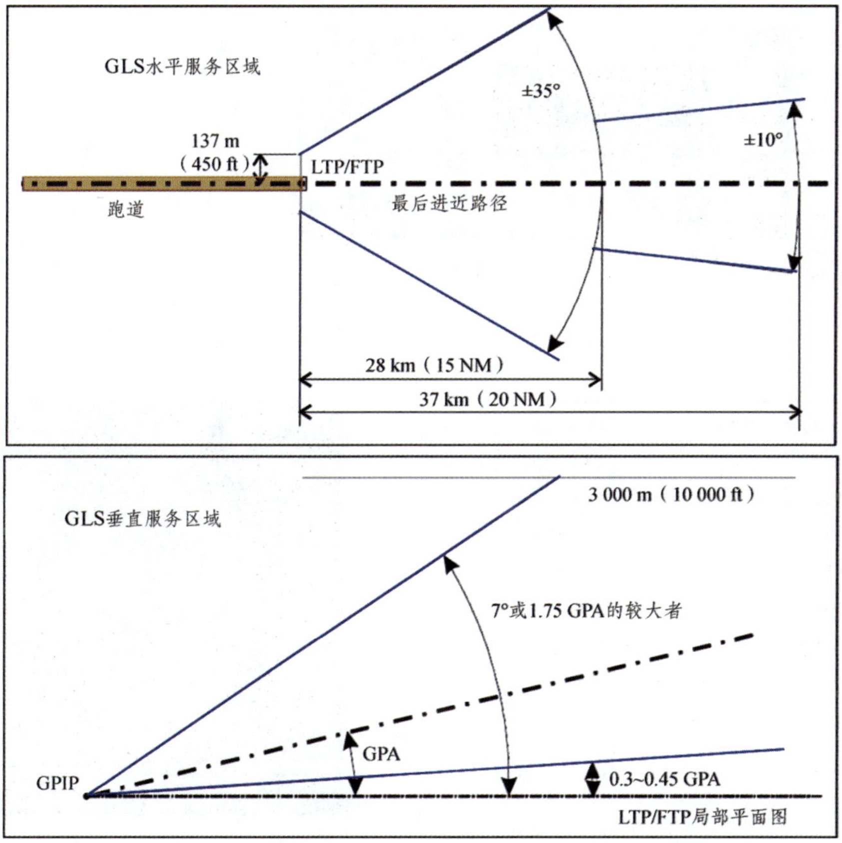

图 8.22　GLS 服务区域

实施 GLS 进近前必须在导航控制面板上设置并确认 GLS 进近程序通道号，通道号应与 VDB 广播或导航数据库的最后进近航段（FAS）数据块一致，同时确认与进近图上程序一致，如图 8.23 所示。GLS 进近程序通道号为 5 个数字，一个通道号对应一个最后进近航段（FAS）数据块，即对应一个 GLS 进近程序。FAS 数据块由地面 VDB 广播的通道号范围为 20 001 ~ 39 999；FAS 数据块存储在机载导航数据库中的通道号范围为 40 000 ~ 99 999。GLS 进近程序通道号选定后，GBAS 机载子系统将自动调定对应的 FAS 数据块定义的航向道/下滑道，相关仪表上即可显示 GLS 进近信息，同时在飞行管理系统的控制显示组件相关页面上选择好对应的 GLS 进近程序代码（GLS + 跑道编号 + 序号或 GLS + 序号 + 跑道编号，如选择 GLS32LA），即可完成 GLS 进近准备，如图 8.24 所示。

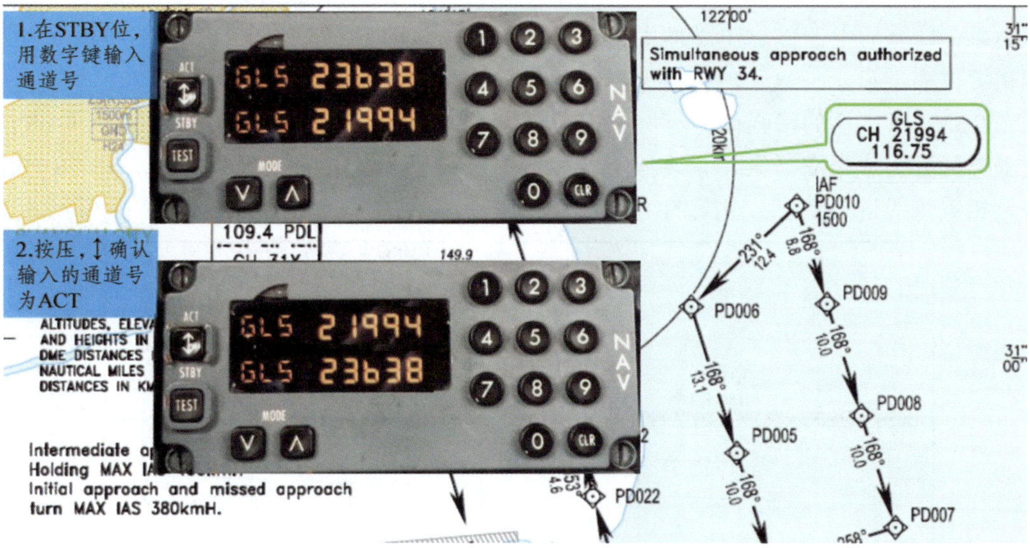

图 8.23 GLS 进近通道号设置

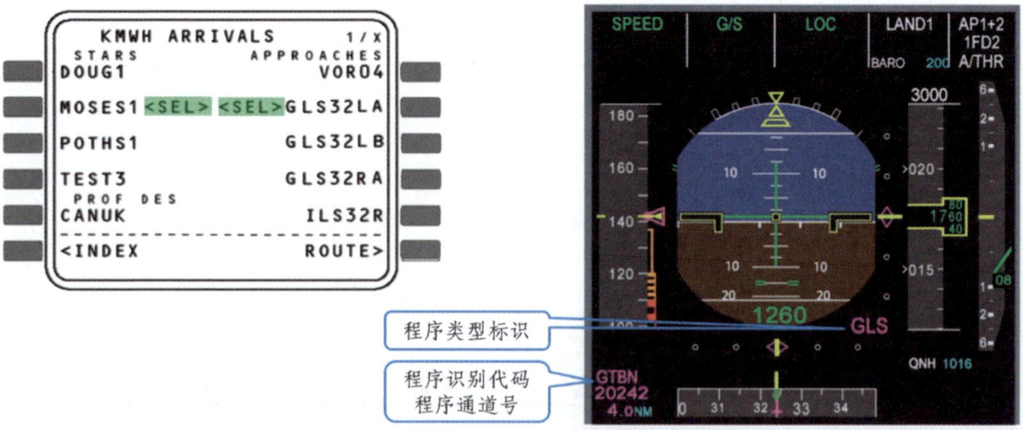

图 8.24 GLS 进近程序选择及显示

当航空器进入 GBAS 进近引导服务扇区时，将截获虚拟 GLS “航向道”，并驱动航道杆产生偏离。与 ILS 类似，GLS 进近时先截获 “航向道”，然后再截获 “下滑道”。GLS 进近航向道满偏为 2°，下滑道满偏为 0.36°。

在 GLS 进近的任何阶段，如果 GBAS 服务等级下降到不能再满足所需的性能等级，机载系统将出现告警，仪表指示也与实际偏差不一致。

GLS 进近运行优势体现在：多个程序运行成本低；多类型航空器混合运行效率高；运行环境要求低，场地改造成本低；信号稳定，空中活动影响小，易缩小进近间隔；导航性能更优，可实现曲线进近；多路径干扰小，测距更精确，降低 VHF 频率需求；跑道入口变更灵活，最后进近下滑角易于调整等。

8.2 现代导航方法

随着民用航空的迅速发展，航班延误、空域拥挤、安全风险等问题已成为航空界关注的焦点，也是一个必须解决的问题。解决这一问题最好的方法之一就是利用现代导航系统和方法实施飞行运行。

8.2.1 区域导航

区域导航应用

8.2.1.1 区域导航概念

区域导航（Area Navigation，RNAV）是一种导航方法，允许飞机在台基导航设施信号覆盖范围内或在自主导航设备能力限度内或两者配合下按任何希望的飞行路径运行。其中，台基导航设施包括传统地面电台为基础的陆基导航设备和以卫星导航系统为基础的星基导航设备；区域导航也涉及航路结构和空域环境。

随着机载导航设备的不断更新、日渐复杂和精确，导航精度越来越高，传统的航路系统就空域使用和机载设备能力应用而言显得越来越缺乏经济性、灵活性和高效性。现代导航系统具备不依赖于陆基导航设备而在任意两点之间精确飞行的能力。这就是区域导航的概念。到 20 世纪 80 年代初期，航空电子技术已经发展到能够实现区域导航的程度。到 1998 年以后，欧洲率先实施了基础的区域导航 B-RNAV（Basic-RNAV），B-RNAV 的实施被认为是向所有航路飞行阶段实施区域导航运行的第一步过渡，并陆续将区域导航技术应用于各飞行阶段。区域导航技术和系统的发展，由最初功能单一的区域导航计算机逐步发展为高度集成且功能强大的飞行管理系统。

8.2.1.2 区域导航使用的导航系统

从民用航空目前所使用的导航系统来看，可以用于区域导航的导航系统有：① VOR/DME。这种导航系统是最简单的设备。② DME/DME。位置信息的质量取决于 DME/DME 双台对飞机的几何位置关系和接收距离，所以在有较多 DME 台覆盖并可以选取较好组合时，此系统极为可靠。③ 惯性导航系统（INS/IRS）。惯性导航系统计算机都具有 RNAV 计算能力，可以输出精确的现在位置等导航数据和飞机姿态航向信息。④ 全球卫星导航系统（GNSS）。全球卫星导航系统符合单一导航手段，完全满足国际民航组织对 RNAV 的技术要求。

8.2.1.3　区域导航的特点

区域导航（RNAV）的主要特点是能够脱离电台台址的束缚，便于编排短捷的、希望的飞行路径，便于发挥多套组合及多种导航系统组合的优势。区域导航（RNAV）的特点反映在航线结构上：RNAV 航线就是航路点系列组成的连线，这些航路点是脱离电台台址而自行定义的任何地理位置点，传统导航航线是电台台址系列组成的连续；反映在定位方法上：RNAV 定位的是飞机在地球上的绝对位置，传统导航定位是飞机相对于电台的相对位置；反映在导航计算方法上：RNAV 按飞行计划转换到航线坐标，算出向前方航路点飞行的已飞距离或待飞距离和航迹的侧向偏离，所有的计算是在大圆航线上进行的，传统导航的计算是在当地地图投影平面上进行的。

RNAV 的优点：航线选择灵活；减少陆空通话，减轻管制员、飞行员的工作负荷；便于驾驶员操作；充分利用空域，增加终端区容量。

8.2.1.4　区域导航对机载设备的要求

区域导航对机载导航系统的可靠性和准确性有一定的要求。

设计和安装要求主要包括对电源的考虑、系统故障的传播、频率控制和指示、警告和提醒的显示、数据库等。系统功能要求主要包括侧向导航功能、导航精度和导航完好性等。

8.2.1.5　区域导航运行要求

区域导航由具备区域导航能力的机载导航系统实现，比如具备区域导航能力的区域导航计算机或机载 FMS。

在基于性能导航运行框架下，RNAV 运行需要在地面监视下运行，主要采用陆基二次监视雷达（SSR）或者其他等效监视手段。在经过飞行运行安全评估后，部分运行也可以不需要监视手段。

8.2.2　所需导航性能

所需性能导航应用

8.2.2.1　所需导航性能概念

所需导航性能（Required Navigation Performance，RNP）是建立在 RNAV 基础上的一种导航和运行概念，是具备机载性能监视和告警功能的 RNAV。它是航空器导航系统利用现代的飞行计算机、全球卫星导航系统等技术和创新的程序来确保航空器精确地沿着预定的航道飞行的方法。RNP 能确保导航性能，RNP 的准确性和全天候能力能够极大地增加了飞行安全。

最早开发 RNP 时，主要用于没有陆基助航设备的跨洋航线。目前，RNP 的使用不局限于受地形和天气影响的机场，在降低油耗、加强运行效率、在繁忙空域管理交通、减少噪声和降低排放方面的能力被充分认可。

8.2.2.2 机载性能监视和告警

机载性能监视和告警（Onboard Performance Monitoring and Alerting，OPMA）的目的是使飞行机组人员能够证实 RNP 系统是否符合导航规范要求的导航性能。机载性能监视和告警与侧向、纵向导航性能均有关。OPMA 功能具体含义：

（1）“机载”指性能监视和告警功能在航空器上完成，而不是其他任何地方。

（2）“性能”主要指与运行相关的各项误差，主要包括与操控相关的飞行技术误差、与导航相关的导航系统误差及完好性，以及与航迹定义相关的航迹定义误差。

（3）“监视”是指监视航空器的各项性能，包括导航精度、完好性、航迹跟踪误差或者飞行技术误差等。

（4）“告警”与监视相关：如果航空器的导航系统性能不足，或者航迹跟踪能力不足，就会向飞行机组发出告警信息。

OPMA 功能主要针对航空器导航性能，导航性能体现在侧向、纵向和垂直三个方向。基于气压高度垂直导航（Baro-VNAV）的 RNP 运行中侧向和纵向导航使用星基导航源，垂直方向使用气压高度引导。

1）航空器侧向位置误差概念

航空器侧向位置误差与航空器保持航迹能力和导航定位误差等因素有关，用总系统误差（Total System Error，TSE）来表示。TSE 包含航迹定义误差（Path Definition Error，PDE）、飞行技术误差（Flight Technique Error，FTE）和导航系统误差（Navigation System Error，NSE），如图 8.25 所示。

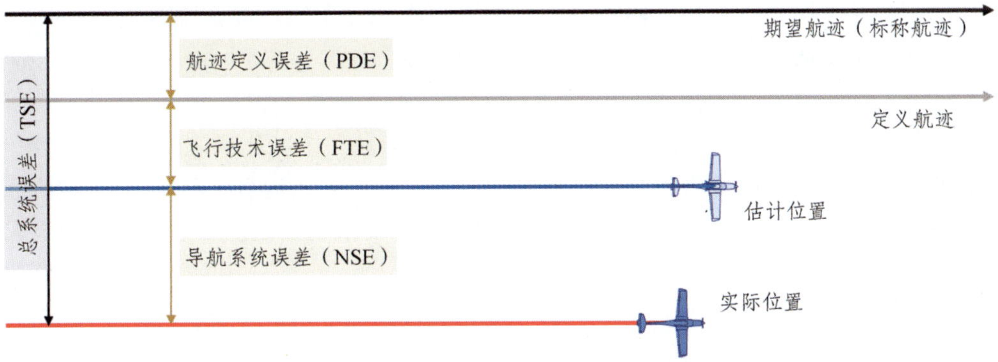

图 8.25　航空器侧向位置误差组成

PDE 是指期望（标称）航迹与设计并公布或存储于飞机数据库中的航迹之间的误差。该误差受到地图等数据的精度、测量精度、计算精度、储存精度等多方面数据精度和误差的影响。

FTE 是飞机指示位置与期望位置之间的误差，不包括失误带来的误差。FTE 体现了航空器航迹跟踪能力，FTE 大小与飞行中操纵方式有直接关系。

NSE 是指导航设备的估计位置与实际位置之间的误差，它主要与导航方式，导航信息源，导航设备的类型、数量、质量，导航软件，导航算法以及当时的飞行器位置、状态、地形等大量因素有关。NSE 表示导航系统的水平导航定位误差。

TSE 是这三种误差的矢量和，TSE 的标准差为这三种误差标准差平方和的平方根。TSE 计算表达式为

$$\mathrm{TSE}=\sqrt{\mathrm{FTE}^2+\mathrm{NSE}^2+\mathrm{PDE}^2}$$

2）减小航空器侧向位置误差方法

（1）减小 PDE 的方法。在设计 RNP APCH 和 RNP AR 进近程序前，使用高精度测量设备测量，严格程序设计过程质量控制体系，通过模拟机验证来发现和消除部分误差，通过飞行校验和飞行验证来进一步发现和消除可能的误差，通过数据库维护等将 PDE 减小，实际应用中通常可以将 PDE 忽略。需要注意的是，制作导航数据库必须提供高精度的 WGS-84 航路点坐标。

（2）减小 NSE 的方法。飞行中优先选择较高精度和较小导航误差的导航系统或组合系统来减小 NSE，但必须知道不同机型、不同时间、不同地点等情况下 NSE 是不相等的。

（3）减小 FTE 的方法。通常规定 FTE 值不允许超过 TSE 值的一半。FTE 与对航空器的操控方式有关。一般说来，人工操纵时 FTE 比人工操纵耦合飞行指引时大，全自动操纵时 FTE 最小。

3）OPMA 功能对机载设备的要求

实施 RNP 运行的航空器，必须要完成包括 OPMA 等功能的机载系统能力评估并通过审定。没有 OPMA 功能的航空器要求执行 RNP 运行，必须进行相关软硬件系统加/改装并通过审定。

具有导航系统误差监视与告警能力（如 RAIM 或 FDE）的机载导航系统，加上一个侧向导航显示器（如 CDI/HSI），使机组人员能够监视 FTE。如果 PDE 忽略不计，则可满足 RNAV 运行监视与告警要求，但不满足 RNP 运行监视与告警要求。

具有总系统误差（TSE）监视与告警能力的机载导航系统，如果忽略 PDE，TSE 可以在主飞行显示器上直观显示和监视，则 RNAV 运行和 RNP 运行（除需要特殊审批授权的 RNP 进近外，因其有特殊附加要求）监视与告警要求均满足。

8.2.2.3　RNP 运行要求

在基于性能导航运行框架下，RNP 运行时机载系统必须具备 OPMA 功能。

OPMA 功能要求航空器在 RNP 飞行运行中，一旦导航性能不满足要求，则机载系统应向机组发出提醒和告警信息。

OPMA 功能是为了满足导航和空域设计两方面的需要，提高了飞行机组的情景意识。

8.2.3 基于性能导航

PBN 概览

8.2.3.1 基于性能导航概念

在区域导航/所需导航性能发展起来以后，由于缺乏统一的标准和指导手册，各地区所采用的 RNAV/RNP 命名规则、技术标准和运行要求千差万别。为统一认识并指导各地区实施新技术，ICAO 提出了基于性能导航的概念，以此来规范区域导航的命名、技术标准，从而停止非统一技术标准的扩散及使用，协调、统一 RNAV/RNP 系统的使用以确保互通，并促进区域导航的全球运用。

2003 年 9 月 22 日至 10 月 3 日，在蒙特利尔召开的第十一届空中航行会议（AN-CONF/11）上，建议 ICAO 整合现有各国及地区 RNP 和 RNAV 运行规范，形成统一的 PBN 运行标准，在全球实现一致化运行。ICAO 借鉴了世界各成员国先期 RNAV 和 RNP 运行经验，在此基础上回顾并重新定义了 RNAV 和 RNP 的概念，并正式建立了基于性能导航运行概念。

2013 年，ICAO 发布了“Performance-Based Navigation Manual”（ICAO DOC 9613 第四版），详细描述了基于性能导航运行要求，为 PBN 全球协调和一致化运行制定了标准。

中国民航局 2009 年 10 月发布了《中国民航基于性能的导航实施路线图》，明确了 PBN 实施计划，2017 年开始中国民航进入全面实施 PBN 运行阶段。

基于性能导航（Performance Based Navigation，PBN）是指在相应的导航基础设施条件下，航空器在指定的空域内或者沿航路、仪表飞行程序飞行时对系统精确性、完好性、可用性、连续性以及功能等方面的性能要求。基于性能的导航涵盖了 RNAV 和 RNP 的所有技术标准。

PBN 明确了在特定空域概念下运行时，对航空器区域导航系统的精度、完好性、可用性、连续性和功能性等方面的性能要求。PBN 运行标志着由基于传感器导航运行向基于性能导航运行的转变。

8.2.3.2 PBN 运行三要素

PBN 运行的三个要素是导航规范、导航基础设施和导航应用。

PBN 三要素

1）导航规范

导航规范是一组对航空器和机组人员的要求，详细说明了在指定空域概念下沿指定航路、仪表飞行程序等特定区域导航运行时所需的系统精度、完好性、可用性和连续性等性能要求。导航规范是作为民航局适航和运行批准的基础。

PBN 运行包含 RNAV 规范和 RNP 规范两类导航规范，如图 8.26 所示。

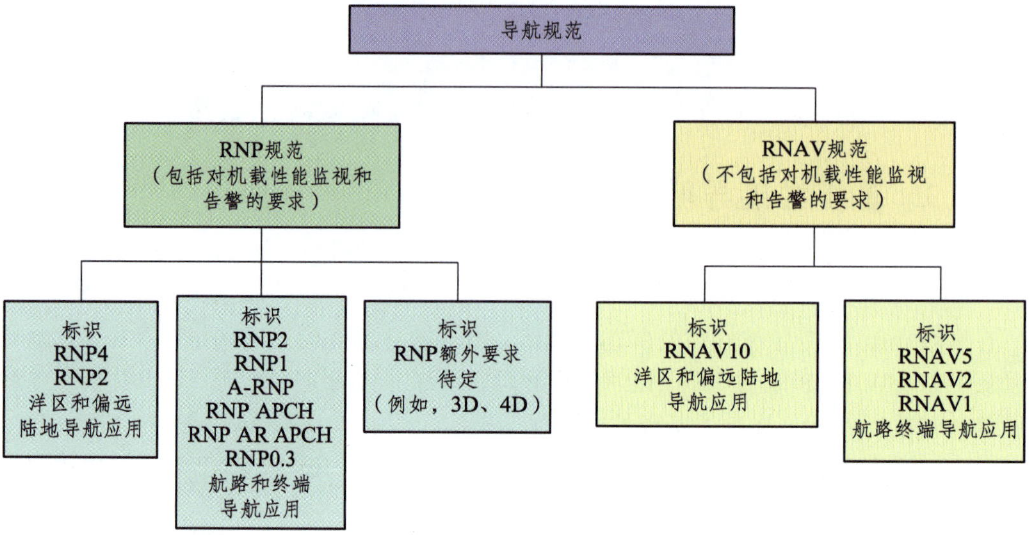

图 8.26　PBN 导航规范

2）导航基础设施

导航基础设施指用于支持每种导航规范的陆基、星基或机载自主导航等基础设施。

在 PBN 运行中，卫星导航系统作为主用导航设施，具有优越的导航性能，可以在所有飞行阶段使用。

陆基导航设施由于其导航性能有限，因此在 PBN 运行中受到一定的使用限制，不能满足高性能运行（比如 RNP 进近）的要求。

NDB 台在 PBN 运行中不再使用，仅在不能实施 PBN 运行时的传统运行中使用。

3）导航应用

导航应用是指按照空域概念，将导航规范及相关的导航系统基础设施，应用于空中交通服务航路、仪表进近程序和/或规定空域。RNAV 应用由 RNAV 导航规范来支持，RNP 应用由 RNP 导航规范来支持。

8.2.3.3　PBN 运行遵循的规章标准

为积极推进 PBN 技术的开发、应用，国际民航组织及中国民航局制定和发布了 PBN 相关规章标准、咨询通告等。

1）国际民航组织现有的 PBN 主要规章标准

《基于性能导航手册》（ICAO DOC 9613）;

《空中航行服务程序——航空器运行》（ICAO DOC 8168）;

《仪表飞行程序设计手册》（ICAO DOC 9368）;

《要求授权的所需导航性能程序设计手册》（ICAO DOC 9905）;

《基于性能导航运行审批手册》（ICAO DOC 9997）。

2）中国民航现有的 PBN 主要规章标准

《使用全球定位系统进行航路和终端区 IFR 飞行以及非精密进近的运行指南》（AC-91FS-01，2005 年 7 月）；

《要求授权的特殊航空器和机组（SAAAR）实施公共所需导航性能（RNP）程序的适航与运行批准准则》（AC-91FS-05，2006 年 12 月 27 日）；

《RNAV5 运行批准指南》（AC-91-08，2008 年 2 月 22 日）；

《在航路和终端区实施 RNAV1 和 RNAV2 的运行指南》（AC-91-FS-2008-09，2008 年 6 月 26 日）；

《在海洋和偏远地区空域实施 RNP4 的运行指南》（AC-91-FS-2009-12，2009 年 5 月 20 日）；

《中国民航基于性能的导航实施路线图》（中国民用航空局，2009 年 10 月）；

《在终端区和进近中实施 RNP 的运行批准指南》（AC-91-FS-2020-01R1，2010 年 3 月 1 日）；

《民用航空机场运行最低标准制定与实施准则》（AC-91-FS-2011-01，2011 年 4 月 19 日）；

《实施要求授权的所需导航性能（RNP AR）飞行程序的适航和运行批准指南》（AC-91-FS-2018-05-R1，2018 年 7 月）。

8.2.3.4 PBN 运行需要的程序和航图

PBN 进近程序

PBN 运行需要相应的飞行程序和公布的航图。PBN 飞行需要的航图主要有离场图、进场图和仪表进近图。

1）PBN 飞行程序

PBN 飞行程序主要包括 RNAV 进离场程序、RNP1 进离场程序、A-RNP 进离场程序、RNP APCH 进近程序、RNP AR APCH 进近程序以及复飞程序等

进离场程序的设计，由于航路点为经纬度坐标点，因此参考机场障碍物分布来设计进离场程序相对比较灵活。

进场程序后续可衔接 ILS 进近程序。为方便截获 ILS 信号实施 ILS 最后进近，通常 RNAV STAR 程序一直延伸至起始进近和中间进近航段，在最后进近点（FAP）衔接 ILS 进近。

PBN 运行框架下根据提供水平/垂直引导方式和性能的不同，仪表进近程序分为精密进近、类精密进近和非精密进近程序。精密进近主要包括 ILS、MLS、PAR、GLS、ILS/DME、ILS/PRM（Precision Runway Monitor）、RNAV/ILS 进近程序等。类精密进近（Approach procedures with vertical guidance，APV）有方位引导和垂直引导，但不能满足建立精密进近和着陆运行要求的仪表进近。APV 程序主要包括气压高度提供垂直引导的 RNP APCH、RNP AR APCH 进近程序，以及 SBAS 辅助提供垂直引导的 APV 进近程序。非精密进近主要包括 NDB、VOR、LOC、LOC BC、LDA、ASR/SRA/SRE、NDB/DME、VOR/DME、LOC/DME、LOC BC/DME、LDA/DME、GPS 进近程序等。

RNP APCH 程序通常采用 T 形或 Y 形设计；RNP AR APCH 进近程序可以采用固定

半径转弯（RF）航段，来避让机场周边复杂障碍物。

2）航图标识

离场和进场的航图标题包含了导航规范 RNAV 或 RNP。标题 RNAV（XX）RWYnn，其中 XX 为导航传感器，nn 为跑道号。例如，RNAV（GNSS）RWY nn，RNAV（DME／DME）RWYnn 等。目前用得比较多的 RNAV 或 RNP 的离场和进场程序在程序标示中使用 RNAV 进行标定，在航图上以标注形式增加 PBN 导航应用类型，在航图上会以标注形式给出传感器类型；2022 年 11 月 30 日之前，所有 RNP APCH 程序（非精密和 APV）标题都为 RNAV（GNSS）RWY nn，RNP AR APCH 程序的标题都为 RNAV（RNP）RWY nn，或者按照新标准公布进行过渡。从 2022 年 12 月 1 日开始，所有 RNP APCH 程序（非精密和 APV）标题都为 RNP RWY nn，RNP AR APCH 程序的标题都为 RNP RWY nn（AR）。

3）机场最低着陆标准

APV 的机场最低着陆标准用 DA/H 和 RVR/VIS 表示。目前，中国民航公布的气压高度垂直导航的 RNP APCH、RNP AR APCH，或基于 SBAS 的 APV 进近程序，除非特殊批准，其 DH 不低于 75 m（250 ft），RVR/VIS 不低于 800 m。

8.2.3.5　PBN 运行需要的导航数据库

机载导航数据库

导航数据库是指任何以电子形式存储在系统中、用于支持导航应用的导航数据集合、打包及格式化文件的总称，用于确定飞机位置，进行导航计算及导航台自动调谐管理等。导航数据库是飞行管理系统、自动飞行系统的主要信息源和重要依据，如图 8.27 和图 8.28 所示。

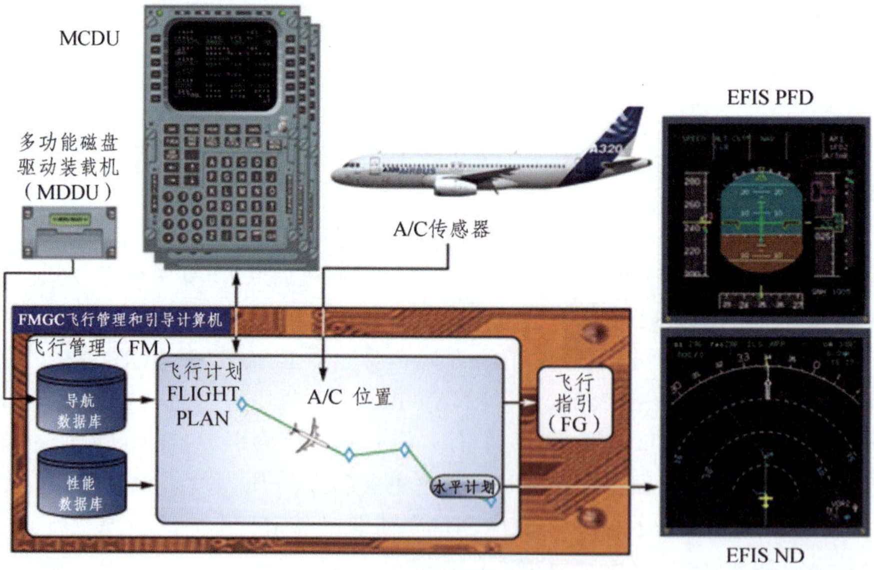

图 8.27　机载导航数据库关系图

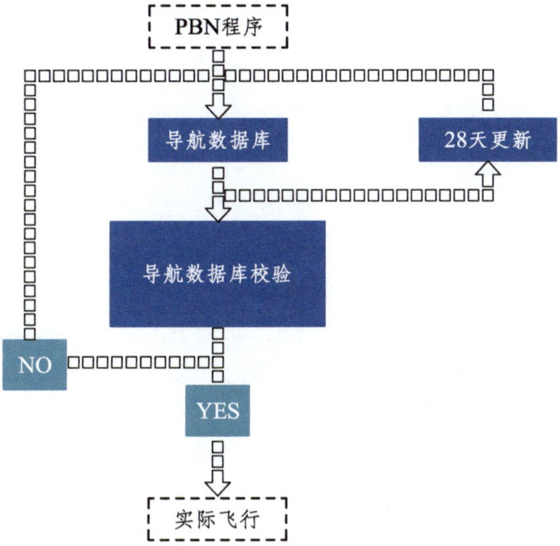

图 8.28 机载导航数据库流程图

导航数据库内容主要包括 VHF 导航设施、航路、机场、公司航路等相关信息。机载导航数据库以 28 天为一个 AIRAC 修订周期，一年中共有 13 个周期，每周期都有生效日期和截止日期，来保证导航数据库的精度和完整性。飞行管理系统存储有 2 个 AIRAC 周期的导航数据库。在飞行准备时飞行员必须选择、确认导航数据库 AIRAC 周期时间在当前日期范围。

导航数据库分为永久导航数据库、补充/临时导航数据库。

永久导航数据库飞行机组无法更改，其数据包括标准数据和客户化数据两种。标准数据是指根据各国/地区民航部门公布的航空资料汇编（AIP）及修订/补充资料制作的航空数据；标准数据为公共数据并按区域代码来区分，包含航路/航线数据、进离场程序、进近程序，供该区域内飞行及运行的所有航空公司使用。客户化数据是指根据航空公司向数据库制造商提供的原始数据及信息，由数据库制造商根据航空公司客户化要求定制的航空数据。客户化数据为专用数据并按航空公司代码来区分，包含公司航路、进离场程序、进近程序、客户化航路点及导航台等，仅供提出客户化需求的航空公司飞行及运行使用。

补充/临时导航数据库由飞行机组根据需要在 CDU/MCDU 相关页面人工输入，并根据先到先用的原则存储在任一数据库中。通常情况下，补充导航数据库以不确定方式存储，需要指定机组按操作程序人工删除，临时导航数据库在飞行任务完成后自动清除。补充/临时导航数据库数据的容量依机载 FMC 不同而有所不同，例如 B737NG 的补充/临时导航数据库可共同存储 40 个导航辅助设备/航路点及 6 个机场信息。

8.2.3.6 PBN 运行的导航规范要求

PBN 规范要求

1）RNAV 导航规范

（1）RNAV 10 规范。RNAV 10 规范适用于海洋和偏远陆地空域飞行运行，支持侧向和纵向各 50 NM 的最低间隔标准；RNAV 10 规范等同于 RNP 10，无 OPMA 功能要求；可以依赖 INS 或 GNSS 导航；要求在 RNP 10 航路上运行期间，至少在 95%的总飞行时间中侧向总系统误差必须在 ± 10 NM 之内；如果使用 GNSS 导航，需要关注导航完好性；如果使用 INS 导航，需要关注积累误差及运行时限。

（2）RNAV 5 规范。RNAV 5 规范即欧洲先期运行的 B-RNAV，适用于大陆航路飞行运行，需要地面提供空中交通监视服务；RNAV 5 规范要求至少 95%的总飞行时间内，横向 TSE 不能超过 ± 5 NM，纵向 TSE 也不能超过 ± 5 NM；RNAV 5 规范运行可选导航源有 VOR/DME、DME/DME、INS/IRS、GNSS；如果 RNAV 5 规范运行使用 GNSS 作为主用导航设备，在签派放行前必须进行 RAIM 预测；RNAV 5 规范运行没有机载导航数据库强制要求。

（3）RNAV1/2 规范。RNAV 1/2 规范主要用于有雷达监视和直接陆空通信的繁忙陆地航路和终端区运行；统一了欧洲精密区域导航（P-RNAV）和美国区域导航（US-RNAV）标准；适用于航路阶段、标准仪表离场（SID）和标准仪表进场（STAR），以及仪表进近程序的起始进近、中间进近阶段；RNAV 1 规范运行要求至少 95%的总飞行时间内，横向 TSE 不能超过 ± 1 NM，纵向 TSE 也不能超过 ± 1 NM；RNAV 2 规范运行要求至少 95%的总飞行时间内，横向 TSE 不能超过 ± 2 NM，纵向 TSE 也不能超过 ± 2 NM；RNAV1/2 规范运行要求在 95%飞行时间内 FTE 不超过 ± 0.5 NM（RNAV 1）和 ± 1 NM（RANV 2）；RNAV 1 和 RNAV 2 规范的航空器机载导航设备/系统要求相同，但是导航性能要求不同；RNAV 1/2 规范飞行运行主要利用一种或多种定位传感器的输入信号，首选导航定位源是 GNSS；必须装载一个包含局方公布的现行有效导航数据库，其所有航路点、DME 台坐标必须基于 WGS-84 坐标系。

各个国家还对 RNAV 运行增加了一些附加要求，在此不一一列举。

2）RNP 导航规范

（1）RNP 4 规范。RNP 4 规范用于海洋和偏远地区，飞行运行可以不需要任何陆基导航设施。GNSS 是支持 RNP 4 规范运行的主用导航传感器；如果航空器加装有管制员-飞行员数据链通信（CPDLC）和合约式自动相关监视（ADS-C）系统，并且支持增加的要求报告率，RNP 4 规范满足 30 NM 侧向和 30 NM 纵向最小间隔要求；机载系统必须具备 OPMA 功能；在 RNP 4 规范航路上运行期间，至少在 95%的总飞行时间中侧向总系统误差必须在 ± 4 NM 之内；至少在 95%的总飞行时间中沿航迹误差也必须在 ± 4 NM 之内[假定飞行技术误差为 2.0 NM（95%）]；在签派放行前，必须使用经批准的 FDE 性能可用性预测程序，预计 FDE 性能不可用的最大容许时间为每次 25 min；航空器必须装载机载导航数据库，导航数据库必须具备存取导航信息的功能，以支持导航系统参考及飞行计划。

（2）RNP 2 规范。RNP 2 规范适用于缺乏或没有陆基导航设施、空中交通服务监视、低密度飞行运行的海洋/偏远地区航路以及内陆航路，高空主要支持运输航空，低空同时也支持通用航空飞行运行；运行唯一使用 GNSS 导航，在 GNSS 受到干扰区域不能实施；

机载系统必须具备 OPMA 功能；至少在 95%的总飞行时间中侧向总系统误差必须在 ± 2 NM 之内；至少在 95%的总飞行时间中沿航迹误差也必须在 ± 2 NM 之内，可以假定飞行技术误差为 1.0 NM（95%）；在签派放行前必须进行 RAIM 预测，RAIM 预测显示最大容许 FD 中断时间不允许超过 5 min；必须装载机载导航数据库，可以插入或者删除计划航路点，但是禁止通过输入坐标或者方位/距离人工创建航路点，也禁止更改导航数据库中航路点属性。

（3）RNP 1 规范。RNP 1 规范适用于中等交通流量、没有或缺乏空中交通雷达监视服务终端区飞行运行；可用于标准进场/离场、起始进近、中间进近以及复飞等飞行阶段；GNSS 是首选导航源；虽然 DME/DME 能够保证 RNP 1 规范运行的精度，但是 RNP 1 规范主要用于没有 DME/DME 信号覆盖或者不能提供运行所需精度的区域；机载系统必须具备 OPMA 功能；至少在 95%的总飞行时间中侧向总系统误差必须在 ± 1 NM 之内；至少在 95%的总飞行时间中沿航迹误差也必须在 ± 1 NM 之内，可以假定飞行技术误差为 0.5 NM（95%）；在签派放行前必须进行 RAIM 预测，RAIM 预测显示最大容许 FD 中断时间不允许超过 5 min；必须装载机载导航数据库，可以插入或者删除计划航路点，但是禁止通过输入坐标或者方位/距离人工创建航路点，也禁止更改导航数据库中航路点属性。

（4）A-RNP 规范。A-RNP 规范适用于海洋及边远地区、大陆航路、终端区进离场、进近和复飞阶段飞行运行；A-RNP 规范涵盖了 RNAV 5、RNAV 2、RNAV 1、RNP 2、RNP 1 和 RNP APCH 等导航规范；制定 A-RNP 规范的主要目的是避免重复审定，只要具备 A-RNP 运行资质和运行能力，则具备了 RNAV 5、RNAV 2、RNAV 1、RNP 2、RNP 1 和 RNP APCH 运行资质和运行能力；A-RNP 规范运行主要基于 GNSS 导航服务，航空器也可以加装惯性参考系统（IRS）和测距仪（DME），具体加装设备要求需要根据运行区域空域情况以及国家或地区的相关规定；机载系统可以独立安装，也可以使用集成系统，比如 GPS/IRS 集成甚至是紧耦合集成；必须具备 OPMA 功能；在指定空域、航路、飞行程序实施 A-RNP 运行期间，水平 TSE 在 95%总飞行时间内必须控制在 RNP 值以内（± 0.3 NM 到 ± 2.0 NM）；在 95%总飞行时间内沿航迹误差必须控制在 RNP 值以内，在 95%总飞行时间内 FTE 不能超过要求 RNP 值的一半，如果 RNP 值为 0.3 NM，则 FTE 不能超过 0.25 NM；主要依赖 GNSS 导航，因此签派放行前须作 RAIM 预测，RAIM 预测显示最大容许 FD 中断时间与计划 RNP 运行要求有关；必须装载机载导航数据库。

（5）RNP APCH 规范。RNP APCH 规范根据垂直引导方式不同分为基于气压垂直引导（Baro-VNAV）的 RNP APCH 程序和基于 SBAS 垂直引导的 RNP APCH 程序。①基于 Baro-VNAV 的 RNP APCH 规范：适用于所有机场（不包含 RNP AR APCH 运行机场）作为主用进近引导，或者作为 ILS、MLS 等进近的备份；仅依赖 GNSS 提供水平导航，因此机场可以不需要建设任何陆基导航设施，除非有特殊需要或者在复飞阶段中使用；进近程序各航段 RNP 值通常为起始进近和中间航段为 1 NM（95%），最后进近航段为 0.3 NM（95%）；两种最低着陆标准，仅提供 LNAV（属于非精密进近）最低着陆标准为 MDH 75 m（250 ft），提供 LNAV/VNAV（属于类精密进近）最低着陆标准为 DH 75 m

（250 ft）；必须具备 OPMA 功能；起始、中间航段和复飞运行期间，至少 95%的总飞行时间中侧向总系统误差必须在 ± 1 NM 之内，在至少 95%的总飞行时间中沿航迹误差也必须在 ± 1 NM 之内；最后进近航段运行期间，至少 95%的总飞行时间中侧向总系统误差必须在 ± 0.3 NM 之内，至少 95%的总飞行时间中沿航迹误差也必须在 ± 0.3 NM 之内；签派放行前须作 RAIM 预测，如果预测任何阶段连续 5 min 以上失去 FD 能力，则应修改飞行计划（如推迟离场或计划一个不同的离场程序）；航空器垂直偏离不允许超过 + 30 m/ – 15 m（ + 100 ft/ – 50 ft）；如果机载气压高度表/大气数据系统不具备温度补偿功能，则运行受高、低温限制；如果具备温度补偿功能并符合法规要求，则运行不受高低温限制；必须装载机载导航数据库。② 基于 SBAS 的 RNP APCH 规范：适用于有 SBAS 增强信号覆盖并能获得可靠增强服务的机场作为主用进近程序引导，或者作为 ILS、MLS 等进近的备份；基于 GNSS 导航，提供两种最低着陆标准，提供 LP（Localizer Performance，属于非精密进近）最低着陆标准为 MDH 最低 75 m（250 ft），提供 LPV（Localizer Performance with Vertical Guidance，属于类精密进近）最低着陆标准为 DH 60 m（200 ft）；在最后进近航段，机载性能监视和告警功能要求 LPV 进近引导信息必须在水平和垂直偏差显示器（HIS、EHSI、CDI/VDI）显示，包括失效指示；在整个进近阶段，TSE 必须控制在 RNP 值以内（95%）；通常对于建立有 LP 或者 LPV 进近着陆标准的机场，在机载导航数据库中定义有 FAS 数据块。

（6）RNP AR APCH 规范。RNP AR APCH 规范是一种需要特殊审批并授权运行的 RNP 进近程序，是指执行 RNP AR APCH 进近的航空器和飞行机组，需要通过民航当局审批后方可授权运行；GNSS 是进近引导的唯一水平导航源，垂直导航基于气压高度（Baro-VNAV）；一般用于地形复杂、空域受限等复杂环境机场；必须具备 OPMA 功能；在飞行运行过程中有高低温限制（通常限制低温）；除非 RNP AR APCH 程序可以从机载数据库按照程序名称检索并与航图程序一致，否则不能授权飞行该程序；签派放行前，必须进行对预计进近时间段内、进近航迹上最小可运行的 RNP 值预测，如果预测最小 RNP 值小于程序 RNP 值，则签派可以放行，否则不能放行；飞行员不得修改侧向航径，除非 ATC 要求直飞进近程序中某一定位点，同时该定位点必须在 FAF 之前且不能是 RF 航段；在起始、中间进近或复飞航段上，可以改变高度和/或速度，但是这些点不能是高度、速度限制点，否则严禁更改；飞行机组人员的操作程序必须确保在整个进近过程中导航系统使用正确的导航精度；在 95%的飞行时间内 TSE 不允许超过对应航路段 RNP 值（0.1 ~ 0.3 NM），沿航迹误差不允许超过对应航路段 RNP 值（0.1 ~ 0.3 NM）；如果在任何时间失去 GNSS 更新功能，并且导航系统不具备继续进近的性能，飞行机组人员必须终止 RNP AR APCH 进近并立即复飞；初始复飞时，必须立即恢复到 IRS/IRU 导航，IRS/IRU 维持复飞的时间为 5 min；GNSS 作为位置更新基础，禁止使用陆基导航台进行位置更新；必须加装并使用现行有效的机载导航数据库，并防止飞行机组人员对存储数据进行修改。

需要明确并注意的是，在 PBN 运行（包括 RNAV 运行）过程中，如果因为失去 GNSS 导航或者陆基导航和惯性导航不能满足飞行计划导航规范运行要求时，飞行机组应该立即报告 ATC。ATC 根据运行环境和空域情况，对该航空器发出降等级运行指令。机组根据 ATC 指令和运行情况，降低运行精度和运行等级，或者恢复到传统台到台飞行。

8.2.3.7 PBN 运行对机载设备的要求

ICAO PBN 导航规范规定了飞机所需的 CNS 能力，如表 8.1 所示。航空运营人有责任确保其飞机安装了民航局规定的满足 PBN 运行的相应航空电子设备；对一些飞机做相应的设备改装应根据民航局和 ICAO 的技术标准实施改装。

表 8.1 PBN 导航规范对应的飞机 CNS 能力要求

ICAO PBN 导航规范	主用导航源	地面导航设施	通信/监视
RNAV-10(RNP-10)	GNSS，INS/IRS	不可用	未指定
RNAV-5	GNSS，DME/DME，VOR/DME，INS/IRS	VOR，DME	语音/雷达
RNAV-1/2	GNSS，DME/DME，INS/IRS	DME	语音/雷达
RNP-4	GNSS	不可用	语音（或 CPDLC）/ADS-C（用于支持 30 NM×30 NM 间隔）
基本 RNP-1	GNSS	DME	未指定
RNP APCH	GNSS	VOR，DME，NDB（用于复飞）	未指定
RNP AR APCH	GNSS	不可用	未指定

8.2.3.8 PBN 运行的优势

PBN 运行具有诸多作用及优势，具体体现在：精确地引导航空器，实现飞行运行安全；提供垂直引导，实现连续稳定下降，减少可控撞地（CFIT）风险；改善全天候运行水平，提高航班正点率，保障地形复杂机场的运行安全；优化飞行航迹，增加飞行业载，减少飞行时间，节省燃油；规避噪声敏感区，减少排放，提高环保水平；实施平行航路，增加终端区进、离场程序定位点，提高交通流量；缩小航空器侧向和纵向间隔，增加空域容量；减少陆空话音通信和雷达引导需求，降低飞行员和管制员的工作负荷；减少陆基导航基础设施建设，提高运行的整体经济效益。

FMS 简介

8.3 飞行管理系统实施导航

飞行管理系统（Flight Management System，FMS）是飞行机组用于制订飞行计划、实施导航管理及性能管理、对航空器实施操控和飞行进程监控等功能的集成化系统。FMS 综合飞机电子设备的功能并加以扩展，使设备的自动化程度更高，减轻了飞行员的工作负荷，并使飞行员有更多的时间去管理、操纵飞机。飞行管理系统可以连续、自动地提供导航、制导和性能管理信息。飞行管理系统是一个独立、完整的系统，能够实现自动飞行管理。

飞行管理的概念，最早可以追溯到 20 世纪 20 年代，到了 50 年代已有飞机具备了伺服控制及Ⅲ类全天候自动着陆能力，50 年代末设计的协和号使用了自动驾驶仪、惯导技术等，进入 60 年代，先进的数字技术在民航飞机上得到了广泛应用。1968 年，美国将军用飞机应用的数字航空电子系统（包括惯导系统）移植到波音 747 上，这是民航机载电子系统应用的一个基础，20 世纪 60 年代末 70 年代初，研制出了满足 ARINC 582、583 总线的区域导航系统，它提供了飞机水平和垂直的导航，这一阶段是 FMS 的预备阶段。20 世纪 70 年代中期爆发了中东石油危机，为摆脱困境，研制出了性能管理计算机，强调以节油为目标的性能管理，它将飞行手册提供的数据图表再现出来，计算出以燃油为目标函数的包括爬升、巡航和下降的最优飞行轨迹以开环形式跟踪最优轨迹，之后逐渐发展为以闭环控制实现最优轨迹，但不具备导航的能力，这是 FMS 的第一阶段。20 世纪 70 年代中期以后，在性能数据计算机基础上发展为性能管理系统（PMS），它是性能数据计算机与自动驾驶仪和自动油门耦合而成的闭环系统，这是 FMS 的第二阶段。20 世纪 80 年代中期至今，美国、德国等发达国家已将 FMS 推向四维（三维空间 + 时间），它是高级区域导航系统和性能管理系统的组合，将四维算法并入 FMS 的性能管理功能中，制导包括起飞、爬升、巡航、下降及进近着陆全过程，现代的飞行管理系统具有大容量的导航数据库和性能数据库，这是 FMS 的第三阶段。B737、B767、B747、B787 和 A320、A340、A380 等都安装有 FMS。

飞行管理系统实施对飞机的综合管理，其特点表现在：具有大容量的导航、性能数据库；能提供从起飞到降落的闭环横向制导；能提供节约燃油、降低直接运行成本的垂直制导；能以最优性能来管理飞机的运行；能减轻驾驶员的工作负担；综合化的飞行显示，便于驾驶舱资源管理。

8.3.1 FMS 功能及组成

8.3.1.1 FMS 功能

飞行管理系统能够提供从起飞到进近着陆的最优横向和垂直飞行剖面；飞机可以在 FMS 的控制下，以最佳的飞行路径和最省燃油的方式从起飞机场飞到目的地机场。FMS 实现的功能如下。

导航功能：确定航空器当前状态最佳估计值，包含导航和姿态信息。

飞行计划功能：允许机组建立一条三维飞机航迹，获得最佳经济效果的飞行计划。

性能计算和管理：向机组提供该型航空器的性能数据，如起飞速度、爬升/巡航/下降优化咨询信息等。

航迹预测功能：计算沿计划航路飞行时的飞行剖面。

制导功能：产生沿计划水平和垂直剖面飞行的指令。

8.3.1.2 FMS 的组成

FMS 的组成架构可以采用不同的方式来进行划分，根据航空器、航电制造商的不同而有所不同。典型的飞行管理系统是由 4 个分系统组成的，即飞行管理计算机系统、自动飞行（控制）系统、自动油门/推力管理系统、传感器系统，其中飞行管理计算机系统是 FMS 的中枢，如图 8.29 所示。

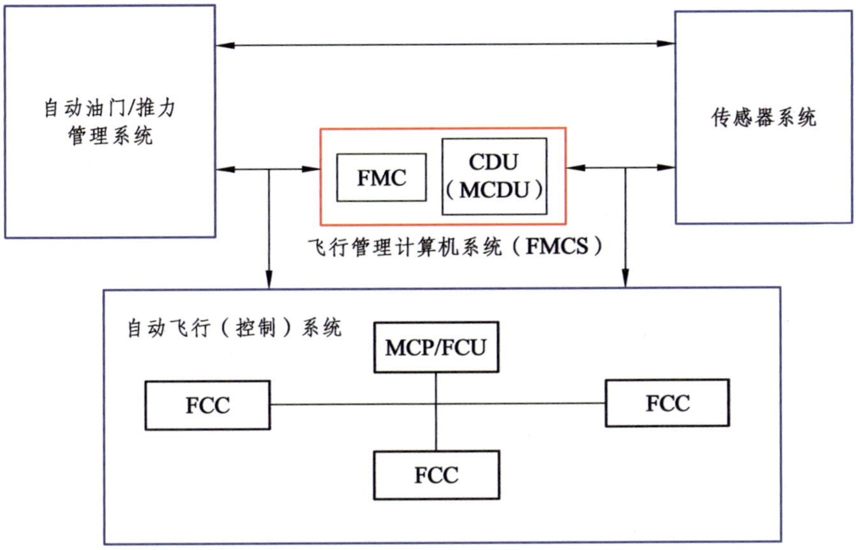

图 8.29　飞行管理系统组成

1）飞行管理计算机系统（FMCS）

FMCS 由飞行管理计算机（FMC）和控制显示组件（CDU）组成，它协调、处理并控制其他分系统的工作。FMC 一般安装在飞机的电气电子设备舱的设备架上，根据需要，有的飞机安装一台，有的飞机安装两台，一台主用，一台备用。CDU 为便于操作使用，都安装在中央操纵台前方靠近左、右座的地方，CDU 在飞机上安装两台，分别供左、右座操纵使用，也可根据用户的要求安装一台或三台。

2）自动飞行（控制）系统

自动飞行（控制）系统是 FMS 的操作系统，它对自动驾驶、飞行指引系统、速度配平、马赫配平等提供综合控制。它由两台或三台飞行控制计算机（FCC）、一个方式控制板（MCP）/飞行控制组件（FCU）及一些其他部件组成。飞行员通过 MCP/FCU 进行自动驾驶衔接控制、自动油门/推力管理、工作方式选择控制以及自动驾驶、飞行指引和 FMCS 有关的数据的选择等。

3）自动油门/推力管理系统

自动油门/推力管理系统计算机安装在电气电子设备架上，它接收来自各传感器和 MCP/FCU 上来的工作方式和性能选择数据，进行计算处理，输出操纵指令到油门机构。

4）传感器系统

FMS 的传感器系统将实测的飞行、导航和大气数据传输给 FMCS。IRS 向 FMCS 输送飞机经纬度位置、真航向、磁航向、南北和东西加速度、俯仰和倾斜角、高度、升降速度、地速等数据；VOR 接收机通过模数转换器或直接向 FMS 提供方位和航道偏离信号；DME 也通过模数转换器或直接向 FMS 提供飞机到某一地面台的距离数据；GNSS 接收机将接收到的空间卫星信号输送到 FMCS；ILS 向 FMS 提供航向道和下滑道的偏离信号；ADS 向 FMS 提供飞机高度、空速、马赫数和温度信息，用来计算空中风、修正偏航等；燃油传感器将飞机总油量转换为数字信号输送给 FMCS；飞行时钟向 FMCS 提供格林尼治时或者世界协调时，用于预报到达各计划航路点或者目的机场的时刻，目前新型飞机上的时钟参考来源于 GNSS 接收机或多模式接收机授时；飞机发动机防冰、机翼防冰和发动机引气系统内的一些传感元件向 FMC 输送系统工作情况的离散信号，用来对发动机目标推力、发动机推力限制或 N_1 转速的限制等数据进行修正计算。

8.3.2 FMS 的基本工作原理

飞行管理系统根据飞行计划和航空器所处的实际状态，实现对航空器的水平操控、垂直操控，并向机组提供相关的提醒、告警、咨询和参考信息。

飞行员在飞行管理计算机中输入起飞机场、目的地机场并规定计划航路，FMCS 就能根据 IRS 和无线电导航设备的信号准确地计算出飞机在飞行中的现在位置，根据计算发出指令到 AFCS 的自动驾驶仪或飞行指引系统，实施水平和垂直导航，引导飞机从起飞机场飞往目的地机场。同样，飞行员可以向 FMCS 输入飞机的起飞全重及性能要求，FMCS 就能计算出从起飞机场到目的地机场飞行的最经济速度和巡航高度，也能连续计算推力限制值，送出指令到自动驾驶仪和自动油门系统，同时相关显示装置显示出信息，以便于飞行员监控。

8.3.2.1 FMS 导航功能的实现

飞行管理系统的导航功能将惯性导航、无线电导航、仪表着陆系统和全球卫星导航系统功能结合在一起，由 FMS 提供一个综合导航功能，由 FMS 进行计算、操纵，并在相关的显示装置上显示，为飞行员提供飞机当时精确位置、飞行速度和飞行高度等飞行动态数据。

位置计算：计算机把飞机上无线电导航接收机接收到的无线电信号和 IRS 的信号进行综合计算，获得高精度的飞机即时位置。

速度计算：计算机使用 IRS 提供的速度进行地速计算；合成速度再与 ADC 的真空速合起来计算风速、风向。

高度计算：对 IRS 垂直加速度计输出进行两次积分获得高度，这个数据与 ADC 输出的气压高度数据进行组合。

8.3.2.2 飞行计划功能的实现

飞行计划涉及起飞、爬升离场、巡航、下降进场、进近着陆等各个飞行阶段的导航数据和性能数据。

起飞前准备阶段，飞行机组可以将飞行计划和舱单资料输入 FMS 的 CDU/MCDU，对 LNAV 和 VNAV 初始化。

飞行前需要准备的资料通过组合导航数据库中存储的数据，或者外部输入信息人工来构建飞行计划。

起飞前准备阶段建立飞行计划后，在飞行中也可以根据实际情况或 ATC 要求，修改现用飞行计划。

水平飞行计划指水平航路点布局及航路结构。在实际飞行过程中，可以根据实际情况或者 ATC 要求，修改飞行计划；在 FMS 的 CDU/MCDU 相关页面，或者在自动飞行控制面板上实现修改飞行计划。

垂直飞行计划包括各航路点的速度、高度、时间、飞机全重、预报空中风、温度、起飞/着陆机场气压等信息。

8.3.2.3 性能计算和管理的实现

FMCS 通过性能计算可以向机组提供优化飞行的垂直剖面，或者提供须查性能手册才能获得的性能信息。针对每一种性能模式，优化的性能参数可能不相同。

速度计划表是航迹预测、生成制导目标速度，以及提供性能咨询的基础。对于每一飞行阶段，特定性能模式将对应一个最优化的速度表，即 CAS（常量）和马赫数（常量）对。

所有飞行阶段允许机组人工输入 CAS/马赫数，使航空器按指定速度飞行。

8.3.2.4 航迹预测功能的实现

航迹预测的基础是飞机能量平衡方程的数值积分，包括可变的重量、速度和高度。

在起飞前建立飞行计划之后，在飞行计划约束条件下以及飞机性能限制范围内，FMCS 将计算预测四维飞行剖面（水平和垂直）。

航迹预测信息包含飞行计划中的每一个点距离、高度、速度、预达时刻、剩余燃油等信息。

一旦起飞后，随着外部传感器信息的不断输入，FMC 将连续计算并更新预测信息。飞行计划及预测信息，将在 FMS 的 CDU/MCDU 页面和 EFIS 仪表上显示。

所有飞行阶段都共有一个“经济”速度模式，按该模式飞行直接运行成本最低。经济速度的大小主要取决于成本指数（CI），CI 是指与运行时间相关的成本（机组人员工资、维护费用等）与燃油费用之比，是速度计划表计算时的一个独立变量。在起飞前准备时，在 FMS 的 CDU/MCDU 页面上，必须输入 CI，有效输入值为 0 ~ 500（B737NG）0 ~ 999（A320 系列）。CI 为 0 时最省燃油，经济速度即远航速度；CI 为 500/999 时则飞行时间最短。

通常情况下，航空公司定义 CI 以优化每条公司航路。如果增大 CI，则经济速度增大；如果减小 CI，则经济速度减小。在飞行过程中，机组通常不能修改 CI 值。

8.3.2.5 制导功能的实现

飞行制导分为水平制导和垂直制导。FMS 通常计算滚转轴、俯仰轴和推力轴的指令，来控制和引导飞机沿计算得到的水平和垂直飞行剖面飞行。与飞行制导相关的部件，随不同机型、不同飞行控制设备而不同。

水平制导功能：根据飞行计划中预计水平航迹，计算动态制导数据。只要 FMCS 正在执行本功能，FMC 就连续不断地计算飞机与预选航迹间的横向偏离，并在相关仪表上显示。

垂直制导功能：提供俯仰、俯仰变化率和推力指令，以改变目标速度、目标推力、目标高度和目标升降速度。与水平制导功能相似，垂直制导功能提供垂直航段的制导参数，并在相关仪表上显示，以增强机组的情景意识。与水平制导不同的是，垂直制导参数与飞行阶段有一定的关系。垂直制导基于飞行计划中预计垂直飞行剖面，以及由性能数据库驱动的性能算法。

FMCS 的制导功能是对飞机导航的进一步控制，通过计算航迹偏差，产生操作指令，使飞机沿着所选定的飞行剖面飞行。

8.3.3 飞行管理系统的部件

FMCS 接收来自传感部件的信号，经过各控制部件的控制进行分析计算出精确的结果，发送控制信号去操纵机构执行 FMCS 的各种指令或输出到显示装置显示数据信息。

8.3.3.1 FMS 的执行机构

（1）自动飞行（控制）系统。作为 FMS 的组成系统，其本身就是一个执行系统。FMC 向飞行控制计算机（FCC）输出各种目标数据和操纵指令，FCC 根据这些数据进行综合计算，产生飞机爬高、下降、倾斜转弯等操纵指令，操纵飞机按要求的航向和高度层飞行。

（2）自动油门/推力系统。FMC 向自动油门/推力系统计算机输送飞机爬高、巡航和复飞的发动机推力或 N_1 转速限制值、飞机全重、FMC 要求高度和假设大气温度等信号；计算机根据这些数据计算输出油门位置/推力指令，把油门杆置于正确位置，以产生要求的飞机推力。

（3）惯性基准系统。IRS 在起始对准时，接收通过 FMC 来自 CDU 的飞机当时位置的经纬度数值；在“ATT”方式时，也接收 CDU 的飞机航向数值作为起始数据。但 IRS 主要还是用作 FMC 的传感器系统。

8.3.3.2 FMS 的显示装置

飞行管理系统的显示装置如图 8.30 所示。

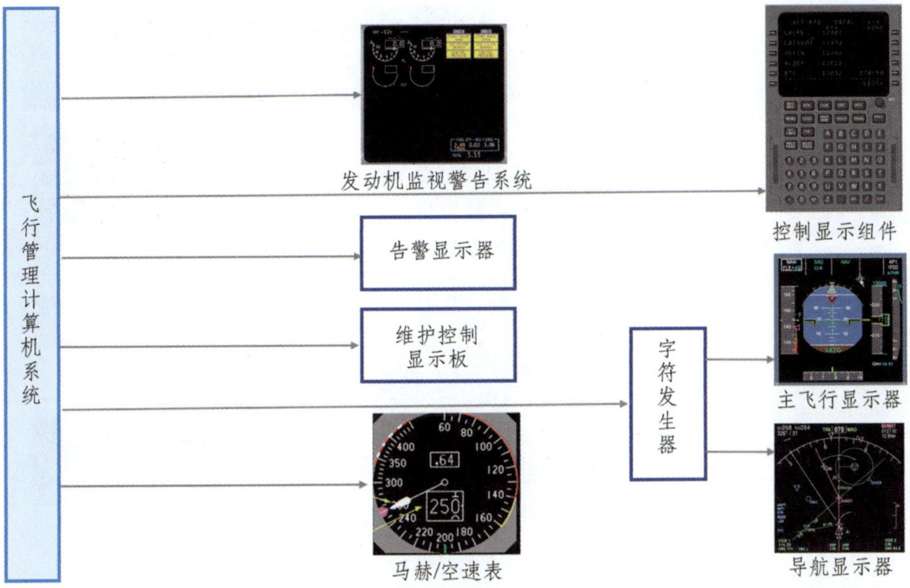

图 8.30　FMS 显示装置

（1）控制显示组件（CDU）是 FMCS 的一个主要组成设备，是 FMC 的终端，是飞行员与 FMS 进行交流的界面，可用作人工输入系统参数和选择工作方式。CDU 在显示屏幕上把操作者通过键盘或行选键输入的信息全部显示出来，供飞行员检查、核实。它可根据操作者的要求检索显示多种多样页面的信息。

（2）马赫/空速表是 ADC 的显示仪表，在它上面可显示飞机的空速，用指针指示飞机的飞行速度，同时在表盘上也用数字显示。

（3）发动机显示和机组警戒系统可以显示大量信息，FMS 根据各系统的状态所产生的各种信息在显示屏幕上显示；FMC 一旦出现故障，也会在屏幕上出现文字警告信息。

（4）电子飞行仪表系统。FMC 输出有关飞行计划的飞行航路、飞机航向、航路点、导航台、机场、跑道、风向/风速等信息，以地图显示的形式出现在电子飞行仪表系统的主飞行显示器和导航显示器的显示屏幕上，飞行员可非常直观地通过该显示了解整个飞机飞行的详细动态情况。

8.3.3.3　飞行管理系统的控制装置

FMS 的操纵控制主要在 CDU 上进行，此外，许多其他控制面板上也有 FMS 的控制元件，如图 8.31 所示。

（1）飞行员主要通过 CDU 对 FMS 进行控制。在 CDU 的面板上有许多键，飞行员通过键盘控制各种不同的输入数据，显示不同的页面，转换各种数据，执行各种功能等。

（2）自动飞行（控制）系统方式板上有飞行指引系统、自动驾驶仪、自动油门系统等控制元件。与 FMCS 有关的控制元件是水平和垂直导航的方式选择按钮等。通过这两个按钮电门可供 FMCS 起始横向和垂直导航功能。

（3）电子飞行仪表系统控制板。FMS 通过控制板选择屏幕显示动态的导航图。

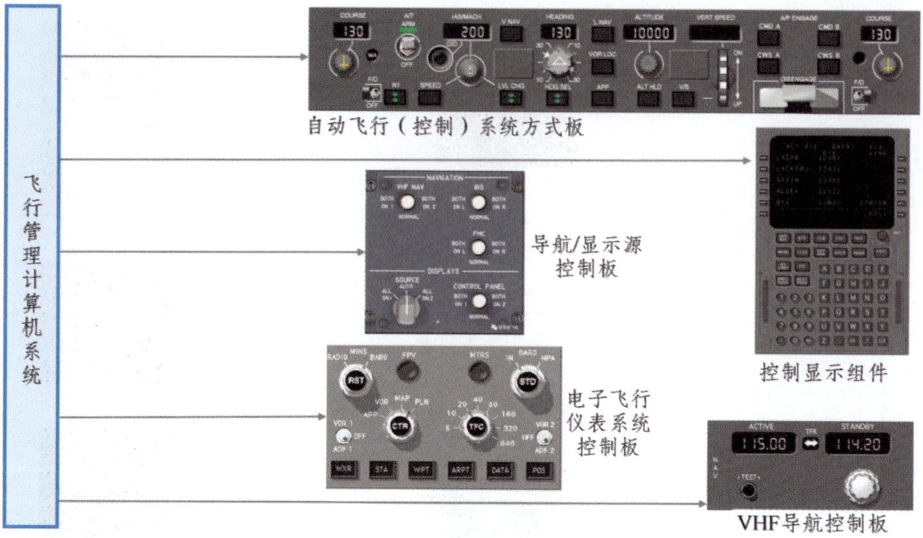

图 8.31　FMS 控制装置

8.3.3.4　控制显示组件（CDU）

控制显示组件（CDU）是 FMCS 进行人-机交流的一个重要部件，通过 CDU 建立飞行员和 FMCS 间的联系。在 CDU 前面板上除有一般键盘所具有的字母数字键、符号键、清除、删除等键外，还有方式、功能、行选键，可以执行许多特殊功能，以简化驾驶员的操作，图 8.32 所示。CDU 都安装在飞机驾驶舱中央操纵台的前电子设备板上，现代飞机都装有 2～3 台 CDU，各 CDU 独立地工作，共同控制 FMC 的运行；任意一个 CDU 都可以用来输入系统数据，一个 CDU 上输入的数据也会出现在另一个 CDU 相应显示页面上。

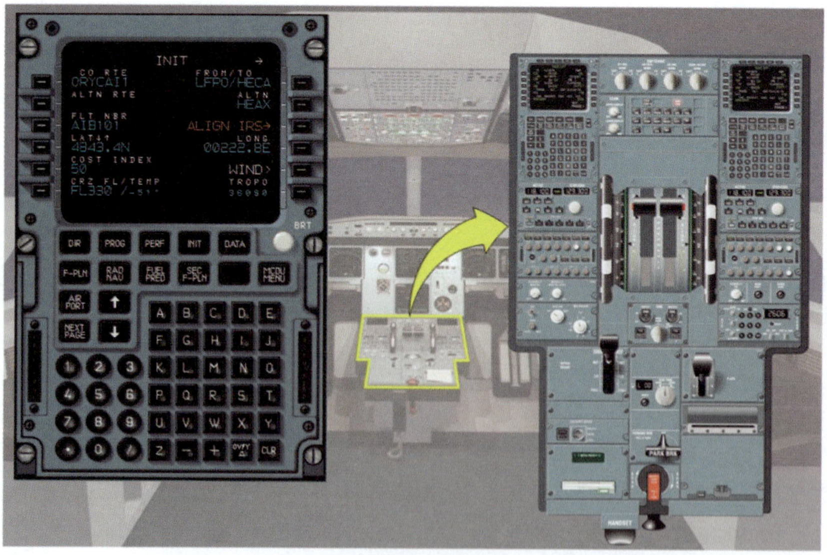

图 8.32　控制显示组件（CDU）的前面板

CDU 前面板上装有各种各样的键电门和一些信号灯，是一个键电门灯光组合体，如图 8.32 所示。键电门都是瞬时按压式电门，当任一个键电门被按压后，该信号先被编码，然后送给 FMC。

CDU 显示器显示的信息以英文字母和带有各种符号的阿拉伯数字为主，也显示方框和虚线等；在屏幕上的显示数据大部分为黑底白或绿字形式，其亮度可根据周围环境亮度进行调节，也可以人工控制。

CDU 上的键盘是飞行员和 FMCS 联系的中间媒介，飞行员可通过按压键电门向 FMC 输入相应的信息数据，选择所需要的飞行方式及需要显示的数据等；飞行中，飞行员主要通过键盘实现对飞机飞行的自动控制；通过对键电门的操作，可以完成建立飞行计划、修改航路、输入 FMC 数据、检索显示页面等方面的管理功能。

CDU 有许多类型的显示页面，其页面的检索通过操作 CDU 面板上的键电门来实现：起飞前，操作键电门检索起飞前的准备页面，做好起飞前的准备工作；飞行中，操作键电门检索飞行各阶段监控页面；在维护工作中，机务人员操作键电门检索系统的各维护页面。

所有选择的页面格式都在屏幕上显示，分为三部分。左半部，从 CDU 屏幕左边至中间，自上而下垂直分为 6 个数据行；右半部，从 CDU 屏幕中间至右边，自上而下垂直分为 6 个数据行；草稿/暂存行，在荧光屏的底部一行，输入的字母、数字、符号及 FMC 产生的报警信息都显示在这一行，当飞行员用键盘输入数据或用行选键选择数据行中的信息时，首先在该行显示，以供飞行员审阅。

CDU 显示屏上第一行为标题行，由它显示该页的标题内容，其中：前 5 个字符是数据状态显示组，只有少数几个与飞行计划有关的显示页面上才有显示；中间 14 个字符是标题组，用来识别所显示的内容，标题既可以是单一类型，也可以是复合型的；最后 5 个字符是页码和页面总数，如图 8.33 所示。屏幕中间的 12 行是数据显示区，显示飞机飞行的各种数据、飞行动态、可供选择的数据信息清单、自检信息等。

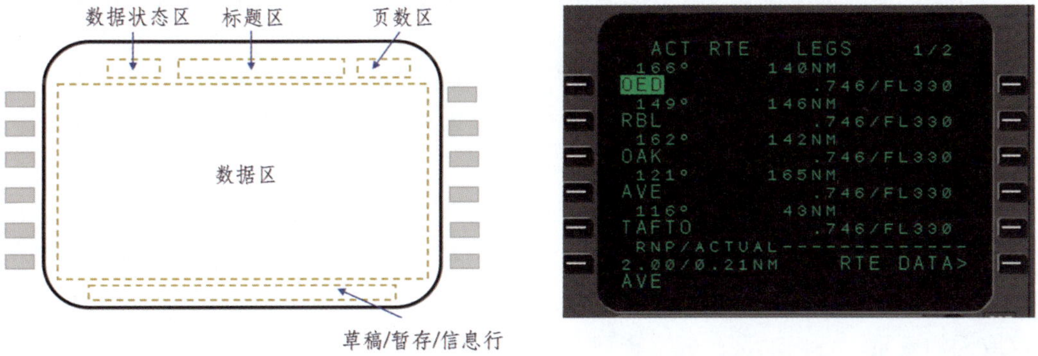

图 8.33　CDU 页面的显示区域

8.3.4 飞行管理系实施导航

8.3.4.1 FMS 飞行前准备

FMS 飞行前准备（B737）

飞行管理系统在飞行前要完成准备工作，使整个系统正常工作。飞行前主要的工作有：选定飞行航线，对 IRS 进行位置起始，输入必要的飞行性能数据，使 FMCS 能够实施 LNAV 和 VNAV，选定参数确定发动机起飞 EPR 或 N_1 转速限制以及选定起飞和目的地机场的跑道、离场/进场及进近程序等。所有这些工作都在 CDU 上进行，一般在 10 min 内即可完成。

飞行前准备，一般按识别→位置起始→航路→性能起始→起飞基准的顺序操作，这样翻页方便，操作容易。离场/进场索引页可根据需要穿插在中间进行。FMS 飞行前准备共有 6 个页面：IDENT（识别）、POS INIT（位置起始）、RTE（航路）、PERE INIT（性能起始）、TAKE OFF（起飞基准）、DEP/ARR INDEX（离场/进场索引）。另外，还有供选取飞行前 FMC 和 IRS 起始所需的数据页面及供选取基准数据各页面的 INIT/REF INDEX（起始/基准索引）。这些页面在 FMC 的控制下都有固定的格式。飞行前准备页面多数需飞行员输入数据外，还有一些其他信息数据向飞行员显示，供检查。选定了飞行航线，输入了需要的数据后，就完成了准备工作，FMCS 即可执行水平导航和垂直导航。

需注意：起飞前的工作顺序没有固定的要求，可根据需要进行选择；软件版本比较新的 FMS 还有 N1 LIMIT 页面。

有效导航数据库的选择在 IDENT 页面上进行。IDENT 页面是 CDU 的起始页面，它向飞行员显示 FMS 的概况，使其明确所安装的机型、与之配合工作的发动机型号、所使用的导航数据库有效日期。

在位置起始页上，可以选择机场，输入 GMT 及起始 IRS。位置起始就是将 IRS 与飞机当时的地面位置对准。这一工作可以通过 IRS 控制面板进行，但用 CDU 上的位置起始页面进行更方便。

飞行员编排飞行计划是在 ROUTE（航路）页面上进行的，航路页面就是用文字显示的形式表达的航图。有的 FMS 只有一个航路页面，页面为多页。飞行计划是 FMC 进行横向导航和制导的基础，飞行员应编排起飞、着陆机场及所用跑道和标准离场/进场程序。编排飞行计划的方法有选择公司航路和人工选择航路两种。

飞行员在编排飞行计划时，需输入起飞跑道和起飞后所用的飞往第一个航路点的过渡航线标识，简便的方法是在“DEPARTURES（离场）”页面上选择所需起飞跑道和过渡航线。

飞行员在选定了飞行航路并生效后，输入所需的起始性能参数，FMC 就可以计算出最佳的速度、推力，不断计算并监控飞机的耗油量、全重、预达时间、距离和剩余油量等。起始性能数据是在 PERF INIT（性能起始）页面上进行的。必须输入的数据有飞机全重或无油重量、备用油量、成本指数和巡航高度，否则 FMC 不能进行垂直导航；还有可以选择输入的数据，如油量、巡航风、国际标准大气偏差、爬升顶点外界大气温度、过渡高度，这些数据可以按需要进行选择并输入，如果飞行员掌握确切的资料，则用键盘进行输入，可使 FMS 的性能计算更加精确，否则不能输入这些数据。

起飞基准的选择是在起飞基准页面上进行的，起飞基准页用于飞行前检查准备情况，并输入起飞基准数据。

FMS 等待与偏置（B737）

8.3.4.2　FMS 在飞行中的应用

飞机起飞后，FMC 使用在起飞以前通过 CDU 输入的航路计算性能数据，进行导航计算并在 CDU 上向飞行员显示飞行各阶段的状态参数、飞行进展情况以及咨询信息。飞行中 CDU 显示页面种类很多，数量大，但根据其使用范围、作用可分为四类。

第一类是飞行阶段执行方式页面，即 CLB（爬高）、CRZ（巡航）、DES（下降）和 HOLD（等待）4 种页面，每一种方式页面又有许多变型页面，它们除向飞行员显示各飞行阶段的工作情况外，也能由飞行员选择所需的性能飞行方式。

第二类是检查飞机飞行动态情况的检查页面，主要的页面是 RTE LEGS（航路段）和 PROGRESS（进程）页面。页面以动态方式显示飞机在飞行中所要飞过的每一航路点、距离、预达各航路点时间等数据。同时，飞行员也可在页面上对飞行计划进行修改。

第三类是供飞行员选择对飞行计划作特定方式的局部修改用的页面，包括原来航路段页面的修改页面，还有可以选择跑道和进近程序的进场页面等。

第四类是向飞行员提供作各种参考信息、数据的页面，包括 FIX INFO（定位点信息）、APPROCH REF（进近参考）、REF NAV DATA（参考导航数据）和 N1 LIMIT 等页面。

飞机在起飞前，飞行员在航路页上做好了计划航路，实施后就可在 FMC 控制下按照计划航路实现自动飞行。但在实际飞行中，由于天气、空域或航行需要等原因，飞机不能按照原来的预定计划飞行时，必须对原飞行计划做适当的修改。修改飞行计划的主要方法有：增加航路点、删除航路点、直飞/切入、平行（偏航）飞行、飞向备降场等。修改计划航路的工作必须在航路成为现用有效之后，可在飞行前或飞行中进行。进行航路计划修改最方便的页面是航路页面和航路段页面。

飞行中的等待飞行阶段是一个特殊的飞行阶段。等待航线可以事先安排在航路结构中，也可以在飞行中随时安排立即执行等待航线，或计算飞到某一航路点时再执行等待航线。当等待航线已包含在有效的飞行计划中时，等待航线参数都存储在导航数据库里（如比较繁忙的机场进场航线），这时只需按压 CDU 上的“HOLD（等待）”键，立即会显示有效飞行计划包含的实施航路等待页面，供飞行员检查参考，并可在页面上进行参数的修改。当等待航线未包含在有效航路中时，按压 HOLD 键，CDU 显示有效航路段页面，并在第 6 行标题区显示出 HOLD AT（在……等待），6 L 行显示提示方框，6R 行显示 PPOS（现在位置），飞行员输入等待定位点标识或按压行选键，即可显示所选定定位点的等待航线。

思政案例

北斗导航系统奋斗历程

案例概述：2020 年 6 月 23 日 9 时 43 分，北斗三号第三十颗卫星乘着长征三号乙运载火箭从西昌发射场发射升空。经过 25 分钟的飞行，卫星与火箭准时分离，卫星太阳翼展开到位，卫星发射成功了。这颗卫星是北斗三号卫星星座的最后一颗，它的成功发射给北斗三号星座组网任务画上圆满句号，因此具有里程碑式的重大意义。

2020 年 7 月 31 日，北斗三号全球卫星导航系统建成暨开通仪式在人民大会堂隆重举行。习近平总书记在人民大会堂郑重宣布：“北斗三号全球卫星导航系统正式开通!”这标志着中国自主建设、独立运行的全球卫星导航系统已全面建成开通，中国北斗迈进了高质量服务全球、造福人类的新时代。

1. 蹒跚起步的第一代

20 世纪 70 年代，我国就想建立自己的卫星导航系统。结合当时国内经济和技术条件，陈芳允院士于 1983 年创新性地提出了双星定位的设想。之后，北斗系统工程首任总设计师孙家栋院士，进一步组织研究，提出“三步走”发展战略（见图 8.34）。

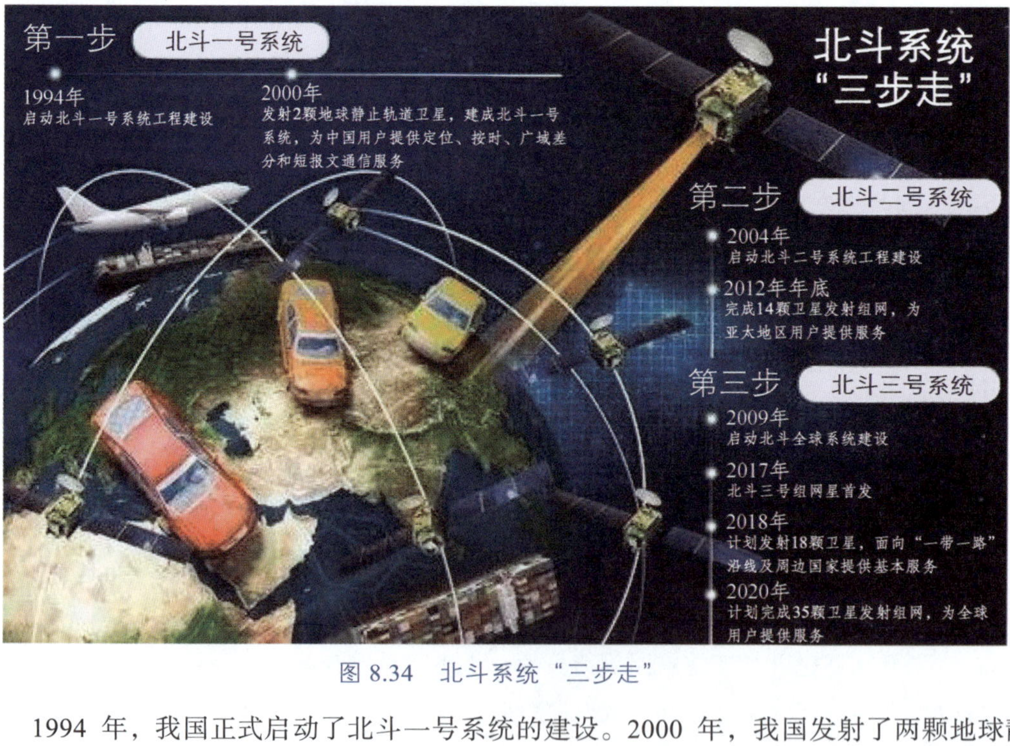

图 8.34 北斗系统“三步走”

1994 年，我国正式启动了北斗一号系统的建设。2000 年，我国发射了两颗地球静止轨道卫星，建成系统并投入使用。北斗一号采用有源定位体制，为中国用户提供定位、授时、广域差分和短报文通信服务。2003 年，我国又发射第三颗地球静止轨道卫星，进一步增强北斗一号系统的性能。

北斗一号使中国成为继美、俄之后第三个拥有卫星导航系统的国家。北斗一号是探索性的第一步，初步满足中国及周边区域的定位导航授时需求。北斗一号巧妙设计了双向短报文通信功能，这种通导一体化的设计，是北斗的独创。

2. 突飞猛进的第二代

2004 年，我国启动了北斗二号系统的建设。北斗二号并不是北斗一号的简单延伸，它克服了北斗一号系统存在的缺点，提供海、陆、空全方位的全球导航定位服务，类似于美国的 GPS 和欧洲的伽利略定位系统。

2007 年 4 月 14 日 4 时 11 分，第一颗北斗二号导航卫星从西昌卫星发射中心被长征三号甲运载火箭送入太空。

2009 年 4 月 15 日，第二颗北斗导航卫星由长征三号丙火箭顺利发射，位于地球静止同步轨道。

随后，北斗卫星导航系统的建设开始突飞猛进。2010 年，西昌卫星发射中心在一年之内接连发射了 5 颗北斗导航卫星。在接下来的几年里，只有 2013 年和 2014 年没有发射卫星，其他年份每年都有 3 颗以上的卫星被发射上天。

2012 年，我国完成 14 颗卫星的发射组网。这 14 颗卫星分别运行在 3 种不同的轨道上，其中 5 颗是地球静止轨道卫星、5 颗是倾斜地球同步轨道卫星，还有 4 颗是中圆地球轨道卫星。北斗二号在兼容北斗一号技术体制的基础上，增加了无源定位体制，为亚太地区提供定位、测速、授时和短报文通信服务。

这种中高轨混合星座架构，为全世界发展卫星导航系统提供了全新范式。

2019 年 5 月 17 日 23 时 48 分，我国在西昌卫星发射中心用长征三号丙运载火箭，成功发射了第四十五颗北斗导航卫星。该卫星是我国北斗二号工程的第四颗备份卫星，至此，我国北斗二号区域导航系统建设圆满收官。

3. 服务全球的第三代

2009 年，我国启动了北斗三号系统的建设。2017 年 11 月 5 日，第一颗北斗三号卫星发射升空。北斗三号系统的建设速度更加惊人。到 2019 年 12 月，仅两年多的时间，科研人员就将 28 颗北斗三号组网卫星和 2 颗北斗二号备份卫星成功地送入预定轨道，以平均每个月 1.2 颗卫星的发射密度，刷新了全球卫星导航系统组网速度的世界纪录。

北斗三号要实现全球导航服务的目标，就必须与其他卫星导航系统同台竞技，它必须在性能和服务水平上都做到世界一流。因此，科研人员在信号体制上进行创新性设计，同时对影响信号质量性能的设备进行攻关，攻克了卫星使用的高精度铷钟、氢钟、铯钟等时频技术，信号生成和播发设备性能已达到国际同类产品的先进水平，增加星钟自主平稳切换和信号完好性监测等功能，保证信号的连续性，极大地提高了导航服务的可靠性，在局部上处于领先水平。

为确保我国卫星上使用的产品都是自主可控的，通过发动国内元器件、单机产品研制单位攻坚克难，使卫星上的产品全部由中国制造。北斗三号全球卫星导航系统已全面建成，正在向全球提供安全可靠、连续稳定的高精度导航定位与授时服务。

中国北斗从无到有，背后是几代航空航天人的不懈努力，走出了一条自主创新、团结协作、攻坚克难、追求卓越的独特道路。

思政元素：

（1）当代民航精神，爱国情怀、民族自信、科技自信；

（2）北斗精神：自主创新、开放融合、万众一心、追求卓越；

（3）社会主义核心价值观、民族自豪感、社会责任感；

（4）无私奉献、顽强拼搏、爱岗敬业。

拓展资料

A320 校惯导　　电离层对 GNSS 的影响　　北斗系统奋斗史

本章小结

（1）惯性导航是一种自主式的导航方法，依靠自身的惯性敏感元件，不依赖任何外界信息测量导航参数；惯导系统分为平台式和捷联式；随机误差源是影响系统精度的主要误差源；惯性基准系统实质上就是使用激光陀螺的捷联式惯性导航系统，对准方式有正常（完全）对准和快速（重新）对准两种。

（2）GNSS 包括全球定位系统、全球轨道导航卫星系统、伽利略定位系统、北斗卫星导航系统。全球定位系统采用四星无源测距定位，GPS 导航定位误差主要表现在测距误差，产生的原因主要是测量误差和干扰；DGPS 技术能基本消除公共误差和 SA 干扰引起的误差，但多路径效应误差、观测/接收设备相关误差不能消除。GLONASS 系统由空间段卫星星座、控制段控制站和用户段接收机三部分组成，采用频分多址方式。伽利略系统由空间段、地面段和用户段三部分组成，采用码分多址方式。北斗系统是为全球用户提供全天候、全天时、高精度的定位、导航和授时服务的国家重要时空基础设施，实现基本导航、全球短报文通信、国际搜救服务。GNSS 导航服务性能包括精度、完好性、连续性和可用性 4 个指标。GNSS 增强系统包括机载增强系统、星基增强系统、地基增强系统。

（3）PBN 运行标志着由基于传感器导航运行向基于性能导航运行的转变；PBN 运行包含 RNAV 规范和 RNP 规范；RNP 是具备机载性能监视和告警功能的 RNAV；PBN 运行对飞行程序、航图、机载设备、导航数据库等有标准要求。

（4）飞行管理系统实施对飞机的综合管理，可以实现导航功能、飞行计划功能、性能计算和管理、航迹预测功能和制导功能；典型的飞行管理系统由四个分系统组成，其中 CDU 是 FMCS 进行人-机联系的一个重要部件，飞行员主要通过 CDU 对 FMS 进行控制；FMS 飞行前准备时在相关页面完成数据输入、方式选择等工作；飞行中，通过 FMS 相关页面完成数据输入、方式选择、进程监控、修改计划、信息查阅等工作。

思考探究任务

任务 1：根据所学知识，分析、比较全球四大卫星导航系统在系统架构、工作原理、提供服务等方面的特点。

任务 2：列举 PBN 的导航规范，根据 PBN 运行要求，谈谈自己对 PBN 运行中保障飞行安全的措施。

9 地面领航准备和空中实施

学习指南

1. 学习目标

知识目标：能够运用领航方法和设备，快速准确完成领航计算，能够规划领航准备、空中实施方案，解决领航准备及空中实施中的较复杂问题。

能力目标：能够分析领航方法的特点，结合飞行目标评价安全风险，能够提出规避安全风险预案，具备实际领航应用及操作能力。

素质目标：具有一定的实践创新、自主学习能力，形成自主和终身学习的能力，养成优良的飞行作风，具备坚强的心理品质，具有较强的沟通能力、团队意识，具有家国情怀、使命担当。

2. 知识点

地面领航准备程序和内容，领航准备计算内容和方法，计算飞机活动半径、安全返航点和等时点，离场入航方法，上升/下降计算，转换航段，加入起落航线，返航/备降，准时到达，相遇和追赶，迷航处置与防止，填写领航记录表。

3. 学习重/难点

重点：地面领航准备和空中实施的程序和内容，领航准备和空中实施的方法和计算。

难点：计算飞机活动半径、安全返航点，上升/下降计算，准时到达，相遇和追赶，综合领航计算，填写领航记录表。

地面领航准备质量的好坏，将直接影响空中领航的实施，因此领航准备时必须以高度的安全责任感，进行周密、细致的研究与计划，从最困难、最复杂的情况出发，对飞行中可能出现的特殊情况，预先做好处置方案，对一切必须和可以在地面完成好的工作，应尽可能在地面准备中准备好，使空中领航实施工作有计划、有秩序地进行，顺利完成飞行任务。

空中领航实施是飞行人员在飞行前准备的基础上，利用机上领航设备和观察地标实施的，其目的是使飞机按照飞行任务要求沿预定航线安全、准时、准确地到达预定地点，为顺利完成飞行任务提供和创造有利条件。由于空中情况多变，飞行员应善于分析情况，机动灵活地综合运用领航方法和设备，抓住重点，安排好工作程序，认真仔细、准确熟练地做好空中实施的每一项工作，紧张而有秩序地实施领航，保证飞行任务的顺利完成。

9.1 地面领航准备

进近典型视错觉

地面领航准备包括平时领航准备和飞行前领航准备。

9.1.1 平时领航准备

为了缩短飞行前领航准备时间和提高准备质量，飞行员应进行平时领航准备，培养良好的职业习惯。平时领航准备包括的内容主要有：

（1）搜集和研究领航有关的航行资料：如所飞机型的性能数据；固定航路、空中走廊、空中禁区、危险区和国境线的资料；常用机场的基本数据、离场和进场着陆的规定与方法；中、低空航线图；起降机场、备降机场的仪表离场、进场图；各种进近图、走廊图；通信设备的有关资料；飞行区域的气象特点、地形特征、高大障碍物、地磁异常区及对飞行的影响。对这些航行资料进行科学分析和研究，不断充实修正，做到准确可靠。对于一些特殊的或有特点的程序、方法，应当熟记。

（2）准备地图：飞行员应根据飞行的特点，备有飞行区域航行地图，常用的有百万分之一、五十万分之一地图和大比例尺地图，在地图上标出有关的航线资料，并注意做好地图的校正工作，校正的重点是高大障碍物和显著地标的标高、地理坐标以及铁路、公路、河流、桥梁、水库、湖泊等地标的变化情况。

（3）熟悉领航设备和准备好领航工具：飞行员必须经常进行学习和研究，熟悉领航设备的原理、性能、构造，能够正确操作及排除一般故障；飞行员个人的领航工具如计算尺、向量尺等，必须准备齐全、完好，并应经常使用，达到能熟练使用领航工具的要求。

（4）搜集和研究无线电领航资料：如常用机场的仪表飞行进、离场方法和仪表进近程序；无线电领航设备的有关资料。

9.1.2 飞行前领航准备

飞行准备注意事项

飞行前领航准备是从受领飞行任务开始，在平时领航准备的基础上围绕本次飞行任务而进行的准备，是飞行前准备工作的一个重要方面。进行飞行前领航准备，应该力求周密、细致、迅速、准确。飞行前领航准备分为预先准备和直接准备，预先准备是飞行前围绕本次飞行任务所进行的准备，而直接准备是针对起飞前根据航行需要和天气实况的变化对预先准备进行必要的修正和补充。在执行紧急任务时，预先准备和直接准备可以合并进行。

9.1.2.1 预先领航准备

预先领航准备的目的是将空中领航实施可能遇到的问题尽量解决于地面，最大限度地减少直接准备的内容，缩短直接准备的时间，以减轻飞行员的空中工作负荷，形成领航工作程序化。预先领航准备的主要内容有：个人准备、集体准备、领航准备检查等。预先领航准备通常在飞行前一天进行，由于飞行员的技术水平及对航线、资料等准备内容的不同，可以提前数天，甚至更早的时间进行；一般在飞行部门的飞行准备室或航行情报室进行。现在有部分航空公司已不再要求到公司进行准备，可以自由地通过公司网上准备系统进行准备。

1）个人准备

飞行员受领飞行任务后，应根据飞行任务的性质、要求和规定，进行个人准备，准备时要认真、细致，独立思考。个人准备的内容如下：

（1）选择航线。

执行飞行任务时，一般按照规定的航线飞行，但有时航线没有具体规定，如临时飞行任务或开辟新航线等，就必须选择航线。选择航线时应服从飞行任务的需要，保证飞行安全，争取有利的航行条件。选择航线的主要依据是：航线起点和终点，目视飞行规则条件下选择起飞、着陆机场；航线尽量减少曲折，以直线为佳，如因航线过长或其他原因需要选用转弯点时，转弯点必须是导航台、显著的天然地标或人工地标；沿航线根据需要选择用来判断位置、检查航迹的检查点，提高领航的准确性；航线严禁通过禁区及穿越空中走廊；航线地形、气象条件较好，且有可靠的气象保障；航线周围要有可利用的备降机场；飞机的性能和设备能够充分发挥作用；飞行的有关特殊规定。

（2）准备航行资料和领航工具。

必备的航行资料包括航线飞行区域百万分之一、五十万分之一航空地图，起飞机场、降落机场、备降机场的机场图，中、低空航线图，起降机场、备降机场的仪表离场、进场图，各种进近图、走廊图、机场细则、通信手册及有关飞行文件。准备的航行资料是保证飞行安全和飞行正常的基础，因此，受领飞行任务后，必须根据飞行任务进行充分准备和仔细核对与本次飞行任务有关的航行资料，选择好飞行所需的各种图，并准备好所需的领航工具，如计算尺、向量尺、铅笔等。

（3）获取飞行情报资料。

飞行员在做准备时，需要相关的飞行资料，这些资料可以从有关的航行情报资料中获取。

航行资料汇编（AIP）是国际互换航行所必要的持久性航行资料，其内容齐全、可靠并保持最新。它包括的内容有航行服务规章及其他，如机场、通信、气象、空中规则和空中交通服务、简化手续、搜寻救援、航图等。

机场使用细则是飞行人员使用机场的重要依据，也是飞行必备的资料。机场使用细则资料可靠、数据准确、规定合理。飞行员从机场使用细则中可以查到机场道面、夜航灯光资料，通信导航等地面设施资料，机场地形、主要障碍物、气象特征等与飞行密切相关的重要资料，飞行、地面活动等有关规定的资料。

航线手册是飞行重要的航行情报资料，其内容丰富、技术性强，具有较强的时间性。飞行员在航线手册中可以查到与飞行有关的各种航图，包括空中走廊图、危险区/限制区/禁区图、停机位置图、机场图、仪表进近图、标准仪表进场图、标准仪表离场图等。

航行通告是有关航行的设施、服务、程序的建立情况或者变化，以及对航行有危险情况出现和变化的通知，是保证飞行安全、正常和效益所需的重要情报。飞行员可以从发布的航行通告查出所需的航行资料和对飞行有重要意义的资料。

以上航行情报资料在航行情报室或机组资料袋均可查到。如果对一些问题不清楚，可要求航行情报员提供讲解服务。

（4）地图作业。

地图作业是为了便于飞行中利用地图检查航迹和进行领航计算，根据飞行任务在已准备好的航空地图上进行作业。飞行员必须熟练掌握地图作业的技能，准确而迅速地进行地图作业，缩短飞行前的准备时间，适应紧急情况的需要。

地图作业必须按照统一规定的格式和符号标绘，务求准确、清晰，地图作业完成后，应按规定将有关领航数据填入领航记录表中。

（5）研究航线。

飞行员应从航线的实际情况出发，周密地研究沿航线的各种情况，正确地选择领航方法和制定特殊情况处置方案，为顺利实施空中领航创造有利条件。研究航线的范围，主要根据机型、领航设备和航行条件来确定。通常应包括航线两侧各 50 km 左右的地区，起点附近可窄一点，转弯点和终点附近适当宽一点。

① 研究沿航线的地形、地标。熟悉沿航线的地形、地标，对判断飞机位置、检查航迹和保证航行安全有着重要的作用，因此，飞行前飞行员应根据不同比例尺的地图、航空照片，以及飞过该地区的飞行人员的介绍，详细研究沿航线的地形和地标。研究沿航线的地形主要包括其起伏情况和对飞行安全有影响的标高；研究时，应先对航线区域的地形作一概括了解，明确各航段地形的起伏情况，然后进一步研究山区的范围、山脉的走向，以及航线山脉边缘的距离；为了保证飞行安全，对沿航线的主要山峰、高大建筑物等的标高、准确位置和识别特征，应详细研究，并做出标记，飞行员还应熟记各航段的最低安全高度；同时还应根据沿航线的地形起伏情况，选择一些适合于迫降的场地，以备紧急情况下使用。研究时特别要着重研究起飞爬高段和下降着陆段的地形和标高，并结合天气情况研究、确定爬高入航与下降着陆的实施方法。研究沿航线的显著地标，应以航线基本点为主，对其他地标则根据航行条件和飞行地区的特点，有重点地进行研究；通常在高空飞行时，主要研究大而明显的各类地标及其相互关系；低空飞行时，主要研究地标细部的明显特征。研究时，一般从沿航线的河流、铁路、公路和海岸线等主要线状地标入手，了解其方向、形状、弯曲特征及其与航线的相关位置。对于与航线近似平行的线状地标，可用来检查方向，为了提高准确性，应详细了解其与航线的相关位置，作为检查方向的参考；对于与航线近似垂直的线状地标，为了用来检查距离，应当

了解它和前一个检查点（或转弯点）之间的距离；对于与航线斜交的线状地标，则应了解它左右两段的不同特征，以便判断飞机是在航线的哪一侧通过。线状地标上可供判断飞机位置的显著特征，在研究时应十分注意，如河中的沙滩、小岛、显著的河湾、河汊、桥梁以及铁路的交叉点等。此外，还应考虑地形对空中辨认地标的影响，防止在空中辨认时发生错误。在研究线状地标的同时，应对沿航线的城镇、湖泊、山峰等进行详细研究，了解它们离开航线的距离和利用其判断飞机位置的可能性，重点是它们本身的特征，以及周围地标（尤其是线状地标）的相互关系。如对于城镇，应了解其形状、市区中的高大建筑物和特殊识别标志，周围的主要线状地标及其方向，城镇附近特殊的小湖、小山等。对一些大的湖泊，应着重研究湖岸的弯曲特征，否则，即使飞临湖畔，也很难确定飞机位置。对航线附近突出的山峰，则主要研究从不同方向观察时的特征，以便在飞行中用来判断飞机的概略位置。还需注意的一点是，随着国家经济建设的发展，新的铁路、公路、桥梁、水库、工厂、居民点的建立，沿线地标将会发生很大变化，所以，应结合有关资料和介绍，对这些新的地标进行详细研究，熟记它们的特点和关系位置，以便更好地用来检查飞机的航迹。航线各基本点是各航段的起始点，每一基本点标志着领航工作由一个阶段进入另一个阶段，为了在每一阶段有个明确的起始位置，以保证领航的准确性，应对基本点着重研究。对目标（通用航空作业、空投）区域内的地标需要特别细致地进行研究，应该详细了解目标的精确位置、识别特征、标高、目标区地形和显著地标的分布情况，以及可用于迅速可靠地发现目标的显著地标情况等。通过对沿航线和目标区的地形、地标的研究，在飞行员的脑子里建立一个完整的形象，明确哪些地标可用来判断飞机位置，哪些地标用来进行方向或距离检查，同时熟悉各基本点及主要地标的特征和关系位置，以及各航段的标高和安全高度。为了保证飞机迷航后能迅速恢复位置，还必须知道在各航段上，飞向航线附近大而明显的线状或面状地标的概略航向和距离。

② 研究国境线和空中禁区。当航线邻近国境线和空中禁区，应了解国境线、空中禁区的准确位置和范围，以及地形、地貌和地标的特征，防止误入邻国领空或空中禁区，避免造成不良影响。

③ 研究机场使用细则。研究时应详细、准确，着重研究：机场地理坐标；机场同城市相关位置（方位、距离）；机场标高、磁差、道面、主跑道等资料；机场区域附近的限制区位置；通过机场区域或者机场区域附近的航路，机场区域内净空地带的情况，高大建筑物的位置、高度和飞行安全高度；保障飞行的通信、灯光设备的配置以及起飞和着陆地带的规定；起落航线飞行的规定；进场、离场方法；飞行空域和靶场的位置；本机场允许飞行的最低气象条件；邻近机场和备降机场的有关资料，本机场区域内可供迫降的地带。

④ 研究沿航线备降机场和迫降场。飞行中，因天气或其他原因，飞机有可能到其他机场去着陆，因此，飞行前应对沿航线附近的机场进行细致研究，做好必要的准备：应根据机场分布的情况、距离航线的远近和机场的有关资料，选出一些可供飞机备降的机场和迫降场，然后按机场使用细则和大比例尺地图研究其跑道的方向、长、宽和标高；

净空条件及起落航线的规定；机场附近的地形、地标特征等；对于几个主要的备降机场，还应研究从各航段飞向备降机场的概略航向、距离、时间和所需油量。

⑤ 研究航线天气。为了在飞行中充分利用有利的气象条件，避开不利天气，准确地实施领航，确保飞行安全，飞行前应详细地研究天气情况和资料，研究的主要内容有：沿航线的天气实况；空中的风向、风速和起飞机场的气温、气压；飞行区域内云的情况；飞行区域所处的气压系统和飞行过程中天气变化的趋势；危险天气的区域和性质，以及移动的方向和速度；降落机场的天气情况及其变化趋势。飞行前准备时，应认真听取气象人员对航线天气的分析，翻阅有关资料，飞行员应结合研究的内容以及资料，并根据航线情况考虑在各航段的航行方法，如可能遇到危险天气时，应做好处置方案。

⑥ 研究可供利用的导航设备。搜集和校对有关机场和航线附近可供使用的导航设备，并熟记有关资料：地面导航台、广播电台及其他导航设备的地理位置、工作频率和呼号；地面导航设备的工作特点和有效距离；地面导航设备的变动情况，如有无增设、关闭、更改频率和呼号等，使用广播电台时应注意不同频率的不同播音时间；根据航线情况，制定出使用方案，如在每一航段上用哪些导航台检查航迹（方向、距离），用哪些导航台定位，用哪些导航台测地速、校正预达时刻等，特别要制定出当自动领航设备故障时用哪些导航台来进行定位、检查和修正航迹。

⑦ 研究特殊情况的处置方案。飞行中的特殊情况是指突然发生的、直接或间接威胁飞行安全的情况。在准备中，应将可能出现的特殊情况，认真加以准备，只有做到任何时候都处于有准备的状态中，才能正确而迅速地处置各种特殊情况，确保飞行安全。主要内容包括：飞向备降机场方法、返航方法、绕飞方法、防止迷航及复航方法。

（6）制订领航计划。

领航计划是飞行员对领航的实施程序、方法和特殊情况处置的预先设想，也是实施空中领航的基本依据。周密细致的领航计划可以使空中领航实施有秩序、有步骤地进行，可以保证飞行任务的顺利完成。拟定领航计划，应根据飞行任务的性质、航线情况和自己的工作能力，安排好整个航线的领航工作，应在研究航线的基础上，制订出切实可行的领航计划。

领航计划内容通常包括：起飞离场和爬升的程序和方法；各航段测量航行元素和检查航迹、修正航迹的时机和方法；进行通用航空作业时，搜索和进入目标的方法；保证准时到达着陆机场或预定点的方法；特殊情况的处置方法；下降和进场着陆的程序和方法。

领航计划的形式：对经验少的飞行员采用画出航线略图的形式，在略图上沿航线方向按实施程序标注各项工作内容。这种形式一目了然，便于空中查看。对经验丰富的飞行员采用记忆形式，将领航计划记忆在脑中，重点记忆领航的主要工作及内容和特殊情况处置方法，而不作文字标注。

完成领航计划的制订后，应填写领航记录表，它是飞行中实施领航的实际记录，是检验领航工作质量和迷航后推测飞机位置的依据。填写时要求：准确、完整、清晰、相对集中。预先准备阶段应填写的主要内容有：航线起点、检查点、转弯点、终点、各航段的预计磁航迹、表速、距离、安全高度、预计使用的 NDB 台、VOR 台、广播电台的相对方位角、径向方位/电台磁方位及检查的位置点和飞行总距离等。在填写领航记录表时，根据飞行航线及气象环境，应作相应的航行资料、飞机机载设备的检查，并针对飞行任务研究领航方案、领航方法的预案，尤其是对飞行中的特殊情况，要有详细的处置方案，对可能遇到的迷航情况做好充分的准备。

2）集体准备

集体准备是在个人准备的基础上，以机组为单位进行的准备。准备时应着重研究协同配合和特情处置方案，解决技术难点，统一认识，提高准备质量；明确机组人员的分工、职责和要求。集体准备的主要内容有：

（1）汇报个人准备情况，研究完成飞行任务的方法。机组根据个人准备情况，统一认识，研究各航段的特点和领航方法，研究沿航线的各机场（包括备降机场）起飞入航、加入等待和进场进近着陆的方法，校对航行资料和研究特殊的航行规定等。

（2）研究特殊情况处置方案和技术难点，并根据以上研究，修订领航计划。

（3）研究机组的分工，协同配合，互相提出要求和注意事项。

3）领航准备的检查

为了督促飞行员进行领航准备，顺利完成飞行任务，航行部门和飞行队要认真检查领航准备的质量。详细检查领航准备情况，不但对领航准备起监督作用，而且是保证飞行任务完成的必要条件。检查时，对领航准备不好的飞行员，要帮助其进行补充准备和进行地面练习，质量达到要求后方可允许参加飞行；在检查中如发现有不足或错误，应立即纠正或重新准备。领航准备检查的内容有：

（1）航空地图等航行资料是否携带齐全。

（2）领航计划是否适宜，领航记录表是否按规定填写，主要航行数据的记忆情况。

（3）对沿航线的机场、地形地物、领航设备的熟悉程度。

（4）机上领航设备、个人领航工具是否良好，是否经过检查。

（5）对禁区、备降机场和特殊规定的熟悉程度。

（6）特殊情况的处置方案是否可行。

驾驶舱文件

9.1.2.2 直接领航准备

直接准备是在预先领航准备的基础上，在起飞前的一段时间内（一般在起飞前1:30）所进行的准备。直接准备是针对起飞前根据航行需要和天气实况的变化对预先准备进行必要的修正和补充，关系到按时起飞和圆满完成飞行任务。直接准备的主要内容包括：领取和研究飞行区域的天气预报和实况；阅读和研究最新航行资料及飞行动态；进行领航计算并填写领航计划表；办理离港或过站手续；检查领航用具及领航设备。

1）领取和研究飞行区域的天气预报和实况

飞行员应领取起、降机场和备降机场的天气实况及天气预报、航路天气预报；听取气象预报员讲解天气，重点放在恶劣天气和危险天气的发展趋势及对飞行安全有可能的影响上；分析起飞、降落、备降机场的天气实况和预报，应注意云底高、结冰高度、能见度及风切变的情况；索取飞行高度层的预报风和空中温度；制定出利用机载设备在复杂气象条件下的飞行方法。

2）阅读和研究最新航行资料和飞行动态

阅读最新的航行情报通报和航行通告，检查航行资料有无变化，对已改变的资料进行修订并修改预先准备的领航计划，了解起飞机场和飞行区域的飞机活动情况，有无相对飞行和追赶飞行等，认真听取空中交通管制员关于飞行动态的讲解和指示。

3）飞行前领航计算并填表

为了减少空中工作，飞行员在起飞前应根据气象台预报风进行领航计算，并将计算结果根据需要填入领航记录表。领航计算的内容有：

（1）计算真空速。按预定表速、飞行高度和空中温度计算真空速。

（2）计算应飞航向、地速和航段飞行时间。按航线角、真空速和预报风计算各航段的应飞航向、地速和航段飞行时间。

（3）计算进入预定方位线的电台相对方位。根据计算出的应飞航向，修正进入预定方位线的电台相对方位。

（4）计算航线距离和航线飞行时间。航线距离为起飞至落地各航段距离之和；而航线飞行时间是航线上各航段飞行时间之和加上起飞至航线起点、终点至加入着陆所需的时间，即各航段飞行时间之和加上起飞着陆所需时间；目视飞行起飞着陆所需时间一般按 5 min 计算，仪表飞行一般按 10 min 计算。

（5）计算最少携带油量。航线飞行应携带的最少油量包括航线各航段飞行的油量、备份油量以及飞机在地面试车、滑行所需的油量（一般按 15 min 计算），即

$$\text{最少携带油量}=(\text{航线时间}+\text{备份时间})\times\text{耗油率}+\text{地面试车和滑行所需油量} \quad (9.1)$$

中国民航总局颁发的《一般运行和飞行规则》（CCAR91-R2）规定了备份油量要求。

耗油率和地面试车及滑行所需油量随机型而定，可在各型飞机使用手册中查到。

（6）计算油量可飞时间。可飞时间是在现有油量条件下，飞机可以飞行的最长时间，这一时间对飞行员来说是相当重要的。

【例 9.1】“双水獭”飞机携带的起飞油量共 700 L，“双水獭”飞机的耗油率是 270 L/h，计算油量可飞时间。

【解】 根据已知条件，对尺可求出可飞时间 $t_{\text{可飞}}=2.36'$。

（7）计算安全返航点。

当航线中途没有备降场时，选择起飞机场作为备降场，为了保证飞行安全，在起飞前应当准确计算安全返航点（Point of Safe Return）。安全返航点就是根据飞机携带的燃油量，在飞机遇到特殊情况时能安全返航的一点，从这一点返航至起飞机场上空还有不

少于 30 min（昼间）或 45 min（夜间）的燃油量，如图 9.1 所示。从起飞机场到安全返航点的距离就是飞机能安全返回起飞机场的最大许可距离，叫作活动半径（Action Radius）。

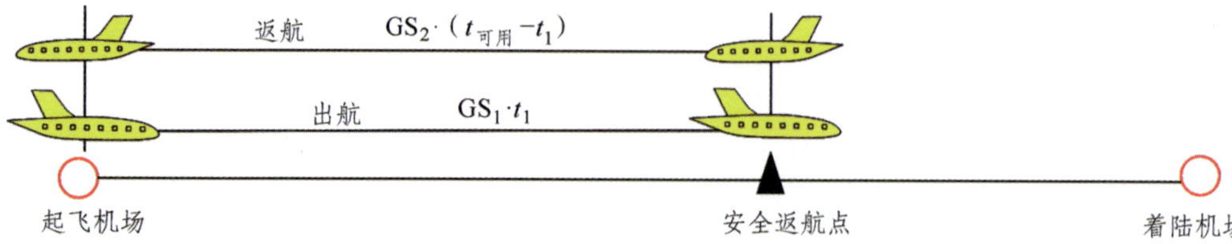

图 9.1　安全返航点和活动半径

从图 9.1 中可知安全返航点的计算步骤：

① 计算可飞的航线总时间。计算的公式为

$$t_{可用}=(携带燃油-地面耗油量-空中耗油率\times 30 或 45\ min)/空中耗油率 \quad (9.2)$$

② 计算出航地速 GS_1 和返航地速 GS_2。直线飞行时，假如风向不变，可用计算尺计算 GS_1 和 GS_2。

③ 计算出航飞行时间 t_1。心算公式为

$$GS_2/t_1 = (GS_1 + GS_2)/t_{可用} \quad (9.3)$$

④ 计算活动半径 R。可用计算尺对尺或心算求出。

【例 9.2】　Y7-100 飞机夜航，TAS = 460 km/h，MC = 150°，磁差忽略不计，WD = 0°，WS = 80 km/h，携带燃油 4 500 L，地面耗油率为 600 L/h，空中耗油率为 800 L/h，计算返航飞行时间和活动半径。

【解】　计算出

$$t_{可用} = (4\,500 - 600 \times 15/60 - 800 \times 45/60)/800 = 4.41'$$

用计算尺求出

$$GS_1 = 530\ km/h,\ GS_2 = 390\ km/h$$

用心算求出

$$t_1 = 1.59',\ t_2 = 4.41' - 1.59' = 2.42'$$

用计算尺求出

$$R = 1\,052\ km$$

计算的返航飞行时间为 2.42′，活动半径为 1 052 km。

从安全返航点返航的时刻，等于起飞时刻加上出航飞行时间 t_1，这一时刻对飞行员十分重要，飞行员应该明确什么时刻开始返航。

（8）计算等时点。等时点（Point of Equal Time）是航线上的一点，在该点飞机飞往

着陆机场的时间与返回起飞机场的时间相等。在长距离飞行或航线中途没有备降场而又需要尽快着陆时，应计算等时点的位置。如果飞机还未到等时点，需尽快着陆，应返回起飞机场着陆；如果飞机已飞过等时点，则应继续飞向着陆机场，这样可以在最短的时间着陆，如图 9.2 所示。

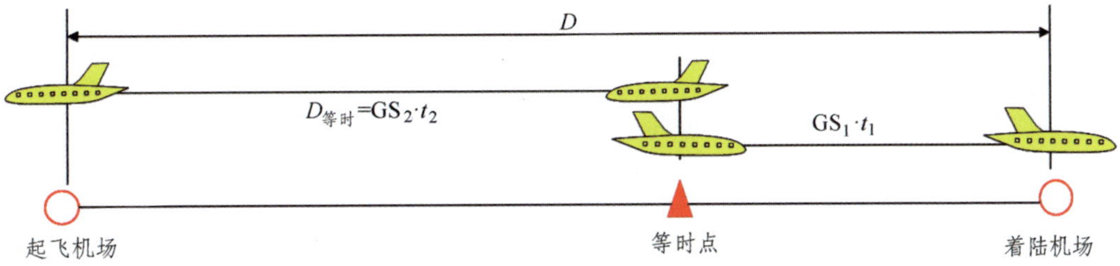

图 9.2　等时点计算

图中，GS_1、t_1 为由等时点飞往着陆机场的地速和时间，GS_2、t_2 为由等时点返回起飞机场的地速和时间，$D_{时}$ 为起飞机场到等时点的距离，D 为起飞至着陆机场的总距离；GS_1、GS_2 可通过地面准备时求出。从图 9.2 中看出

$$D = t_1 \cdot GS_1 + t_2 \cdot GS_2 \tag{9.4}$$

因为 $t_1 = t_2$，因此

$$t_1（t_2）= D/（GS_1 + GS_2）= D/2TAS \tag{9.5}$$

$$D_{时} = GS_2 \times t_2 \tag{9.6}$$

【例 9.3】 广汉至遂宁航线的航线距离为 133 km，地面准备时算出 TAS = 185 km/h，出航地速为 195 km/h，计算等时点。

【解】 GS_1 即是出航地速，从已知 TAS = 185 km/h，即可算出出航的顺风分量 WS_1 为 10 km/h，对于返航飞机这一分量就成为逆风分量，所以返航地速 $GS_2 = TAS - WS_1 =$ 175 km/h。

$$t_1（t_2）= D/2TAS = 133/2 \times 185 \approx 0.36（h）\approx 22（min）$$

$$D_{时} = GS_2 \times t_2 = 175 \times 0.36 = 63（km）$$

经计算可知等时点距离广汉 63 km。

4）办理离港或过站手续

完成领航计算及填表，备齐气象报告单、空勤人员登机牌、驾驶执照、健康证、任务书，去签派室或站调填写飞行放行单，办理离港或过站手续，并由签派员或管制员签字。气象条件较差时，应与气象人员、管制人员共同研究是否放行或继续飞行。如有客、货载重时，还应到值机室办理商务手续。

如果飞机在外站过夜时，机长要对飞机负全面责任，应盖好飞机、系好系留、挡好轮挡等，细致检查飞机有无损伤。

如是国际航线或地区航线飞行时，要递交飞行计划并进行海关、边防、检疫检查。同时需了解起飞机场和区域飞机活动情况，校对本次飞行的航线、目的地、备降场、实施时间等准确无误，尤其要明确本次飞行的航线高度。

5）检查领航设备和工具

完成离港或过站手续的办理后，还必须认真检查领航工具和领航设备。

检查机组成员领航工具，包括检查量画、计算工具是否齐备良好，是否带有本次飞行的地图、飞行文件和各种表格、资料，在飞行中可能用到的有关资料也要带齐。

检查飞机上的领航设备时，应先了解所有有关领航仪表和设备是否齐全，安装是否正确，有无损坏，误差表是否过期，然后再逐个检查，检查时应着重注意以下方面：

（1）飞机现有油量，不得少于最少携带油量。

（2）校对时钟并上好弦。

（3）气压式高度表在不同机场的拨正。

（4）飞机上各罗盘的校正及比较，相互间的误差不应超过 2°。

（5）其他领航设备，按使用说明书规定进行检查。

（6）如发现故障或异常，应通知机务人员及时排除。

检查好领航工具和领航设备后，飞行员得到放行许可，则应根据管制员要求制定飞机起飞离场方法，完成整个地面领航准备内容。

9.2　空中领航实施

空中领航实施是从飞机开车开始到飞机关车为止，贯穿整个飞行。飞行机组在空中实施过程中必须严守岗位，履行职责，不断总结经验，提高飞行技术水平。

9.2.1　空中领航实施程序和内容

2605 航班错误跑道着陆

9.2.1.1　起飞离场及加入航线

起飞前检查、调整好各种领航设备，使设备均处于工作或准备的良好状态；将自动定向仪 ADF、VOR、DME 的频率调好；检查好各种资料和文件及领航用具；研究并确定入航方法。

起飞时，打开续航时钟，记录起飞时刻，并按机组分工做好各项工作。

起飞后，按指示的入航方法加入航线；当上升到规定位置时，将其中一个气压式高度表气压刻度调“760 mmHg 或 1 013 hPa”。

9.2.1.2　沿航线爬升

飞机沿航线爬升至指定高度改平，为了检查沿航线上升阶段的航迹和飞过距离，保证上升阶段的飞行高度不低于安全高度，飞行员要计算改平时刻和位置。实施地标罗盘领航时在飞机改平前 3 ~ 5 min，按预计的改平位置观察辨认地标，确定飞机位置，并以此位置作为新的起点进行领航计算，飞向检查点。实施无线电领航时注意用无线电领航设备背台控制好飞机航迹。如果飞机沿空中走廊爬升，则应在飞机出走廊时爬升到指定高度，并记下时刻和位置，向管制员通报；同时推算到检查点的预达时刻和航迹。

9.2.1.3　沿航线巡航

沿航线巡航时，主要的领航工作就是检查航迹和修正航迹，通常是在检查点前后进行的，检查点工作的所有计算结果均需填入领航记录表相应表格，并按规定或按管制员要求发位置报。

2603 迷航事件

9.2.1.4　沿航线下降进场

航线飞行的最后阶段是沿航线下降，它是指到达着陆机场前一段时间的飞行。在这段飞行过程中，飞机保持规定的下降速度和下降率下降，直至到达着陆机场着陆为止。在沿航线下降的过程中，禁止盲目下降到该航段仪表飞行的最低安全高度以下飞行。飞机沿航线下降的工作包括：

（1）准确地计算开始下降时机。根据下降高度和下降率计算出下降时间，然后在预达时刻和平飞地速基础上计算出开始下降时刻和位置；地标罗盘领航时按计算的开始下降时刻提前辨认开始下降位置，确认位置并得到管制员许可，即可操纵飞机保持预定的下降率沿航线下降；无线电领航当飞机在距终点前 10 ~ 15 min 时，做主动向台飞行，控制好航迹，按计算的开始下降时刻操纵飞机保持预定的下降率沿航线下降。

（2）提前适当时间向着陆机场索取进场条件（包括场压、风向、风速、能见度、机场活动情况等）并听管制员指挥。

（3）根据进场条件，机组确定着陆方案，计算有关数据，检查设备和仪表是否在准备着陆状态。

（4）按高度表拨正程序规定调节气压刻度。

（5）检查和修正航迹，并修正预达终点的时刻；在取得着陆许可后，按照标准仪表进场图规定的方法或管制员的指令进场。

（6）根据预达时刻，提前寻找机场，引导飞机飞至加入着陆航线的起始位置，记下时刻，报告管制员，计算最后一个航段的导航数据并填表。

9.2.1.5　进场着陆

进场着陆是保证飞行安全的关键，因此必须集中精力、胆大心细，严格按标准执行飞行，完成飞行工作。进场着陆的领航工作包括：

着陆最低标准发展史

（1）在得到管制员着陆许可时，检查着陆设备的工作情况，按要求的着陆方法，目视加入起落航线着陆或按仪表进近图加入规定的进近程序着陆。

（2）飞机接地后记下着陆时刻，滑行到停机位关闭续航时钟，关闭所有领航设备和仪表至规定位置，记下关车时刻。

（3）计算总飞行时间，填写完成领航记录表，检查、整理好所有领航工具和文件、资料，完成全部领航工作。

每次飞行完成后，飞行机组应根据本次飞行的情况进行讲评，指出存在的问题，分析并总结经验。

顺利完成飞行最重要的是加强飞行前准备，抓好离场和进场的航迹、飞机状态的保持，抓住飞机的航迹和地速两大要素，认真检查飞机、发动机的工作情况，注意观察和收听指令，同时还要注意防止五大差错，即：

防止弄错时间：主要是防止算错、看错和报错时间；

防止弄错航向：主要是防止记错、看错和对错航向；

防止飞错高度：主要是防止忘调和调错场压、标准海压，记错高度，看错高度表以及错过高度表拨正时机；

防止认错地标：主要是防止盲目找地标和无根据地肯定或否定地标，防止不按3个环节、4个要素辨认地标；

防止调错电台：主要是使用自动定向机和全向信标 VOR 等机载设备时，要防止调错频率、听错识别码和不进行守听，一定要听准信号，细心判断。

9.2.2 空中领航实施方法

航班飞行流程

9.2.2.1 离场入航方法

离场入航即起飞加入航线，是飞机起飞至第一个航路点的阶段。入航的准确性将直接影响整个航线领航的准确性，因此必须根据具体情况运用正确的方法，引导飞机加入航线，并按应飞航向沿航线飞行。飞行前，机组必须根据机场情况，参照机场使用细则和相关航图，研究制定离场入航的具体方法。

1）目视飞行离场入航方法

各机场的入航方法通常在机场使用细则中有规定；在没有规定的情况下，可根据机场区域的地形、障碍物、禁区及沿航线飞越山峰的可能性及天气条件、起飞方向和航线去向的关系来决定。

（1）直接离场入航。

直接离场入航方法适用于机场净空条件好，无本场爬高规定，没有周围机场活动限制，飞机起飞后取得管制员许可，均可采用直接离场加入航线。

飞机起飞后，上升到该机型所要求的转弯高度时转至计划航线，修正偏流直接飞向第一航路点，并记下入航时刻和入航高度。入航时刻的确定是根据起飞方向和航线方向的夹角不同而不同：当夹角小于 30°时，起飞时刻即为入航时刻，机场标高即为入航高度，如图 9.3 所示；夹角为 30°～90°时，飞机起飞后开始转弯高度即为入航高度，其开始转弯时刻即为入航时刻，如图 9.4 所示；夹角大于 90°时，飞机起飞后在要求高度转弯飞向第一航路点，飞机正切机场中心的时刻和高度，即为入航时刻和入航高度，如图 9.5 所示。

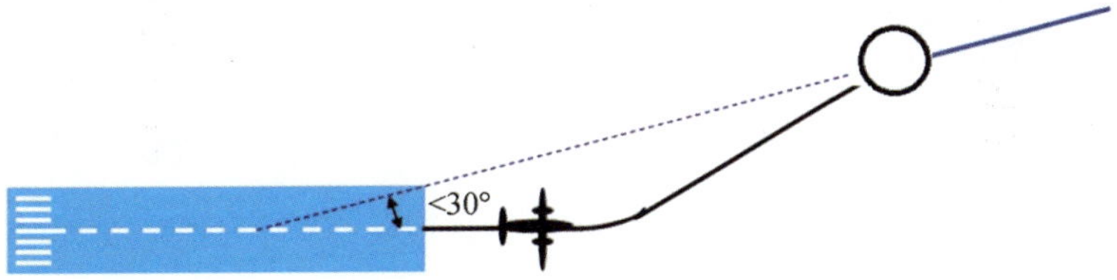

图 9.3　目视直接离场方法 1

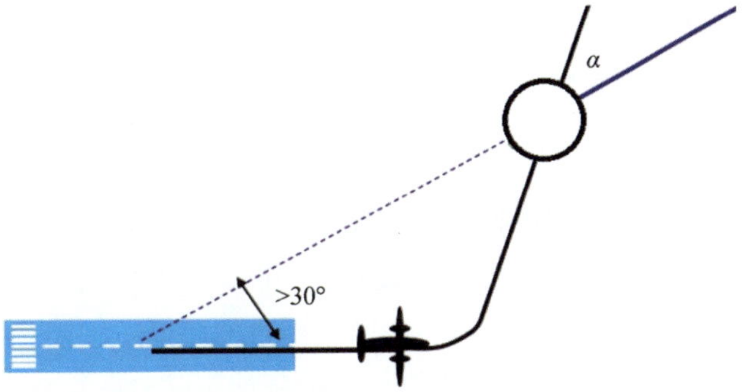

图 9.4　目视直接离场方法 2

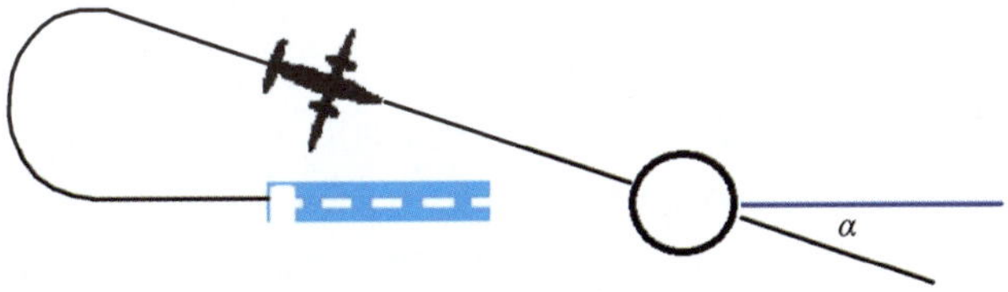

图 9.5　目视直接离场方法 3

（2）通过机场上空离场入航。

通过机场上空离场入航方法适用于机场净空条件差，需要在本场爬高，或者是周围机场有活动需要高高度通过的情况。

实施方法：飞机起飞后，根据所需高度建立目视爬高航线，飞机通过机场或规定入航点上空时，记下入航时刻和入航高度，并修正偏流飞向第一航路点，如图 9.6 所示。

2）仪表飞行离场入航方法

（1）标准仪表离场。

在规定有标准仪表离场程序的机场，飞机起飞后，应当严格按管制员指令的离场路线飞行，没有新的指令不得擅自改变。飞行员在起飞前应根据所飞航线和起飞方向，仔细阅读标准仪表离场图，熟悉离场程序。

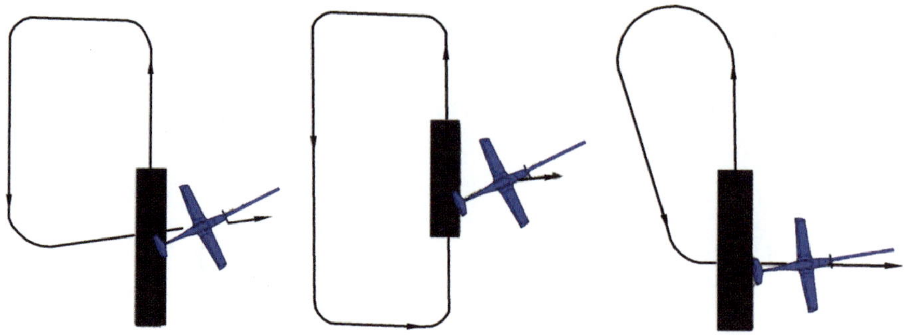

图 9.6　通场入航

（2）非标准仪表离场。

非标准仪表离场

在没有规定标准仪表离场程序的机场，飞机起飞后，应当根据机场使用细则中仪表飞行的规定、地面和机载设备条件、起飞方向等确定离场路线和加入航线的方法。

① 过台入航。这种方法适用于需要在机场爬高或导航设备差的机场使用。飞机向导航台方向起飞时，起飞后直接飞到导航台上空，并操纵飞机转向应飞航向，记下入航时刻和高度；背导航台起飞时，起飞后，按管制员指令，上升到一定高度后向航线方向转弯，切入航线反向延长线向电台飞行，按指定高度过台并操纵飞机转向应飞航向，记下过台时的入航时刻和入航高度，如图 9.7 所示。

② 旁切电台入航。这种方法适用于机场净空条件较好、没有入航高度规定的情况。起飞方向与航线方向的夹角小于 90°时，采用 45°角切入法：起飞后，飞机上升至一转弯高度，记下入航时刻，向航线方向转弯，以 45°角切入航线，保持 $MH_{切}$ 飞行，根据无线电领航设备的指示器判断飞机切到航线的瞬间，适当提前改出切入，操纵飞机对正应飞航向背台飞行，如图 9.8 所示。起飞方向与航线方向的夹角大于 90°时，采用 30°角切入法：起飞后，飞机上升至一转弯高度时，向航线方向转弯，以 30°切入角切入航线，保持 $MH_{切}$ 飞行，根据无线电领航设备的指示器判断切回航线的瞬间，适当提前改出切入，操纵飞机对正应飞航向背向飞行，如图 9.9 所示；当方位指针在航向指标（或 0°位置）左右 75°时记下时刻、高度，该时刻和高度就是入航时刻和入航高度。

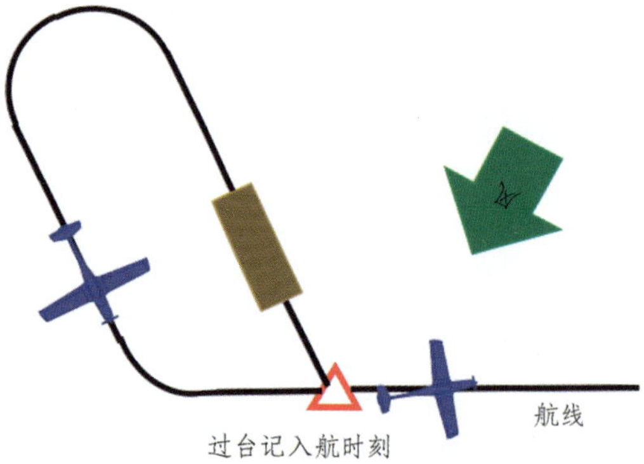

图 9.7　过台入航

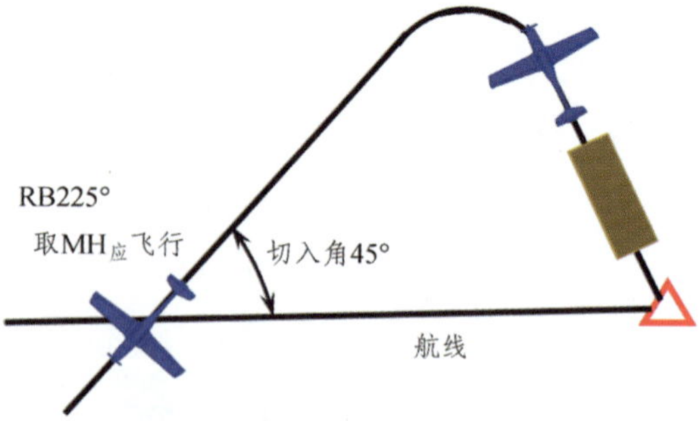

图 9.8　旁切电台 45°入航

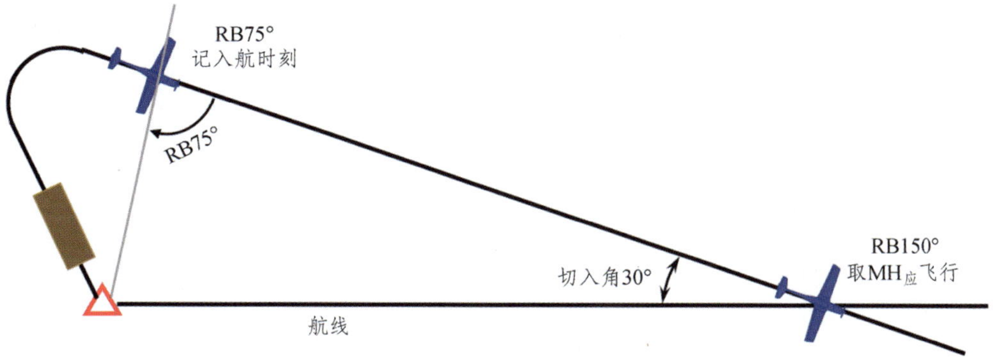

图 9.9 旁切电台 30°入航

9.2.2.2 沿航线爬升的计算

飞行中为了节省燃油，增加航程，飞机入航后将继续保持应飞航向和速度沿航线爬升到指定的飞行高度层巡航，因而在沿航线爬升的过程中就需要计算上升时间，确定改平飞的时刻和位置。

1）计算上升时间（Time of climb，TC）

上升时间（TC）可根据飞机所保持的平均上升率（Rate of Climb，RC）和飞机从入航高度上升到指定高度层的上升高度差进行计算，心算公式为

$$TC = (H_{指} - H_{入})/RC = \Delta H/RC \quad (9.7)$$

2）计算改平时刻和位置

改平时刻的计算公式为

$$t_{改平} = t_{入航} + TC \quad (9.8)$$

改平位置是根据改平飞位置点到入航位置的水平距离，在地图上标出飞机改平位置。改平飞位置点到入航点的水平距离 D 等于上升时间 TC 与上升平均地速的乘积，即

$$D = GS_{平均} \times TC \quad (9.9)$$

在实际计算中，一般用飞行高度层的巡航地速 $GS_{巡}$ 代替上升平均地速进行计算，但必须修正上升多花时间Δt，也就是将上升时间换算为相应的平飞时间，即可求出概略的平飞位置到入航点的距离，即

$$D = GS_{巡} \times (TC - \Delta t) \quad (9.10)$$

3）推算到下一航路点的时刻

沿航线爬升时，该航段的飞行时间就等于巡航地速推算出的平飞时间再加上爬升多花的时间；如果没有爬高，则就加上平飞时间。计算公式为

$$t_{预} = t_{入} + (t_{平飞} + \Delta t) \quad (9.11)$$

【例 9.4】 一架飞机于 07:25 从新津机场上空加入航线，TC = 57°，$H_{入航}$ 为 600 m（QNE），航线飞行高度层为 2 100 m，保持表速 230 km/h 和上升率 2 m/s 飞行，已知飞行高度层的气象风为 290°/33 km/h，气温为 – 10 °C，求改平飞时刻和位置。

【解】 ① 计算上升时间。

$$TC = (2\,100 - 600)/2 = 750 = 12'30''$$

② 计算飞行高度层的预计地速。根据航线飞行高度层的风向、风速和气温以及表速 230 km/h，先计算出真空速，然后计算出飞行高度的预计地速，经计算得

$$TAS_{巡} = 250\ \text{km/h},\quad GS_{巡} = 268\ \text{km/h}$$

③ 计算改平时刻和位置。飞机以 2 m/s 上升，经计算每上升 500 m 多花 1 min，因此飞机从 600 m 上升到 2 100 m 多花了 3 min，即求出

$$t_{改平} = 07{:}25 + 12'30'' = 07{:}37'30''$$

$$D = GS_{巡} \times (TC - \Delta t) = 268 \times (12'30'' - 3') = 43\ (\text{km})$$

在地图上从新津机场沿航线量出 43 km，该点就是推算的飞机改平飞位置，如图 9.10 所示。

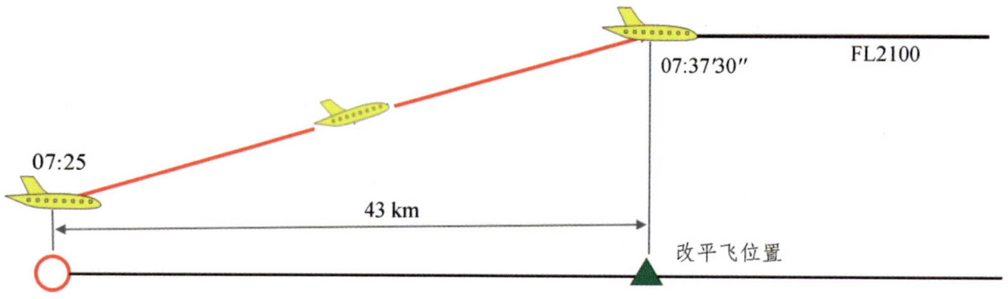

图 9.10 推算改平时刻和位置

9.2.2.3 沿航线下降的计算

沿航线下降必须根据地形情况，认真、准确地计算和确定开始下降的时刻和位置，尤其是在地形复杂、生疏的航线或标高不准确的地区，以及能见度较差的情况下飞行，飞行员必须取得确切位置方可下降高度，绝对禁止盲目地、无根据地下降。准确掌握下降时机，对民航飞行安全和效益具有重要意义：下降过早，容易使飞机低于安全高度，危及安全，而且飞机在低高度飞行还会大大增加燃油的消耗，造成浪费，使经济效益降低；下降过晚，会给进场着陆造成困难，同样会影响飞机的正常飞行。

1）计算下降时间（Time of Descent，TD）

下降时间（TD）是根据航线飞行高度下降到通过降落机场上空规定高度的高度差和下降率（Rate of Descent，RD）计算出来的，即

$$TD = (H_{指} - H_{规})/RD = \Delta H/RD \tag{9.12}$$

计算时需注意气压基准面选择必须一致，否则计算将出现错误。

2）计算开始下降时刻 $t_{开}$

开始下降时刻的计算公式为

$$t_{开} = t_{到} - TD \tag{9.13}$$

式中 $t_{到}$——预达时刻。

3）确定开始下降位置

根据下降中平均地速（一般用巡航地速 GS）和下降时间 TD 计算出开始下降点到终点的水平距离 D，然后按此距离在地图上量出该位置，就可以确定出开始下降点的位置，即

$$D = GS \cdot TD = \Delta H \cdot GS/RD \tag{9.14}$$

实际飞行中，对于一定的机型，其地速差别不是很大，如果保持正常的下降率下降，则 GS/RD 可近似认为是一个常数，所以距离 D 就等于飞机所要下降的高度乘上一个常数，即可求出。飞行中，有时计算的开始下降时刻和位置不宜下降高度，或预先规定了开始下降的时刻和位置，这时，应根据允许下降的时间和需要下降的高度，计算飞机下降中应保持的下降率是多少，当飞机到达规定的开始下降时刻和位置，即可操纵飞机保持所求下降率下降至规定高度。

【例 9.5】 由遂宁飞新津，航线高度为 2 400 m，10:34 飞机飞越石桥镇上空后保持航向飞向新津机场，已知平飞地速 180 km/h，管制员许可飞机沿航线下降至 900 m（QNE）通过机场中心，如飞机保持 2 m/s 下降率下降，求开始下降的时刻和位置。

【解】 ① 计算到达新津机场的时刻。根据 10:34 通过石桥镇上空保持平飞地速 180 km/h，石桥镇到新津机场未飞距离 63 km，可求出预达新津机场时刻 $t_{到}$ 为 10:55。

② 计算下降时间。根据下降率 2 m/s 和下降高度 1 500 m（即 2 400 m − 900 m），可计算出下降时间 TD 为 12′30″。

③ 计算开始下降时刻。

$$t_{开} = 10{:}55 - 12'30'' = 10{:}42'30''$$

④ 计算开始下降点到新津机场的距离。

$$D = 180 \times 12'30'' = 38\ (\mathrm{km})$$

所以，从新津机场往石桥镇方向量出 38 km，即可确定出飞机开始下降的位置，如图 9.11 所示。

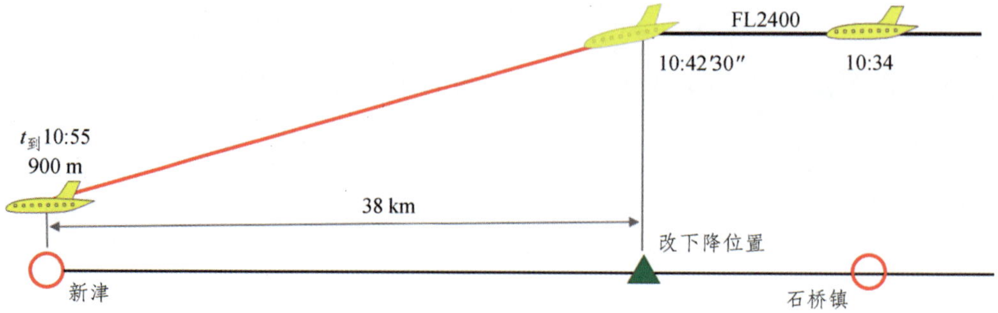

图 9.11　推算开始下降时刻和位置

9.2.2.4　转换航段的方法

飞机到达转弯点需进行航段的转换，当飞机通过转弯点，即进入下一航段的起点，因此航段的转换应力求准确，飞机通过后按已知风或实测风计算应飞航向及预达时刻。

1）三角或多边航线

（1）飞越式。如图 9.12 所示，在飞机飞越转弯点上空后，操纵飞机向下一航段方向转弯，然后估计提前量改出转弯至应飞航向。

（2）非飞越式。也称为旁切式，如图 9.13 所示，在飞机距转弯点前估计一个转弯提前量，然后操纵飞机转弯至下一航段的应飞航向。

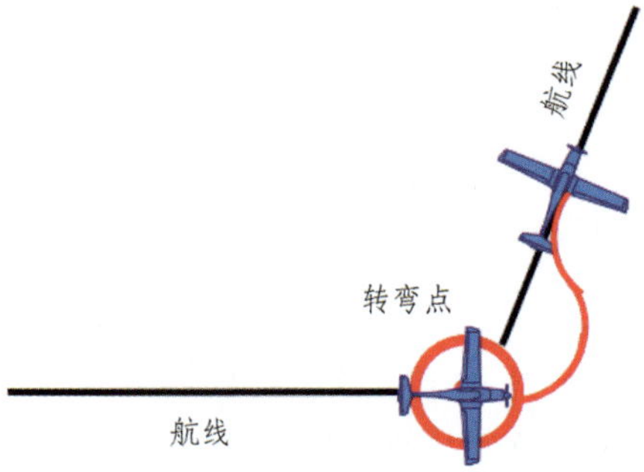

图 9.12　飞越式

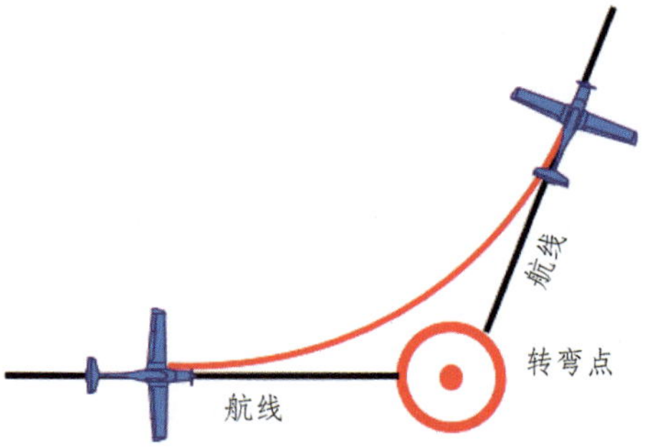

图 9.13　非飞越式

2）单程往返航线

对于飞行训练和通用航空作业，经常有单程返航线，即飞机飞到转弯点转弯返回起飞机场，转换航段时常用标准转弯返回通过转弯点。实施的方法是：飞机到达转弯点上空后，记下时刻，根据需要，飞行一段时间后，向右做标准转弯，改出转弯后，对正转弯点地标并保持应飞航向飞行，再次通过转弯点上空，记下时刻和高度，如图 9.14 所示。

除常用的标准转弯外，还采用修正角的方法，这种方法使用也很普遍，到转弯点后向左（右）转 30°飞行 60 s，然后转向原航线的反方向，改出转弯后，对正转弯点地标并保持应飞航向飞行，再次通过转弯点上空，记下时刻和高度，如图 9.15 所示。

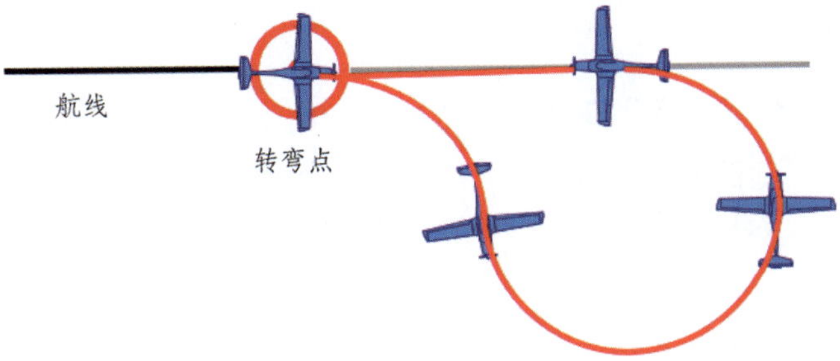

图 9.14　标准转弯

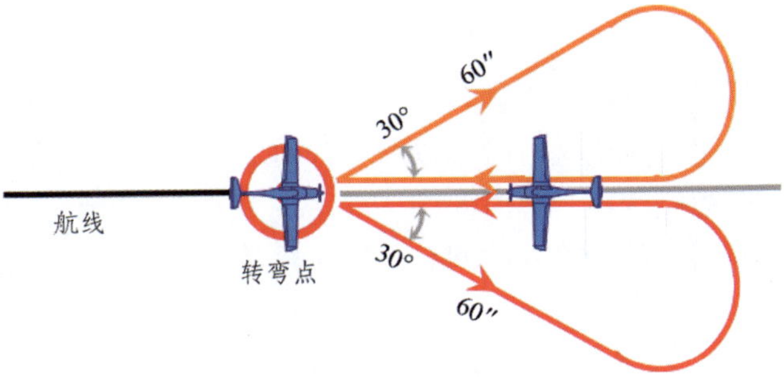

图 9.15　修正角转弯

加入起落航线

9.2.2.5　加入起落航线的方法

目视进场着陆是根据飞机的进入区域，按照管制员的指挥，飞机保持目视，下降高度进场，灵活地加入起落航线的各边，直接实施着陆。加入起落航线的方法通常有直接加入长五边，加入三边、四边和通场加入一边、三边等，如图 9.16 所示。各机场具体的目视进场着陆方法，要按照机场使用细则的规定和地面管制员的指挥执行。

目视进场着陆没有可以参考的图表，因此在整个目视进场着陆飞行过程中，飞行员应加强对外观察，防止与其他飞机危险接近或者低于安全高度飞行，危及飞行安全。

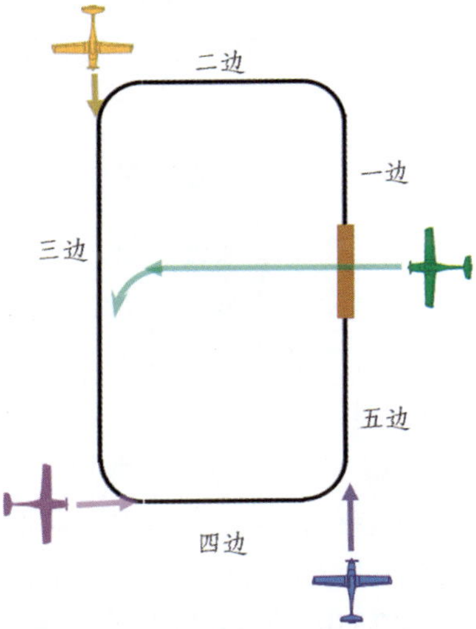

图 9.16　加入起落航线方法

9.2.2.6　返航和备降

飞行中如果因天气或任务变化等原因需要在中途返航或飞往备降机场时，应报告管制员，同意后，首先确定飞机位置，然后操纵飞机转向起飞机场或备降场，记下时刻和航向，最后在地图上画出航线并量取准确的航线角和距离，按已知风进行领航计算，计算出准确的应飞航向和预计到达时刻，并操纵飞机按计算出的数据进行调整。

9.2.2.7 准时到达的计算

民航运输飞行，必须按照航班时刻表的规定，准时起飞，准时到达，争取飞行正常；专机飞行时对准时到达的要求更加严格，因此，掌握准时到达的方法具有重大意义。

要使飞机按任务要求的规定时刻到达目的地，必须做好两方面工作：一是准确地计算起飞时刻并准时起飞；二是飞行中严格保持好航行诸元，并经常检查实际到达各航路点时刻与预计到达时刻是否一致，如果发现有偏差，应及时调整速度进行修正，使飞机安全地准时到达目的地。

1）计算起飞时刻 $T_{起飞}$

起飞时刻 $T_{起飞}$ 等于任务规定到达目的地的时刻 $T_{规定}$ 减去航线飞行总时间 $t_{总}$（包括起飞和着陆建立航线的时间、航线飞行时间以及上升和下降多花的时间）和备份的提前时间。提前的时间，一般为航线飞行总时间的 1%～3%，主要是用于飞行中偏航所造成的时间增加，消磨早到时间比补偿晚到时间容易，所以常提前一些时间起飞。因此，准时起飞时刻可表示为

$$T_{起飞} = T_{规定} - T_{总} - (1\% \sim 3\%)\ T_{总} = T_{规定} - (1.01 \sim 1.03)\ T_{总} \qquad (9.15)$$

飞机准时到达各航路点的时刻，则应根据规定准时到达目的地的时刻和各航段的预计飞行时间，由目的地往航线起点，逐点推算出来。

2）调整速度准时到达

发现飞机将晚到预定点时，增大速度可以补偿晚到的时间；发现将早到时，减小速度可以消磨早到时间，所以只要使调整速度后飞行时间等于剩余时间，飞机就能准时到达预定点。

（1）计算准时到达应飞地速。

应飞地速 $GS_{应}$ 等于飞机到预定点的剩余距离（未飞距离）$D_{剩}$ 除以剩余飞行时间 $t_{剩}$，即

$$GS_{应} = D_{剩} / t_{剩} \qquad (9.16)$$

（2）计算地速修正量。

根据应飞地速 $GS_{应}$ 和当时飞机实际地速可以计算出地速修正量 ΔGS，即 $\Delta GS = GS_{应} - GS$。如果 ΔGS 为负，即 $GS_{应} < GS$，则表示应减速；如果 ΔGS 为正，即 $GS_{应} > GS$，则表示应增速。

（3）计算应飞真空速 $TAS_{应}$。

由航行速度三角形中影响地速大小的因素可知：不论在什么侧风条件下，真空速的变化量都近似等于地速变化量，所以，应飞真空速 $TAS_{应}$ 就等于当时实际真空速 TAS 加上地速修正量 ΔGS（因为 $\Delta TAS \approx \Delta GS$），即

$$TAS_{应} = TAS + \Delta TAS = TAS + \Delta GS \qquad (9.17)$$

安装有真空速指示的飞机，可以用真空速指示器来保持 $TAS_{应}$ 飞行，使飞机准时到达；如果飞机没有真空速指示，则应将 $TAS_{应}$ 换算为 $IAS_{应}$，然后用指示空速表保持 $IAS_{应}$ 飞行，使飞机准时到达。

（4）$TAS_{应}$ 与 $IAS_{应}$ 的换算。

在低空，IAS 与 TAS 比较接近，可以认为指示空速修正量等于真空速修正量，即

$$IAS_{应} \approx IAS + \Delta IAS = IAS + \Delta GS \qquad (9.18)$$

在高空，指示空速与真空速相差较大，所以，如需准确计算，则用计算尺对尺求出应飞指示空速；如心算，则按 $\Delta IAS \approx \Delta GS \cdot IAS/TAS$ 计算，所以

$$IAS_{应} = IAS + \Delta IAS = IAS + \Delta GS \cdot IAS/TAS \qquad (9.19)$$

用调整速度的方法准时到达，准确性比较高，而且在调速的过程中，飞机仍沿预定航线飞行，便于掌握航迹，但如果时刻偏差较大或飞机的速度调速范围较小，就必须做较长时间的调速飞行。因此，这种方法主要用于速度调速范围较大的机型，以及有适当的剩余距离和时刻偏差较小的情况。

【例 9.6】 某航线飞行规定 10:00 到达目的地，飞行中保持 IAS 为 360 km/h，TAS 为 460 km/h 飞行，飞行高度层为 4 800 m，空中温度为 – 16 °C，飞机 09:24 到达检查点，测算出地速为 530 km/h，飞机距离目的地还有 300 km，计算飞机准时到目的地应飞指示空速为多少。

【解】 ① 计算 $GS_{应}$。根据剩余距离 300 km 和剩余飞行时间 36 min，对尺或心算求出 $GS_{应}$ 为 500 km/h。

② 计算 ΔGS。$\Delta GS = GS_{应} - GS = 500 - 530 = -30$（km/h），说明飞机应减速才能准时到达目的地。

③ 计算 $TAS_{应}$。$TAS_{应} = TAS + \Delta GS = 460 + (-30) = 430$（km/h）。

④ 计算 $IAS_{应}$。

尺算法：根据飞行高度层 4 800 m 和空中温度 – 16 °C 及求出的 $TAS_{应}$ 430 km/h，对尺可求出 $IAS_{应}$ 为 337 km/h。

计算法：$\Delta IAS = \Delta GS \cdot IAS/TAS = (-30) \times 360/460 = -23$（km/h）

$IAS_{应} = IAS + \Delta IAS = 360 + (-23) = 337$（km/h）

所以，飞机应保持 IAS 为 337 km/h 飞行即可在 10:00 准时到达目的地。

9.2.2.8 相遇和追赶的计算

在同一条航线上，同时有多架飞机来往飞行的时候，为了保证飞行安全，除了采用高度层配备的方法以外，机组还应准确计算相遇时刻和追赶上时刻，随时掌握前后飞机的位置，加强空中观察，避免空中飞机危险接近或相撞事故的发生。

1）计算相遇时刻 $T_{遇}$

两架飞机在同一条航线做相对飞行，相遇时刻 $T_{遇}$ 的计算有两种情况。

（1）两机在同一航路点外相遇。

如图 9.17 所示，A、B 两机在同一航线上做相对飞行，A 机于 T_1 通过航路点保持 GS_1 飞行，B 机保持 GS_2 飞行，预达航路点时刻为 T_2，从图中可以得出

两机相遇所需时间：　$t_{遇} = GS_2(T_2 - T_1)/(GS_1 + GS_2)$　　（9.20）

两机相遇时刻：　$T_{遇} = T_1 + t_{遇}$　　（9.21）

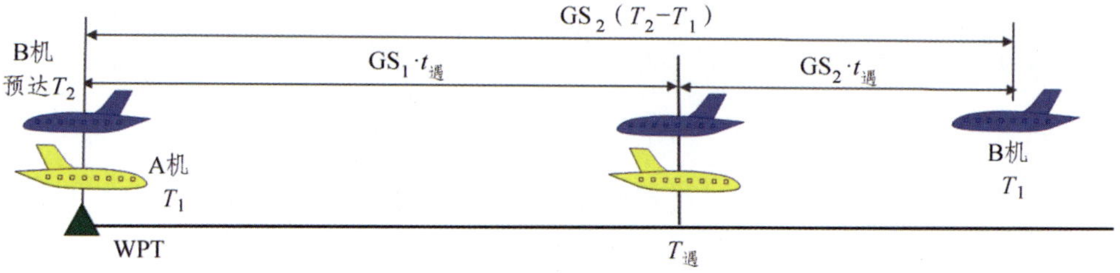

图 9.17　两机在同一航路点外相遇的计算

【例 9.7】 A、B 两机在同一航线上相对飞行，A 机保持地速 GS_1 为 470 km/h 于 10:05 飞越航路点，B 机保持地速 GS_2 为 420 km/h 飞行，预计飞越同一航路点时刻 10:15，求两机相遇时刻。

【解】 计算两机相遇所需时间 $t_{遇}$。根据条件用公式或计算尺求出两机相遇所需时间 $t_{遇}$，即 $t_{遇} = GS_2(T_2 - T_1)/(GS_1 + GS_2) = 420 \times (10{:}15 - 10{:}05)/(470 + 420) = 420 \times 10/890 \approx 5$（min）。

计算两机相遇时刻 $T_{遇}$。两机相遇时刻 $T_{遇}$ 是在 A 机通过航路点时刻 T_1 的基础上与两机相遇所需时间相加，由已知条件可计算出 $T_{遇} = T_1 + t_{遇} = 10{:}05 + 5' = 10{:}10$。

在实际工作中，可采用简便的经验公式：

$$T_{遇} = T_1 + (T_2 - T_1)/2 \quad (9.22)$$

这一简便的经验公式适用于两机速度差小于 50 kt 的情况，当两机速度差大于 50 kt 时，则用计算公式进行计算，求出两机相遇所需时间 $t_{遇}$，再求出两机相遇时刻 $T_{遇}$。如例 9.7 用简便经验公式可算出 $T_{遇} = 10{:}05 + (10{:}15 - 10{:}05)/2 = 10{:}10$。如果速度差小于 50 kt，而经验公式计算时其时刻差（$T_2 - T_1$）大于 10 min，则心算时需进行“细分”，即细分时选择一个“点”，如果两飞机通过该点的时差又小于 10 min，就可以用上述经验公式进行计算。心算时一般是在“可能”相遇的航段中选择其中间点，如果两机过此中间点时差小于 10 min，则用上述经验公式心算，一次成功；如果两机过此中间点时差仍大于 10 min，则再从两个小航段中进行比较，看两机在哪个小航段内相遇，再把此小航段分为两段，看两机飞越“中间点”的时差是否小于 10 min，如果满足就用此点进行心算。

【例 9.8】　如图 9.18 所示，A 机 10:10 通过 WPT2 飞向 WPT3，预达时刻为 10:46，而 B 机 10:06 通过 WPT3 飞向 WPT2，预达时刻为 10:38，A、B 两机速度差小于 50 kt，求两机相遇时刻。

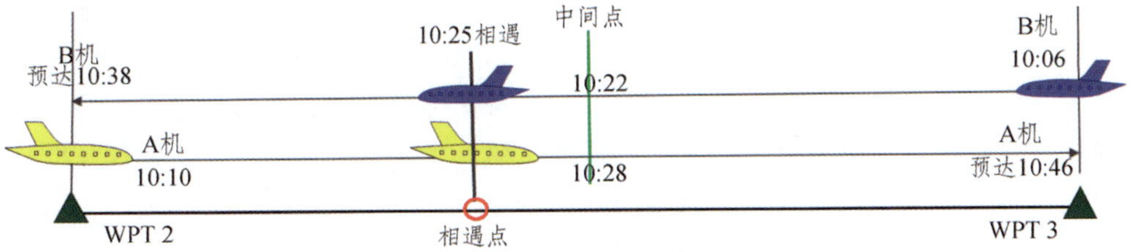

图 9.18　心算相遇时刻

【解】　从图中可知在 WPT2 或 WPT3 两点的两机时刻差都大于 10 min，并且可知两机肯定会在两航路点间相遇，所以就选其航段中间点，A 机飞越中间点时间是 10:28，B 机飞越中间点是 10:22，两机飞越中间点时差小于 10 min，因此以中间点进行心算，可求出两机相遇时刻为 $T_{遇}$ = 10:22 +（10:28 − 10:22）/2 = 10:22 + 3′ = 10:25。

（2）两机在两航路点间相遇。

如图 9.19 所示，A 机通过航路点 WPT1 时刻为 T_1，B 机通过航路点 WPT2 时刻为 T_2，A、B 两机做相对飞行，A 机早于 B 机飞越航路点，从图中看出：

$$D = GS(T_2 - T_1) + GS_1 \times t_{遇} + GS_2 \times t_{遇} \tag{9.23}$$

经整理得

$$t_{遇} = [D - GS_1(T_2 - T_1)]/(GS_1 + GS_2) \tag{9.24}$$

两机相遇时刻：

$$T_{遇} = T_2 + t_{遇} \tag{9.25}$$

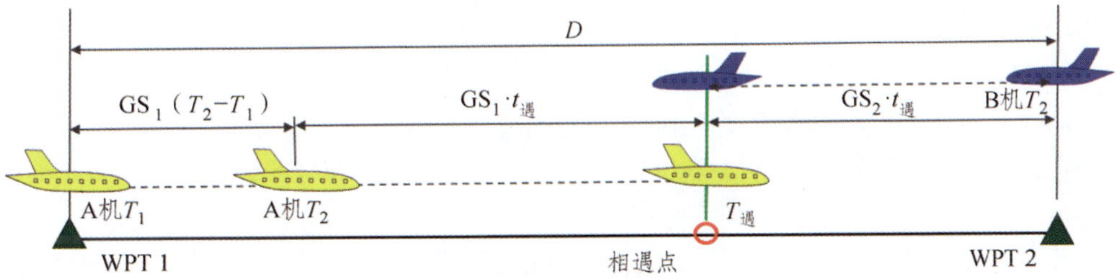

图 9.19　两机在两航路点间相遇的计算

【例 9.9】　A 机 12:03 通过 WPT1，地速为 460 km/h，B 机 12:30 通过 WPT2，地速为 300 km/h，两机在不同高度层做相对飞行，两航路点相距 540 km，计算两机相遇时刻。

【解】　根据已知条件可知：D 为 540 km，GS_1 为 460 km/h，GS_2 为 300 km/h，T_1 为 12:03，T_2 为 12:30，经计算可求出

$$\begin{aligned} t_{遇} &= [D - GS_1(T_2 - T_1)]/(GS_1 + GS_2) \\ &= [540 - 460 \times 27/60]/(460 + 300) = 26\ (\text{min}) \end{aligned}$$

$$T_{遇} = 12:30 + t_{遇} = 12:30 + 26' = 12:56$$

计算相遇时刻须注意：如果已知的是入航时刻，入航还要沿航线爬升，则应将入航时刻加上爬升多花时间修正到相当于平飞通过入航点的时刻后，再进行相遇时刻的计算。

2）计算追赶时刻 $T_{追}$

两架飞机在同一航线上同方向飞行时，如果慢速飞机在前，快速飞机在后，经过一定的时间飞行，快速飞机将会追上并超过慢速飞机。如图 9.20 所示，从图中可以看出：

（1）快速飞机追上慢速飞机所需时间 $t_{追}$。

$$GS_2 \times t_{追} = GS_1（T_2 - T_1）+ GS_1 \times t_{追} \tag{9.26}$$

经整理得

$$t_{追} = GS_1（T_2 - T_1）/（GS_2 - GS_1） \tag{9.27}$$

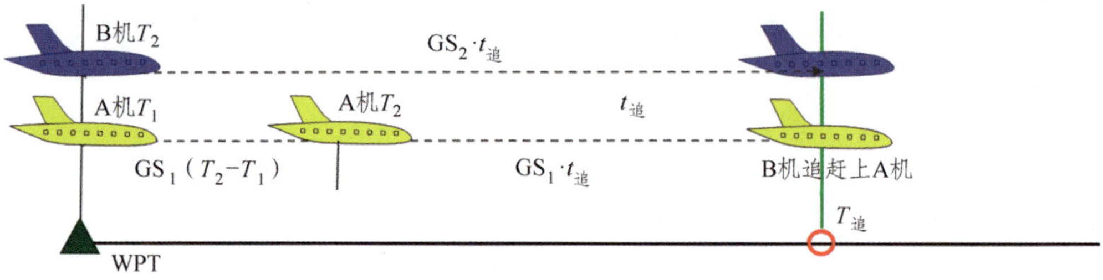

图 9.20　追赶时刻的计算

（2）快速飞机追上慢速飞机的时刻 $T_{追}$。

追赶时刻是在快速飞机通过航路点时刻 T_2 的基础上加上追赶上慢速飞机所需的时间 $t_{追}$，即

$$T_{追} = T_2 + t_{追} \tag{9.28}$$

在实际计算中，为了计算的方便，常将速度化为 km/min 为单位来进行计算。

【例 9.10】 A 机通过航路点时刻为 10:15，保持 300 km/h 的速度飞行，B 机在 10:19 通过航路点以 420 km/h 的速度与 A 机同方向飞行，计算 B 机追上 A 机的时刻。

【解】 首先将两速度进行单位换算，可得：300 km/h = 5 km/min，420 km/h = 7 km/min。

计算追赶上需要的时间 $t_{追}$。根据 GS_1 和 GS_2 及 T_1 和 T_2，可计算出快机 B 追赶上慢机 A 需要的时间：

$$\begin{aligned} t_{追} &= GS_1（T_2 - T_1）/（GS_2 - GS_1）\\ &= 5 \times（10:19 - 10:15）/（7 - 5）= 10（min） \end{aligned}$$

计算追赶上的时刻 $T_{追}$。从已求出的 $t_{追}$ 10 min 可知，B 机通过航路点后 10 min 即可追赶上 A 机，即追赶上的时刻：

$$T_{追} = T_2 + t_{遇} = 10:19 + 10' = 10:29$$

从计算结果可知 B 机将在 10:29 追赶上 A 机。

9.2.2.9 飞行进程与燃油的计算

在飞行中，有的情况要求在现有油量的前提下计算最大飞行距离和飞行时间，如在进行备降场的选择，改航飞到新的航路点及迷航等；有的情况又要根据飞行距离和飞行时间来计算燃油需要量，确定所载油量能否完成这一次飞行任务。

进行计算时，可根据可用油量和燃油消耗率计算出可以飞行的时间（即最大飞行时间）；然后用该时间与地速计算出最大飞行距离。所需油量的计算则是先根据飞行距离和地速计算出该段的飞行时间，再乘以燃油消耗率就可计算出该航段的燃油需要量，与油量表指示相比较，就可知道目前飞机油量够不够。

【例 9.11】 运五飞机现有油量 100 L，其燃油消耗率为 120 L/h，飞机的地速为 195 km/h，计算飞机还能飞多远。

【解】 计算现有油量能够飞行的最长时间。

$$t = 100/120 = 50\ (\text{min})$$

计算飞机最远飞行距离 $D = 195 \times 50/60 = 163$（km）。所以，飞机还能飞行 163 km。

空中迷航

9.2.2.10 迷航的处置与防止

飞行中，机组不能判明飞机所在位置，无法确定飞往预定点的应飞航向，以致不能按预定的计划完成飞行任务的一种状态叫迷航。迷航是严重的领航事故，迷航不仅会影响飞行任务的顺利完成，而且处置不好还可能危及飞行安全，甚至导致严重的飞行事故发生。因此，迷航后的处置及迷航的防止是飞行中一项重要工作。

1）迷航的原因

根据对许多迷航事故的统计、分析，迷航的原因概括起来主要有以下几个方面。

（1）安全观念不牢，责任心不强。迷航的产生往往是由于机组成员“安全第一”的观念不牢固，安全观念淡薄，思想松懈；责任心不强，不遵守飞行纪律，违反领航规则，随心所欲，不按空中领航实施程序工作。

（2）组织指挥不严密，地面保障不力。飞行的组织指挥标准不高、要求不严，有关条令（例）和规章制度不落实；对飞行员领航准备没有认真检查，及时纠正，使飞行员带着问题上飞机，埋下不安全的因素；在复杂或临时改变等情况出现时，不能给予及时、正确的指挥；地面保障如气象、情报资料和助航设备等出现差错或未及时提供给机组，同样也会导致迷航。

（3）领航准备不充分。发生迷航大多数同飞行员的领航准备不充分有关，领航计划不周密，特别是对可能遇到的特殊情况没有进行认真研究、计划和分工，如对飞行区域不熟悉，没有带全所需要的地图。地图作业和领航计算没有做完或有严重错误，没有领航计划或领航计划不切合实际及不周密，检查设备不细和马虎。

（4）领航基本功差，工作中疏忽大意或发生严重差错，这是导致迷航的主要原因。如使用领航设备不熟练、对错航向、认错地标等，不执行领航计划、随意改变航向，不及时检查和修正航迹，不注意保持航行诸元等。

（5）不能正确处置特殊情况，心理素质差。飞行中遇到一些事先未预料到的特殊情况，心里急躁，惊慌失措，无法正确处理所发生的情况，也可能造成迷航。

总之，迷航的产生多数是机组成员方面所引起的。

2）迷航的处置

在飞行中一旦发生了迷航，飞行员必须保持沉着、冷静，不能盲目改变航向、空速或高度去寻找地标，而应根据当时实际情况迅速做出正确处置，尽快复航。为此，迷航后应采取以下措施：

（1）立即将迷航情况向空中交通管制员报告，以便取得地面可能给予的帮助。

（2）记下时刻，用能获得最大续航时间的飞行状态，争取最长的飞行时间，迅速判明情况和推算迷航区域。

（3）检查油量，计算可以继续飞行的最长时间。

（4）按照管制员的指挥或领航计划预定的方案飞行，创造对复航有利的条件：如在国境线附近迷航时，必须立即取垂直于国境线的航向飞向本国领空；在恶劣的天气中迷航时，应当立即飞向天气较好的区域；在海上迷航时，应当立即飞向陆地；在山区迷航时，应当立即飞向平坦地区。

（5）当油量不能保持继续飞行时，应在就近机场降落或选择场地迫降，但着陆前应当保存一定油量，以备低空观察地形或复飞之用。

3）目视飞行复航方法

（1）向线状地标飞行复航：通常在能见地面且飞机有足够燃油时使用，是目视飞行规则常用的复航方法。实施时首先在迷航区域以外选择一条明显的线状地标，然后采取同线状地标近于垂直的航向飞去。离开迷航区域时，记下时刻、航向、空速和高度，并推算出到达线状地标的概略时刻；在飞向线状地标的过程中，随时推算飞机位置的可能区域，用地图同地面对照，力求在飞到线状地标之前就能复航；如果飞到线状地标还不能复航，则应当沿着线状地标飞行，搜索显著地标，直到复航为止。复航以后，立即报告管制员，按其指示飞向指定机场降落，如图 9.21 所示。

（2）向显著地标飞行复航：常用在能见地面而且迷航区域以外又有明显的点状或面状地标的情况。实施时首先利用一切可能的方法，判定飞机的位置，并通过显著地标做出飞机位置的平行线；然后，取垂直于这一平行线的航向飞去，同时推算出飞到这一平行线的概略时刻；飞机到了预计时刻，立即转弯沿平行线飞向该显著地标，用地图和地面对照复航，如图 9.22 所示。

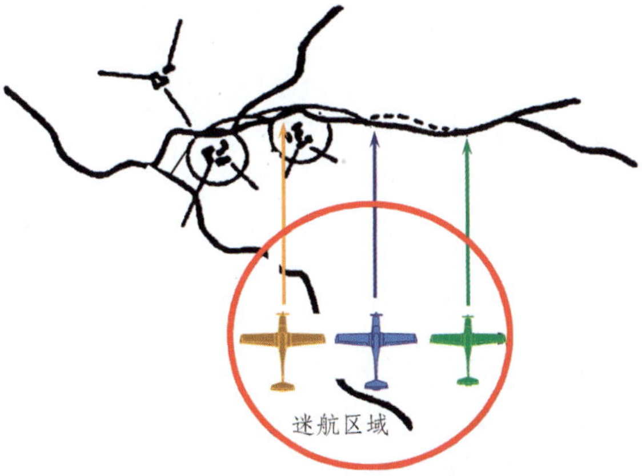

图 9.21　向线状地标飞行复航

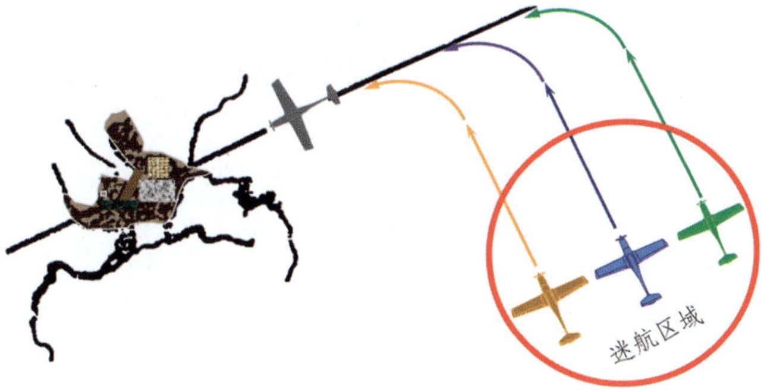

图 9.22　向显著地标飞行复航

4）仪表飞行复航方法

向电台飞行复航可以在接收到所调谐电台范围内任何条件下采用，是一种最简单、可靠的复航方法。实施时首先调谐电台并仔细听清呼号；在飞向电台的过程中，应根据飞机方位角在地图上目测无线电方位线，并从迷航区域起推算飞过距离，用地图同地面对照，力求在飞到电台前就能复航；如果对迷航区域不够明确，则可以在飞向电台的过程中做 90°转弯，求出飞机到电台的距离，做概略定位；如果在飞到电台以前未能复航，则需要根据通过电台的时机来判定飞机位置。

5）防止迷航的措施

针对产生迷航的原因，每个飞行员都必须加强学习，全面提高自己的思想素质、业务素质、心理素质和身体素质，养成一丝不苟的严谨工作作风。牢固树立“安全第一”的观念，形成处处讲安全，人人保安全的风气，以高度的责任感、坚定的事业心和扎实的准备工作来对待每次飞行，仔细做好领航准备工作，严格遵守各项规章制度，安全精飞，顺利地完成飞行任务。只要认真做好以下几方面工作，迷航是可以避免的。

（1）确实提高飞行人员对领航工作重要性的认识，认真做好领航工作，纠正一些不正确的观点和行动。

（2）严密的组织指挥和良好的勤务保障。

（3）平时应详细研究飞行区域，熟记必需的航行资料，学习和熟悉机载领航设备的使用方法，经常练习领航工具的使用，虚心向有经验的飞行员请教，认真学习领航基础理论，打好基本功。

（4）飞行前准备时，应按飞行任务的要求，详细研究航线，认真分析天气情况和变化趋势，准确修订各种航行资料，研究并制订好特殊情况的处置方案和切实可行的飞行计划，仔细检查领航设备的工作情况。

（5）飞行中，应当严格按照领航条例认真做好空中领航工作，认真检查领航计划的执行情况，严格保持航行诸元，随时掌握飞机的推算位置，迅速、准确地检查和修正航迹，综合运用领航设备和方法来确定飞机位置。

（6）注意观察天气的变化，遇到特殊情况时，应周密考虑各方面的情况，勇敢、坚定、沉着地处置特殊情况，切忌惊慌失措，胸中无数，毫无目的。

（7）加强飞行员心理素质锻炼，提高心理承受能力，使之能够在困难环境下沉着、冷静、迅速地做出正确的决定，顺利地完成飞行任务。

（8）加强身体锻炼，提高身体素质。飞行员平时应加强锻炼，参加体育活动，保证充足的睡眠，保持轻松、愉快的心情，这也是顺利完成飞行任务所需的必要因素。

思政案例

四川航空英雄机长

案例概述：2018 年 5 月 14 日早晨 7 点，随着一声巨响，正航行在 9 800 m 高空的川航 3U8633 航班，驾驶舱右座前风挡玻璃突然毫无征兆地破裂脱落（见图 9.23）。

图 9.23　3U8633 航班

一瞬之间，副驾驶半个身子都被吸出窗外，驾驶室门被吹开，乘务员和乘客被吹得东倒西歪，飞机发生剧烈震颤，眼看就要失去控制。

此时的机长刘传健，身边是大半个身子被吸出去的副驾驶，身后是整个飞机的百余名乘客，摆在他面前的是前所未有的危机。

关键时刻，刘传健过硬的心理素质和坚定的信念促使他做出了最正确的选择——控制飞机，决不能让它坠毁！因为只有控制住飞机，才能同时挽救副驾驶和机上所有人的生命，才能最大可能地避免机毁人亡，为所有乘客的生命安全抢来希望。

07:42，在经过 34 min 的惊险飞行之后，机长刘传健驾驶川航 3U8633 航班安全备降至成都双流机场，所有乘客和机组人员全部平安落地。

在这样的危急时刻，机长刘传健力挽狂澜，带领机组成员用 34 min 紧急迫降，挽救了机上 119 名乘客的生命安全。

机长刘传健和川航 3U8633，缔造了一个神话，一个不可思议的壮举。就连世界都为之惊叹，称之为“世界航空史上的奇迹”。

作为一名空军退役飞行员，刘传健的战斗精神不灭，保护祖国和人民的信念未改，他是一位当之无愧的英雄！

2018 年 6 月 8 日，刘传健被中国民用航空局以及四川省表彰为“中国民航英雄机长”。中央电视台将他评为“感动中国 2018 年度人物”，称赞他“在万米高空的险情中从容，传奇的背后隐藏着坚守和执着。”

他的英雄事迹还被拍成电影搬上大荧幕，《中国机长》上映后，无数的观众为之震惊、感动、赞叹！

思政元素：

（1）当代民航精神（忠诚担当的政治品格、严谨科学的专业精神、团结协作的工作作风、敬业奉献的职业操守）；

（2）追求卓越的工匠精神，精益求精、科学严谨的专业精神，严谨的工作作风和坚强的心理品质；

（3）社会主义核心价值观（爱岗敬业），优良的飞行职业道德、社会责任感；

（4）强烈的责任意识，扎实的基本功，高超的技术水平和职业素养；

（5）安全精飞的工作态度，强调飞行安全意识、风险意识、责任意识和法治意识。

实践（模拟）任务

空中领航综合实践

1. 实践目的

通过地图作业和记录表填写，掌握在 1∶100 万航空地图上实施领航工作地图作业的步骤和方法，掌握领航飞行记录表中相关数据的计算和填写方法。

2. 准备工具/材料

1：100 万彩色地图（H-48）、领航记录表、领航计算尺、向量尺。

3. 任务完成要求

完成地图作业、领航计算及记录表填写。

4. 任务（模拟）

（1）航线。

起点：西充机场导航台。

西充机场：西充县城中心真方位 260°、5 km。

跑道（磁）：25°～205°，2 000 m × 50 m；导航台（端）：S 4 500 m。

转弯点：长寿导航台（长寿县城中心）。

终点：隆昌机场导航台。

隆昌机场：隆昌县城中心真方位 58°、5 km。

跑道（磁）：30°～210°，2 000 m × 40 m；导航台（端）：N 4 000 m。

检查点：岳池、璧山。

侧方台：潼南导航台（潼南县城中心）。

（2）航行资料。

高度	预报风	温度	指示空速	空中耗油率 118 kg/h
2 700 m	240°/17 km/h	− 15 °C	170 km/h	地面按 20 kg 计算
2 400 m	245°/15 km/h	− 10 °C	170 km/h	

（3）空中实施（模拟）。

① 10:00 开车，10:05 起飞，10:08 入航，入航高度 H_{QNE}800 m，飞机保持 2 m/s 沿航线上升；

② 飞机改平后保持 $MH_{平}$ 143°能见飞行，测出 H2 700 m、BAS170 km/h、t_H − 15 °C；

③ 10:35 从岳池右侧 4 km 处通过，改航；

④ 保持 $MH_{平}$ 152°、H2 700 m、BAS170 km/h、t_H − 15 °C 飞行；

⑤ 11:05 到达长寿导航台上空，按预报风加入第二边航线，转入仪表飞行；

⑥ 保持 $MH_{平}$ 255°、H2 400 m、BAS170 km/h、t_H − 10 °C 飞行；

⑦ 11:15 背台测得 RB182°、MH255°，做改航和进入预定方位线准备；

⑧ 11:35 进入方位线，改航直飞转弯点；

⑨ 保持 $MH_{平}$ 253°、H2 400 m、BAS170 km/h、t_H − 10 °C 飞行；

⑩ 11:55 向台检查航迹，飞机在新航线上，$RB_{应}$ 指示为多少？

⑪ 进场高度 H_{QFE}600 m，QFE745 mmHg，下降率 2.5 m/s，计算开始下降时刻；

⑫ 12:05 到达隆昌机场导航台上空，加入进近程序，12:12 着陆，12:18 关车。

拓展资料

夜间飞行领航特点　　山区飞行领航特点　　飞机迷航后管制工作

本章小结

（1）地面准备是空中领航实施的重要基础，将直接影响空中领航的实施。地面准备包括平时领航准备和飞行前领航准备。地面准备时要预先做好特殊情况处置方案，做好地面领航准备计算，以减轻飞行员的空中工作负荷，顺利完成飞行任务。

（2）空中领航实施是在飞行前准备的基础上，利用机上领航设备和地标实施从起飞离场加入航线、沿航线爬升、沿航线巡航、沿航线下降、进近着陆等环节，飞行员应善于分析情况，机动灵活地综合运用方法进行离场入航、爬升/下降、航段转换、相遇/追赶、备降/返航等工作，防止迷航等飞行事故发生，确保飞行安全。

思考探究任务

任务 1：查阅资料，收集飞行案例，分析做好地面领航准备和空中领航实施对保证飞行安全的重要意义。

任务 2：收集、整理飞行迷航事故案例，从飞行员方面分析迷航发生的原因，列举防止迷航确保飞行安全的方案或想法，并结合自身谈谈学习空中领航课程的体会。

参考文献

[1] 中国人民解放军空军司令部. 领航学教程[M]. 北京，1970.

[2] 李娜. 基于性能导航（PBN）运行概论[M]. 北京：中国民航出版社，2019.

[3] 李海晨. 专题地图与地图集编制[M]. 北京：高等教育出版社，1984.

[4] 国际民航组织. 基于性能的导航（PBN）手册（DOC 9613）（第 4 版）[S]. ICAO，2013.

[5] 国际民航组织. 航空电信（附件 10）[S]. 蒙特利尔，2006.

[6] 何永威. 仪表飞行指南[M]. 成都：西南交通大学出版社，2013.

[7] 边少锋，纪兵，李厚朴. 卫星导航系统概论[M]. 北京：测绘出版社，2016.

[8] 陈斌，王茜，王艳红. 基础飞行领航[M]. 2 版. 北京：中国民航出版社，2021.

[9] 徐振东. 空中领航学[M]. 北京：航空工业出版社，2019.

[10] 郑连兴，陆芝平. 自动定向机[M]. 北京：国防工业出版社，1993.

[11] 蔡成仁. 航空无线电[M]. 北京：科学出版社，1992.

[10] 马士中. 测距机[M]. 北京：国防工业出版社，1994.

[11] 陆芝平，郑德华. 全向信标和仪表着陆系统[M]. 北京：国防工业出版社，1990.

[12] 国际民航组织. 航空器运行（Ⅰ、Ⅱ卷）[S]. 北京：中国民航总局飞标司，2006.

[13] 吴德伟. 无线电导航系统[M]. 北京：电子工业出版社，2015.

[14] Federal Aviation Administration. Instrument Flying Handbook[S]. U.S. Department of Transportation，2007.

普通高等教育“十一五”国家级规划教材
中国民用航空局优秀教材一等奖
四川省“十四五”普通高等教育本科规划教材
飞行技术专业系列教材

空中领航学（第 4 版）习题集

张 焕 编著

西南交通大学出版社
·成 都·

图书在版编目（CIP）数据

空中领航学：含习题集. 2，空中领航学（第 4 版）习题集 / 张焕编著. —4 版. —成都：西南交通大学出版社，2022.8（2025.2 重印）

ISBN 978-7-5643-8865-2

Ⅰ. ①空… Ⅱ. ①张… Ⅲ. ①航空导航－高等学校－习题集 Ⅳ. ①V249.31

中国版本图书馆 CIP 数据核字（2022）第 151546 号

前　言

《空中领航学习题集》是按照飞行技术专业学业标准和民航局飞行员理论执照考试大纲以及中国民用航空飞行学院专业教材工作委员会制定的飞行技术专业“空中领航学”教学大纲编写的。本书是西南交通大学出版社出版的《空中领航学（第 4 版）》教材的配套学习资料。

本书涵盖了飞行技术专业学历教育和飞行执照培训课程要求的内容，包括领航基础知识、地标罗盘领航、基本无线电领航、仪表进近着陆、现代导航、领航的准备与实施。

本书是飞行技术专业的专业课程配套教材，同时也可作为与飞行运行有关的管制员、情报员、签派员及部分管理人员的参考资料。

2019 年 5 月，《空中领航学习题集》（配套《空中领航学（第 3 版）》教材）正式出版，根据中国民用航空飞行学院教学使用情况和国内其他高校飞行技术专业使用反馈建议，完成了部分内容的修订和参考答案的编写工作。参考答案使用说明：（1）涉及使用计算尺、向量尺的答案，因存在生产误差、作业误差等，答案仅供参考；（2）涉及作图的题目，第一题均配有作图示范视频，供学习作图方法、步骤、标准；（3）作图题使用的颜色仅仅是为了更清楚作图的步骤、线角关系，具体标准以教学要求为准。

在本书编写过程中，中国民用航空飞行学院教务处及教材科、空中领航教研室做了辛勤的工作，魏光兴对本书进行了审阅，中国民用航空飞行学院张炯理、林娜、陈明强等对本书的出版给予了极大的帮助，杨泽坤、钟山完成了参考答案的数据计算工作，冯树娟同学完成了参考答案的文字录入工作，在此一并表示感谢！

由于编写时间仓促，编者水平有限，书中难免有疏漏及不妥之处，敬请批评指正。

张　焕

2022 年 5 月于中国民用航空飞行学院

目　录

1 绪 论

一、复习思考题

1. 研究空中领航学的目的是什么？最重要的研究是哪两方面？
2. 简述空中领航的发展历程以及在发展过程中领航设备与方法的关系。
3. 空中领航的基本问题是什么？怎样解决这些基本问题？
4. 空中领航的基本任务是什么？完成任务有哪三方面的要求？

二、作业练习题

1. 根据所学知识，将图 1.1 中所缺部分补充完整。

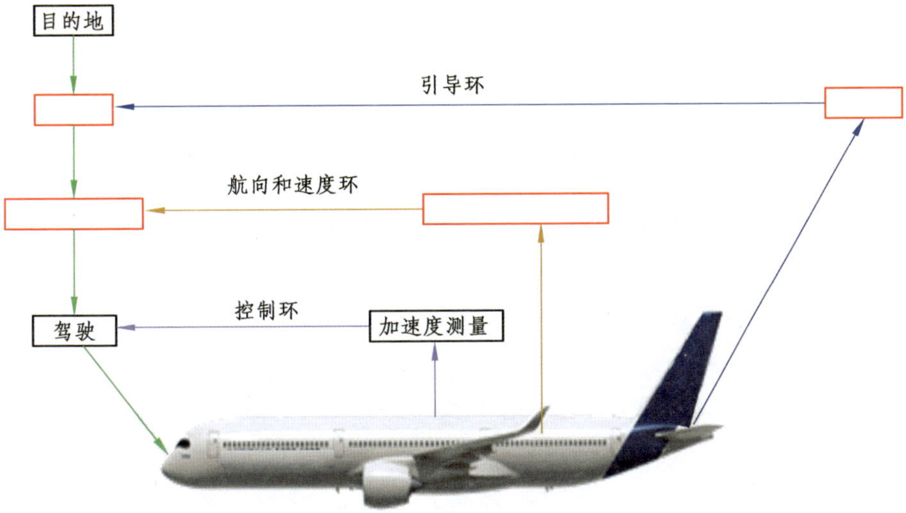

图 1.1

2. 填空。

控制飞机的轴线加速度是为了遵守飞行进程中的__________；控制飞机横向加速度是为了改变飞机的__________；控制垂直面内的加速度就是为了__________。

2 地球及地图

一、复习思考题

1. 地球椭球体的长、短半轴各是多少？地球作为正球体，其平均半径是多少？

2. 简述经、纬度的定义、范围、表示方法以及经、纬度在领航上有何用途。

3. 简述磁差的产生原因、定义、范围以及在地图上查出飞行区域磁差的方法。

4. 简述航线的构成、大圆航线与等角航线的定义及优缺点，并简述飞行中如何选择大圆航线和等角航线。

5. 地图上用向量尺量出的是什么航线角？地图作业中标注的是什么航线角？

6. 地图比例尺的含义是什么？有哪几种表示形式？

7. 常用航空地图采用什么地图投影方法？地图失真表现在哪些方面？航空地图在失真方面应满足什么要求？

8. 地物和地形在地图上分别采用什么方法表示？

9. 简述等角正圆柱投影图、等角正割圆锥投影图的主要特征、图上航线的特点和主要用途。

10. 百万分之一世界航图上经纬网有哪些特点？在使用该图时需注意哪些问题？

11. 如何选择地图？百万分之一世界航图的编号是怎样的？

12. 百万分之一世界航图图上作业有哪些内容？如何进行图上作业才能做到迅速、准确和清晰？

13. 在航空地图上标画跑道方向时为什么要用跑道真方向而不是磁方向？

二、作业练习题

1. 在 1：1 000 000 练习图上查出表 2.1 中地点的经纬度。

表 2.1

地　点	广汉	德阳	绵阳	新津	遂宁	成都
纬　度						
经　度						

2. 在 1∶1 000 000 练习图上标出表 2.2 中经纬度所对应的地点。

表 2.2

纬 度	N29°45′	N31°14.5′	N29°42.3′	N31°27′
经 度	E103°34′	E107°30′	E107°23.8′	E106°20′
地 点				

3. 完成表 2.3 中航线角间的换算。

表 2.3

真航线角 TC	28°	358°	6°			
磁差 VAR	− 8°	− 6°	+ 7°	3°E	8°W	2°E
磁航线角 MC				315°	5°	226°

4. 完成表 2.4 中比例尺间的换算。

表 2.4

比例尺	1∶1 000 000	1∶500 000		1∶500 000	1∶250 000	
图上长	5 cm		3 cm	2.3 cm		1.2 cm
实地长		5 km	3 km		46 km	24 km

5. 在 1∶1 000 000 练习图上标出以下地点的机场、跑道方向、导航台。
广汉、新津、遂宁、绵阳、南充、夹江

6. 在 1∶1 000 000 练习图上完成地图作业。

（1）航线：广汉机场—遂宁机场—绵阳机场
检查点：广福镇、三台

（2）航线：新津机场—遂宁机场—广汉机场
检查点：简阳、广福镇

（3）航线：新津机场—温江机场—绵阳机场
检查点：高坪铺

（4）航线：绵阳机场—南充机场—绵阳机场
检查点：盐亭

（5）航线：绵阳机场导航台—南充机场导航台—新津机场导航台
检查点：盐亭

（6）航线：新津机场导航台—乐山市—新津机场导航台
检查点：青神

3 基本领航元素

一、复习思考题

1. 飞行高度的种类是怎样划分的？它们之间有什么关系？

2. 画图简述真高、相对高、绝对高的定义及其关系。

3. 画图简述场面气压高、修正海压高、标准气压高的定义及其关系。

4. 气压式高度表可以测量哪几种高度？测量时气压基准面是怎样调定的？

5. 如何调整气压高度表的气压基准面，才能使仪表指示出各种气压高度？在不同的机场起飞、降落时，气压式高度表的拨正程序是怎样规定的？

6. 气压式高度表存在哪些误差？简述误差产生的原因和修正方法。

7. 什么叫最低安全高度？为什么要计算航线最低安全高度？

8. 航线飞行为什么要配备飞行高度层？飞行高度层是怎样配备的？确定航线飞行最低飞行高度层的依据和原则是什么？

9. 简述航向的定义及其种类，画图说明它们之间的换算关系。

10. 目前民航飞机上测定航向的仪表有哪几类？它们各有哪些优、缺点？

11. 简述表速、指示空速、真空速、马赫数的定义。

12. 飞行中怎样获取指示空速和真空速？指示空速表所指示的空速要经过哪些误差修正才能得到真空速？保持一定的指示空速，为什么飞行高度越高真空速越大？

13. 马赫数相同，在同一高度不同季节或同一季节不同高度，其真空速是否相同，为什么？

14. 简述地方时、区时和世界时的定义。它们之间有何区别？

15. 日界线的作用是什么？当通过日界线时，日期应怎样调整？

16. 简述日出、日没的定义。飞行中对昼间、夜间飞行是如何定义的？

17. 用领航计算尺进行常用单位换算时，对尺的基本规律是怎样的？

18. 用领航计算尺进行速度、时间、距离换算时，对尺的基本规律是怎样的？

19. 用领航计算尺中的“▲”“↑SECONDS”指标进行速度、时间、距离换算时，有哪些需要注意的方面？

20. 速度、时间、距离的心算方法有哪些？怎样才能心算得又快又准？

二、作业练习题

1. 几何高度间的换算（见表 3.1）。

表 3.1

机场标高	230 m	120′	432 m	3 350′	1 300 m	4 600′
地点标高	460 m	1 280′	480 m	3 800′	1 450 m	5 200′
真　高	1 000 m	3 300′				
相对高			900 m	1 200′		
绝对高度					6 000 m	12 800′

2. 气压高度间的换算（见表 3.2）。

表 3.2

QFE	900 hPa	980 hPa	880 hPa	995 hPa	1 005 hPa	1 015 hPa
QNH	1 000 hPa	1 010 hPa	1 005 hPa	1 015 hPa	1 010 hPa	1 020 hPa
场压高	1 200 m	900 m				
修正海压高			3 800 m	1 200 m		
标准气压高					4 800 m	3 300 m

3. 用计算尺进行表高与修正高度的换算（见表 3.3）。

表 3.3

表　高	12 000′	3 000′	4 550′	2 000′	18 000′	1 550′
高度表气压设置	29.92 inHg	29.92 inHg	29.92 inHg	30.42 inHg	30.12 inHg	29.82 inHg
空中温度	− 20 °C	+ 5 °C	− 5 °C	+ 5 °C	− 30 °C	+ 10 °C
压力高度						
修正高度						
表　高	3 900 m	1 200 m	600 m	1 500 m	6 600 m	9 800 m
高度表气压设置	29.92 inHg	29.9 inHg	29.7 inHg	30.2 inHg	30.02 inHg	29.8 inHg
空中温度	− 10 °C	+ 15 °C	+ 25 °C	+ 5 °C	− 20 °C	− 30 °C
压力高度						
修正高度						

4. 根据 1：1 000 000 练习图上完成的地图作业进行计算（见表 3.4）。

表 3.4

航　线	广汉机场—遂宁机场	遂宁机场—绵阳机场	遂宁机场—广汉机场
最低安全高度			
最低飞行高度层			

5. 计算最低安全高度和确定最低飞行高度层（见表 3.5）。

表 3.5

真航线角	20°	178°	216°	335°	357°	7°
最大标高	1 650 m	2 200 m	1 433 m	668 m	440 m	210 m
MOC	600 m	600 m	600 m	400 m	400 m	400 m
最低安全高度						
最低飞行高度层						

6. 各航向间的换算（见表 3.6）。

表 3.6

真航向 TH	178°	335°				
磁　差	− 8°	5°E	+ 3°	5°W	+ 4°	3°W
磁航向 MH			20°	216°		
罗　差	+ 6°	2°W	− 7°	1°W	+ 3°	6°E
罗航向 CH					7°	357°

7. 指示空速（表速）与真空速的换算（见表 3.7）。

表 3.7

H_{QNE}	12 800′	18 000′	6 000′	2 000′	23 000′	10 800′
空中温度	− 20 °C	− 25 °C	− 5 °C	+ 5 °C	− 30 °C	− 10 °C
指示空速	300 km/h	140 kt	260 kt	180 km/h	450 kt	170 kt
真空速						
H_{QNE}	31 500′	14 000′	5 900′	9 000′	20 000′	10 800′
空中温度	− 40 °C	− 25 °C	+ 5 °C	− 15 °C	− 30 °C	− 15 °C
指示空速						
真空速	460 km/h	240 kt	160 kt	380 km/h	450 kt	210 kt
H_{QNE}	10 800 m	8 400 m	1 800 m	9 600 m	12 000 m	3 600 m
空中温度	− 40 °C	− 25 °C	+ 10 °C	− 25 °C	− 30 °C	+ 5 °C
指示空速	660 km/h	360 kt	140 kt			
真空速				450 km/h	510 kt	170 kt

8. 指示空速（表速）与真空速的换算（见表 3.8）。

表 3.8

表　高	14 000′	3 000′	4 550′	2 000′	18 000′	1 550′
高度表气压设置	29.92 inHg	29.92 inHg	29.92 inHg	30.17 inHg	30.02 inHg	29.87 inHg
空中温度	− 20 °C	+ 10 °C	− 10 °C	+ 5 °C	− 30 °C	+ 10 °C
压力高度						
指示空速	260 km/h	180 kt	310 kt			
真空速				220 km/h	350 kt	90 kt

9. 马赫数换算为真空速、音速（见表 3.9）。

表 3.9

表　高	14 500′	3 600′	4 800′	20 000′	18 000′	10 800′
空中温度	− 25 °C	+ 5 °C	− 10 °C	− 35 °C	− 30 °C	0 °C
马赫数	0.76	0.6	0.65	0.8	0.75	0.55
真空速						
音　速						

10. 北京时为 21 日 08:30，计算表 3.10 中时刻。

表 3.10

时　区	西 11 区	西 5 区	西 1 区	0 时区	东 2 区	东 9 区
日　期						
区　时						

11. 世界时为 16 日 11:30，计算表 3.11 中时刻。

表 3.11

时　区	西 9 区	西 3 区	西 1 区	东 1 区	东 5 区	东 8 区
日　期						
区　时						

12. 北京时为 07:30，计算表 3.12 中时刻。

表 3.12

地　点	北京	哈尔滨	上海	成都	拉萨	广汉机场
经　度	E116°19′	E126°14.9′	E121°26′	E104°04′	E91°02′	E104°19.8′
时刻差						
地方时						

13. 单位千米、哩和浬间的换算（见表 3.13）。

表 3.13

千米（km）	232	188				
哩（SM）			161	355		
浬（NM）					168	566

14. 单位米、英尺间的换算（见表 3.14）。

表 3.14

米（m）	1 800	3 600	12 000			
英尺（ft）				2 000	14 000	31 000

15. 单位千米/时、哩/时和浬/时间的换算（见表 3.15）。

表 3.15

千米/时（km/h）	180	315				
哩/时（SM/h）			160	330		
浬/时（kt）					140	480

16. 单位千克、磅间的换算（见表 3.16）。

表 3.16

千克（kg）	3 180	6 315	16 000			
磅（lb）				330	5 650	18 600

17. 单位升、英加仑、美加仑间的换算（见表 3.17）。

表 3.17

升	1 850	3 150				
英加仑			1 600	2 330		
美加仑					1 140	3 480

18. 用计算尺"▲"指标进行换算（速度和距离为同一单位制，见表 3.18）。

表 3.18

速　度	180	225	360	380	540	680
时　间	16′	23′	36′	40′	55′	1:08′
距　离						

续表

速　度	140	250	380	450	580	720
时　间						
距　离	88	126	220	380	669	230
速　度						
时　间	15′	22′	30′	48′	57′	1:10′
距　离	78	126	220	380	669	700

19. 用计算尺“↑ SECONDS”指标进行换算（见表 3.19）。

表 3.19

速度/（km/h）	180	225	360	380		
时　间	1′20″	45″			40″	1′05″
距离/m			4 500	8 600	3 300	6 200
速度/kt	140	250	360	480		
时　间	1′10″	50″			45″	1′05″
距离/NM			3.8	6.9	2.1	4.55

20. 用心算方法进行速度、时间、距离换算（速度和距离为同一单位制，见表 3.20）。

表 3.20

速　度	180	260			500	820
时　间	15′	23′	18′	7′		
距　离			96	49	55	277

21. 计算题。

① 运十二飞机在五凤溪—合川航段飞行，飞机通过五凤溪后 22 min 到达检查点，已飞距离为 98 km，从检查点到合川的未飞距离为 89 km，求飞机的飞行速度及从检查点到合川所需的飞行时间为多少？

② TB-20 飞机在广汉—遂宁航段飞行，飞机通过广汉后 15 min 到达检查点，已飞距离为 62 km，从检查点到遂宁的未飞距离为 73 km，求飞机的飞行速度及从检查点到遂宁所需的飞行时间为多少？

③ TB-20 飞机在遂宁—绵阳航段飞行，飞机 10:00 通过遂宁保持速度 140 kt 飞行，遂宁到检查点距离为 87 km，检查点到绵阳的距离为 47 km，求飞机预计到达检查点和绵阳的时刻为多少？

4 飞机在风中的航行规律

一、复习思考题

1. 简述航迹线、航迹角、地速的定义。为什么有风情况下飞机对空气的运动和对地面的运动常不一致？

2. 有风情况下，为什么飞机的航迹线与航向线常不一致，地速与真空速也常不相等？

3. 航行速度三角形是由什么构成的？包含哪几个常用元素？

4. 飞行中为什么会产生偏流？偏流的正负、大小取决于哪些因素？

5. 侧风程度用什么表示？它的定义、范围、正负是怎样规定的？

6. 如何根据风角的正负和大小来判断侧风的情况？

7. 偏流、地速的大小取决于哪些因素？这些因素如何影响偏流和地速？

8. 飞行中飞行员调整油门改变真空速，在航向、风向风速不变的情况下，飞行员要注意哪些变化对飞行产生的影响？

9. 飞行中飞行员操纵飞机改变航向，在真空速、风向风速不变的情况下，飞行员要注意哪些变化对飞行产生的影响？

10. 飞行中需要改变一个较小的航迹，在真空速、风向风速不变的情况下，飞行员可以通过什么方法来完成，为什么？

11. 飞机在空中风为 30°、25 km/h 中保持 TH60°、TAS220 km/h 飞行，如果空中风的风向增加至 50°，飞行中的航迹、地速将受到怎样的影响？

12. 飞机在空中风为 110°、30 kt 中保持 TH208°、TAS300 kt 飞行，如果空中风的风向减小至 90°，飞行中的航迹、地速将受到怎样的影响？

13. 飞机在空中风为 30°、25 km/h 中保持 TH60°、TAS220 km/h 飞行，如果空中风的风速增加至 35 km/h，飞行中的航迹、地速将受到怎样的影响？

14. 飞机在空中风为 110°、30 kt 中保持 TH208°、TAS300 kt 飞行，如果空中风的风速减小至 20 kt，飞行中的航迹、地速将受到怎样的影响？

二、作业练习题

1. 根据表 4.1 中数据画航行速度三角形示意图（真空速与风速单位相同）。

表 4.1

真航向 TH	120°	250°	200°	350°	190°	10°
真空速 TAS	190	330	180	660	260	450
风向 WD	60°	300°	20°	30°	210°	340°
风速 WS	20	30	25	80	30	50

2. 根据表 4.2 中数据画航行速度三角形示意图（地速与风速单位相同）。

表 4.2

真航迹角 TTK	60°	110°
地速 GS	460	170
风向 WD	150°	180°
风速 WS	50	25

5 地标罗盘领航

一、复习思考题

1. 简述应飞航向和应飞时间的含义。如何计算应飞航向和应飞时间？

2. 飞行中，为什么要计算应飞航向？按预报风计算应飞航向的方法是什么？画图分析其计算条件及获取途径。

3. 飞机正确通过起点后，保持应飞航向和真空速在左逆侧风中飞行，如果空中实际风速增大，画图分析飞机将偏在航线的哪边？比预达检查点时刻早到还是晚到？

4. 简述用计算尺根据已知风求解偏流、地速的方法步骤。计算时应注意哪些问题？

5. 什么叫实测位置和推算位置？举例说明推测定位的方法。

6. 飞行中辨认地标的程序是怎样的？对正地图的常用方法有哪些？

7. 用地图对照地面辨认地标时要依据哪4个方面进行辨认，为什么？

8. 简述按两个实测位置推测位置的方法和步骤。在实施中要注意哪些问题？

9. 简述按航迹角和地速推测位置的方法和步骤。在实施中要注意哪些问题？

10. 飞机偏离航线的程度用什么来表示？它们是怎样定义的？

11. 飞行中产生偏航的主要原因有哪些？其中最根本的原因是什么？

12. 画图分析没有修正偏流、修正偏流正确、修正偏流过大、修正偏流过小4种情况下，航线、航向线、航迹线之间的关系。

13. 偏航角和偏流的根本区别是什么？它们又有什么关系？

14. 飞行中引起偏流、地速变化的原因有哪些？是怎样影响的？

15. 飞行中检查航迹的目的是什么？检查航迹的内容和方法有哪些？

16. 简述地标罗盘领航中用线状地标进行方向、距离检查的方法和步骤。在检查中要注意哪些问题？

17. 简述地标罗盘领航中用两个实测位置进行全面检查的方法和步骤。在检查中要注意哪些问题？

18. 地标罗盘领航中修正航迹要进行哪些修正？修正的目的是什么？

19. 简述地标罗盘领航中按新航线角修正方向的方法和步骤。

20. 简述地标罗盘领航中按航迹修正角修正方向的方法和步骤。

21. 按新航线角修正航迹与按航迹修正角修正方向的两种方法有无本质区别，为什么？如果航向修正角度较大，按航迹修正角修正后的航迹能否与新航线重合，为什么？

22. 简述心算偏航角、偏离角和航迹修正角的方法。怎样运用1/60规则进行心算？

23. 飞行中怎样修正预达时刻？

24. 飞行中计算实际空中风必须已知哪些条件？怎样获得这些条件？

25. 简述计算尺计算空中实际风向、风速的方法和步骤。计算时要注意哪些问题？

26. 按实测偏流、地速求风向风速时，当空速和地速的差等于零或偏流等于零时，怎样求风向、风速？

27. 简述地标罗盘领航检查点的工作内容和步骤。

二、作业练习题

1. 推算应飞航向（见表 5.1）并画示意图。

表 5.1

磁航线角 MC	320°	218°	116°	355°	5°	79°
偏流 DA	−5°	+6°	−3°	−6°	+8°	0°
应飞航向 $MH_{应}$						

2. 用计算尺计算应飞航向和地速（见表 5.2）并画示意图（真空速、风速、地速为同一单位）。

表 5.2

序号	真航线角 TC	真空速 TAS	风向 WD	风速 WS	偏流 DA	应飞真航向 $TH_{应}$	地速 GS
1	137°	190	170°	30			
2	75°	185	130°	25			
3	92°	195	70°	35			
4	13°	200	110°	20			
5	100°	210	330°	35			
6	49°	280	50°	40			
7	279°	220	100°	35			
8	32°	140	120°	20			
9	12°	390	270°	50			
10	275°	285	180°	40			
11	192°	300	170°	50			
12	153°	210	140°	30			
13	300°	310	330°	45			
14	349°	180	350°	40			
15	229°	320	190°	45			
16	230°	170	320°	15			
17	130°	290	120°	30			

续表

序号	真航线角 TC	真空速 TAS	风向 WD	风速 WS	偏流 DA	应飞真航向 $TH_{应}$	地速 GS
18	175°	285	330°	35			
19	292°	200	270°	35			
20	313°	260	310°	40			
21	180°	200	270°	35			
22	249°	180	248°	15			
23	299°	320	10°	35			
24	28°	460	350°	50			
25	212°	590	270°	60			
26	25°	385	80°	55			
27	19°	360	20°	45			
28	353°	310	40°	45			
29	340°	300	0°	45			
30	34°	280	50°	40			
31	129°	220	90°	35			
32	180°	190	90°	15			
33	45°	290	135°	40			
34	275°	285	190°	25			
35	90°	195	45°	25			
36	133°	240	120°	30			
37	160°	410	230°	45			
38	349°	380	350°	40			
39	209°	240	170°	25			
40	332°	340	160°	40			
41	182°	290	200°	50			
42	27°	185	180°	30			
43	92°	360	120°	50			
44	53°	310	40°	35			
45	0°	300	330°	40			
46	310°	230	0°	40			
47	209°	340	90°	40			
48	220°	190	220°	20			
49	138°	290	318°	35			
50	275°	385	340°	45			

3. 用计算尺计算应飞航向和地速（见表 5.3）（真空速、风速、地速为同一单位）。

表 5.3

序号	磁航线角 MC	磁差 VAR	真航线角 TC	真空速 TAS	风向 WD	风速 WS	偏流 DA	应飞磁航向 $MH_{应}$	地速 GS
1	137°	5°E		190	170°	30			
2	75°	3°W		185	130°	25			
3	92°	2°W		195	70°	35			
4	13°	5°E		200	110°	20			
5	100°	3°E		210	330°	35			
6	49°	1°E		280	50°	40			
7	279°	2°E		220	100°	35			
8	32°	1°W		140	120°	20			
9	12°	4°E		390	270°	50			
10	275°	5°W		285	180°	40			

4. 计算并在 1∶1 000 000 练习图上完成地图作业。

① 飞机于 13:05 通过广汉机场上空，保持预计航向、真空速飞行，13:17 飞越中江县城上空，保持航向、真空速不变继续飞行，推测飞机 13:30 将到达的位置。

② 飞机于 12:30 通过射洪县城上空，保持预计航向、真空速飞行，12:40 飞越广福镇上空，保持航向、真空速不变继续飞行，推测计算飞机正切五凤溪镇的时刻。

③ 飞机于 09:05 通过绵阳机场上空，保持预计航向、真空速飞行，09:25 飞越盐亭县城上空，保持航向、真空速不变继续飞行，推测飞机 09:40 将到达的位置。

④ 飞机于 14:35 通过遂宁机场上空，保持预计航向、真空速飞行，15:00 飞越三台县城上空，保持航向、真空速不变继续飞行，推测计算飞机正切绵阳机场的时刻。

5. 根据实测的偏流、地速在 1∶1 000 000 练习图上完成推算飞机位置及地图作业（见表 5.4）。

表 5.4

序号	推算起点		航行诸元			推算位置			
	时刻	位置	$MH_{平}$	DA	GS	时刻	MTK	TTK	*D*/km
1	13:32	乐至县城	250°	+8°	140 kt	13:47			
2	09:42	眉山县城	349°	−10°	160 kt	09:50			
3	14:18	西充县城	184°	−5°	510 km/h	14:28			
4	10:55	安岳县城	133°	0°	200 km/h	11:04			

6. 根据实测的偏流、偏航角确定航线、航向线和航迹线的关系，判断产生偏航的原因（见表 5.5）。

表 5.5

序　号	1	2	3	4	5	6	7	8	9
偏航角 TKE	−6°	0°	+5°	0°	+5°	−2°	+6°	−3°	0°
偏流 DA	0°	0°	+5°	+5°	−3°	+4°	+2°	−5°	−8°
偏航原因（偏流修正情况）									

7. 飞机准确通过起点，保持航向和真空速飞行，当飞机正切检查点时记录数据并确定偏航距离，完成检查航迹的计算（见表 5.6）。

表 5.6

序　号	1	2	3	4	5	6	7	8	9
磁航线角 MC	78°	135°	230°	283°	302°	332°	358°	4°	355°
磁航向 MH	78°	135°	220°	280°	310°	337°	5°	356°	0°
已飞距离 $D_{已}$/km	66	78	55	80	48	67	70	63	52
偏航距离 XTK/km	+4	−6	−3	+3	+5	0	−4	+4	+5
偏航角 TKE									
磁航迹角 MTK									
偏流 DA									
已飞时间 $t_{已}$/min	21	18	30	15	12	8	11	12	10
地速 GS/（km/h）									

8. 飞机准确通过起点，保持航向和真空速飞行，当飞机正切检查点时记录数据并确定偏航距离，按新航线角修正方向完成计算并画示意图（已飞距离、未飞距离、偏航距离单位相同，见表 5.7）。

表 5.7

序号	MC	$MH_{平}$	$D_{已}$	$D_{未}$	XTK	TKE	MTK	DA	TKD	$MC_{新}$	$MH_{应}$
1	78°	78°	65	55	−3						
2	78°	80°	85	60	+3						
3	66°	78°	90	80	−6						
4	332°	330°	67	70	+5						
5	230°	236°	63	52	−4						
6	220°	226°	66	45	0						
7	302°	297°	100	88	+4						
8	283°	283°	80	70	+5						
9	280°	285°	79	55	+2						
10	310°	303°	82	60	−6						
11	358°	3°	56	61	+5						
12	5°	358°	75	67	−4						
13	337°	340°	95	105	0						
14	4°	359°	82	48	+4						
15	356°	0°	55	66	+5						
16	355°	359°	70	83	−6						
17	0°	358°	88	56	+3						
18	66°	70°	65	90	+5						
19	110°	105°	70	86	−4						
20	180°	175°	93	110	0						

9. 飞机准确通过起点，保持航向和真空速飞行，当飞机正切检查点时记录数据并确定偏航距离，按航迹修正角修正方向完成计算并画示意图（已飞距离、未飞距离、偏航距离单位相同，见表 5.8）。

表 5.8

序号	MC	$MH_{平}$	$D_{已}$	$D_{未}$	XTK	TKE	TKD	ΔTK	$MH_{应}$
1	78°	78°	65	55	−3				
2	78°	80°	85	60	+3				
3	66°	78°	90	80	−6				

续表

序号	MC	$MH_{平}$	$D_{已}$	$D_{未}$	XTK	TKE	TKD	ΔTK	$MH_{应}$
4	332°	330°	67	70	+5				
5	230°	236°	63	52	−4				
6	220°	226°	66	45	0				
7	302°	297°	100	88	+4				
8	283°	283°	80	70	+5				
9	280°	285°	79	55	+2				
10	310°	303°	82	60	−6				
11	358°	3°	56	61	+5				
12	5°	358°	75	67	−4				
13	337°	340°	95	105	0				
14	4°	359°	82	48	+4				
15	356°	0°	55	66	+5				
16	355°	359°	70	83	−6				
17	0°	358°	88	56	+3				
18	66°	70°	65	90	+5				
19	110°	105°	70	86	−4				
20	180°	175°	93	110	0				

10. 用心算法完成修正航迹计算（已飞距离、未飞距离、偏航距离单位相同，见表 5.9）。

表 5.9

序号	MC	$MH_{平}$	$D_{已}$	$D_{未}$	XTK	TKE 系数	TKE	TKD 系数	TKD	ΔTK	$MH_{应}$
1	178°	178°	65	55	−3						
2	98°	90°	85	60	+3						
3	66°	78°	90	84	−6						
4	332°	330°	61	70	+5						
5	230°	236°	63	52	−4						
6	220°	226°	66	45	0						
7	302°	297°	120	86	+4						
8	283°	283°	83	75	+5						
9	280°	285°	79	55	+2						
10	310°	303°	82	60	−6						

11. 用心算法完成修正航迹计算（已飞距离、未飞距离、偏航距离单位相同，见表 5.10）。

表 5.10

序号	MC	$MH_{平}$	$D_{已}$	$D_{未}$	XTK	TKE 系数	TKD 系数	ΔTK 系数	ΔTK	$MH_{应}$
1	178°	178°	65	55	−3					
2	98°	90°	85	60	+3					
3	66°	78°	90	84	−6					
4	332°	330°	61	70	+5					
5	230°	236°	63	52	−4					
6	220°	226°	66	45	0					
7	302°	297°	120	86	+4					
8	283°	283°	83	75	+5					
9	280°	285°	79	55	+2					
10	310°	303°	82	60	−6					

12. 在 1∶1 000 000 练习图上完成地图作业，计算空中实际的风向风速。

① 飞机于 13:00 通过广汉机场上空，保持磁航向 119°、真空速 200 km/h 飞行，13:18 飞机到达广福镇上空，计算在该时间段空中实际的风向风速。

② 飞机于 12:00 通过遂宁机场上空，保持磁航向 320°、真空速 180 km/h 飞行，12:30 飞机到达三台县城上空，计算在该时间段空中实际的风向风速。

13. 根据航迹检查中测出的数据，尺算风向风速（真空速、地速、风速是同一单位，见表 5.11）。

表 5.11

序号	真航迹角 TTK	地速 GS	真航向 TH	真空速 TAS	DA	风向 WD	风速 WS
1	178°	220	180°	210			
2	313°	350	328°	330			
3	166°	180	160°	205			
4	356°	186	2°	170			
5	0°	230	355°	190			
6	220°	165	226°	145			
7	302°	238	297°	210			
8	283°	260	283°	240			
9	280°	300	285°	315			
10	310°	210	303°	235			
11	358°	222	3°	220			
12	5°	165	358°	167			
13	337°	500	340°	450			
14	4°	480	359°	485			
15	356°	380	0°	420			
16	359°	280	359°	283			
17	0°	215	358°	256			
18	66°	260	70°	245			
19	110°	180	105°	186			
20	180°	270	175°	250			
21	18°	220	18°	210			
22	33°	350	38°	330			
23	6°	180	0°	195			
24	356°	186	357°	170			
25	0°	330	355°	390			
26	120°	165	126°	195			
27	302°	265	297°	230			
28	28°	260	28°	240			
29	180°	340	185°	315			
30	310°	210	307°	235			
31	356°	240	3°	220			
32	5°	265	358°	263			
33	237°	560	240°	550			
34	4°	480	358°	495			
35	356°	360	0°	395			
36	359°	280	359°	310			

续表

序号	真航迹角 TTK	地速 GS	真航向 TH	真空速 TAS	DA	风向 WD	风速 WS
37	0°	285	359°	250			
38	166°	360	170°	345			
39	119°	180	115°	160			
40	180°	370	175°	340			
41	9°	180	359°	210			
42	0°	285	9°	260			
43	16°	310	17°	285			
44	219°	280	215°	260			
45	350°	210	0°	200			

14. 根据航迹检查中测出的数据，尺算风向风速（真空速、地速、风速是同一单位，见表 5.12）。

表 5.12

序号	磁航向 MH	真空速 TAS	偏流 DA	地速 GS	磁航迹角 MTK	磁差 VAR	真航迹角 TTK	风向 WD	风速 WS
1	78°	300	−3°	310		5°E			
2	310°	200	+3°	230		3°W			
3	186°	230	−6°	205		2°W			
4	356°	150	+5°	170		5°E			
5	0°	230	−4°	190		3°E			
6	120°	265	0°	285		1°E			
7	352°	240	+4°	210		2°E			
8	283°	210	+5°	240		1°W			
9	286°	300	+2°	315		4°E			
10	10°	210	−6°	235		5°W			
11	358°	220	+5°	220		2°E			
12	225°	165	−4°	167		4°W			
13	37°	500	0°	460		1°W			
14	134°	480	+4°	480		3°E			
15	358°	180	+5°	205		6°E			
16	359°	280	−6°	283		1°E			
17	0°	255	+3°	256		3°E			
18	166°	260	+5°	245		3°W			
19	150°	180	−4°	186		2°E			
20	180°	270	0°	270		2°W			

15. 检查点工作及计算(表 5.13 中距离单位为 km，速度单位均为 km/h，VAR 均为 2°W)。

表 5.13

序号	MC	VAR	准确通过起点时刻	到达检查点		已飞航段										未飞航段					
				时刻	XTK	$MH_{平}$	TAS	$D_{已}$	$t_{已}$	TKE	MTK	DA	GS	WD	WS	$D_{未}$	$t_{未}$	TKD	$MC_{新}$	$MH_{应}$	预达时刻
1	128°	1°E	10:10	10:26	−5	120°	260	70								66					
2	322°	2°W	11:30	11:48	+6	320°	280	85								50					
3	43°	3°W	12:20	12:37	−4	40°	200	50								72					
4	235°	5°E	09:05	09:20	−2	240°	310	75								56					
5	105°	5°W	14:15	14:28	+4	108°	300	64								102					
6	290°	0°	15:12	15:33	0	293°	265	98								67					
7	312°	2°E	13:00	13:17	+3	305°	230	68								65					
8	133°	3°E	08:50	09:04	−3	138°	220	48								85					
9	311°	1°W	09:47	10:03	+2	312°	205	52								71					

6 基本无线电领航

一、复习思考题

1. 简述无线电领航的发展及优缺点。
2. 简述无线电领航的本质及过程。
3. 什么叫位置线？目前无线电领航的位置线有哪几种？对应的无线电导航系统是哪些？
4. 无线电导航系统按测量的位置线几何形状、无线电导航台（站）的安装位置、飞机的飞行区域是怎么分类的？
5. 莫尔斯电码的组成是怎样的？其在无线电导航中有什么作用？
6. 画图说明无线电方位的定义、范围，说明飞机、电台与无线电方位的关系。
7. 如何根据无线电的 3 个方位来确定飞机位置、电台位置和航向间的关系？
8. 飞机沿一条方位线飞行，如果飞机航向发生改变，无线电的 3 个方位将如何变化？
9. 飞机保持航向飞行，如果利用侧方电台测量无线电方位，那么飞机在飞行过程中，其无线电的 3 个方位将怎样变化？
10. 简述自动定向仪的主要功用和组成。我国实际使用的 ADF 工作频率范围是多少？
11. 自动定向仪是怎样测量电台相对方位角的？其环形天线和垂直天线各有何作用？
12. 自动定向机的指示器常用的有哪些？它们有何特点？
13. 自动定向仪的干扰和误差有哪些？飞行中怎样减小或消除干扰和误差对飞行的影响？
14. 简述甚高频全向信标的主要功用、组成和工作频段。
15. 甚高频全向信标怎样实现方位的测量？测量的是什么方位？
16. 机载甚高频全向信标的指示器常用的有哪些？它们有何特点？
17. CDI、HSI 上向/背台指标能够向飞行员表明什么？是否与航向相关？
18. 飞行员如何利用 CDI、HSI 直接测量飞机当时位置的电台磁方位或飞机磁方位？
19. 飞行员如何利用 CDI、HSI 来确定飞机偏离预选航道的情况？
20. 甚高频全向信标的误差有哪些？怎样减小这些误差？
21. 如何对 VOR 系统进行检查校验？
22. 简述测距机 DME 的主要功用、组成和工作原理。
23. 测距机 DME 测量的是什么距离？地面 DME 台通过什么方法来保证应答容量限制？
24. 当 DME 与 VOR 配套安装在一起时，其 DME 的识别代码是否与 VOR 相同？
25. 进入预定方位线有何用途？画图说明进入预定方位线的判断原理。

26. 利用ADF指示器判断飞机进入预定方位线的方法有哪些？如何判断？有哪些需要注意的地方？

27. 利用RMI判断飞机进入预定方位线的方法有哪些？如何判断？有哪些需要注意的地方？

28. 利用CDI判断飞机进入预定方位线的方法有哪些？如何判断？有哪些需要注意的地方？

29. 利用HSI判断飞机进入预定方位线的方法有哪些？如何判断？

30. 简述进入预定方位线时产生误差的原因及提高进入方位线准确性采取的措施。

31. 不修正偏流向台飞行的方法有哪些？其航迹有什么特点？

32. 采用连续修正法进行不修正偏流向台飞行中，ADF指示器、RMI的方位指针指示有何特点？

33. 飞机在某位置测定的无线电方位线和电台磁方位可以表示什么？怎样理解？

34. 向台飞行怎样判断偏航？利用ADF指示器及RMI、CDI、HSI仪表判断时有何特点？

35. 画图简述向电台飞行按新航线角修正航迹的方法、步骤。利用ADF指示器及RMI、CDI、HSI仪表来实施各有什么特点？

36. 画图简述向电台飞行按航迹修正角修正航迹的方法、步骤。利用ADF指示器及RMI、CDI、HSI仪表来实施各有什么特点？

37. 怎样利用飞机上的导航仪表来判断通过NDB台、VOR台的时机？

38. 飞机准确通过NDB/VOR台上空后，保持一定的航向直线飞行一定时间，那么飞机所在的无线电方位线及测出的飞机磁方位可以表示什么？怎样理解？

39. 背台飞行怎样判断偏航和测量偏流？利用ADF指示器及RMI、CDI、HSI仪表判断和测量时有何特点？

40. 画图分析向台、背台飞行判断偏航的异同点。判断时ADF指示器及RMI、CDI、HSI仪表指示有何特点？

41. 画图简述背电台飞行按新航线角修正航迹的方法、步骤。利用ADF指示器及RMI、CDI、HSI仪表来实施各有什么特点？

42. 画图简述背电台飞行按航迹修正角修正航迹的方法、步骤。利用ADF指示器、RMI、CDI、HSI仪表来实施各有什么特点？

43. 画图分析向台、背台飞行修正航迹的异同点。修正过程中ADF指示器及RMI、CDI、HSI仪表指示有何特点？

44. 画图分析地标罗盘领航、无线电领航两种方法判断偏航的特点。

45. 画图分析地标罗盘领航、无线电领航两种方法在进行航迹修正时的特点。

46. 飞行中怎样更合理地利用RMI实施向、背台飞行？

47. 向台、背台切入航线/方位线有什么用途？简述向台、背台切入航线/方位线的方法和步骤。

48. 向台、背台切入航线/方位线的切入角选择范围是多少？飞行中依据哪些方面来选择切入角的大小？如何理解？

49. 向台、背台切入航线/方位线的飞行过程中，ADF指示器及RMI、CDI、HSI仪表指示有何特点？

50. 向台、背台切入航线或方位线有何特点？怎样理解？飞行中如何才能做好？

51. 传统无线电定位方式和方法是哪些？飞行中可以用哪些无线电导航设备来完成定位？

52. 如何利用 VOR、DME 来实现同时刻双台定位？

53. 如何利用正切电台前 45°（27°）法来实现单台定位？单台定位的特点是什么？

52. 利用正切电台前/后α 角心算法实施定位时需要特别注意哪些问题？

54. 采取哪些措施可以提高无线电定位的准确性，为什么？

55. 简述无线电领航检查点工作的内容和步骤。

56. 仪表飞行时检查和修正航迹的工作有哪些？

二、作业练习题

1. 无线电方位间的计算（见表 6.1）。

表 6.1

MH	313°	350°	8°	330°	28°	233°	120°	270°	0°
RB	66°	180°	350°						
QDM				0°	348°	90°			
QDR							90°	136°	296°

2. 读取 ADF 指示器（见图 6.1）并画示意图，飞行中 MH = 25°。

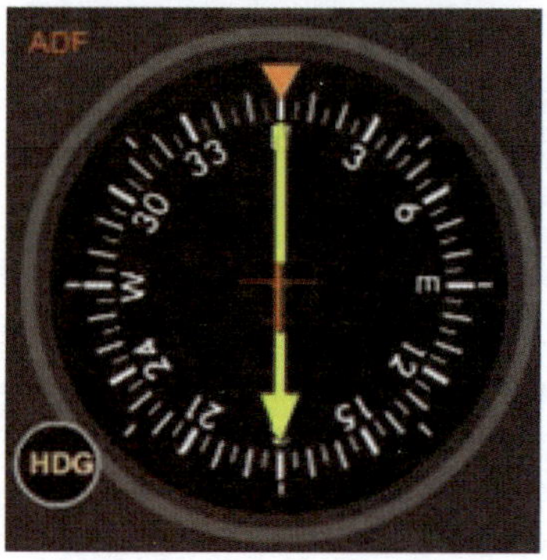

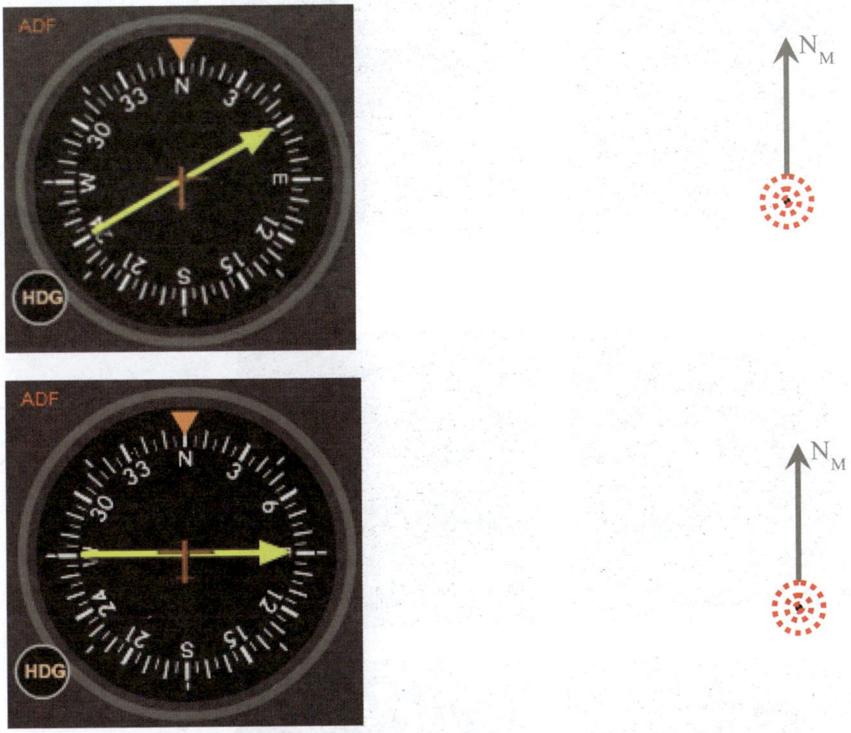

图 6.1

3. 读取航向仪表和 ADF 指示器（见图 6.2）并画示意图。

图 6.2

4. 读取无线电磁指示器 RMI（见图 6.3）并画示意图。

RMI
ADF
ADF
NAV
NAV

N_M

RMI
ADF
ADF
NAV
NAV

N_M

RMI
ADF
ADF
NAV
NAV

N_M

RMI
ADF
ADF
NAV
NAV

N_M

图 6.3

5. 读取无线电磁指示器 RMI（见图 6.4）并画示意图。

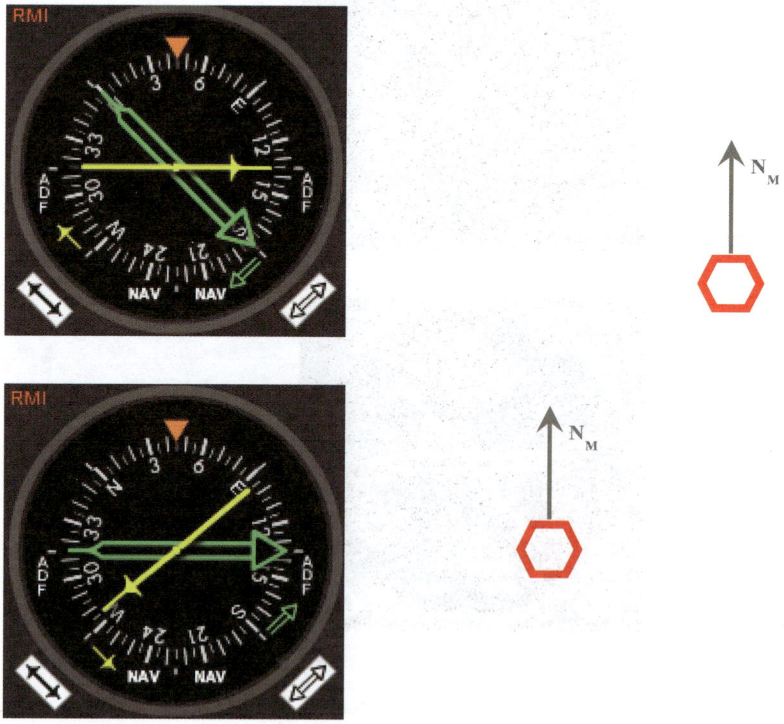

RMI
ADF
ADF
NAV
NAV

N_M

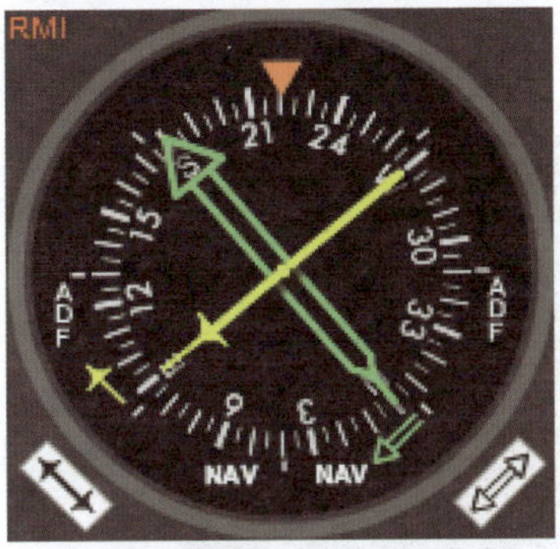
RMI
ADF
ADF
NAV
NAV

N_M

RMI
ADF
ADF
NAV
NAV

N_M

RMI
ADF
ADF
VOR
VOR

N_M

图 6.4

6. 读取航向仪表和航道偏离指示器 CDI（见图 6.5）并画示意图。

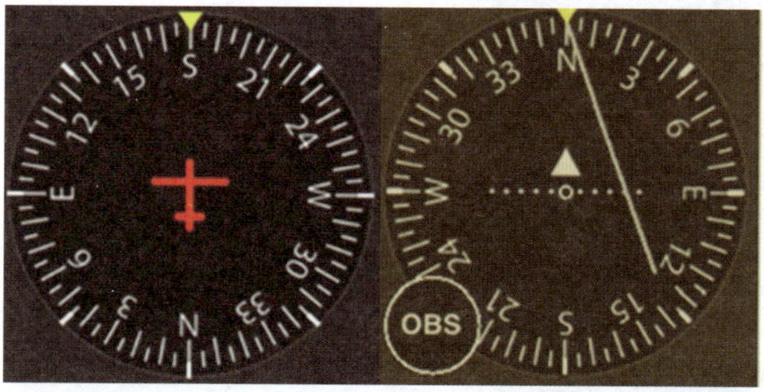

图 6.5

7. 读取水平状态指示器 HSI 指示（见图 6.6）并画示意图。

图 6.6

8. 根据水平状态指示器 HSI（见图 6.7）判断对应的飞机位置。

（a）

（b）

（c）

（d）

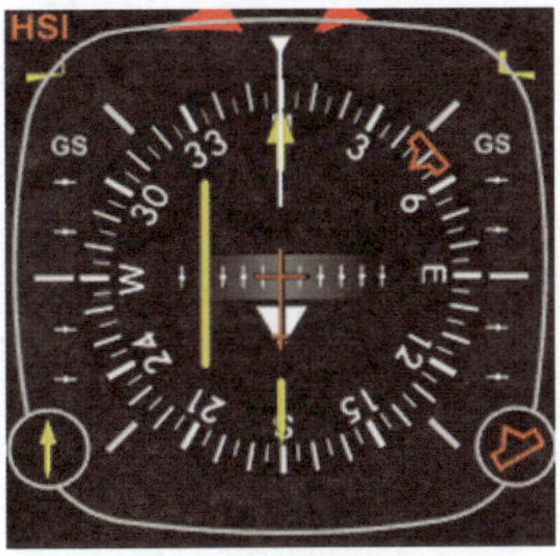

（e）

（f）

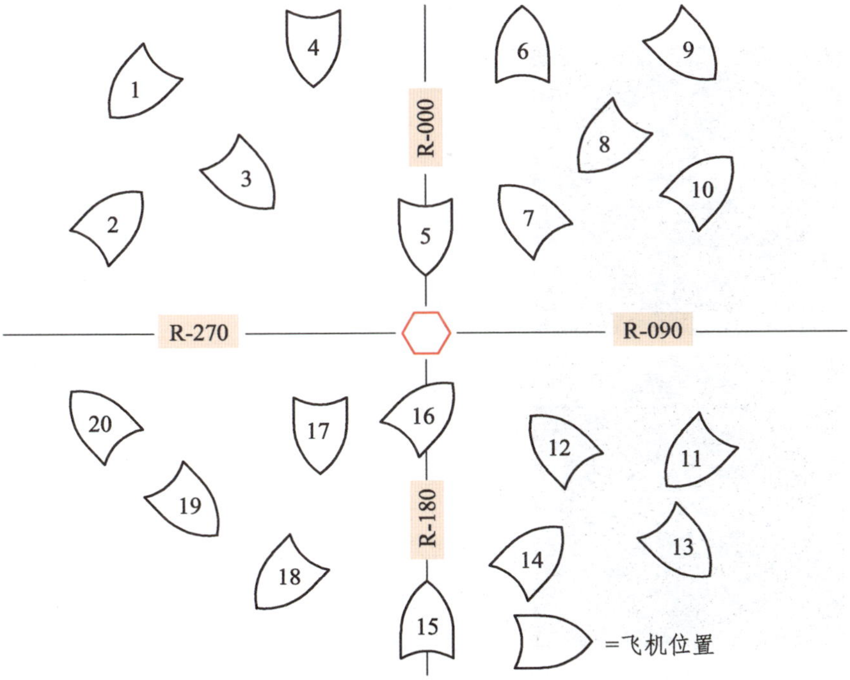

图 6.7

9. 根据水平状态指示器 HSI（见图 6.8）指示判断对应的飞机位置。

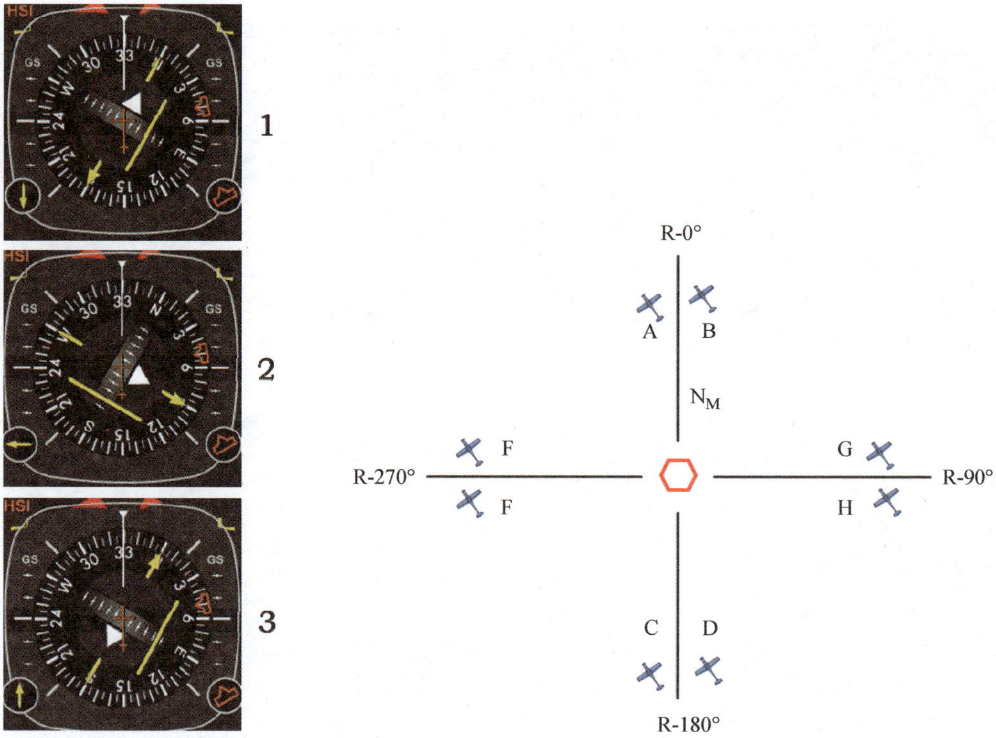

图 6.8

10. 根据仪表指示（见图 6.9）画出飞机位置图。

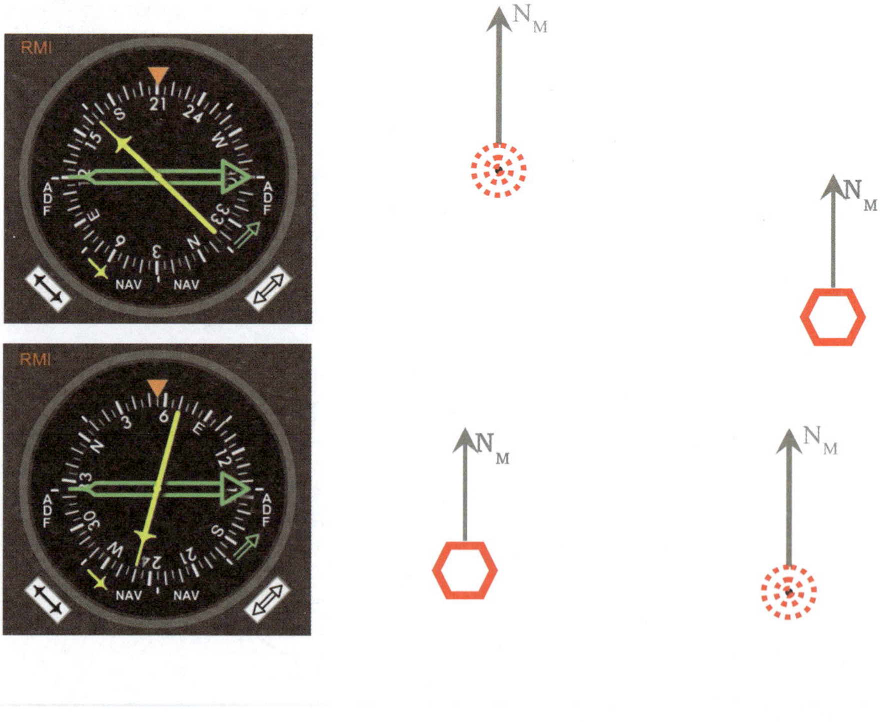

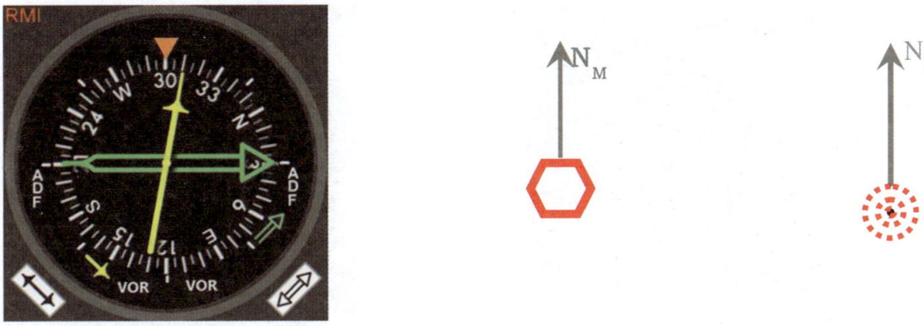

图 6.9

11. 根据指示的电台相对方位 RB（见表 6.2）来判断进入预定方位线的情形。（在判断栏内填写：到、未到、已过）

表 6.2

序号	1	2	3	4	5	6	7	8	9
MC	260°	275°	50°	105°	280°	62°	150°	202°	95°
$QDM_{预}$	344°	344°	311°	10°	11°	315°	230°	155°	196°
MH	266°	273°	60°	100°	283°	60°	145°	210°	89°
$RB_{应}$									
$RB_{指}$	81°	67°	255°	265°	90°	258°	85°	300°	107°
判断									

序号	10	11	12	13	14	15	16	17	18
MC	160°	25°	250°	185°	80°	262°	350°	302°	5°
$RB_{预}$	84°	270°	91°	100°	261°	105°	80°	255°	96°
MH	166°	23°	260°	180°	83°	260°	345°	310°	9°
$RB_{应}$									
$RB_{指}$	81°	267°	95°	105°	260°	105°	85°	250°	107°
判断									

12. 根据机载 ADF 指示来判断进入预定方位线的情形。（在______内填写：到、未到、已过）

① 飞机沿航线 MC49°飞行，利用侧方 NDB 台进入预定方位线，飞行准备时 $RB_{预}$292°，当前机载 ADF 指示器指示如图 6.10 所示，判明飞机____________预定方位线。

图 6.10

② 飞机沿航线 MC215°飞行，利用侧方 NDB 台进入预定方位线，飞行准备时 $RB_{预}$80°，当前机载 ADF 指示器指示如图 6.11 所示，判明飞机＿＿＿＿＿＿预定方位线。

图 6.11

③ 飞机沿航线 MC240°飞行，利用侧方 NDB 台进入预定方位线，飞行准备时 $RB_{预}$95°，当前机载 ADF 指示器指示如图 6.12 所示，判明飞机＿＿＿＿＿＿预定方位线。

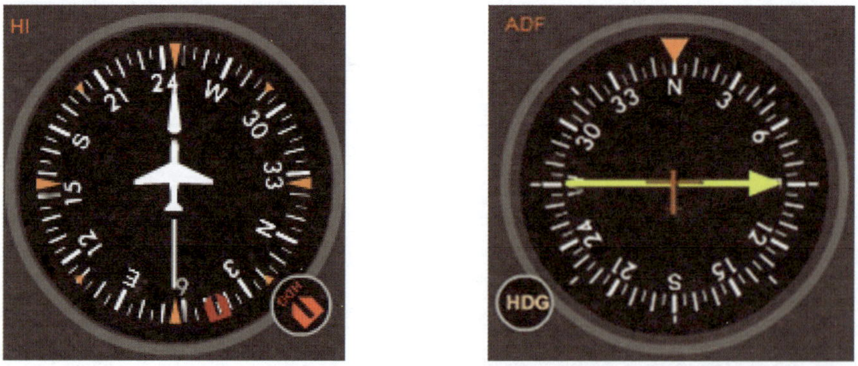

图 6.12

④ 飞机沿航线 MC330°飞行，利用侧方 NDB 台进入预定方位线，飞行准备时 $RB_{预}$270°，当前机载 ADF 指示器指示如图 6.13 所示，判明飞机＿＿＿＿＿＿预定方位线。

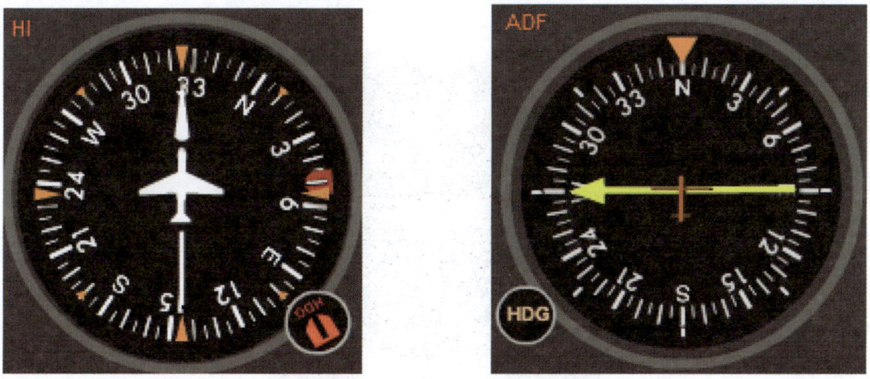

图 6.13

13. 根据指示的电台磁方位 QDM（见表 6.3）来判断进入预定方位线的情形。（在判断栏内填写：到、未到、已过）

表 6.3

序号	1	2	3	4	5	6	7	8	9
MC	60°	175°	350°	105°	180°	262°	250°	102°	95°
$QDM_{预}$	344°	74°	71°	10°	95°	355°	330°	5°	196°
MH	66°	173°	0°	100°	183°	260°	245°	110°	89°
$QDM_{指}$	340°	67°	75°	10°	90°	0°	335°	355°	197°
判断									

14. 根据指示的 VOR 径向方位 R（见表 6.4）来判断进入预定方位线的情形。（在判断栏内填写：到、未到、已过）

表 6.4

序号	1	2	3	4	5	6	7	8	9
MC	160°	15°	350°	155°	180°	62°	20°	92°	295°
预计 R	244°	94°	90°	60°	275°	155°	310°	5°	0°
MH	166°	13°	0°	150°	183°	60°	25°	100°	289°
指示 R	240°	97°	95°	60°	270°	150°	315°	355°	0°
判断									

15. 根据机载 RMI 指示来判断进入预定方位线的情形。（在______内填写：到、未到、已过）

① 飞机沿航线 MC336°飞行，利用侧方 NDB 台进入预定方位线，飞行准备时 $QDM_{预}$235°，当前 RMI 指示如图 6.14 所示，判明飞机____________预定方位线。

图 6.14

② 飞机沿航线 MC40°飞行，利用侧方 NDB 台进入预定方位线，飞行准备时 QDM 预 122°，当前机载 RMI 指示如图 6.15 所示，判明飞机____________预定方位线。

图 6.15

③ 飞机沿航线 MC45°飞行，利用侧方 NDB 台进入预定方位线，飞行准备时 QDM 预 150°，当前机载 RMI 指示如图 6.16 所示，判明飞机___________ 预定方位线。

图 6.16

④ 飞机沿航线 MC350°飞行，利用侧方 NDB 台进入预定方位线，飞行准备时 QDM 预 270°，当前机载 RMI 指示如图 6.17 所示，判明飞机____________预定方位线。

图 6.17

⑤ 飞机沿航线 MC124°飞行，利用侧方 NDB 台进入预定方位线，飞行准备时 QDM $_{预}$210°，当前机载 RMI 指示如图 6.18 所示，判明飞机____________预定方位线。

图 6.18

⑥ 飞机沿航线 MC210°飞行，利用侧方 NDB 台进入预定方位线，飞行准备时 QDM $_{预}$310°，当前机载 RMI 指示如图 6.19 所示，判明飞机___________ 预定方位线。

图 6.19

⑦ 飞机沿航线 MC60°飞行，利用侧方 NDB 台进入预定方位线，飞行准备时 QDM $_{预}$145°，当前机载 RMI 指示如图 6.20 所示，判明飞机____________预定方位线。

图 6.20

⑧ 飞机沿航线 MC350°飞行，利用侧方 VOR 台进入预定方位线，飞行准备时 QDM$_{预}$80°，当前机载 RMI 指示如图 6.21 所示，判明飞机____________预定方位线。

图 6.21

⑨ 飞机沿航线 MC265°飞行，利用侧方 VOR 台进入预定方位线，飞行准备时预计的 R175°，当前机载 RMI 指示如图 6.22 所示，判明飞机____________预定方位线。

图 6.22

⑩ 飞机沿航线 MC349°飞行，利用侧方 VOR 台进入预定方位线，飞行准备时预计的 R85°，当前机载 RMI 指示如图 6.23 所示，判明飞机____________预定方位线。

图 6.23

16. 根据机载 CDI 指示来判断进入预定方位线的情形。(在____内填写：到、未到、已过)

① 飞机沿航线 MC125°飞行，利用侧方 VOR 台进入预定方位线，飞行准备时 QDM $_{预}$ 0°，当前仪表指示如图 6.24 所示，判明飞机____________预定方位线。

图 6.24

② 飞机沿航线 MC330°飞行，利用侧方 VOR 台进入预定方位线，飞行准备时 QDM $_{预}$ 50°，当前仪表指示如图 6.25 所示，判明飞机____________预定方位线。

图 6.25

③ 飞机沿航线 MC330°飞行，利用侧方 VOR 台进入预定方位线，飞行准备时 QDM $_{预}$ 50°，当前仪表指示如图 6.26 所示，判明飞机____________预定方位线。

图 6.26

④ 飞机沿航线 MC120°飞行，利用侧方 VOR 台进入预定方位线，飞行准备时 QDM $_{预}$ 20°，当前仪表指示如图 6.27 所示，判明飞机____________预定方位线。

图 6.27

⑤飞机沿航线 MC120°飞行，利用侧方 VOR 台进入预定方位线，飞行准备时预计的 R200°，当前仪表指示如图 6.28 所示，判明飞机____________预定方位线。

图 6.28

⑥ 飞机沿航线 MC76°飞行，利用侧方 VOR 台进入预定方位线，飞行准备时预计的 R170°，当前仪表指示如图 6.29 所示，判明飞机____________预定方位线。

图 6.29

⑦ 飞机沿航线 MC196°飞行，利用侧方 VOR 台进入预定方位线，飞行准备时预计的 R110°，当前仪表指示如图 6.30 所示，判明飞机____________预定方位线。

图 6.30

⑧ 飞机沿航线 MC28°飞行，利用侧方 VOR 台进入预定方位线，飞行准备时 $QDM_{预}$ 100°，当前仪表指示如图 6.31 所示，判明飞机____________预定方位线。

图 6.31

17. 根据机载 HSI 指示来判断进入预定方位线的情形。（在____内填写：到、未到、已过）

① 飞机沿航线 MC128°飞行，利用侧方 VOR 台进入预定方位线，飞行准备时 $QDM_{预}$ 30°，当前仪表指示如图 6.32 所示，判明飞机____________预定方位线。

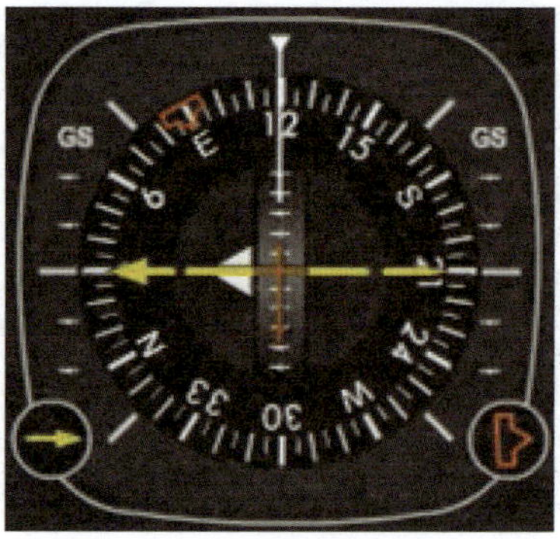

图 6.32

② 飞机沿航线 MC340°飞行，利用侧方 VOR 台进入预定方位线，飞行准备时 QDM 预 60°，当前仪表指示如图 6.33 所示，判明飞机____________预定方位线。

图 6.33

③ 飞机沿航线 MC340°飞行，利用侧方 VOR 台进入预定方位线，飞行准备时 QDM 预 60°，当前仪表指示如图 6.34 所示，判明飞机____________预定方位线。

图 6.34

④ 飞机沿航线 MC131°飞行，利用侧方 VOR 台进入预定方位线，飞行准备时 QDM 预 30°，当前仪表指示如图 6.35 所示，判明飞机____________预定方位线。

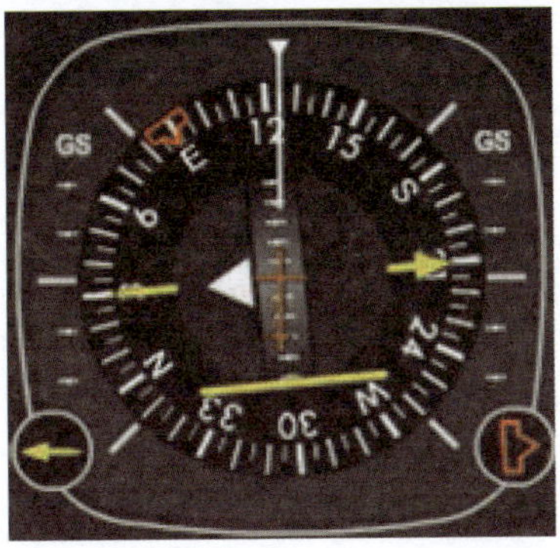

图 6.35

⑤ 飞机沿航线 MC131°飞行，利用侧方 VOR 台进入预定方位线，飞行准备时预计的 R210°，当前仪表指示如图 6.36 所示，判明飞机____________预定方位线。

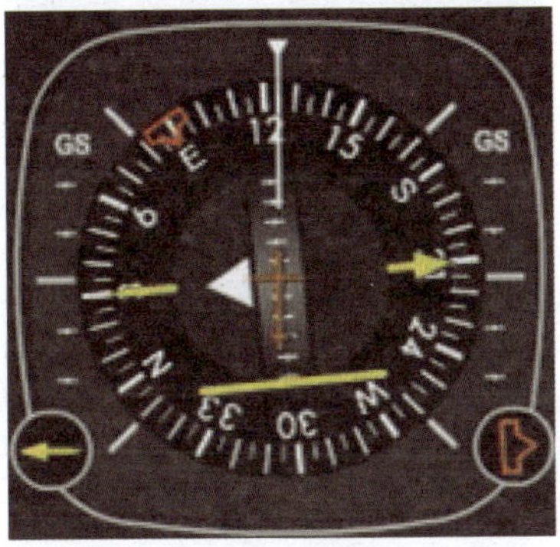

图 6.36

⑥ 飞机沿航线 MC66°飞行，利用侧方 VOR 台进入预定方位线，飞行准备时预计的 R155°，当前仪表指示如图 6.37 所示，判明飞机____________预定方位线。

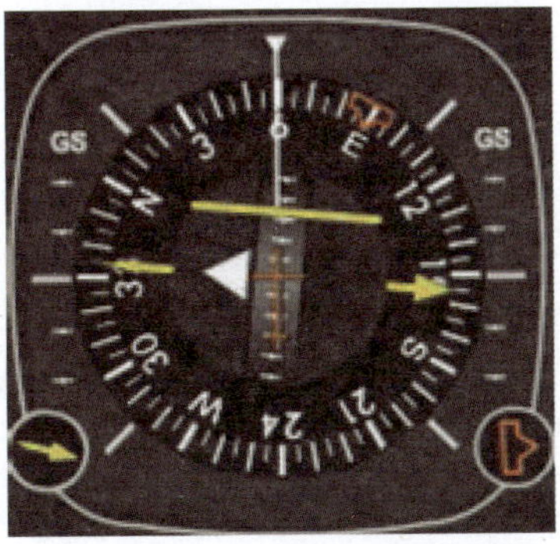

图 6.37

⑦ 飞机沿航线 MC196°飞行，利用侧方 VOR 台进入预定方位线，飞行准备时预计的 R110°，当前仪表指示如图 6.38 所示，判明飞机____________预定方位线。

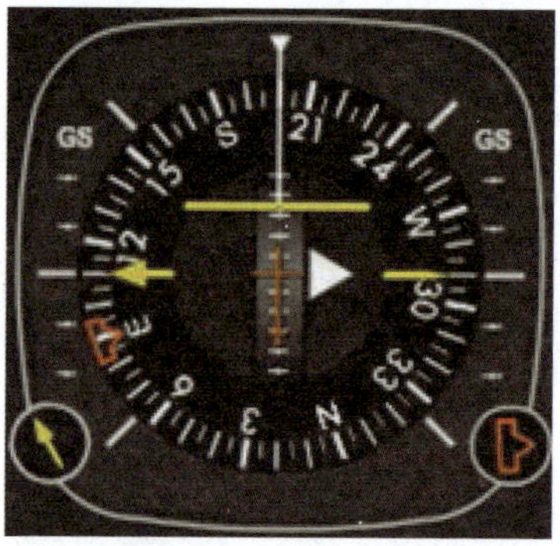

图 6.38

⑧ 飞机沿航线 MC28°飞行，利用侧方 VOR 台进入预定方位线，飞行准备时预计的 R100°，当前仪表指示如图 6.39 所示，判明飞机___________ 预定方位线。

图 6.39

18. 向台飞行中根据指示的电台磁方位角 QDM（见表 6.5）判断飞机偏航情况。

表 6.5

序号	1	2	3	4	5	6	7	8	9
MC	160°	15°	350°	155°	180°	62°	20°	92°	295°
MH	166°	13°	0°	150°	183°	60°	25°	100°	289°
QDM	161°	17°	359°	150°	183°	68°	25°	90°	295°
TKD									

序号	10	11	12	13	14	15	16	17	18
MC	6°	31°	270°	355°	180°	90°	320°	162°	359°
MH	359°	33°	266°	350°	183°	96°	325°	164°	5°
QDM	6°	33°	270°	1°	176°	88°	322°	169°	2°
TKD									

19. 向台飞行中根据指示的电台相对方位角 RB（见表 6.6）判断飞机偏航情况。

表 6.6

MC	60°	315°	0°	255°	80°	262°	120°	2°	95°
MH	66°	313°	358°	250°	73°	260°	125°	0°	89°
$RB_{\text{应}}$									
$RB_{\text{指}}$	2°	0°	356°	5°	3°	359°	355°	358°	6°
TKD									

MC	169°	315°	0°	55°	280°	290°	20°	122°	9°
MH	166°	313°	356°	50°	283°	290°	25°	124°	359°
$RB_{\text{指}}$	6°	358°	356°	5°	357°	2°	9°	358°	9°
QDM									
TKD									

20. 向台飞行中，根据机载 ADF 指示来判断飞机偏航的情形。

① 飞机沿航线 MC58°飞行，利用前方 NDB 台飞行，当前机载 ADF 指示器指示如图 6.40 所示，判明飞机的偏航情形是：TKD = ____________。

图 6.40

② 飞机沿航线 MC205°飞行，利用前方 NDB 台飞行，当前机载 ADF 指示器指示如图 6.41 所示，判明飞机的偏航情形是：TKD = ____________。

图 6.41

③ 飞机沿航线 MC140°飞行，利用前方 NDB 台飞行，当前机载 ADF 指示器指示如图 6.42 所示，判明飞机的偏航情形是：TKD = ____________。

图 6.42

④ 飞机沿航线 MC235°飞行，利用前方 NDB 台飞行，当前机载 ADF 指示器指示如图 6.43 所示，判明飞机的偏航情形是：TKD = ____________。

图 6.43

⑤ 飞机沿航线 MC270°飞行，利用前方 NDB 台飞行，当前机载 ADF 指示器指示如图 6.44 所示，判明飞机的偏航情形是：TKD = ____________。

图 6.44

⑥ 飞机沿航线 MC5°飞行，利用前方 NDB 台飞行，当前机载 ADF 指示器指示如图 6.45 所示，判明飞机的偏航情形是：TKD = ____________。

图 6.45

21. 向台飞行中，根据机载 RMI 指示来判断飞机偏航的情形。

① 飞机沿航线 MC95°飞行，利用前方 NDB 台飞行，当前机载 RMI 指示器指示如图 6.46 所示，判明飞机的偏航情形是：TKD = ____________。

图 6.46

② 飞机沿航线 MC58°飞行，利用前方 VOR 台飞行，当前机载 RMI 指示器指示如图 6.47 所示，判明飞机的偏航情形是：TKD = ____________。

图 6.47

③ 飞机沿航线 MC52°飞行，利用前方 VOR 台飞行，当前机载 RMI 指示器指示如图 6.48 所示，判明飞机的偏航情形是：TKD = ____________。

图 6.48

④ 飞机沿航线 MC355°飞行，利用前方 VOR 台飞行，当前机载 RMI 指示器指示如图 6.49 所示，判明飞机的偏航情形是：TKD = ____________。

图 6.49

⑤ 飞机沿航线 MC300°飞行，利用前方 NDB 台飞行，当前机载 RMI 指示器指示如图 6.50 所示，判明飞机的偏航情形是：TKD = ____________。

图 6.50

⑥ 飞机沿航线 MC340°飞行，利用前方 VOR 台飞行，当前机载 RMI 指示器指示如图 6.51 所示，判明飞机的偏航情形是：TKD = ____________。

图 6.51

22. 向台飞行中，根据机载 CDI 指示来判断飞机偏航的情形。

① 飞机沿航线 MC160°飞行，利用前方 VOR 台飞行，当前机载 CDI 指示如图 6.52 所示，判明飞机的偏航情形是：TKD = ____________。

图 6.52

② 飞机沿航线 MC210°飞行，利用前方 VOR 台飞行，当前机载 CDI 指示如图 6.53 所示，判明飞机的偏航情形是：TKD = ____________。

图 6.53

③ 飞机沿航线 MC0°飞行，利用前方 VOR 台飞行，当前机载 CDI 指示器指示如图 6.54 所示，判明飞机的偏航情形是：TKD = ____________。

图 6.54

④ 飞机沿航线 MC310°飞行，利用前方 VOR 台飞行，当前机载 CDI 指示器指示如图 6.55 所示，判明飞机的偏航情形是：TKD = ____________ 。

图 6.55

23. 向台飞行中，根据机载 HSI 指示来判断飞机偏航的情形。

① 飞机沿航线 MC40°飞行，利用前方 VOR 台飞行，当前机载 HSI 指示器指示如图 6.56 所示，判明飞机的偏航情形是：TKD = ____________。

图 6.56

② 飞机沿航线 MC90°飞行，利用前方 VOR 台飞行，当前机载 HSI 指示器指示如图 6.57 所示，判明飞机的偏航情形是：TKD = ____________。

图 6.57

③ 飞机沿航线 MC210°飞行，利用前方 VOR 台飞行，当前机载 HSI 指示器指示如图 6.58 所示，判明飞机的偏航情形是：TKD = ____________。

图 6.58

④ 飞机沿航线 MC315°飞行，利用前方 VOR 台飞行，当前机载 HSI 指示器指示如图 6.59 所示，判明飞机的偏航情形是：TKD = ____________。

图 6.59

24. 向台飞行中，根据测出的无线电方位按新航线角修正航迹（见表 6.7）。

表 6.7

MC	19°	315°	0°	55°	280°	290°	20°	122°	6°
MH	16°	313°	356°	50°	283°	290°	25°	124°	358°
RB	3°	358°	356°	5°	357°	2°	4°	358°	9°
QDM									
TKD									
$D_{已}$	70	56	55	60	48	90	85	110	66
$D_{未}$	80	60	75	66	90	50	70	75	85
TKE									
MTK									
DA									
$MH_{应}$									

MC	60°	175°	350°	105°	180°	262°	250°	102°	95°
MH	66°	173°	0°	100°	183°	260°	245°	110°	89°
RB	2°	358°	356°	5°	357°	5°	3°	358°	9°
QDM									
TKD									
$t_{已}$	20	26	35	30	18	20	15	10	36
$t_{未}$	30	20	45	26	30	40	20	15	25
TKE									
MTK									
DA									
$MH_{应}$									

MC	219°	15°	0°	155°	80°	20°	220°	322°	356°
MH	216°	13°	356°	150°	83°	20°	225°	324°	358°
QDM	219°	13°	358°	159°	80°	29°	223°	320°	358°
TKD									
$D_{已}$	60	56	55	80	50	92	85	120	66
$D_{未}$	85	66	77	66	95	55	70	66	85
TKE									
MTK									
DA									
$MH_{应}$									

续表

MC	21°	215°	2°	15°	280°	320°	240°	162°	356°
MH	26°	213°	356°	10°	283°	320°	245°	164°	358°
QDM	21°	213°	0°	19°	280°	329°	244°	160°	358°
TKD									
$t_{已}$	15	25	22	36	20	24	30	36	21
$t_{未}$	20	30	33	30	36	18	24	21	28
TKE									
MTK									
DA									
$MH_{应}$									

25. 向台飞行中，根据测出的无线电方位按航迹修正角修正航迹（见表 6.8）。

表 6.8

MC	19°	315°	0°	55°	280°	290°	20°	122°	6°
MH	16°	313°	356°	50°	283°	290°	25°	124°	358°
RB	3°	358°	356°	5°	357°	2°	4°	358°	9°
QDM									
TKD									
$D_{已}$	70	56	55	60	48	90	85	110	66
$D_{未}$	80	60	75	66	90	50	70	75	85
TKE									
ΔTK									
$MH_{应}$									
MC	60°	175°	350°	105°	180°	262°	250°	102°	95°
MH	66°	173°	0°	100°	183°	260°	245°	110°	89°
RB	2°	358°	356°	5°	357°	5°	3°	358°	9°
QDM									
TKD									
$t_{已}$	20	26	35	30	18	20	15	10	36
$t_{未}$	30	20	45	26	30	40	20	15	25
TKE									
ΔTK									
$MH_{应}$									

续表

MC	219°	15°	0°	155°	80°	20°	220°	322°	356°
MH	216°	13°	356°	150°	83°	20°	225°	324°	358°
QDM	219°	13°	358°	159°	80°	29°	223°	320°	358°
TKD									
$D_{已}$	60	56	55	80	50	92	85	120	66
$D_{未}$	85	66	77	66	95	55	70	66	85
TKE									
ΔTK									
$MH_{应}$									
MC	21°	215°	2°	15°	280°	320°	240°	162°	356°
MH	26°	213°	356°	10°	283°	320°	245°	164°	358°
QDM	21°	213°	0°	19°	280°	329°	243°	160°	358°
TKD									
$t_{已}$	15	25	22	36	20	24	30	36	21
$t_{未}$	20	30	33	30	36	18	24	21	28
TKE									
ΔTK									
$MH_{应}$									

26. 背台飞行中根据指示的飞机磁方位角 QDR 判断飞机偏航情况（见表 6.9）。

表 6.9

序号	1	2	3	4	5	6	7	8	9
MC	10°	135°	350°	355°	0°	262°	120°	192°	285°
MH	16°	133°	355°	350°	353°	260°	125°	190°	289°
QDR	11°	137°	359°	350°	0°	268°	128°	190°	285°
TKE									
DA									
序号	10	11	12	13	14	15	16	17	18
MC	3°	331°	70°	35°	160°	90°	320°	62°	359°
MH	359°	333°	66°	30°	163°	96°	320°	64°	358°
QDR	6°	333°	70°	31°	156°	90°	326°	69°	2°
TKE									
DA									

27. 背台飞行中根据指示的电台相对方位角 RB 判断飞机偏航情况（见表 6.10）。

表 6.10

MC	60°	315°	0°	255°	80°	262°	120°	2°	95°
MH	66°	313°	358°	250°	73°	260°	125°	0°	89°
$RB_{应}$									
$RB_{指}$	178°	180°	176°	185°	183°	179°	175°	184°	176°
TKE									
DA									
MC	169°	315°	0°	55°	280°	290°	23°	122°	5°
MH	166°	313°	356°	50°	283°	290°	25°	124°	359°
$RB_{指}$	186°	178°	176°	185°	177°	182°	189°	178°	179°
QDR									
TKE									
DA									

28. 背台飞行中，根据机载 ADF 指示来判断飞机偏航的情形。

① 飞机沿航线 MC95°飞行，利用后方 NDB 台飞行，当前机载 ADF 指示器指示如图 6.60 所示，判明飞机的偏航情形是：TKE = ____________。

图 6.60

② 飞机沿航线 MC110°飞行，利用后方 NDB 台飞行，当前机载 ADF 指示器指示如图 6.61 所示，判明飞机的偏航情形是：TKE = ____________。

图 6.61

③ 飞机沿航线 MC40°飞行，利用后方 NDB 台飞行，当前机载 ADF 指示器指示如图 6.62 所示，判明飞机的偏航情形是：TKE = ____________。

图 6.62

④ 飞机沿航线 MC155°飞行，利用后方 NDB 台飞行，当前机载 ADF 指示器指示如图 6.63 所示，判明飞机的偏航情形是：TKE = ____________。

图 6.63

⑤ 飞机沿航线 MC220°飞行，利用后方 NDB 台飞行，当前机载 ADF 指示器指示如图 6.64 所示，判明飞机的偏航情形是：TKE = ____________。

图 6.64

⑥ 飞机沿航线 MC0°飞行，利用后方 NDB 台飞行，当前机载 ADF 指示器指示如图 6.65 所示，判明飞机的偏航情形是：TKE = ____________。

图 6.65

29. 背台飞行中，根据机载 RMI 指示来判断飞机偏航的情形。

① 飞机沿航线 MC60°飞行，利用后方 VOR 台飞行，当前机载 RMI 指示器指示如图 6.66 所示，判明飞机的偏航情形是：TKE = ____________。

图 6.66

② 飞机沿航线 MC50°飞行，利用后方 NDB 台飞行，当前机载 RMI 指示器指示如图 6.67 所示，判明飞机的偏航情形是：TKE = ____________。

图 6.67

③ 飞机沿航线 MC115°飞行，利用后方 NDB 台飞行，当前机载 RMI 指示器指示如图 6.68 所示，判明飞机的偏航情形是：TKE = ____________。

图 6.68

④ 飞机沿航线 MC225°飞行，利用后方 NDB 台飞行，当前机载 RMI 指示器指示如图 6.69 所示，判明飞机的偏航情形是：TKE = ____________。

图 6.69

⑤ 飞机沿航线 MC260°飞行，利用后方 NDB 台飞行，当前机载 RMI 指示器指示如图 6.70 所示，判明飞机的偏航情形是：TKE = ____________。

图 6.70

⑥ 飞机沿航线 MC20°飞行，利用后方 VOR 台飞行，当前机载 RMI 指示器指示如图 6.71 所示，判明飞机的偏航情形是：TKE = ____________。

图 6.71

30. 背台飞行中，根据机载 CDI 指示来判断飞机偏航的情形。

① 飞机沿航线 MC255°飞行，利用后方 VOR 台飞行，当前机载 CDI 指示如图 6.72 所示，判明飞机的偏航情形是：TKE = ____________。

图 6.72

② 飞机沿航线 MC20°飞行，利用后方 VOR 台飞行，当前机载 CDI 指示如图 6.73 所示，判明飞机的偏航情形是：TKE = ____________。

图 6.73

③ 飞机沿航线 MC0°飞行，利用后方 VOR 台飞行，当前机载 CDI 指示器指示如图 6.74 所示，判明飞机的偏航情形是：TKE = ____________。

图 6.74

④ 飞机沿航线 MC110°飞行，利用后方 VOR 台飞行，当前机载 CDI 指示器指示如图 6.75 所示，判明飞机的偏航情形是：TKE = ____________ 。

图 6.75

31. 背台飞行中，根据机载 HSI 指示来判断飞机偏航的情形。

① 飞机沿航线 MC80°飞行，利用后方 VOR 台飞行，当前机载 HSI 指示器指示如图 6.76 所示，判明飞机的偏航情形是：TKE = ____________。

图 6.76

② 飞机沿航线 MC320°飞行，利用后方 VOR 台飞行，当前机载 HSI 指示器指示如图 6.77 所示，判明飞机的偏航情形是：TKE = ____________。

图 6.77

③ 飞机沿航线 MC160°飞行，利用后方 VOR 台飞行，当前机载 HSI 指示器指示如图 6.78 所示，判明飞机的偏航情形是：TKE = ____________。

图 6.78

④ 飞机沿航线 MC220°飞行，利用后方 VOR 台飞行，当前机载 HSI 指示器指示如图 6.79 所示，判明飞机的偏航情形是：TKE = ____________。

图 6.79

32. 背台飞行中，根据测出的无线电方位按新航线角修正航迹（见表 6.11）。

表 6.11

MC	129°	35°	0°	355°	260°	290°	120°	12°	358°
MH	126°	33°	356°	350°	263°	290°	125°	14°	4°
RB	183°	178°	176°	185°	177°	182°	174°	175°	180°
QDR									
TKE									
DA									
$D_{已}$	70	56	55	60	48	90	85	110	66
$D_{未}$	80	60	75	66	90	50	70	75	85
TKD									
$MC_{新}$									
$MH_{应}$									

MC	260°	17°	350°	205°	180°	202°	25°	302°	5°
MH	266°	13°	0°	200°	183°	200°	24°	310°	359°
RB	182°	178°	176°	185°	174°	185°	178°	178°	180°
QDR									
TKE									
DA									
$t_{已}$	20	26	35	30	18	20	15	10	36
$t_{未}$	30	20	45	26	30	40	20	15	25
TKD									
$MC_{新}$									
$MH_{应}$									

续表

MC	219°	215°	0°	175°	280°	205°	320°	32°	356°
MH	216°	213°	356°	170°	283°	203°	325°	34°	2°
QDR	219°	213°	358°	179°	280°	209°	325°	30°	1°
TKE									
DA									
$D_{已}$	60	56	55	80	50	92	85	120	66
$D_{未}$	85	66	77	66	95	55	70	66	85
TKD									
$MC_{新}$									
$MH_{应}$									
MC	219°	215°	0°	175°	280°	205°	320°	32°	356°
MH	216°	213°	356°	170°	283°	203°	325°	34°	2°
QDR	219°	213°	358°	179°	280°	209°	325°	30°	1°
TKE									
DA									
$t_{已}$	15	25	22	36	20	24	30	36	21
$t_{未}$	20	30	33	30	36	18	24	21	28
TKD									
$MC_{新}$									
$MH_{应}$									

33. 背台飞行中，根据测出的无线电方位按航迹修正角修正航迹（见表 6.12）。

表 6.12

MC	319°	35°	1°	55°	230°	290°	320°	62°	356°
MH	316°	33°	358°	57°	233°	290°	325°	64°	2°
RB	183°	188°	186°	175°	177°	182°	180°	181°	179°
QDR									
TKE									
$D_{已}$	70	56	55	60	48	90	85	110	66
$D_{未}$	80	60	75	66	90	50	70	75	85
TKD									
ΔTK									
$MH_{应}$									

续表

MC	160°	275°	355°	5°	180°	26°	150°	2°	295°
MH	166°	273°	2°	10°	183°	26°	145°	358°	289°
RB	172°	188°	176°	175°	177°	185°	183°	178°	179°
QDR									
TKE									
$t_{已}$	20	26	35	30	18	20	15	10	36
$t_{未}$	30	20	45	26	30	40	20	15	25
TKD									
ΔTK									
$MH_{应}$									
MC	19°	315°	3°	245°	357°	240°	130°	32°	356°
MH	16°	313°	359°	240°	3°	240°	135°	34°	0°
QDR	19°	313°	358°	249°	0°	249°	133°	30°	358°
TKE									
$D_{已}$	60	56	55	80	50	92	85	120	66
$D_{未}$	85	66	77	66	95	55	70	66	85
TKD									
ΔTK									
$MH_{应}$									
MC	221°	25°	2°	175°	80°	320°	40°	162°	358°
MH	226°	23°	356°	170°	83°	320°	45°	164°	3°
QDR	221°	21°	0°	179°	85°	319°	43°	160°	2°
TKE									
$t_{已}$	15	25	22	36	20	24	30	36	21
$t_{未}$	20	30	33	30	36	18	24	21	28
TKD									
ΔTK									
$MH_{应}$									

34. 向台飞行切入航线的计算（见表 6.13）。

表 6.13

MC	22°	255°	0°	17°	80°	330°	140°	262°	358°
MH	26°	253°	356°	10°	86°	330°	145°	269°	5°
RB	3°	356°	356°	357°	5°	349°	3°	0°	5°
TKD									
切入角	30°	40°	40°	60°	60°	50°	45°	45°	60°
MH 切									
RB 切									
DA	− 6°	+ 3°	0°	+ 10°	− 9°	+ 11°	+ 2°	+ 3°	− 8°
MH应									
RB应									
MC	222°	205°	0°	167°	180°	320°	340°	162°	358°
MH	226°	203°	356°	160°	186°	320°	345°	169°	5°
QDM	223°	196°	352°	160°	191°	309°	353°	172°	5°
TKD									
切入角	30°	40°	40°	60°	60°	50°	45°	45°	60°
MH 切									
QDM 切									
DA	− 6°	+ 3°	0°	+ 10°	− 9°	+ 11°	+ 2°	+ 3°	− 9°
MH应									
QDM应									

35. 背台飞行切入航线的计算（见表 6.14）。

表 6.14

MC	319°	35°	1°	55°	230°	290°	320°	62°	356°
MH	310°	33°	358°	57°	233°	290°	328°	64°	2°
RB	183°	188°	190°	170°	177°	188°	180°	185°	189°
TKE									
切入角	30°	40°	40°	60°	60°	50°	45°	45°	60°
MH 切									
RB 切									
DA									
MH应									
RB应									

续表

MC	19°	315°	3°	245°	357°	240°	130°	32°	356°
MH	16°	313°	359°	240°	3°	240°	135°	34°	0°
QDR	10°	310°	350°	253°	5°	249°	138°	26°	350°
TKE									
切入角	50°	40°	40°	60°	60°	50°	45°	45°	30°
$MH_{切}$									
$QDR_{切}$									
DA									
$MH_{应}$									
$QDR_{应}$									

36. 利用仪表切入方位线（径向线）的计算。

① 飞行中仪表指示如图 6.80 所示，如果飞机以 30°切入角向台切入 QDM90°的方位线，飞机应该保持的切入航向为__________。在切入过程中，ADF 指示器的方位指针指示将逐渐________；如果飞机以 45°切入角向台切入 QDM90°的方位线，飞机应该保持的切入航向为________。在切入过程中，ADF 指示器的方位指针指示将逐渐_________；如果飞机以 60°切入角向台切入 QDM20°的方位线，飞机应该保持的切入航向为__________。在切入过程中，ADF 指示器的方位指针指示将逐渐_________。

图 6.80

② 飞行中仪表指示如图 6.81 所示，如果飞机以 60°切入角背台切入 QDR90°的方位线，飞机应该保持的切入航向为__________。在切入过程中，ADF 指示器的方位指针指示将逐渐________；如果飞机以 50°切入角背台切入 QDR130°的方位线，飞机应该保持的切入航向为_________。在切入过程中，ADF 指示器的方位指针指示将逐渐_________；如果飞机以 45°切入角背台切入 QDR95°的方位线，飞机应该保持的切入航向为__________。在切入过程中，ADF 指示器的方位指针指示将逐渐_________。

图 6.81

③ 飞行中仪表指示如图 6.82 所示，如果飞机以 40°切入角背台切入 160°的径向线，飞机应该保持的切入航向为________。在切入过程中，RMI 对应的方位指针指示将逐渐_______；如果飞机以 30°切入角背台切入 210°的径向线，飞机应该保持的切入航向为________。在切入过程中，RMI 对应的方位指针指示将逐渐________；如果飞机以 45°切入角向台切入 160°的径向线，飞机应该保持的切入航向为________。在切入过程中，RMI 对应的方位指针指示将逐渐_______。

图 6.82

④ 飞行中仪表指示如图 6.83 所示，飞行员要利用 NDB 台完成切入，如果飞机以 60°切入角向台切入 QDM0°的方位线，飞机应该保持的切入航向为________。在切入过程中，RMI 对应的方位指针指示将逐渐_______；如果飞机以 50°切入角向台切入 QDM60°的方位线，飞机应该保持的切入航向为________。在切入过程中，RMI 对应的方位指针指示将逐渐_______；如果飞机以 45°切入角背台切入 QDR225°的方位线，飞机应该保持的切入航向为________。在切入过程中，RMI 对应的方位指针指示将逐渐_______。

图 6.83

⑤ 飞行中仪表指示如图 6.84 所示，如果飞机以 45°切入角背台切入 30°的径向线，飞机应该保持的切入航向为________。在切入过程中，CDI 的航道偏离杆将逐渐________；如果飞机以 60°切入角向台切入 30°的径向线，飞机应该保持的切入航向为________。在切入过程中，CDI 的航道偏离杆将逐渐________；如果飞机以 45°切入角背台切入 20°的径向线，飞机应该保持的切入航向为________。CDI 预选航道调 20°后，在切入过程中的航道偏离杆将逐渐________。

图 6.84

⑥ 飞行中仪表指示如图 6.85 所示，如果飞机以 45°切入角背台切入 110°的径向线，飞机应该保持的切入航向为________。在切入过程中，CDI 的航道偏离杆将逐渐________；如果飞机以 30°切入角向台切入 110°的径向线，飞机应该保持的切入航向为________。在切入过程中，CDI 的航道偏离杆将逐渐________；如果飞机以 60°切入角向台切入 120°的径向线，飞机应该保持的切入航向为________。CDI 预选航道调 300°后，在切入过程中的航道偏离杆将逐渐________。

图 6.85

⑦ 飞行中仪表指示如图 6.86 所示，如果飞机以 45°切入角向台切入 270°的径向线，飞机应该保持的切入航向为________。在切入过程中，HSI 的航道偏离杆将逐渐________；如果飞机以 30°切入角背台切入 270°的径向线，飞机应该保持的切入航向为________。在切入过程中，HSI 的航道偏离杆将逐渐________；如果飞机以 60°切入角向台切入 240°的径向线，飞机应该保持的切入航向为________。HSI 预选航道调 60°后，在切入过程中的航道偏离杆将逐渐________。

图 6.86

⑧ 飞行中仪表指示如图 6.87 所示，如果飞机以 60°切入角向台切入 180°的径向线，飞机应该保持的切入航向为________。HSI 预选航道调 0°后，在切入过程中的航道偏离杆将逐渐________；如果飞机以 30°切入角背台切入 190°的径向线，飞机应该保持的切入航向为________。HSI 预选航道调 190°后，在切入过程中的航道偏离杆将逐渐________；如果飞机以 60°切入角背台切入 240°的径向线，飞机应该保持的切入航向为________。HSI 预选航道调 240°后，在切入过程中的航道偏离杆将逐渐________。

图 6.87

37. 阅读仪表并判断。

① 显示飞机保持当前航向将以 60°切入角向台切入 030°径向线的是图______。

② 显示飞机保持当前航向将以 75°切入角背台切入 090°径向线的是图______。

③ 显示飞机将左转航向 150°，以 60°切入角向台切入 030°径向线的是图______。

④ 显示飞机将右转航向 100°，以 30°切入角背台切入 030°径向线的是图______。

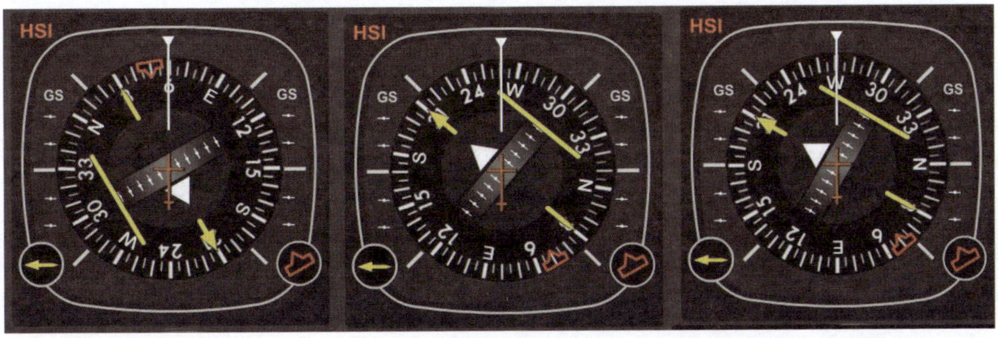

（a） （b） （c）

（d）　　　　（e）　　　　（f）

图 6.88

38. 切入指定方位线（径向线）背台飞行（按无风）计算（见表 6.15）并画示意图。

表 6.15

MH	93°	5°	280°	160°	116°	10°
测出的 QDM	88°	9°	283°	157°	116°	8°
指定的 QDR	216°	240°	157°	40°	330°	236°
切入角	40°	40°	30°	60°	60°	50°
$MH_{切}$						
$QDR_{切}$						
$MH_{应}$						

39. 切入指定方位线（径向线）向台飞行（按无风）计算（见表 6.16）并画示意图。

表 6.16

MH	216°	240°	157°	40°	330°	6°
测出的 QDR	210°	245°	160°	50°	340°	0°
指定的 QDM	0°	90°	330°	180°	190°	210°
切入角	60°	50°	60°	45°	60°	45°
$MH_{切}$						
$QDM_{切}$						
$MH_{应}$						

40. 根据飞行中测出的无线电方位（见表 6.17）在 1：1 000 000 练习图上确定飞机位置。

表 6.17

序号	导航台	定位时刻	MH	测出的无线电方位	飞机真方位角
1	广汉	10:10	70°	RB194°	
	绵阳	10:10		RB285°	
2	遂宁	10:10	330°	RB171°	
	五凤溪	10:10		RB261°	
3	南充	10:10	120°	QDM167°	
	合川	10:10		QDM329°	

41. 根据飞行中 RMI 指示画出飞机位置（见图 6.89）。

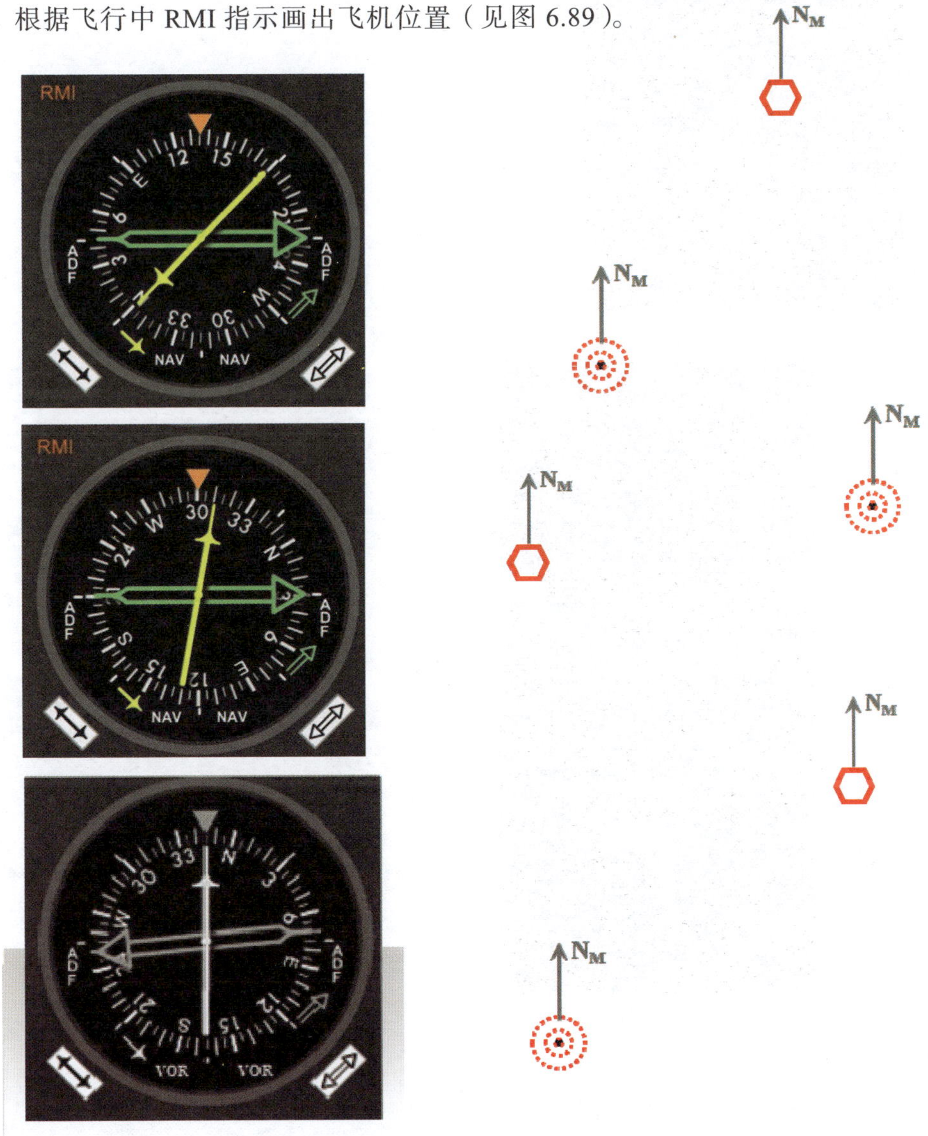

图 6.89

42. 飞行中根据 ADF 指示器配合 HSI 或 CDI 同时刻定位（见图 6.90）。

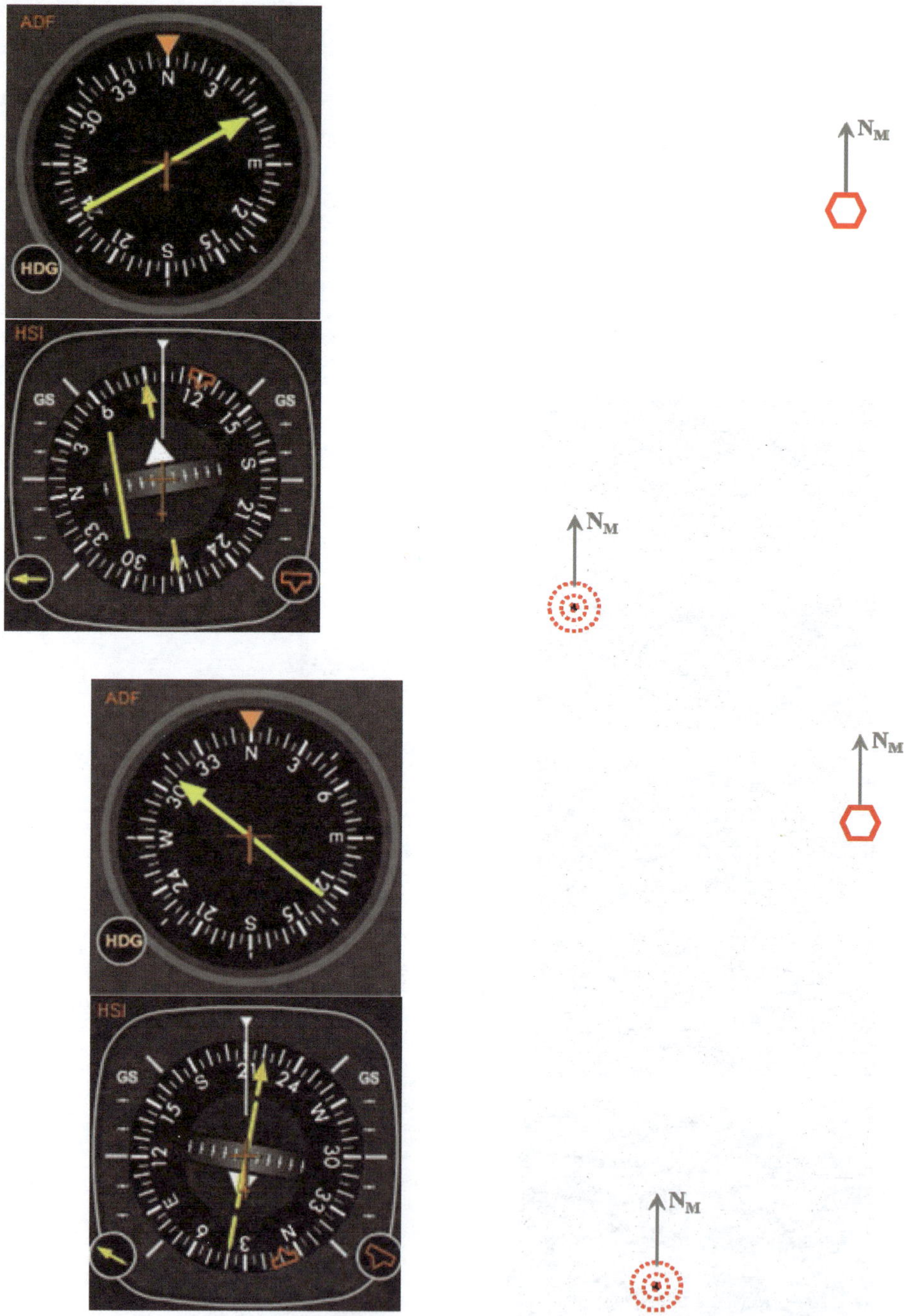

图 6.90

43. 正切电台前 45°（27°）法定位的计算（见表 6.18）。

表 6.18

导航台	测方位时刻	测出方位	MH	GS	正切电台时飞机到台时间	正切电台时飞机到台距离
广汉	10:00	RB315°	60°	180 km/h		
	10:06	RB270°				
绵阳	14:20	RB63°	145°	140 kt		
	14:24	RB90°				
双流	09:30	QDM140°	95°	200 km/h		
	09:35	QDM185°				
江北	18:30	R153°	270°	170 kt		
	18:33	R180°				

44. 心算法定位的计算。

① ADF 指示器的翼尖方位在 2 min 内变化了 10°，如果真空速为 160 kt，则飞机与 NDB 台的距离为__________；

② ADF 指示器的相对方位在 1.5 min 内由 275°变为 270°，如果真空速为 115 kt，则飞机与电台的距离为__________；

③ 已知真空速为 115 kt，5 min 内翼尖方位角变化了 5°，飞机与电台的距离为__________；

④ ADF 指示器的相对方位角在 2 min 内从 275°变为 270°，如果地速为 145 kt，则飞机与 NDB 台的距离为__________；

⑤ 4 min 内翼尖方位变化了 5°，若耗油率为 12 gal/h，飞往该电台所需燃油量为__________；

⑥ ADF 调频至某一 NDB 台，在 2 min 内相对方位从 085°变到 090°，若飞往该台，航线飞行时间为__________；

⑦ RMI 粗针指示的指针针尖方位角在 2 min 内变化 10°，如果地速是 200 kt，飞机与 NDB 台的距离为__________；

⑧ 已知 5 min 内 RMI 翼尖方位改变了 15°，耗油率 30 gal/h，则飞机飞往电台所需燃油是__________；

⑨ 飞机保持磁航向 90°、地速 130 kt 飞行，于 12:37 飞越某 VOR 台 350°径向线，12:44 飞越 360°径向线，若向 VOR 台飞行，其到台的飞行时间和距离是__________。

45. 无线电领航检查点综合计算及填写表 6.19 和表 6.20。

① 航线：大足 NDB→五凤溪 NDB，如图 6.91 所示。

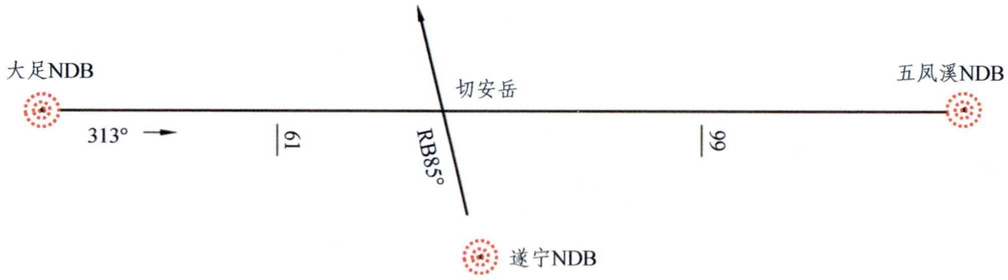

图 6.91

10:00 飞机飞越大足 NDB 台后背台飞行，预计 10:13 切安岳，保持 MH317°、H5 900′、IAS280 km/h 飞行，测得 t_H – 10 °C；

10:10 背台检查航迹：测得 MH317°、RB174°，做改航和进入方位线准备；

10:13 飞机进入预定方位线，改航飞往五凤溪 NDB。

表 6.19

位置	时刻		磁航向	磁航迹		真空速/（km/h）	地速/（km/h）	距离/km	风向风速	无线电导航检查		
	预计	实际		预计	实际					导航台	QDM/RB	时刻
大足NDB												
切安岳												
五凤溪NDB												

② 航线：P139→綦江 NDB，如图 6.92 所示。

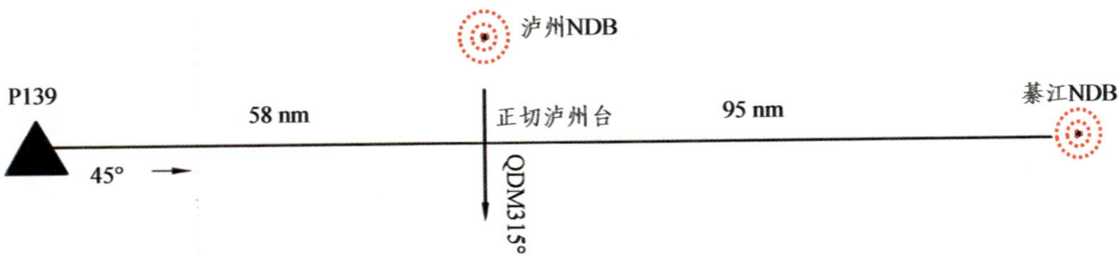

图 6.92

15:30 飞机飞越 P139，预计 15:54 正切泸州 NDB 台，飞行中飞机保持 MH49°、H8 900′、IAS140 kt，测得 t_H + 10°C；

15:53 根据 RMI 指示测出綦江 NDB 的 QDM48°，同时飞机进入方位线（正切泸州 NDB 台），改航飞往綦江 NDB。

表 6.20

位置	时刻		磁航向	磁航迹		真空速/（km/h）	地速/（km/h）	距离/km	风向风速	无线电导航检查		
	预计	实际		预计	实际					导航台	QDM/RB	时刻
P139												
正切泸州NDB 台												
綦江NDB												

46. 向台飞行按新航线角修正航迹并画示意图。

① MC 270°

MH 260°

RB 13°

$t_{已}$ 15 min

$t_{未}$ 20 min

QDM ______

TKD ______

TKE ______

MTK ______

DA ______

$MC_{新}$ ______

$MH_{应}$ ______

$RB_{应}$ ______

② MC 20°

MH 25°

RB 4°

$D_{已}$ 85 km

$D_{未}$ 70 km

QDM ______

TKD ______

TKE ______

MTK ______

DA ______

$MC_{新}$ ______

$MH_{应}$ ______

$RB_{应}$ ______

③ MC 162°

MH 164°

QDM 158°

$D_{\text{已}}$ 80 NM

$D_{\text{未}}$ 76 NM

TKD ______

TKE ______

MTK ______

DA ______

$MC_{\text{新}}$ ______

$MH_{\text{应}}$ ______

$QDM_{\text{应}}$ ______

47. 向台飞行按航迹修正角修正航迹并画示意图。

① MC 270°

MH 260°

RB 13°

$t_{\text{已}}$ 15 min

$t_{\text{未}}$ 20 min

QDM ______

TKD ______

TKE ______

ΔTK ______

$MH_{\text{应}}$ ______

② MC 20°

MH 25°

RB 4°

$D_{已}$ 85 km

$D_{未}$ 70 km

QDM ______

TKD ______

TKE ______

ΔTK ______

$MH_{应}$ ______

③ MC 162°

MH 164°

QDM 158°

$D_{已}$ 80 NM

$D_{未}$ 76 NM

TKD ______

TKE ______

ΔTK ______

$MH_{应}$ ______

48. 背台飞行按新航线角修正航迹并画示意图。

① MC 260°

MH 266°

RB 182°

$t_{已}$ 20 min

$t_{未}$ 30 min

QDR ______

TKE ______

TKD ______

MTK ______

DA ______

$MC_{新}$ ______

$MH_{应}$ ______

② MC 0°

MH 356°

RB 176°

$D_{已}$ 55 km

$D_{未}$ 75 km

QDR ______

TKE ______

TKD ______

MTK ______

DA ______

$MC_{新}$ ______

$MH_{应}$ ______

③ MC 322°

MH 34°

QDR 30°

$D_{\text{已}}$ 120 NM

$D_{\text{未}}$ 66 NM

TKE ______

TKD ______

MTK ______

DA ______

$MC_{\text{新}}$ ______

$MH_{\text{应}}$ ______

49. 背台飞行按航迹修正角修正航迹并画示意图。

① MC 260°

MH 266°

RB 182°

$t_{\text{已}}$ 20 min

$t_{\text{未}}$ 30 min

QDR ______

TKE ______

TKD ______

ΔTK ______

$MH_{\text{应}}$ ______

② MC 0°

MH 356°

RB 176°

$D_{\text{已}}$ 55 km

$D_{\text{未}}$ 75 km

QDR ______

TKE ______

TKD ______

ΔTK ______

$MH_{\text{应}}$ ______

③ MC 322°

MH 34°

QDR 30°

$D_{\text{已}}$ 120 NM

$D_{\text{未}}$ 66 NM

TKE ______

TKD ______

ΔTK ______

$MH_{\text{应}}$ ______

7 仪表进近着陆

一、复习思考题

1. 仪表进近程序的含义是什么？传统仪表进近程序分为几类？分类的依据是什么？
2. 仪表进近程序通常由哪些航段组成？每个航段的作用是什么？
3. 起始进近航段有几种结构形式？各有什么特点？
4. 仪表着陆系统 ILS 地面台是如何设置的？飞行员怎样利用这些设备？
5. 仪表着陆系统的航向信标和下滑信标怎样工作？
6. 简述飞行员利用 HSI、ADI 来判断飞机是否沿 ILS 下滑道飞行的方法。
7. ILS 进近时，HSI、ADI 上航道偏差、下滑道偏差的范围是多少？
8. ILS 系统的工作频率范围是多少？识别代码有什么特点？
9. 设置等待航线的目的是什么？简述等待航线的构成和加入方法。
10. 如何用 HSI、RMI 及左右手法则来判断飞机加入等待航线？
11. 实际飞行中，DME 弧飞行方法有哪些？
12. 采用落 5°（10°）转 10°（20°）的 DME 弧飞行方法时，如何进行偏航和风的修正？
13. 基线转弯（修正角航线）的构成是怎样的？飞行员怎样利用进近图中所公布的数据？基线转弯（修正角航线）的出航航迹有什么特点？
14. 基线转弯（修正角航线）风的影响情形是怎样的？修正风的目的是什么？怎样修正？
15. 直角航线程序的构成是怎样的？飞行员怎样利用进近图中所公布的数据？直角航线程序的出航航迹有什么特点？
16. 直角航线程序风的影响情形是怎样的？修正风的目的是什么？怎样修正？
17. 四转弯过程中如何判断飞机偏离转弯航迹？发现偏差应采取什么方法修正？
18. 非精密进近五边向台航迹怎样判断和修正？切入五边航迹的方法有什么特点？
19. 非精密进近五边进近的高度如何判断和修正？怎样使用仪表进近图中剖面图实施飞行？
20. 连续下降最后进近 CDFA 适用于哪些进近程序？对设备、进近类型有什么要求？
21. 连续下降最后进近航图阅读时要注意哪些问题？
22. 切入 ILS 航向道的方法是怎样的？切入 ILS 航向道的时机如何判断？
23. 精密进近五边进近怎样判断和修正航向道？飞行中怎样保持飞机在航向道上？
24. 切入 ILS 下滑道的方法是怎样的？飞机改下滑的时机如何判断？
25. 精密进近五边进近高度怎样控制？怎样使用仪表进近图中剖面图实施飞行？
26. 五边进近中，怎样通过 HSI 来判断飞机是否在下滑道上？

27. 五边进近中，怎样通过 ADI 来判断飞机是否在下滑道上？

28. 当 ILS 的下滑台不工作或机载接收机接收不到下滑信号时飞行员应按什么标准实施进近？

29. 实施 ILS 反航道进近时有什么特点？怎样利用 HSI 来判断飞机与着陆航道的位置关系？

30. ILS 反航道进近的五边高度控制方法是怎样的？

二、作业练习题

1. 阅读 HSI 的指示数据判断飞机位置。

如图 7.1 所示，ILS 进近的航向道为__________°，飞机飞行的航向为______°，飞机偏在 ILS 航向道的______侧______°，偏离下滑道为________°。

图 7.1

如图 7.2 所示，ILS 进近的航向道为__________°，飞机飞行的航向为______°，飞机偏在 ILS 航向道的______侧______°，偏离下滑道为________°。

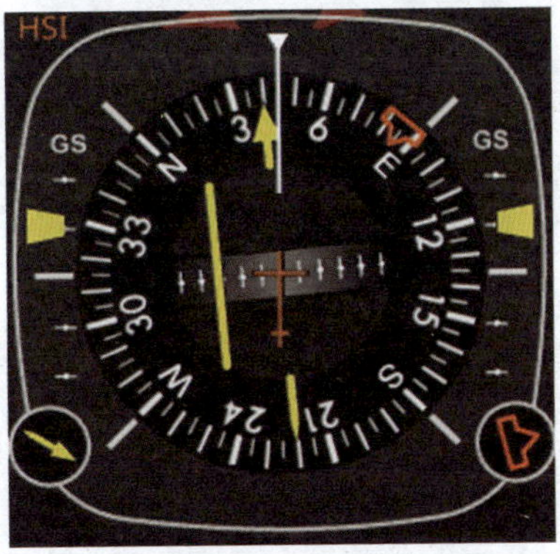

图 7.2

如图 7.3 所示，ILS 进近的航向道为_________°，飞机飞行的航向为________°，飞机偏在 ILS 航向道的______侧______°，偏离下滑道为________°。

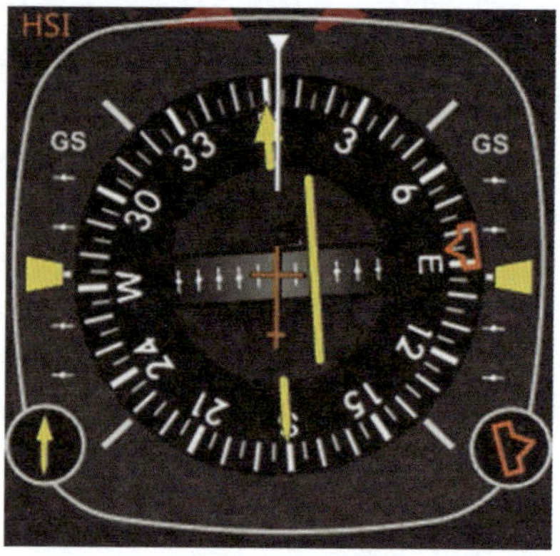

图 7.3

2. 阅读 HSI 判断飞机位置（见图 7.4）。

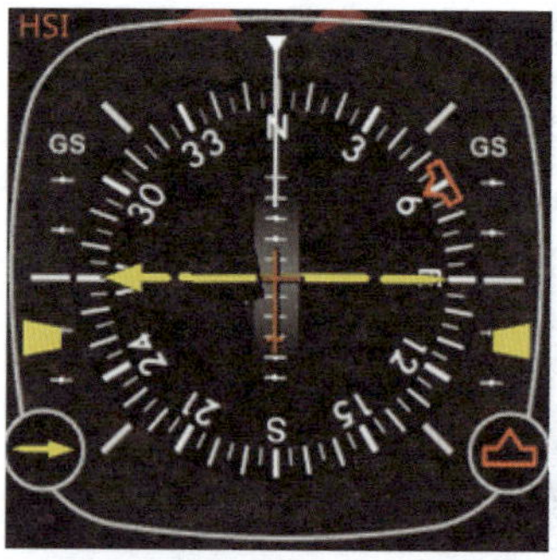

（a）

（b）

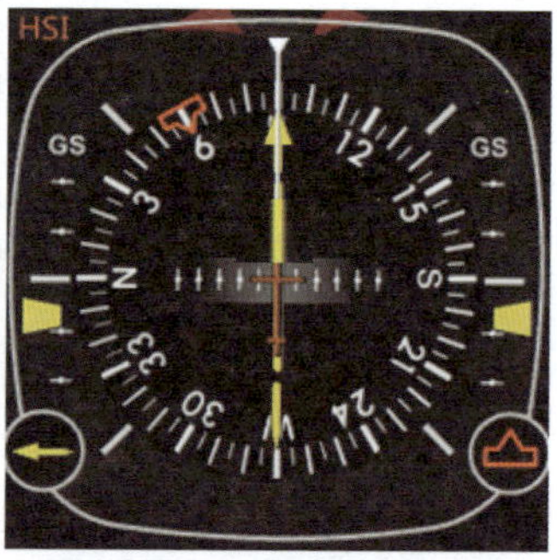

（c）

（d）

（e）

（f）

（g）　　　　（h）　　　　（i）

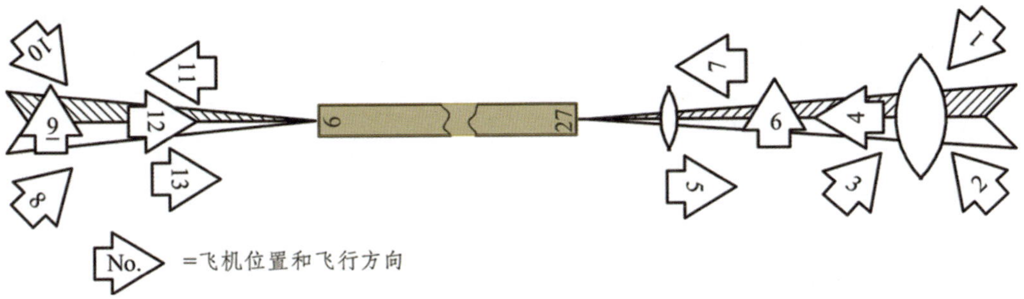

（j）

图 7.4

3. 确定加入等待航线的方法和应飞航向。

① 等待程序为在 NDB 上空等待，向台航迹为 240°，现飞机以航向 090°向 NDB 台飞行，应如何加入等待程序？

② 在 VOR 台上空等待，向台航迹为 090°，左转，现飞机以航向 300°向 VOR 台飞行，应如何加入等待程序？

③ 在 NDB 台上空等待，向台航迹为 150°，左转，现飞机以航向 090°向 NDB 台飞行，应如何加入等待程序？

④ 等待程序的入航航迹为 270°，左转，现飞机以 090°航向飞向等待点，应如何加入等待程序？

⑤ 等待程序的入航航迹为 080°，右转，现飞机以 220°航向飞向等待定位点，飞机过台后应飞航向为_________。

⑥ 等待程序的入航航迹为 150°，右转，现飞机以 0°航向飞向定位点 VOR，过台后应飞航向为_________。

⑦ 等待程序的入航航迹为 270°，左转，现飞机以 140°航向飞向等待点，过台后应飞航向为_________。

4. 确定飞机位置及加入等待航线的方法。

① 飞行中 RMI 的指示读出 $QDM_1$180°、$QDM_2$280°、$MH_{平}$ 285°，地面台的分布如图 7.5 所示，请确定飞机位置；飞机沿 $QDM_2$280° 飞向 VOR_2，在飞越 VOR_2 台前，ATC 指挥飞机在 VOR_2 台上空加入入航航迹为 260°的右等待，请画出等待图并说明进入等待的方法。

图 7.5

② 飞行中 RMI 的指示读出 $QDM_1$180°、$QDM_2$260°、$MH_{平}$ 263°，地面台的分布如图 7.6 所示，请画出飞机位置；飞机沿 $QDM_2$260° 飞向 VOR_2，在飞越 VOR_2 台前，ATC 指挥飞机在 VOR_2 台上空加入入航航迹为 330°的左等待，请画出等待图并说明进入等待的方法。

图 7.6

③ 飞行中 RMI 读出 $QDM_1$160°、$QDM_2$270°、$MH_{平}$ 275°，地面台的分布如图 7.7 所示，请作图确定飞机位置；飞机沿 $QDM_2$270°飞向 VOR_2，在飞越 VOR_2 台前，ATC 指挥飞机在 VOR_2 台上空加入入航航迹为 10°的右等待，请画出等待图并说明进入等待的方法。

图 7.7

④ 飞行中 RMI 的指示读出 $QDM_1$290°、$QDM_2$180°、$MH_{平}$ 300°，地面台的分布如图 7.8 所示，请确定飞机位置；此时管制员要求飞机切入 VOR_2 的径向方位 340°按无风飞向 VOR_2，切入角α取 45°，请画出切入示意图并标上各元素；飞机在飞越 VOR_2 台前，ATC 指挥飞机在 VOR_2 台上空加入入航航迹为 90°的右等待，请画出等待图并说明进入等待的方法。

图 7.8

⑤ 飞行中 RMI 读出 $QDM_1$175°、$QDM_2$266°、$MH_{平}$ 270°，地面台的分布如图 7.9 所示，请作图确定飞机位置；飞机保持 MH270°沿 $QDM_2$266° 飞向 VOR_2，在飞越 VOR_2 台前，ATC 指挥飞机在 VOR_2 台上空加入入航航迹为 340°的左等待，请画出等待图并说明进入等待的方法。

图 7.9

⑥ 飞行中 RMI 的指示读出 $QDM_1$90°、$QDM_2$350°、$MH_{平}$ 90°，地面台的分布如图 7.10 所示，请确定飞机位置；此时管制员要求飞机切入 VOR_2 的径向方位 140°按无风飞向 VOR_2，切入角α取 45°，请画出切入示意图并标上各元素；飞机在飞越 VOR_2 台前，ATC 指挥飞机在 VOR_2 台上空加入入航航迹为 270°的右等待，请画出等待图并说明进入等待的方法。

图 7.10

5. 结合飞行仪表确定飞机位置及加入等待航线的方法。

① 飞行中 RMI 的指示如图 7.11 所示，根据地面台的分布图确定出飞机位置；此时管制员要求飞机沿 QDM130°飞向 VOR 台，在 VOR 台上空加入入航航迹为 0°的右等待，请画出等待图并说明进入等待的方法。

图 7.11

② 飞行中 RMI 的指示如图 7.12 所示，根据地面台的分布图确定出飞机位置；此时管制员要求飞机沿 QDM255°飞向 NDB 台，在 NDB 台上空加入入航航迹为 270°的左等待，请画出等待图并说明进入等待的方法。

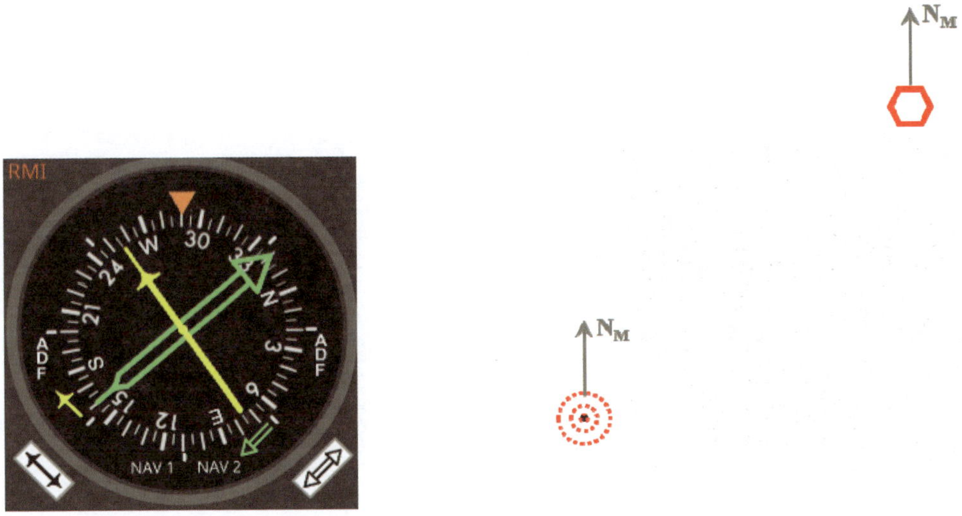

图 7.12

③ 飞机正保持航向飞向等待定位点 NDB 台，RMI 指示如图 7.13 所示，ATC 指挥加入出航航迹为 60°的左等待，在 NDB 台画出等待图并在 RMI 上画出扇区设想，说明进入等待的方法。

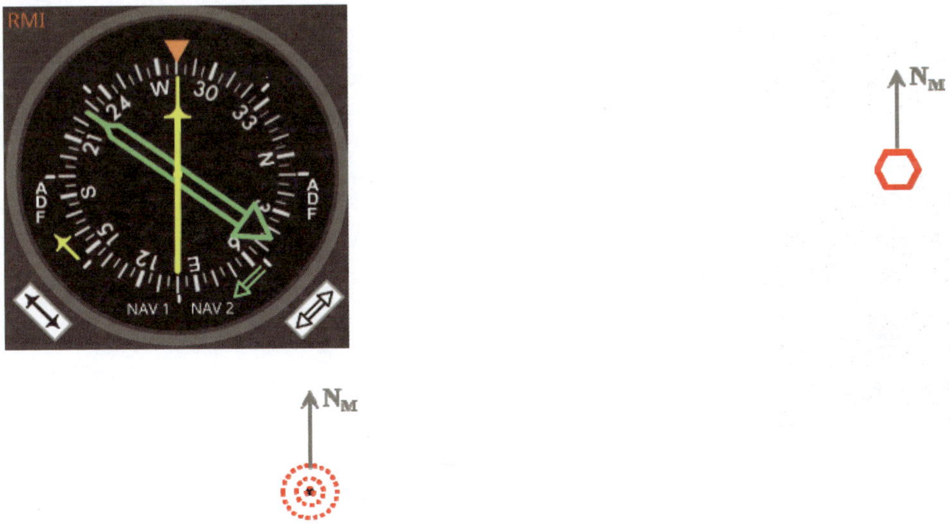

图 7.13

④ 飞机正保持航向飞向等待定位点 VOR 台，RMI 指示如图 7.14 所示，ATC 指挥加入出航航迹为 80°的右等待，在 VOR 台画出等待图并在 RMI 上画出扇区设想，说明进入等待的方法。

图 7.14

⑤ 飞行中仪表指示如图 7.15 所示，这时飞行员收到 ATC 指令："……由现在位置飞往 NDB，在 180°方位飞向台等待，右转……"。画出飞机位置、等待程序图并说明进入等待的方法。

图 7.15

⑥ 飞行中仪表指示如图 7.16 所示，这时飞行员收到 ATC 指令：“……由现在位置飞往 NDB，在 240°方位飞向台等待，左转……”。画出飞机位置、等待程序图并说明进入等待的方法。

图 7.16

⑦ 飞行中仪表指示如图 7.17 所示，这时飞行员收到 ATC 指令：“……由现在位置飞往 NDB，在 210°方位飞向台等待，右转……”。画出飞机位置、等待程序图并说明进入等待的方法。

图 7.17

6. DME 弧飞行的判断。

① 飞机在左转弯弧线上遇上右侧风，RMI 的方位指针应以______翼尖基准点______面为参考点才能补偿风引起的偏流并保持预定 DME 弧线。

② 飞机在右转弯弧线上遇上左侧风，RMI 的方位指针应以______翼尖基准点______面为参考点才能补偿风引起的偏流并保持预定 DME 弧线。

③ 飞机在右转弯弧线上遇上右侧风，RMI 的方位指针应以第______部 VOR 台______翼尖基准点______面为参考点（见图 7.18）才能补偿风引起的偏流并保持预定 DME 弧线。

图 7.18

④ 飞机在左转弯弧线上遇上左侧风，RMI 的方位指针应以第______部 VOR 台______翼尖基准点______面为参考点（见图 7.19）才能补偿风引起的偏流并保持预定 DME 弧线。

图 7.19

7. 阅读航图，如图 7.20 所示，确定基线转弯（修正角航线）的无风数据，填写表 7.1。

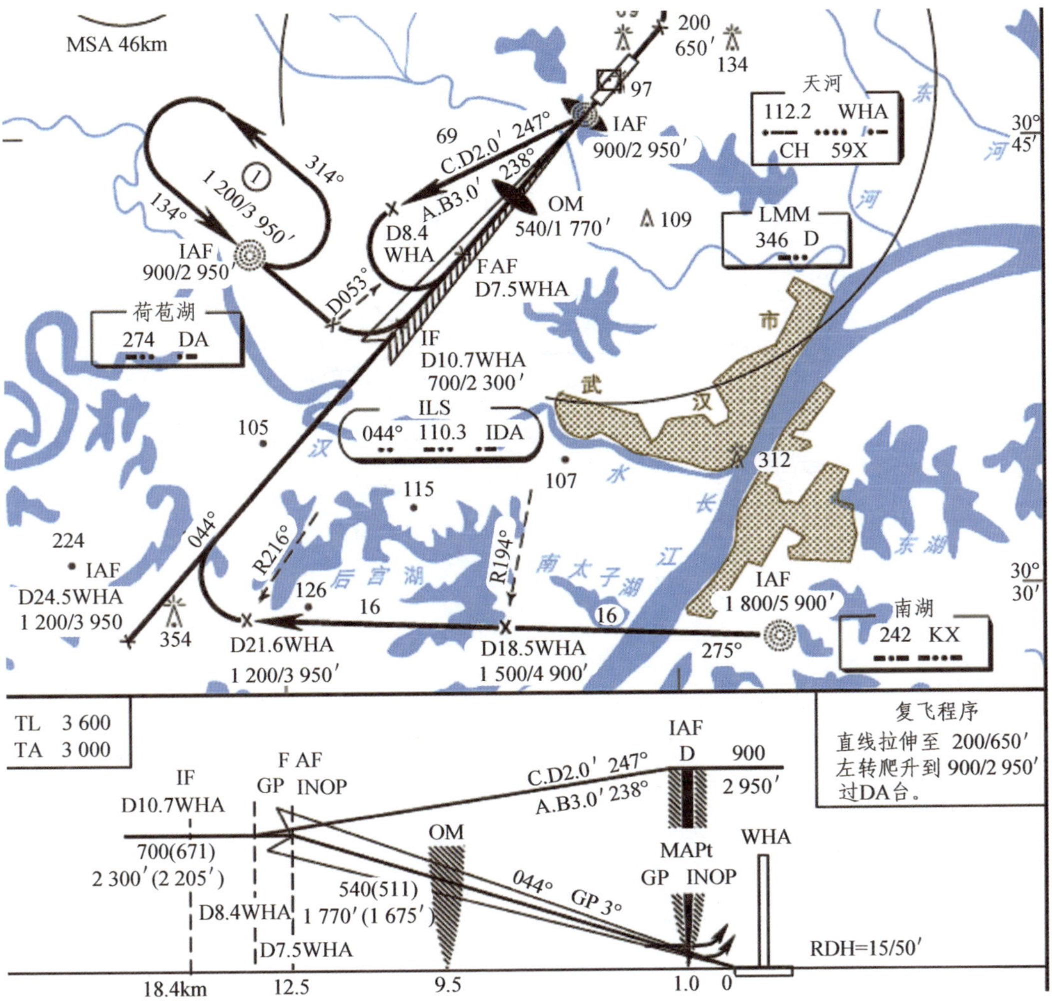

图 7.20

表 7.1

飞机分类	进近速度	起始进近高度	出航航迹	出航时间	出航距离	出航下降率	入航转弯高度	FAF高度	入航航迹
A	95 kt								
B	140 kt								
B	220 km/h								
C	170 kt								
D	180 kt								

8. 根据航图，如图 7.21 所示，完成基线转弯（修正角航线）的风的分解和修正计算，填写表 7.2。

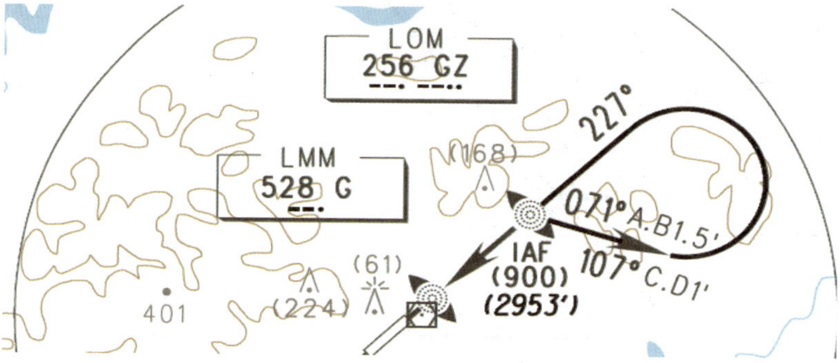

图 7.21

表 7.2

飞机分类		A	B	C	D
预报风	风向	60°	280°	50°	110°
	风速	6 m/s	10 m/s	30 kt	35 kt
顺（逆）风分量 WS_1					
侧风分量 WS_2					
顺（逆）风修正系数		顺 2 逆 3	顺 3 逆 4	顺 2 逆 3	顺 2 逆 2
修正风后的 $t_{应}$					
DA 修正系数		$1.3WS_2$	$1.4WS_2$	$1.2WS_2$	$1.1WS_2$
修正风后的 $MH_{应}$					

9. 阅读航图（见图 7.22），确定直角航线的无风数据，填写表 7.3。

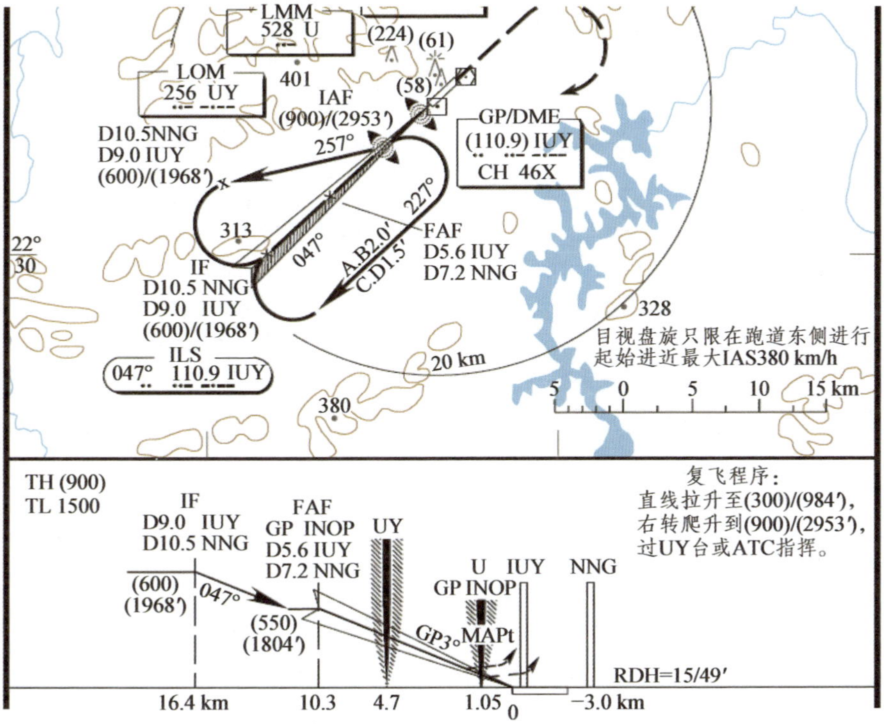

图 7.22

表 7.3

飞机分类	进近速度	起始进近高度	出航航迹	出航时间	出航距离	出航下降率	入航转弯高度	FAF高度	入航航迹
A	95 kt								
B	140 kt								
C	170 kt								
D	180 kt								

10. 根据航图（见图 7.23），完成直角航线的风的分解和修正计算，填写表 7.4。

图 7.23

表 7.4

飞机分类		A	B	C	D
预报风	风向	70°	0°	310°	150°
	风速	5 m/s	20 kt	25 kt	35 kt
顺（逆）风分量 WS_1					
侧风分量 WS_2					
顺（逆）风修正系数		顺 2 逆 3	顺 3 逆 4	顺 3 逆 3	顺 2 逆 2
修正风后的出航 $t_{应}$					
DA 修正系数		$1.2WS_2$	$1.3WS_2$	$1.2WS_2$	$1.1WS_2$
修正风后的出航 $MH_{应}$					

11. 用 ADF 进行四转弯的偏差判断与修正。

四转弯为右转，入航航迹为 90°，当飞机转至 30°时，根据表 7.5 中所列数据进行判断。

表 7.5

β	5°	5°	4°
正常转弯对应的 RB			
转弯中仪表指示 RB	53°	55°	57°
判断进入早晚情况			
修正方法			

12. 用 RMI 进行四转弯的偏差判断与修正。

四转弯为右转，入航航迹为 100°，当飞机转至 40°时，根据表 7.6 中所列数据进行判断。

表 7.6

β	5°	5°	4°
正常转弯对应的 QDM			
转弯中仪表指示 QDM	95°	96°	95°
判断进入早晚情况			
修正方法			

13. 用 CDI 进行 VOR 进近四转弯的偏差判断与修正。

四转弯为右转，入航航迹为 120°，当飞机转至 60°时，根据表 7.7 中所列数据进行判断。

表 7.7

β	5°	5°	6°
正常转弯对应的 QDM			
转弯中仪表指示的偏离杆位置	偏离杆偏左 3 个点	偏离杆偏左 2 个点	偏离杆偏左 3 个点
判断进入早晚情况			
修正方法			

14. 用 HSI 进行 VOR 进近四转弯的偏差判断与修正。

四转弯为左转，入航航迹为 270°，当飞机转至 330°时，根据表 7.8 中所列数据进行判断。

表 7.8

β	4°	5°	5°
正常转弯对应的 QDM			
转弯中仪表指示的偏离杆位置	偏离杆偏右 2 个点	偏离杆偏右 2 个点	偏离杆偏右 3 个点
判断进入早晚情况			
修正方法			

15. 非精密进近五边航迹的偏差计算。

① 飞机沿五边进近，利用远台控制航迹，着陆航迹为 20°，飞机航向为 20°，ADF 指示相对方位是 2°，飞机偏在着陆航迹________侧。

② 飞机沿五边进近，利用远台控制航迹，着陆航迹为 20°，飞机航向为 22°，ADF 指示相对方位是 356°，飞机偏在着陆航迹________侧。

③ 飞机沿五边进近，利用远台控制航迹，着陆航迹为 200°，飞机航向为 205°，ADF 指示相对方位为 355°，计算出的偏离角为________。

④ 飞机沿五边进近，利用近台控制航迹，着陆航迹 180°，RMI 指示为航向 182°，电台磁方位 182°，说明飞机偏离着陆航迹的情形是________侧。

⑤ 飞机沿五边进近，利用近台控制航迹，着陆航迹 13°，RMI 指示为航向 10°，电台磁方位 11°，说明飞机偏离着陆航迹的情形是________侧。

⑥ 飞机沿五边进近，利用远台控制航迹，着陆航迹 127°，RMI 指示为航向 130°，电台磁方位 125°，说明飞机偏离着陆航迹的角度为________。

16. 非精密进近五边下降的计算（见表 7.9）。

表 7.9

FAF—Mapt 9 km						
地速/（km/h）	150	185	220	260	295	335
时间						
下降率/（m/s） 5.2%						
FAF—Mapt 8 km						
地速/kt	80	100	120	140	160	180
时间						
下降率/（ft/min） 5%						

8 现代导航方法

一、复习思考题

1. 传统导航的特点是什么？传统陆基导航包括哪些导航源？

2. 现代导航的特点是什么？首选导航源是什么？

3. 惯性导航系统怎样完成导航？有哪些优缺点？

4. 为什么惯导系统要进行初始对准？惯性基准系统对准有何特点？

5. 为什么在惯导校准时，需要输入初始化参数？主要包含哪些内容？

6. 惯性基准系统的组成怎样？有哪些输入设备？相关的显示仪表有哪些？

7. 惯性基准系统有哪些工作方式？重新对准的方法怎样？

8. GPS 由哪几部分组成？各部分有何作用？地面站组安装在哪些地方？

9. GPS 采取的定位方式是什么？GPS 信号有哪些特征？GPS 存在哪些误差？如何消除或减少这些误差？

10. DGPS 如何实现？DGPS 有何特点？

11. 差分 GPS（DGPS）技术可以消除或减少的误差因素有哪些？DGPS 不能消除的误差因素有哪些？

12. GLONASS 由哪几部分组成？空间星座是如何布置的？

13. Galileo 系统提供的服务有哪些特点？

14. 北斗系统空间星座是如何架构的？有什么特点？

15. 北斗三号系统提供的服务有哪些？未来会如何发展？

16. 比较四大卫星导航系统的优缺点。

17. ICAO 附件 10 中定义的 GNSS 的增强系统有哪几种？

18. ABAS 接收机使用了哪几种技术？实现 RAIM（F/D）算法至少需要可见多少颗信号良好的 GPS 卫星？实现 FDE 算法至少需要可见多少颗信号良好的 GPS 卫星？

19. SBAS 增强卫星是什么类型的卫星？能否用于导航定位解算？

20. GBAS 系统由哪几部分组成？GBAS 接收机为终端区运行的航空器提供哪两种服务？

21. GBAS 和 SBAS 相比较，哪种增强技术提供服务性能更好？为什么？

22. GLS 进近的通道号为几位数？有什么作用？

23. 如何理解区域导航和所需导航性能的概念？各有哪些特点？

24. 哪些导航系统可以实施区域导航？实施区域导航有哪些效益？你是怎样理解这些效益的？

25. RNP 的类型及容量参数是怎样的？

26. 如何理解 RNP 与 RNAV 的区别？

27. 如何理解 PBN 的产生以及 PBN 的作用及优势？

28. PBN 的组成及导航规范是怎样的？

29. RNAV 运行和 RNP 运行各有什么显著的特点和要求？

30. PBN 运行过程中，总系统误差（TSE）由哪些元素构成？如何才能有效控制 TSE？TSE（95%概率）如果超过 RNP 值，会出现什么情况？

31. RNP APCH 进近程序在进近图上的标识是什么？RNP AR 进近程序在进近图上的标识是什么？RNP AR 进近的 AR 代表什么含义？

32. RNP APCH 和 RNP AR 进近，水平导航基于什么导航？垂直导航基于什么导航？进近有高、低温限制的目的是什么？

33. FMS 主要由哪几部分组成？FMS 最核心的组件是什么？

34. FMS 机载数据库包含哪两种类型？机载导航数据库的更新周期为多少天？

35. 飞行管理系统 CDU 在飞行中显示页面可归纳为哪几类？各有什么作用？

36. 飞行管理系统修改飞行计划方法有哪些？常用哪些页面？

二、作业练习题

1. 根据所学惯性导航知识，用线将下列图 8.1 所示的要素连接起来。

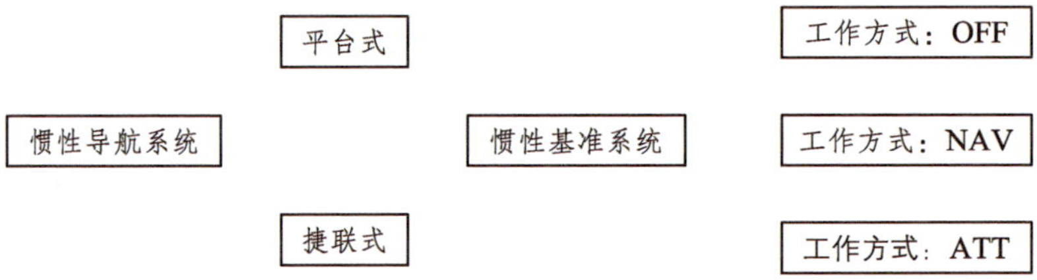

图 8.1

2. 将图 8.2 所示的框内信息填写完整。

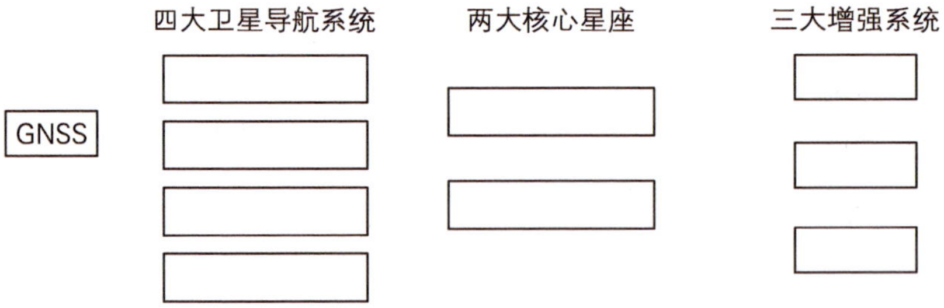

图 8.2

3. 说明全球定位系统（GPS）的要素，见表 8.1。

表 8.1

要素	轨道数量	工作卫星颗数	常用民用码	工作频段	定位方式
填写					

4. 写出总系统误差（TSE）、航迹定义误差（PDE）、飞行技术误差（FTE）、导航系统误差（NSE）的数学表达式。

5. 将图 8.3 中的有关 PBN 导航规范补充完整。

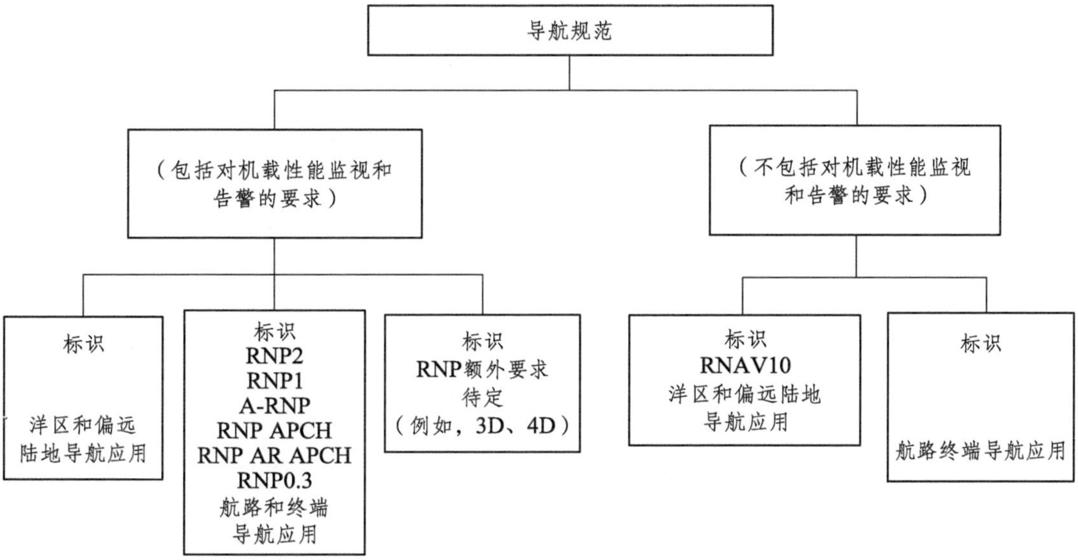

图 8.3

6. 写出 FMS 飞行前准备时 CDU 常用的 6 个页面。

9 地面领航准备和空中实施

一、复习思考题

1. 做好地面领航准备和空中领航实施对保证飞行安全有什么重要意义？
2. 领航准备和实施的步骤和方法有哪些？
3. 飞行前领航准备有哪些工作？直接领航准备的工作内容有哪些？
4. 地面领航准备要完成哪些计算工作？
5. 安全返航点和等时点有什么作用？
6. 空中领航实施有哪些重要工作？
7. 目视和仪表飞行条件下怎样离场入航？
8. 航路飞行中转换航段的方法有哪些？
9. 飞行中准时到达有哪些方法？使用时应注意哪些问题？
10. 计算相遇时刻和追赶时刻有什么作用？
11. 发生迷航的原因主要有哪些？
12. 迷航时可以采取哪些方法复航？怎样防止迷航的发生？

二、作业练习题

1. 计算安全返航点和活动半径。

① Y7-100 飞机夜航，飞行中 TAS = 400 km/h，MC = 150°，磁差忽略不计，WD = 180°，WS = 80 km/h，携带燃油 4 500 L，地面耗油率为 600 L/h，空中耗油率为 800 L/h，计算返航飞行时间和活动半径。

② 某飞机昼间飞行，TAS = 140 kt，MC = 60°，磁差忽略不计，WD = 90°，WS = 10 kt，携带燃油 500 L，地面耗油率为 100 L/h，空中耗油率为 80 L/h，计算返航飞行时间和活动半径。

③ 某飞机夜间飞行，TAS = 180 km/h，MC = 330°，磁差忽略不计，WD = 210°，WS = 20 km/h，携带燃油 2 500 L，地面耗油率为 600 L/h，空中耗油率为 580 L/h，计算返航飞行时间和活动半径。

④ 某飞机夜间飞行，飞行中 TAS = 680 km/h，MC = 270°，磁差忽略不计，WD = 210°，WS = 40 km/h，携带燃油 4.5 t，地面耗油率为 0.8 t/h，空中耗油率为 0.75 t/h，计算返航飞行时间和活动半径。

⑤ 某飞机预计 10:00 起飞，飞行中 TAS = 450 km/h，MC = 210°，VAR = 2°W，WD = 80°，WS = 60 km/h，携带燃油 4.5 t，地面耗油率为 1.2 t/h，空中耗油率为 1 t/h，计算返航飞行时间和活动半径。

⑥ 某飞机预计 22:00 起飞，飞行中 TAS = 500 kt，MC = 98°，VAR = 3°E，WD = 30°，WS = 50 kt，携带燃油 6 500 lb，地面耗油率为 1 500 lb/h，空中耗油率为 1 300 lb/h，计算返航飞行时间和活动半径。

2. 计算等时点。

① 广汉至遂宁航线的航线距离为 133 km，地面准备时计算出 TAS = 185 km/h，出航地速为 195 km/h，计算等时点。

② 绵阳至遂宁航线的航线距离为 132 km，地面准备时计算出 TAS = 260 km/h，出航地速为 240 km/h，计算等时点。

③ 新津至名山航线的航线距离为 280 km，地面准备时计算出 TAS = 140 kt，出航地速为 155 kt，计算等时点。

④ 南充至达州航线的航线距离为 820 km，地面准备时计算出 TAS = 460 km/h，出航地速为 440 km/h，计算等时点。

⑤ 某航线的航线距离 198 km，TC90°，飞行中 TAS200 kt，气象台预报风：300°/20 kt，计算出航地速、返航地速和等时点。

⑥ 某航线的航线距离 390 km，TC200°，飞行中 TAS260 km/h，气象台预报风：260°/30 km/h，计算出航地速、返航地速和等时点。

3. 沿航线爬升或下降的计算。

① 飞机从 900 m 爬升至 2 700 m，爬升时间为 12 min，若保持匀速爬升，计算飞机相应的爬升率。

② 飞机保持 850 ft/min 的爬升率，此时地速为 200 kt，计算相应的爬升梯度。

③ 飞机保持 2.8%的爬升梯度，此时地速为 230 kt，计算相应的爬升率。

④ 飞机以 500 ft/min 的爬升率从 750 m 沿航线上升到巡航高度 3 300 m 飞行，计算爬升所需的时间。

⑤ 飞机某机场起飞后以 1 000 ft/min 的爬升率从 1 500 m 沿航线上升到巡航高度 9 600 m 飞行，计算爬升所需的时间。

⑥ 飞机从 6 000 m 高度下降到 1 000 m，如果保持 5 m/s 的下降率下降，计算所需下降的时间。

⑦ 飞机从 2 100 m 下降到 900 m，可以下降的时间为 9 min，计算飞机必须保持最小为多少的下降率才能按规定下降。

⑧ 飞机从 2 100 m 下降到 900 m，可以下降的时间为 9 min，计算飞机按规定下降必须保持的最小下降率。

⑨ 飞机保持 3.5%的下降梯度，此时地速为 180 kt，计算相应的下降率。

⑩ 飞机从 3 600 m 下降到 1 200 m，可以下降的时间为 15 min，计算飞机按规定下降必须保持的最小下降率。

4. 计算飞机改平飞时刻和位置。

① 飞机于 07:50 从机场上空加入航线，$H_{入航}$为 600 m（QNE），航线飞行高度层为 2 100 m，保持 IAS230 km/h 和上升率 2 m/s 爬升，已知航线的真航线角 TC90°、飞行高度层的气象风为 290°/30 km/h，气温为 – 10 °C，计算改平飞时刻和位置。

② 飞机于 10:20 从机场上空加入航线，$H_{入航}$为 900 m（QNE），航线飞行高度层为 3 300 m，保持 IAS400 km/h 和上升率 2 m/s 爬升，已知航线的真航线角 TC230°、飞行高度层的气象风为 200°/40 km/h，气温为 – 15 °C，计算改平飞时刻和位置。

5. 计算开始下降时刻和位置。

① 某航线，航线飞行高度层为 2 400 m，地速为 180 km/h，10:35 确定出距离终点 63 km，这时管制员指令飞机沿航线下降至 900 m（QNE）到达终点，如飞机保持 2 m/s 下降率下降，计算开始下降的时刻和位置。

② 某航线，航线飞行高度层为 3 300 m，地速为 240 km/h，16:00 确定出距离终点 72 km，这时管制员指令飞机沿航线下降至 1 200 m（QNE）到达终点，如飞机保持 3 m/s 下降率下降，计算开始下降的时刻和位置。

③ 某航线，航线飞行高度层为 2 700 m，地速为 140 kt，预计到达起始进近定位点 12:00，这时管制员指令飞机沿航线下降至 1 200 m（QNH）到达起始进近定位点，已知 QNH 为 1 003 hPa，如飞机保持 2 m/s 的下降率下降，计算开始下降的时刻和位置。

④ 某航线，航线飞行高度层为 5 900′，地速为 300 kt，预计到达起始进近定位点 14:30，这时管制员指令飞机沿航线下降至 2 000′（QNH）到达起始进近定位点，已知 QNH 为 1 008 hPa，如飞机保持 500 ft/min 下降率下降，计算开始下降的时刻和位置。

6. 准时到达的相关计算。

① 某航线飞行中保持 TAS 为 460 km/h 飞行，飞行高度层为 4 800 m，地速 GS 为 530 km/h，飞机 09:24 到达检查点，管制员要求飞机 09:45 到达目的地，这时飞机距离目的地未飞距离为 175 km，计算飞机准时到目的地应保持的真空速。

② 某航线飞行中保持 TAS 为 300 km/h 飞行，飞行高度层为 3 300 m，地速 GS 为 320 km/h，飞机 13:15 到达检查点，管制员要求飞机 13:45 到达目的地，这时飞机距离目的地未飞距离为 108 km，计算飞机准时到目的地应保持的真空速。

7. 计算相遇时刻。

① A、B 两机在同一航线上相对飞行，A 机保持地速 GS_1 为 360 km/h 于 10:00 飞越航路点，B 机保持地速 GS_2 为 400 km/h 飞行，预计飞越同一航路点时刻 10:15，计算两机相遇的时刻。

② A、B 两机在同一航线上相对飞行，A 机保持地速 GS_1 为 600 km/h 于 13:00 飞越航路点，B 机保持地速 GS_2 为 700 km/h 飞行，预计飞越同一航路点时刻 13:18，计算两机相遇的时刻。

③ A 机保持地速 GS240 km/h 于 10:10 通过 WPT3 飞向 WPT4，预达时刻为 10:46；而 B 机保持地速 GS280 km/h 于 10:20 通过 WPT4 飞向 WPT3，预达时刻为 10:51，计算两机相遇的时刻。

④ A 机保持地速 GS210 km/h 于 15:00 通过 WPT5 飞向 WPT6，预达时刻为 15:21；而 B 机保持地速 GS240 km/h 于 15:12 通过 WPT6 飞向 WPT5，预达时刻为 10:28，计算两机相遇的时刻。

⑤ 两架飞机在同一航线不同高度层上相对飞行，甲飞机保持地速 GS170 km/h 于 19:35 飞越电台 FJC，乙飞机保持地速 GS200 km/h 于 19:45 飞越电台 JTT。若两电台间距离为 240 km，计算两飞机相遇的时刻。

⑥ 两架飞机在同一航线上相向飞行，甲机保持地速 GS470 km/h 于 10:00 飞越航路点 WFX，乙机保持地速 GS420 km/h 预计于 10:15 飞越同一航路点，计算两机相遇的时刻。

8. 计算追赶时刻。

① A 机通过航路点时刻为 10:15，保持 360 km/h 的速度飞行，B 机在 10:19 通过航路点以 450 km/h 的速度与 A 机同方向飞行，计算 B 机追上 A 机的时刻。

② A 机通过航路点时刻为 16:30，保持 600 km/h 的速度飞行，B 机在 16:36 通过航路点以 720 km/h 的速度与 A 机同方向飞行，计算 B 机追上 A 机的时刻。

③ 两架飞机在同一航线上同向飞行，甲飞机保持地速 GS210 km/h 于 08:08 飞越电台 CHO，乙飞机保持地速 GS300 km/h，于 08:15 飞越同一电台，计算乙飞机追赶上甲飞机的时刻。

④ 甲飞机于 15:15 通过航路点 P31，地速 GS350 km/h，乙飞机于 15:20 通过同一航路点，并以地速 GS420 km/h 与甲飞机同向飞行，计算乙机追上甲机的时刻。

9. 飞行进程与燃油的计算。

① TB200 飞机现有油量 100 L，飞行中燃油消耗率为 120 L/h，飞机的地速为 200 km/h，计算飞机的续航距离。

② A320 飞机现有油量 1 000 lb，飞行中燃油消耗率为 1 300 lb/h，飞机的地速为 450 kt，计算飞机的续航距离。

③ C172 飞机现有油量 46 gal，飞机的平均耗油率为 12 gal/h，计算飞机燃油耗尽可持续的最大续航时间。

④ 某飞机携带油量 80 gal，地面耗油按 4 gal 计算，空中耗油率为 20 gal/h，地速为 240 km/h，计算飞机飞行中燃油耗尽可持续的最大续航距离。

⑤ 如果一架飞机在 8 500 ft 巡航高度上飞行，其地速为 145 kt，耗油率为 12.5 gal/h，计算飞行 440 NM 需要的油量。

⑥ 如果一架飞机在 6 500 ft 巡航高度飞行，其地速为 173 kt、耗油率为 95 lb/h，计算飞行 450 NM 需要的燃油量。

参考答案

1 绪　论

二、作业练习题

1. 答案：

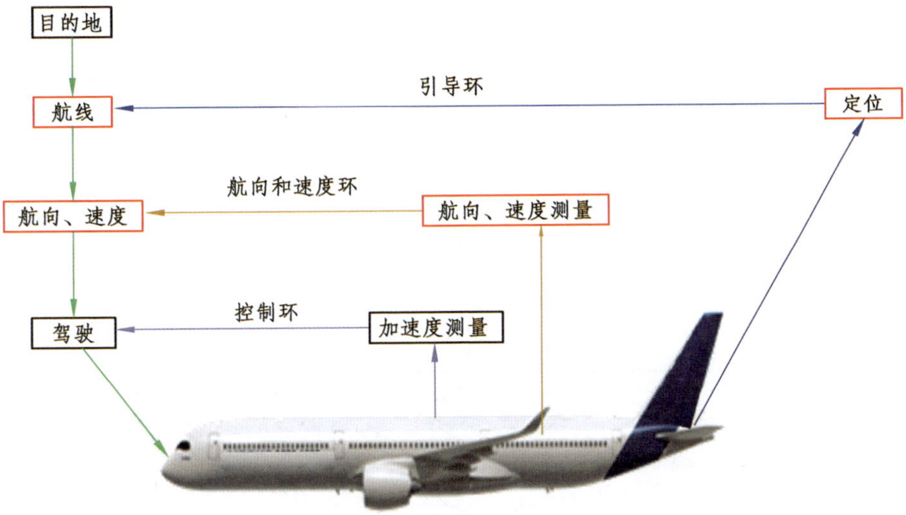

图 1.1

2. 答案：

　时间表　，　　航向　，　　上升/下降　。

2 地球及地图

二、作业练习题

1. 答案：

表 2.1

地　点	广汉	德阳	绵阳	新津	遂宁	成都
纬　度	N30°58′	N31°07′	N31°26′	N30°25′	N30°30′	N30°40′
经　度	E104°17′	E104°23′	E104°45′	E103°49′	E105°34′	E104°04′

2. 答案：

表 2.2

纬　度	N29°45′	N31°14.5′	N29°42.3′	N31°27′
经　度	E103°34′	E107°30′	E107°23.8′	E106°20′
地　点	夹江	达县	涪陵	土门铺

3. 答案：

表 2.3

真航线角 TC	28°	358°	6°	318°	357°	228°
磁差 VAR	−8°	−6°	+7°	3°E	8°W	2°E
磁航线角 MC	36°	4°	359°	315°	5°	226°

4. 答案：

表 2.4

比例尺	1∶1 000 000	1∶500 000	1∶100 000	1∶500 000	1∶250 000	1∶2 000 000
图上长	5 cm	1 cm	3 cm	2.3 cm	18.4 cm	1.2 cm
实地长	50 km	5 km	3 km	11.5 km	46 km	24 km

3 基本领航元素

二、作业练习题

1. 答案：

表 3.1

真　高	1 000 m	3 300′	852 m	750′	4 550 m	7 600′
相对高	1 230	4 460′	900 m	1 200′	4 700 m	8 200′
绝对高度	1 460	4 580′	1 332 m	4 550′	6 000 m	12 800′

2. 答案：

表 3.2

场压高	1 200 m	900 m	2 769 m	1 035 m	4 734 m	3 317 m
修正海压高	2 025 m	1 148 m	3 800 m	1 200 m	4 776 m	3 358 m
标准气压高	2 132 m	1 172 m	3 866 m	1 184 m	4 800 m	3 300 m

3. 答案：

表 3.3

压力高度	12 000′	3 000′	4 550′	1 500′	17 800′	1 650′
修正高度	11 500′	2 970′	4 400′	1 950′	17 400′	1 530′
压力高度	12 800′	3 900′	2 200′	4 600′	21 500′	32 300′
修正高度	3 950 m	1 240 m	630 m	1 490 m	6 820 m	10 600 m

4. 答案：

表 3.4

航　线	广汉机场—遂宁机场	遂宁机场—绵阳机场	遂宁机场—广汉机场
最低安全高度	1 646 m	1 297 m	1 646 m
最低飞行高度层	2 100 m	1 800 m	1 800 m

5. 答案：

表 3.5

真航线角	20°	178°	216°	335°	357°	7°
最大标高	1 650 m	2 200 m	1 433 m	668 m	440 m	210 m
MOC	600 m	600 m	600 m	400 m	400 m	400 m
最低安全高度	2 250 m	2 800 m	2 033 m	1 068 m	840 m	610 m
最低飞行高度层	2 700 m	3 300 m	2 400 m	1 200 m	1 200 m	900 m

6. 答案：

表 3.6

真航向 TH	178°	335°	23°	211°	14°	0°
磁　差	− 8°	5°E	+ 3°	5°W	+ 4°	3°W
磁航向 MH	186°	330°	20°	216°	10°	3°
罗　差	+ 6°	2°W	− 7°	1°W	+ 3°	6°E
罗航向 CH	180°	332°	27°	217°	7°	357°

7. 答案：

表 3.7

指示空速	300 km/h	140 kt	260 kt	180 km/h	450 kt	170 kt
真空速	357 km/h	182 kt	280 kt	184 km/h	650 kt	200 kt
指示空速	270 km/h	195 kt	146 kt	340 km/h	335 kt	180 kt
真空速	460 km/h	240 kt	160 kt	380 km/h	450 kt	210 kt
指示空速	660 km/h	360 kt	140 kt	253 km/h	244 kt	138 kt
真空速	1 240 km/h	579 kt	155 kt	450 km/h	510 kt	170 kt

8. 答案：

表 3.8

压力高度	14 000′	3 000′	4 550′	1 750′	17 900′	1 600′
指示空速	260 km/h	180 kt	310 kt	216 km/h	270 kt	88 kt
真空速	317 km/h	189 kt	322 kt	220 km/h	350 kt	90 kt

9. 答案：

表 3.9

马赫数	0.76	0.6	0.65	0.8	0.75	0.55
真空速	469 kt	392 kt	414 kt	484 kt	458 kt	357 kt
音　速	618 kt	652 kt	636 kt	606 kt	611 kt	649 kt

10. 答案：

表 3.10

时　区	西 11 区	西 5 区	西 1 区	0 时区	东 2 区	东 9 区
日　期	20 日	20 日	20 日	21 日	21 日	21 日
区　时	13:30	19:30	23:30	00:30	02:30	09:30

11. 答案：

表 3.11

时　区	西 9 区	西 3 区	西 1 区	东 1 区	东 5 区	东 8 区
日　期	16 日	16 日	16 日	16 日	16 日	16 日
区　时	02:30	08:30	10:30	12:30	16:30	19:30

12. 答案：

表 3.12

地　点	北京	哈尔滨	上海	成都	拉萨	广汉机场
经　度	E116°19′	E126°14.9′	E121°26′	E104°04′	E91°02′	E104°19.8′
时刻差	−14 min 44 s	+24 min 59.6 s	+5 min 44 s	−1 h 3 min 44 s	−1 h 55 min 52 s	−1 h 2 min 18.4 s
地方时	07:15:16	07:55:00	07:35:44	06:26:16	05:34:08	06:27:42

13. 答案：

表 3.13

千米（km）	232	188	259	575	312	1 050
哩（SM）	144	116	161	355	194	651
浬（NM）	125	101	140	308	168	566

14. 答案：

表 3.14

米（m）	1 800	3 600	12 000	610	4 270	9 455
英尺（ft）	5 904	11 808	39 360	2 000	14 000	31 000

15. 答案：

表 3.15

千米/时（km/h）	180	315	258	533	259	890
哩/时（SM/h）	111.2	196	160	330	161	552
浬/时（kt）	96.9	170	139	286.3	140	480

16. 答案：

表 3.16

千克（kg）	3 180	6 315	16 000	150	2 560	8 420
磅（lb）	7 030	13 900	35 200	330	5 650	18 600

17. 答案：

表 3.17

升	1 850	3 150	7 280	10 570	4 300	13 200
英加仑	408	699	1 600	2 330	951	2 910
美加仑	488	832	1 920	2 790	1 140	3 480

18. 答案：

表 3.18

速　度	180	225	360	380	540	680
时　间	16′	23′	36′	40′	55′	1:08′
距　离	48	86	216	254	495	770
速　度	140	250	380	450	580	720
时　间	38′	30′	35′	51′	1:09′	19′
距　离	88	126	220	380	669	230
速　度	312	345	440	475	700	600
时　间	15′	22′	30′	48′	57′	1:10′
距　离	78	126	220	380	669	700

19. 答案：

表 3.19

速度/（km/h）	180	225	360	380	296	343
时　间	1′20″	45″	45″	81″	40″	1′05″
距离/m	4 000	2 800	4 500	8 600	3 300	6 200
速度/kt	140	250	360	480	170	250
时　间	1′10″	50″	36″	52″	45″	1′05″
距离/NM	2.7	3.5	3.8	6.9	2.1	4.55

20. 答案：

表 3.20

速　度	180	260	320	420	500	820
时　间	15′	23′	18′	7′	6′36″	20′
距　离	45	100	96	49	55	277

21. 计算题。

① 答案：268 km/h，20 min

② 答案：248 km/h，18 min

③ 答案：10:20，10:31

4　飞机在风中的航行规律

二、作业练习题

1. 答案：

作图示范 4-2-1-1

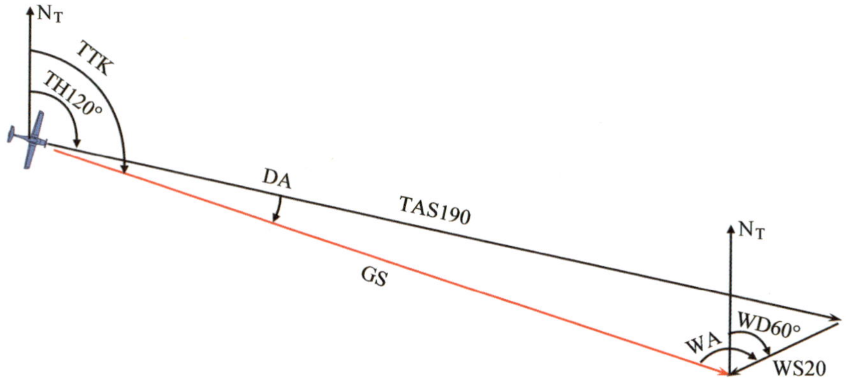

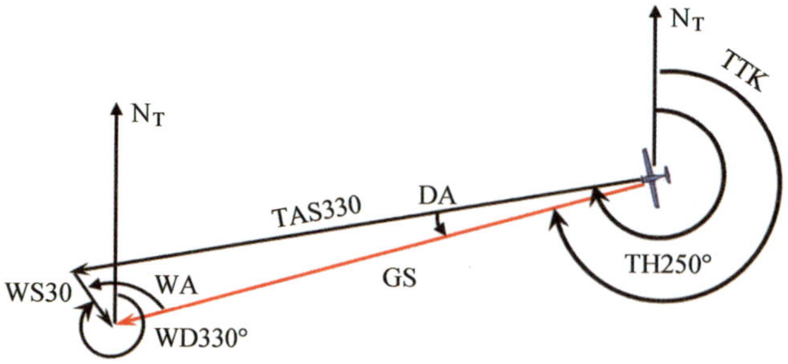

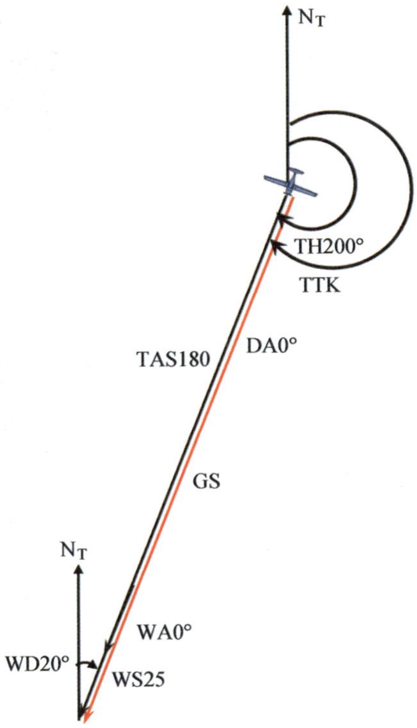
N_T
TH200°
TTK
TAS180
DA0°
GS
N_T
WA0°
WD20°
WS25

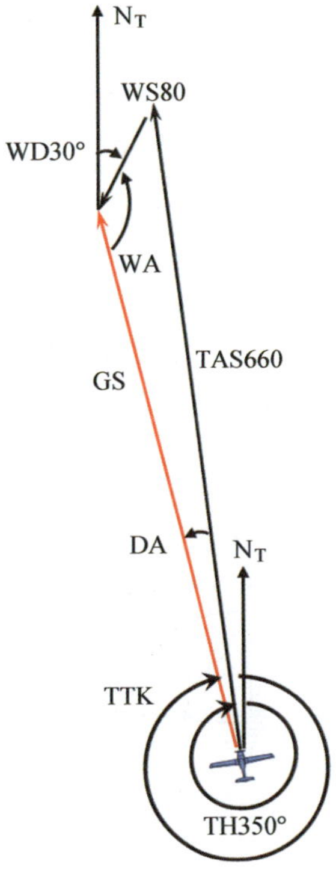
N_T
WS80
WD30°
WA
TAS660
GS
DA
N_T
TTK
TH350°

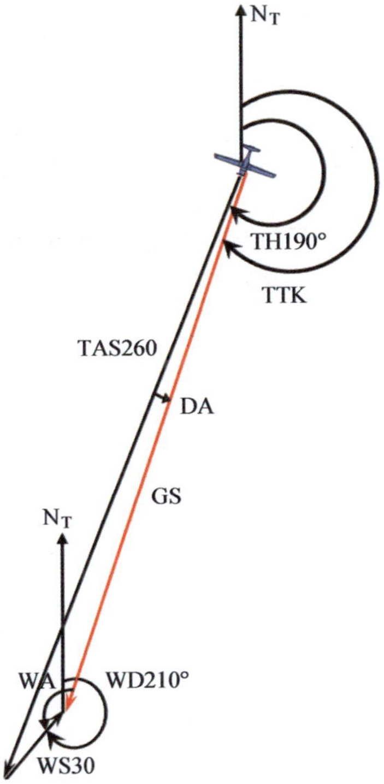
N_T
TH190°
TTK
TAS260
DA
GS
N_T
WA
WD210°
WS30

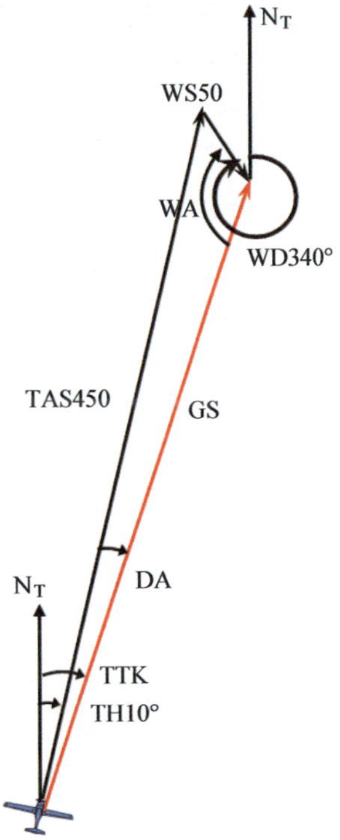
N_T
WS50
WA
WD340°
TAS450
GS
DA
N_T
TTK
TH10°

2. 答案：

作图示范 4-2-2-1

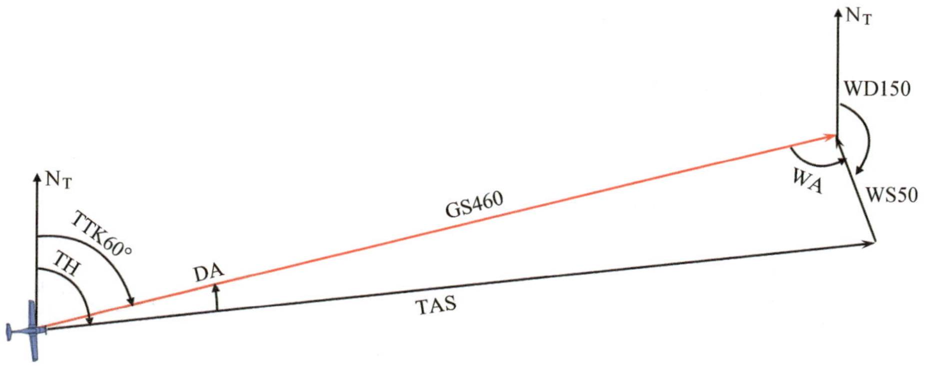

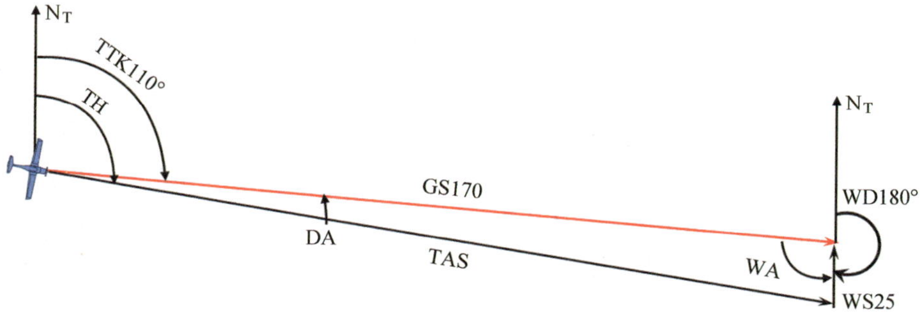

5 地标罗盘领航

二、作业练习题

1. 答案：

作图示范 5-2-1-1

表 5.1

应飞航向 $MH_{应}$	325°	212°	119°	1°	357°	79°

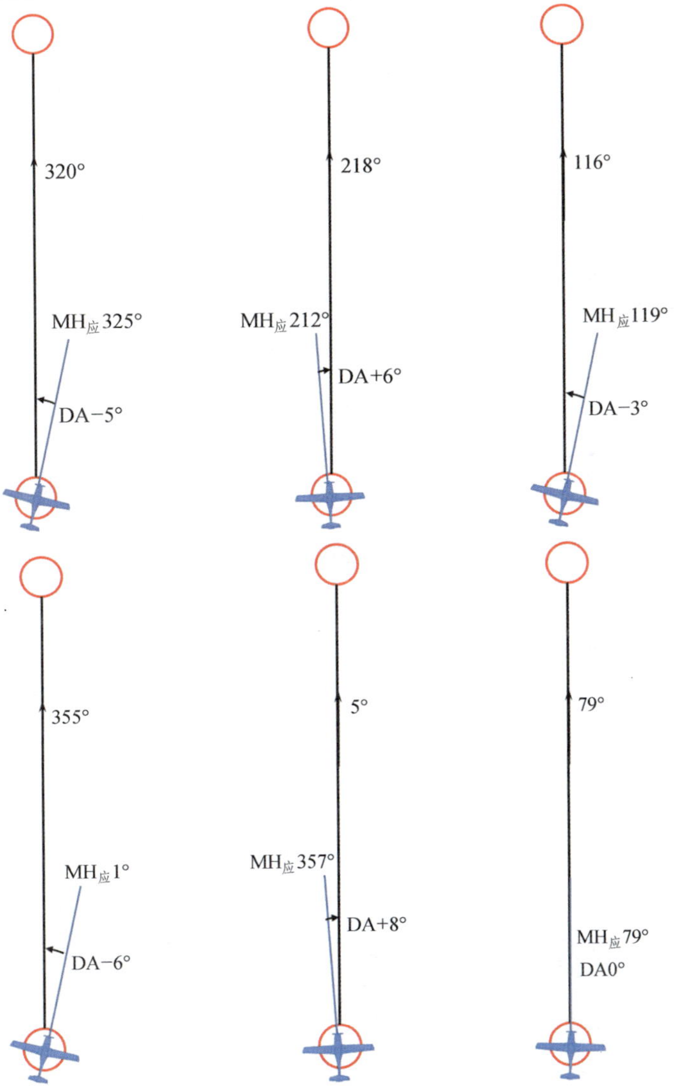

2. 答案：

作图示范 5-2-2-1

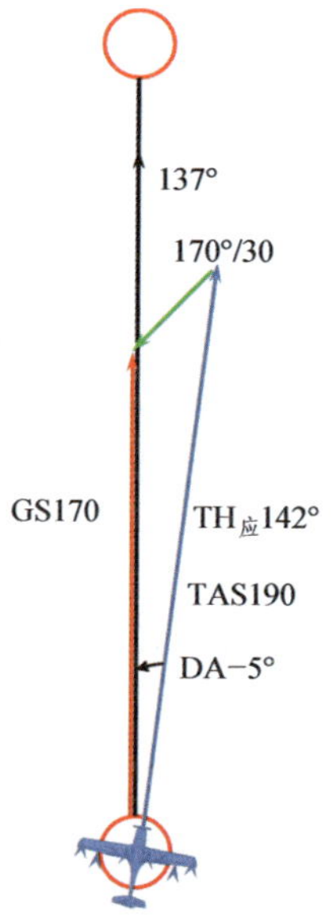

真航线角 TC	真空速 TAS	风向 WD	风速 WS	偏流 DA	应飞真航向 TH应	地速 GS
137°	190	170°	30	−5°	142°	165

表 5.2

序号	偏流 DA	应飞真航向 TH应	地速 GS
1	−5°	142°	165
2	−6°	81°	170
3	+4°	88°	162
4	−6°	19°	202
5	+7°	93°	230
6	0°	49°	240
7	0°	279°	255
8	−8°	40°	138
9	+7°	5°	400
10	+8°	267°	285
11	+4°	188°	252
12	+2°	151°	180
13	−4°	304°	270
14	0°	349°	140
15	+5°	224°	283
16	−5°	235°	170
17	+1°	129°	260

续表

序号	偏流 DA	应飞真航向 $TH_{应}$	地速 GS
18	−3°	178°	318
19	+3°	289°	167
20	+1°	312°	221
21	−10°	190°	198
22	0°	249°	180
23	−6°	305°	308
24	+4°	24°	420
25	−6°	218°	555
26	−6°	31°	355
27	0°	19°	315
28	−6°	359°	278
29	−3°	343°	254
30	−2°	36°	242
31	+6°	123°	190
32	+5°	175°	190
33	−8°	53°	289
34	+5°	270°	280
35	+1°	89°	188
36	+2°	131°	212
37	−6°	166°	390
38	0°	349°	340
39	+3°	206°	220
40	+1°	331°	380
41	−3°	185°	243
42	−4°	31°	206
43	−4°	96°	315
44	−1°	54°	278
45	+4°	356°	265
46	−8°	318°	202
47	+6°	203°	359
48	0°	220°	170
49	0°	138°	325
50	−6°	281°	364

3. 答案：

表 5.3

序号	真航线角 TC	偏流 DA	应飞磁航向 $MH_{应}$	地速 GS
1	142°	−4°	141°	162
2	72°	−6°	81°	170
3	90°	+4°	88°	162
4	18°	−6°	19°	200
5	103°	+7°	95°	232
6	50°	0°	49°	240
7	281°	0°	276°	255
8	31°	−8°	40°	138
9	16°	+7°	9°	400
10	270°	+8°	267°	282

5. 答案：

表 5.4

序号	MTK	TTK	*D*/km
1	258°	256°	65
2	339°	337°	39.5
3	179°	177°	85
4	133°	131°	30

6. 答案：

表 5.5

序　号	1	2	3	4	5	6	7	8	9
偏航原因（偏流修正情况）	修正过大	修正正确	修正过小或未修正	修正正确	修正过大	修正过大	修正反	修正过小	修正正确

7. 答案：

表 5.6

序　号	1	2	3	4	5	6	7	8	9
偏航角 TKE	+4°	−5°	−3°	+2°	+6°	0°	−3°	+4°	+6°
磁航迹角 MTK	82	130	227	285	308	332	355	8	1
偏流 DA	+4°	−5°	+7°	+5°	−2°	−5°	−10°	+12°	+1°
地速 GS/（km/h）	189	260	110	320	240	502	382	315	312

8. 答案：

作图示范 5-2-8-1

序号	MC	$MH_{平}$	$D_{已}$	$D_{未}$	XTK	TKE	MTK	DA	TKD	$MC_{新}$	$MH_{应}$
1	78°	78°	65	55	− 3	− 3°	75°	− 3°	− 3°	81°	84°

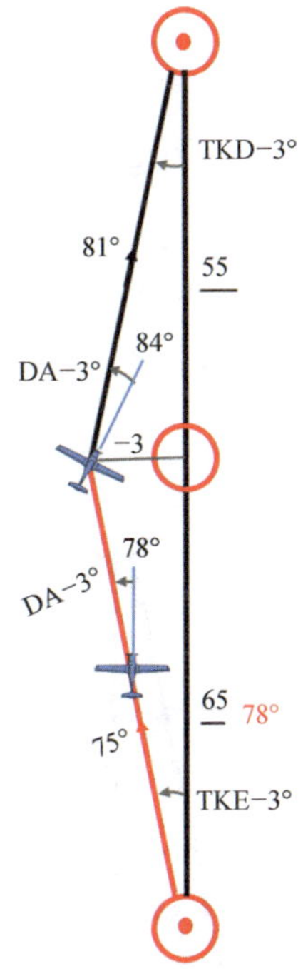

表 5.7

序号	TKE	MTK	DA	TKD	$MC_{新}$	$MH_{应}$
1	− 3°	75°	− 3°	− 3°	81°	84°
2	+2°	80°	0°	+3°	75°	75°
3	− 4°	62°	− 16°	− 5°	71°	87°
4	+4°	336°	+6°	+4°	328°	322°
5	− 4°	226°	− 10°	− 5°	235°	245°
6	0°	220°	− 6°	0°	220°	226°
7	+2°	304°	+7°	+3°	299°	292°
8	+4°	287°	+4°	+4°	279°	275°
9	+2°	282°	− 3°	+2°	278°	281°
10	− 4°	306°	+3°	− 6°	316°	313°
11	+5°	3°	0°	+5°	353°	353°

续表

序号	TKE	MTK	DA	TKD	MC新	MH应
12	−3°	2°	+4°	−4°	9°	5°
13	0°	337°	−3°	0°	337°	340°
14	+3°	7°	+8°	+5°	359°	350°
15	+5°	1°	+1°	+5°	351°	350°
16	−5°	350°	−9°	−4°	359°	8°
17	+2°	2°	+4°	+3°	357°	353°
18	+5°	71°	+1°	+3°	63°	62°
19	−3°	107°	+20°	−3°	113°	111°
20	0°	180°	+5°	0°	180°	175°

9. 答案：

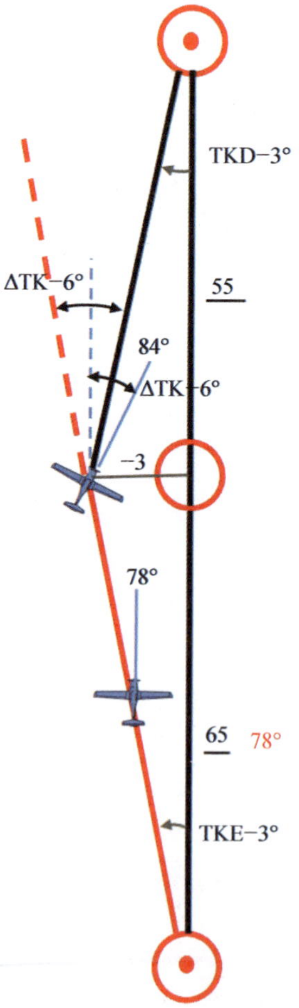

作图示范 5-2-9-1

表 5.8

序号	TKE	TKD	ΔTK	$MH_{应}$
1	−3°	−3°	−6°	84°
2	+2°	+3°	+5°	75°
3	−4°	−5°	−9°	87°
4	+4°	+4°	+8°	322°
5	−4°	−5°	−9°	245°
6	0°	0°	0°	226°
7	+2°	+3°	+5°	292°
8	+4°	+4°	+8°	275°
9	+2°	+2°	+4°	281°
10	−4°	−6°	−10°	313°
11	+5°	+5°	+10°	353°
12	−3°	−4°	−7°	5°
13	0°	0°	0°	340°
14	+3°	+5°	+8°	351°
15	+5°	+5°	+10°	350°
16	−5°	−4°	−9°	8°
17	+2°	+3°	+5°	353°
18	+5°	+3°	+8°	62°
19	−3°	−3°	−6°	111°
20	0°	0°	0°	175°

10. 答案：

表 5.9

序号	TKE 系数	TKE	TKD 系数	TKD	ΔTK	$MH_{应}$
1	0.9～1	−3°	1～1.1	−3°	−6°	184°
2	0.7～0.8	+2°	1	+3°	+5°	85°
3	0.67	−4°	0.71	−4°	−8°	86°
4	1	+5°	0.86	+4°	+9°	321°
5	0.95	−4°	1.15	−5°	−9°	245°
6	0.91	0°	1.33	0°	0°	226°
7	0.5	+2°	0.71	+3°	+5°	292°
8	0.72	+4°	0.8	+4°	+8°	275°
9	0.76	+2°	1.09	+2°	+4°	281°
10	0.73	−4°	1	−6°	−10°	313°

11. 答案：

表 5.10

序号	TKE 系数	TKD 系数	ΔTK 系数	ΔTK	$MH_{应}$
1	0.92	1.09	2	−6°	184°
2	0.71	1	1.71	+5°	85°
3	0.67	0.71	1.38	−8°	86°
4	1	0.86	1.86	+9°	321°
5	0.95	1.15	2.1	−9°	245°
6	0.91	1.33	2.24	0°	226°
7	0.5	0.71	1.21	+5°	292°
8	0.72	0.8	1.52	+8°	275°
9	0.76	1.09	1.85	+4°	281°
10	0.73	1	1.73	−10°	313°

13. 答案：

表 5.11

序号	DA	风向 WD	风速 WS
1	−2°	324°	12
2	−15°	64°	90
3	+6°	127°	31
4	−6°	130°	25
5	+5°	202°	45
6	−6°	5°	26
7	+5°	155°	35
8	0°	123°	20
9	−5°	345°	30
10	+7°	260°	35
11	−5°	96°	20
12	+7°	280°	20
13	−3°	130°	54
14	+5°	278°	42

续表

序号	DA	风向 WD	风速 WS
15	−4°	33°	50
16	0°	359°	3
17	+2°	348°	40
18	−4°	199°	25
19	+5°	40°	17
20	+5°	44°	31
21	0°	198°	10
22	−5°	160°	38
23	+6°	309°	25
24	−1°	162°	18
25	+5°	330°	68
26	−6°	155°	36
27	+5°	150°	41
28	0°	208°	20
29	−5°	314°	39
30	+3°	283°	28
31	−7°	126°	35
32	+7°	268°	33
33	−3°	345°	30
34	+6°	286°	54
35	−4°	35°	45
36	0°	359°	30
37	+1°	185°	35
38	−4°	290°	30
39	+4°	325°	23
40	+5°	43°	42
41	+10°	315°	45
42	−9°	125°	50
43	−1°	182°	25
44	+4°	81°	26
45	−10°	100°	38

14. 答案：

表 5.12

序号	磁航迹角 MTK	磁差 VAR	真航迹角 TTK	风向 WD	风速 WS
1	75°	5°E	80°	219°	11
2	313°	3°W	310°	147°	32
3	180°	2°W	178°	218°	36
4	1°	5°E	6°	220°	22
5	356°	3°E	359°	22°	42
6	120°	1°E	121°	300°	20
7	356°	2°E	358°	321°	34
8	288°	1°W	287°	152°	50
9	288°	4°E	292°	145°	18
10	4°	5°W	359°	139°	34
11	3°	2°E	5°	273°	29
12	221°	4°W	217°	318°	12
13	37°	1°W	36°	36°	40
14	138°	3°E	141°	48°	33
15	3°	6°E	9°	221°	30
16	353°	1°E	354°	94°	30
17	3°	3°E	6°	274°	13
18	171°	3°W	168°	109°	28
19	146°	2°E	148°	265°	14
20	180°	2°W	178°	0°	0

15. 答案：

表 5.13

序号	MC	准确通过起点时刻	到达检查点		已飞航段										未飞航段					
			时刻	XTK	$MH_{平}$	TAS	$D_{已}$	$t_{已}$	TKE	MTK	DA	GS	WD	WS	$D_{未}$	$t_{未}$	TKD	$MC_{新}$	$MH_{应}$	预达时刻
1	128°	10:10	10:26	−5	120°	260	70	16min	−4°	124°	+4°	262	24°	18	66	15′	−5°	133°	129°	10:41
2	322°	11:30	11:48	+6	320°	280	85	18′	+4°	316°	+6°	284	212°	30	50	11′	+7°	315°	309°	11:59
3	43°	12:20	12:37	−4	40°	200	50	17′	−5°	38°	−2°	176	50°	25	72	22′	−3°	46°	48°	12:59
4	235°	09:05	09:20	−2	240°	310	75	15′	−2°	233°	−7°	300	315°	38	56	11′	−2°	237°	244°	09:31
5	105°	14:15	14:28	+4	108°	300	64	13′	+3°	108°	0°	295	103°	5	102	21′	+2°	103°	103°	14:49
6	290°	15:12	15:33	0	293°	265	98	21′	0°	290°	−3°	280	67°	20	67	14′	0°	290°	293°	15:47
7	312°	13:00	13:17	+3	305°	230	68	17′	+3°	315°	+10°	240	218°	40	65	16′	+3°	309°	299°	13:33
8	133°	08:50	09:04	−3	138°	220	48	14′	−4°	129°	−9°	206	203°	37	85	25′	−2°	135°	144°	09:29
9	311°	09:47	10:03	+2	312°	205	52	16′	+2°	313°	+1°	195	292°	10	71	22′	+2°	309°	308°	10:25

6 基本无线电领航

二、作业练习题

1. 答案：

表 6.1

RB	66°	180°	350°	30°	320°	217°	150°	46°	116°
QDM	19°	170°	358°	0°	348°	90°	270°	314°	116°
QDR	199°	350°	178°	180°	168°	270°	90°	136°	296°

2. 答案：

作图示范 6-2-2-1

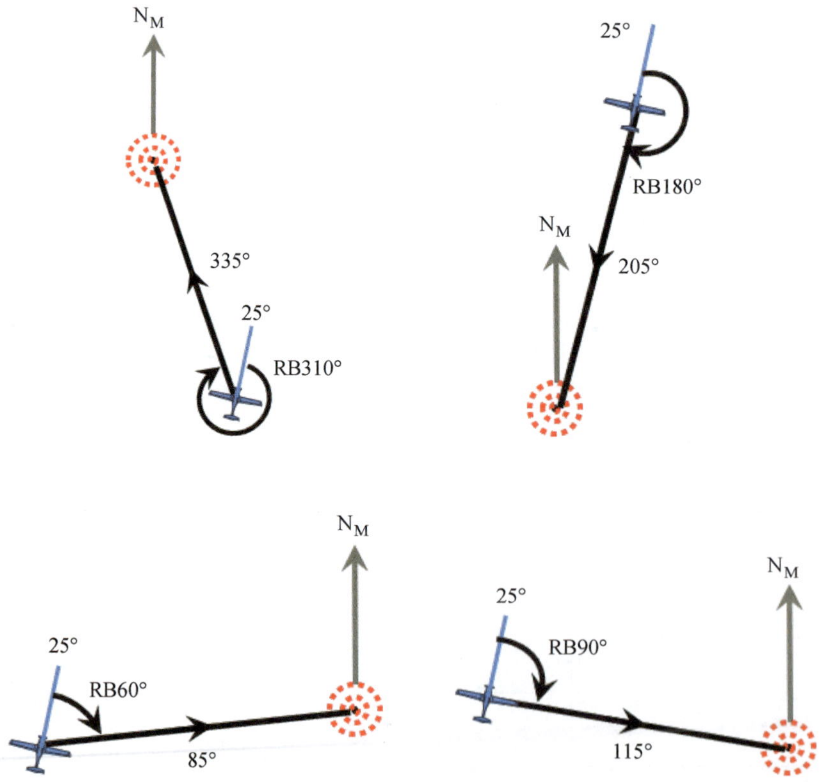

3. 答案：

作图示范 6-2-3-1

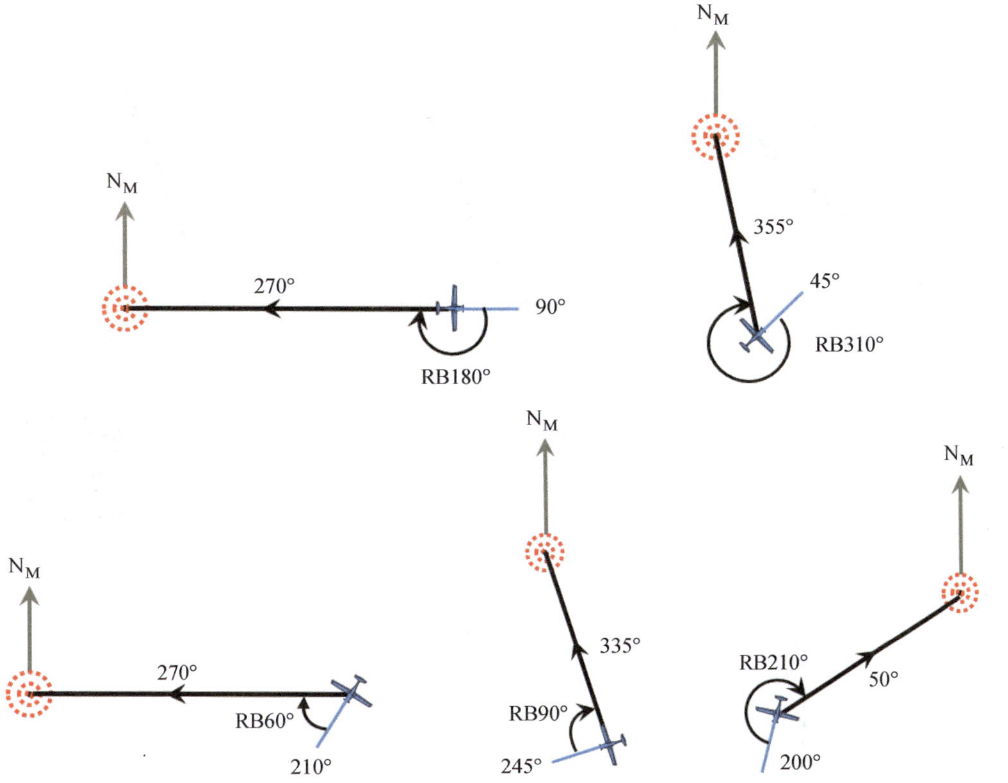

4. 答案：

作图示范 6-2-4-1

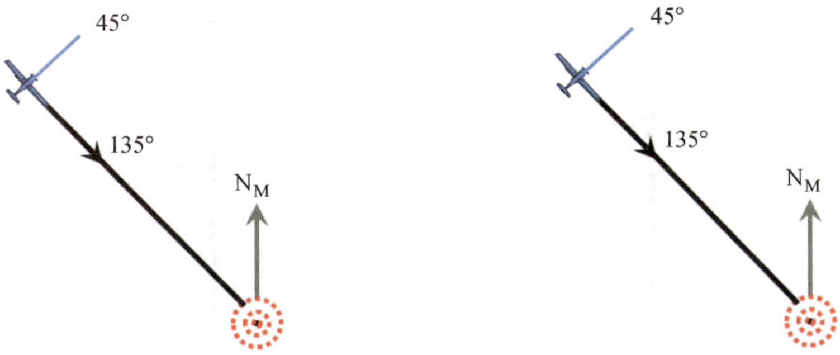

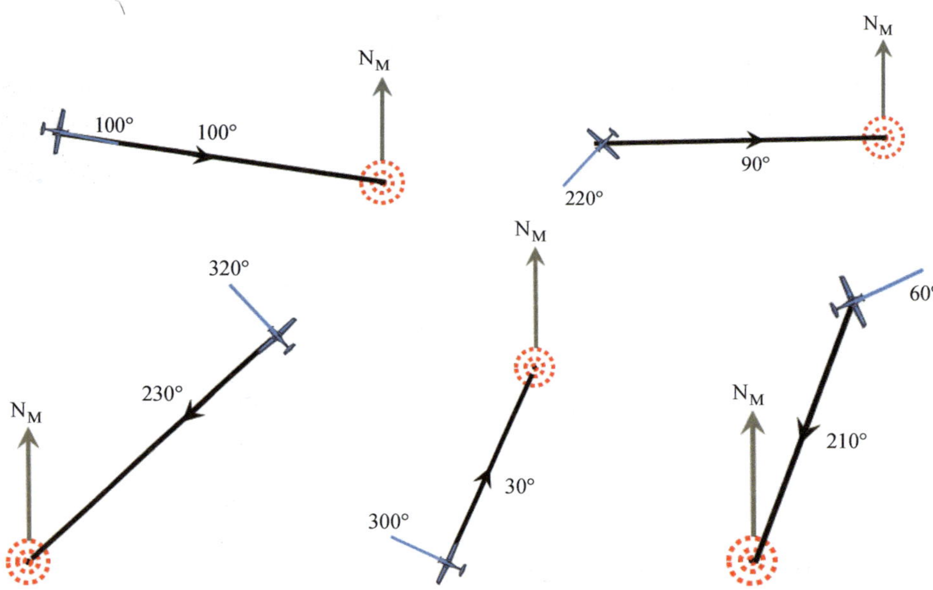

5. 答案：

作图示范 6-2-5-1

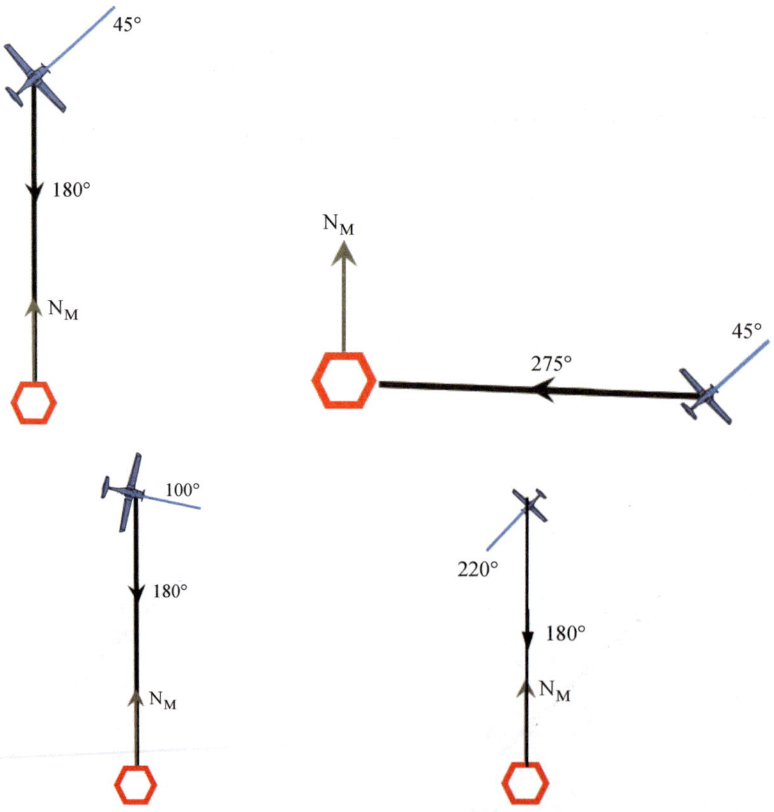

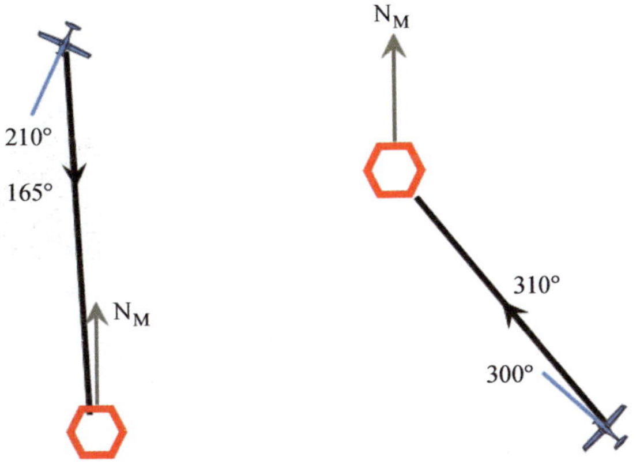

6. 答案：

作图示范 6-2-6-1

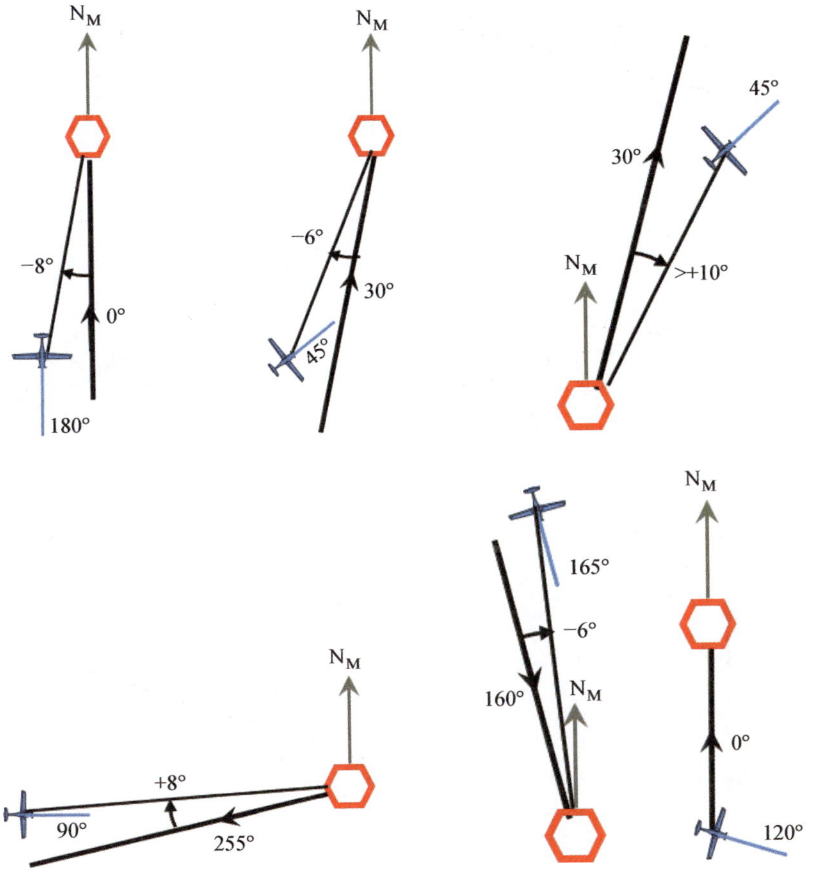

7. 答案：

作图示范 6-2-7-1

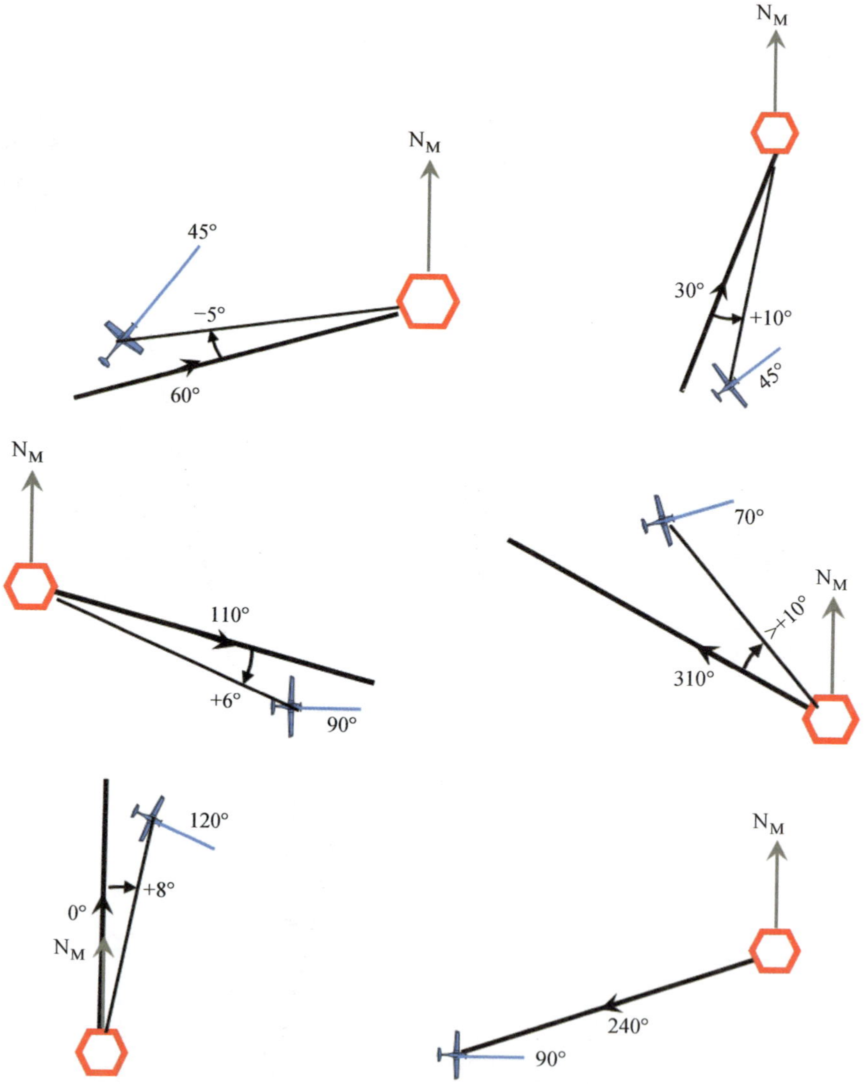

8. 答案：（a）1　（b）19　（c）12
（d）17　（e）6　（f）16

9. 答案：（1）C　（2）E　（3）A

10. 答案：

作图示范 6-2-10-1

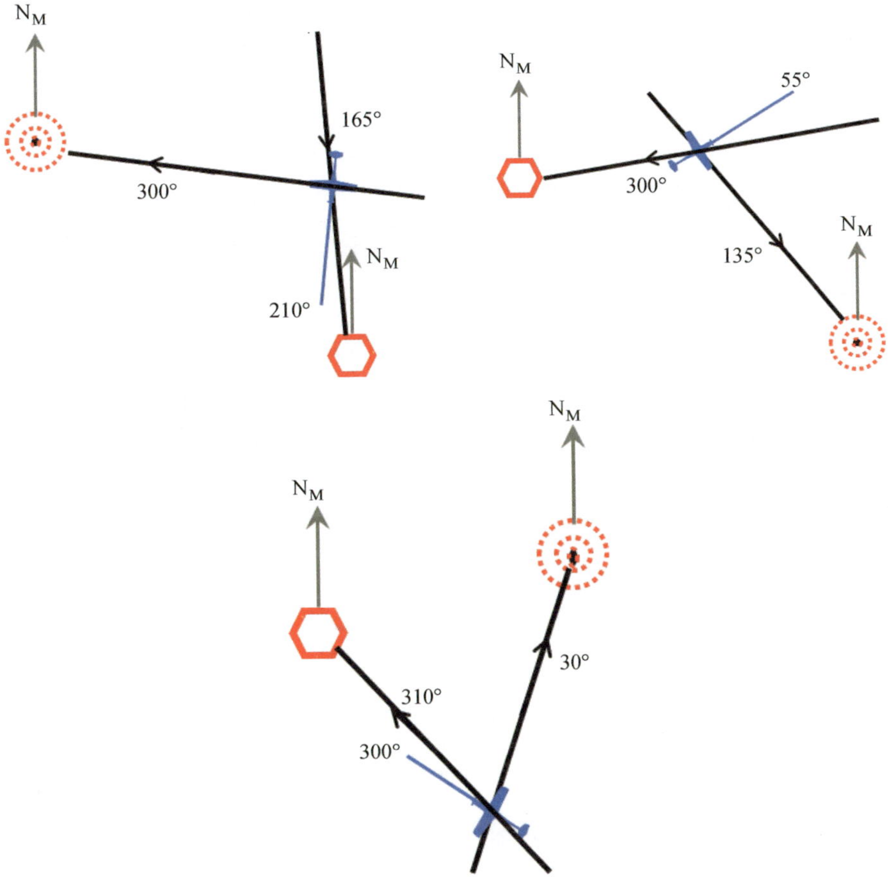

11. 答案：

表 6.2

序号	1	2	3	4	5	6	7	8	9
$RB_{应}$	78°	71°	251°	270°	88°	255°	85°	305°	107°
$RB_{指}$	81°	67°	255°	265°	90°	258°	85°	300°	107°
判断	已过	未到	未到	已过	已过	未到	到	已过	到
序号	10	11	12	13	14	15	16	17	18
$RB_{应}$	78°	272°	81°	105°	258°	107°	85°	247°	92°
$RB_{指}$	81°	267°	95°	105°	260°	105°	85°	250°	107°
判断	已过	已过	已过	到	未到	未到	到	未到	已过

12. 答案：① 未到　② 未到　③ 到　④ 已过

13. 答案：

表 6.3

序号	1	2	3	4	5	6	7	8	9
判断	已过	已过	已过	到	已过	已过	已过	已过	已过

14. 答案：

表 6.4

序号	1	2	3	4	5	6	7	8	9
判断	已过	未到	未到	到	已过	已过	已过	未到	到

15. 答案：

① 未到　② 已过　③ 未到　④ 已过　⑤ 到

⑥ 未到　⑦ 已过　⑧ 未到　⑨ 已过　⑩ 已过

16. 答案：

① 到　② 未到　③ 未到　④ 已过

⑤ 已过　⑥ 未到　⑦ 未到　⑧ 未到

17. 答案：

① 到　② 未到　③ 未到　④ 已过

⑤ 已过　⑥ 未到　⑦ 未到　⑧ 已过

18. 答案：

表 6.5

序号	1	2	3	4	5	6	7	8	9
TKD	−1°	−2°	−9°	+5°	−3°	−6°	−5°	+2°	0°
序号	10	11	12	13	14	15	16	17	18
TKD	0°	−2°	0°	−6°	+4°	+2°	−2°	−7°	−3°

19. 答案：

表 6.6

MC	60°	315°	0°	255°	80°	262°	120°	2°	95°
MH	66°	313°	358°	250°	73°	260°	125°	0°	89°
$RB_{应}$	354°	2°	2°	5°	7°	2°	355°	2°	6°
$RB_{指}$	2°	0°	356°	5°	3°	359°	355°	358°	6°
TKD	−8°	+2°	+6°	0°	+4°	+3°	0°	+4°	0°
MC	169°	315°	0°	55°	280°	290°	20°	122°	9°
MH	166°	313°	356°	50°	283°	290°	25°	124°	359°
$RB_{指}$	6°	358°	356°	5°	357°	2°	9°	358°	9°
QDM	172°	311°	352°	55°	280°	292°	34°	122°	8°
TKD	−3°	+4°	+8°	0°	0°	−2°	−14°	0°	+1°

20. 答案：

① −12° ② 0° ③ +10° ④ −20° ⑤ +15° ⑥ 0°

21. 答案：

① −5° ② +15° ③ +12° ④ +10° ⑤ 0° ⑥ +25°

22. 答案：

① −6° ② +6° ③ 0° ④ >+10°

23. 答案：

① −6° ② +8° ③ −9° ④ 0°

24. 答案：

表 6.7

MC	19°	315°	0°	55°	280°	290°	20°	122°	6°
MH	16°	313°	356°	50°	283°	290°	25°	124°	358°
RB	3°	358°	356°	5°	357°	2°	4°	358°	9°
QDM	19°	311°	352°	55°	280°	292°	29°	122°	7°
TKD	0°	+4°	+8°	0°	0°	−2°	−9°	0°	−1°
$D_{已}$	70	56	55	60	48	90	85	110	66
$D_{未}$	80	60	75	66	90	50	70	75	85
TKE	0°	+4°	+11°	0°	0°	−1°	−7°	0°	−1°

续表

MTK	19°	319°	11°	55°	280°	289°	13°	122°	5°
DA	+3°	+6°	+15°	+5°	−3°	−1°	−12°	−2°	+7°
$MH_{应}$	16°	305°	337°	50°	283°	293°	41°	124°	0°
MC	60°	175°	350°	105°	180°	262°	250°	102°	95°
MH	66°	173°	0°	100°	183°	260°	245°	110°	89°
RB	2°	358°	356°	5°	357°	5°	3°	358°	9°
QDM	68°	171°	356°	105°	180°	265°	248°	108°	98°
TKD	−8°	+4°	−6°	0°	0°	−3°	+2°	−6°	−3°
$t_{已}$	20	26	35	30	18	20	15	10	36
$t_{未}$	30	20	45	26	30	40	20	15	25
TKE	−12°	+3°	−8°	0°	0°	−6°	+3°	−9°	−2°
MTK	48°	178°	342°	105°	180°	256°	253°	93°	93°
DA	−18°	+5°	−18°	+5°	−3°	−4°	+8°	−17°	+4°
$MH_{应}$	86°	166°	14°	100°	183°	269°	240°	125°	94°
MC	219°	15°	0°	155°	80°	20°	220°	322°	356°
MH	216°	13°	356°	150°	83°	20°	225°	324°	358°
QDM	219°	13°	358°	159°	80°	29°	223°	320°	358°
TKD	0°	+2°	+2°	−4°	0°	−9°	−3°	+2°	−2°
$D_{已}$	60	56	55	80	50	92	85	120	66
$D_{未}$	85	66	77	66	95	55	70	66	85
TKE	0°	+2°	+3°	−3°	0°	−5°	−2°	+1°	−3°
MTK	219°	17°	3°	152°	80°	15°	218°	323°	353°
DA	+3°	+4°	+7°	+2°	−3°	−5°	−7°	−1°	−5°
$MH_{应}$	216°	9°	351°	157°	83°	34°	230°	321°	3°
MC	21°	215°	2°	15°	280°	320°	240°	162°	356°
MH	26°	213°	356°	10°	283°	320°	245°	164°	358°
QDM	21°	213°	0°	19°	280°	329°	244°	160°	358°
TKD	0°	+2°	+2°	−4°	0°	−9°	−4°	+2°	−2°
$t_{已}$	15	25	22	36	20	24	30	36	21
$t_{未}$	20	30	33	30	36	18	24	21	28
TKE	0°	+2°	+3°	−3°	0°	−7°	−3°	+1°	−3°
MTK	21°	217°	5°	12°	280°	313°	237°	162°	353°
DA	−5°	+4°	+9°	+2°	−3°	−7°	−8°	−1°	−5°
$MH_{应}$	26°	209°	351°	17°	283°	336°	252°	161°	3°

25. 答案：

表 6.8

MC	19°	315°	0°	55°	280°	290°	20°	122°	6°
MH	16°	313°	356°	50°	283°	290°	25°	124°	358°
RB	3°	358°	356°	5°	357°	2°	4°	358°	9°
QDM	19°	311°	352°	55°	280°	292°	29°	122°	7°
TKD	0°	+4°	+8°	0°	0°	−2°	−9°	0°	−1°
$D_{已}$	70	56	55	60	48	90	85	110	66
$D_{未}$	80	60	75	66	90	50	70	75	85
TKE	0°	+4°	+11°	0°	0°	−1°	−7°	0°	−1°
ΔTK	0°	+8°	+19°	0°	0°	−3°	−16°	0°	−2°
$MH_{应}$	16°	305°	337°	50°	283°	293°	41°	124°	0°
MC	60°	175°	350°	105°	180°	262°	250°	102°	95°
MH	66°	173°	0°	100°	183°	260°	245°	110°	89°
RB	2°	358°	356°	5°	357°	5°	3°	358°	9°
QDM	68°	171°	356°	105°	180°	265°	248°	108°	98°
TKD	−8°	+4°	−6°	0°	0°	−3°	+2°	−6°	−3°
$t_{已}$	20	26	35	30	18	20	15	10	36
$t_{未}$	30	20	45	26	30	40	20	15	25
TKE	−12°	+3°	−8°	0°	0°	−6°	+3°	−9°	−2°
ΔTK	−20°	+7°	−14°	0°	0°	−9°	+5°	−15°	−5°
$MH_{应}$	86°	166°	14°	100°	183°	269°	240°	125°	94°
MC	219°	15°	0°	155°	80°	20°	220°	322°	356°
MH	216°	13°	356°	150°	83°	20°	225°	324°	358°
QDM	219°	13°	358°	159°	80°	29°	223°	320°	358°
TKD	0°	+2°	+2°	−4°	0°	−9°	−3°	+2°	−2°
$D_{已}$	60	56	55	80	50	92	85	120	66
$D_{未}$	85	66	77	66	95	55	70	66	85
TKE	0°	+2°	+3°	−3°	0°	−5°	−2°	+1°	−3°
ΔTK	0°	+4°	+5°	−7°	0°	−14°	−5°	+3°	−5°
$MH_{应}$	216°	9°	351°	157°	83°	34°	228°	321°	3°

续表

MC	21°	215°	2°	15°	280°	320°	240°	162°	356°
MH	26°	213°	356°	10°	283°	320°	245°	164°	358°
QDM	21°	213°	0°	19°	280°	329°	243°	160°	358°
TKD	0°	+2°	+2°	-4°	0°	-9°	-3°	+2°	-2°
$t_{\text{已}}$	15	25	22	36	20	24	30	36	21
$t_{\text{未}}$	20	30	33	30	36	18	24	21	28
TKE	0°	+2°	+3°	-3°	0°	-7°	-2°	+1°	-3°
ΔTK	0°	+4°	+5°	-7°	0°	-16°	-5°	+3°	-5°
$MH_{\text{应}}$	26°	209°	351°	17°	283°	336°	250°	161°	3°

26. 答案：

表 6.9

序号	1	2	3	4	5	6	7	8	9
TKE	+1°	+2°	+9°	-5°	0°	+6°	+8°	-2°	0°
DA	-5°	+4°	+4°	0°	+7°	+8°	+3°	0°	-4°
序号	10	11	12	13	14	15	16	17	18
TKE	+3°	+2°	0°	-4°	-4°	0°	+6°	+7°	+3°
DA	+7°	0°	+4°	+1°	-7°	-6°	+6°	+5°	+4°

27. 答案：

表 6.10

MC	60°	315°	0°	255°	80°	262°	120°	2°	95°
MH	66°	313°	358°	250°	73°	260°	125°	0°	89°
$RB_{\text{应}}$	174°	182°	182°	185°	187°	182°	175°	182°	186°
$RB_{\text{指}}$	178°	180°	176°	185°	183°	179°	175°	184°	176°
TKE	+4°	-2°	-6°	0°	-4°	-3°	0°	+2°	-10°
DA	-2°	0°	-4°	+5°	+3°	-1°	-5°	+4°	-4°
MC	169°	315°	0°	55°	280°	290°	23°	122°	5°
MH	166°	313°	356°	50°	283°	290°	25°	124°	359°
$RB_{\text{指}}$	186°	178°	176°	185°	177°	182°	189°	178°	179°
QDR	172°	311°	352°	55°	280°	292°	34°	122°	358°
TKE	+3°	-4°	-8°	0°	0°	+2°	+11°	0°	-7°
DA	+6°	-2°	-4°	+5°	-3°	+2°	+9°	-2°	-1°

28. 答案：

① +10°　② －10°　③ －10°　④ －5°　⑤ 0°　⑥ －5°

29. 答案：

① +10°　② －20°　③ －5°　④ 0°　⑤ +20°　⑥ －20°

30. 答案：

① +8°　② ＞－10°　③ 0°　④ －4°

31. 答案：

① －6°　② +8°　③ +7°　④ 0°

32. 答案：

表 6.11

MC	129°	35°	0°	355°	260°	290°	120°	12°	358°
MH	126°	33°	356°	350°	263°	290°	125°	14°	4°
RB	183°	178°	176°	185°	177°	182°	174°	175°	180°
QDR	129°	31°	352°	355°	260°	292°	119°	9°	4°
TKE	0°	－4°	－8°	0°	0°	+2°	－1°	－3°	+6°
DA	+3°	－2°	－4°	+5°	－3°	+2°	－6°	－5°	0°
$D_{已}$	70	56	55	60	48	90	85	110	66
$D_{未}$	80	60	75	66	90	50	70	75	85
TKD	0°	－4°	－6°	0°	0°	+4°	－1°	－4°	+5°
$MC_{新}$	129°	39°	6°	355°	260°	286°	121°	16°	353°
$MH_{应}$	126°	41°	1°	350°	263°	284°	127°	21°	353°
MC	260°	17°	350°	205°	180°	202°	25°	302°	5°
MH	266°	13°	0°	200°	183°	200°	24°	310°	359°
RB	182°	178°	176°	185°	174°	185°	178°	178°	180°
QDR	268°	11°	356°	205°	177°	205°	22°	308°	359°
TKE	+8°	－6°	+6°	0°	－3°	+3°	－3°	+6°	－6°
DA	+2°	－2°	－4°	+5°	－6°	+5°	－2°	－2°	0°
$t_{已}$	20	26	35	30	18	20	15	10	36
$t_{未}$	30	20	45	26	30	40	20	15	25
TKD	+5°	－8°	+5°	0°	－2°	+2°	－2°	+4°	－9°
$MC_{新}$	255°	25°	345°	205°	182°	200°	27°	298°	14°
$MH_{应}$	253°	27°	349°	200°	188°	195°	29°	300°	14°

续表

MC	219°	215°	0°	175°	280°	205°	320°	32°	356°
MH	216°	213°	356°	170°	283°	203°	325°	34°	2°
QDR	219°	213°	358°	179°	280°	209°	325°	30°	1°
TKE	0°	−2°	−2°	+4°	0°	+4°	+5°	−2°	+5°
DA	+3°	0°	+2°	+9°	−3°	+6°	0°	−4°	−1°
$D_{已}$	60	56	55	80	50	92	85	120	66
$D_{未}$	85	66	77	66	95	55	70	66	85
TKD	0°	−2°	−1°	+5°	0°	+7°	+6°	−4°	+4°
$MC_{新}$	219°	217°	1°	170°	280°	198°	314°	36°	352°
$MH_{应}$	216°	217°	359°	161°	283°	192°	314°	40°	353°
MC	219°	215°	0°	175°	280°	205°	320°	32°	356°
MH	216°	213°	356°	170°	283°	203°	325°	34°	2°
QDR	219°	213°	358°	179°	280°	209°	325°	30°	1°
TKE	0°	−2°	−2°	+4°	0°	+4°	+5°	−2°	+5°
DA	+3°	0°	+2°	+9°	−3°	−6°	0°	−4°	−1°
$t_{已}$	15	25	22	36	20	24	30	36	21
$t_{未}$	20	30	33	30	36	18	24	21	28
TKD	0°	−2°	−1°	+5°	0°	+5°	+6°	−3°	+4°
$MC_{新}$	219°	217°	1°	170°	280°	200°	319°	37°	352°
$MH_{应}$	216°	217°	359°	161°	283°	194°	319°	41°	353°

33. 答案：

表 6.12

MC	319°	35°	1°	55°	230°	290°	320°	62°	356°
MH	316°	33°	358°	57°	233°	290°	325°	64°	2°
RB	183°	188°	186°	175°	177°	182°	180°	181°	179°
QDR	319°	41°	4°	52°	230°	292°	325°	65°	1°
TKE	0°	+6°	+3°	−3°	0°	+2°	+5°	+3°	+5°
$D_{已}$	70	56	55	60	48	90	85	110	66
$D_{未}$	80	60	75	66	90	50	70	75	85
TKD	0°	+6°	+2°	−3°	0°	+4°	+6°	+4°	+4°
ΔTK	0°	+12°	+5°	−6°	0°	+6°	+11°	+7°	+9°
$MH_{应}$	316°	21°	353°	63°	233°	284°	314°	57°	353°

续表

MC	160°	275°	355°	5°	180°	26°	150°	2°	295°
MH	166°	273°	2°	10°	183°	26°	145°	358°	289°
RB	172°	188°	176°	175°	177°	185°	183°	178°	179°
QDR	158°	280°	358°	5°	180°	31°	148°	356°	288°
TKE	−2°	+5°	+3°	0°	0°	+5°	−2°	−6°	−7°
$t_{已}$	20	26	35	30	18	20	15	10	36
$t_{未}$	30	20	45	26	30	40	20	15	25
TKD	−1°	+7°	+2°	0°	0°	+3°	−2°	−4°	−10°
ΔTK	−3°	+12°	+5°	0°	0°	+8°	−4°	−10°	−17°
$MH_{应}$	169°	261°	357°	10°	183°	18°	149°	8°	306°

MC	19°	315°	3°	245°	357°	240°	130°	32°	356°
MH	16°	313°	359°	240°	3°	240°	135°	34°	0°
QDR	19°	313°	358°	249°	0°	249°	133°	30°	358°
TKE	0°	−2°	−5°	+4°	+3°	+9°	+3°	−2°	+2°
$D_{已}$	60	56	55	80	50	92	85	120	66
$D_{未}$	85	66	77	66	95	55	70	66	85
TKD	0°	−2°	−4°	+5°	+2°	+15°	+4°	−4°	+2°
ΔTK	0°	−4°	−9°	+9°	+5°	+24°	+7°	−6°	+4°
$MH_{应}$	16°	317°	8°	231°	358°	216°	128°	40°	356°

MC	221°	25°	2°	175°	80°	320°	40°	162°	358°
MH	226°	23°	356°	170°	83°	320°	45°	164°	3°
QDR	221°	21°	0°	179°	85°	319°	43°	160°	2°
TKE	0°	−4°	−2°	+4°	+5°	−1°	+3°	−2°	+4°
$t_{已}$	15	25	22	36	20	24	30	36	21
$t_{未}$	20	30	33	30	36	18	24	21	28
TKD	0°	−3°	−1°	+5°	+3°	−1°	+4°	−3°	+3°
ΔTK	0°	−7°	−3°	+9°	+8°	−2°	+7°	−5°	+7°
$MH_{应}$	226°	30°	359°	161°	75°	322°	38°	169°	356°

34. 答案：

表 6.13

MC	22°	255°	0°	17°	80°	330°	140°	262°	358°
MH	26°	253°	356°	10°	86°	330°	145°	269°	5°
RB	3°	356°	356°	357°	5°	349°	3°	0°	5°
TKD	−7°	+6°	+8°	+10°	−11°	+11°	−8°	−7°	−12°
切入角	30°	40°	40°	60°	60°	50°	45°	45°	60°
MH$_{切}$	52°	215°	320°	317°	140°	280°	185°	307°	58°
RB$_{切}$	330°	40°	40°	60°	300°	50°	315°	315°	300°
DA	−6°	+3°	0°	+10°	−9°	+11°	+2°	+3°	−8°
MH$_{应}$	28°	252°	0°	7°	89°	319°	138°	259°	6°
RB$_{应}$	354°	3°	0°	+10°	351°	11°	2°	3°	352°
MC	222°	205°	0°	167°	180°	320°	340°	162°	358°
MH	226°	203°	356°	160°	186°	320°	345°	169°	5°
QDM	223°	196°	352°	160°	191°	309°	353°	172°	5°
TKD	−1°	+9°	+8°	+7°	−11°	+11°	−13°	−12°	−7°
切入角	30°	40°	40°	60°	60°	50°	45°	45°	60°
MH$_{切}$	252°	165°	320°	107°	240°	270°	25°	207°	58°
QDM$_{切}$	222°	205°	0°	167°	180°	320°	340°	162°	358°
DA	−6°	+3°	0°	+10°	−9°	+11°	+2°	+3°	−9°
MH$_{应}$	228°	202°	0°	157°	189°	309°	338°	159°	7°
QDM$_{应}$	222°	205°	0°	167°	180°	320°	340°	162°	358°

35. 答案：

表 6.14

MC	319°	35°	1°	55°	230°	290°	320°	62°	356°
MH	310°	33°	358°	57°	233°	290°	328°	64°	2°
RB	183°	188°	190°	170°	177°	188°	180°	185°	189°
TKE	−6°	+6°	+7°	−8°	0°	+8°	+8°	+7°	+15°
切入角	30°	40°	40°	60°	60°	50°	45°	45°	60°
MH$_{切}$	349°	355°	321°	115°	—	240°	275°	17°	296°
RB$_{切}$	150°	220°	220°	120°	—	230°	225°	225°	240°
DA	+3°	+8°	+10°	−10°	−3°	+8°	0°	+5°	+9°
MH$_{应}$	316°	27°	351°	65°	233°	282°	320°	57°	347°
RB$_{应}$	183°	188°	190°	170°	177°	188°	180°	185°	189°

续表

MC	19°	315°	3°	245°	357°	240°	130°	32°	356°
MH	16°	313°	359°	240°	3°	240°	135°	34°	0°
QDR	10°	310°	350°	253°	5°	249°	138°	26°	350°
TKE	−9°	−5°	−13°	+8°	+8°	+9°	+8°	−6°	−6°
切入角	50°	40°	40°	60°	60°	50°	45°	45°	30°
$\mathrm{MH}_{切}$	69°	355°	43°	185°	297°	190°	85°	77°	26°
$\mathrm{QDR}_{切}$	19°	315°	3°	245°	351°	240°	130°	32°	356°
DA	−6°	−3°	−9°	+13°	+2°	+9°	+3°	−8°	−10°
$\mathrm{MH}_{应}$	25°	318°	12°	232°	355°	231°	127°	40°	6°
$\mathrm{QDR}_{应}$	19°	315°	3°	245°	357°	240°	130°	32°	356°

36. 答案：

① 60°，增大，45°，增大，80°，减小
② 30°，减小，180°，增大，50°，减小
③ 120°，减小，240°，增大，25°，减小
④ 60°，减小，10°，增大，270°，增大
⑤ 345°，回中，270°，回中，335°，回中
⑥ 155°，回中，260°，回中，240°，回中
⑦ 45°，回中，300°，回中，120°，回中
⑧ 60°，回中，160°，回中，300°，回中

37. 答案：

① c　② e　③ a　④ b

38. 答案：

作图示范 6-2-38-1

表 6.15

MH	93°	5°	280°	160°	116°	10°
测出的 QDM	88°	9°	283°	157°	116°	8°
指定的 QDR	216°	240°	157°	40°	330°	236°
切入角	40°	40°	30°	60°	60°	50°
$\mathrm{MH}_{切}$	176°	280°	187°	100°	30°	286°
$\mathrm{QDR}_{切}$	216°	240°	157°	40°	330°	236°
$\mathrm{MH}_{应}$	216°	240°	157°	40°	330°	236°

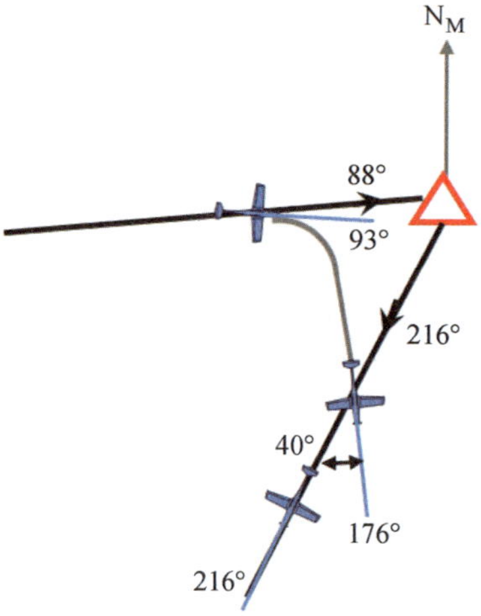
N_M
88°
93°
216°
40°
176°
216°

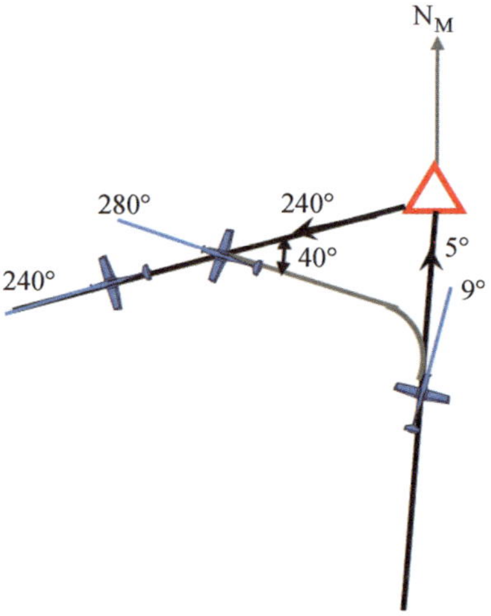
N_M
280°
240°
40°
240°
5°
9°

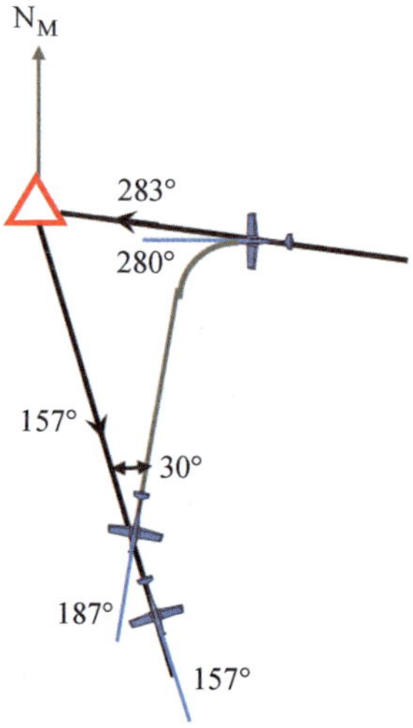
N_M
283°
280°
157°
30°
187°
157°

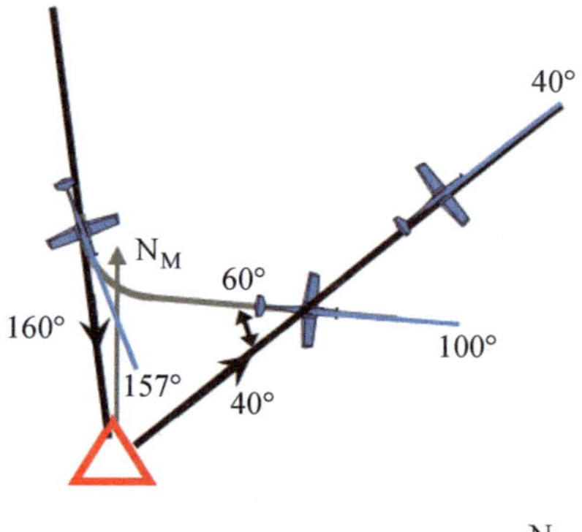
40°
N_M
60°
160°
100°
157°
40°

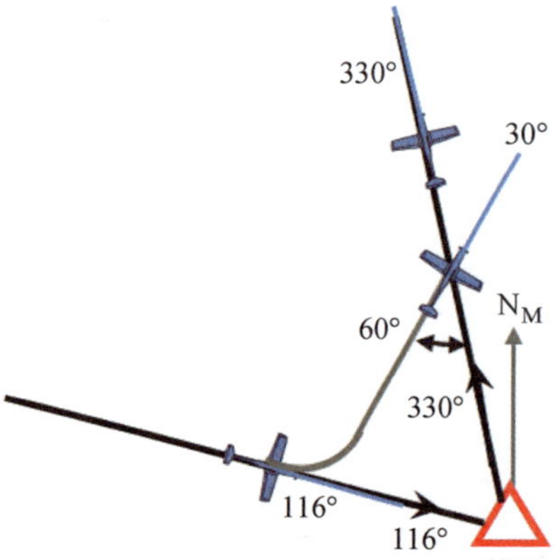
330°
30°
N_M
60°
330°
116°
116°

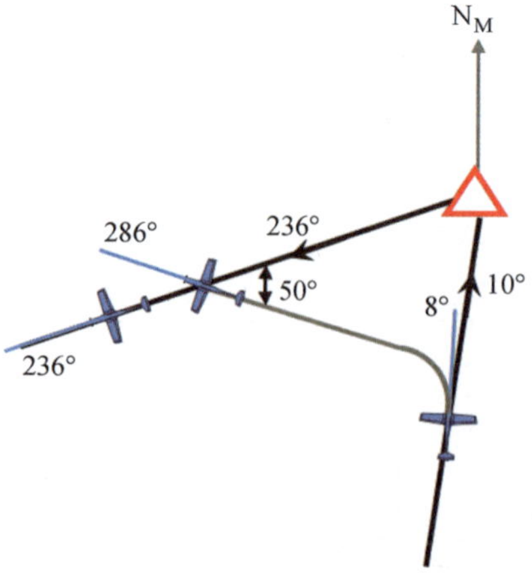
N_M
286°
236°
50°
10°
8°
236°

39. 答案：

作图示范 6-2-39-1

表 6.16

MH	216°	240°	157°	40°	330°	6°
测出的 QDR	210°	245°	160°	50°	340°	0°
指定的 QDM	0°	90°	330°	180°	190°	210°
切入角	60°	50°	60°	45°	60°	45°
MH$_{切}$	60°	40°	30°	225°	130°	165°
QDM$_{切}$	0°	90°	330°	180°	190°	210°
MH$_{应}$	0°	90°	330°	180°	190°	210°

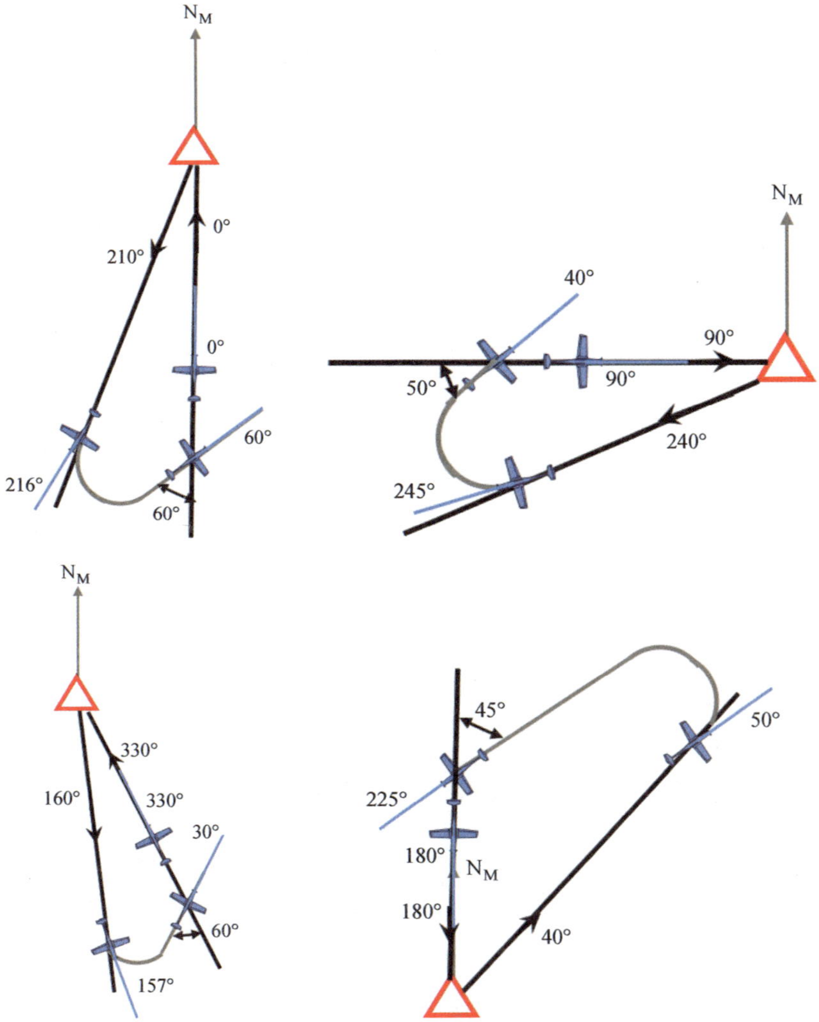

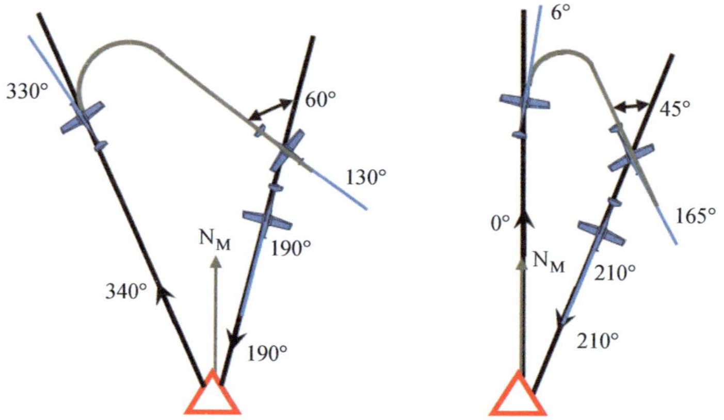

40. 答案：

表 6.17

序号	导航台	飞机真方位角
1	广汉	82°
	绵阳	173°
2	遂宁	319°
	五凤溪	29°
3	南充	345°
	合川	147°

41. 答案：

作图示范 6-2-41-1

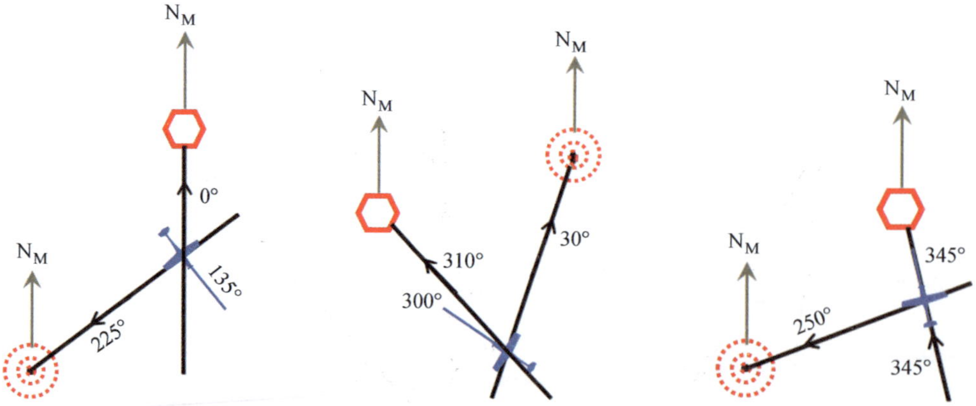

42. 答案：

作图示范 6-2-42-1

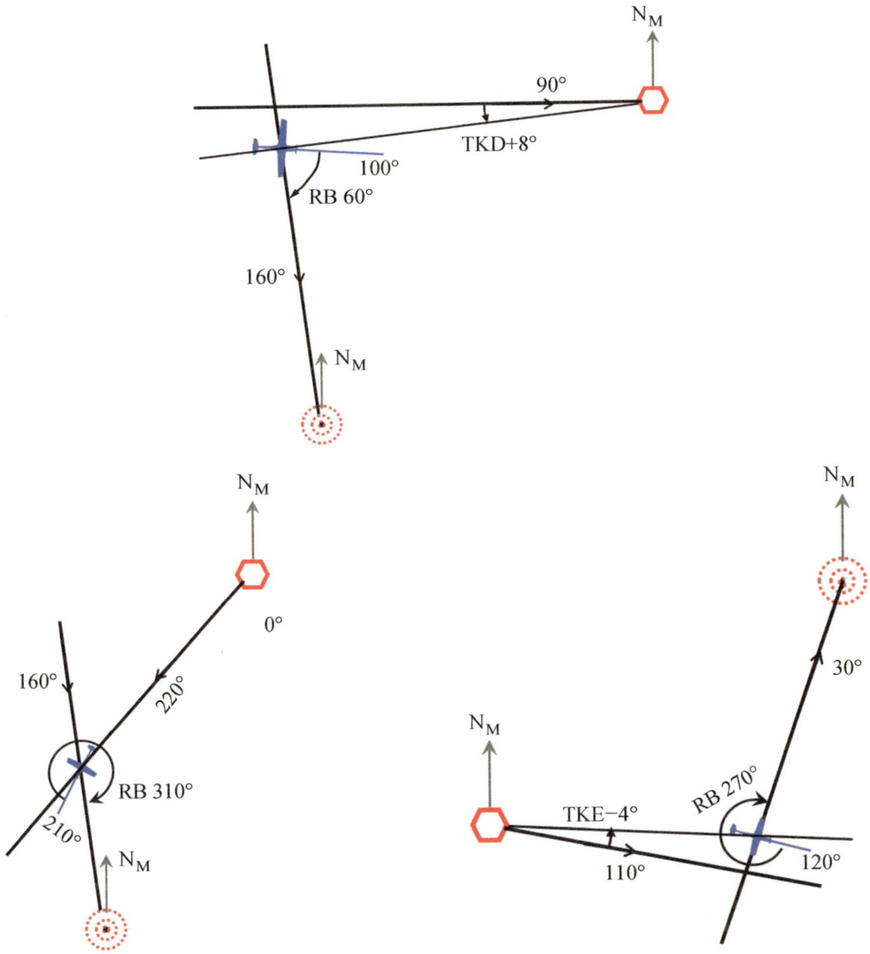

43. 答案：

表 6.18

导航台	正切电台时飞机到台时间	正切电台时飞机到台距离
广汉	6 分钟	18 KM
绵阳	8 分钟	18.6 NM
双流	5 分钟	16.7 KM
江北	6 分钟	17 NM

44. 答案：

① 32 NM　② 34.5 NM　③ 115 NM　④ 58 NM　⑤ 9.6 gal

⑥ 24 min　⑦ 40 NM　⑧ 10 gal　⑨ 42 min，91 NM

45. 答案：

① 航线：大足 NDB→五凤溪 NDB

表 6.19

位置	时刻		磁航向	磁航迹		真空速/(km/h)	地速/(km/h)	距离/km	风向风速	无线电导航检查		
	预计	实际		预计	实际					导航台	QDM/RB	时刻
大足 NDB		1 000	317°	313°	311°	267	282	61	70°/33	大足	RB174°	1 010
切安岳	1 013	1 013		314°				99		遂宁	RB81°	1 013
五凤溪 NDB	1 034											

② 航线：P139→綦江 NDB

表 6.20

位置	时刻		磁航向	磁航迹		真空速/(km/h)	地速/(km/h)	距离/km	风向风速	无线电导航检查		
	预计	实际		预计	实际					导航台	QDM/RB	时刻
P139		1 530	49°	45°	40°	147	151	58	145°/24	綦江	QDM48°	1 553
正切泸州 NDB 台	1 554	1 553		48°						泸州	QDM315°	1 553
綦江 NDB	1 631											

46. 答案：

作图示范 6-2-46-1

① QDM 273°

TKD −3°

TKE −4°

MTK 266°

DA +6°

$MC_{新}$ 273°

$MH_{应}$ 267°

$RB_{应}$ 6°

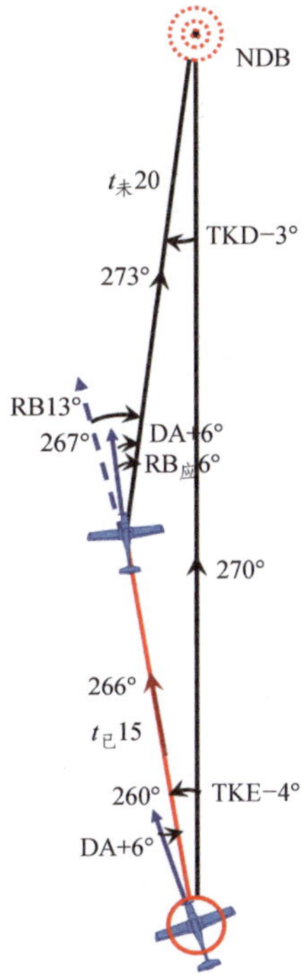

② QDM 29°

TKD −9°

TKE −7°

MTK 13°

DA −12°

$MC_{新}$ 29°

$MH_{应}$ 41°

$RB_{应}$ 348°

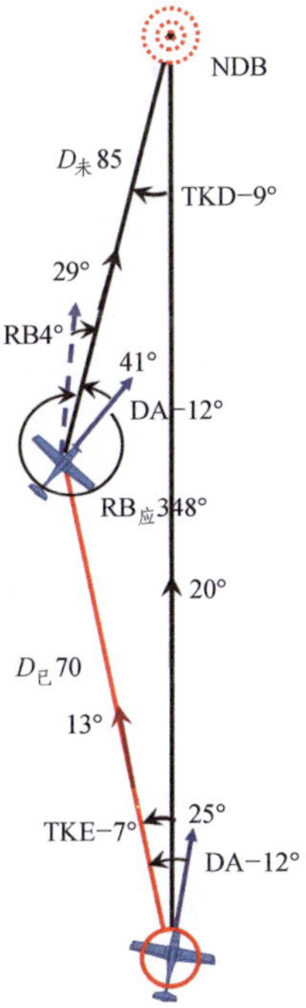

③ TKD +4°

TKE +4°

MTK 166°

DA +2°

$MC_{新}$ 158°

$MH_{应}$ 156°

$QDM_{应}$ 158°

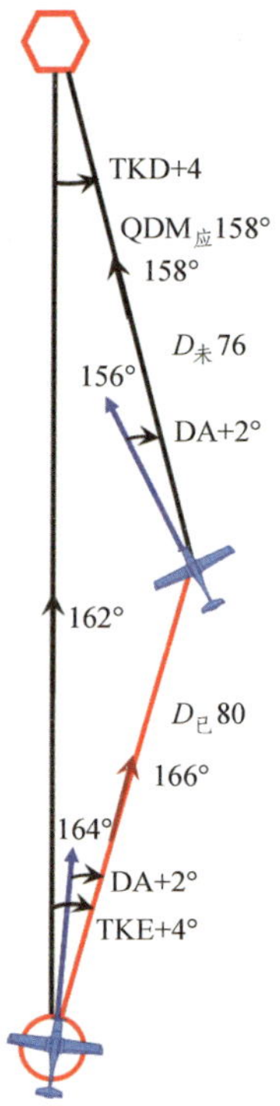

47. 答案：

作图示范 6-2-47-1

① QDM 273°

TKD −3°

TKE −4°

ΔTK −7°

$MH_{应}$ 267°

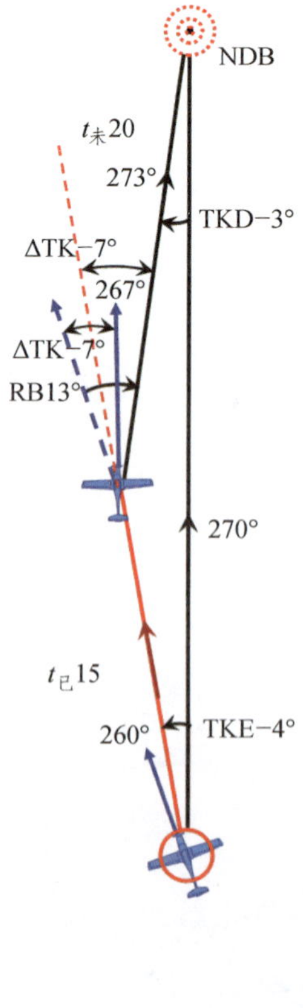

② QDM 29°

TKD −9°

TKE −7°

ΔTK −16°

$MH_{应}$ 41°

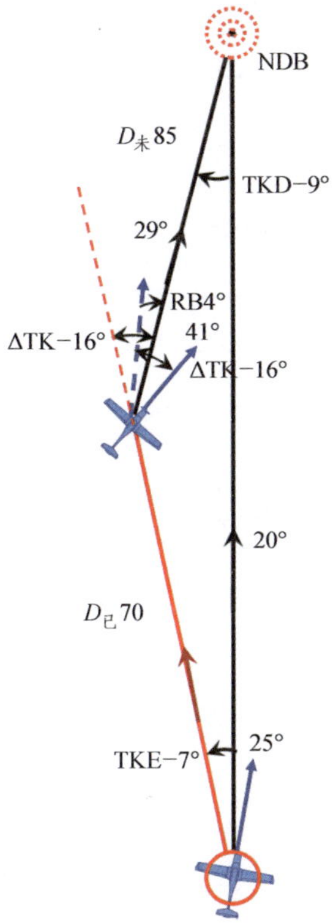

③ TKD +4°

TKE +4°

ΔTK +8°

$MH_{应}$ 156°

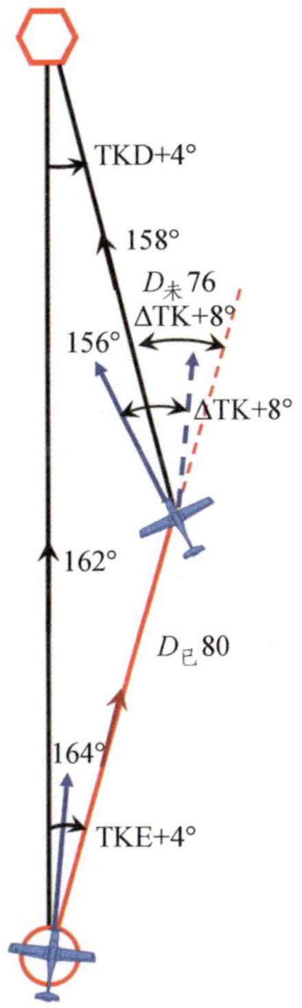

48. 答案：

作图示范 6-2-48-1

① QDR 268°

TKE +8°

TKD +5°

MTK 268°

DA +2°

$MC_{新}$ 255°

$MH_{应}$ 253°

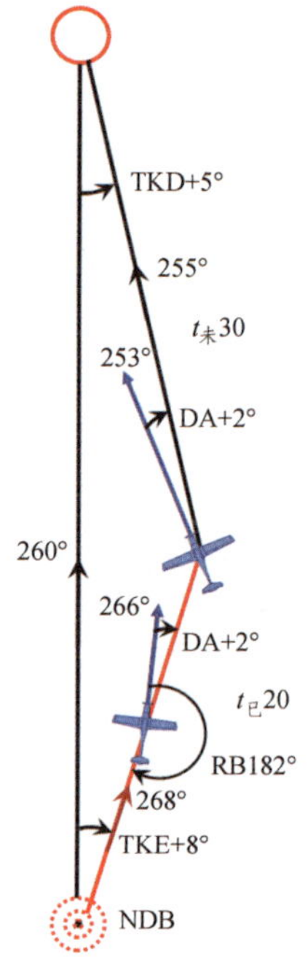

② QDR 352°

TKE −8°

TKD −6°

MTK 352°

DA −4°

$MC_{新}$ 6°

$MH_{应}$ 10°

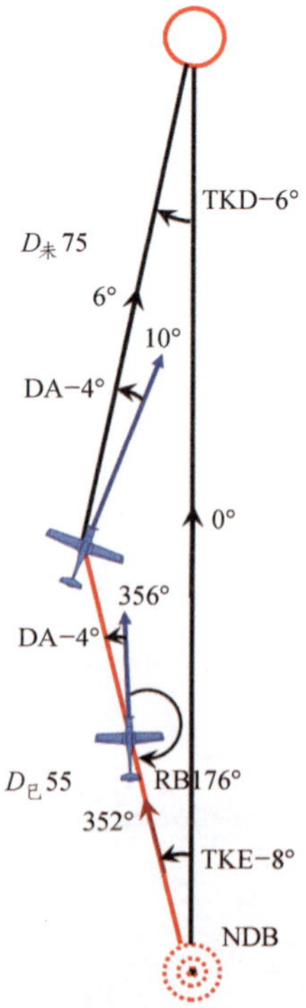

③ TKE $-2°$

TKD $-4°$

MTK $30°$

DA $-4°$

$MC_{新}$ $36°$

$MH_{应}$ $40°$

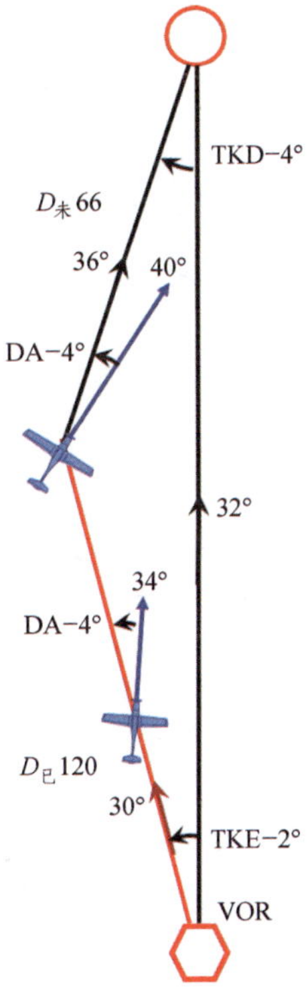

49. 答案：

作图示范 6-2-49-1

① QDR $268°$

TKE $+8°$

TKD $+5°$

ΔTK $+13°$

$MH_{应}$ $253°$

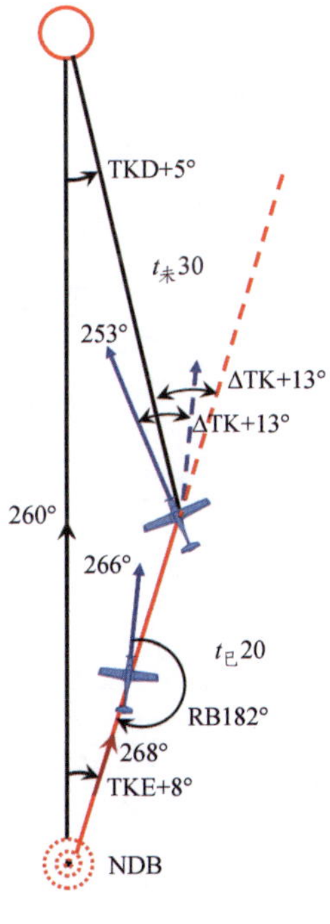

② QDR $\underline{\quad 352° \quad}$

TKE $\underline{\quad -8° \quad}$

TKD $\underline{\quad -6° \quad}$

ΔTK $\underline{\quad -14° \quad}$

$MH_{应}$ $\underline{\quad 10° \quad}$

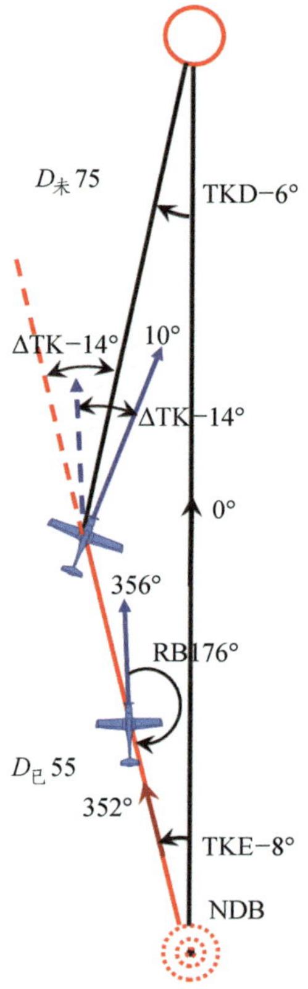

③ TKE $\underline{\quad -2° \quad}$

TKD $\underline{\quad -4° \quad}$

ΔTK $\underline{\quad -6° \quad}$

$MH_{应}$ $\underline{\quad 40° \quad}$

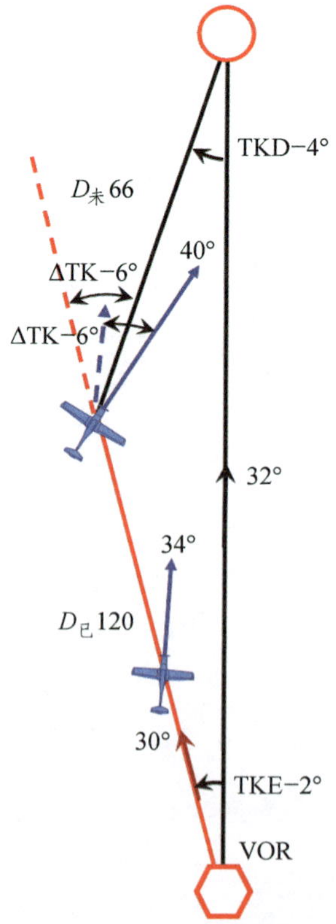

7 仪表进近着陆

二、作业练习题

1. 答案：

0°，350°，右，2°，0°。

40°，45°，右 ，1.5°，偏下 0.35°。

0°，300°，左，1°，0°。

2. 答案：

（a）9、6　（b）5、13　（c）12　（d）2　（e）8、3

（f）4　（g）7、11　（h）1　（i）7、11

3. 答案：

① 平行 ② 偏置 ③ 直接 ④ 平行或者偏置 ⑤ 230° ⑥ 330° ⑦ 120°

4. 答案：

作图示范 7-2-4-1

① 直接

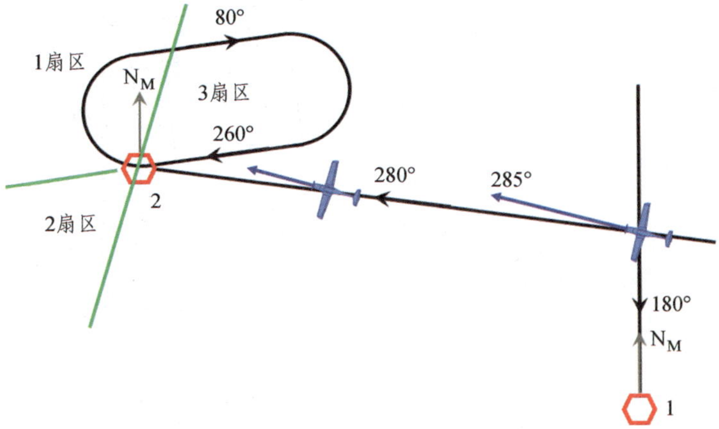

② 直接

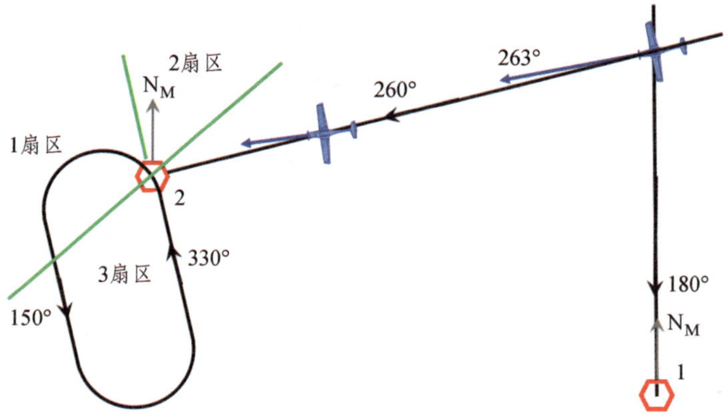
263°
260°
2扇区
N_M
1扇区
2
330°
3扇区
150°
180°
N_M
1

③ 平行

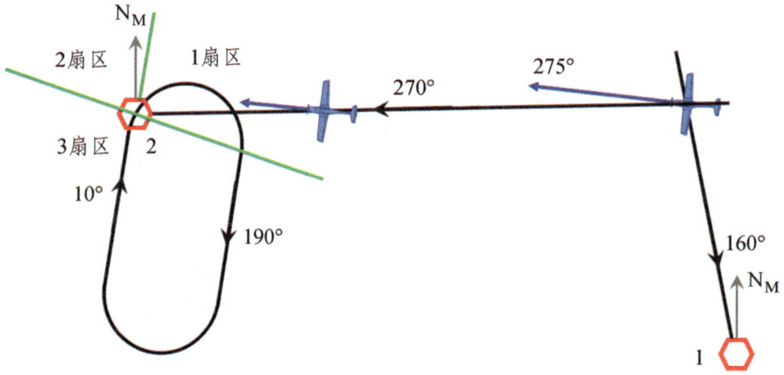
N_M
2扇区
1扇区
275°
270°
3扇区
2
10°
190°
160°
N_M
1

④ 直接

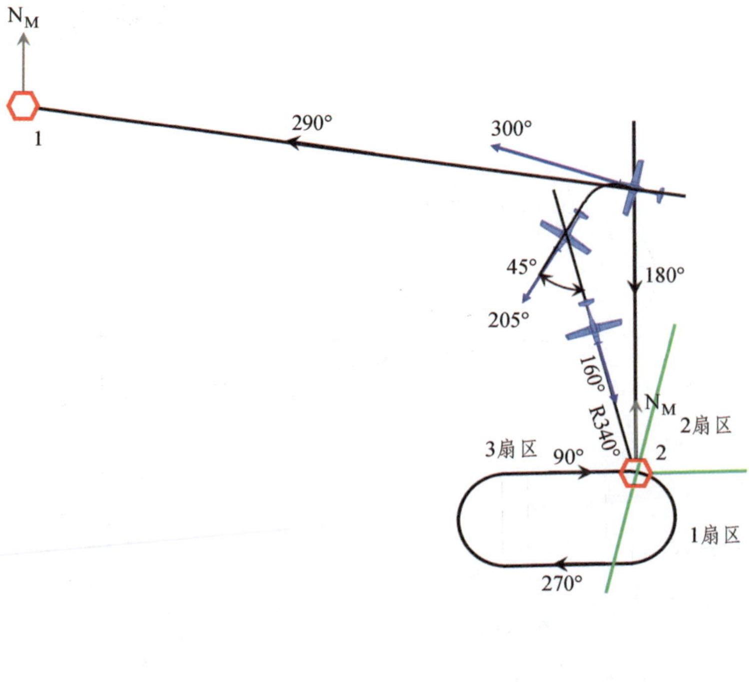
N_M
1
290°
300°
45°
180°
205°
160°
R340°
N_M
2扇区
3扇区
90°
2
1扇区
270°

⑤ 直接

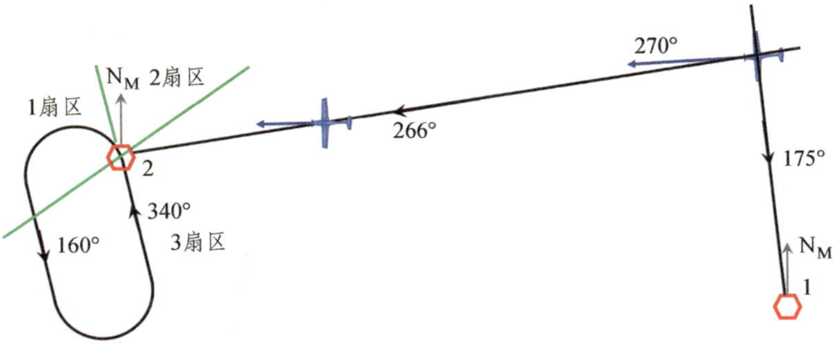

⑥ 直接

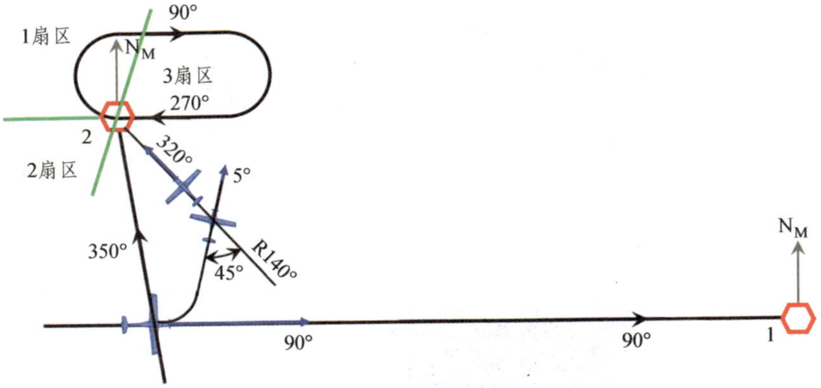

5. 答案：

作图示范 7-2-5-1

① 偏置

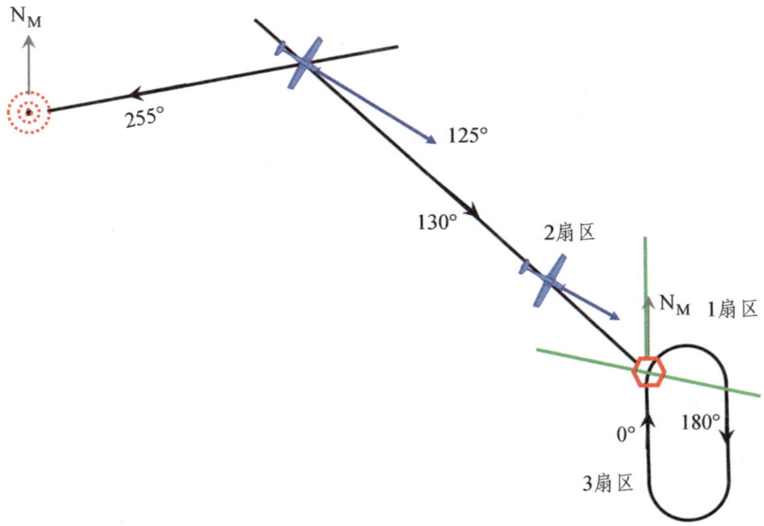

② 直接

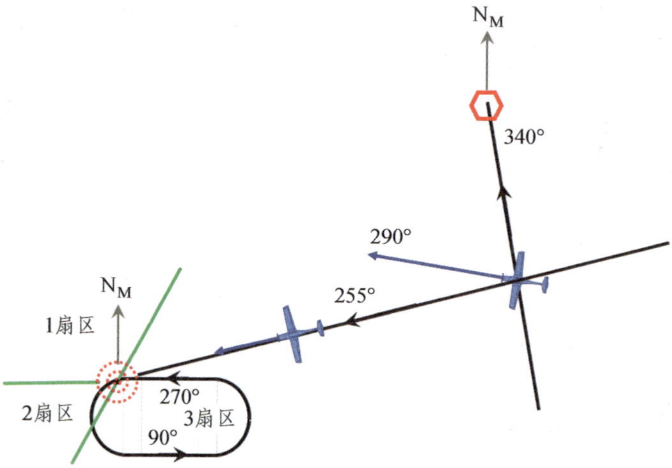
N_M
340°
290°
255°
N_M
1扇区
270°
2扇区
3扇区
90°

③ 直接

2扇区
1扇区
3扇区

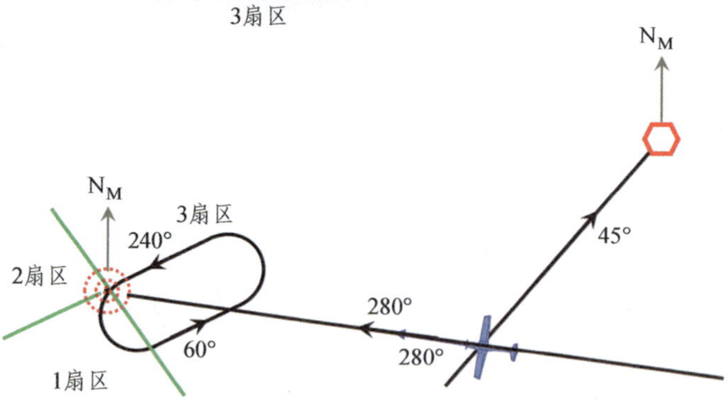
N_M
N_M
3扇区
240°
45°
2扇区
280°
60°
280°
1扇区

④ 平行

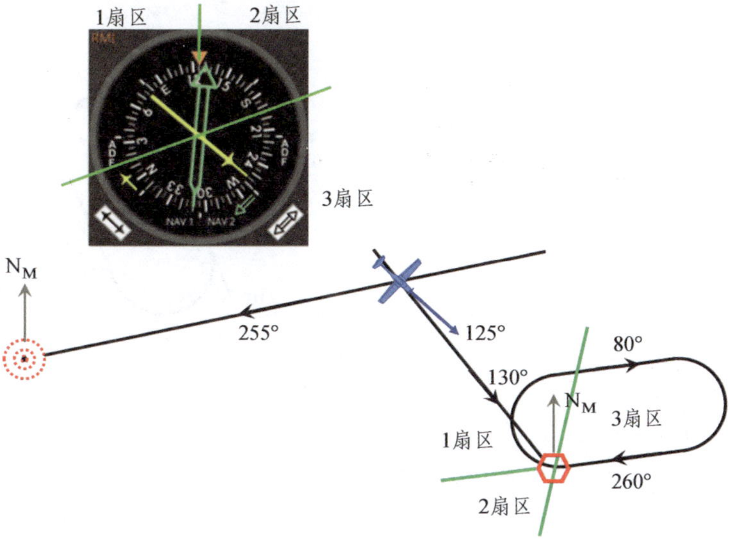
1扇区
2扇区
3扇区
N_M
255°
125°
130°
80°
N_M
3扇区
1扇区
260°
2扇区

⑤ 平行

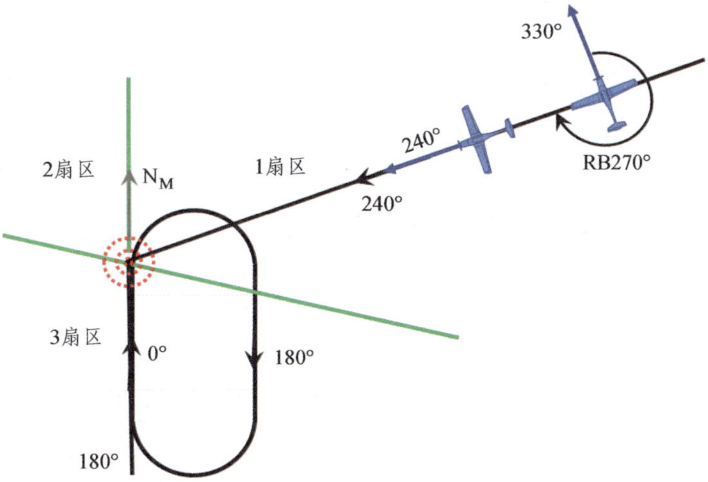
330°
240°
RB270°
2扇区
N_M
1扇区
240°
3扇区
0°
180°
180°

⑥ 直接

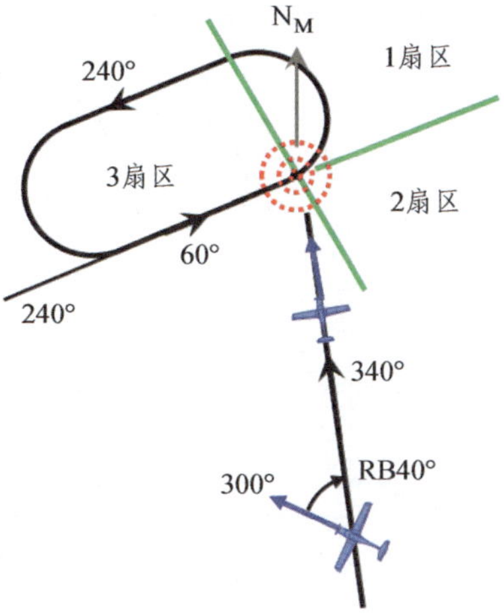
N_M
240°
1扇区
3扇区
2扇区
60°
240°
340°
300°
RB40°

⑦ 直接

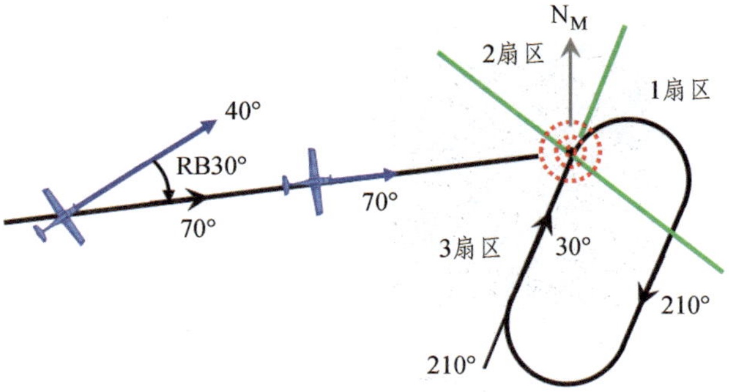

6. 答案：

① 左，后　　② 右，后　　③ 2，右，前　　④ 2，左，前

7. 答案：

表 7.1

飞机分类	起始进近高度	出航航迹	出航时间	出航距离	出航下降率	入航转弯高度	FAF 高度	入航航迹
A	900 m	238°	3.0′	4.75 NM	1.1 m/s	700 m	700 m	44°
B	900 m	238°	3.0′	7 NM	1.1 m/s	700 m	700 m	44°
B	900 m	238°	3.0′	11 km	1.1 m/s	700 m	700 m	44°
C	900 m	247°	2.0′	5.67 NM	1.7 m/s	700 m	700 m	44°
D	900 m	247°	2.0′	6 NM	1.7 m/s	700 m	700 m	44°

8. 答案：

表 7.2

飞机分类	A	B	C	D
顺（逆）风分量 WS_1	5.9 m/s	8.7 m/s	8.2 m/s	17.5 m/s
侧风分量 WS_2	1.1 m/s	4.8 m/s	12.6 m/s	0.9 m/s
顺（逆）风修正系数	顺 2 逆 3	顺 3 逆 4	顺 2 逆 3	顺 2 逆 2
修正风后的 $t_{应}$	1′48″	1′4″	1′25″	1′35″
DA 修正系数	$1.3WS_2$	$1.4WS_2$	$1.2WS_2$	$1.1WS_2$
修正风后的 $MH_{应}$	70°	64°	92°	108°

9. 答案：

表 7.3

飞机分类	起始进近高度	出航航迹	出航时间	出航距离	出航下降率	入航转弯高度	FAF 高度	入航航迹
A	900 m	227°	2.0′	3.16 NM	2.5 m/s	600 m	550 m	47°
B	900 m	227°	2.0′	4.67 NM	2.5 m/s	600 m	550 m	47°
C	900 m	227°	1.5′	4.25 NM	3.3 m/s	600 m	550 m	47°
D	900 m	227°	1.5′	4.50 NM	3.3 m/s	600 m	550 m	47°

10. 答案：

表 7.4

飞机分类	A	B	C	D
顺（逆）风分量 WS_1	4.9 m/s	5.3 m/s	3.9 m/s	0.6 m/s
侧风分量 WS_2	1.0 m/s	8.5 m/s	11.9 m/s	17.6 m/s
顺（逆）风修正系数	顺 2 逆 3	顺 3 逆 4	顺 3 逆 3	顺 2 逆 2
修正风后的出航 $t_{应}$	1′20″	1′14″	1′12″	1′01″
DA 修正系数	$1.2WS_2$	$1.3WS_2$	$1.2WS_2$	$1.1WS_2$
修正风后的出航 $MH_{应}$	237°	249°	252°	219°

11. 答案：

表 7.5

β	5°	5°	4°
正常转弯对应的 RB	55°	55°	56°
转弯中仪表指示 RB	53°	55°	57°
判断进入早晚情况	早	刚好	晚
修正方法	减小坡度	不修正	增大坡度

12. 答案：

表 7.6

β	5°	5°	4°
正常转弯对应的 QDM	95°	95°	96°
转弯中仪表指示 QDM	95°	96°	95°
判断进入早晚情况	刚好	晚	早
修正方法	不修正	增加坡度	减小坡度

13. 答案：

表 7.7

β	5°	5°	6°
正常转弯对应的 QDM	115°	115°	114°
转弯中仪表指示的偏离杆位置	偏离杆偏左 3 个点	偏离杆偏左 2 个点	偏离杆偏左 3 个点
判断进入早晚情况	早	晚	刚好
修正方法	减小坡度	增加坡度	不修

14. 答案：

表 7.8

β	4°	5°	5°
正常转弯对应的 QDM	274°	275°	275°
转弯中仪表指示的偏离杆位置	偏离杆偏右 2 个点	偏离杆偏右 2 个点	偏离杆偏右 3 个点
判断进入早晚情况	刚好	晚	早
修正方法	不修	增加坡度	减小坡度

15. 答案

① 左 ② 右 ③ 0° ④ 左 ⑤ 右 ⑥ +2°

16. 答案：

表 7.9

FAF—Mapt 9 km						
地速/（km/h）	150	185	220	260	295	335
时间	3′36″	2′55″	2′27″	2′04″	1′49″	1′36″
下降率/（m/s）5.2%	2.2	2.7	3.17	3.75	4.26	4.84
FAF—Mapt 8 km						
地速/kt	80	100	120	140	160	180
时间	3′14″	2′36″	2′10″	1′15″	1′37″	1′26″
下降率/（ft/min）5%	400	500	607	709	810	911

8 现代导航方法

二、作业练习题

1. 答案：

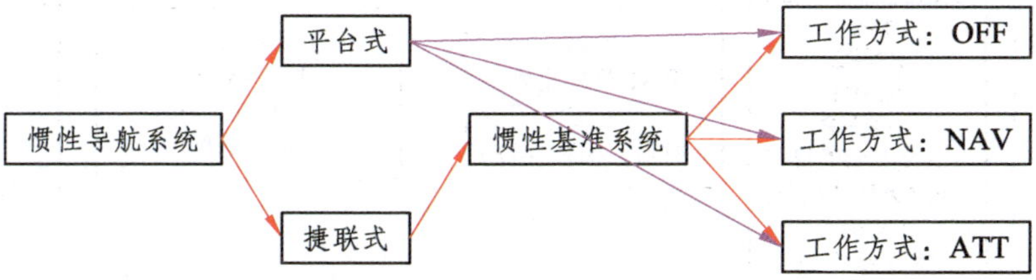

2. 答案：

3. 答案：

要素	轨道数量	工作卫星颗数	常用民用码	工作频段	定位方式
填写	6	24	C.A	K	四星无源测距

4. 答案：

$$TSE=\sqrt{FTE^2+NSE^2+PDE^2}$$

5. 答案：

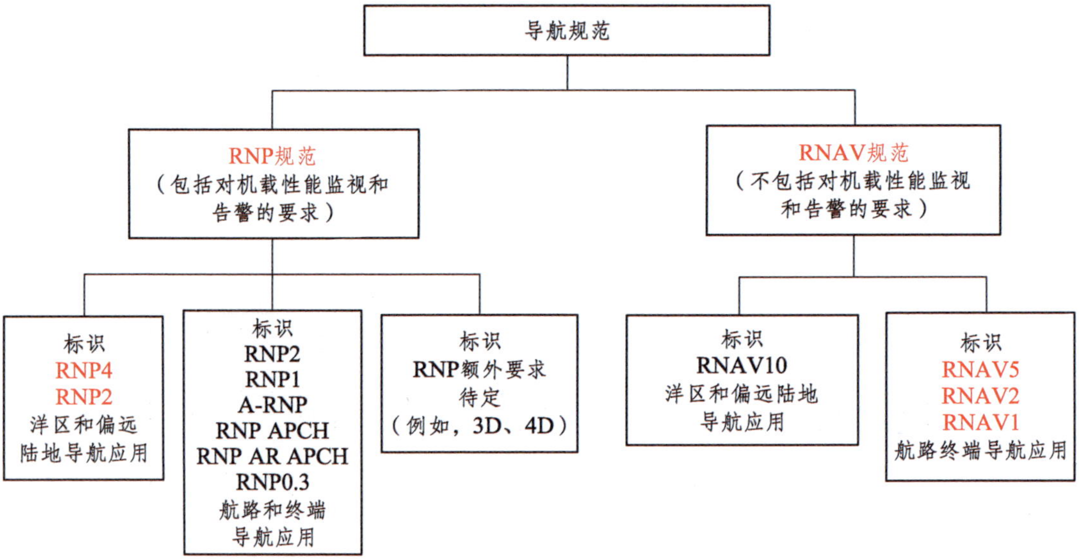

6. 答案：

6个页面：IDENT（识别）、POS INIT（位置起始）、RTE（航路）、PERE INIT（性能起始）、TAKE OFF（起飞基准）、DEP/ARR INDEX（离场/进场索引）。

9 地面领航准备和空中实施

二、作业练习题

1. 答案：

① 1.56′，908 km　② 2.32”，380 NM　③ 1.45′，296 km

④ 2.25′，1 698 km　⑤ 1 h，830 km　⑥ 1.54′，986 NM

2. 答案：

① 距离广汉 64 km　② 70 km　③ 67 NM　④ 428 km

⑤ 204 kt，196 kt，101 km　⑥ 245 km/h，275 km/h，160 km

3. 答案：

① 2.5 m/s　② 4.3%　③ 640 ft/min　④ 16′43″　⑤ 26′34″

⑥ 16′40″　⑦ 2.23 m/s　⑧ 2.2 m/s　⑨ 630 ft/min　⑩ 2.67 m/s

4. 答案：

① 08:02′30″，43 km　② 10:40′，100.5 km

5. 答案：

① 10:43′30″，37.5 km　② 16:06′20″，46.7 km

③ 11:48′12″，51 km　④ 14:22′28″，38 NM

6. 答案：

① 430 km/h　② 196 km/h

7. 答案：

① 10:07′54″　② 13:09′41″　③ 10:23′

④ 15:16′　⑤ 20:19′　⑥ 10:17′

8. 答案：

① 10:35′ ② 17:06′ ③ 08:31′20″ ④ 15:45′

9. 答案：

① 167 km ② 346 NM ③ 3.83 h ④ 912 km ⑤ 37.94 gal ⑥ 247.11 lb